U0806040

全国水利行业规划教材　高职高专水利水电类
中国水利教育协会策划组织

工 程 力 学

主　编　杨恩福　张生瑞
副主编　杨雅新　杨晓阳　杨玉泉
主　审　张永伟

黄河水利出版社
·郑州·

内 容 提 要

本书是全国水利行业规划教材，是根据中国水利教育协会全国水利水电高职教研会制定的工程力学课程教学大纲编写完成的。全书共分十二章，主要介绍：工程力学的基础知识，包括力的基本知识和物体的受力分析、力系的合成与平衡；杆件的承载能力计算，包括杆件的内力分析、平面图形的几何性质、杆件的强度和刚度计算、压杆稳定；结构的内力计算，包括结构的几何组成分析、静定结构的内力分析、静定结构的位移计算、超静定结构的内力计算、影响线等内容。

本书适用于高职高专水利水电类专业以及工业与民用建筑、道桥等土建类专业工程力学课程教学，亦可作为建筑工程技术人员的参考书。

图书在版编目(CIP)数据

工程力学/杨恩福，张生瑞主编.—郑州：黄河水利出版社，2010.1 (2015.11 重印)

全国水利行业规划教材

ISBN 978-7-80734-749-1

Ⅰ.①工… Ⅱ.①杨…②张… Ⅲ.①工程力学－高等学校：技术学校－教材 Ⅳ.①TB12

中国版本图书馆 CIP 数据核字(2009)第204229号

组稿编辑：王路平 电话：0371-66022212 E-mail：hhslwlp@163.com

出 版 社：黄河水利出版社

地址：河南省郑州市顺河路黄委会综合楼14层 邮政编码：450003

发行单位：黄河水利出版社

发行部电话：0371-66026940、66020550、66028024、66022620(传真)

E-mail：hhslcbs@126.com

承印单位：河南承创印务有限公司

开本：787 mm×1 092 mm 1/16

印张：24

字数：560千字 印数：13 001—17 000

版次：2010年1月第1版 印次：2015年11月第4次印刷

2011年6月修订

定价：40.00元

前 言

本书是根据《教育部、财政部关于实施国家示范性高等职业院校建设计划、加快高等职业教育改革与发展的意见》(教高[2006]14号)、《教育部关于全面提高高等职业教育教学质量的若干意见》(教高[2006]16号)等文件精神,由全国水利水电高职教研会拟定的教材编写规划,在中国水利教育协会指导下,由全国水利水电高职教研会组织编写的第二轮水利水电类专业规划教材。第二轮教材以学生能力培养为主线,具有鲜明的时代特点,体现出实用性、实践性、创新性的教材特色,是一套理论联系实际、教学面向生产的高职高专教育精品规划教材。

本书针对高等职业技术教育的特点,适应教学改革的要求,对工程力学课程的内容按其系统性进行了调整。在编写过程中,注重基本概念、基本理论,但不过分强调理论及公式推导,而更注重结合工程实例,应用其基本计算方法解决工程实际中的计算问题,以加强学生工程意识的培训。本书编写力求做到内容紧凑、叙述简明、由浅入深、计算方法演示简捷,示例精典,以便于读者理解和接受。全书各章开篇指明学习目标,章后附有内容小结及一定数量的思考题和习题,有助于读者掌握有关力学知识。

本书编写人员及编写分工如下:福建水利电力职业技术学院张生瑞(第一章、第六章),河南水利与环境职业学院杨雅新(第二章),长江工程职业技术学院杨恩福(第三章、第十一章)、杨艳(第四章),内蒙古机电职业技术学院于海云(第五章和第十二章),浙江水利水电专科学校陈冬云(第七章、第十章),浙江同济科技职业学院杨玉泉(第八章),辽宁水利职业学院杨晓阳(第九章、附录)。本书由杨恩福和张生瑞担任主编,并由杨恩福负责全书统稿;由杨雅新、杨晓阳、杨玉泉担任副主编;由黑龙江农垦科技职业学院张永伟担任主审。

由于编写时间仓促,书中难免存在缺点和疏漏,恳请广大师生及读者批评指正。

编 者

2009年7月

目　录

前　言

第一章　绪　论 ………………………………………………………………（1）

第一节　工程力学的研究对象 ……………………………………………（1）

第二节　工程力学的任务和内容 …………………………………………（2）

第三节　刚体、变形固体及其基本假设 ……………………………………（3）

第二章　力的基本知识和物体的受力分析 ……………………………（5）

第一节　力的基本概念 ……………………………………………………（5）

第二节　荷载的分类 ………………………………………………………（6）

第三节　静力学公理 ………………………………………………………（7）

第四节　力的投影 …………………………………………………………（11）

第五节　力　矩 ……………………………………………………………（14）

第六节　力　偶 ……………………………………………………………（17）

第七节　约束与约束反力 …………………………………………………（20）

第八节　物体的受力分析·受力图 ………………………………………（23）

第九节　结构计算简图 ……………………………………………………（28）

本章内容小结 ………………………………………………………………（32）

思考题 ………………………………………………………………………（33）

习　题 ………………………………………………………………………（34）

第三章　力系的合成与平衡 ……………………………………………（36）

第一节　平面汇交力系的合成与平衡 ……………………………………（36）

第二节　平面力偶系的合成与平衡 ………………………………………（44）

第三节　平面一般力系的合成与平衡 ……………………………………（47）

第四节　物体系统的平衡 …………………………………………………（57）

第五节　考虑摩擦时物体的平衡问题 ……………………………………（60）

第六节　空间力系的合成与平衡简介 ……………………………………（65）

本章内容小结 ………………………………………………………………（70）

思考题 ………………………………………………………………………（72）

习　题 ………………………………………………………………………（74）

第四章　杆件的内力分析 ………………………………………………（80）

第一节　杆件受力与变形特点 ……………………………………………（80）

第二节　内力的概念和计算方法 …………………………………………（82）

第三节　轴向拉(压)杆的内力分析·轴力图 ……………………………（83）

第四节　扭转杆的内力分析·扭矩图 …… (86)
第五节　梁弯曲时的内力分析·内力图 …… (90)
本章内容小结 …… (111)
思考题 …… (111)
习　题 …… (112)
第五章　平面图形的几何性质 …… (115)
第一节　物体的重心与形心的坐标公式 …… (115)
第二节　面积矩 …… (120)
第三节　极惯性矩、惯性矩、惯性积 …… (122)
本章内容小结 …… (130)
思考题 …… (131)
习　题 …… (131)
第六章　杆件的强度和刚度计算 …… (133)
第一节　应力的概念 …… (133)
第二节　轴向拉(压)杆的强度计算 …… (134)
第三节　轴向拉(压)杆的变形·虎克定律 …… (140)
第四节　材料在拉伸和压缩时的力学性能 …… (143)
第五节　连接件的强度计算 …… (148)
第六节　圆轴扭转时的强度和刚度计算 …… (153)
第七节　梁弯曲时的强度计算 …… (161)
第八节　梁弯曲时的变形和刚度计算 …… (174)
第九节　组合变形杆件的强度计算 …… (181)
本章内容小结 …… (190)
思考题 …… (195)
习　题 …… (197)
第七章　压杆稳定 …… (204)
第一节　压杆稳定的概念 …… (204)
第二节　压杆的临界力 …… (205)
第三节　压杆的临界应力 …… (206)
第四节　压杆的稳定计算 …… (209)
本章内容小结 …… (214)
思考题 …… (215)
习　题 …… (215)
第八章　结构的几何组成分析 …… (217)
第一节　概　述 …… (217)
第二节　几何不变体系的简单组成规则 …… (220)
第三节　结构的几何组成分析示例 …… (222)

第四节　结构的几何特征 …………………………………………………………（225）
本章内容小结 ………………………………………………………………………（225）
思考题 ………………………………………………………………………………（226）
习　题 ………………………………………………………………………………（226）
第九章　静定结构的内力分析 …………………………………………………（228）
第一节　多跨静定梁的内力分析·内力图 ………………………………………（228）
第二节　静定平面刚架的内力分析·内力图 ……………………………………（230）
第三节　静定拱的内力分析 ………………………………………………………（236）
第四节　静定平面桁架的内力分析 ………………………………………………（242）
第五节　静定组合结构的内力计算 ………………………………………………（250）
本章内容小结 ………………………………………………………………………（252）
思考题 ………………………………………………………………………………（252）
习　题 ………………………………………………………………………………（253）
第十章　静定结构的位移计算 …………………………………………………（257）
第一节　概　述 ……………………………………………………………………（257）
第二节　变形体的虚功原理 ………………………………………………………（258）
第三节　结构位移计算的一般公式 ………………………………………………（263）
第四节　结构在荷载作用下的位移计算公式 ……………………………………（264）
第五节　用图乘法计算结构位移 …………………………………………………（268）
第六节　线性变形体系的几个互等定理 …………………………………………（273）
第七节　静定结构因支座移动时的位移计算 ……………………………………（275）
本章内容小结 ………………………………………………………………………（276）
思考题 ………………………………………………………………………………（277）
习　题 ………………………………………………………………………………（278）
第十一章　超静定结构的内力分析 ……………………………………………（280）
第一节　超静定结构概述 …………………………………………………………（280）
第二节　用力法计算超静定结构 …………………………………………………（285）
第三节　用位移法计算超静定结构 ………………………………………………（315）
第四节　用力矩分配法计算超静定梁和无侧移刚架 ……………………………（328）
本章内容小结 ………………………………………………………………………（341）
思考题 ………………………………………………………………………………（342）
习　题 ………………………………………………………………………………（343）
第十二章　影响线 ………………………………………………………………（347）
第一节　影响线的概念 ……………………………………………………………（347）
第二节　静定梁的影响线 …………………………………………………………（348）
第三节　影响线的应用 ……………………………………………………………（356）
第四节　简支梁的内力包络图 ……………………………………………………（359）

第五节　连续梁的内力包络图简介 …………………………………………… (361)
本章内容小结 ……………………………………………………………… (362)
思考题 ……………………………………………………………………… (362)
习　题 ……………………………………………………………………… (362)
附录　型钢规格表 ……………………………………………………………… (365)
参考文献 ………………………………………………………………………… (376)

第一章　绪　论

【学习目标】

- 了解建筑物、结构、构件的含义以及三者之间的相互关系。
- 了解工程结构的分类，明确工程力学的研究对象。
- 初步掌握强度、刚度和稳定性的概念，了解工程力学的任务和内容。
- 熟悉刚体、变形固体的概念，掌握变形固体的基本假定。

第一节　工程力学的研究对象

工程力学是工程技术人员从事结构设计和施工所必须具备的理论基础，工程力学问题在水利、土建等各种工程的设计和施工中都会涉及到。这门学科为工程结构受力分析和计算理论提供了依据，它将为读者打开进入结构设计和解决施工现场中许多受力问题的大门。

任何建筑物在施工和使用的过程中都要受到各种各样的力的作用，如设备和人的重力、建筑物各部分的自重等，在工程中习惯将这些作用在建筑物上的力称为荷载。为了承受一定荷载以满足各种使用要求，需要建造不同的建筑物。如水利工程中的水闸、水坝、水电站、渡槽、隧道等，土木建筑工程中的屋架梁、板、柱和塔架等。

在建筑物中承受和传递荷载并起到骨架作用的部分称为结构。组成结构的每一个部件称为构件。结构是由若干构件按一定方式组合而成的。结构受荷载作用时，若不考虑建筑材料的变形，其几何形状和位置不会发生改变。

例如，图 1-1 是一个单层厂房承重骨架的示意图，它由屋面板、屋架、吊车梁、连系梁、柱子及基础等构件组成，其荷载的传递过程如下：屋面板将屋面上的荷载通过屋架传给柱

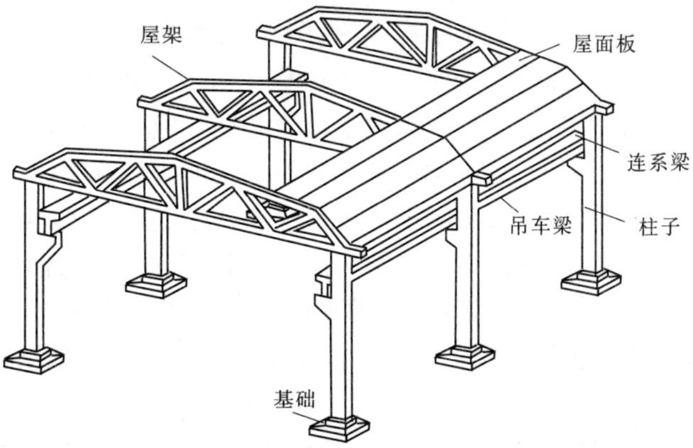

图 1-1

子,吊车荷载通过吊车梁传给柱子,柱子又将其受到的各种荷载传给基础,而基础上的荷载最后传给了地基。

工程中常见的结构按照结构构件的几何特征可分为以下三种类型:

(1)杆系结构。由若干杆件组成的结构称为杆系结构,也称为杆件结构。杆件的几何特征是其长度远远大于横截面的尺寸,其类型如图 1-2(a)、(b)、(c)所示。

(2)板壳结构。由薄板或薄壳构成的结构称为板壳结构,也称为薄壁结构。板或壳的几何特征是其厚度远远小于另外两个方向的尺寸,如图 1-2(d)、(e)所示。

(3)块体结构。由一些块体构成的结构称为块体结构,也称为实体结构。块体的几何特征是三个方向的尺寸基本为同一数量级,如图 1-2(f)所示。

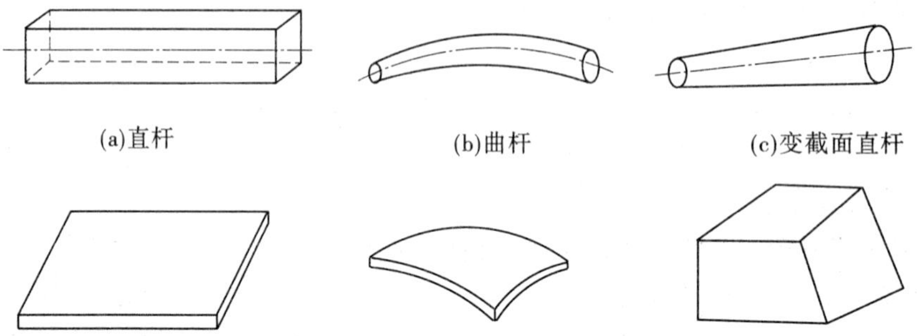

(a)直杆　(b)曲杆　(c)变截面直杆

(d)平板　(e)壳　(f)块体

图 1-2

工程力学的研究对象主要是杆系结构,而块体结构和板壳结构则由弹性力学来研究。杆系结构是工程建筑中应用最广的一种结构,虽然实际结构多属于空间结构,但在分析时常常可以简化为平面结构来进行计算。因此,本书研究的主要对象就是杆件与平面杆系结构。

第二节　工程力学的任务和内容

当结构承受和传递荷载时,要求结构中的每个构件都能够安全正常地工作,这样才能保证整个结构正常使用。为此,首先要求构件在承受荷载作用时不发生破坏。如吊车工作时起吊荷载不能过大,否则会使吊车梁发生弯曲断裂。但如果吊车梁的变形过大,吊车就不能在上面正常行驶。可见,只不发生破坏并不能保证构件就能够正常工作。此外,有一些构件在荷载作用下,其原来形状的平衡可能会丧失稳定。例如,细长的受压柱子,当压力超过某一定值时,会突然地改变原来的直线平衡状态而发生弯曲,这种现象称为“失稳”。由此可见,要保证结构或构件安全正常工作必须满足强度、刚度和稳定性的要求。

强度是指结构或构件抵抗破坏的能力。满足强度要求就是要使结构的各构件正常工作时不发生破坏。

刚度是指结构或构件抵抗变形的能力。满足刚度要求就是要使结构或构件正常工作时产生的变形不超过允许范围。

稳定性是指结构或构件保持原有平衡状态的能力。满足稳定性要求就是要使结构或构件在正常工作时不突然改变原有平衡状态，以致因变形过大而破坏。

构件的强度、刚度和稳定性统称为构件的承载能力，其高低与构件的材料性质、截面的几何形状及尺寸、受力性质、工作条件及构造情况等因素有关。在结构设计中：如果把构件截面尺寸设计得过小，构件的承载能力就会不足；但如果把构件截面设计得过大，又会造成浪费而不经济。因此，结构和构件的安全性与经济性是相矛盾的。工程力学的任务就在于力求合理地解决这一矛盾，即在结构或构件满足强度、刚度和稳定性要求的前提下，选择适宜的材料，确定合理的截面形状和尺寸，为保证结构或构件既安全可靠又经济合理提供计算的理论依据。

本教材包含以下几个部分的内容：

(1)静力学知识。这是工程力学中重要的基础理论，包括静力学公理等基本知识、物体的受力分析、力系的简化与平衡等基础理论。

(2)杆件的承载能力计算。杆件的承载能力计算是结构承载能力计算的实质，包括基本变形杆件的内力分析和强度、刚度计算，压杆稳定和组合变形杆件的强度计算。

(3)几何组成分析。研究平面体系的几何组成规律，以确定它是否能作为结构来使用，并能区分出静定结构和超静定结构，为结构的内力分析打下必要的基础。

(4)结构的内力分析。这部分内容包括静定结构的内力分析和位移计算、超静定结构内力分析的基本方法(力法、位移法、力矩分配法)介绍以及影响线等。其中，静定结构的分析计算还为超静定结构的分析提供基础知识，在确定了超静定结构的内力后就可对各构件按杆件承载力计算方法进行强度和刚度的计算了。

第三节　刚体、变形固体及其基本假设

自然界中的物体，其性质是复杂多样的。各学科从不同的角度来研究物体的性质，为使所研究的问题简化，通常略去对所研究问题影响不大的次要因素，而只考虑相关的主要因素，也即将复杂问题抽象化为只具有某些主要性质的理想模型。在工程力学中将物体抽象化为两种计算模型：刚体和变形固体。

一、刚体和变形固体的概念

所谓刚体，是指在外力作用下大小和形状都不改变的物体。实际上，理想的刚体是不存在的，任何物体受力后都会发生一定程度的变形，但在进行结构和构件的受力分析及体系几何组成分析时，这种变形对所研究的问题没有影响或者影响极小，便可将物体视为刚体。

所谓变形固体，是指在外力作用下大小和形状会发生变化的物体。在工程力学中，进行结构的内力分析和杆件的承载能力计算时，物体的变形是不可忽略的主要因素，这时必须将其视为变形固体。工程力学对实际变形固体材料作了一些假设，从而将其理想化。

二、变形固体的基本假设

(1)连续均匀假设。该假设认为物体的材料无空隙地连续分布,且构件内各点处的力学性质完全相同。根据这个假设,在进行分析时,与构件性质相关的物理量就可以用连续函数来表示,且可以从构件内任何位置取出一小部分来研究材料的力学性质。

(2)各向同性假设。该假设认为材料沿不同方向的力学性质均相同。具有这种性质的材料称为各向同性材料,如金属材料、塑料等;而各方向力学性质不同的材料称为各向异性材料,如木材、竹材和纤维增强材料等。

(3)小变形假设。工程力学所研究的构件在荷载作用下的变形与原始尺寸相比很小,故对构件进行受力分析时可忽略其变形,这样可使计算得到很大的简化。

变形固体在力的作用下产生的变形有两种:一种是撤去荷载可完全消失的变形,称为弹性变形;另一种是撤去荷载后不能恢复的变形,称为塑性变形或残余变形。在多数工程问题中,要求构件只发生弹性变形。对小变形构件的计算,可取变形前的原始尺寸并略去某些高阶微量,以达到简化计算的目的。

符合上述假设的变形固体称为理想变形固体。工程力学在研究构件承载能力时把所研究的构件视为理想变形固体,并在弹性范围内和小变形情况下进行分析。由于采用以上力学模型,大大便利了理论研究和计算公式的推导。尽管所得结果只具有近似的准确性,但其精确度可满足一般的工程要求。当然,任何假设都不是主观臆断的,在假设基础上得出的理论结果,还必须经得起实践的检验。因而,工程力学的研究,除理论分析方法外,试验也是一种很重要的方法。

第二章　力的基本知识和物体的受力分析

【学习目标】

- 掌握静力学的基本概念,力、平衡、刚体和约束的概念。
- 掌握静力学几个公理及其推论。
- 了解荷载的分类。
- 掌握力的投影、力矩和力偶矩的计算方法,掌握力偶的性质。
- 掌握七种平面约束的特点和反力特点。
- 掌握画单一物体和物体系统受力图的方法。
- 了解选取结构计算简图的原则和方法。

第一节　力的基本概念

一、力的定义

力的概念是人们在长期的生产劳动和日常生活中逐步建立起来的。人们在推车、提重物、抛掷物体、打铁等活动时感到肌肉紧张,从而对力产生了感性认识。随着生产的发展,又进一步认识到:物体机械运动状态的改变和物体形状大小的改变,都是其他物体对该物体施加力的结果。例如,水流冲击水轮机叶片带动发电机转子转动,起重机起吊构件,弹簧受力后伸长或缩短。

牛顿定律给出了力的科学定义:力是物体间相互的机械作用,这种作用使物体的运动状态发生改变(外效应),或者使物体的形状发生改变(内效应)。

力是物体与物体之间的相互作用,有受力的物体则必有施力的物体。在工程力学中,力的作用方式一般有两种情况:一种是两物体相互接触时,它们之间相互产生的拉力或压力;另一种是物体与地球之间相互产生的吸引力,对物体来说,这种吸引力就是重力。

二、力的三要素

实践证明,力对物体的作用效果,取决于三个要素:力的大小、力的方向、力的作用点。

力的大小是指物体间相互作用的强弱程度。为了度量力的大小,必须规定力的单位。在国际单位制中,力的单位是牛[顿](N)或千牛[顿](kN),1 kN = 1 000 N;在工程单位制中,力的单位是千克(kg)或吨(t)。两种单位制的换算关系为 1 kg = 9.8 N≈10 N。

力的方向包含方位和指向两个含义。例如,重力的方向是铅垂向下的,“铅垂”指其方位,即重力的作用线,“向下”为其箭头指向。

力的作用点就是力对物体作用的位置。力的作用位置实际上有一定的范围，不过当作用范围与物体相比很小时，可近似地看做是一个点。作用于一点的力，称为集中力。

在力的三要素中，有任一要素改变时，力对物体的作用效果随之改变。因此，在描述一个力时，必须全面表明力的三要素。例如，沿水平地面推动一个木箱，作用在木箱上的力，或大小不同，或方向不同，或作用点位置不同，产生的效果不一样。

三、力的图示法

力是一个有大小和方向的量，是矢量。用字母符号表示力矢量时，常用黑体字如 $\boldsymbol{F}$、$\boldsymbol{P}$ 等表示。

通常用一段带箭头的线段表示力的三要素。线段的长度(按选定的比例)表示力的大小；线段与某定直线的夹角表示力的方位，箭头表示力的指向；带箭头线段的起点或终点表示力的作用点。如图 2-1 所示，按比例画出力 $\boldsymbol{F}$ 的大小 20 kN，力的方向与水平线成 α 角，指向右上方，作用在物体的 A 点上。

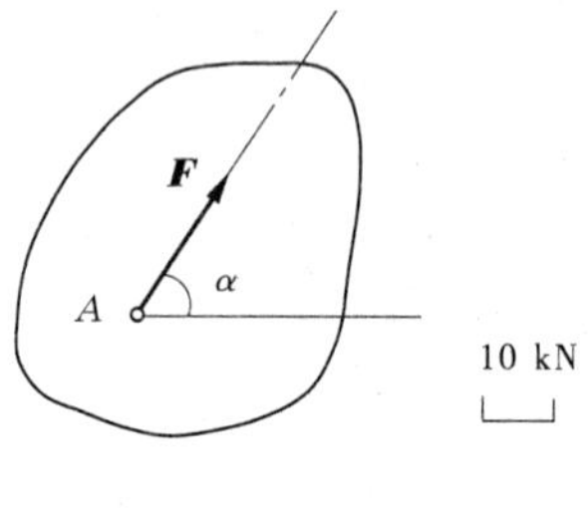

图 2-1

为了便于研究和叙述，我们还要给出以下定义：

(1)作用在物体上的一群力或一组力称为力系。

(2)物体相对于地球处于静止状态或做匀速直线运动时，称物体处于平衡状态。

(3)如果物体在某一力系作用下保持平衡状态，则该力系称为平衡力系。

(4)若作用在物体上的一个力系可用另一个力系来代替，而不改变力系对物体的作用效应，则这两个力系称为等效力系。

第二节　荷载的分类

作用在结构上的主动力称为荷载。确定实际结构所承受的荷载，是进行结构受力分析的前提，必须慎重对待。如果将荷载估计偏高，则所设计的构件截面偏大，使用材料就多，因而造成浪费；如果将荷载估计偏低，则所设计的构件截面就偏小，构件就不安全，甚至会发生因不能承受实际荷载而引起破坏的严重事故。结构承受的荷载可根据《建筑结构荷载规范》《GB 50009—2001》确定其数值。

实际结构受到的荷载是相当复杂的，为了便于分析，可从不同角度将荷载分类如下。

一、根据荷载作用时间的长短分类

(1)恒荷载(恒载)：长期作用在结构上的不变荷载(如结构的自重、挡土墙的土压力等)。

(2)活荷载(活载)：在建筑物施工和使用期间可能存在着的可变荷载(如风荷载、雪荷载、人群荷载等)。

二、根据荷载分布情况分类

(一)分布荷载

分布荷载是作用于整个物体或其某部分上的荷载,作用范围不能忽略。其又可分为体荷载、面荷载、线荷载等。体荷载是分布在物体的体积内的荷载,如重力等。面荷载是分布在物体的表面上的荷载,如楼板上的荷载、水坝上的水压力等。线荷载是分布在一个狭长的体积内或狭长的面积上,而且相互平行的荷载,可以将其简化为沿狭长方向的中心线分布的荷载,如分布在梁上的荷载。

分布荷载的大小用集度表示,荷载集度只是表示荷载分布的密集程度。物体上每单位体积、单位面积和单位长度上所承受的荷载,分别称为体荷载集度、面荷载集度和线荷载集度,分别用 γ、p、q 表示,它们的单位分别为 N/m^3、N/m^2、N/m 或 kN/m^3、kN/m^2、kN/m。

分布荷载按其分布是否均匀,又可分为均布荷载和非均布荷载。均布荷载是荷载连续作用在结构上,而且大小处处相等。例如,板、梁的自重,渡槽的水平底面所受的水压力。非均布荷载是荷载连续作用在结构上,但大小各处都不相等。例如,渡槽的侧壁所受到的水压力,因压强与水深成正比而为按三角形分布的非均布荷载。

必须强调指出:荷载集度只表示分布荷载的密集程度,并不表示一点受多大的荷载。例如,渡槽侧壁某点的荷载集度 $q=5.2$ kN/m,这并不是说该点就承受着5.2 kN 的力(荷载),而是指将该点的荷载集度按其大小不变扩展到1 m 长度时,总共才有5.2 kN。荷载集度要乘以相应分布的体积、面积或长度后,才是力(荷载),又称为分布荷载的合力(集中荷载)。

(二)集中荷载

集中荷载是指荷载作用的范围很小,可以近似地看成作用在一点上的荷载。例如,梁端对墙或柱的压力,管道对支架的压力等。

三、根据荷载作用性质分类

(1)静力荷载是缓慢地加在结构上的荷载。其特点是由零逐渐增加到最后确定值后它的大小、位置和方向不再随时间而变化。例如,构件自重及一般的活荷载都是静力荷载。

(2)动力荷载是急剧地施加在结构上的荷载。其大小、位置和方向(或其中一项)随着时间而变化,使结构受到冲击或振动,产生不可忽视的加速度。例如,地震荷载就是动力荷载。

第三节　静力学公理

静力学公理是人们在长期的生产和生活实践中,经过反复观察和试验总结出来的普遍规律。所谓"公理",就是不需证明而被公认的真理。

公理一(作用与反作用定律)

两物体间的作用力与反作用力大小相等、方向相反、沿同一直线,分别作用在两个物体上。

例如,如图 2-2 所示的梁两端支承在墙上,受荷载 q 作用,墙分别受到压力 $\boldsymbol{F}_A$、$\boldsymbol{F}_B$ 的作用,而梁又分别受到墙的反作用力 $\boldsymbol{F}'_A$和 $\boldsymbol{F}'_B$的作用。

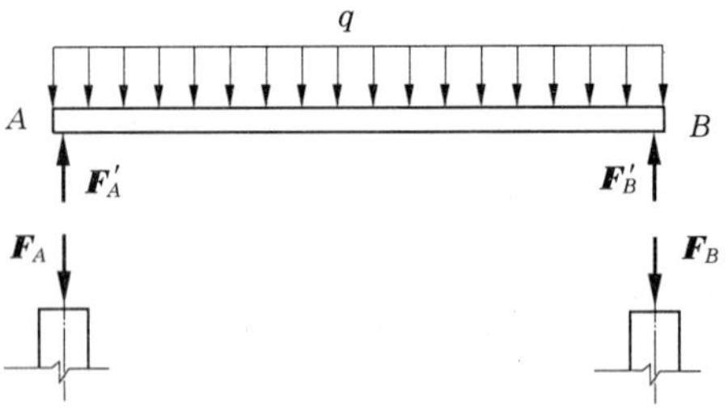

图 2-2

可见,作用力与反作用力总是成对地出现在两个相互作用的物体之间,即有作用力,必有反作用力。

公理二(二力平衡公理)

作用在同一刚体上的两个力,使刚体平衡的必要和充分条件是:这两个力大小相等、方向相反、作用在同一直线上。如图 2-3 所示。

二力平衡公理是推导各种力系平衡条件的基础。必须注意:二力平衡中的两个力和作用力与反作用力不同,虽然都是大小相等、方向相反、作用在同一直线上,但作用力与反作用力是分别作用在两个物体上,不能构成一个平衡力系。

必须注意,对于变形体来说,两个力等值、反向、共线的条件只能是二力平衡的必要条件而不是充分条件。例如,绳索的两端受到等值、反向、共线的两个拉力作用时处于平衡状态,但受到等值、反向、共线的两个压力作用时,就不能平衡,如图 2-4 所示。

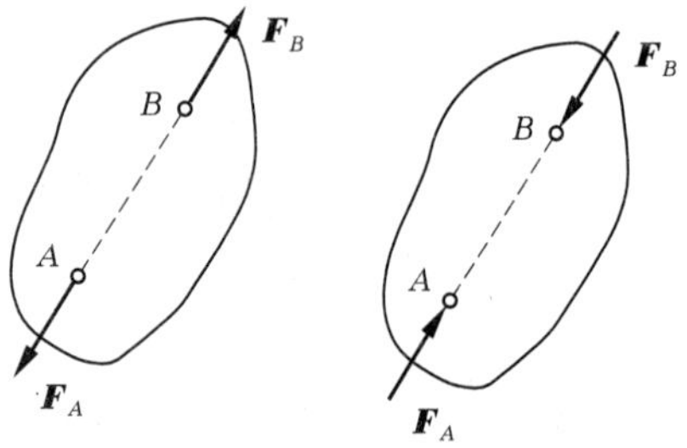

图 2-3

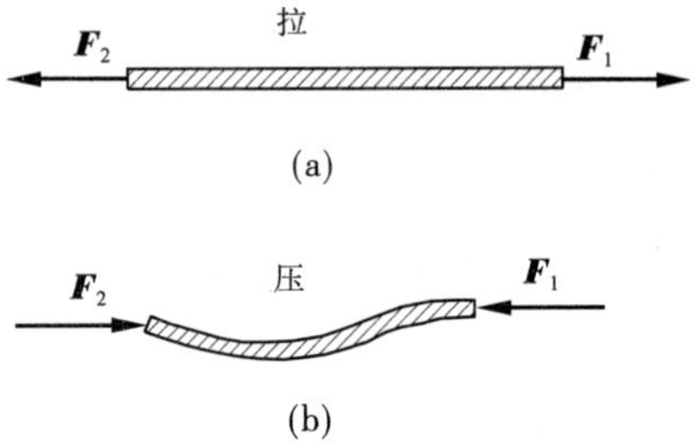

图 2-4

只受二力作用而处于平衡状态的杆件或构件称为二力杆或二力构件。二力杆或二力构件上的两个力的作用线必为这两个力作用点的连线,如图 2-5 所示。

公理三(加减平衡力系公理)

在作用于刚体的任意力系中,加上或去掉任何一个平衡力系,不会改变原力系对刚体的作用效应。

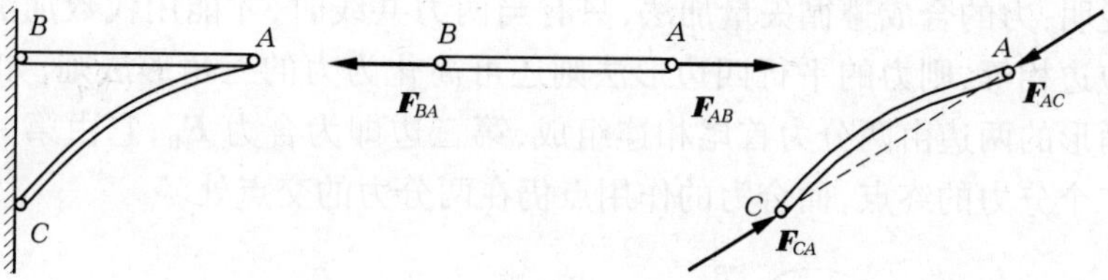

图 2-5

因为平衡力系作用在刚体上,不会改变刚体的运动状态,所以在刚体的原力系上加上或去掉一个平衡力系,并不改变原力系对刚体的作用效应。

推论(力的可传性原理)

作用在刚体上的力可沿其作用线移动到刚体内任一点,而不改变原力对刚体的作用效应。简证如图 2-6 所示。

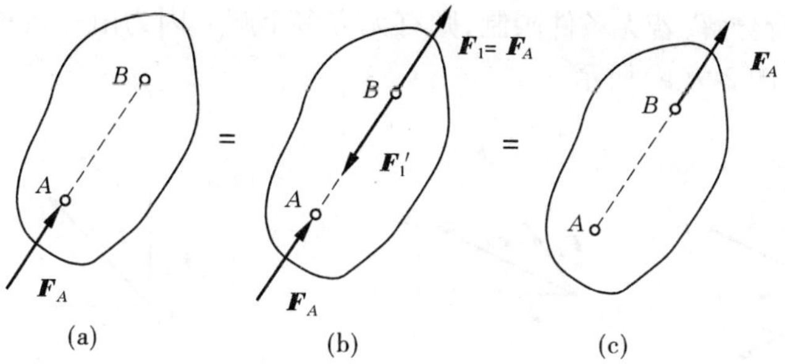

图 2-6

须指出:加减平衡力系公理和力的可传性原理都只适用于刚体,不适用于变形体。因为在物体上加上或去掉一个平衡力系,或将力沿其作用线移动,不改变力对物体的外效应,但要改变力对物体的内效应。如图 2-7 所示的杆件,直杆 *AB* 的两端分别受到两个等值、反向、共线的力 F_A、F_B 作用而处于平衡状态。如果将这两个力沿其作用线分别移到杆的另一端,显然,直杆 *AB* 仍处于平衡状态。这说明力沿其作用线移动并不改变力的外效应。但是直杆由如图 2-7(a)所示的拉伸变形转变为如图 2-7(b)所示的压缩变形。

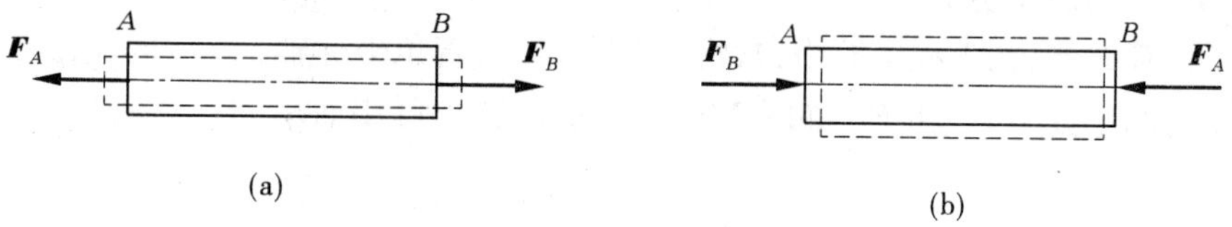

图 2-7

可见,力对直杆的内效应由于力沿其作用线的移动而发生了变形形式的改变。这说明对变形体而言,力的可传性原理不适用。

公理四(力的平行四边形法则)

作用于物体上同一点的两个力,可以合成为一个合力,合力的作用线通过该点,其大小和方向由这两个力为邻边所构成的平行四边形的对角线来表示,如图 2-8(a)所示。

该公理说明：力的合成遵循矢量加法，只有当两力共线时，才能用代数加法。由于平行四边形对应边相等，则力的平行四边形法则还可简化为力的三角形法则，如图 2-8(b)所示。力三角形的两边由两分力首尾相连组成，第三边即为合力 $\boldsymbol{F}_R$，它由第一个分力的起点指向第二个分力的终点，而合力的作用点仍在两分力的交点处。

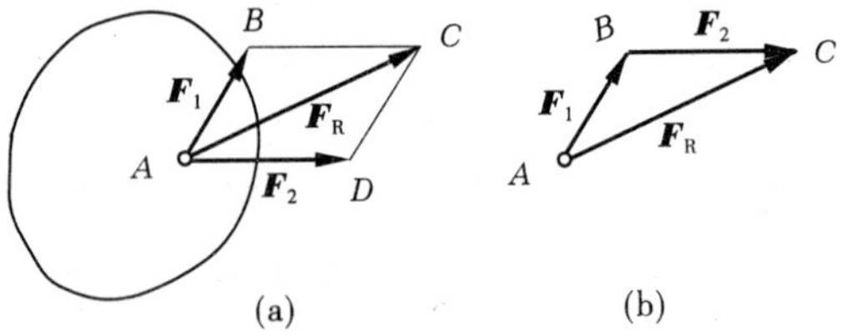

图 2-8

须指出：力的平行四边形法则既是两个共点力的合成法则，又是力的分解法则。但将一个力按此法则进行分解，若无条件限制，则有无穷多个解。因为由一条对角线可作无穷多个平行四边形，如图 2-9(a)所示。

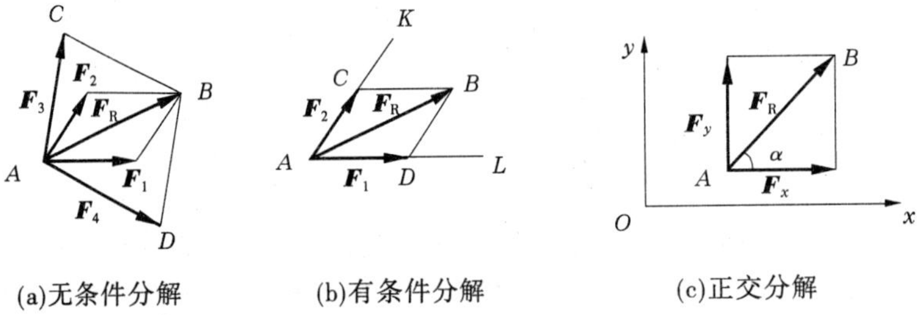

图 2-9

要将一个力分解为唯一的两个力，必须给予附加条件。通常是将一个力分解为方向已知的两个分力。

设有一作用于 A 点的力 $\boldsymbol{F}_R$，如图 2-9(b)所示，现将此力沿直线 AK 和 AL 方向分解：应用力的平行四边形法则，过 $\boldsymbol{F}_R$ 的终点 B 作两直线分别平行于 AK 和 AL，得交点 C 和 D，则 $\boldsymbol{F}_1$ 和 $\boldsymbol{F}_2$ 即为所求分力。

为了计算方便，在工程实际中，常将一个力 $\boldsymbol{F}_R$ 沿直角坐标轴 x、y 方向进行分解，得出互相垂直的两个分力 $\boldsymbol{F}_x$ 和 $\boldsymbol{F}_y$，如图 2-9(c)所示。这样可用简单的三角函数关系求得每个分力的大小为

$$\left.\begin{aligned} F_x &= F_R\cos\alpha \\ F_y &= F_R\sin\alpha \end{aligned}\right\} \tag{2-1}$$

式中：α 为 $\boldsymbol{F}_R$ 和 x 轴之间的夹角。

推论(三力平衡汇交定理)

若一刚体受共面不平行的三个力作用而处于平衡，则这三个力的作用线必汇交于一点。如图 2-10 所示。

证明：设有共面不平行的三个力 $\boldsymbol{F}_1$、$\boldsymbol{F}_2$、$\boldsymbol{F}_3$ 分别作用在一刚体上的 A_1、A_2、A_3 三点而

处于平衡，如图 2-10 所示。

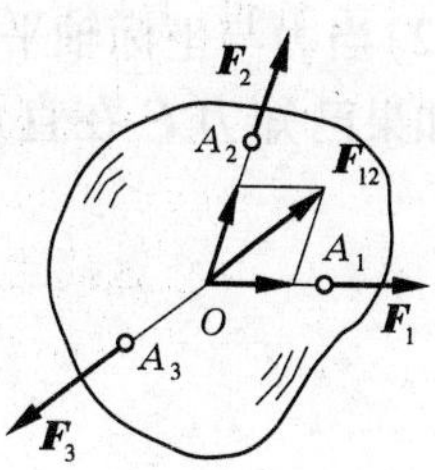

图 2-10

(1)根据力的可传性原理，将力 $\boldsymbol{F}_1$、$\boldsymbol{F}_2$ 移到该两力作用线的交点 O 点，再用力的平行四边形法则将力 $\boldsymbol{F}_1$、$\boldsymbol{F}_2$ 合成为合力 $\boldsymbol{F}_{12}$，$\boldsymbol{F}_{12}$ 也作用在 O 点。

(2)因为 $\boldsymbol{F}_1$、$\boldsymbol{F}_2$、$\boldsymbol{F}_3$ 三力平衡，所以 $\boldsymbol{F}_{12}$ 应与力 $\boldsymbol{F}_3$ 平衡，又由二力平衡公理可知，力 $\boldsymbol{F}_3$ 和 $\boldsymbol{F}_{12}$ 一定是大小相等、方向相反、作用在同一直线上，这就是说，力 $\boldsymbol{F}_3$ 必通过力 $\boldsymbol{F}_1$、$\boldsymbol{F}_2$ 的交点 O，即证明 $\boldsymbol{F}_1$、$\boldsymbol{F}_2$、$\boldsymbol{F}_3$ 三力的作用线必汇于一点。

三力平衡汇交定理常用来确定物体在共面不平行的三个力作用下平衡时其中未知力的作用线。

第四节　力的投影

在工程力学中，要对物体作受力分析并进行力学计算，通常以力在坐标轴上的投影计算为基础。

一、力在平面坐标轴上的投影

设力 $\boldsymbol{F}$ 作用于物体的 A 点，如图 2-11 所示。在力 $\boldsymbol{F}$ 作用线所在平面内取直角坐标系 xOy，从力 $\boldsymbol{F}$ 的起点 A 和终点 B 分别向 x 轴和 y 轴作垂线，得垂足 a、b 和 a'、b'，线段 ab 加上正负号，称为力 $\boldsymbol{F}$ 在 x 轴上的投影，用 F_x 表示。线段 $a'b'$ 加上正负号，称为力 $\boldsymbol{F}$ 在 y 轴上的投影，用 F_y 表示。规定：从力的起点投影(a 或 a')到终点投影(b 或 b')的方向与投影轴的正向一致时，力的投影取正值；反之，取负值。力在坐标轴上的投影是标量。

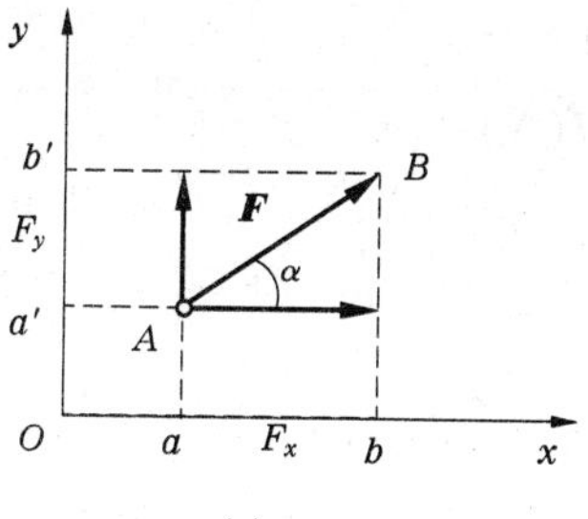

(a)

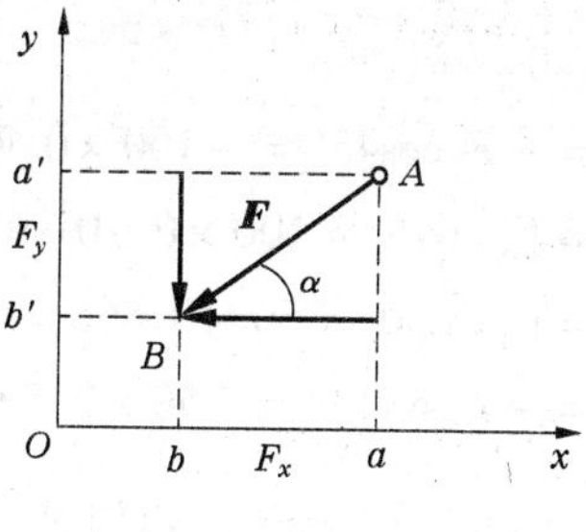

(b)

图 2-11

若已知力 $\boldsymbol{F}$ 的大小及其与 x 轴所夹的锐角 α，则力 $\boldsymbol{F}$ 在坐标轴上的投影 F_x 和 F_y 可按式(2-2)计算

$$\left.\begin{aligned} F_x &= \pm F\cos\alpha \\ F_y &= \pm F\sin\alpha \end{aligned}\right\} \tag{2-2}$$

在应用时，应注意以下几个方面：

(1)当力与坐标轴垂直时，力在该轴上的投影等于零。

(2)当力与坐标轴平行时,力在该轴上的投影的绝对值等于力的大小。

如果已知力 $\boldsymbol{F}$ 在直角坐标轴上的投影 F_x 和 F_y,则力 $\boldsymbol{F}$ 的大小和方向可由式(2-3)确定

$$\left.\begin{aligned} F &= \sqrt{F_x^{\ 2} + F_y^{\ 2}} \\ \tan\alpha &= \left|\frac{F_y}{F_x}\right| \end{aligned}\right\} \tag{2-3}$$

式中:α 为 $\boldsymbol{F}$ 与 x 轴所夹的锐角,力 $\boldsymbol{F}$ 的指向可由投影 F_x 和 F_y 的正负号来确定。

【例 2-1】 试分别求出图 2-12 中各力在 x 轴和 y 轴上的投影。已知:$F_1 = 150$ N,$F_2 = 120$ N,$F_3 = 100$ N,$F_4 = 50$ N,各力的方向如图 2-12 所示。

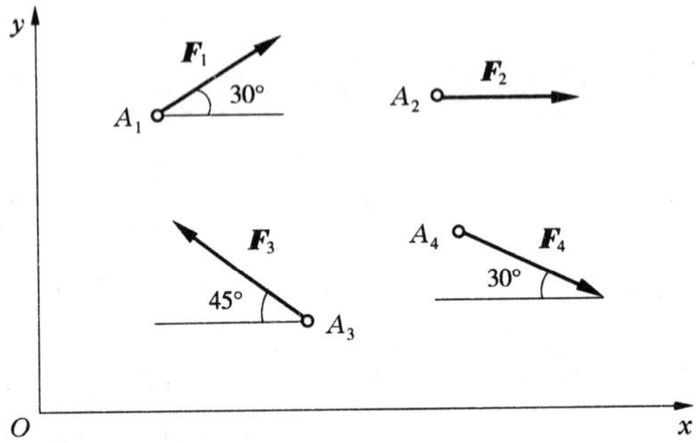

图 2-12

解 $F_{1x} = F_1\cos30° = 150 \times 0.866 = 129.9(\text{N})$

$F_{1y} = F_1\sin30° = 150 \times 0.5 = 75(\text{N})$

$F_{2x} = F_2 = 120\ \text{N}$

$F_{2y} = 0$

$F_{3x} = -F_3\cos45° = -100 \times 0.707 = -70.7(\text{N})$

$F_{3y} = F_3\sin45° = 100 \times 0.707 = 70.7(\text{N})$

$F_{4x} = F_4\cos30° = 50 \times 0.866 = 43.3(\text{N})$

$F_{4y} = -F_4\sin30° = -50 \times 0.5 = -25(\text{N})$

二、力在空间坐标轴上的投影

(一)空间力的表示方法

确定已知力 $\boldsymbol{F}$ 在空间的方向常用以下两种方法:

(1)直接法。直接给出力 $\boldsymbol{F}$ 与所选坐标轴 x、y、z 正向间的夹角 α、β、γ,则该力在空间的方向便可完全确定,如图 2-13(a)所示。

(2)间接法。给出力 $\boldsymbol{F}$ 与 z 轴之间夹角 γ 以及力 $\boldsymbol{F}$ 与 z 轴所确定的平面与 x 轴之间的夹角 φ,则该力在空间的方向也可完全确定,如图 2-13(b)所示。

(二)力在空间直角坐标轴上的投影方法

由于力的给定方法有两种,其投影方法也有以下两种。

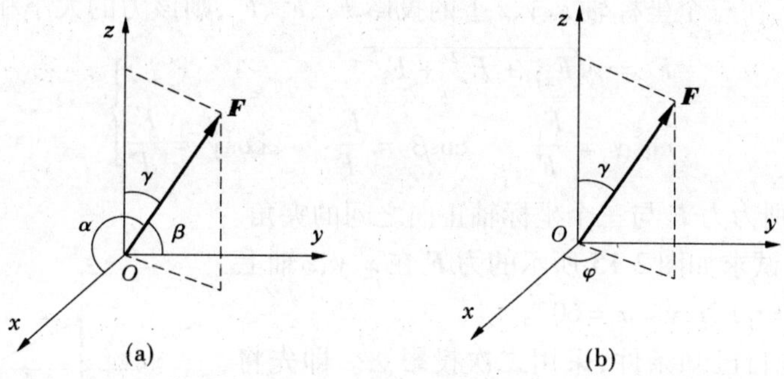

图 2-13

1. 直接投影法(一次投影法)

当力 $\boldsymbol{F}$ 在空间的方向用直接法给出时,如图 2-14(a)所示。

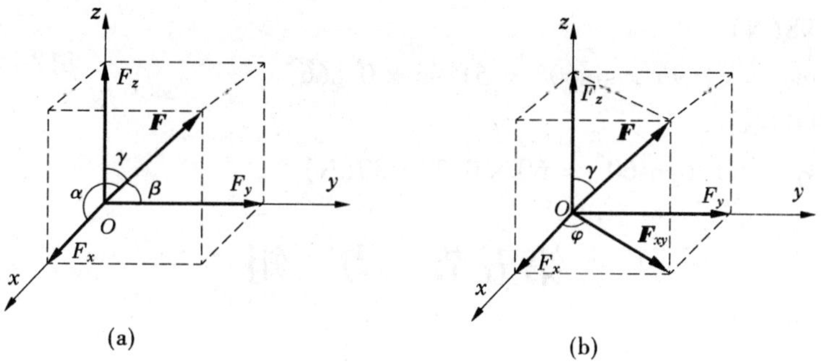

图 2-14

可根据力的投影定义,得到

$$\left.\begin{aligned} F_x &= F\cos\alpha \\ F_y &= F\cos\beta \\ F_z &= F\cos\gamma \end{aligned}\right\} \tag{2-4}$$

2. 间接投影法(二次投影法)

当力 $\boldsymbol{F}$ 在空间的方向用间接法给出时,如图 2-14(b)所示,则需投影两次才能得到力在空间直角坐标轴上的投影。可先将力 F 投影到 z 轴和垂直 z 轴的 xOy 平面上,即

$$F_z = F\cos\gamma$$

$$F_{xy} = F\sin\gamma$$

再将力 $\boldsymbol{F}_{xy}$ 分别向 x、y 轴投影,此投影就是力 $\boldsymbol{F}$ 在 x、y 轴上的投影,故力 $\boldsymbol{F}$ 在此三个坐标轴上的投影为

$$\left.\begin{aligned} F_x &= F_{xy}\cos\varphi = F\sin\gamma\cos\varphi \\ F_y &= F_{xy}\sin\varphi = F\sin\gamma\sin\varphi \\ F_z &= F\cos\gamma \end{aligned}\right\} \tag{2-5}$$

力在空间坐标轴上的投影是代数量,其正负号的规定与力在平面坐标轴上的投影一样。

若已知力 $\boldsymbol{F}$ 在三个坐标轴 x、y、z 上的投影 F_x、F_y、F_z，则该力的大小和方向余弦为

$$\left.\begin{aligned} F &= \sqrt{F_x^{\ 2} + F_y^{\ 2} + F_z^{\ 2}} \\ \cos\alpha = \frac{F_x}{F} \quad & \cos\beta = \frac{F_y}{F} \quad \cos\gamma = \frac{F_z}{F} \end{aligned}\right\} \tag{2-6}$$

式中：α、β、γ 分别为力 $\boldsymbol{F}$ 与三个坐标轴正向之间的夹角。

【例 2-2】 试求如图 2-15 所示的力 $\boldsymbol{F}$ 在 x、y、z 轴上的投影，已知 $F=60$ N，$\gamma=\varphi=60°$。

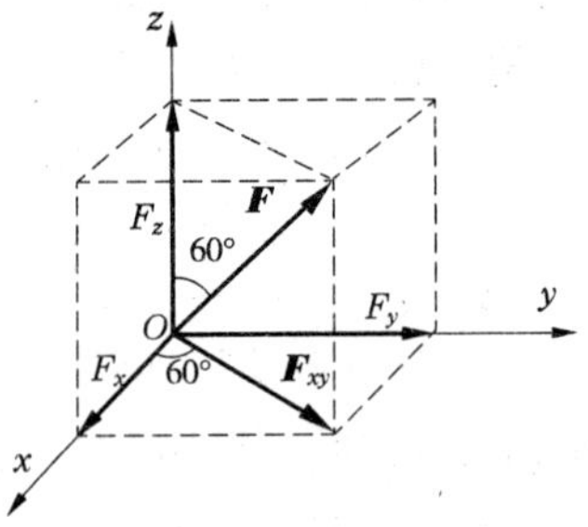

图 2-15

解 根据题目已知条件，采用二次投影法。即先将力 $\boldsymbol{F}$ 向 xOy 平面上投影得

$$F_{xy} = F\sin\gamma = 60 \times \sin 60° = 60 \times 0.866 = 51.96(\mathrm{N})$$

再分别求出力 $\boldsymbol{F}$ 在三个坐标轴上的投影

$$F_x = F_{xy}\cos\varphi = 51.96 \times \cos 60° = 51.96 \times 0.5 = 25.98(\mathrm{N})$$

$$F_y = F_{xy}\sin\varphi = 51.96 \times \sin 60° = 51.96 \times 0.866 = 44.997(\mathrm{N})$$

$$F_z = F\cos\gamma = 60 \times \cos 60° = 60 \times 0.5 = 30(\mathrm{N})$$

第五节 力 矩

一、力对点之矩

由实践可知，力对物体的作用可使物体移动，还可使物体转动，力使物体产生转动的效应与哪些因素有关呢？现以扳手拧螺帽为例来说明。

用如图 2-16 所示的扳手拧紧螺母时，作用于扳手上的力 $\boldsymbol{F}$ 使扳手绕 O 点转动，其转动效应不仅与力的大小和方向有关，而且与 O 点到力作用线的垂直距离 d 有关。将乘积 Fd 再冠以正、负号定义为力 $\boldsymbol{F}$ 对 O 点的矩，简称力矩。用公式表示为

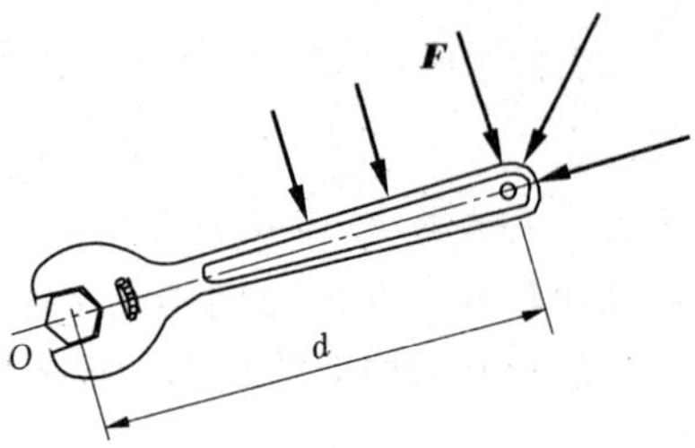

图 2-16

$$M_O(\boldsymbol{F}) = \pm Fd \tag{2-7}$$

其中，O 点称为矩心，d 称为力臂。

力矩的正负号规定：力 $\boldsymbol{F}$ 使物体绕矩心 O 点逆时针转动时为正，反之为负。

力矩的单位常用 N · m 或 kN · m，有时为运算方便也采用 N · mm 的单位。其中 $1\ \mathrm{kN \cdot m} = 10^3\ \mathrm{N \cdot m} = 10^6\ \mathrm{N \cdot mm}$。

由上述定义可得力矩的如下性质：

(1) 力对点之矩不但与力的大小和方向有关，还与矩心位置有关。

(2) 当力的大小为零或力的作用线通过矩心（即力臂 $d=0$）时，力矩恒等于零。

(3) 当力沿其作用线移动时，并不改变力对点之矩。

计算力矩时，重要的是确定矩心与力臂。同一个力，对不同的矩心，有不同的力臂，因而产生力矩的大小不同，而转向则可能相同也可能不同。

【例 2-3】 已知如图 2-17 所示的挡土墙受自重 $F_G = 75\ \text{kN}$，铅垂土压力 $F_V = 120\ \text{kN}$，水平土压力 $F_H = 90\ \text{kN}$ 作用。试分别求这三个力对 A 点的矩，并校核该挡土墙抗倾稳定性。

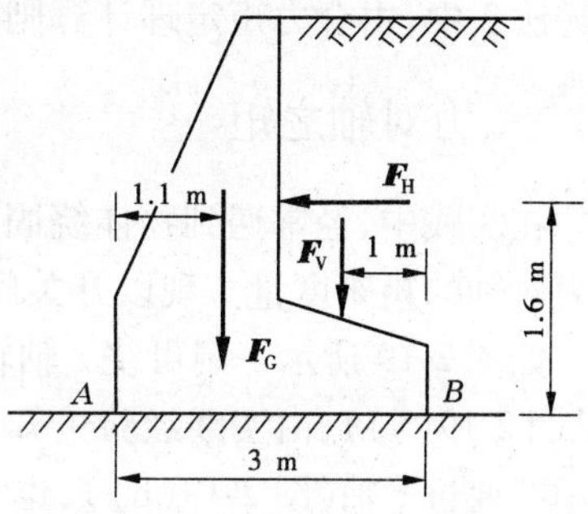

图 2-17

解 (1)计算各力对 A 点的矩

$$M_A(\boldsymbol{F}_G) = -F_G \times 1.1 = -75 \times 1.1 = -82.5(\text{kN}\cdot\text{m})$$

$$M_A(\boldsymbol{F}_V) = -F_V \times (3-1) = -120 \times 2 = -240(\text{kN}\cdot\text{m})$$

$$M_A(\boldsymbol{F}_H) = F_H \times 1.6 = 90 \times 1.6 = 144(\text{kN}\cdot\text{m})$$

(2)校核该挡土墙抗倾稳定性。

挡土墙在自重和土压力作用下会不会倾倒，主要看挡土墙会不会绕 A 点发生转动。考虑挡土墙倾倒的极限状态(即挡土墙脱离基面瞬间，地基反力为零的状态)，则：

使挡土墙绕 A 点产生倾覆的力矩为

$$M_{倾覆} = M_A(\boldsymbol{F}_H) = 144\ \text{kN}\cdot\text{m}$$

而挡土墙绕 A 点的抗倾力矩为

$$M_{抗倾} = M_A(\boldsymbol{F}_G) + M_A(\boldsymbol{F}_V) = -82.5 - 240 = -322.5(\text{kN}\cdot\text{m})$$

显然，$|M_{抗倾}| > M_{倾覆}$，故该挡土墙满足抗倾稳定性要求。

二、合力矩定理

力系合力对平面上任一点的矩等于各分力对同一点的矩的代数和，用公式表示为

$$M_O(\boldsymbol{F}_R) = M_O(\boldsymbol{F}_1) + M_O(\boldsymbol{F}_2) + \cdots + M_O(\boldsymbol{F}_n) = \sum_{i=1}^{n} M_O(\boldsymbol{F}_i) \tag{2-8}$$

应用合力矩定理可以简化力矩的计算。在求一个力对某点的矩时，若力臂不易计算，可将该力分解为两个相互垂直的分力，使两分力对某点的力臂容易计算，求出两分力对该点矩的代数和等于原力对该点的矩。

【例 2-4】 试计算图 2-18 中力 $\boldsymbol{F}$ 对 A 点的力矩。

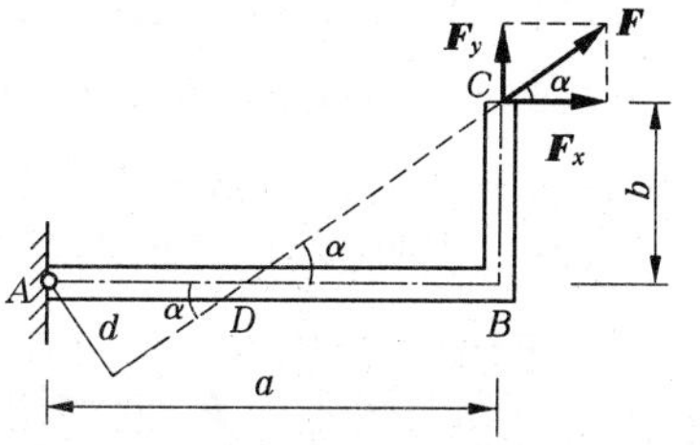

图 2-18

解法 1 由力矩的定义计算力 $\boldsymbol{F}$ 对 A 点的力矩

$$\begin{aligned} M_A(\boldsymbol{F}) &= Fd = FAD\sin\alpha = F(AB - DB)\sin\alpha \\ &= F(AB - BC\cot\alpha)\sin\alpha \\ &= F(a - b\cot\alpha)\sin\alpha = F(a\sin\alpha - b\cos\alpha) \end{aligned}$$

解法 2 应用合力矩定理计算力 $\boldsymbol{F}$ 对 A 点的力矩。将力 $\boldsymbol{F}$ 在 C 点分解为正交的两个分力 $\boldsymbol{F}_x$、$\boldsymbol{F}_y$。由合力矩定理得

$$M_A(\boldsymbol{F}) = M_A(\boldsymbol{F}_x) + M_A(\boldsymbol{F}_y) = -F_x b + F_y a$$

$$= -F\cos\alpha b + F\sin\alpha a = F(a\sin\alpha - b\cos\alpha)$$

由此可见,两种解法的结果是相同的,但在解法1中,由几何关系推求力臂较麻烦,而在解法2中,由合力矩定理计算则较为简便。

三、力对轴之矩

在实践中,经常遇到物体绕固定轴转动的情况。力使物体绕某固定轴转动的效应则由力对轴的矩来度量。现以开关门为例来说明这一问题。

如图2-19所示一扇可绕 z 轴转动的门。若在门把手 A 点作用一个与 z 轴平行的力 $\boldsymbol{F}$(见图2-19(a)),由实践经验可知,不论力 $\boldsymbol{F}$ 多么大都不能使门转动;同样,如果力 $\boldsymbol{F}$ 的作用线通过 z 轴(图2-19(b)),也不能使门转动。在这两种情况下,力 $\boldsymbol{F}$ 都不能使门产生转动效应,即力 $\boldsymbol{F}$ 对 z 轴的力矩为零。

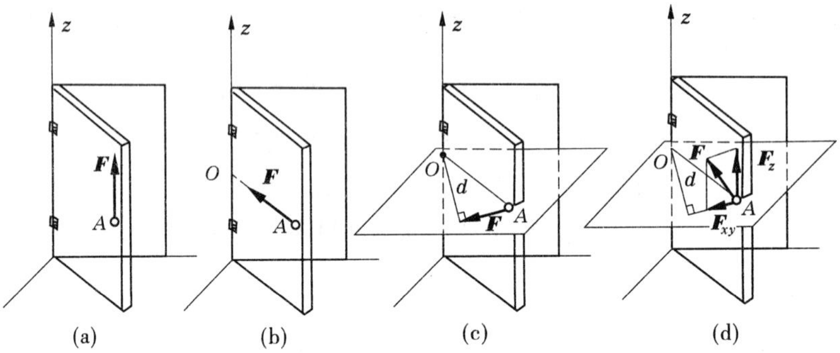

图2-19

如果力 $\boldsymbol{F}$ 作用在垂直于 z 轴的平面内,如图2-19(c)所示,则力 $\boldsymbol{F}$ 使门绕 z 轴的转动效应可以由力 $\boldsymbol{F}$ 对 O 点(z 轴与平面的交点)的矩来度量。在这种情况下,力对轴的矩即简化为平面上力对 O 点的矩。若力 $\boldsymbol{F}$ 对 z 轴的矩用 $M_z(\boldsymbol{F})$ 来表示,则

$$M_z(\boldsymbol{F}) = M_O(\boldsymbol{F}) = \pm Fd$$

一般情况下,力 $\boldsymbol{F}$ 不在垂直于 z 轴的平面内,也不与 z 轴平行或相交,如图2-19(d)所示。对此,要计算力 $\boldsymbol{F}$ 对 z 轴的矩,可将力 $\boldsymbol{F}$ 分解为两个分力,即 $\boldsymbol{F}_z$ 和 $\boldsymbol{F}_{xy}$,其中 $\boldsymbol{F}_z$ 与 z 轴平行,$\boldsymbol{F}_{xy}$ 在垂直于 z 轴的平面内。因为分力 $\boldsymbol{F}_z$ 不能使门转动,只有分力 $\boldsymbol{F}_{xy}$ 才能使门转动,所以力 $\boldsymbol{F}$ 使门绕 z 轴转动的效应完全由力 $\boldsymbol{F}_{xy}$ 决定。而分力 $\boldsymbol{F}_{xy}$ 对 z 轴的转动效应可用力 $\boldsymbol{F}_{xy}$ 对 O 点的矩来度量。从而得到

$$M_z(\boldsymbol{F}) = M_z(\boldsymbol{F}_{xy}) = M_O(\boldsymbol{F}_{xy}) = \pm F_{xy}d \tag{2-9}$$

式(2-9)表明:力 $\boldsymbol{F}$ 对轴之矩等于该力在垂直于该轴的平面上的分力 $\boldsymbol{F}_{xy}$ 对 z 轴与平面交点 O 的矩。

式中正负号表示力 $\boldsymbol{F}_{xy}$ 使物体绕 z 轴的转向,可用右手法则来确定。即由右手四指表示物体绕 z 轴转动的方向,若大拇指指向与 z 轴正向相同,则为正号,反之为负号,如图2-20所示。

力对 x、y 轴之矩可用上述对 z 轴之矩的计算方法得到类似结果。

力对轴之矩的单位与力对点之矩的单位相同,常用N·m或kN·m。

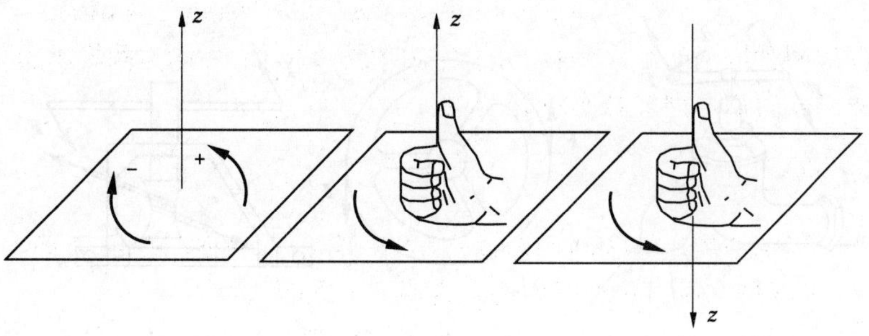

图 2-20

【例 2-5】 如图 2-21 所示的手柄 $ABCD$ 在平面 xAy 上，在 D 处作用一铅垂力 $F = 100$ N，$AB = 20$ cm，$BC = 40$ cm，$CD = 15$ cm，试求此力对 x、y、z 轴之矩。

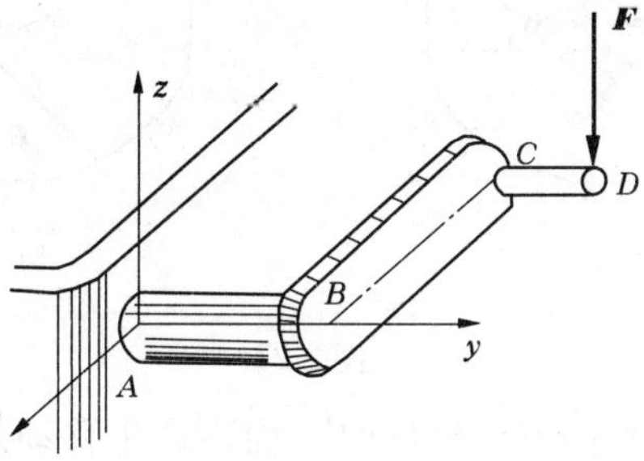

图 2-21

解 力 $\boldsymbol{F}$ 对 x、y、z 轴之矩分别为

$$M_x(\boldsymbol{F}) = -F \times (AB + CD) = -100 \times (0.2 + 0.15) = -35(\text{N} \cdot \text{m})$$

$$M_y(\boldsymbol{F}) = -F \times BC = -100 \times 0.4 = -40(\text{N} \cdot \text{m})$$

$$M_z(\boldsymbol{F}) = 0$$

第六节　力　偶

一、力偶的概念

在日常生活和工程中，经常会遇到物体受到大小相等、方向相反、作用线互相平行且不共线的两个力作用的情况。例如，拧水龙头时，人手作用在开关上的两个力 $\boldsymbol{F}$ 和 $\boldsymbol{F}'$ 就是这样的，如图 2-22(a)所示。又例如，汽车司机用两只手操纵方向盘驾驶汽车行驶，如图 2-22(b)所示。再例如，在水利工程中，常用绞盘来起吊小型闸门等，在使绞盘旋转时，也需要用两个大小相等的反向平行力($\boldsymbol{F}$,$\boldsymbol{F}'$)分别作用于绞杠的两端，如图 2-22(c)所示。

(一) 力偶的定义

力学上把这种由大小相等、方向相反、作用线相互平行且不共线的两个力组成的力系，定义为力偶，用符号($\boldsymbol{F}$,$\boldsymbol{F}'$)表示，如图 2-23 所示。

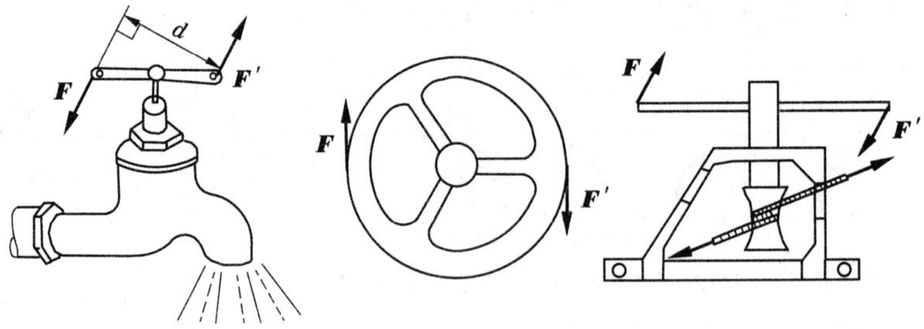

(a) (b) (c)

图 2-22

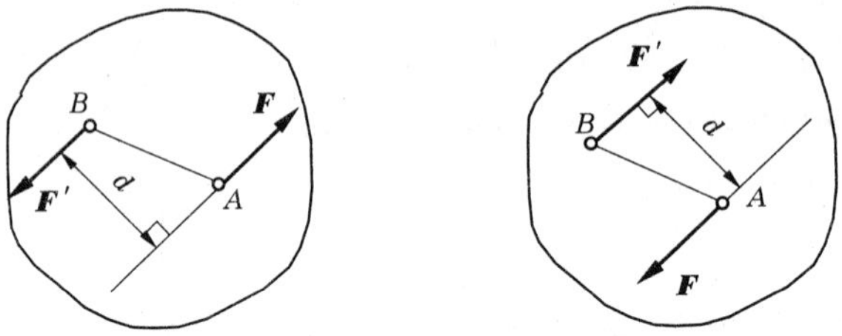

(a) (b)

图 2-23

力偶作用的效果可使物体产生转动效应,而不产生移动效应。力偶所在平面称为力偶作用面,组成力偶的二力作用线之间的垂直距离 d 称为力偶臂,如图 2-23 所示。

力偶不能再简化为更简单的形式,所以力偶同力一样被看成是组成力系的基本元素。

(二)力偶的度量——力偶矩

如何度量力偶对物体的作用效果呢?由实践可知:组成力偶的力越大,或力偶臂越长,则力偶使物体的转动效应越强;反之,就越弱。这说明力偶的转动效应不仅与两个力的大小有关,而且还与力偶臂的长短有关。与力矩类似,用力和力偶臂的乘积并冠以正负号(以示转向)来度量力偶对物体的转动效应,称为力偶矩,用记号 $m(\boldsymbol{F},\boldsymbol{F}')$ 表示,简记为 m,即

$$m = \pm Fd \tag{2-10}$$

(三)力偶矩的正负号规定

力偶使物体逆时针转动时,力偶矩为正,反之为负。

力偶矩的单位与力矩的单位相同,也是 N · m 或 kN · m。

二、力偶的基本性质

力和力偶是力学中的两个基本要素,但力偶与力比较具有不同的性质,现分述如下。

性质 1:力偶没有合力,故不能用一个力来代替。

证明:设如图 2-24 所示的大小相等、方向相反、作用线相互平行且不共线的两个力,力与 x 轴的夹角为 α。

现求它们在任一轴 x 上的投影，由合力投影定理得

$$\sum F_x = F\cos\alpha - F'\cos\alpha = F\cos\alpha - F\cos\alpha = 0$$

$$\sum F_y = F\sin\alpha - F'\sin\alpha = F\sin\alpha - F\sin\alpha = 0$$

$$F_R = \sqrt{(\sum F_x)^2 + (\sum F_y)^2} = 0$$

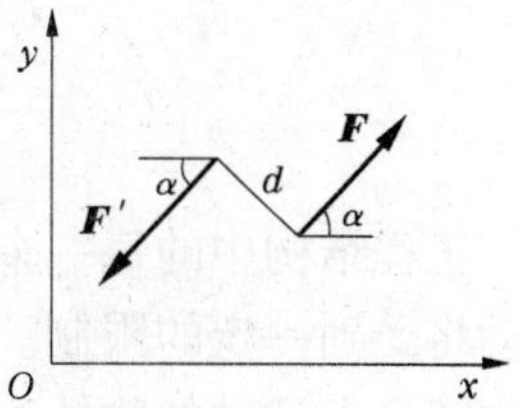

图 2-24

由此可见：力偶在任一轴上的投影等于零，且力偶没有合力。既然力偶没有合力，故不能用一个力来代替，也不能与一个力构成平衡。这就是力偶只会对物体产生转动效应，不会产生移动效应的原因。而一个力可使物体产生移动和转动的两种效应。

性质 2：力偶对其作用面内任一点的矩恒等于此力偶矩，而与矩心位置无关。

证明：设一力偶($\boldsymbol{F}$,$\boldsymbol{F}'$)，其力偶臂为 d，如图 2-25 所示。

在力偶作用面内任取一点 O 取矩，则有

$$M_O(\boldsymbol{F},\boldsymbol{F}') = M_O(\boldsymbol{F}) + M_O(\boldsymbol{F}') = F(d+x) - F'x$$
$$= Fd + Fx - Fx = Fd = m$$

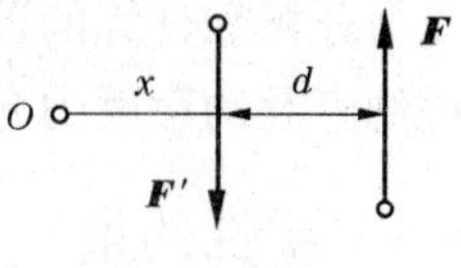

图 2-25

由此可见：力偶的作用效应取决于力的大小和力偶臂的长短，而与矩心的位置无关。

性质 3：在同一平面内的两个力偶，如果它们的力偶矩大小相等，转向相同，则这两个力偶等效。

这个性质称为力偶的等效性。(证明从略)

从以上性质可以得到如下两个推论。

推论 1：只要保持力偶矩的大小和转向不变，力偶可在其作用面内任意转移，而不改变它对物体的转动效应。

这就是说，力偶对物体的作用效应与它在作用面的位置无关。

推论 2：只要保持力偶矩的大小和转向不变，可以同时改变组成力偶的力的大小和力偶臂的长短，而不改变力偶对物体的转动效应。

例如，用这一推论可将力偶矩 $m = 100$ N · m 表示为如图 2-26 所示的多种情形。

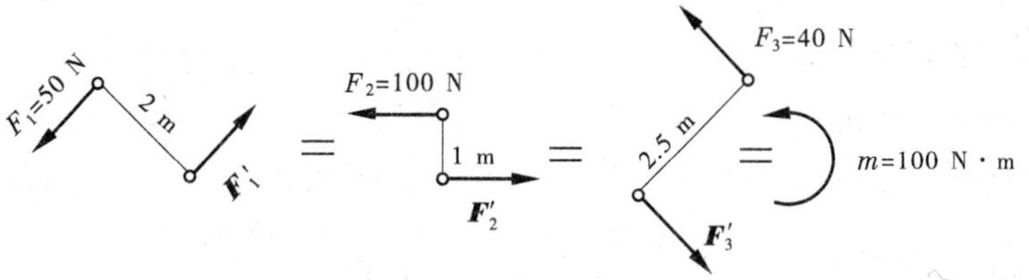

图 2-26

综上所述：力偶对物体的转动效应完全取决于力偶矩的大小、力偶的转向和力偶的作用面。这就是力偶的三要素。只要这三个要素确定，则对物体的转动效应即随之确定。

第七节　约束与约束反力

工程结构中的每一个构件都要以一定的方式与周围的其他构件相连接，因而构件的运动将受到一定的限制。这种运动受到限制的物体称为非自由体。相反，不受限制而能在空间自由运动的物体称为自由体。

凡对物体运动起着限制作用的周围物体，称为约束。例如，楼板和梁支承在墙上，墙限制了楼板和梁的运动，墙便是楼板和梁的约束。柱子固定在基础上，基础便是柱子的约束。

约束限制了物体的运动，物体必然受到约束给予的力的作用，这种力称为约束反力。相反，使物体运动或有运动趋势的力，称为主动力。

建筑结构都要受到主动力和约束反力的作用，若对结构进行力学计算，就要分析这两方面的力。通常主动力是已知的，约束反力是未知的。因此，约束反力的确定是对结构进行受力分析和计算的首要工作，而约束反力的确定又与约束类型有关，现将工程中常见的几种约束及约束反力介绍如下。

一、柔性约束

诸如绳索、链条和皮带等柔性物体用于限制物体运动时，称为柔性约束。

这类约束只能限制物体沿着柔性约束伸长的方向运动，而不能限制其他方向的运动。所以，柔性约束的约束反力通过接触点，其方向沿着柔性约束中心线背离物体，即为拉力。柔性约束反力用 $\boldsymbol{F}_T$ 表示，如图 2-27 所示。

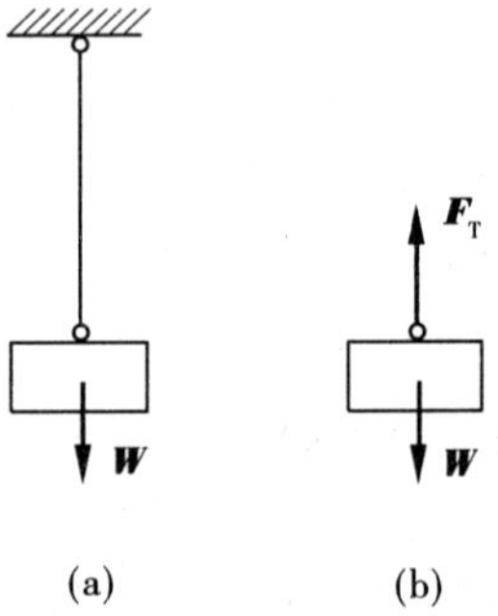

图 2-27

二、光滑接触面约束

物体与另一物体相互接触，当接触处的摩擦力很小而略去不计时，两物体彼此的约束就是光滑接触面约束。这种约束不论接触面的形状如何，都不能限制物体沿光滑接触面的公切线或离开接触面的运动，只能限制物体沿接触面的公法线指向接触面的运动，所以光滑接触面的约束反力通过接触点，沿着接触面的公法线指向被约束的物体，且为压力。光滑接触面约束反力通常以 $\boldsymbol{F}_N$ 表示，如图 2-28 所示。

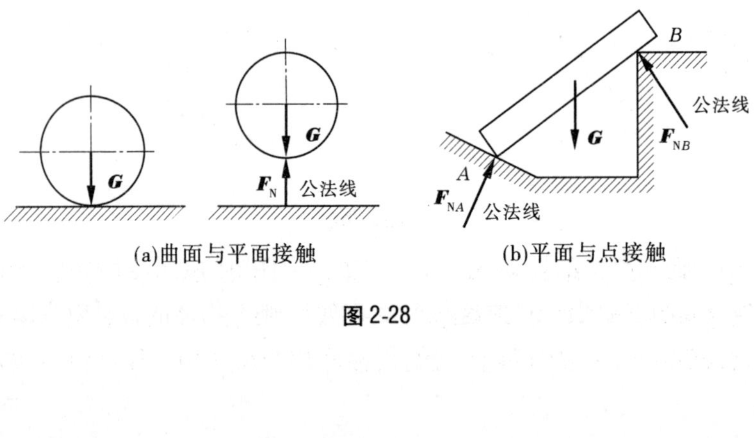

图 2-28

三、圆柱铰链约束

圆柱铰链是由一个圆柱形销钉插入两个物体的圆孔中构成的，且认为销钉与圆孔的表面很光滑，如图 2-29(a)所示。其计算简图如图 2-29(b)所示。

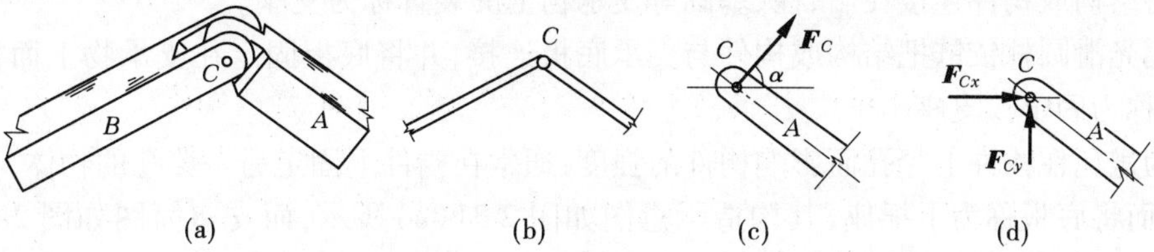

图 2-29

圆柱铰链约束只能限制物体在垂直于销钉轴线的平面内沿任意方向的相对移动，而不能限制物体绕销钉做相对转动，还不能限制物体沿销钉轴线移动。

当物体相对于另一物体有运动趋势时，销钉与圆孔壁便在某处光滑接触，由光滑接触面约束反力的特点可知，销钉反力应沿接触点与销钉中心的连线作用，如图 2-29(c)所示。但由于接触点的位置一般不能预先确定，所以约束反力的方向也不能预先确定。也就是说，圆柱铰链的约束反力 $\boldsymbol{F}_C$ 在垂直于销钉轴线的平面内，通过销钉中心，方向未定，通常将 $\boldsymbol{F}_C$ 分解为两个相互垂直的分力 $\boldsymbol{F}_{Cx}$ 和 $\boldsymbol{F}_{Cy}$ 表示，两个分力的指向可作假设，如图 2-29(d)所示。

四、链杆约束

杆两端与其他物体用光滑铰链连接，杆中间不受力，且不计杆自重的杆件，称为链杆。它可以是直杆，也可以是曲杆或折杆。

例如，图 2-30(a)、(b)所示的支架，横杆 *AB* 在 *A* 端用铰链与墙连接，在图 2-30(a)中 *B* 处由 *BC* 直杆支承，而在图 2-30(b)中 *B* 处由 *BC* 曲杆支承。*BC* 杆不论是直杆还是曲杆，均可以看成是 *AB* 杆的链杆约束。

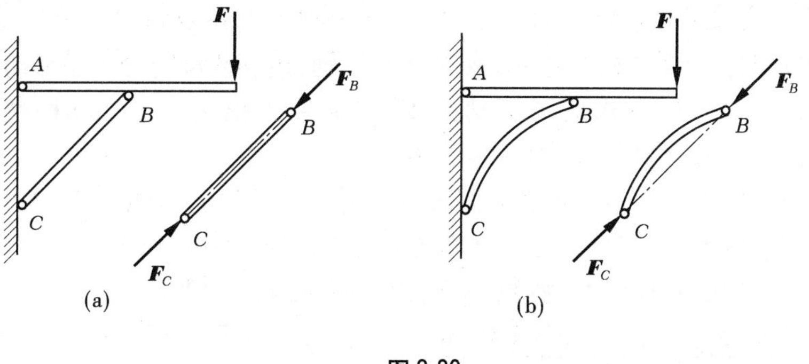

图 2-30

链杆只能限制物体沿着链杆中心线方向靠近或离开，而不能限制其他方向的运动。由二力平衡公理可知，当链杆处于平衡状态时，其上所受的两个力必定大小相等、方向相反、作用在链杆两铰链中心的连线上。因此，按作用与反作用定律，链杆对物体的约束反力沿链杆两铰链中心的连线,其指向可作假定,如图 2-30(a)、(b)所示。由于链杆只在两铰链处受力,故链杆又称为二力杆。

五、固定铰支座

将结构或构件连接在墙、柱、基础等支承物上的装置称为支座。

用光滑圆柱铰链把结构或构件与支承底板连接,并将底板固定在支承物上而构成的支座,称为固定铰支座。

为避免在构件上穿孔而影响构件的强度,通常在构件上固定另一穿孔的物体,称为上摇座,而将底板称为下摇座,其构造示意图如图 2-31(a)所示,而支座简图如图 2-31(b)所示。

这种支座只能限制构件沿垂直于销轴轴线平面内任意方向的移动,但不能限制物体绕销轴发生转动。

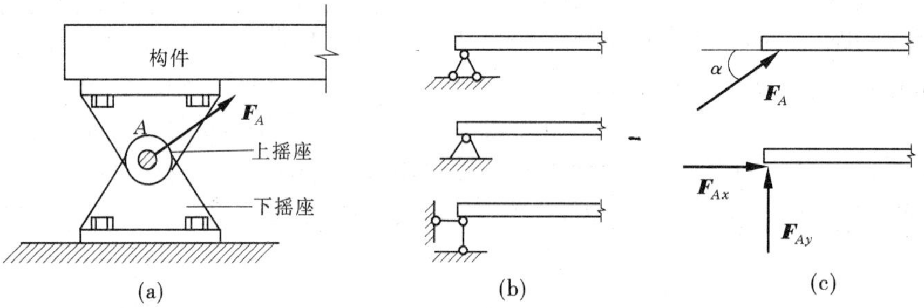

图 2-31

可见,固定铰支座的约束性能与圆柱铰链是相同的,所不同的是,两个相铰链的物体中有一个是完全固定的。所以,固定铰支座的约束反力作用于接触点,垂直于销轴,并通过销轴轴线,其方向未定,可用 $\boldsymbol{F}_A$ 和一未知方向的 α 角表示,也可用两个正交分力 $\boldsymbol{F}_{Ax}$ 和 $\boldsymbol{F}_{Ay}$ 表示,如图 2-31(c)所示。

六、可动铰支座

在固定铰支座底板与支承面之间安装若干个辊轴,使支座可沿支承面移动,但支座的连接使它不能离开支承面,构成了可动铰支座,又称为辊轴支座。其构造示意图如图 2-32(a)所示,支座简图如图 2-32(b)所示。

可动铰支座除能限制物体沿着支承面法线指向支承面的运动外,通常还附有特殊装置,使之也能限制物体沿着支承面法线背离支承面的运动,但不能限制物体沿支承面的运动,也不能限制物体绕销钉转动。所以,可动铰支座的约束反力 $\boldsymbol{F}_A$ 通过销钉中心,垂直于支承面,指向可作假定,如图 2-32(c)所示。

七、固定端支座

固定端支座也是工程结构中常见的一种支座,它是将构件的一端插入一固定物而构成。例如,房屋结构中的雨篷、阳台的挑梁,如图 2-33(a)、(b)所示,都是一端插入墙内,

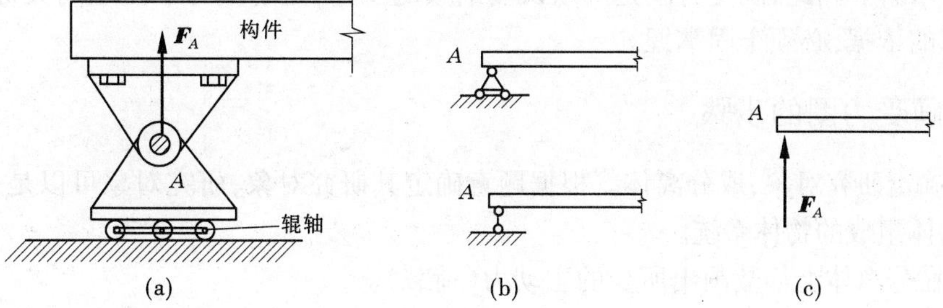

图 2-32

另一端悬空的。如果构件插入墙内有足够的长度,嵌固得足够牢固,则砖墙与构件的连接处就称为固定端支座。支座简图如图 2-33(c)所示。

这种支座约束的特点是:构件在连接处不发生任何相对移动和转动。

固定端支座反力分布较为复杂,但在平面问题中,可简化为阻止构件不能移动的两个分力 $\boldsymbol{F}_{Ax}$、$\boldsymbol{F}_{Ay}$ 和阻止构件不能转动的约束反力偶矩 m_A,其阻移力的指向和阻转力偶矩的转向均可作假定,如图 2-33(d)所示。

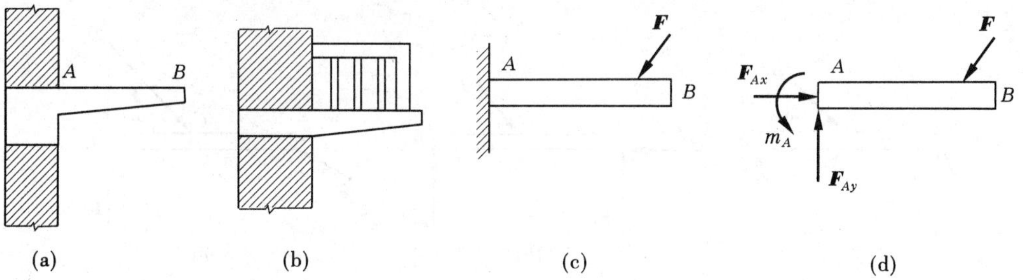

图 2-33

第八节　物体的受力分析·受力图

研究力学问题,首先要分析物体受哪些力作用,哪些是已知力,哪些是未知力,然后对所研究的物体进行力学计算,确定其未知力的大小和方向,这个过程称为物体的受力分析。

一、受力图的概念与作用

在对物体进行受力分析时,所要研究的物体称为研究对象。为了清晰地表明物体的受力情况,必须解除研究对象的全部约束,并将其从周围的物体中分离出来,单独画出它的简图,这种解除了约束被分离出来的研究对象称为分离体。在分离体上如数画出周围物体对它的全部作用力(包括主动力和约束反力),用以表示物体受力情况的图形,称为受力图。

选取合适的研究对象与正确画出受力图是解决力学问题的前提和依据。如果不会画受力图,则力学计算将无法着手进行;如果受力图画错了,就不可能对实际问题进行正确的分析和求解。因此，画受力图是一项认真细致的工作，是解决力学问题的关键，是进行力学计算的依据，必须牢固掌握。

二、画受力图的步骤

(1)确定研究对象，取分离体。根据题意确定其研究对象，研究对象可以是一个物体或几个物体组成的物体系统。

(2)在分离体上如数画出所受的主动力(荷载)。

(3)根据约束类型如数画出相应的约束反力。

应该注意的是，在画物体的受力图时，不要运用力的等效变换或力的可传性改变力的作用位置，否则会改变物体的变形效应。

三、画受力图示例

下面举例说明如何画物体的受力图。

【例 2-6】 简支梁两端分别为固定铰支座和可动铰支座，在梁上 C 点作用一集中力 $\boldsymbol{F}$，如图 2-34(a)所示。不计梁自重，试画出梁 AB 的受力图。

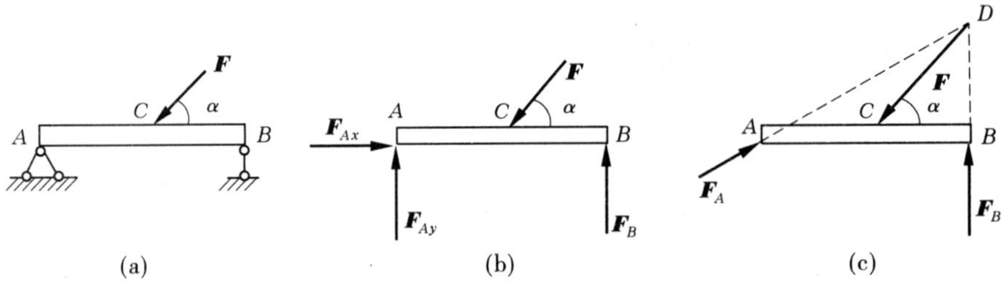

图 2-34

解 (1)以梁 AB 为研究对象，取分离体。

(2)在分离体上画出主动力 $\boldsymbol{F}$。

(3)根据约束类型画约束反力。

画法 1：可动铰支座 B 的约束反力 $\boldsymbol{F}_B$ 铅直向上，固定铰支座 A 的约束反力用过 A 点的两个正交分力 $\boldsymbol{F}_{Ax}$、$\boldsymbol{F}_{Ay}$ 表示。画出梁 AB 的受力图如图 2-34(b)所示。

画法 2：由于该梁受三个力作用处于平衡，应用三力平衡汇交定理可确定 A 端支座反力 $\boldsymbol{F}_A$ 的方向，即主动力 $\boldsymbol{F}$ 与 B 端支座反力 $\boldsymbol{F}_B$ 两力作用线交于 D 点，则 $\boldsymbol{F}_A$ 的作用线必交于 D 点，画出梁 AB 的受力图如图 2-34(c)所示。

【例 2-7】 在图 2-35(a)所示的结构中，杆 AD 的 D 端受一力 $\boldsymbol{F}$ 作用，若不计杆件自重，试分别画出杆 BC 和杆 AD 的受力图。

解 1. 先画折杆 BC 的受力图

(1)以折杆 BC 为研究对象，取分离体。

(2)在分离体上画出所受的主动力。因杆 BC 的自重不计，又无主动力作用，故无主动力画出。

(3)在分离体上画出其约束反力。因杆 BC 两端为铰链约束，无主动力作用时必为二

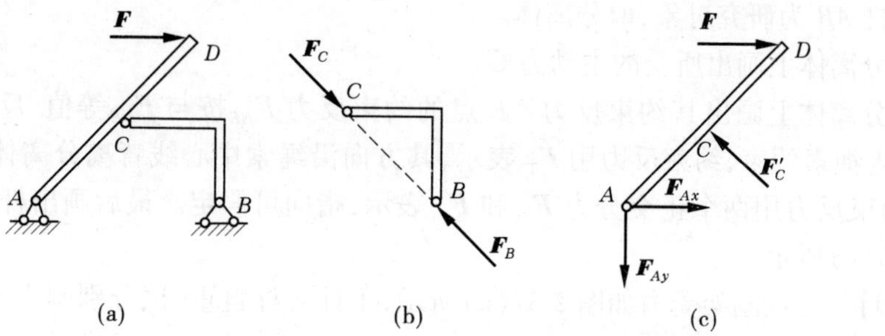

图 2-35

力杆，根据二力平衡条件可知，C、B 两铰链处的约束反力 $\boldsymbol{F}_B$ 和 $\boldsymbol{F}_C$ 必定大小相等、方向相反、作用线沿两铰链中心的连线，指向可作假定，画出受力图如图 2-35(b)所示。

2. 再画杆 AD 的受力图

(1)以杆 AD 为研究对象，取分离体。

(2)在分离体上画出所受的主动力 $\boldsymbol{F}$。

(3)在分离体上画出其约束反力。铰 C 处的约束反力 $\boldsymbol{F}'_C$按与 $\boldsymbol{F}_C$ 是作用力与反作用力的关系画出，固定铰 A 处的约束反力用两个正交分力 $\boldsymbol{F}_{Ax}$和 $\boldsymbol{F}_{Ay}$表示，指向可作假定，画出受力图如图 2-35(c)所示。

【例 2-8】 重量为 $\boldsymbol{W}$ 的圆管放置在图 2-36 所示的简易构架中，AB 杆的自重为 $\boldsymbol{G}$，A 端用固定铰支座与墙面连接，B 端用绳水平系于墙面的 C 点上，若所有接触面都是光滑的，试分别画出圆管和杆 AB 的受力图。

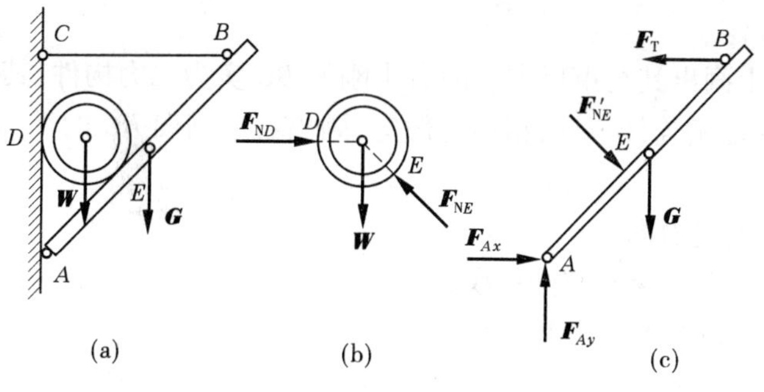

图 2-36

解 1. 画圆管的受力图

(1)以圆管为研究对象，取分离体。

(2)在分离体上画出所受的主动力 $\boldsymbol{W}$。

(3)在分离体上画出其约束反力。E 点、D 点的约束反力 $\boldsymbol{F}_{NE}$、$\boldsymbol{F}_{ND}$的作用线均沿其接触面的公法线，通过圆管横截面的中心，并指向圆管。画出圆管的受力图如图 2-36(b)所示。

2. 画杆 AB 的受力图

(1)以杆 AB 为研究对象,取分离体。

(2)在分离体上画出所受的主动力 $\boldsymbol{G}$。

(3)在分离体上画出其约束反力。E 点的约束反力 $\boldsymbol{F}'_{NE}$按与 $\boldsymbol{F}_{NE}$等值、反向画出;杆 AB 的 B 端为绳索约束,约束反力用 $\boldsymbol{F}_T$ 表示,其方向沿绳索中心线背离分离体;A 端固定铰支座的约束反力用两个正交分力 $\boldsymbol{F}_{Ax}$和 $\boldsymbol{F}_{Ay}$表示,指向可假定。最后画出杆 AB 的受力图如图 2-36(c)所示。

【例 2-9】 三铰刚架受力如图 2-37(a)所示,不计各杆自重,试分别画出刚架 AC、BC 部分和整体的受力图。

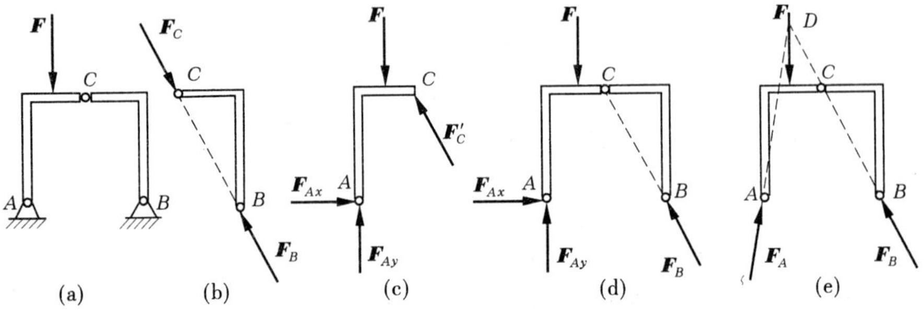

图 2-37

解 1. 画右半刚架的受力图

(1)以右半刚架 BC 为研究对象,取分离体。

(2)在分离体上画出所受的主动力。因在右半刚架 BC 上无主动力作用,且自重又不计,故无主动力画出。

(3)在分离体上画出其约束反力。因右半刚架 BC 实为二力构件,其约束反力 $\boldsymbol{F}_B$、$\boldsymbol{F}_C$ 必沿 B、C 两铰链中心的连线方向,指向可假定,画出右半刚架 BC 的受力图如图 2-37(b)所示。

2. 画左半刚架的受力图

(1)以左半刚架 AC 为研究对象,取分离体。

(2)在分离体上画出所受的主动力 $\boldsymbol{F}$。

(3)在分离体上画出其约束反力。铰 C 点的约束反力 $\boldsymbol{F}'_C$按与 $\boldsymbol{F}_C$ 等值、反向画出;A 端固定铰支座的约束反力用两个正交分力 $\boldsymbol{F}_{Ax}$和 $\boldsymbol{F}_{Ay}$表示,指向可假定。最后画出杆 AC 的受力图如图 2-37(c)所示。

3. 画整个刚架的受力图

(1)以整个刚架 AB 为研究对象,取分离体。

(2)在分离体上画出所受的主动力 $\boldsymbol{F}$。

(3)在分离体上画出其约束反力。

画法 1:固定铰支座 B 的约束反力 $\boldsymbol{F}_B$ 按图 2-37(b)所示方向画出,固定铰支座 A 的

约束反力用过 A 点的两个正交分力 $\boldsymbol{F}_{Ax}$、$\boldsymbol{F}_{Ay}$ 表示。画出整个刚架的受力图如图 2-37(d)所示。

画法 2:应用三力平衡汇交定理可确定 A 端支座反力 $\boldsymbol{F}_A$ 的方向,即主动力 $\boldsymbol{F}$ 与 B 端支座反力 $\boldsymbol{F}_B$ 两力作用线交于 D 点,而 $\boldsymbol{F}_A$ 的作用线必过 D 点,画出整个刚架的受力图如图 2-37(e)所示。

【例 2-10】 试分别画出如图 2-38(a)所示组合梁各组合部分和整个组合梁的受力图。

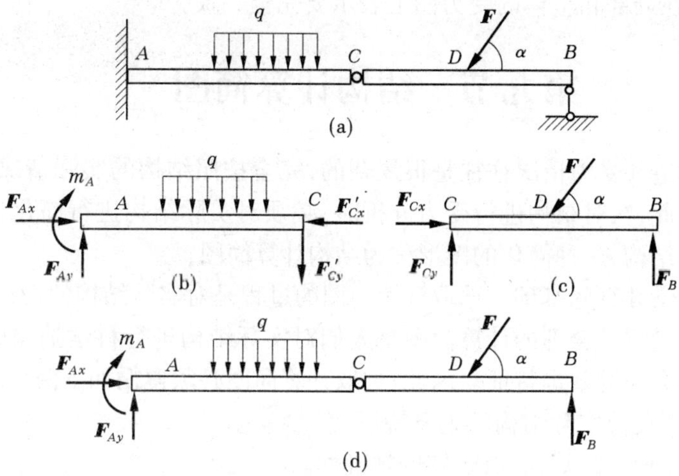

图 2-38

解 1. 画梁 BC 的受力图

(1)以梁 BC 为研究对象,取分离体。

(2)在分离体上画出所受的主动力 $\boldsymbol{F}$。

(3)在分离体上画出其约束反力。因梁 B 端为可动铰支座,其约束反力 $\boldsymbol{F}_B$ 假定铅直向上;梁 C 端为圆柱铰链约束,其约束反力用两个正交分力 $\boldsymbol{F}_{Cx}$ 和 $\boldsymbol{F}_{Cy}$ 表示,指向可假定,即画出杆 BC 的受力图如图 2-38(c)所示。

2. 画梁 AC 的受力图

(1)以梁 AC 为研究对象,取分离体。

(2)在分离体上画出所受的主动力 q。

(3)在分离体上画出其约束反力。铰 C 点的约束反力用 $\boldsymbol{F}'_{Cx}$ 和 $\boldsymbol{F}'_{Cy}$ 表示,按与 $\boldsymbol{F}_{Cx}$ 和 $\boldsymbol{F}_{Cy}$ 为作用力与反作用力的关系画出;梁端 A 为固定端,其约束反力用两个正交分力 $\boldsymbol{F}_{Ax}$、$\boldsymbol{F}_{Ay}$ 和约束反力矩 m_A 表示,指向和转向均可假定,画出梁 AC 的受力图如图 2-38(b)所示。

3. 画整个梁的受力图

(1)以整个梁 AB 为研究对象,取分离体。

(2)在分离体上画出所受的主动力 $\boldsymbol{F}$ 和 q。

(3)在分离体上画出其约束反力。梁端 A 和梁端 B 的约束反力应与图 2-38(b)、(c)中的约束反力画成一致,最后画出整个梁 AB 的受力图如图 2-38(d)所示。

四、画受力图的注意事项

在分析物体系统受力时应注意三点：

(1)当研究对象为整体或为其中某几个物体的组合时，没有解除约束的位置，不画相应的约束反力，靠约束本身限制物体的运动。

(2)分析两物体间相互作用力时，应遵循作用与反作用定律，作用力方向一经确定，则反作用力方向必与之相反，不可再假设指向。

(3)同一个力在局部和整体的受力图上表示要完全一致。

第九节　结构计算简图

建筑结构的构造和受力情况往往是很复杂的，完全按照结构的实际情况进行力学分析是不可能的。因此，在对结构进行受力分析时，必须对实际结构进行简化，用一种简化的图形来代替实际结构，这种简化的图形称为结构计算简图。

计算简图是力学计算的基础。选取计算简图的过程是对实际结构的构造和受力状态进行分析和简化的过程。合理的计算简图是人们对实际结构进行科学抽象的结果，反映了实际结构在受力方面的基本特征。因此，选取计算简图必须遵循如下两个原则：

(1)计算简图要反映实际结构的主要特征；

(2)计算简图要便于计算，且有足够的精确性。

把实际结构简化成结构计算简图，一般应从以下几个方面进行。

一、支座的简化

支座一般可简化为可动铰支座、固定铰支座、固定端支座三种形式。

图 2-39(a)所示为一钢筋混凝土梁，两端支承在墙上。两端支承面上的反力分布是很复杂的，而且有一定的分布长度。

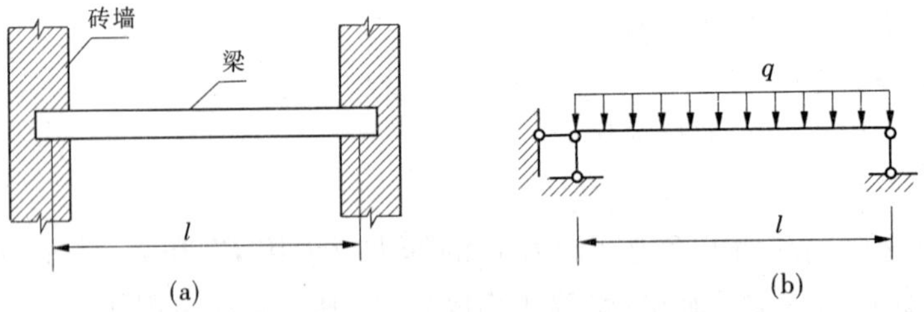

图 2-39

为了简化计算，可假定反力是均匀分布的，反力的合力就通过支承面的中心。合力的位置一确定，即可用这合力代替分布的反力。这一代替仅在支承局部处与实际情况不同，对整根梁并无大的影响。

梁的实际支承情况是：

(1)梁的两端支承在墙上，考虑墙的摩擦，使梁不可能有垂直向下和水平方向的移动。

(2)梁发生弯曲时,两端能够产生微小的转动。

(3)在温度变化时,梁可自由伸长或缩短。

可见,梁端在墙内的嵌固程度有限,对梁端转动的约束能力很小,因此起不了固定端支座的作用,可以说是介于固定端支座和固定铰支座之间。为了便于计算,可将梁两端的支承简化成一端为固定铰支座、另一端为可动铰支座。本来两端支承情况相同,严格地说,应简化为相同支座,但是为了简化计算,通常将其一端简化为固定铰支座、另一端为可动铰支座。梁本身由其轴线代替。这样便得到梁的结构计算简图,如图 2-39(b)所示。

经过这样的简化后,梁的计算便简单多了,计算结果也有足够的精度。

图 2-40(a)、(c)表示预制柱与杯形基础的两种连接方法。杯口四周用细石混凝土填实时,柱不能转动,所以可简化为固定端支座,如图 2-40(b)所示。杯口四周用沥青麻丝填实时,柱端能发生微小转动,所以可简化为固定铰支座,如图 2-40(d)所示。

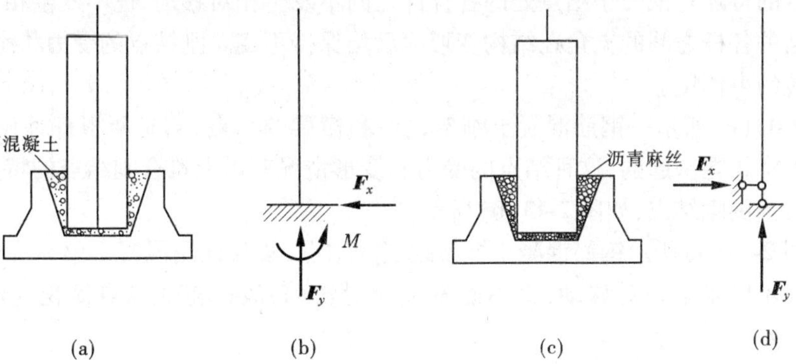

图 2-40

二、结点的简化

结构中两根或两根以上杆件联结处称为结点。各种结构的结点构造是不相同的,在计算简图中可归纳为铰结点和刚结点两种形式。

(一)铰结点

铰结点的特点是它所联结的各杆件可绕结点中心相对转动。它的受力特点是铰接处的杆端不受转动约束作用。在工程结构中,用铰联结杆件的实例很少,但从实际构造和受力特点来分析,许多结点可近似地简化为铰结点。

如图 2-41(a)所示木屋架的端结点,显然这两根杆件并不能任意自由转动,但由于联结不可能十分严密牢固,杆件可做微小的转动,所以在计算中可假定为铰结点,如图 2-41(b)所示。

如图 2-42(a)中的屋架端部和柱顶设置有预埋钢板,将钢板焊接在一起,构成结点。由于屋架端部和柱顶之间不能发生相对移动,但可发生微小的相对转动,故可将此结点简化为铰结点,如图 2-42(b)所示。

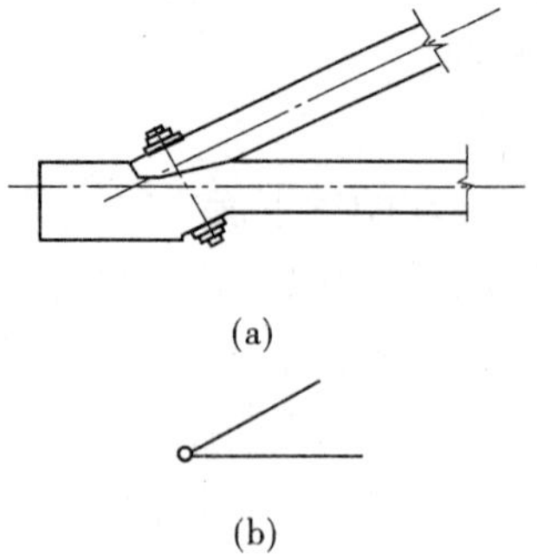

图 2-41

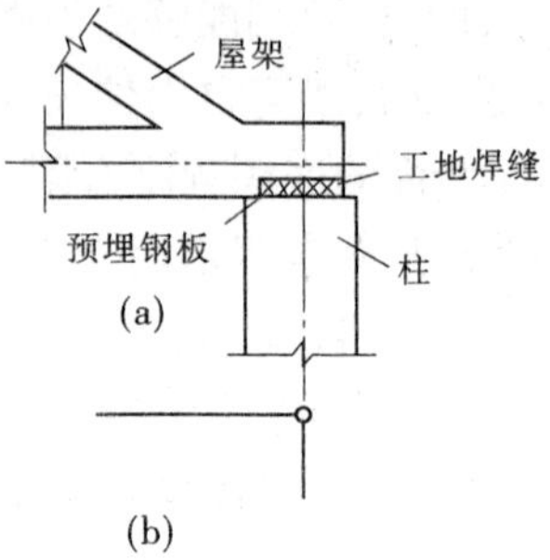

图 2-42

通常木结构和钢结构的结点都简化为铰结点。

(二)刚结点

刚结点的特点是汇交于结点处的各杆件之间不发生相对移动,也不发生相对转动,刚结点所联结的各杆之间的夹角在结构变形前后均保持不变。刚结点的受力状态是结点对杆端有抗转约束作用。

如图 2-43(a)所示一钢筋混凝土刚架边柱和横梁的结点,它是两根杆件用钢筋联结并用混凝土浇筑在一起的,这种结点的受力和变形情况基本上符合刚结点的特点,所以在计算中通常当做刚结点,如图 2-43(b)所示。

又如图 2-44(a)所示钢筋混凝土框架顶层的结点,梁与柱用混凝土整体浇筑,因梁端与柱端之间不能发生相对移动,也不能发生相对转动,故可将此结点简化为刚结点,如图 2-44(b)所示。

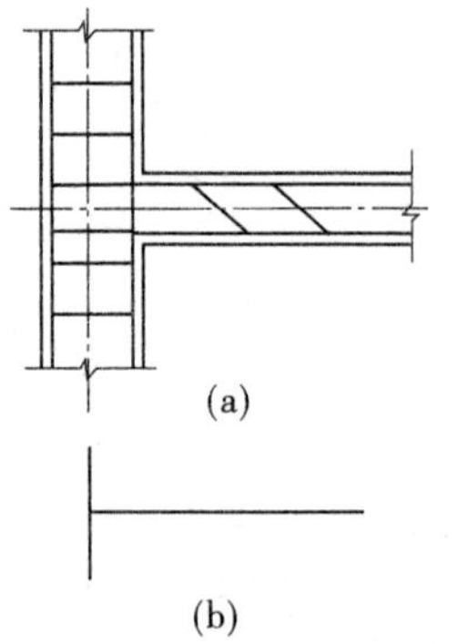

图 2-43

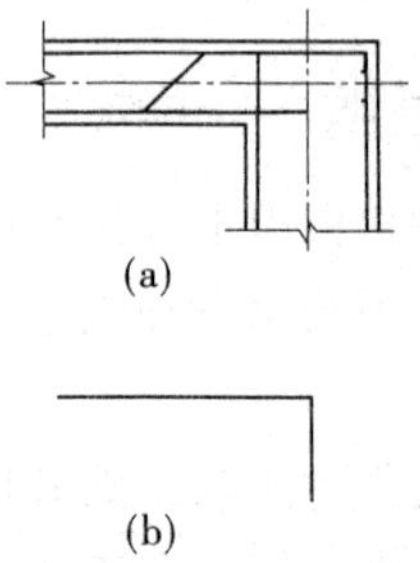

图 2-44

三、荷载的简化

实际结构上的荷载,有结构自重、水压力、土压力、人群重量以及附属物的重量等,一般分为体积力和表面力两大类。体积力是作用在结构杆件内各点的荷载,如结构自重。表面力是作用在结构表面的荷载,如水压力、土压力等。在杆系结构中,杆件用其纵轴线表示,因此不管是体积力还是表面力,都简化为分布在杆件轴线上的线荷载。依其分布状况，通常分为集中荷载（集中力、力偶）和分布荷载（均匀分布、直线分布、曲线分布）。

四、计算跨度的确定

一般在计算简图中应反映出支座的情况、荷载大小和计算跨度。

对于图 2-45 所示的简支梁、板，其计算跨度 l_0 可按以下要求取值：

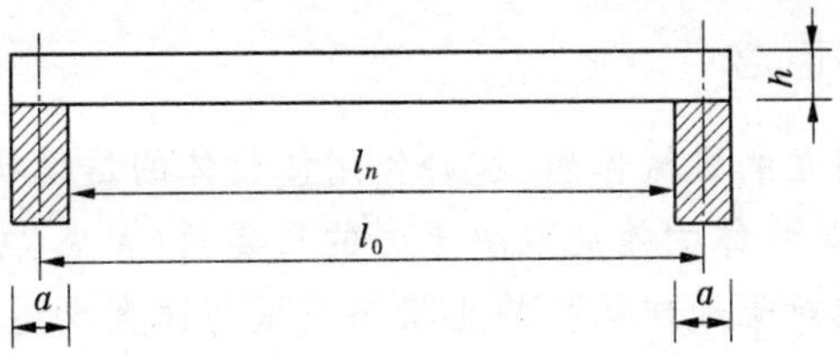

图 2-45

（1）对于实心板，可取 $l_0 = l_n + a, l_0 = l_n + h, l_0 = 1.1l_n$ 三者中较小者。

（2）对于空心板和简支梁，可取 $l_0 = l_n + a, l_0 = 1.05l_n$ 两者中较小者。

式中：l_n 为板或梁的净跨度；a 为板或梁的支承宽度；h 为板的厚度。

结构计算简图是工程力学与土木工程中对结构或构件进行分析和计算的依据。选取结构计算简图，实际上就是建立力学与结构的分析模型，不仅需要必要的力学基础知识，而且需要具备一定的工程结构知识。

下面通过一个简单例子来说明结构计算简图的选取。

【例 2-11】 图 2-46(a)所示为一厂房结构，预制钢筋混凝土柱插入杯形基础，杯口用 C20 细石混凝土灌缝。薄腹梁与柱顶的预埋件焊接。屋面传来的荷载为 q，左右两侧墙体传给柱的水平荷载分别为 q_1 和 q_2。试绘出结构的计算简图。

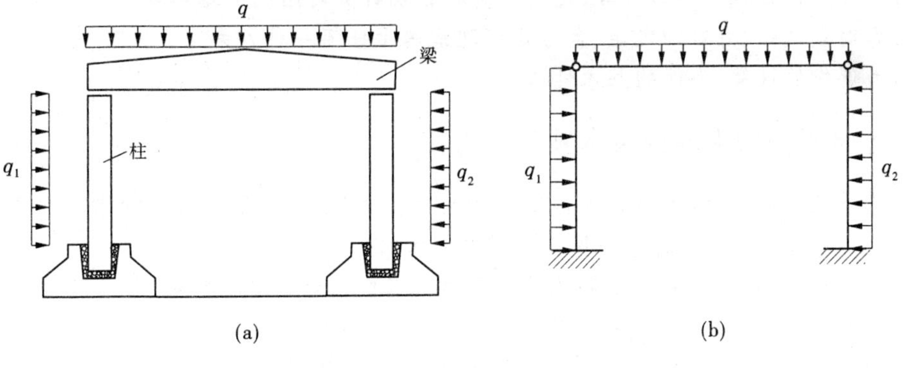

图 2-46

解 在选取计算简图时，可将柱与基础的联结视为固定端支座。薄腹梁与柱顶的联结视为铰结点，因为仅靠焊缝不能阻止横梁因弯曲变形而绕柱顶的微小转动，但能阻止梁沿水平方向和竖直方向移动。用柱和梁的轴线代替柱和梁，其计算简图如图 2-46(b)所示。

最后应该指出：本节主要介绍选取计算简图的原则和计算简图的概念，而实际上计算简图的确定是很复杂的,尤其是对一些新的结构形式,必须通过多次的分析与实践才能得出合理的计算简图。

本章内容小结

一、静力学的基本概念

(1)力——物体间相互的机械作用,这种作用使物体的运动状态改变(外效应),或使物体变形(内效应)。力对物体的效应取决于力的三要素:大小、方向和作用点。

(2)平衡——物体相对于地球保持静止状态或做匀速直线运动。

(3)刚体——在任何外力的作用下,大小和形状保持不变的物体。

(4)约束——阻碍物体运动的限制物。约束阻碍物体运动的力,称为约束反力。约束反力的方向根据约束的类型来确定,它总是与约束所能阻碍物体的运动方向相反。

二、静力学公理

静力学公理揭示了力的基本性质,是静力学的理论基础。

(1)公理一(作用与反作用定律)说明了物体间相互作用的关系。

(2)公理二(二力平衡公理)说明了作用在一个刚体上的两个力的平衡条件。

(3)公理三(加减平衡力系公理)是力系等效代换的基础。

(4)公理四(力的平行四边形法则)反映了两个力的合成方法。

三、力学的基本计算量

(1)力在坐标轴上的投影计算,是对力进行精确计算时用到的基本量。

(2)力对点之矩、力对轴之矩、合力矩定理适用于任何一种力系。

(3)力偶矩的计算,力偶的基本性质。

四、七种平面约束的约束本领和反力特点

(1)柔性约束:只能限制物体不能离开约束物体的运动,但不能限制物体靠近约束物体的运动,故约束反力的指向总是背离被约束的物体。

(2)光滑接触面约束:只能限制物体不能靠近接触面的运动,但不能限制物体离开接触面的运动,故约束反力总是沿公法线方向指向被约束的物体。

(3)圆柱铰链约束:只能限制物体不能移动,但不能限制物体绕铰链中心转动,故约束反力用两个正交分力 $\boldsymbol{F}_x$ 和 $\boldsymbol{F}_y$ 表示,其指向可作假定。

(4)链杆约束:只能限制物体沿杆两端铰中心连线方向的运动,但不能限制物体沿其他方向的移动和转动,故约束反力总是沿链杆两端两铰中心连线方向指向或背离被约束的物体,指向可作假定。

(5)固定铰支座:只能限制物体不能移动,但不能限制物体绕铰中心转动,故支座反力用两个正交分力 $\boldsymbol{F}_x$ 和 $\boldsymbol{F}_y$ 表示,指向可作假定。

(6)可动铰支座:只能限制物体沿支承面法线方向的移动,但不能限制物体沿其他方向的移动和绕铰中心转动,故支座反力的方向垂直于支承面指向或背离被约束物体,指向可作假定。

(7)固定端支座:能限制物体不能移动和转动,故支座反力有限制移动的两个正交分力 $\boldsymbol{F}_x$、$\boldsymbol{F}_y$ 和限制转动的约束反力偶矩 m,其指向和转向可作假定。

五、画物体受力图的方法步骤

(1)确定研究对象,取分离体。

(2)在分离体上如数画出所受的主动力(荷载)。

(3)根据约束类型如数画出相应的约束反力。

六、选取结构计算简图的方法

选取结构计算简图应进行如下几个方面的简化:

(1)支座的简化;

(2)结点的简化(铰结点、刚结点);

(3)荷载的简化;

(4)计算跨度的确定。

思考题

2-1 二力平衡公理和作用与反作用定律有何不同?

2-2 作用在刚体上大小相等、方向相同的两个力对刚体的作用是否等效?

2-3 在“作用与反作用定律”与“二力平衡公理”中,二者都是两力等值、反向、共线,问有什么不同?

2-4 在什么情况下,力在一个轴上的投影等于力本身的大小?在什么情况下,力在一个轴上的投影等于零?

2-5 两个共面共点力的合力一定比其分力大吗?

2-6 作用在刚体上的三个力位于同一平面内,其作用线汇交于一点,此刚体一定处于平衡吗?

2-7 将图2-47所示 A 点的力 $\boldsymbol{F}$ 沿其作用线移至 B 点,是否改变该力对 O 点之矩。

2-8 图2-48所示的矩形钢板放在地面上,其边长 $a=3$ m,$b=2$ m,按图2-48所示方向加力,转动钢板需要 $F=F'=200$ N。试问如何加力才能使转动钢板所用的力为最小,并求出这个最小力的大小。

2-9 力偶不能和一个力构成平衡,那为什么图2-49中的转轮受到一个力 $\boldsymbol{F}$ 和一个力偶($m=Fr$)的作用又能平衡呢?

2-10 试比较力矩和力偶矩有何异同点?

2-11 何为约束?常见的约束有哪些类型?各类约束的约束反力如何确定?

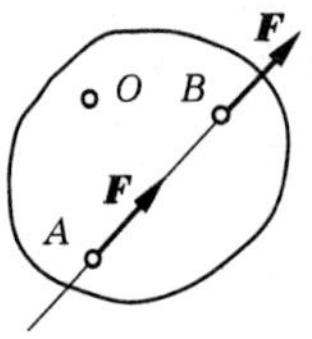

图 2-47

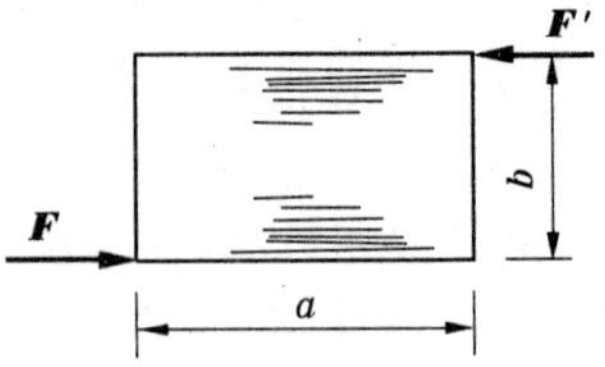

图 2-48

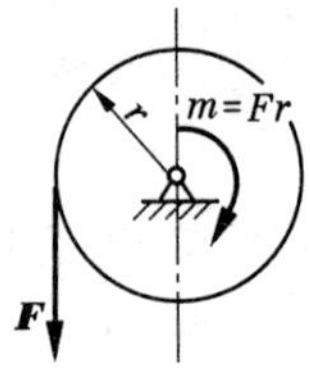

图 2-49

习　题

2-1　已知 $F_1=F_2=200\ \mathrm{N}$，$F_3=F_4=100\ \mathrm{N}$，各力的方向如图 2-50 所示。试求各力在 x 轴和 y 轴上的投影。

2-2　图 2-51 所示钢板在孔 A、B 和 C 处分别受到三个力的作用，其中 $F_1=160\ \mathrm{N}$，$F_2=100\ \mathrm{N}$，$F_3=70\ \mathrm{N}$。试求这三个力的合力在 x 轴和 y 轴上的投影。

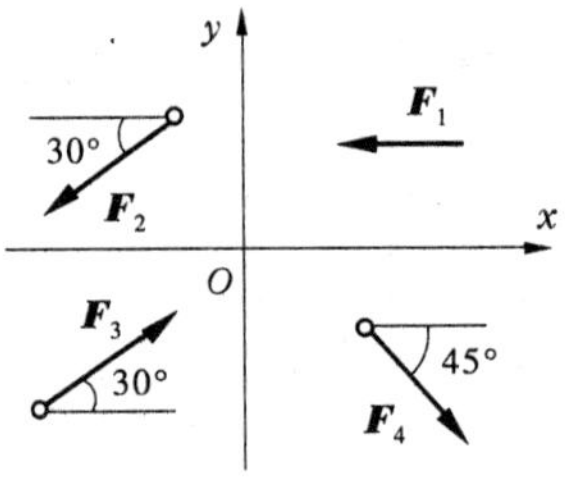

图 2-50

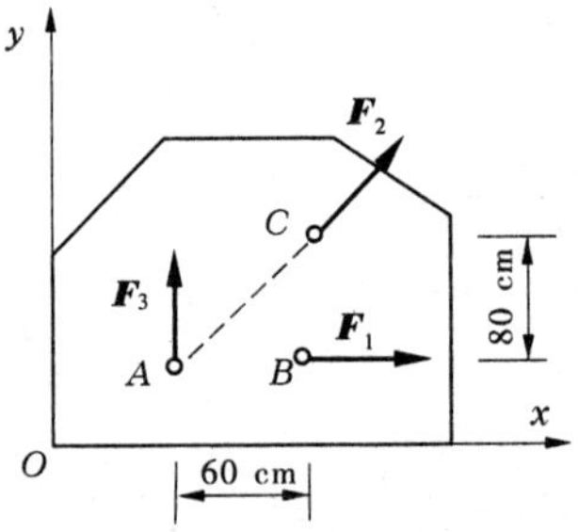

图 2-51

2-3　试分别计算图 2-52 中 $\boldsymbol{F}_1$、$\boldsymbol{F}_2$、$\boldsymbol{F}_3$ 三个力在 x、y、z 轴上的投影。已知 $F_1=5\ \mathrm{kN}$，$F_2=1\ \mathrm{kN}$，$F_3=2\ \mathrm{kN}$。

2-4　已知挡土墙重 $W_1=70\ \mathrm{kN}$，垂直土压力 $W_2=115\ \mathrm{kN}$，水平土压力 $F=85\ \mathrm{kN}$，如图 2-53所示。试分别求此三力对前趾 A 点之矩。

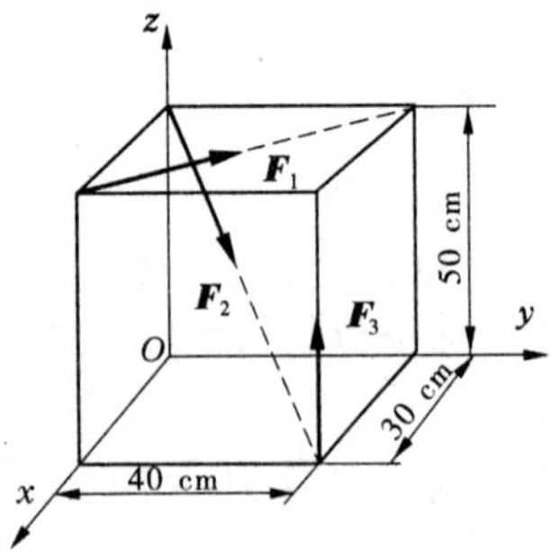

图 2-52

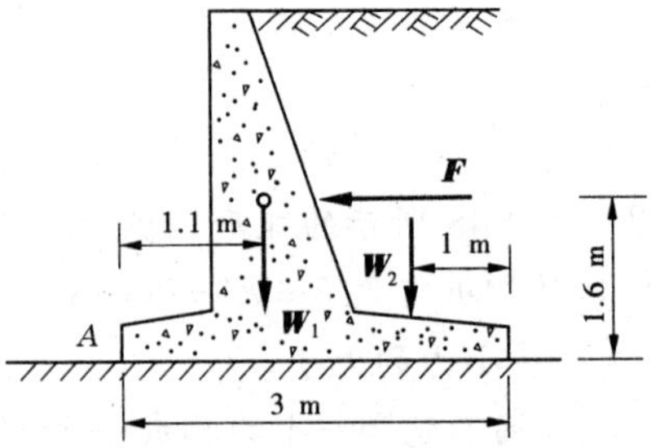

图 2-53

2-5　均质矩形板，边长分别为 a、b，水平放置，在板的 A、B、C 点上分别作用 $\boldsymbol{F}_1$、$\boldsymbol{F}_2$、$\boldsymbol{F}_3$ 三个力。如图 2-54 所示，试分别计算各力对图示空间坐标 x、y、z 轴的矩。

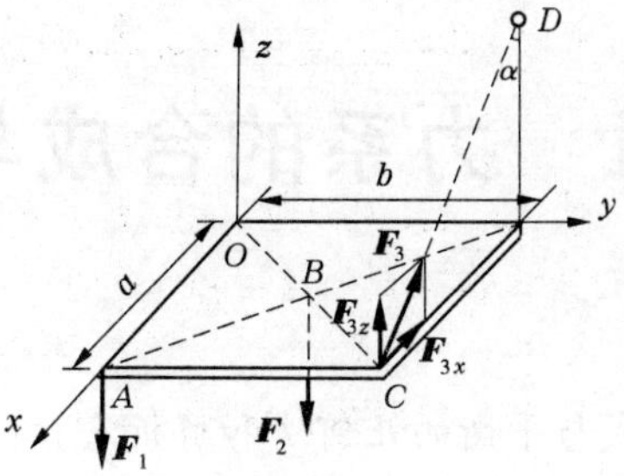

图 2-54

2-6　画出图 2-55 所示物体的受力图。未画重力的物体的重量均不计，所有接触处都为光滑接触。

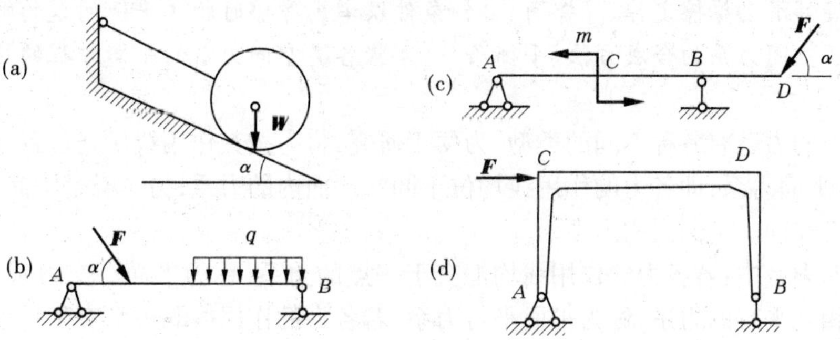

图 2-55

2-7　画出图 2-56 所示指定物体的受力图。未画重力的物体的重量均不计，所有接触处都为光滑接触。

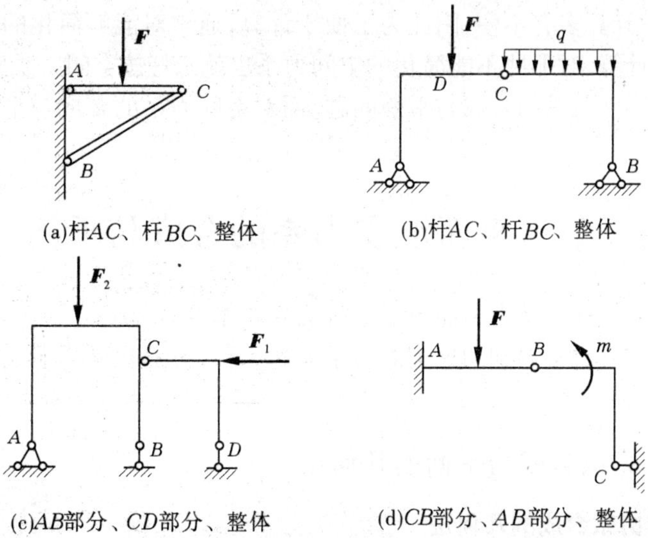

图 2-56

第三章　力系的合成与平衡

【学习目标】

- 掌握平面汇交力系合成与平衡的几何法和解析法。
- 掌握平面力偶系的合成方法及其平衡方程的应用。
- 掌握平面一般力系的合成方法，简化结果：主矢、主矩及合力矩定理的概念。
- 掌握平面一般力系平衡的必要和充分条件及各种平衡方程的应用。
- 掌握物系平衡问题的解法。
- 掌握静滑动摩擦定律、摩擦角、自锁条件及考虑摩擦时物体平衡问题的解法。
- 了解空间力系的合成方法、平衡条件，掌握各类空间力系的平衡方程的应用。

工程中的力系有各种不同的类型，为便于研究，将力按其作用线所处位置可分为两大类：一类是平面力系，即各力的作用线均位于同一平面内的力系；另一类是空间力系，即各力作用线不在同一平面内的力系。

在平面力系中：若各力的作用线均汇交于一点的力系，称为平面汇交力系；若各力的作用线都相互平行的力系，称为平面平行力系；若各力的作用线既不汇交于一点又不相互平行的力系，称为平面一般力系；若由各力构成多个力偶的力系，称为平面力偶系。

类似于平面力系的分类，空间力系也可细分为空间汇交力系、空间平行力系、空间一般力系和空间力偶系。

在工程实际中，大多数力系都是空间力系，但由于空间力系中的各力处在空间的不同位置，对其进行力学计算多有不便，因此为了便于计算，通常对能够简化的空间力系尽量简化为平面力系来计算，对那些不能简化的空间力系也就只好按空间力系来计算了。

本章着重研究平面力系的合成与平衡问题，而对空间力系的合成与平衡问题只作简单介绍。

第一节　平面汇交力系的合成与平衡

平面汇交力系是上述力系中最简单的一种力系。本节首先研究平面汇交力系，一方面是为了解决工程实际中常遇到的这类静力学问题，另一方面也是为研究更复杂的平面力系打下基础。

一、平面汇交力系合成与平衡的几何法

(一)平面汇交力系合成的几何法

设在某刚体上作用有由力 $\boldsymbol{F}_1$、$\boldsymbol{F}_2$、$\boldsymbol{F}_3$、$\boldsymbol{F}_4$ 组成的平面汇交力系，各力的作用线汇交于 A 点，如图 3-1(a)所示，现求这个力系的合力 $\boldsymbol{F}_R$。

为此，应用力的可传性原理，将各力沿其作用线移至 A 点，然后应用力的平行四边形法则依次作力的平行四边形，即先由力的平行四边形法则求出力 $\boldsymbol{F}_1$ 和 $\boldsymbol{F}_2$ 的合力 $\boldsymbol{F}_{R1}$，同样求出力 $\boldsymbol{F}_{R1}$ 与 $\boldsymbol{F}_3$ 的合力 $\boldsymbol{F}_{R2}$，如此类推，最后得到一个作用线也过力系汇交点 A 的合力 $\boldsymbol{F}_R$。力 $\boldsymbol{F}_R$ 就是该平面汇交力系的合力，如图 3-1(b)所示。

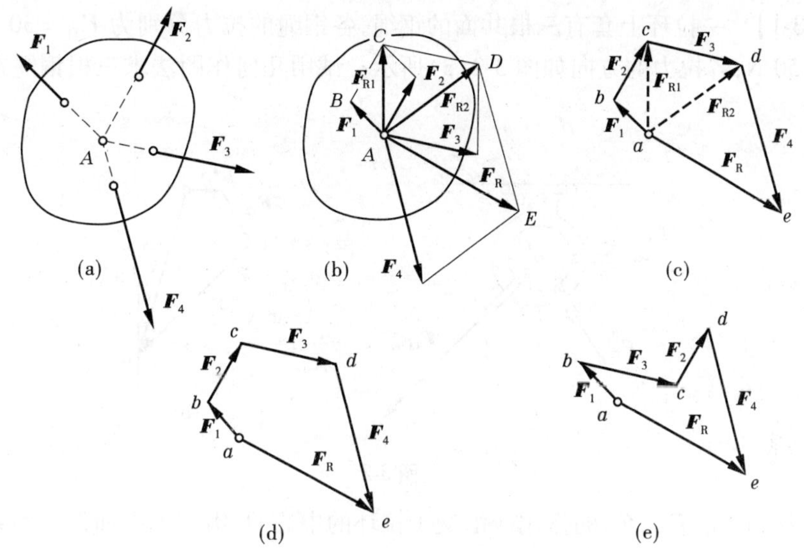

图 3-1

这种作图方法显然比较麻烦，且图形也不够清晰，下面介绍另一种比较简便的方法，即力多边形法。

首先选取一定比例，将力的大小表示为适当长度的线段，然后应用力的三角形法则将各力依次合成。具体作法如下：先在任意点 a 作$\overrightarrow{ab}$平行且等于力 $\boldsymbol{F}_1$，又从 b 点作$\overrightarrow{bc}$平行且等于力 $\boldsymbol{F}_2$，则虚线$\overrightarrow{ac}$表示力 $\boldsymbol{F}_1$ 和 $\boldsymbol{F}_2$ 的合力 $\boldsymbol{F}_{R1}$的大小和方向；再从 c 点作$\overrightarrow{cd}$平行且等于力 $\boldsymbol{F}_3$，则虚线$\overrightarrow{ad}$表示力 $\boldsymbol{F}_{R1}$和 $\boldsymbol{F}_3$ 的合力 $\boldsymbol{F}_{R2}$的大小和方向；最后从 d 点作$\overrightarrow{de}$平行且等于力 $\boldsymbol{F}_4$，则$\overrightarrow{ae}$表示力 $\boldsymbol{F}_{R2}$与 $\boldsymbol{F}_4$ 的合力 $\boldsymbol{F}_R$的大小和方向。$\boldsymbol{F}_R$就是这个汇交力系的合力，如图 3-1(c)所示。

实际作图时，虚线$\overrightarrow{ac}$和$\overrightarrow{ad}$可不画出，只须按一定的比例尺将各力矢量首尾相连，然后连接第一个力的起点到最后一个力的终点，方向从起点指向终点，这样就得到这个汇交力系的合力 $\boldsymbol{F}_R$，如图 3-1(d)所示。

由各分力矢与合力矢构成的 $abcde$ 多边形称为力多边形，表示合力 $\boldsymbol{F}_R$ 的$\overrightarrow{ae}$边称为力多边形的逆封边，这种求合力矢的几何作图法则称为力多边形法则。这种求合力的方法，称为几何法。

显然，上述力多边形法则可推广到 n 个汇交力的情形，用矢量式表示为

$$\boldsymbol{F}_R = \boldsymbol{F}_1 + \boldsymbol{F}_2 + \cdots + \boldsymbol{F}_n = \sum \boldsymbol{F}_i \tag{3-1}$$

于是得出结论：平面汇交力系合成的结果是一个合力，合力的作用线通过力系的汇交

点，合力矢等于原力系中所有各分力的矢量和。

应当指出，在上述作图过程中，若按力 $\boldsymbol{F}_1$、$\boldsymbol{F}_2$、$\boldsymbol{F}_3$、$\boldsymbol{F}_4$ 的顺序作力多边形，如图 3-1(d)所示；若按力 $\boldsymbol{F}_1$、$\boldsymbol{F}_3$、$\boldsymbol{F}_2$、$\boldsymbol{F}_4$ 的顺序作力多边形，如图 3-1(e)所示。由此可见，两图中的力多边形的形状虽然不同，但所得的合力矢 $\boldsymbol{F}_R$ 却是一样的。这表明，矢量求和的结果与矢量排列的先后顺序无关。

【例 3-1】 一拉环上套有三根共面的钢绳，各钢绳的拉力分别为 $\boldsymbol{F}_{T1}=30$ N、$\boldsymbol{F}_{T2}=60$ N、$\boldsymbol{F}_{T3}=150$ N，各拉力的方向如图 3-2(a)所示。试用几何作图法求三根钢绳在拉环上作用的合力。

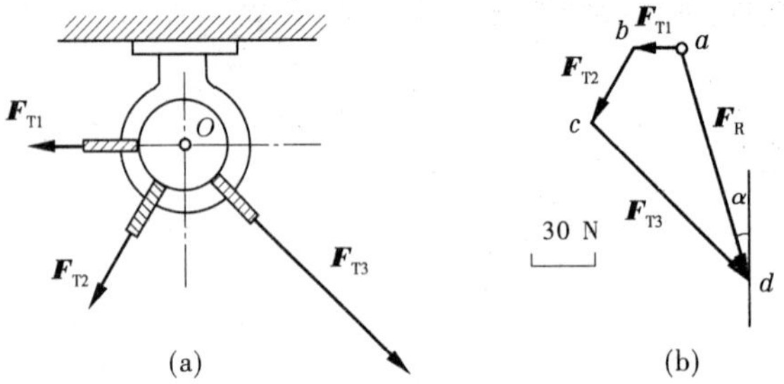

图 3-2

解 拉力 $\boldsymbol{F}_{T1}$、$\boldsymbol{F}_{T2}$、$\boldsymbol{F}_{T3}$的作用线汇交于拉环的中心 O，构成了平面汇交力系。用力多边形法则可求得它们的合力。

选定比例尺如图 3-2(b)所示。作 $\overrightarrow{ab}=\boldsymbol{F}_{T1}$，$\overrightarrow{bc}=\boldsymbol{F}_{T2}$，$\overrightarrow{cd}=\boldsymbol{F}_{T3}$，连接 a、d 两点，$\overrightarrow{ad}$ 即代表合力 $\boldsymbol{F}_R$ 的大小和方向，如图 3-2(b)所示。合力 $\boldsymbol{F}_R$ 通过原力系的汇交点 O。在图中量得合力的大小为：$F_R=165$ N，合力的方位角为：$\alpha=16°10'$。

(二)平面汇交力系平衡的几何条件

由平面汇交力系合成的几何法可知，平面汇交力系只能合成为一个合力，即合力与原力系等效。若合力等于零，则表明刚体在力系作用下处于平衡状态，即力系是一平衡力系；反之，若合力不为零，则刚体不能处于平衡状态，即力系不是一平衡力系。

由此得出结论：平面汇交力系平衡的必要和充分条件是合力等于零。

用式子表示为

$$\boldsymbol{F}_R = \sum \boldsymbol{F}_i = 0 \tag{3-2}$$

从力多边形来看，若合力等于零，就是力多边形中最后一个分力矢终点与第一个分力矢始点重合，即由各分力矢首尾相连构成的力多边形自行封闭，如图 3-3(b)所示。

所以，平面汇交力系平衡的必要和充分的几何条件是：力多边形自行封闭。

应用上述平面汇交力系平衡的几何条件求解平衡问题时，可根据已知力的大小和方向以及未知力的方向作一封闭的力多边形，就可求得未知力的大小，但未知力的数目不能超过两个。

【例 3-2】 图 3-4(a)所示的梁 AB 在 C 点受力 $\boldsymbol{F}$ 作用，已知 $F=10$ kN，梁重不计，试求支座 A、B 的支座反力。

解 (1)取梁为研究对象，画出它的受力图。

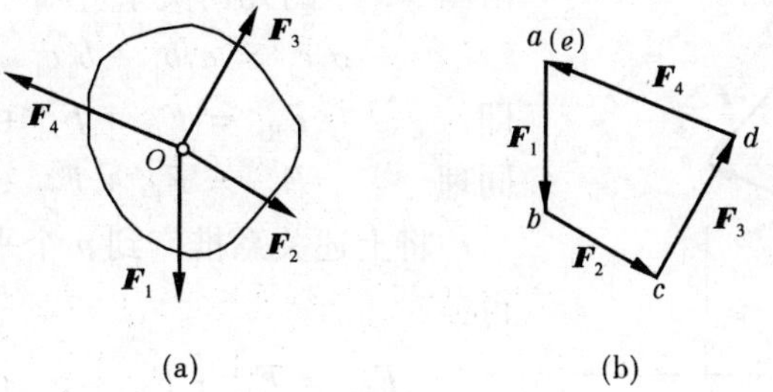

图 3-3

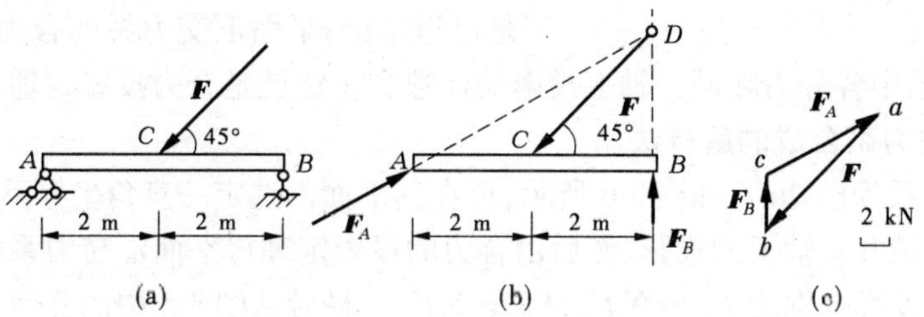

图 3-4

因为梁受主动力 $\boldsymbol{F}$ 和支座反力 $\boldsymbol{F}_A$、$\boldsymbol{F}_B$ 作用处于平衡，由三力平衡汇交定理可知，力 $\boldsymbol{F}$ 与 $\boldsymbol{F}_B$ 和 $\boldsymbol{F}_A$ 的作用线必汇交于 D 点，所以梁受一平衡的平面汇交力系作用，画出其受力图如图 3-4(b)所示。

(2)根据平面汇交力系平衡的几何条件，作封闭的力三角形。

选取比例尺如图所示，先作 $\vec{ab}$ 平行且等于力 $\boldsymbol{F}$，过 a、b 两点分别作直线平行于 $\boldsymbol{F}_A$ 和 $\boldsymbol{F}_B$ 得交点 c，并顺着 abc 的方向标出箭头，使其首尾相连，作封闭的力三角形如图 3-4(c)所示。

(3)求支座反力的大小和方向。

用同样的比例尺在图 3-4(c)中量得

$$F_A = 7.91\ \text{kN}，其作用线与水平成\ \alpha = 26°36'$$

$$F_B = 3.53\ \text{kN}，其方向铅直向上$$

二、平面汇交力系合成与平衡的解析法

用几何法求平面汇交力系合成与平衡的问题，具有直观简便的优点，但难以避免几何作图的误差而不能获得准确的结果。因此，工程中多用解析法来进行力学计算。

解析法就是以力在坐标轴上的投影为基础的一种计算方法。

(一)合力投影定理

设一平面汇交力系 $\boldsymbol{F}_1$、$\boldsymbol{F}_2$、$\boldsymbol{F}_3$ 和 $\boldsymbol{F}_4$ 作用于刚体上，按平面汇交力系合成的几何法，作出该力系的力多边形 $abcde$ 如图 3-5 所示，封闭边 ae 表示该力系的合力 $\boldsymbol{F}_\text{R}$。在此力多边形所在平面内取一坐标系 xOy，将所有的力矢向 x 轴和 y 轴投影，即得

$$F_{\text{R}x} = a_1e_1 \qquad F_{1x} = a_1b_1 \qquad F_{2x} = b_1c_1 \qquad F_{3x} = c_1d_1 \qquad F_{4x} = d_1e_1$$

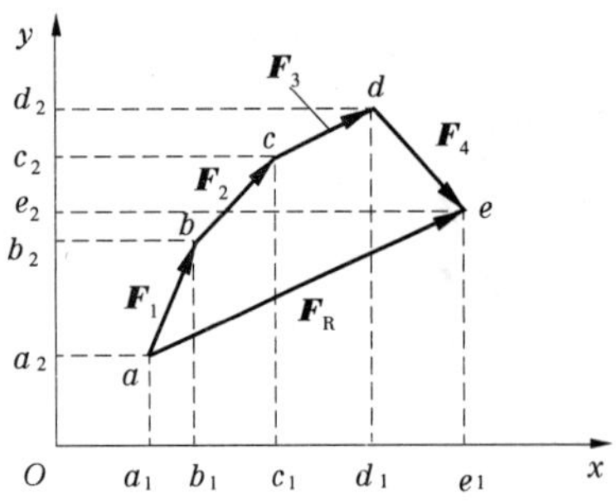

图 3-5

由图 3-5 中的几何关系可知

$$a_1e_1 = a_1b_1 + b_1c_1 + c_1d_1 + d_1e_1$$

即 $$F_{Rx} = F_{1x} + F_{2x} + F_{3x} + F_{4x}$$

同理 $$F_{Ry} = F_{1y} + F_{2y} + F_{3y} + F_{4y}$$

将上述关系推广到 n 个平面汇交力系的情形，得

$$\left.\begin{aligned} F_{Rx} &= F_{1x} + F_{2x} + \cdots + F_{nx} = \sum F_{ix} \\ F_{Ry} &= F_{1y} + F_{2y} + \cdots + F_{ny} = \sum F_{iy} \end{aligned}\right\} \quad (3\text{-}3)$$

于是可得结论：平面汇交力系的合力在任一轴上的投影，等于力系中各分力在同一轴上投影的代数和。这就是合力投影定理。

（二）平面汇交力系合成的解析法

当平面汇交力系为已知时，如图 3-6 所示，可在其平面内选定一直角坐标系 xOy，先求出力系中各力在 x 轴和 y 轴上的投影，然后由合力的投影定理得平面汇交力系的合力 $\boldsymbol{F}_R$ 在 x 轴和 y 轴上的投影分别为 $F_{Rx} = \sum F_{ix}$，$F_{Ry} = \sum F_{iy}$。最后从图 3-5 中的几何关系，求得合力的大小和方位为

$$\left.\begin{aligned} F_R &= \sqrt{F_{Rx}{}^2 + F_{Ry}^2} = \sqrt{(\sum F_{ix})^2 + (\sum F_{iy})^2} \\ \tan\alpha &= \frac{|F_{Ry}|}{|F_{Rx}|} = \frac{|\sum F_{iy}|}{|\sum F_{ix}|} \end{aligned}\right\} \quad (3\text{-}4)$$

式中：α 为合力 $\boldsymbol{F}_R$ 与 x 轴所夹的锐角，合力的作用线通过力系的汇交点 O，指向由 $\sum F_{ix}$ 及 $\sum F_{iy}$ 的符号确定，具体指向如图 3-7 所示。

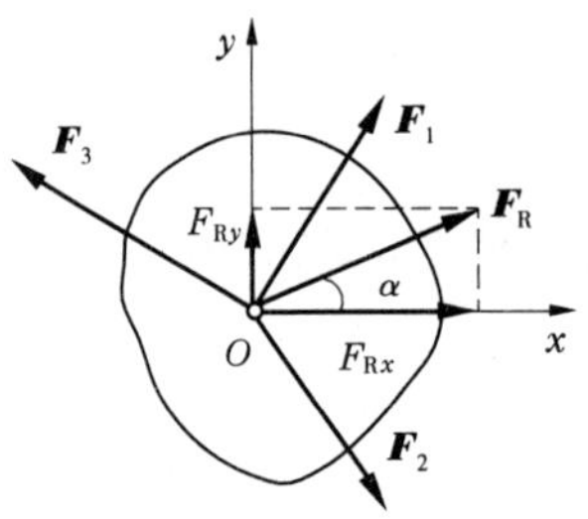

图 3-6

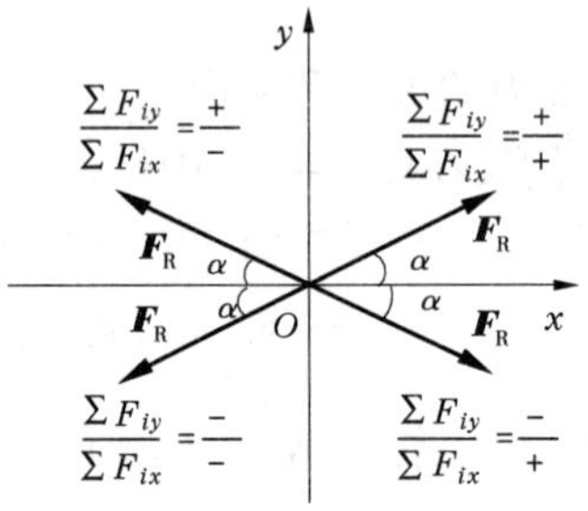

图 3-7

【例 3-3】 已知某平面汇交力系如图 3-8 所示。其中 $F_1 = 20$ kN，$F_2 = 10$ kN，$F_3 = 18$ kN，$F_4 = 15$ kN，试求该力系的合力。

解 （1）建立坐标系 xOy 如图所示，计算合力在坐标轴上的投影。

$$\begin{aligned} F_{Rx} &= \sum F_{ix} = F_1\cos30° - F_2\cos30° - F_3\cos60° + F_4\cos45° \\ &= 20 \times 0.866 - 10 \times 0.866 - 18 \times 0.5 + 15 \times 0.707 \\ &= 10.27(\text{kN}) \end{aligned}$$

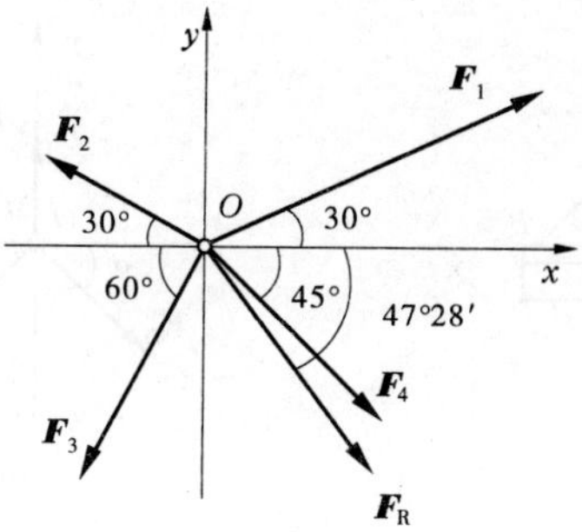

图 3-8

$$
\begin{aligned}
F_{Ry} &= \sum F_{iy} = F_1\sin30° + F_2\sin30° - F_3\sin60° - F_4\sin45° \\
&= 20 \times 0.5 + 10 \times 0.5 - 18 \times 0.866 - 15 \times 0.707 \\
&= -11.2(\mathrm{kN})
\end{aligned}
$$

（2）求合力的大小和方向。

$$
\begin{aligned}
F_R &= \sqrt{F_{Rx}^2 + F_{Ry}^2} = \sqrt{(10.27)^2 + (-11.2)^2} \\
&= 15.2\ (\mathrm{kN})
\end{aligned}
$$

$$\tan\alpha = \frac{|F_{Ry}|}{|F_{Rx}|} = \frac{11.2}{10.27} = 1.09$$

即

$$\alpha = 47°28'$$

因为 F_{Rx} 为正，而 F_{Ry} 为负，所以合力 $\boldsymbol{F}_R$ 应在第四象限，指向右下方，如图 3-8 所示。

（三）平面汇交力系平衡的解析条件

由前面所述可知，平面汇交力系平衡的必要和充分条件是该力系的合力为零。现将此平衡条件用解析式表示，即为

$$F_R = \sqrt{F_{Rx}^2 + F_{Ry}^2} = \sqrt{(\sum F_{ix})^2 + (\sum F_{iy})^2} = 0$$

式中，$(\sum F_{ix})^2$、$(\sum F_{iy})^2$ 都恒为正值，要使 $F_R = 0$，则必须有

$$\left.\begin{aligned}\sum F_{ix} = 0\\ \sum F_{iy} = 0\end{aligned}\right\} \qquad (3\text{-}5)$$

所以，平面汇交力系平衡的充分和必要条件的解析条件可表述为：力系中各力在两个坐标轴上投影的代数和均等于零。式(3-5)称为平面汇交力系的平衡方程。应用这两个相互独立的平衡方程可求解平面汇交力系中有两个未知量的平衡问题。

还应该指出，利用上述平衡方程求解平面汇交力系的平衡问题时，受力图中的未知力的指向可以任意假设。若计算结果为正值，表示假设的指向就是实际的指向；若计算结果为负值，表示假设的指向与实际指向相反。

【例 3-4】 如图 3-9(a)所示，吊机起吊一重为 10 kN 的构件。设钢丝绳与水平线夹角为 α，当构件匀速上升时，试求钢丝绳的拉力，并比较 α 角分别为 45°、60°、30°、15°时钢丝绳的拉力情况。

解 构件匀速上升时处于平衡状态，整个系统在重力 $\boldsymbol{G}$ 和吊钩绳的拉力 $\boldsymbol{F}_T$ 的作用

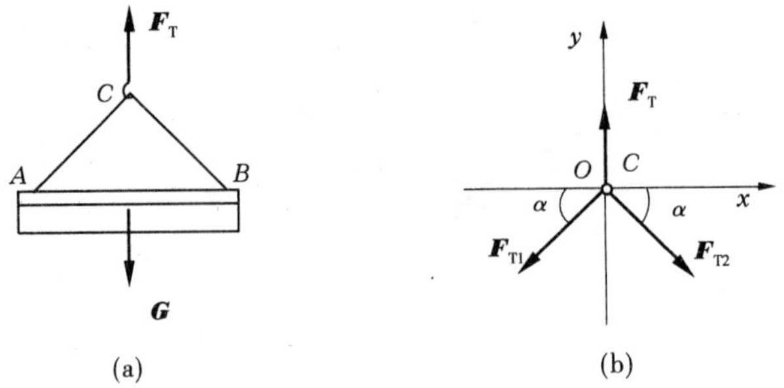

图 3-9

下构成平衡，即 $F_T = G = 10$ kN。现求吊钩下部钢丝绳 *CA* 和 *CB* 的拉力。

(1)取吊钩 *C* 为研究对象，画出受力图，并取坐标系如图 3-9(b)所示。由此可见，这是一个平衡的平面汇交力系。

(2)列平衡方程，求钢丝绳的拉力 $\boldsymbol{F}_{T1}$ 和 $\boldsymbol{F}_{T2}$。

$$\sum F_x = 0 \qquad -F_{T1}\cos\alpha + F_{T2}\cos\alpha = 0 \qquad ①$$

$$\sum F_y = 0 \qquad F_T - F_{T1}\sin\alpha - F_{T2}\sin\alpha = 0 \qquad ②$$

联立式①、式②求解得 $$F_{T1} = F_{T2} = \frac{F_T}{2\sin\alpha} = \frac{G}{2\sin\alpha}$$

(3)计算 α 角分别为 45°、60°、30°、15°时钢丝绳的拉力。

当 $\alpha = 45°$时 $$F_{T1} = F_{T2} = \frac{F_T}{2\sin\alpha} = \frac{10}{2\sin45°} = \frac{10}{2\times0.707} = 7.07(\text{kN})$$

当 $\alpha = 60°$时 $$F_{T1} = F_{T2} = \frac{F_T}{2\sin\alpha} = \frac{10}{2\sin60°} = \frac{10}{2\times0.866} = 5.77(\text{kN})$$

当 $\alpha = 30°$时 $$F_{T1} = F_{T2} = \frac{F_T}{2\sin\alpha} = \frac{10}{2\sin30°} = \frac{10}{2\times0.5} = 10(\text{kN})$$

当 $\alpha = 15°$时 $$F_{T1} = F_{T2} = \frac{F_T}{2\sin\alpha} = \frac{10}{2\sin15°} = \frac{10}{2\times0.259} = 19.31(\text{kN})$$

从以上计算结果可见，在施工中必须防止因钢丝绳 *CA* 及 *CB* 与水平线所构成的夹角 α 过小而受力过大被拉断。

【例 3-5】 重 $G = 20$ kN 的物体被绞车匀速起吊，绞车的钢丝绳绕过光滑的定滑轮 *A*，滑轮由不计重量的 *AB* 杆和 *AC* 杆支承，如图 3-10(a)所示。求杆 *AB* 和杆 *AC* 所受的力。

解 (1)取滑轮连同销钉 *A* 为研究对象，画受力图。

由于不计杆自重，故杆 *AB* 和杆 *AC* 均为二力杆，现假设两杆都受拉，重物通过钢丝绳直接加在滑轮的一边。当重物匀速上升时，拉力 $F_{T1} = G$，而钢丝绳绕滑轮的另一边具有同样大小的拉力，即 $F_{T1} = F_{T2}$，画出受力图和选取坐标系如图 3-10(c)所示。

(2)列平衡方程，求杆 *AB* 和杆 *AC* 所受的力。

$$\sum F_x = 0 \qquad -F_{AB} - F_{AC}\cos30° - F_{T2}\sin30° = 0 \qquad ①$$

$$\sum F_y = 0 \qquad -F_{AC}\sin30° - F_{T2}\cos30° - F_{T1} = 0 \qquad ②$$

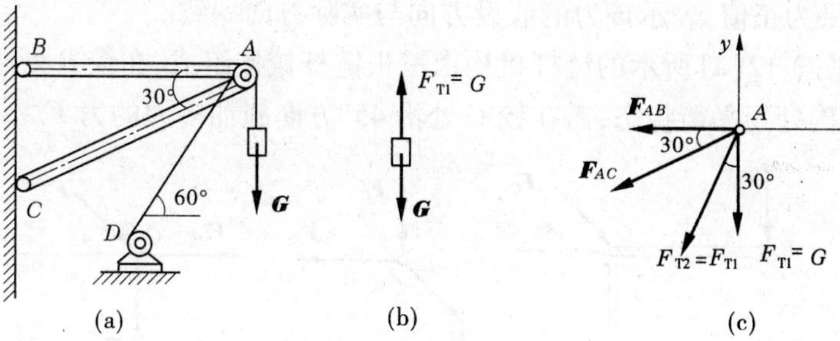

图 3-10

将 $F_{T2}=F_{T1}=G$ 代入式①和式②，联立解得

$$F_{AC}=-\frac{G\cos30^\circ+G}{\sin30^\circ}=-\frac{20\times0.866+20}{0.5}=-74.64(\text{kN})$$

$$F_{AB}=-F_{AC}\cos30^\circ-G\sin30^\circ=74.64\times0.866-20\times0.5=54.64(\text{kN})$$

可见力 $\boldsymbol{F}_{AC}$ 解得的结果为负值，表示该力的假设方向与实际方向相反，因此杆 AC 是受压杆。

【例 3-6】 平面刚架在 C 点受水平力 $\boldsymbol{F}$ 作用，如图 3-11(a)所示。已知 $F=40$ kN，刚架自重不计，求支座 A、B 的支座反力。

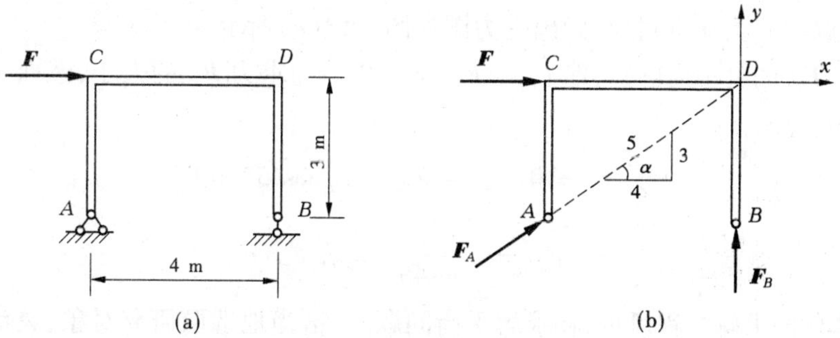

图 3-11

解 (1)取刚架为研究对象，画受力图。

刚架受力 $\boldsymbol{F}$、$\boldsymbol{F}_A$ 和 $\boldsymbol{F}_B$ 的作用处于平衡，根据三力平衡汇交定理，这三个力的作用线必汇交于一点，画出刚架的受力图，选取坐标系如图 3-11(b)所示(图中 $\boldsymbol{F}_A$、$\boldsymbol{F}_B$ 的指向是假设的)。

(2)列平衡方程，求支座反力 $\boldsymbol{F}_A$ 和 $\boldsymbol{F}_B$。

由 $$\sum F_x=0 \qquad F+F_A\cos\alpha=0$$

求得 $$F_A=-\frac{F}{\cos\alpha}=-40\times\frac{5}{4}=-50(\text{kN})(\swarrow)$$

力 $\boldsymbol{F}_A$ 解得的结果为负值，表示该力的假设方向与实际方向相反。

由 $$\sum F_y=0 \qquad F_B+F_A\sin\alpha=0$$

求得 $$F_B=-F_A\sin\alpha=-(-50)\times\frac{3}{5}=30(\text{kN})(\uparrow)$$

力 $\boldsymbol{F}_B$ 解得的结果为正值,表示该力的假设方向与实际方向一致。

【例3-7】 图3-12(a)所示的链杆机构由三根链杆铰接组成,在铰 B 处施加一竖向已知力 $\boldsymbol{F}_B$,欲使机构处于平衡状态,需在铰 C 处沿45°方向施加多大的力 $\boldsymbol{F}_C$?

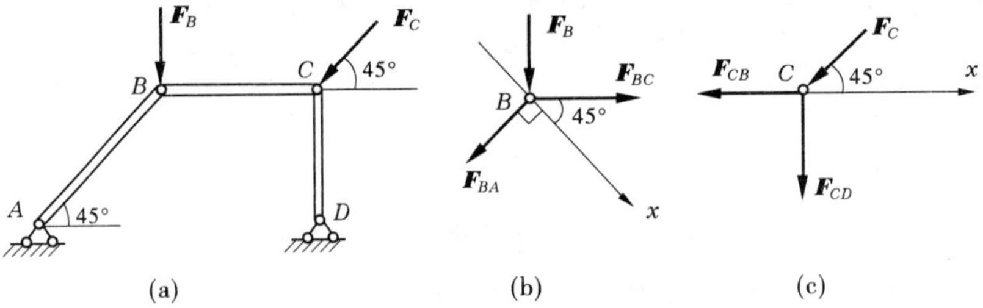

图3-12

解 (1)先取铰 B 为研究对象,画出受力图。

因只需求反力 $\boldsymbol{F}_{BC}$,所以选取 x 轴与不需求出的力 $\boldsymbol{F}_{BA}$垂直,画出受力图如图3-12(b)所示。

$$\sum F_x = 0 \qquad F_B\cos45° + F_{BC}\cos45° = 0$$

解得

$$F_{BC} = -F_B$$

(2)再取铰 C 为研究对象,画出受力图如图3-12(c)所示。

图中力 $\boldsymbol{F}_{CB}$的大小为已知,即 $F_{CB} = F_{BC} = -F_B$。为求力 $\boldsymbol{F}_C$ 的大小,选取 x 轴与不需求出的力 $\boldsymbol{F}_{CD}$垂直。

$$\sum F_x = 0 \qquad -F_{CB} - F_C\cos45° = 0$$

解得

$$F_C = -\frac{F_{CB}}{\cos45°} = \sqrt{2}F_B$$

通过本例的求解过程可见,在求解平衡问题时,恰当地选取研究对象,灵活地选取投影轴,以最简捷、合理的途径去求解,尽量避免求解联立方程,以提高计算效率,这是解题时很值得注意的问题。

第二节 平面力偶系的合成与平衡

在前面第二章第六节中已论述了力偶的概念及其性质,本节将进一步讨论平面力偶系的合成与平衡问题。作用在某物体上有多个力偶组成的力系,称为力偶系。作用面在同一平面内的力偶系,称为平面力偶系。

一、平面力偶系的合成

力偶对物体的作用效应是使刚体发生转动,平面力偶系对刚体的作用效应也是使刚体发生转动。如何度量力偶系对刚体作用的总效应呢?这就是平面力偶系的合成问题。对此,可应用力偶的等效性来研究这一问题。

设作用于刚体同一平面内的三个力偶$(\boldsymbol{F}_1,\boldsymbol{F}_1')$、$(\boldsymbol{F}_2,\boldsymbol{F}_2')$、$(\boldsymbol{F}_3,\boldsymbol{F}_3')$，它们的力偶臂分别为 d_1、d_2、d_3，如图 3-13(a)所示。

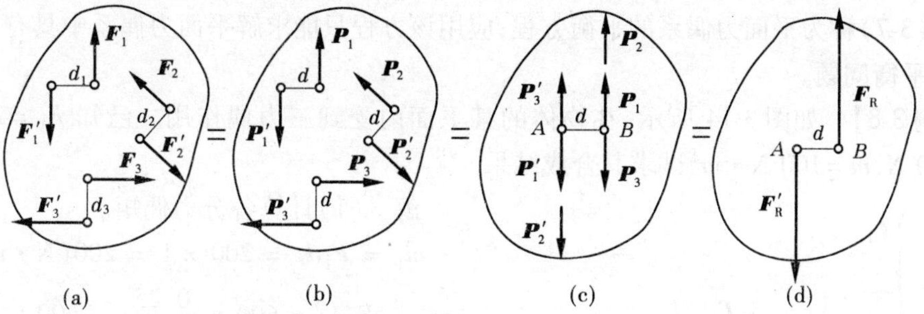

图 3-13

用 m_1、m_2、m_3 分别代表这三个力偶的力偶矩，即

$$m_1 = F_1 d_1 \qquad m_2 = F_2 d_2 \qquad m_3 = -F_3 d_3$$

根据力偶性质的推论 2，将这三个力偶中的力和力偶臂同时加以改变，并使它们的力偶臂都等于 d，得到三个新力偶$(\boldsymbol{P}_1,\boldsymbol{P}_1')$、$(\boldsymbol{P}_2,\boldsymbol{P}_2')$、$(\boldsymbol{P}_3,\boldsymbol{P}_3')$，如图 3-13(b)所示。它们的力偶矩应分别与原力偶的力偶矩相等，即

$$m_1 = P_1 d \qquad m_2 = P_2 d \qquad m_3 = -P_3 d$$

因而新力偶中各力的大小分别为

$$P_1 = \frac{|m_1|}{d} \qquad P_2 = \frac{|m_2|}{d} \qquad P_3 = \frac{|m_3|}{d}$$

任取一线段 $AB = d$，又根据力偶性质的推论 1，把这三个新力偶分别转移，使它们的力偶臂均与 AB 重合，如图 3-13(c)所示。再分别将作用于 A、B 两点的共线力系合成，得

$$F_R = P_1 + P_2 - P_3 \quad F_R' = P_1' + P_2' - P_3'$$

显然，力 $\boldsymbol{F}_R$ 与 $\boldsymbol{F}_R'$ 的大小相等、方向相反、作用线平行但不共线，即组成一力偶$(\boldsymbol{F}_R,\boldsymbol{F}_R')$，如图 3-13(d)所示。此力偶$(\boldsymbol{F}_R,\boldsymbol{F}_R')$称为原三个力偶的合力偶。其合力偶矩为

$$M = F_R d = (P_1 + P_2 - P_3)d = P_1 d + P_2 d - P_3 d$$

$$= m_1 + m_2 + m_3 = \sum_{i=1}^{3} m_i$$

若有 n 个力偶，其力偶矩为 $m_1, m_2, m_3, \cdots, m_n$，仍可用上述方法合成，即

$$M = m_1 + m_2 + \cdots + m_n = \sum_{i=1}^{n} m_i \tag{3-6}$$

于是得出结论：平面力偶系合成的结果是一个合力偶，其合力偶矩等于原力偶系中各分力偶矩的代数和。

二、平面力偶系的平衡条件

平面力偶系可以用一个合力偶矩等效代替。若合力偶矩等于零，则原力偶系必定平衡；反之，若原力偶系平衡，则合力偶矩必定为零。由此可得结论：平面力偶系平衡的必要

和充分条件是:平面力偶系中所有各力偶矩的代数和等于零。用公式表示为

$$\sum m_i = 0 \qquad (3\text{-}7)$$

式(3-7)称为平面力偶系的平衡方程,应用该方程只能求解平面力偶系中具有一个未知量的平衡问题。

【例3-8】 如图3-14所示,在物体的某平面内受到三力偶作用。已知 $F_1=200\ \text{N}$,$F_2=600\ \text{N}$,$m=100\ \text{N}\cdot\text{m}$,试求其合成结果。

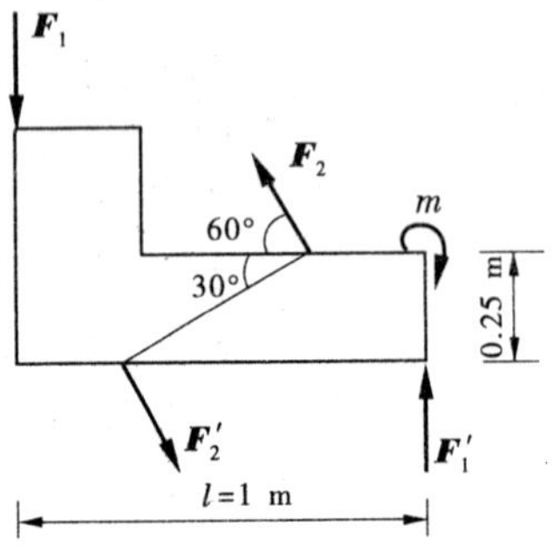

图3-14

解 (1)计算各分力偶矩。

$$m_1 = F_1 d_1 = 200\times1 = 200(\text{N}\cdot\text{m})$$

$$m_2 = F_2 d_2 = 600\times\frac{0.25}{\sin30^\circ} = 600\times\frac{0.25}{0.5} = 300(\text{N}\cdot\text{m})$$

$$m_3 = -m = -100\ \text{N}\cdot\text{m}$$

(2)求得合力偶矩。由式(3-6)求得

$$M = \sum m_i = m_1+m_2+m_3 = 200+300-100 = 400(\text{N}\cdot\text{m})$$

即 M 的转向为逆时针转向,其作用平面与原力系共面。

【例3-9】 如图3-15(a)所示的梁 AB 受一力偶作用,其力偶矩 $m=10\ \text{kN}\cdot\text{m}$,$B$ 端支承面与水平面之间的夹角 $\alpha=30^\circ$,若不计梁自重,试求支座 A、B 的反力。

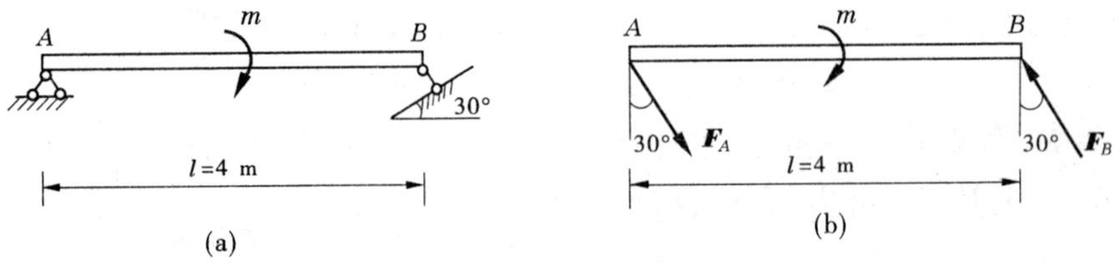

图3-15

解 (1)取梁 AB 为研究对象,画出受力图。梁在力偶矩 m 和 A、B 两处的支座反力作用下处于平衡。因为力偶只能与力偶平衡,所以支座 A、B 处的两个支座反力必定组成一个力偶。由于支座 B 是可动铰支座,其支座反力 $\boldsymbol{F}_B$ 必垂直于支承面,所以支座 A 的反力 $\boldsymbol{F}_A$ 一定与 $\boldsymbol{F}_B$ 等值、反向、平行,即 $\boldsymbol{F}_A$ 与 $\boldsymbol{F}_B$ 构成一个力偶,画出受力图如图3-15(b)所示。

(2)列力偶系的平衡方程,求支座反力。

由 $$M = \sum m_i = 0 \qquad -m + F_B\times4\cos30^\circ = 0$$

求得 $$F_B = \frac{m}{4\times\cos30^\circ} = \frac{10}{4\times0.866} = 2.9(\text{kN})(\nwarrow)$$

$$F_A = F_B = 2.9\ \text{kN}(\searrow)$$

所求的支座反力均为正值，表明反力的实际指向与假设指向相同，如图 3-15(b)所示。

第三节　平面一般力系的合成与平衡

平面一般力系是指各力的作用线位于同一平面内但不全汇交于一点也不全相互平行的力系，又称为平面任意力系。例如，图 3-16 所示的简支刚架受到荷载及支座反力的作用，这个力系就是一平面一般力系。

又例如，图 3-17 所示的三角形屋架，它的厚度比其他两个方向的尺寸小很多，如果忽略它与其他屋架之间的联系，将它单独分离出来，这种结构称为平面结构，它承受屋面传来的竖向荷载 $\boldsymbol{F}$、风荷载 $\boldsymbol{P}$ 以及两端支座反力 $\boldsymbol{F}_{Ax}$、$\boldsymbol{F}_{Ay}$、$\boldsymbol{F}_{B}$。这些力组成平面一般力系。

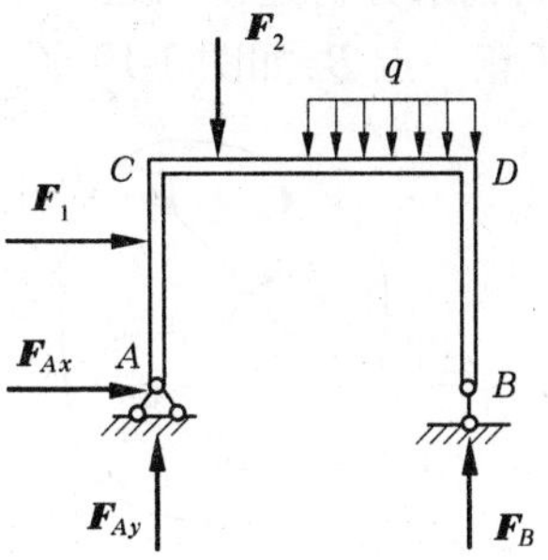

图 3-16

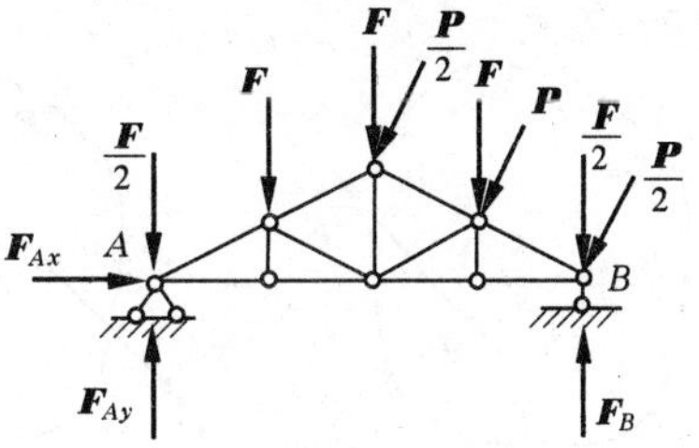

图 3-17

在工程实际中，有些结构虽然本身不是平面结构，且所受的力也不分布在同一平面内，但如果结构本身(包括支座)及其所受的荷载有一个共同的对称面，那么作用在结构上的力系可简化为在对称面内的平面力系。

例如，图 3-18(a)所示的重力坝，其坝纵向较长，横截面相同，且坝受力情况沿纵向不变，则坝的任一横截面均可视为对称平面。因此，对其作受力分析时，通常沿纵向截取单

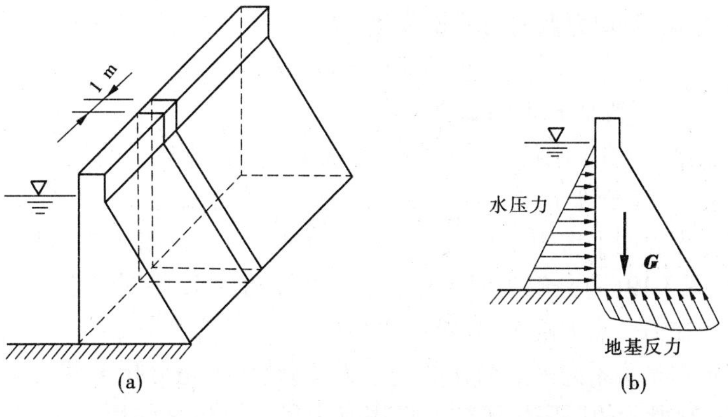

图 3-18

位长度的坝段来进行受力分析，即将作用于该坝段上的空间力系简化为位于坝段中心平面内的平面一般力系，如图 3-18(b)所示。

总之，工程实际中的许多问题一般都可简化为平面一般力系的问题来处理，因此平面一般力系是工程中最常见也是最重要的力系。本节讨论平面一般力系的合成与平衡问题。

一、力的平移定理

力的可传性原理表明，力可以沿其作用线滑移到刚体上的任一点，而不改变力对刚体的作用效应。但当力平行于原来的作用线移动到刚体上任一点时，力对刚体的作用效应将会改变。对此问题是不难理解的，例如，处于平衡状态的秤杆，如果把秤锤稍做平移，秤杆就会翘起来或埋下去，即秤杆的平衡状态发生改变。

为了将力等效平移，需要什么样的附加条件呢？下面就来分析这个问题。

设将作用于刚体上的 A 点力 $\boldsymbol{F}$ 等效平移到刚体上任意一点 B，如图 3-19 所示。

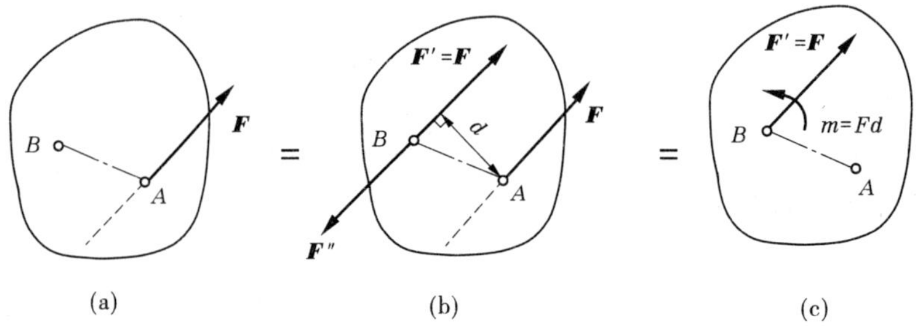

图 3-19

为此，在 B 点加上两个等值、反向的平衡力 $\boldsymbol{F}'$和 $\boldsymbol{F}''$，并使它们的作用线与力 $\boldsymbol{F}$ 平行，且令 $\boldsymbol{F}' = -\boldsymbol{F}'' = \boldsymbol{F}$，如图 3-19(b)所示。根据加减平衡力系公理，由力 $\boldsymbol{F}$、$\boldsymbol{F}'$、$\boldsymbol{F}''$所组成的力系与原来的力 $\boldsymbol{F}$ 等效。由于力 $\boldsymbol{F}''$与 $\boldsymbol{F}$ 等值、反向、平行，它们组成一个力偶($\boldsymbol{F}$,$\boldsymbol{F}''$)，于是，作用在 B 点的力 $\boldsymbol{F}'$和力偶($\boldsymbol{F}$,$\boldsymbol{F}''$)与原力 $\boldsymbol{F}$ 等效。又由于 $\boldsymbol{F}' = \boldsymbol{F}$，这样就把作用于 A 点的力 $\boldsymbol{F}$ 平移到了 B 点，但同时附加一个力偶，如图 3-19(c)所示。

由图 3-19 可知，附加力偶的力偶矩为

$$m = Fd = m_B(\boldsymbol{F})$$

式中：d 为力 $\boldsymbol{F}$ 的作用线至 B 点的垂直距离。

由此可得结论：作用于刚体上某点的力可以平移到此刚体上的任一点，但须附加一个力偶，附加力偶的力偶矩等于原力对平移点的力矩。这个结论称为力的平移定理。

力的平移定理表明了作用于刚体上的一个力可分解为作用在同一平面内的一个力和一个力偶，如将图 3-19(a)分解为图 3-19(c)。当然，也可以将同一平面内一个力和一个力偶合成为作用在另一点上的力，如将图 3-19(c)合成为图 3-19(a)。

力的平移定理是力系向一点简化的一个重要依据，也是分析某些力学问题的一种方法。例如，图 3-20 所示的厂房牛腿柱上作用有由吊车梁传来的压力 $\boldsymbol{F}$，在对牛腿柱作受力分析时，通常将力 $\boldsymbol{F}$ 平移到柱截面的形心点上，这样柱的变形就明显了，力 $\boldsymbol{F}'$使柱产生

轴向压缩变形，而附加力偶矩的作用使柱产生弯曲变形，显然柱的较复杂变形可看成是简单的轴向压缩变形和弯曲变形的组合。

严格地讲，力的平移定理只适用于刚体，而不适用于变形体。就是说：在研究物体受力作用的外效应时，上述平移是等效的；而在研究物体受力作用的内效应时，当将作用在牛腿柱上的力 $\boldsymbol{F}$ 平移到柱截面的形心点时，在其移动点附近小部分区域上的应力与变形则有显著影响，而对远离移动点的大部分区域的影响甚微，可忽略不计。

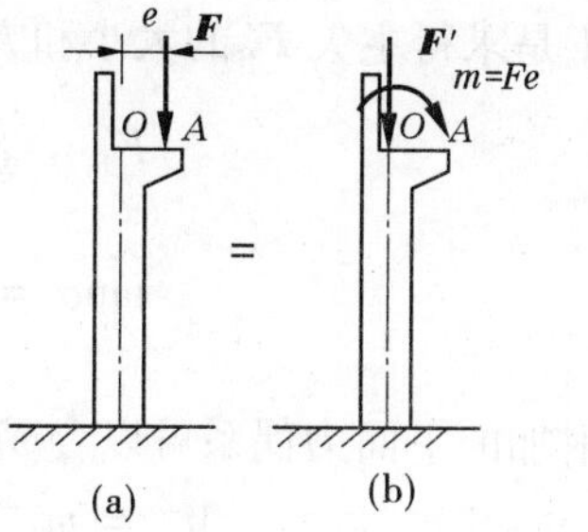

图 3-20

二、平面一般力系的合成

平面一般力系的合成问题，从理论上讲，可连续应用两共点力合成的平行四边形法则进行合成，但因这样每次只能求出两个力的合力，而且还须先将此二力沿各自的作用线滑移到它们的交点上去，若按这种方法进行合成费时费力，极不方便。若采用力多边形法则进行合成，则因力系中各力的作用线并非共点，即使力系存在合力，也不便确定合力作用点的位置。因此，对平面一般力系，应采用其他方法合成。一种简捷有效的方法就是应用力的平移定理，将力系各力向所在平面内任一点进行平移简化，下面介绍这一合成方法。

（一）平面一般力系向作用平面内任一点简化

设在某刚体上作用一平面一般力系（$\boldsymbol{F}_1,\boldsymbol{F}_2,\cdots,\boldsymbol{F}_n$），如图 3-21（a）所示。在力系所在平面内任选一点 O 作为简化中心，根据力的平移定理，将力系中各力平行移动到 O 点，于是原力系便简化为作用于 O 点的平面汇交力系（$\boldsymbol{F}_1',\boldsymbol{F}_2',\cdots,\boldsymbol{F}_n'$）和相应附加的平面力偶系（$m_1,m_2,\cdots,m_n$），如图 3-21（b）所示。

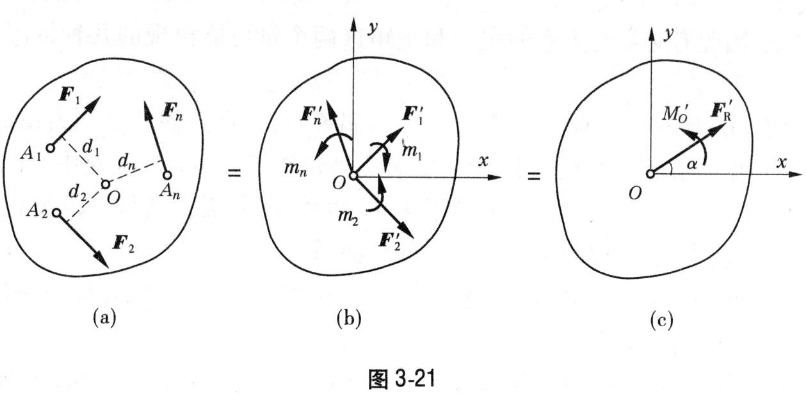

图 3-21

其中，$\boldsymbol{F}_1=\boldsymbol{F}_1',\boldsymbol{F}_2=\boldsymbol{F}_2',\cdots,\boldsymbol{F}_n=\boldsymbol{F}_n'$；$m_1=M_O(\boldsymbol{F}_1),m_2=M_O(\boldsymbol{F}_2),\cdots,m_n=M_O(\boldsymbol{F}_n)$。作用在简化中心的平面汇交力系（$\boldsymbol{F}_1',\boldsymbol{F}_2',\cdots,\boldsymbol{F}_n'$）可进一步合成为一个合力 $\boldsymbol{F}_R'$，它等于 $\boldsymbol{F}_1',\boldsymbol{F}_2',\cdots,\boldsymbol{F}_n'$的矢量和，即

$$\boldsymbol{F}_R'=\boldsymbol{F}_1'+\boldsymbol{F}_2'+\cdots+\boldsymbol{F}_n'=\boldsymbol{F}_1+\boldsymbol{F}_2+\cdots+\boldsymbol{F}_n=\sum\boldsymbol{F}_i'=\sum\boldsymbol{F}_i \qquad (3\text{-}8)$$

矢量 $\boldsymbol{F}_R'$ 称为原力系的主矢。它等于原力系中各力的矢量和。其大小和方向可用解析法计算，通过 O 点作直角坐标系 xOy，由合力的投影定理得

$$F'_{Rx} = F'_{1x} + F'_{2x} + \cdots + F'_{nx} = F_{1x} + F_{2x} + \cdots + F_{nx} = \sum F_{ix}$$

$$F'_{Ry} = F'_{1y} + F'_{2y} + \cdots + F'_{ny} = F_{1y} + F_{2y} + \cdots + F_{ny} = \sum F_{iy}$$

于是求得主矢 $\boldsymbol{F}'_R$的大小和方向为

$$\left.\begin{aligned} F'_R &= \sqrt{F'^2_{Rx} + F'^2_{Ry}} = \sqrt{(\sum F_{ix})^2 + (\sum F_{iy})^2} \\ \tan\alpha &= \left|\frac{F'_{Ry}}{F'_{Rx}}\right| = \left|\frac{\sum F_{iy}}{\sum F_{ix}}\right| \end{aligned}\right\} \tag{3-9}$$

附加的平面力偶系可以合成为一个合力偶,合力偶矩为

$$\begin{aligned} M'_O &= m_1 + m_2 + \cdots + m_n \\ &= M_O(\boldsymbol{F}_1) + M_O(\boldsymbol{F}_2) + \cdots + M_O(\boldsymbol{F}_n) = \sum M_O(\boldsymbol{F}_i) \end{aligned} \tag{3-10}$$

M'_O称为原力系的主矩,它等于原力系中各力对简化中心 O 点之矩的代数和,如图 3-21(c)所示。

综上所述,可得结论:平面一般力系向作用面内任一点简化,可得一个力和一个力偶。这个力的作用线通过简化中心,称为力系的主矢,它等于原力系中各力的矢量和;这个力偶作用于原力系的作用面内,其力偶矩称为原力系对简化中心的主矩,它等于原力系中各力对简化中心之力矩的代数和。

显然,主矢量 $\boldsymbol{F}'_R$与简化中心的位置无关,而主矩 M'_O则一般与简化中心的位置有关。这是因为若改变简化中心的位置,则各附加力偶的力偶臂也将发生改变。因此,对于主矩必须标明它所对应的简化中心。

(二)简化结果分析

平面一般力系向作用面内任一点简化后,一般可得到一个力和一个力偶,但这不是最后的合成结果,因此有必要对力系的主矢和主矩这两个量可能出现的几种情况作进一步分析。

(1)若 $\boldsymbol{F}'_R=0, M'_O\neq0$,说明原力系与一个力偶等效,这个力偶就是原力系的合力偶。所以,原力系简化的最后结果是一个合力偶,合力偶矩等于原力系对简化中心的主矩。只有在这种情况下,主矩才与简化中心的位置无关,也就是说,无论向哪一点简化都是一个力偶矩保持不变的力偶,即原力系实为一平面力偶系。

(2)若 $\boldsymbol{F}'_R\neq0, M'_O=0$,则说明原力系只与一个力等效,主矢 $\boldsymbol{F}'_R$就是原力系的合力,作用线通过简化中心,即原力系实为一平面汇交力系。

(3)若 $\boldsymbol{F}'_R\neq0, M'_O\neq0$,如图 3-22(a)所示,这说明此简化不是最后结果,根据力的平移定理的逆过程,还可进一步简化为一个作用于另一 O'点的合力 $\boldsymbol{F}_R$。

对此,将力偶矩为 M'_O 的力偶用两个反向平行力 $\boldsymbol{F}_R$、$\boldsymbol{F}''_R$ 表示,且使力的大小 $F_R = F'_R = F''_R$,如图 3-22(b)所示。因为力 $\boldsymbol{F}'_R$与 $\boldsymbol{F}''_R$相互平衡,故可取消,所以原力系最后合成为一个合力 $\boldsymbol{F}_R$,此力即为原力系的合力,如图 3-22(c)所示。

合力 $\boldsymbol{F}_R$ 的大小和方向与原力系的主矢 $\boldsymbol{F}'_R$相同,合力的作用线到简化中心的垂直距离为

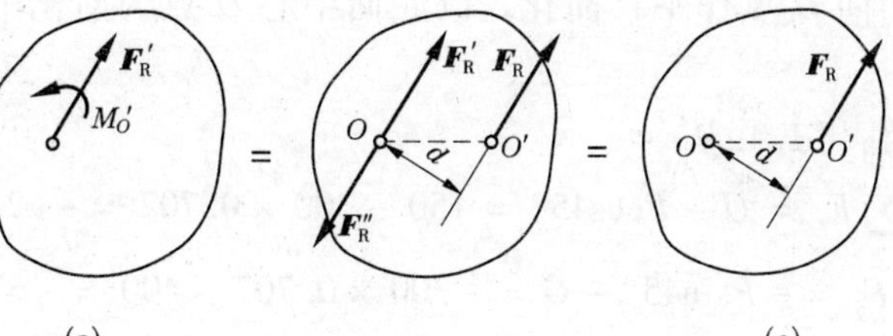

(a) (b) (c)

图 3-22

$$d = \frac{|M'_O|}{F'_R} = \frac{|M'_O|}{F_R} \tag{3-11}$$

合力 $\boldsymbol{F}_R$ 在 O 点的哪一侧，由 $\boldsymbol{F}_R$ 对 O 点的矩的转向与主矩 M'_O 的转向来确定。当 $M'_O>0$ 时，顺着 $\boldsymbol{F}'_R$ 的方向看，则合力 $\boldsymbol{F}_R$ 在主矢 $\boldsymbol{F}'_R$ 的右侧；当 $M'_O<0$ 时，则合力 $\boldsymbol{F}_R$ 在主矢 $\boldsymbol{F}'_R$ 的左侧。

（4）若 $\boldsymbol{F}'_R=0$，$M'_O=0$，则原力系与零等效，即力系平衡。

由以上分析，还可导出平面一般力系的合力矩定理：由图 3-22（c）可知，合力 $\boldsymbol{F}_R$ 对 O 点的力矩为

$$M_O(\boldsymbol{F}_R) = F_R d = |M'_O|$$

而
$$M'_O = \sum M_O(F_i)$$

则
$$M_O(\boldsymbol{F}_R) = \sum M_O(\boldsymbol{F}_i) \tag{3-12}$$

因为 O 点是任选的，所以式（3-12）具有普遍意义。于是得到合力矩定理：平面一般力系的合力对其作用面内任一点之矩等于力系中各力对同一点之矩的代数和。

平面一般力系的合力矩定理可应用于简化力矩的计算，也可用来求平面一般力系的合力的作用线位置。

【例 3-10】 已知挡土墙受自重 $G=400$ kN，水压力 $Q=150$ kN，土压力 $P=300$ kN 作用，各力的方向及作用点位置如图 3-23（a）所示，试将这三个力向底面中心 O 点简化，并求简化的最后结果。

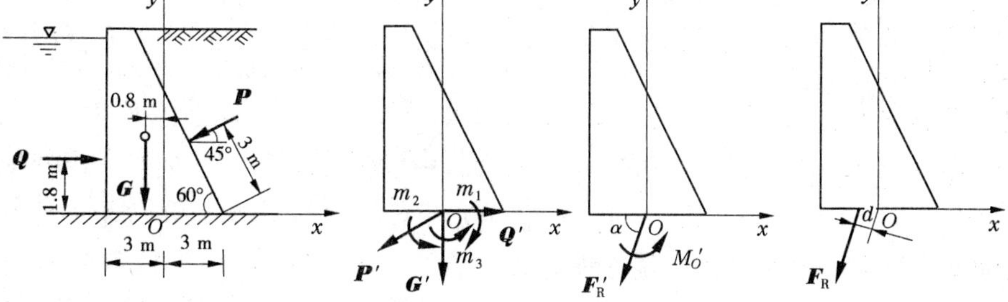

(a) (b) (c) (d)

图 3-23

解 (1)将各力向 O 点作平移简化。以底面中心 O 点为简化中心,并取坐标系如图 3-23(b)所示。

(2)计算主矢 $\boldsymbol{F}'_{R}$和主矩 M'_{O}。

$$F'_{Rx}=\sum F_x=Q-P\cos45°=150-300\times0.707=-62.1(\text{kN})$$

$$F'_{Ry}=\sum F_y=-P\sin45°-G=-300\times0.707-400=-612.1(\text{kN})$$

$$F'_{R}=\sqrt{F'^2_{Rx}+F'^2_{Ry}}=\sqrt{(\sum F_x)^2+(\sum F_y)^2}$$

$$=\sqrt{(-62.1)^2+(-612.1)^2}=615.2(\text{kN})$$

$$\alpha=\arctan\left|\frac{\sum F_y}{\sum F_x}\right|=\arctan\left|\frac{-612.1}{-62.1}\right|=84°12'$$

因为$\sum F_x$ 和$\sum F_y$ 均为负值,故 $\boldsymbol{F}'_{R}$的指向在第三象限,且与 x 轴的夹角为 α。

又由式(3-10)求得

$$\begin{aligned}M'_O&=\sum M_O(\boldsymbol{F})\\&=-Q\times1.8+P\cos45°\times3\sin60°-P\sin45°\times(3-3\cos60°)+G\times0.8\\&=-150\times1.8+300\times0.707\times3\times0.866-300\times0.707\times\\&\quad(3-3\times0.5)+400\times0.8=282.9(\text{kN}\cdot\text{m})\end{aligned}$$

计算结果为正值,表明主矩 M'_O是逆时针转向,首次简化结果如图 3-23(c)所示。

(3)求力系合力的作用点位置。

因为主矢 $\boldsymbol{F}'_{R}\neq0$,主矩 $M'_O\neq0$,所以还可进一步合成为一个合力 $\boldsymbol{F}_{R}$,$\boldsymbol{F}_{R}$ 的大小和方向与 $\boldsymbol{F}'_{R}$相同,它的作用线与 O 点的距离为

$$d=\frac{|M'_O|}{F'_R}=\frac{282.9}{615.2}=0.46(\text{m})$$

又因 $M_O'>0$,即合力 $\boldsymbol{F}_{R}$ 应在 O 点左侧,如图 3-23(d)所示。

三、平面一般力系的平衡

平面一般力系向作用面任一点简化后得到主矢 $\boldsymbol{F}'_{R}$和主矩M'_O,若主矢 $\boldsymbol{F}'_{R}$和主矩M'_O都为零,则力系平衡。反之,若力系平衡,则力系向作用面任一点简化后主矢 $\boldsymbol{F}'_{R}$和主矩M'_O必定为零。于是得到平面一般力系平衡的必要和充分条件是:力系的主矢 $\boldsymbol{F}'_{R}$和力系对任一点的主矩 M'_O都为零,即

$$F'_R=\sqrt{(\sum F_x)^2+(\sum F_y)^2}=0$$

$$M'_O=\sum M_O=0$$

由此可得平面一般力系的平衡方程为

$$\left.\begin{aligned}\sum F_x&=0\\\sum F_y&=0\\\sum M_O&=0\end{aligned}\right\}\tag{3-13}$$

这样,平面一般力系平衡的必要和充分条件又可叙述为:力系中所有各力在其作用面内正交坐标轴上投影的代数和分别为零,力系中所有各力对该平面内任一点之矩的代数和也为零。

式(3-13)称为平面一般力系平衡方程的基本式。其中,前两式称为投影平衡方程,第三式称为力矩平衡方程。此三个方程彼此独立,应用该组方程最多可求解三个未知力的平衡问题。

平面一般力系的平衡方程除由简化结果直接得出上述基本式外,还有二力矩式和三力矩式。

二力矩式平衡方程为

$$\left.\begin{aligned}\sum F_x &= 0\\ \sum M_A &= 0\\ \sum M_B &= 0\end{aligned}\right\} \tag{3-14}$$

式中:矩心 A、B 两点的连线不能与 x 轴垂直。

因为平面一般力系向平面内任一点简化,一般可得到一个力和一个力偶。在式(3-14)中,若后两式成立,则力系只可能简化为作用线通过 A 点又通过 B 点的一个合力 $\boldsymbol{F}_{\mathrm{R}}$(见图 3-24),或者力系平衡。

又若第一式也成立,且矩心 A、B 两点的连线不与 x 轴垂直,则可由图 3-24 看出,只能是合力 $\boldsymbol{F}_{\mathrm{R}}$为零,否则它在 x 轴上的投影就不为零而与第一式相矛盾。由此可见,式(3-14)的成立充分表明力系是平衡的。反之,若力系是平衡的,则其主矢和对任一点的主矩均为零,故式(3-14)必然成立。所以,式(3-14)同样代表平面一般力系平衡的充分和必要条件,它也是平面一般力系的平衡方程。

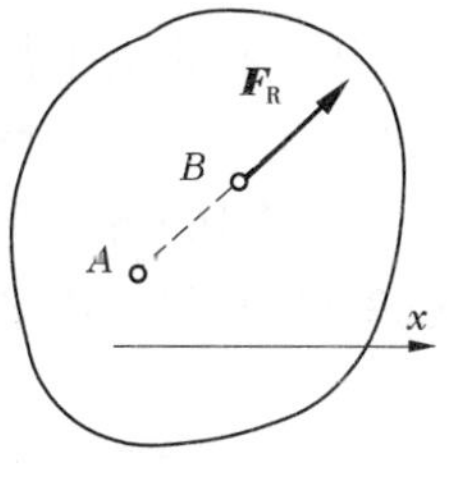

图 3-24

三力矩式平衡方程为

$$\left.\begin{aligned}\sum M_A &= 0\\ \sum M_B &= 0\\ \sum M_C &= 0\end{aligned}\right\} \tag{3-15}$$

式中:矩心 A、B、C 三点不共线。

论证与前面一样,若 $\sum M_A = 0$ 和 $\sum M_B = 0$ 同时成立,则力系合成结果只可能是通过矩心 A、B 两点的一个合力 $\boldsymbol{F}_{\mathrm{R}}$(见图 3-25),或者力系平衡。若 $\sum M_C = 0$ 也成立,且 C 点不在 A、B 两点连线上,则力系就不可能合成为一个力,因为一个力不可能同时通过不在一条直线上的三点,所以力系必定平衡。若矩心 A、B、C 三点共线,力系可能合成为一个合力 $\boldsymbol{F}_{\mathrm{R}}$ 且同时通过共线的 A、B、C 三点,此时,$\sum M_A = 0$、$\sum M_B = 0$ 和 $\sum M_C = 0$ 同时也成立,但力系却不平衡。

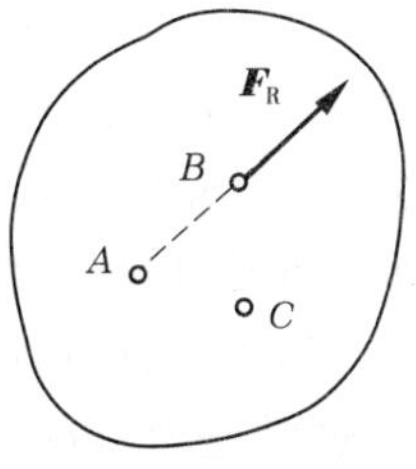

图 3-25

平面一般力系的平衡方程虽然有三种不同的形式，但不论采用哪种形式，都只能列写出三个独立的平衡方程。因为只用三个平衡方程就保证了力系的主矢和主矩都为零，任何第四个方程都是力系平衡的必然结果而不再代表力系平衡的必要条件，不是独立的方程。因此，应用平面一般力系的平衡方程只能求解三个未知量。

四、平面平行力系的平衡方程

当力系中各力的作用线在同一平面内且相互平行时，这种力系称为平面平行力系。

平面平行力系可归属于平面一般力系的一种特殊情况，它的平衡方程可由平面一般力系的平衡方程导出。

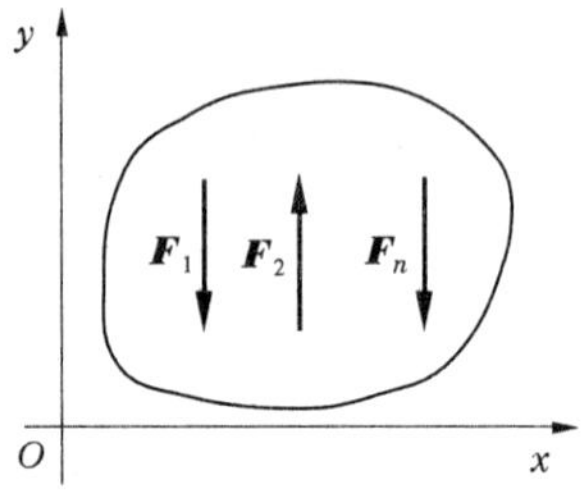

图 3-26

设图 3-26 所示的一个平面平行力系，取 y 轴与力系中各力的作用线平行，x 轴与力系中各力的作用线垂直。不论力系是否平衡，各力在 x 轴上的投影恒等于零，即 $\sum F_x = 0$ 自然满足，这一方程就可从平面一般力系的平衡方程中除去。因此，由式(3-13)就可导出平面平行力系的平衡方程为

$$\left.\begin{aligned}\sum F_y &= 0\\ \sum M_O &= 0\end{aligned}\right\} \tag{3-16}$$

于是得平面平行力系平衡的必要和充分条件是：力系中所有各力在 y 轴上的投影代数和等于零，各力对作用面内任一点的力矩的代数和等于零。

式(3-16)称为平面平行力系的基本式。同理，由平面一般力系平衡方程的二力矩式(3-14)也可导出平面平行力系平衡方程的另一种形式为

$$\left.\begin{aligned}\sum M_A &= 0\\ \sum M_B &= 0\end{aligned}\right\} \tag{3-17}$$

式中：矩心 A、B 两点的连线不与各力的作用线平行。

平面平行力系只有两个独立的平衡方程，因此只能求解两个未知量的平衡问题。

五、平衡方程的应用示例

应用平面一般力系的平衡方程求解平衡问题的步骤如下：

(1)确定研究对象，画受力图。根据题意分析已知量和未知量，选取适当的研究对象，在研究对象上画出它受到的所有主动力和约束反力。约束反力根据约束类型来画。当约束反力的方向不能确定时，一般可画两个正交的分反力表示；当约束反力的指向不能确定时，可先假设其指向，若计算结果为正，即表明假设指向与实际指向一致，若计算结果为负，即表明假设指向与实际指向相反。

(2)列平衡方程，求解未知力。选取哪种形式的平衡方程，完全取决于计算的方便与否。通常是力求在一个平衡方程中只包含一个未知量，避免求解联立方程。为此，应选取适当的平衡方程形式、投影轴和矩心。通常将矩心选在两个未知力的交点，坐标轴则尽可能选取与未知力平行，这样求解未知力较为简便。

(3)校核。列出非独立的平衡方程,以校核所求未知力的正确与否。

按上述步骤举例说明如下。

【例 3-11】 如图 3-27(a)所示为一悬臂式起重机,图中 A、B、C 处都是铰链连接。梁 AB 的自重 $G=1$ kN,作用在梁的中点,电动葫芦连同起吊重物共重 $W=8$ kN,杆 BC 自重不计,求支座 A 的支座反力和杆 BC 所受的力。

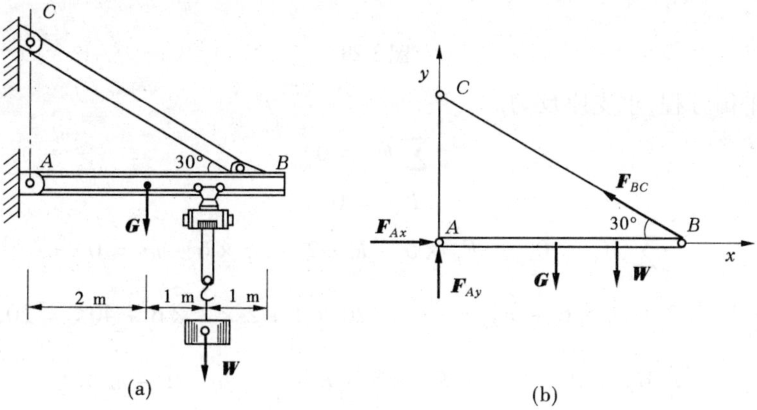

图 3-27

解 (1)取梁 AB 为研究对象,画受力图。

梁 A 端为固定铰支座,其支座反力用两正交反力 $\boldsymbol{F}_{Ax}$、$\boldsymbol{F}_{Ay}$ 表示;杆 BC 为二力杆,它的约束反力沿 BC 轴线,并假设为拉力。画出受力图并选取投影轴如图 3-27(b)所示。

(2)列平衡方程,求未知力。

由 $\sum M_A = 0 \qquad F_{BC}\sin30° \times 4 - G \times 2 - W \times 3 = 0$

求得 $F_{BC} = \dfrac{2G + 3W}{4 \times \sin30°} = \dfrac{2 \times 1 + 3 \times 8}{4 \times 0.5} = 13(\text{kN})(\nwarrow)$

由 $\sum F_x = 0 \qquad F_{Ax} - F_{BC}\cos30° = 0$

求得 $F_{Ax} = F_{BC}\cos30° = 13 \times 0.866 = 11.26(\text{kN})(\rightarrow)$

由 $\sum F_y = 0 \qquad F_{Ay} + F_{BC}\sin30° - G - W = 0$

求得 $F_{Ay} = G + W - F_{BC}\sin30° = 1 + 8 - 13 \times 0.5 = 2.5(\text{kN})(\uparrow)$

(3)校核。

由 $\sum M_C = 0 \qquad F_{Ax} \times 4\tan30° - G \times 2 - W \times 3 = 0$

求得 $F_{Ax} = \dfrac{2G + 3W}{4\tan30°} = \dfrac{2 \times 1 + 3 \times 8}{4 \times 0.577} = 11.26(\text{kN})(\rightarrow)$

表明计算无误。

【例 3-12】 外伸梁受荷载如图 3-28(a)所示,已知均布荷载集度 $q=2$ kN/m,力偶矩 $m=40$ kN·m,集中力 $F=20$ kN,试求支座 A、B 的反力。

解 (1)取梁 AB 为研究对象,画受力图。画其受力图和选取坐标轴如图 3-28(b)所示。

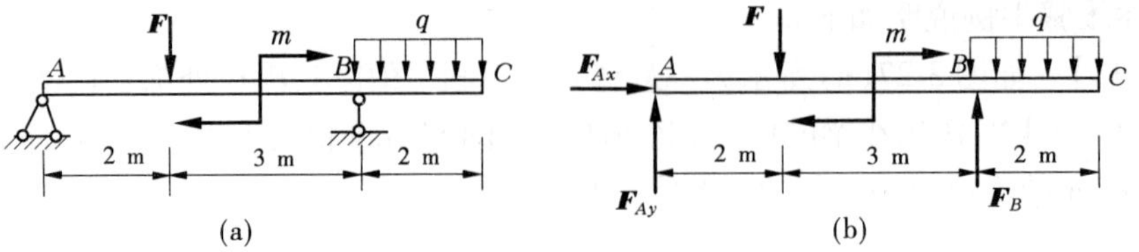

图 3-28

(2)列平衡方程,求支座反力。

由 $$\sum F_x = 0$$

求得 $$F_{Ax} = 0$$

由 $$\sum M_A = 0 \qquad F_B \times 5 - F \times 2 - 2q \times 6 - m = 0$$

求得$F_B = \dfrac{1}{5}(F \times 2 + 2q \times 6 + m) = \dfrac{1}{5} \times (20 \times 2 + 2 \times 2 \times 6 + 40) = 20.8(\text{kN})(\uparrow)$

由 $$\sum M_B = 0 \qquad -F_{Ay} \times 5 + F \times 3 - 2q \times 1 - m = 0$$

求得$F_{Ay} = \dfrac{1}{5}(F \times 3 - 2q \times 1 - m) = \dfrac{1}{5} \times (20 \times 3 - 2 \times 2 \times 1 - 40) = 3.2(\text{kN})(\uparrow)$

(3)校核。

$$\sum F_y = F_{Ay} + F_B - F - 2 \times q = 3.2 + 20.8 - 20 - 2 \times 2 = 0$$

表明计算无误。

【例 3-13】 塔式起重机如图 3-29(a)所示,已知机身重 $G = 250$ kN,设其作用线通过塔架中心,最大起吊重量 $W = 100$ kN,起重悬臂长 12 m,两轨间距为 4 m,平衡锤重 $\boldsymbol{Q}$ 至机身中心线的距离为 6 m。为使起重机在空载和满载时都不致倾倒,试确定平衡锤的重量。

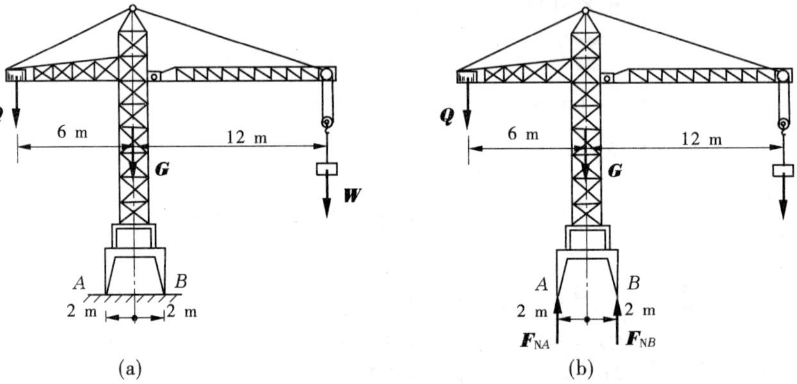

图 3-29

解 取起重机为研究对象,画出受力图。

画其受力图如图 3-29(b)所示。为确保起重机不倾倒,则必须使作用在起重机上的主动力 $\boldsymbol{G}$、$\boldsymbol{W}$、$\boldsymbol{Q}$ 和约束反力 $\boldsymbol{F}_{NA}$、$\boldsymbol{F}_{NB}$所组成的平面平行力系在空载和满载时都满足平衡条件,因此平衡锤的重量应有一定的范围。

(1)求满载时的平衡锤重量。当满载($W=100$ kN)时,若平衡锤重量太小,起重机可能绕 B 点向右倾倒。开始倾倒的瞬间,左轮与轨道脱离接触,这种情形称为临界状态。这时,$F_{NA}=0$,满足临界状态时的平衡锤重量为所必需的最小平衡锤重量 $\boldsymbol{Q}_{\min}$。

由 $\sum M_B = 0 \qquad Q_{\min} \times (6+2) + G \times 2 - W \times (12-2) = 0$

求得 $Q_{\min} = \dfrac{1}{8} \times (W \times 10 - G \times 2) = \dfrac{1}{8} \times (100 \times 10 - 250 \times 2) = 62.5(\text{kN})$

(2)求空载时的平衡锤重量。当空载($W=0$)时,若平衡锤太重,起重机会绕 A 点向左倾倒,在临界状态下,$F_{NB}=0$。满足临界状态时的平衡锤重量将是所允许的最大平衡锤重量 $\boldsymbol{Q}_{\max}$。

由 $\sum M_A = 0 \qquad Q_{\max} \times (6-2) - G \times 2 = 0$

求得 $Q_{\max} = \dfrac{G \times 2}{4} = \dfrac{250 \times 2}{4} = 125(\text{kN})$

综上所述,为保证起重机在空载和满载时都不致倾倒,则平衡锤的重量 $\boldsymbol{Q}$ 应满足下列不等式

$$62.5 \text{ kN} \leqslant Q \leqslant 125 \text{ kN}$$

第四节　物体系统的平衡

前面所研究的平衡都是单个物体的平衡问题。但在工程实际中,常遇到由若干个物体通过一定的约束方式组成的系统,这种系统称为物体系统。例如,图3-30(a)所示的组合梁,就是由梁 AC 和梁 CD 通过铰 C 连接,并支承在 A、B、D 支座上而组成的一个物体系统。

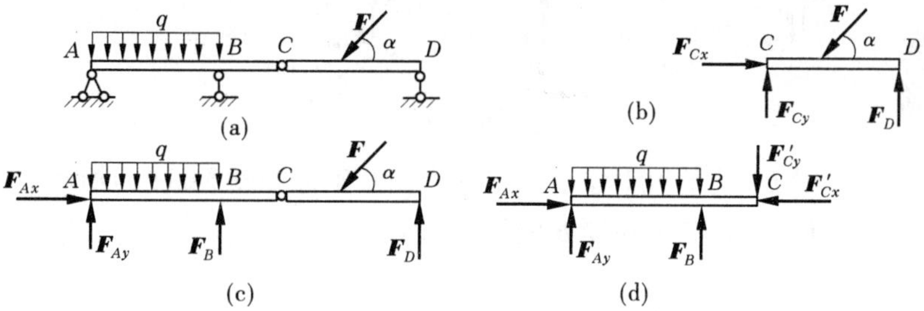

图3-30

物体系统的平衡是指组成系统的每一物体及系统整体都处于平衡状态。

研究物体系统的平衡问题,不仅要求出支座反力,而且还要计算出系统内各物体之间的相互作用力。为此,我们把作用在物体系统上的力分为外力和内力。所谓外力,就是外界物体对所选研究对象的作用力;所谓内力,就是指研究对象内部各物体之间相互作用的力。这就是说,外力和内力是相对于所选研究对象而言的,当选整个系统为研究对象时,系统内各物体间的相互作用力均为内力。但当取系统内某部分物体为研究对象时,则其余部分对该部分的作用力就为外力。例如,组合梁图3-30(c)所示的荷载和 A、B、D 支座

的反力就是外力，而组合梁铰 C 处的相互作用力，对系统来说则是内力，而对梁 AC 或梁 CD 来说，则就是外力。

要计算物体系统间的相互作用力，就必须将物体系统拆开，取其中的一部分为研究对象，这样物体间的相互作用力即暴露出来成为外力，于是便可应用平衡方程一一求得。例如，要求图 3-30(a)所示的组合梁各支座的反力和铰 C 的约束反力，可先取梁 CD 为研究对象，将组合梁在铰 C 处拆开，画出梁 CD 的受力图如图 3-30(b)所示。所受各力组成平面一般力系，列出三个平衡方程，求得 $\boldsymbol{F}_D$、$\boldsymbol{F}_{Cy}$、$\boldsymbol{F}_{Cx}$ 三个未知力。再取梁 AC 作为研究对象，画出梁 AC 的受力图如图 3-30(d)所示，所受各力又组成平面一般力系，而且 $\boldsymbol{F}'_{Cx}$、$\boldsymbol{F}'_{Cy}$ 与 $\boldsymbol{F}_{Cx}$、$\boldsymbol{F}_{Cy}$ 为作用与反作用关系已经求得，这样余下的三个未知力 $\boldsymbol{F}_{Ax}$、$\boldsymbol{F}_{Ay}$、$\boldsymbol{F}_B$ 又可列出三个平衡方程求得。

一般来说，物体系统由 n 个物体组成，而每个物体又都受平面一般力系作用，则共可列 $3n$ 个独立的平衡方程，从而求得 $3n$ 个未知力。如果系统中的物体受的是平面汇交力系或平面平行力系作用，则独立的平衡方程的个数将相应减少，而所能求的未知量的个数也相应减少。下面举例说明求解物体系统平衡问题的方法。

【例 3-14】 组合梁由梁 AB 和梁 BC 用铰 B 连接而成，支座与荷载情况如图 3-31(a)所示。已知 $F=20\ \text{kN}$，$q=5\ \text{kN/m}$，$\alpha=45°$。求支座 A、C 的约束反力及铰 B 处的相互作用力。

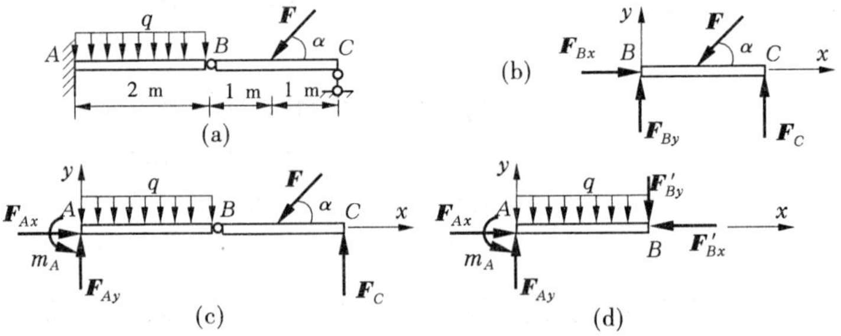

图 3-31

解 (1)先取梁 BC 为研究对象。画出受力图及坐标如图 3-31(b)所示。

(2)列平衡方程，求支座 C 和铰 B 的约束反力。

由 $$\sum F_x=0 \qquad F_{Bx}-F\cos 45°=0$$

求得 $$F_{Bx}=F\cos 45°=20\times 0.707=14.14(\text{kN})(\rightarrow)$$

由 $$\sum M_B=0 \qquad F_C\times 2-F\sin 45°\times 1=0$$

求得 $$F_C=\frac{1}{2}\times F\sin 45°=\frac{1}{2}\times 20\times 0.707=7.07(\text{kN})(\uparrow)$$

由 $$\sum F_y=0 \qquad F_{By}+F_C-F\sin 45°=0$$

求得 $$F_{By}=F\sin 45°-F_C=20\times 0.707-7.07=7.07(\text{kN})(\uparrow)$$

(2)再取梁 AB 为研究对象。画出受力图及坐标如图 3-31(d)所示。

由 $$\sum F_x=0 \qquad F_{Ax}-F'_{Bx}=0$$

求得 $$F_{Ax} = F'_{Bx} = F_{Bx} = 14.14\ \text{kN}(\rightarrow)$$

由 $$\sum F_y = 0 \qquad F_{Ay} - F'_{By} - 2q = 0$$

求得 $$F_{Ay} = F'_{By} + 2q = F_{By} + 2q = 7.07 + 2 \times 5 = 17.07(\text{kN})(\uparrow)$$

由 $$\sum M_A = 0 \qquad m_A - F'_{By} \times 2 - 2q \times 1 = 0$$

求得 $$m_A = F'_{By} \times 2 + 2q \times 1 = 7.07 \times 2 + 2 \times 5 \times 1 = 24.14(\text{kN} \cdot \text{m})$$

(3)校核。

取整个组合梁为研究对象，画出受力图及坐标如图 3-31(c)所示，看以上计算结果是否满足物体的系统平衡。

$$\sum M_A = m_A + F_C \times 4 - F\sin 45^\circ \times 3 - 2q \times 1$$
$$= 24.14 + 7.07 \times 4 - 20 \times 0.707 \times 3 - 2 \times 5 \times 1 = 0$$

可见计算无误。

【例 3-15】 钢筋混凝土三铰刚架受荷载如图 3-32(a)所示，已知 $q = 12\ \text{kN/m}$，$F = 24\ \text{kN}$，求支座 A、B 和铰 C 的约束反力。

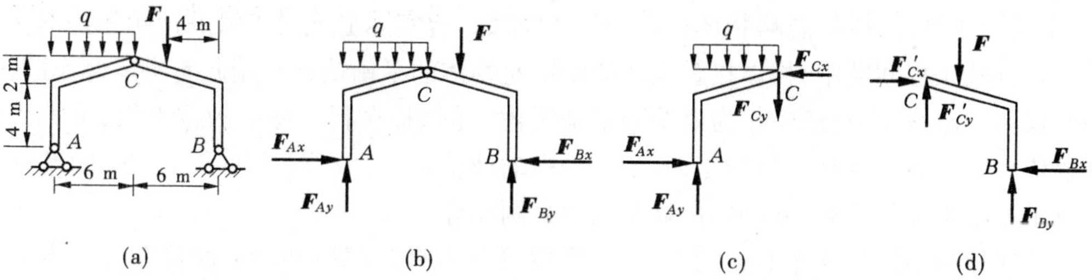

图 3-32

解 (1)取整个三铰刚架为研究对象。画出受力图及坐标如图 3-32(b)所示。

由 $$\sum M_A = 0 \qquad -q \times 6 \times 3 - F \times 8 + F_{By} \times 12 = 0$$

求得 $$F_{By} = \frac{1}{12}(q \times 6 \times 3 + F \times 8) = \frac{1}{12} \times (12 \times 6 \times 3 + 24 \times 8) = 34(\text{kN})(\uparrow)$$

由 $$\sum M_B = 0 \qquad q \times 6 \times 9 + F \times 4 - F_{Ay} \times 12 = 0$$

求得 $$F_{Ay} = \frac{1}{12}(q \times 6 \times 9 + F \times 4) = \frac{1}{12} \times (12 \times 6 \times 9 + 24 \times 4) = 62(\text{kN})(\uparrow)$$

由 $$\sum F_x = 0 \qquad F_{Ax} - F_{Bx} = 0$$

求得 $$F_{Ax} = F_{Bx}$$

(2)取左半刚架为研究对象。画出受力图及坐标如图 3-32(c)所示。

由 $$\sum M_C = 0 \qquad F_{Ax} \times 6 + q \times 6 \times 3 - F_{Ay} \times 6 = 0$$

求得 $$F_{Ax} = \frac{1}{6}(F_{Ay} \times 6 - q \times 6 \times 3) = \frac{1}{6} \times (62 \times 6 - 12 \times 6 \times 3) = 26(\text{kN})(\rightarrow)$$

由 $$\sum F_y = 0 \quad F_{Ay} - F_{Cy} - q \times 6 = 0$$

求得 $$F_{Cy} = F_{Ay} - q \times 6 = 62 - 12 \times 6 = -10(\text{kN})(\uparrow)$$

由 $$\sum F_x = 0 \qquad F_{Ax} - F_{Cx} = 0$$

求得 $$F_{Cx} = F_{Ax} = 26\ \text{kN}(\leftarrow)$$

由 $$F_{Ax} = F_{Bx}$$

得 $$F_{Bx} = F_{Ax} = 26\ \text{kN}(\leftarrow)$$

(3)校核。取右半刚架为研究对象,画出受力图如图 3-32(d)所示。

$$\sum F_x = F'_{Cx} - F_{Bx} = 26 - 26 = 0$$

$$\sum M_C = -F \times 2 + F_{By} \times 6 - F_{Bx} \times 6 = -24 \times 2 + 34 \times 6 - 26 \times 6 = 0$$

$$\sum F_y = F_{By} + F'_{Cy} - F = 34 - 10 - 24 = 0$$

可见计算无误。

第五节 考虑摩擦时物体的平衡问题

在前面对物体进行受力分析时,曾假定物体间的接触面是绝对光滑的,作这样的假定,就是为了简化计算,忽略物体接触面间的摩擦。但实际上绝对光滑的接触面是不存在的。在有些工程问题中,物体接触面间的摩擦对物体的平衡或运动则起着决定性作用,这时不仅不能忽略,而且还应作为重要因素来考虑。例如,水利工程中的重力坝、重力式挡土墙依靠摩擦力来维持抗滑稳定,基础工程中的摩擦桩利用桩身表面和土体间的摩擦力来支承基础上部的荷载,制动器依靠摩擦力来制动等。

按照接触物体之间相对运动的形式,摩擦可分为滑动摩擦和滚动摩擦两种。本节只讨论有滑动摩擦时物体的平衡问题。

一、滑动摩擦力

当两物体产生相对滑动(或有相对滑动趋势)时,则在接触面间将产生阻碍物体滑动的力,这种力称为滑动摩擦力,简称摩擦力。摩擦力作用在物体的接触面上,其方向与滑动的方向(或相对滑动趋势的方向)相反。

滑动摩擦力按接触面之间是否有相对运动存在,可分为静滑动摩擦力和动滑动摩擦力两类。

(一)静滑动摩擦力的计算

为了了解滑动摩擦力的一些性质,我们先观察一个摩擦试验,试验装置如图 3-33(a)所示。

重量为 $\boldsymbol{G}$ 的物体 A 放在固定水平面上,绳子的一端与物体相连,另一端绕过滑轮与一砝码盘相连。若略去绳重和绳与滑轮间的摩擦阻力,则绳子对物体的拉力 $\boldsymbol{F}_T$ 的大小就等于盘子和砝码的重量 $\boldsymbol{Q}$,即 $F_T = Q$。

当拉力 $\boldsymbol{F}_T$ 不大时,物体 A 处于静而不滑,但有向右滑动的趋势。这一现象表明:物体接触面间有摩擦力 $\boldsymbol{F}$ 存在,$\boldsymbol{F}$ 称为静滑动摩擦力;否则,物体 A 在拉力 $\boldsymbol{F}_T$ 的作用下将

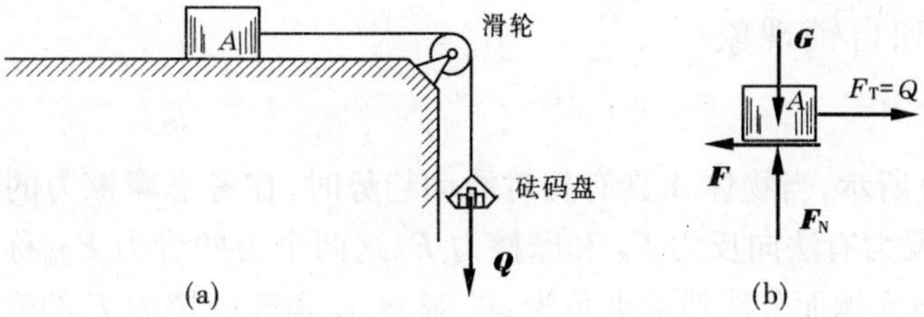

图 3-33

会向右运动。画出物体 A 的受力图如图 3-33(b)所示。

当增加砝码即拉力 $\boldsymbol{F}_T$ 随之增大时,物体 A 仍处于静而不滑,这一现象表明:静滑动摩擦力 $\boldsymbol{F}$ 随拉力 $\boldsymbol{F}_T$ 增大而增大。

当拉力 $\boldsymbol{F}_T$ 增大到某一定值时,物体 A 处于要滑未滑的临界平衡状态。这一现象表明:静滑动摩擦力 $\boldsymbol{F}$ 有一极限值,用 $\boldsymbol{F}_m$ 表示。$\boldsymbol{F}_m$ 称为最大静滑动摩擦力。

由上述试验现象可知,静滑动摩擦力的大小有一个范围值,即

$$0 \leqslant F \leqslant F_m$$

大量的试验证明,最大静滑动摩擦力 F_m 与两物体间的法向反力成正比,其方向与相对滑动趋势的方向相反,与两接触面的面积大小无关,而与两接触面的材料有关,即

$$F_m = fF_N \tag{3-18}$$

上述结论称为静滑动摩擦定律。该定律由法国物理学家库仑提出,故又称为库仑定律。式中 f 为比例常数,称为静滑动摩擦系数,简称静摩擦系数。这个系数的大小与相互接触物体的材料、表面粗糙度、湿度、温度等有关,其值由试验测定。工程中常用材料的 f 值可从工程手册中查到。表 3-1 列出了几种材料的 f 值,以供参考。

表 3-1　几种材料的静摩擦系数

接触材料	f 值	接触材料	f 值
钢与钢	0.1~0.2	木材与木材	0.4~0.6
钢与铸铁	0.3	土与混凝土	0.3~0.4
铸铁与皮革	0.3~0.5	混凝土与岩石	0.6~0.8

(二)动滑动摩擦力的计算

在图 3-33 所示的试验装置中,当所加的力 $\boldsymbol{F}_T$ 的值超过最大静滑动摩擦力 $\boldsymbol{F}_m$ 时,物体便产生滑动,物体滑动时沿接触面所产生的摩擦力 $\boldsymbol{F}'$,称为动滑动摩擦力,简称动摩擦力。

根据大量的试验可得出动滑动摩擦定律:动摩擦力的大小与两物体间的正压力(或法向反力)成正比,即

$$F' = f'F_N \tag{3-19}$$

式中:f' 称为动滑动摩擦系数,简称动摩擦系数。其值与接触物体的材料及接触面情况有关,在滑动速度不大时,可认为与速度无关。f'略小于 f,在工程计算中,通常近似地认为 f'与 f 相同。

二、摩擦角和自锁现象

(一)摩擦角

如图 3-34(a)所示,当物体 A 具有相对滑动趋势时,在考虑摩擦力的情况下,支承面对物体 A 的约束反力有法向反力 $\boldsymbol{F}_N$ 和摩擦力 $\boldsymbol{F}$,这两个力的合力 $\boldsymbol{F}_{Rm}$ 称为全约束反力。全约束反力 $\boldsymbol{F}_{Rm}$ 与支承面公法线的夹角为 φ。显然,φ 角随摩擦力 $\boldsymbol{F}$ 的变化而变化,当静滑动摩擦力 $\boldsymbol{F}$ 达到最大值 $\boldsymbol{F}_m$ 时,夹角 φ 也达到最大值 φ_m,φ_m 称为最大静摩擦角,如图 3-34(b)所示。

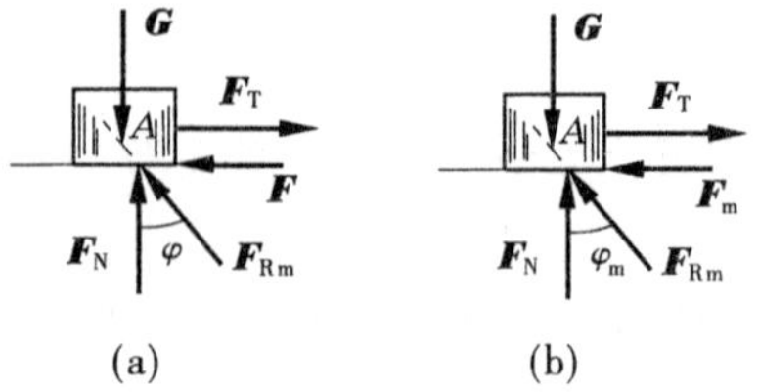

图 3-34

因为摩擦力只能在一定范围内变化,所以 φ 值的变化也有一定范围,即

$$0 \leqslant \varphi \leqslant \varphi_m \tag{3-20}$$

式(3-20)表明,物体处于静止状态时,全约束反力的作用线有一可能的范围。

(二)最大静摩擦角与静摩擦系数的关系

由图 3-34(b)可知,最大静摩擦角 φ_m 值与 F_m 值相对应,因而也与静摩擦系数 f 有关。它们之间的关系为

$$\tan\varphi_m = \frac{F_m}{F_N} = \frac{fF_N}{F_N} = f \tag{3-21}$$

式(3-21)建立了最大静摩擦角与静摩擦系数的关系,即最大静摩擦角的正切等于静摩擦系数。利用此关系,可由试验的方法,测出摩擦角 φ_m 之后,由式(3-21)计算出摩擦系数 f 值。

(三)自锁

1. 摩擦锥的概念

摩擦角对应于临界平衡状态,它代表了物体由静止变成运动这一进程的转折点,在考虑静摩擦力的平衡问题中,它与最大静摩擦力具有同等重要的意义。

当作用在物体上的主动力的合力 $\boldsymbol{F}_R$ 方向改变时,则全约束反力 $\boldsymbol{F}_{Rm}$ 的方位也随之改变。因此,在法线的各侧都可作出摩擦角,将全约束反力 $\boldsymbol{F}_{Rm}$ 的作用线画出一个以与主动力合力 $\boldsymbol{F}_R$ 的作用线交点 A 为顶点的锥面,称为摩擦锥。若物体与支承面沿任何方向的摩擦系数都相同,则此摩擦锥将是一个顶角为 $2\varphi_m$ 的圆锥,如图 3-35(a)所示。

2. 自锁现象及自锁条件

当物体平衡时,静摩擦力总是小于或等于最大摩擦力,因而全约束反力 $\boldsymbol{F}_{Rm}$ 的作用线与法线间的夹角 α 也总是小于或等于摩擦角 φ_m,即 $\alpha \leqslant \varphi_m$。全约束反力 $\boldsymbol{F}_{Rm}$ 的作用线只

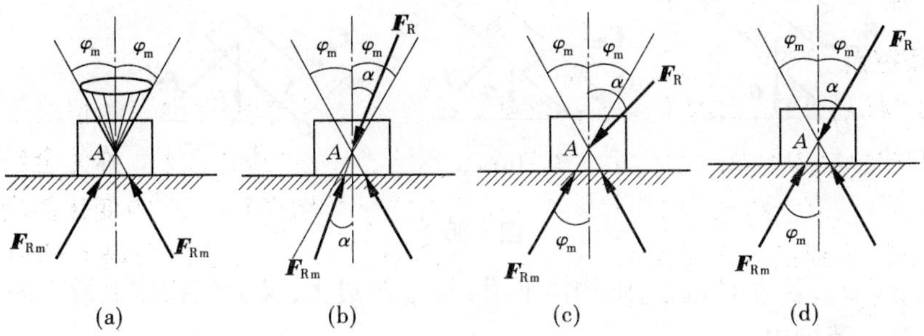

图 3-35

能在摩擦角(锥)之内,不可能超出摩擦角(锥),如图 3-35(b)所示。

由摩擦角的这个性质可知:当作用在物体上全部主动力的合力 $\boldsymbol{F}_R$的作用线位于摩擦角(锥)之内,那么无论作用力 $\boldsymbol{F}_R$的数值多么大,因其在沿接触面公切线方位的分力不会大于最大静摩擦力,支承面就总可以产生一个全约束反力 $\boldsymbol{F}_{Rm}$与力 $\boldsymbol{F}_R$构成平衡而使物体保持静止。这种只须主动力的合力 $\boldsymbol{F}_R$作用线在摩擦角(锥)的范围内,物体依靠摩擦总能静止而与主动力大小无关的现象称为自锁现象。

反之,若主动力的合力 $\boldsymbol{F}_R$ 的作用线位于摩擦角(锥)之外,即当 $\alpha > \varphi_m$ 时,如图 3-35(c)所示,那么无论力 $\boldsymbol{F}_R$的数值多么小,则全约束反力 $\boldsymbol{F}_{Rm}$就不可能与力 $\boldsymbol{F}_R$共线,从而物体不可能平衡,必将发生滑动。显然,当 $\alpha = \varphi_m$ 时,如图 3-35(d)所示,则物体处于临界平衡状态。

通过以上分析,得到物体自锁条件为

$$\alpha \leqslant \varphi_m \tag{3-22}$$

自锁现象在工程中有重要的应用。例如,应用自锁原理设计某些机构和夹具,用传送带输送物料时就是借自锁以阻止物料做相对于传送带的滑动;反之,在工程中有时又需要避免自锁现象的发生。例如,变速箱中的滑动齿轮就绝对不允许自锁,否则变速箱就不能起变速作用。

三、考虑摩擦时物体的平衡问题

考虑摩擦时物体的平衡问题与不计摩擦时物体的平衡问题的相同之处在于:它们都是平衡问题,因而作用于物体上的力系都满足平衡条件。但不同之处有两点:一是在考虑摩擦时的平衡问题里,约束反力中含有摩擦力,摩擦力的方向沿接触面的切线且与相对滑动趋势的方向相反,不能随意假设其指向,因此在画摩擦力之前要正确确定物体相对滑动趋势的方向。二是摩擦力的大小在一定范围内变化,即 $0 \leqslant F \leqslant F_m$,只有当物体处于平衡的临界状态时,摩擦力才达到最大值。所以,这类平衡问题的解答不是一个确定值,而是用不等式所表示的一个范围,这个范围称为平衡范围。

【例 3-16】 将重为 $\boldsymbol{G}$ 的物体放在倾角 $\alpha > \varphi_m$ 的斜面上,如图 3-36(a)所示。已知物体与斜面间的静摩擦系数为 f,求维持物体在斜面上静止时的水平推力 $\boldsymbol{F}$ 的大小。

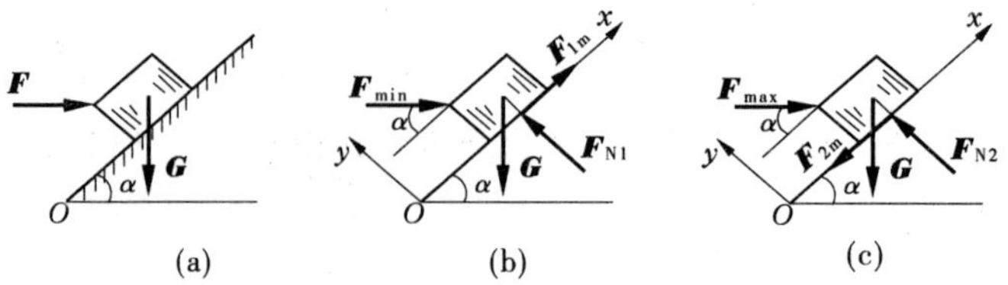

图 3-36

解 因 $\alpha>\varphi_m$,若力 $\boldsymbol{F}$ 过小,则物体下滑;若力 $\boldsymbol{F}$ 过大,又会使物体上滑。因此,力 $\boldsymbol{F}$ 的数值必在某一范围内。

(1)先求刚好维持物体不至于下滑所需的最小力 $\boldsymbol{F}_{min}$。

此时物体处于下滑的临界状态,画其受力图及坐标系如图 3-36(b)所示,列平衡方程如下

$$\sum F_x = 0 \qquad F_{min}\cos\alpha - G\sin\alpha + F_{1m} = 0$$

$$\sum F_y = 0 \qquad F_{N1} - F_{min}\sin\alpha - G\cos\alpha = 0$$

将 $F_{N1}=F_{min}\sin\alpha+G\cos\alpha, F_{1m}=fF_{N1}=\tan\varphi_m F_{N1}$ 代入上列平衡方程,可得

$$F_{min} = \frac{G(\sin\alpha - f\cos\alpha)}{\cos\alpha + f\sin\alpha} = G\tan(\alpha - \varphi_m)$$

(2)再求维持物体不至于上滑所需的最大力 $\boldsymbol{F}_{max}$。

此时物体处于上滑的临界状态,画其受力图及坐标系如图 3-36(c)所示,列平衡方程如下

$$\sum F_x = 0 \qquad F_{max}\cos\alpha - G\sin\alpha - F_{2m} = 0$$

$$\sum F_y = 0 \qquad F_{N2} - F_{max}\sin\alpha - G\cos\alpha = 0$$

将 $F_{N2}=F_{max}\sin\alpha+G\cos\alpha, F_{2m}=fF_{N2}=\tan\varphi_m F_{N2}$ 代入上列平衡方程求得

$$F_{max} = \frac{G(\sin\alpha + f\cos\alpha)}{\cos\alpha - f\sin\alpha} = G\tan(\alpha + \varphi_m)$$

可见,要使物体在斜面上保持静止,则力 $\boldsymbol{F}$ 必须满足下列不等式

$$G\tan(\alpha - \varphi_m) \leqslant F \leqslant G\tan(\alpha + \varphi_m)$$

【例 3-17】 图 3-37(a)所示为起重机的制动装置。已知鼓轮半径为 r,制动轮半径为 R,制动杆长为 l,制动块与制动轮间的静摩擦系数为 f,起重量为 $\boldsymbol{G}$,其他尺寸如图所示。若要制动鼓轮,求在手柄上要施加的最小力 $\boldsymbol{F}_{min}$。

解 当力 $\boldsymbol{F}$ 作用于手柄时,制动块压紧鼓轮,而鼓轮受主动力 $\boldsymbol{G}$ 的作用,在它与制动块的接触处二者有相对滑动的趋势,因此在接触处会产生摩擦力,鼓轮之所以被制动,就是依靠这个摩擦力的作用。当鼓轮刚好被制动,即鼓轮处于平衡的临界状态时,所加的力 $\boldsymbol{F}$ 为最小值 $\boldsymbol{F}_{min}$,且静摩擦力达到最大值 $\boldsymbol{F}_m$。

(1)先取鼓轮为研究对象,画其受力图如图 3-37(c)所示。

由 $$\sum M_O = 0 \qquad F_m R - Gr = 0$$

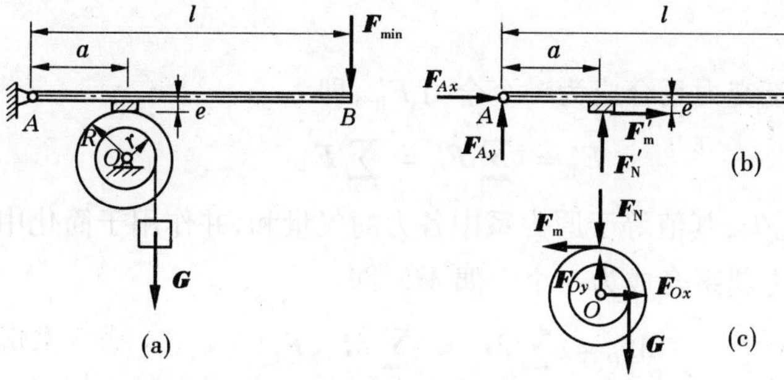

图 3-37

且由 $$F_m = fF_N$$

解得 $$F_N = \frac{Gr}{fR}$$

(2)再取手柄为研究对象,画其受力图如图 3-37(b)所示。

由 $\sum M_A = 0 \qquad -F_{min}l + F'_m e + F'_N a = 0$

将 $F'_m = F_m = fF_N, F'_N = F_N = \frac{Gr}{fR}$代入上式,解得

$$F_{min} = \frac{Gr}{Rl}(\frac{a}{f} + e)$$

第六节 空间力系的合成与平衡简介

在前面第二章中,已介绍了力在空间坐标轴上的投影和力对轴之矩的计算。本节简要介绍空间力系的合成与平衡。

一、空间任意力系的合成

空间任意力系的合成方法与平面任意力系的合成方法相同。

设在物体上作用有 $F_1, F_2, \cdots, F_n$ 等 n 个力组成一空间任意力系,如图 3-38(a)所示。

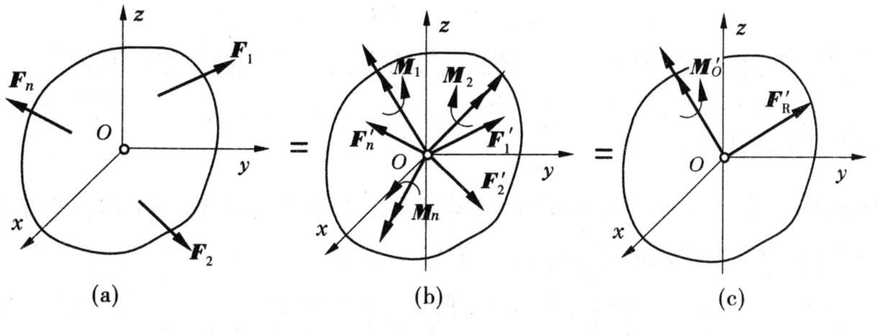

图 3-38

现取 O 点为简化中心,将空间任意力系向 O 点进行平移简化,简化后可得到一个空

间汇交力系和一个附加的空间力偶系，并将各附加的力偶矩以矢量（加双箭头）表示，如图 3-38（b）所示。

将简化后的空间汇交力系合成为一个合力 $\boldsymbol{F}'_R$，即

$$F'_R = \sum \boldsymbol{F}'_i = \sum \boldsymbol{F}_i \tag{3-23}$$

该 $\boldsymbol{F}'_R$ 称为原力系的主矢，其值等于原力系中各力的矢量和，并作用于简化中心。

再将附加的空间力偶系合成为一个力偶 $\boldsymbol{M}'_O$，即

$$\boldsymbol{M}'_O = \sum \boldsymbol{M}_i = \sum \boldsymbol{M}_O(\boldsymbol{F}_i) \tag{3-24}$$

该 $\boldsymbol{M}'_O$ 称为原力系的主矩矢，其值等于原力系中各力对简化中心 O 点的力矩的矢量和。

于是可得结论：空间任意力系向一点简化，一般可得一个力和一力偶。此力称为原力系的主矢，其值等于原力系中各力的矢量和，并作用于简化中心；此力偶称为原力系的主矩矢，其值等于原力系中各力对简化中心 O 点的力矩的矢量和，如图 3-38（c）所示。

（一）主矢 $\boldsymbol{F}'_R$ 的计算

空间任意力系的主矢的大小和方向可用解析式求得

$$F'_R = \sqrt{F'^2_{Rx} + F'^2_{Ry} + F'^2_{Rz}} = \sqrt{\left(\sum F_x\right)^2 + \left(\sum F_y\right)^2 + \left(\sum F_z\right)^2} \tag{3-25}$$

$$\cos\alpha = \frac{\left|\sum F_x\right|}{F'_R} \qquad \cos\beta = \frac{\left|\sum F_y\right|}{F'_R} \qquad \cos\gamma = \frac{\left|\sum F_z\right|}{F'_R} \tag{3-26}$$

式中：α、β、γ 分别是主矢 $\boldsymbol{F}'_R$ 与 x、y、z 轴正向的夹角。

（二）主矩矢 $\boldsymbol{M}'_O$ 的计算

附加空间力偶系的主矩矢 $\boldsymbol{M}'_O$ 的大小和方向也可用解析式求得

$$M'_O = \sqrt{M^2_{Ox} + M^2_{Oy} + M^2_{Oz}}$$

$$= \sqrt{\left[\sum M_x(\boldsymbol{F}_i)\right]^2 + \left[\sum M_y(\boldsymbol{F}_i)\right]^2 + \left[\sum M_z(\boldsymbol{F}_i)\right]^2} \tag{3-27}$$

$$\cos\alpha' = \frac{\left|\sum M_x(\boldsymbol{F}_i)\right|}{M'_O} \qquad \cos\beta' = \frac{\left|\sum M_y(\boldsymbol{F}_i)\right|}{M'_O} \qquad \cos\gamma' = \frac{\left|\sum M_z(\boldsymbol{F}_i)\right|}{M'_O} \tag{3-28}$$

式中：α'、β'、γ' 分别是主矢 $\boldsymbol{M}'_O$ 与 x、y、z 轴正向的夹角。（其推导过程从略）

二、空间一般力系的平衡

与建立平面一般力系的平衡条件的方法相同，空间一般力系平衡的必要和充分条件是：力系的主矢和主矩矢分别为零，即

$$F'_R = \sqrt{\left(\sum F_x\right)^2 + \left(\sum F_y\right)^2 + \left(\sum F_z\right)^2} = 0$$

$$M'_O = \sqrt{\left[\sum M_x(\boldsymbol{F}_i)\right]^2 + \left[\sum M_y(\boldsymbol{F}_i)\right]^2 + \left[\sum M_z(\boldsymbol{F}_i)\right]^2} = 0$$

要使上二式同时成立，则必须且只有

$$\left.\begin{aligned}\sum F_x &= 0\\ \sum F_y &= 0\\ \sum F_z &= 0\\ \sum M_x(\boldsymbol{F}_i) &= 0\\ \sum M_y(\boldsymbol{F}_i) &= 0\\ \sum M_z(\boldsymbol{F}_i) &= 0\end{aligned}\right\} \qquad (3\text{-}29)$$

于是,空间一般力系平衡的必要和充分条件又可叙述为:力系中各力在三个坐标轴上的投影代数和为零,以及力系中各力对三个坐标轴的力矩的代数和为零。

式(3-29)称为空间一般力系的平衡方程。由此可见,空间一般力系共有六个彼此独立的平衡方程,其中前三式为投影平衡方程,后三式为力矩平衡方程。利用该组平衡方程可求解空间一般力系有六个未知量的平衡问题。

三、其他空间力系的平衡方程

由空间一般力系的平衡方程,很容易导得其他空间力系的平衡方程。

(一)空间汇交力系的平衡方程

设图 3-39 所示的物体受一空间汇交力系作用。若选取空间汇交力系的汇交点为坐标原点,则不论力系是否平衡,因力系各力作用线都通过坐标轴,所以各力三轴之矩恒为零,即

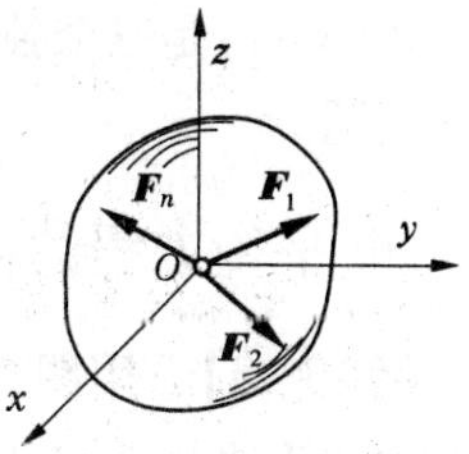

图 3-39

$$\left.\begin{aligned}\sum M_x(\boldsymbol{F}_i) &\equiv 0\\ \sum M_y(\boldsymbol{F}_i) &\equiv 0\\ \sum M_z(\boldsymbol{F}_i) &\equiv 0\end{aligned}\right\}$$

于是得空间汇交力系的平衡方程

$$\left.\begin{aligned}\sum F_x &= 0\\ \sum F_y &= 0\\ \sum F_z &= 0\end{aligned}\right\} \qquad (3\text{-}30)$$

式(3-30)是三个独立的投影方程,利用该组方程可求解空间汇交力系有三个未知量的平衡问题。

(二)空间平行力系的平衡方程

设图 3-40 所示的物体受一空间平行力系作用。令 z 轴与力系各力作用线平行,则力系各力对 z 轴之矩恒为零;又因力系各力作用线平行于 z 轴,必垂直于 x 轴和 y 轴,则各力对两坐标轴上的投影又恒为零,即

$$\sum M_z(\boldsymbol{F}_i) \equiv 0 \quad \sum F_x \equiv 0 \quad \sum F_y \equiv 0$$

于是得空间平行力系的平衡方程为

$$\left.\begin{aligned}\sum F_z &= 0\\ \sum M_x(\boldsymbol{F}_i) &= 0\\ \sum M_y(\boldsymbol{F}_i) &= 0\end{aligned}\right\}\qquad(3\text{-}31)$$

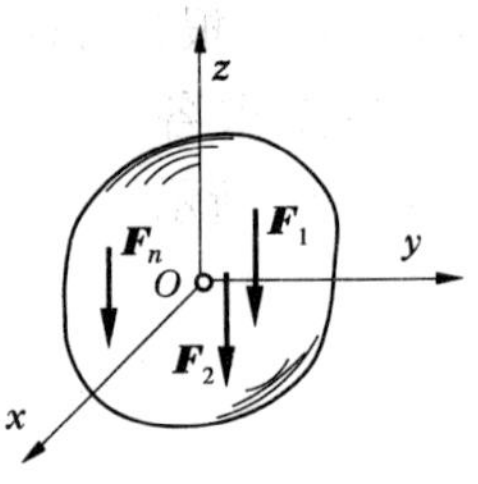

图 3-40

式(3-31)是三个独立的平衡方程,其中,前一式为投影方程,后两式为力矩方程,利用该组方程可求解空间平行力系有三个未知量的平衡问题。

(三)空间力偶系的平衡方程

若作用在物体上的力组成的是一空间力偶系,则不论力偶系是否平衡,根据力偶的性质:力偶对任一坐标轴的投影恒为零,即

$$\sum F_x \equiv 0\quad \sum F_y \equiv 0\quad \sum F_z \equiv 0$$

于是得空间力偶系的平衡方程为

$$\left.\begin{aligned}\sum M_x(\boldsymbol{F}_i) &= 0\\ \sum M_y(\boldsymbol{F}_i) &= 0\\ \sum M_z(\boldsymbol{F}_i) &= 0\end{aligned}\right\}\qquad(3\text{-}32)$$

式(3-32)是三个独立的力矩方程,利用该组方程可求解空间力偶系有三个未知量的平衡问题。

四、平衡方程的应用示例

【例 3-18】 用图 3-41(a)所示的三铰架 *ABCD* 和铰车 *E* 起吊重 $G=30$ kN 的重物。三铰架的无重杆在 *D* 点用铰链连接,另一端铰接在地面上。各杆和绳索 *DE* 与地面成 60°角,*ABC* 为一等边三角形,求平衡时各杆所受的力。

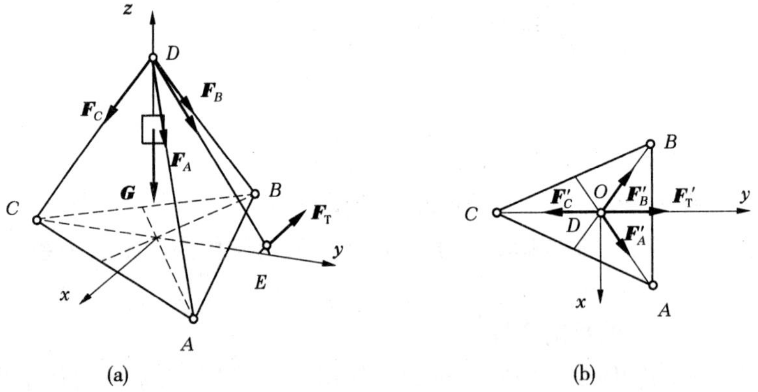

图 3-41

解 (1)选取研究对象,画出受力图。

取铰 *D* 连同重物为研究对象(也可取整个吊架为研究对象)。其上受重力 **G**、绳索拉

力 $\boldsymbol{F}_T$ 以及三根二力杆的约束反力 $\boldsymbol{F}_A$、$\boldsymbol{F}_B$、$\boldsymbol{F}_C$ 的作用,画出受力图如图 3-41(a)所示。

(2)先求各力在 xOy 坐标面上的投影。按所取坐标系,采用二次投影法,如图 3-41 (b)所示,求得

$$\left.\begin{aligned} F'_A &= F_A\cos60° \\ F'_B &= F_B\cos60° \\ F'_C &= F_C\cos60° \\ F'_T &= F_T\cos60° = G\cos60° \end{aligned}\right\} \quad ①$$

(3)列平衡方程,求未知力。

$$\sum F_x = 0 \qquad F'_A\cos60° - F'_B\cos60° = 0 \quad ②$$

$$\sum F_y = 0 \qquad -F'_C + F_T' + F'_A\cos60° + F'_B\cos60° = 0 \quad ③$$

$$\sum F_z = 0 \qquad -F_A\cos30° - F_B\cos30° - F_C\cos30° - F_T\cos30° - G = 0 \quad ④$$

将式①代入式②~式④,解得

$$F_A = F_B = -31.55\ \text{kN}$$

$$F_C = -1.55\ \text{kN}$$

计算结果为负值,表明假设力的方向与实际力的方向相反,可见三杆均受压力作用。

【例 3-19】 图 3-42 所示的一三轮平板货车,其自重 $G = 5$ kN,载重货物重量 $W = 10$ kN,各力作用点位置如图所示。求三轮平板货车处于静止时地面对轮子的反力。

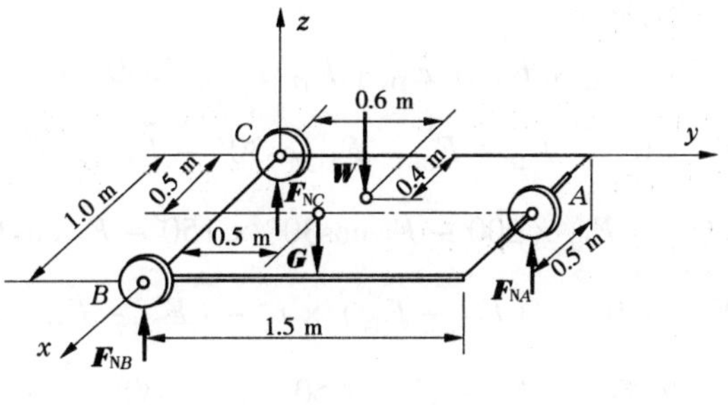

图 3-42

解 (1)取三轮平板车为研究对象,画受力图及取坐标系。

板车受自重 $\boldsymbol{G}$、载重量 $\boldsymbol{W}$ 以及地面车轮的反力作用而组成空间平行力系。

(2)列写平衡方程,求未知力。

由 $$\sum F_z = 0 \qquad F_{NA} + F_{NB} + F_{NC} - G - W = 0$$

$$\sum M_x(\boldsymbol{F}_i) = 0 \qquad F_{NA} \times 1.5 - G \times 0.5 - W \times 0.6 = 0$$

$$\sum M_y(\boldsymbol{F}_i) = 0 \qquad -F_{NA} \times 0.5 - F_{NB} \times 1 + G \times 0.5 + W \times 0.4 = 0$$

联立以上方程求解,得

$$F_{NA} = 5.67\ \text{kN} \qquad F_{NB} = 5.66\ \text{kN} \qquad F_{NC} = 3.67\ \text{kN}$$

【例 3-20】 图 3-43 所示的转轴 AB 上装有轮子 C 和 D,轮 C 的半径 $r_1 = 20$ cm,轮 D

的半径 $r_2=25$ cm,已知轮 C 上的皮带拉力沿水平方向,其大小为 $F_{T1}=2F_{T2}=5$ kN;轮 D 上两边的皮带互相平行,且与铅垂线的夹角为 $\alpha=30°$,其拉力为 $F_{T3}=2F_{T4}$。若不计轮、轴的自重,试求在平衡状态下,皮带拉力 $\boldsymbol{F}_{T3}$ 和 $\boldsymbol{F}_{T4}$ 的大小及轴承 A、B 的反力。

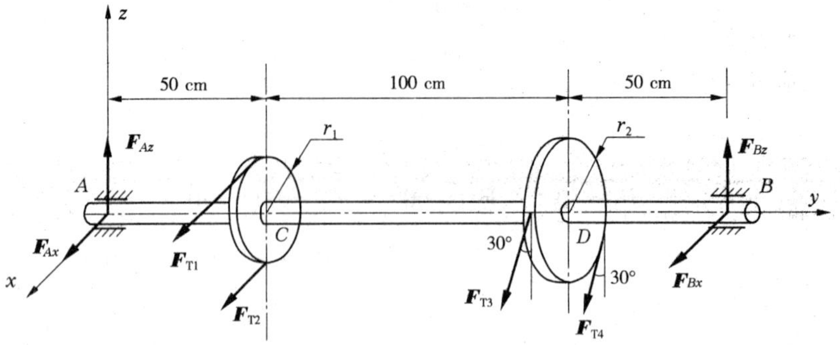

图 3-43

解 (1)取轴 AB 连同两轮的整个系统为研究对象,画出受力图及选取坐标系如图 3-43所示。

显然,本系统在空间任意力系作用下处于平衡,其中有 5 个独立的未知力($\boldsymbol{F}_{Ax}$、$\boldsymbol{F}_{Az}$、$\boldsymbol{F}_{Bx}$、$\boldsymbol{F}_{Bz}$ 以及 $\boldsymbol{F}_{T3}$)待求。

(2)列平衡方程,求未知力。

$$\sum F_x=0 \qquad F_{Ax}+F_{Bx}+F_{T1}+F_{T2}+F_{T3}\sin30°+F_{T4}\sin30°=0$$

$$\sum F_z=0 \qquad F_{Az}+F_{Bz}-F_{T3}\cos30°-F_{T4}\cos30°=0$$

$$\sum M_x(\boldsymbol{F}_i)=0 \qquad F_{Bz}\times200-F_{T3}\cos30°\times150-F_{T4}\cos30°\times150=0$$

$$\sum M_y(\boldsymbol{F}_i)=0 \qquad (F_{T3}-F_{T4})\times r_2-(F_{T2}-F_{T1})\times r_1=0$$

$$\sum M_z(\boldsymbol{F}_i)=0 \quad -F_{Bx}\times200-(F_{T1}+F_{T2})\times50-F_{T3}\sin30°\times150-F_{T4}\sin30°\times150=0$$

将 $F_{T1}=2F_{T2}=5$ kN,$F_{T3}=2F_{T4}$,$r_1=20$ cm,$r_2=25$ cm 代入上式,联立解得

$$F_{T4}=2\text{ kN} \quad F_{T3}=2F_{T4}=4\text{ kN} \quad F_{Ax}=-6.37\text{ kN} \quad F_{Az}=1.3\text{ kN}$$

$$F_{Bx}=-4.13\text{ kN} \quad F_{Bz}=3.9\text{ kN}$$

其中,解得的 $\boldsymbol{F}_{Ax}$ 及 $\boldsymbol{F}_{Bx}$ 为负值,表明反力 $\boldsymbol{F}_{Ax}$、$\boldsymbol{F}_{Bx}$ 的指向与图示的指向相反。

通过以上几例的求解可知,空间力系平衡问题的解题步骤与平面力系相同。

本章内容小结

本章主要介绍各类力系的合成和平衡问题,重点是利用由各类力系的平衡条件导出的平衡方程求解平衡问题。其中的一些计算方法在工程力学中是常用的,可以说该部分内容是工程力学的基础,建议读者很好地理解和掌握。为此,特作小结如下。

一、各类力系的合成与平衡

<table>
<tr><th>力系
类别</th><th>合成方法</th><th>平衡条件</th><th colspan="2">平衡方程</th><th>限制条件</th><th>可求
未知量</th></tr>
<tr><td>平面
汇交
力系</td><td>几何法:“首尾相连”作力多边形
解析法:应用合力的投影定理</td><td>$\boldsymbol{F}_{\mathrm{R}}=0$</td><td colspan="2">$\left.\begin{array}{l}\sum F_x=0\\ \sum F_y=0\end{array}\right\}$</td><td>无</td><td>2 个</td></tr>
<tr><td>平面
力偶系</td><td>将各力偶矩代数相加,即 $M=\sum m$</td><td>合力偶矩
为零</td><td colspan="2">$\sum m=0$</td><td>无</td><td>1 个</td></tr>
<tr><td rowspan="3">平面
一般
力系</td><td rowspan="3">将力系各力向作用平面内任一点进行平移简化,得一平面汇交力系和平面力偶系
合成结果为:
主矢 $F'_{\mathrm{R}}=\sqrt{(\sum F_x)^2+(\sum F_y)^2}$
主矩 $M'_O=\sum M_O$</td><td rowspan="3">主矢:
$\boldsymbol{F}'_{\mathrm{R}}=0$
主矩:
$M'_O=0$</td><td>一般形式</td><td>$\left.\begin{array}{l}\sum F_x=0\\ \sum F_y=0\\ \sum M_O=0\end{array}\right\}$</td><td>无</td><td rowspan="3">3 个</td></tr>
<tr><td>二力矩</td><td>$\left.\begin{array}{l}\sum F_x=0\\ \sum M_A=0\\ \sum M_B=0\end{array}\right\}$</td><td>$x$ 轴不能与 A、B 两点连线垂直</td></tr>
<tr><td>三力矩</td><td>$\left.\begin{array}{l}\sum M_A=0\\ \sum M_B=0\\ \sum M_C=0\end{array}\right\}$</td><td>$A$、$B$、$C$ 三点不共线</td></tr>
<tr><td>空间
一般
力系</td><td>将力系各力向空间任一点进行平移简化,得一空间汇交力系和空间力偶系
合成结果为:
主矢 $F'_{\mathrm{R}}=\sqrt{(\sum F_x)^2+(\sum F_y)^2+(\sum F_z)^2}$
主矩 $M'_O=\sqrt{(\sum M_x)^2+(\sum M_y)^2+(\sum M_z)^2}$</td><td>主矢:
$\boldsymbol{F}'_{\mathrm{R}}=0$
主矩:
$M'_O=0$</td><td colspan="2">$\left.\begin{array}{l}\sum F_x=0\\ \sum F_y=0\\ \sum F_z=0\\ \sum M_x=0\\ \sum M_y=0\\ \sum M_z=0\end{array}\right\}$</td><td>无</td><td>6 个</td></tr>
</table>

二、平衡方程的应用

应用平面力系的平衡方程,可以求解单个物体及物体系统的平衡问题。求解时要通过受力分析,恰当地选取研究对象,画出受力图。选取合适的平衡方程形式,选择好矩心和投影轴,力求做到一个方程只含有一个未知量,以便简化计算。

三、考虑摩擦时的平衡问题

(一)滑动摩擦力

当两个物体相互接触面之间存在相对滑动趋势或发生相对滑动时,彼此之间产生阻碍滑动的力,称为滑动摩擦力。前者为静摩擦力,后者为动摩擦力。

静摩擦力的方向与接触面间相对滑动趋势的方向相反,其大小介于零与最大静摩擦力 $\boldsymbol{F}_{\mathrm{m}}$ 之间,具体可由平衡条件来确定。最大静摩擦力由静滑动摩擦定律确定,即 $F_m = f F_{\mathrm{N}}$,其中 f 为静摩擦系数。

(二)最大静摩擦角

当静摩擦力达到最大值时,全反力与接触面的法线间的夹角 φ_{m} 称为最大静摩擦角。当作用于物体上的主动力的合力作用线在摩擦角范围内时,不论主动力合力的大小如何,物体总能保持平衡。

(三)考虑摩擦时物体的平衡问题的解题特点

由于静摩擦力的大小有一定的范围,所以物体的平衡也有一定的范围。通常可按物体平衡的临界状态考虑,除列出平衡方程外,还可以列出补充方程:$F_{\mathrm{m}} = f F_{\mathrm{N}}$,待求出结果后,再讨论平衡范围。最大静摩擦力方向总是与物体相对滑动趋势的方向相反,不能任意假设,物体的滑动趋势的方向可根据主动力来直观确定。

思考题

3-1　已知四个力 $\boldsymbol{F}_1$、$\boldsymbol{F}_2$、$\boldsymbol{F}_3$ 和 $\boldsymbol{F}_4$,在图 3-44 所示的两个力多边形中,各表示的力学意义是什么?

3-2　已知一平面汇交力系的力多边形如图 3-45 所示,问该力系合力的大小、方位和指向如何确定?

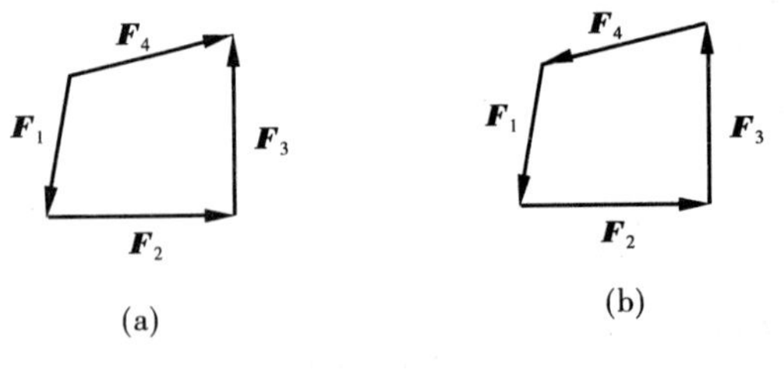

图 3-44

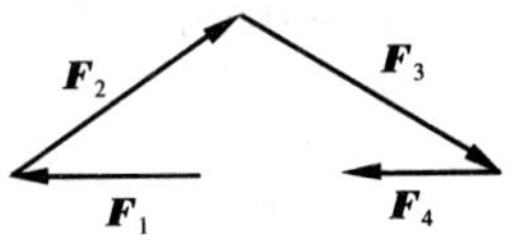

图 3-45

3-3　某平面汇交力系满足 $\sum F_x = 0$ 的条件,试问此力系合成后可能是什么结果?

3-4　平面汇交力系在任意两根轴上的投影的代数和分别等于零,则力系必定平衡,对吗?为什么?

3-5　若选取同一平面内的三条坐标轴,其中 x 轴垂直于 y 轴,而 z 轴是任意的,如图 3-46所示,若作用在物体上的平

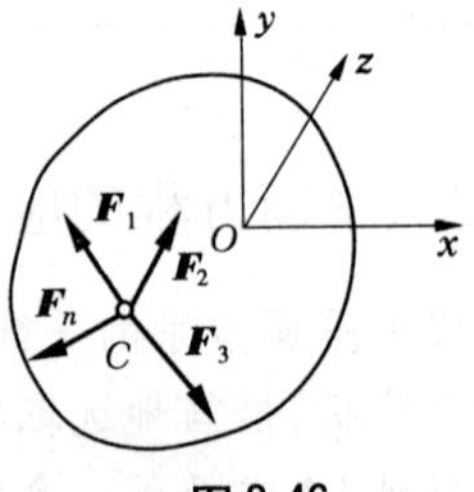

图 3-46

面汇交力系满足下列方程式

$$\left.\begin{aligned}\sum F_x = 0\\ \sum F_y = 0\end{aligned}\right\}$$

那么,力系能否一定满足$\sum F_z = 0$,为什么?

3-6 平面任意力系向其平面内一点简化所得的主矢和主矩各有何物理意义?

3-7 平面任意力系向作用面内任意点简化后,一般可得一个主矢和一个主矩,为什么主矢与简化中心无关,而主矩与简化中心有关?

3-8 当平面任意力系简化的最后结果为一力偶时,此主矩与简化中心的位置无关,为什么?

3-9 一平面力系向A、B两点简化的结果是主矢和主矩都不为零,问是否可能?

3-10 平面一般力系的平衡方程有几种形式?应用时有什么限制条件?

3-11 试从平面一般力系的平衡方程推出平面汇交力系、平面平行力系和平面力偶系的平衡方程。

3-12 如图3-47所示,如选取的坐标系的y轴不与各力平行,则平面平行力系的平衡方程是否可写出$\sum F_x = 0$,$\sum F_y = 0$和$\sum M_O = 0$三个独立的平衡方程?为什么?

3-13 如图3-48所示的简支梁,两端均为固定铰支座,为了求得支座反力,有人写出下列四个平衡方程:$\sum F_x = 0$,$\sum F_y = 0$,$\sum M_A = 0$,$\sum M_B = 0$。问能否从这四个方程中解出$\boldsymbol{F}_{Ax}$、$\boldsymbol{F}_{Ay}$、$\boldsymbol{F}_{Bx}$、$\boldsymbol{F}_{By}$这四个未知力?为什么?

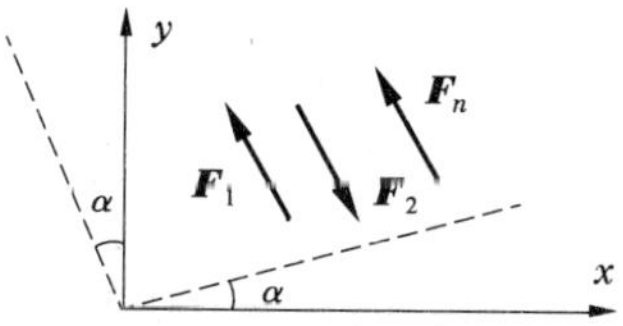

图3-47

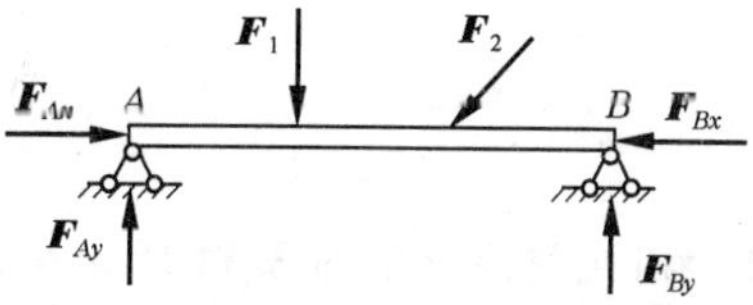

图3-48

3-14 在求图3-49所示的静定梁支座反力和铰B的约束反力时,能否将作用在梁BC上的力偶m移到梁AB上?为什么?

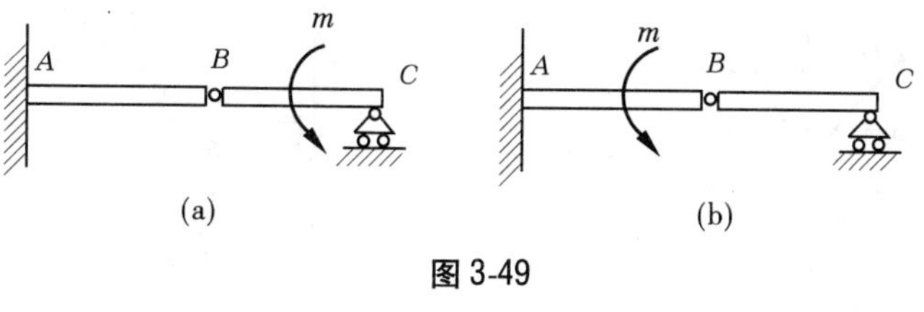

图3-49

3-15 物块重$G = 100$ N。用力$F = 500$ N将其压在一铅直表面上,如图3-50所示。摩擦系数$f = 0.3$,求摩擦力。要想使物块不滑下,力$\boldsymbol{F}$的最小值应为多少?

3-16 在图3-51中,已知物块A、B重分别为$\boldsymbol{G}_1$、$\boldsymbol{G}_2$,物块A与墙之间用一链杆连接,各接触面之间的摩擦系数均为f。试分析在图3-51(a)、(b)、(c)三种情况下能使物块B滑动的水平力$\boldsymbol{F}_1$、$\boldsymbol{F}_2$、$\boldsymbol{F}_3$中,哪个最大,哪个最小。

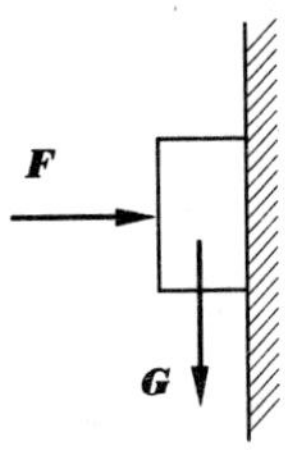

图 3-50

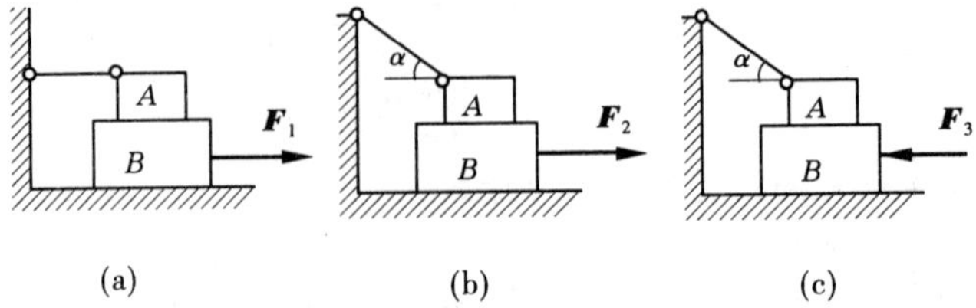

图 3-51

3-17 在图 3-52 中，物块重 $\boldsymbol{G}$，受斜向力 $\boldsymbol{F}$ 的作用。已知物块与支承面的摩擦系数 $f=0.65$，力 $\boldsymbol{F}$ 与支承面法线夹角 $\alpha=30°$，问力 $\boldsymbol{F}$ 能使物块发生移动吗？

3-18 如图 3-53 所示，砂子与胶带间的静摩擦系数 $f=0.5$，问输送带的最大倾角 α 可为多少？

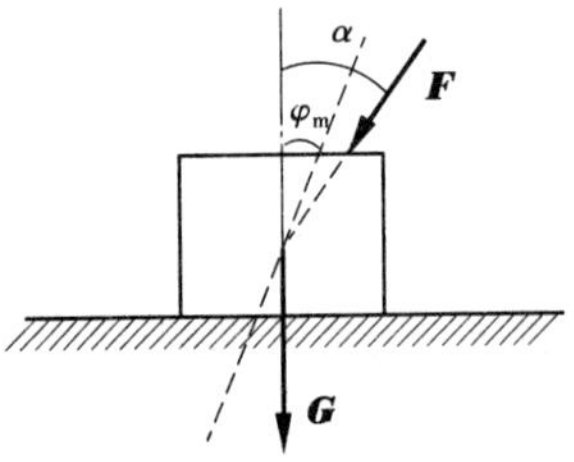

图 3-52

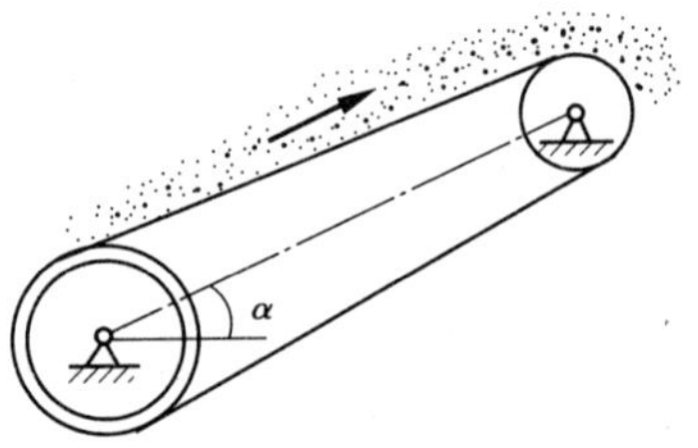

图 3-53

习 题

3-1 用几何法求解图 3-54 所示平面汇交力系的合力。已知：$F_1=100$ N、$F_2=80$ N、$F_3=120$ N、$F_4=160$ N。

3-2 图 3-55 所示的固定环受三根钢绳的拉力作用，已知：$F_{T1}=3.0$ kN、$F_{T2}=4.0$ kN、$F_{T3}=2.0$ kN，试用几何法求这三个力的合力。

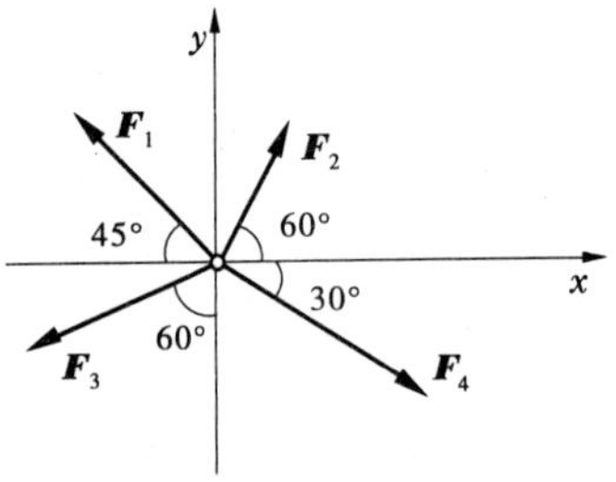

图 3-54

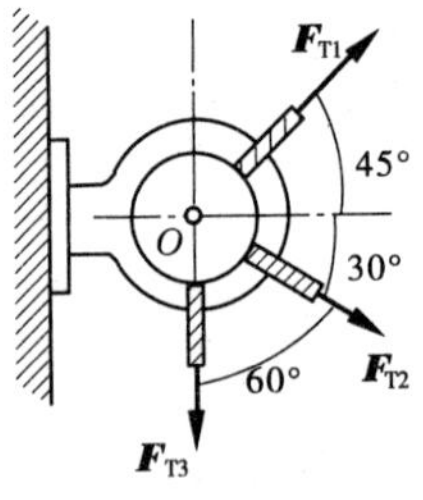

图 3-55

3-3 图 3-56 所示支架由杆 AB 和杆 BC 构成，A、B 和 C 均为铰链，在销钉处悬挂重量为 $\boldsymbol{W}$ 的重物，试分别求在图(a)和图(b)两种情形下杆 AB 和杆 BC 所受的力。

3-4 图 3-57 所示梁 AB 的 A 端为固定铰支座，B 端为可动铰支座，梁上受力 $F=20$

kN 作用，试求梁支座 A、B 的约束反力。

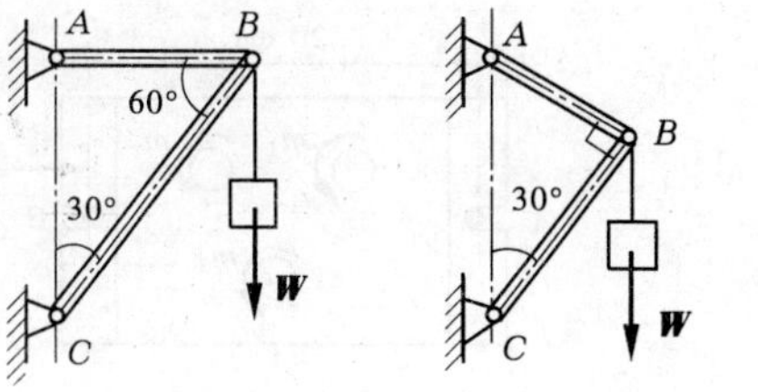

(a)　　　　(b)

图 3-56

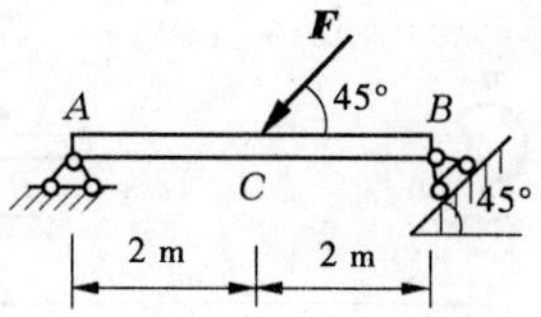

图 3-57

3-5　图 3-58 所示的压力机碾子重 $G=20$ kN，半径 $r=40$ cm，若用一通过其中心的水平力拉碾子越过高 $h=8$ cm 的石坎，问拉力 $\boldsymbol{F}$ 应至少多大？又若此拉力可取任意方向，问要使拉力为最小，它与水平线的夹角 α 应为多大？并求此拉力的最小值。

3-6　图 3-59 所示的三铰刚架，由 AC 和 BC 两部分组成，支座 A、B 均为固定铰，中间用铰链 C 连接。在水平力 $\boldsymbol{F}$ 作用下，试求支座 A、B 的约束反力。

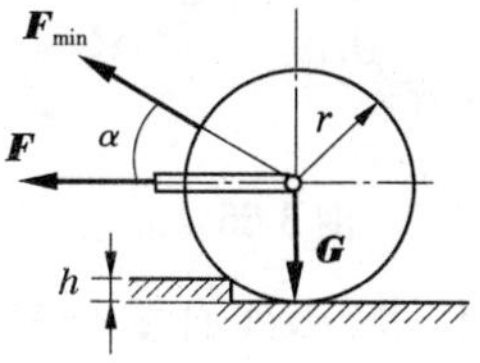

图 3-58

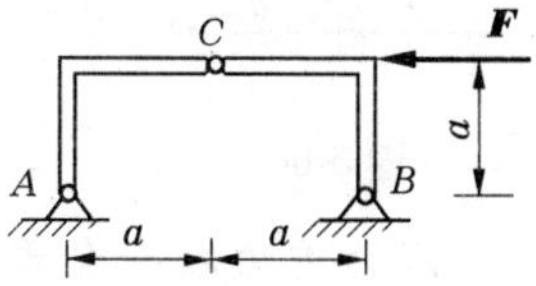

图 3-59

3-7　图 3-60 所示的链杆机构，在铰 A 和铰 B 上按给定的角度分别施加力 $\boldsymbol{F}$ 和 $\boldsymbol{P}$。求机构平衡时，力 $\boldsymbol{F}$ 和 $\boldsymbol{P}$ 的值所满足的关系。

3-8　图 3-61 所示的拔桩架，图中 AC、CB 和 CD、DE 均为绳索。在 D 点用力向下拉时，即有较力 $\boldsymbol{F}$ 大若干倍的力将桩向上拔起。当 AC 和 CD 各为铅直和水平，CB 和 DE 各与铅直和水平方向成 $\alpha=4°$，$F=400$ N 时，试求桩顶 A 所受的拉力。

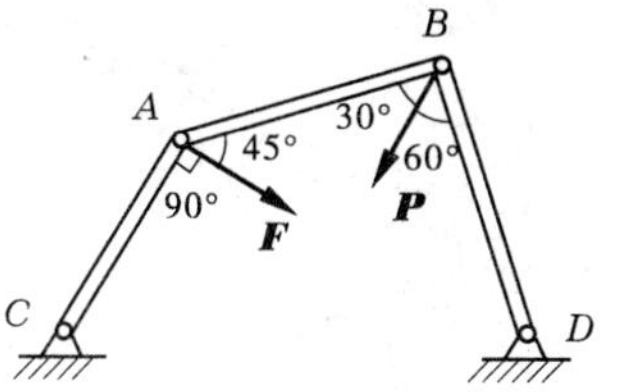

图 3-60

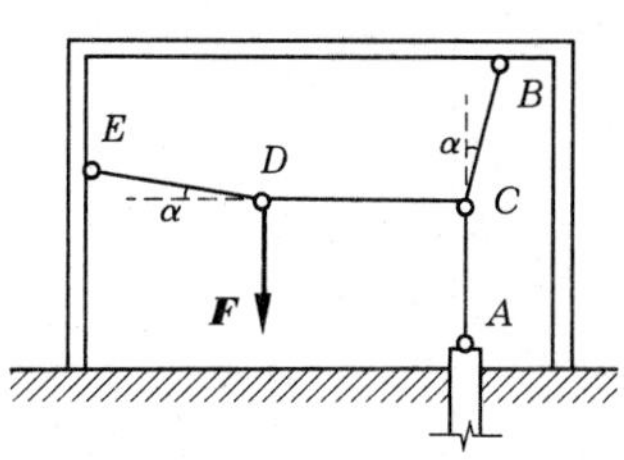

图 3-61

3-9　图 3-62 所示的梁 AB，长 $l=5$ m，在 A、B 两端各作用一力偶，力偶矩分别为 $m_1=20$ kN·m，$m_2=30$ kN·m，转向如图所示，不计梁自重，试求支座 A、B 的反力。

3-10　图 3-63 所示的多轴钻床在水平工件上钻时，每个钻头的切削刀刃作用于工件的力在水平面内构成一力偶。已知切削力偶矩分别为 $m_1=m_2=10$ kN·m，$m_3=20$ kN·m，求工件受到的合力偶的力偶矩。若工件在 A、B 两处用螺栓固定，求螺栓所受的水平力。

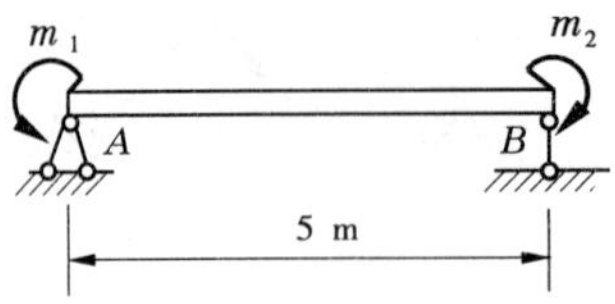

图 3-62

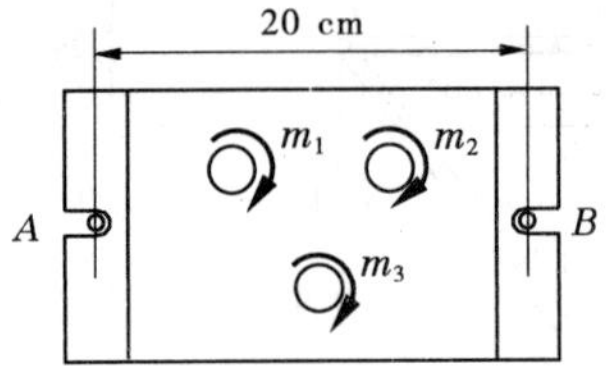

图 3-63

3-11 在图 3-64 所示结构的杆 AC 上受一力偶矩为 m 的力偶作用，试求支座 A、B 的约束反力。

3-12 在图 3-65 所示链杆机构的杆 O_1B 上和杆 O_2A 上分别受到力偶 m_1 和 m_2 作用，处于图示平衡位置。求此时 m_1 和 m_2 的比值。

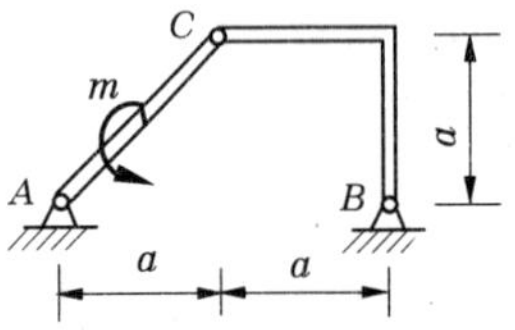

图 3-64

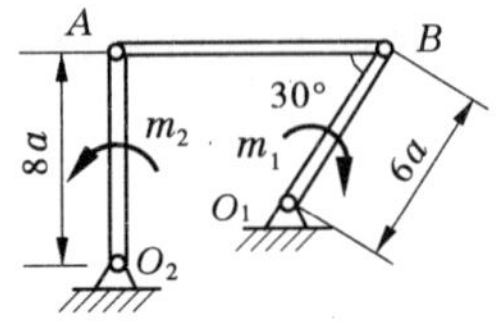

图 3-65

3-13 图 3-66 所示的重力坝受自重和水压力作用，已知自重分别为 $G_1=9\ 600\ \text{kN}$，$G_2=21\ 600\ \text{kN}$，水压力 $P=10\ 120\ \text{kN}$，试将该力系向坝底面 O 点简化，并求其合力的大小、方向及作用点。

3-14 图 3-67 所示弧形闸门，其闸门自重 $W=150\ \text{kN}$，水压力 $P=3\ 000\ \text{kN}$，铰 A 处摩擦力偶矩 $m=60\ \text{kN}\cdot\text{m}$。各力作用位置如图所示。试求开启闸门时的拉力 $\boldsymbol{F}_{\text{T}}$ 及铰 A 处的约束反力。

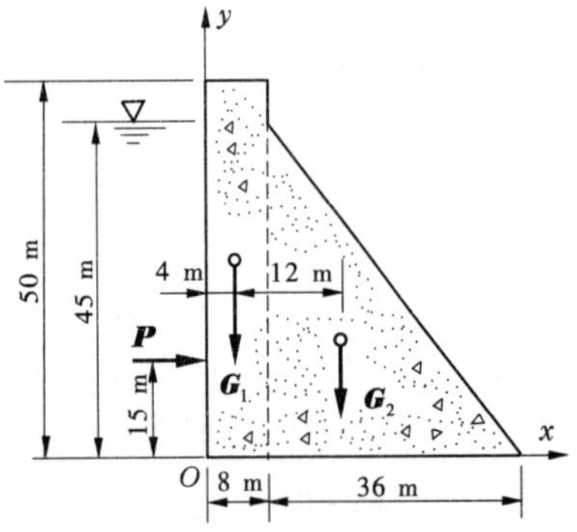

图 3-66

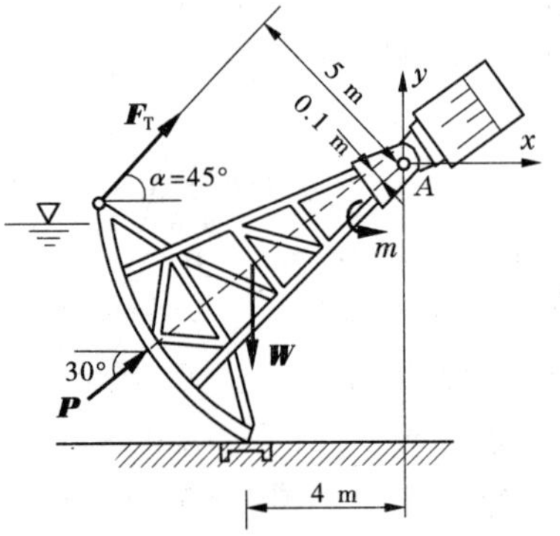

图 3-67

3-15 求图 3-68 所示各悬臂梁 A 端支座反力。

3-16 求图 3-69 所示各梁的支座反力。

3-17 求图 3-70 所示简支刚架的支座反力。

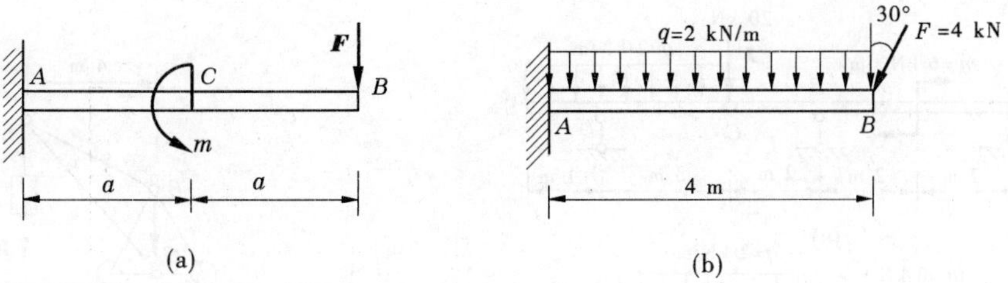

图 3-68

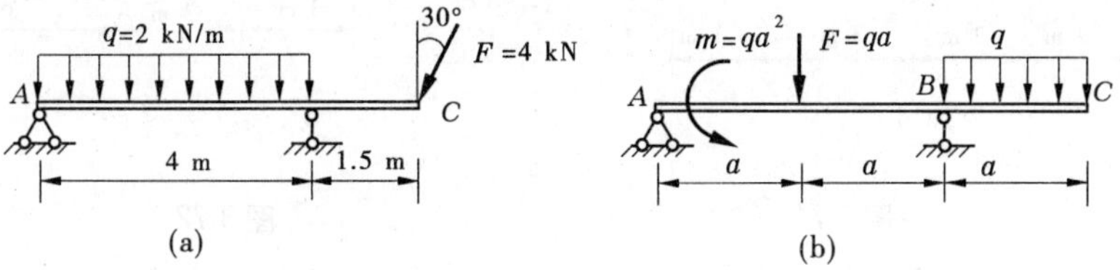

图 3-69

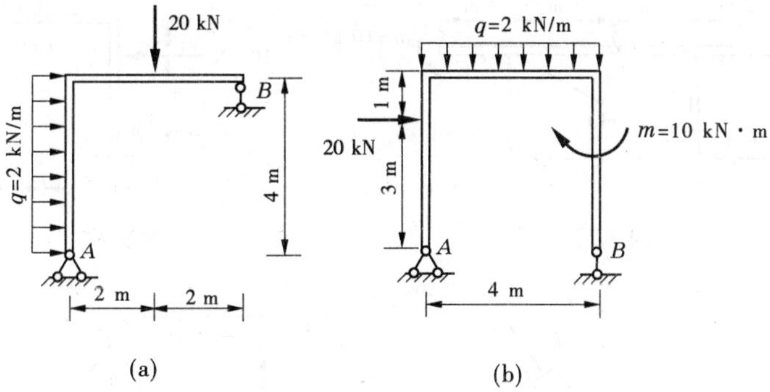

图 3-70

3-18 求图 3-71 所示各组合梁的支座反力。

3-19 在图 3-72 所示的组合梁上有起重机。已知起重机重 $G=50$ kN,其重心位于铅垂线 EC 上,起重量 $W=10$ kN,梁自重不计,求支座 A、B、D 的约束反力和铰链 C 处所受的力。

3-20 一梁 ABC 的支承及荷载如图 3-73 所示。已知 $F=10$ kN,$m=10$ kN · m,试求固定端 A 的约束反力。

3-21 求图 3-74 所示三铰刚架支座 A、B 的支座反力和铰链 C 处所受的力。

3-22 某大坝截流时采用钢筋混凝土平板闸门封堵导流底孔,如图 3-75 所示,闸门沉放时,需先提升一段高度,抽出支撑后,再开始沉放。已知闸门重 $G=540$ kN,闸门沿坝面提升时,静摩擦系数 $f_1=0.5$,闸门沿门槽下沉时,静摩擦系数 $f_2=0.15$。试分别求出闸门提升和下沉时所需的拉力 $\boldsymbol{F}_T$。

3-23 图 3-76 所示的重力坝受自重和水压力作用,已知自重分别为 $G_1=9\ 600$ kN,$G_2=21\ 600$ kN,水压力 $P=10\ 120$ kN,坝与地基面间的静摩擦系数 $f=0.6$,试问:

(1)此坝是否会滑动?

(2)此坝是否会绕 B 点倾倒?

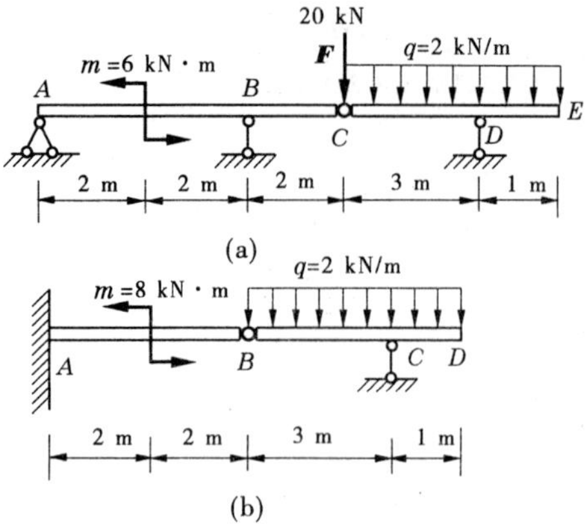

图 3-71

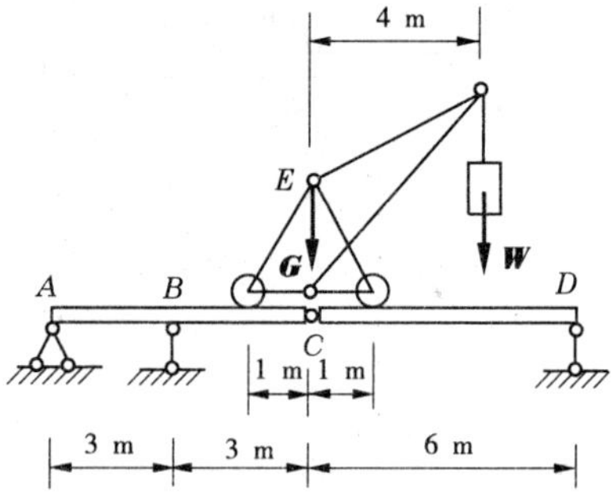

图 3-72

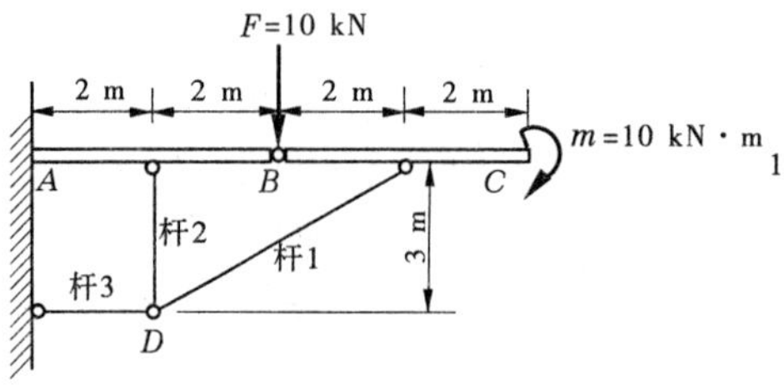

图 3-73

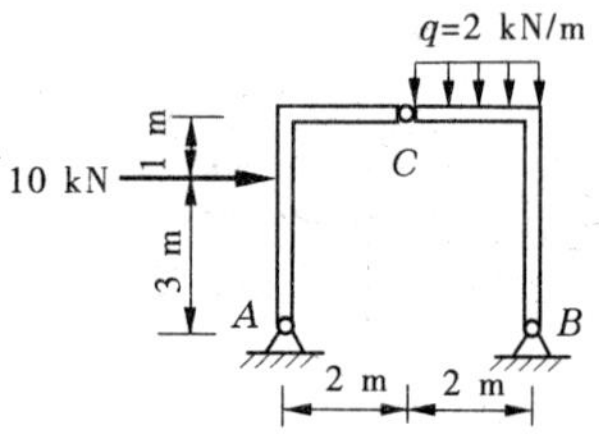

图 3-74

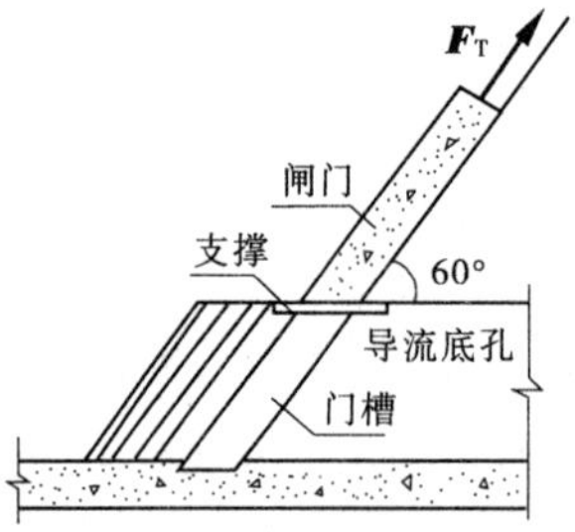

图 3-75

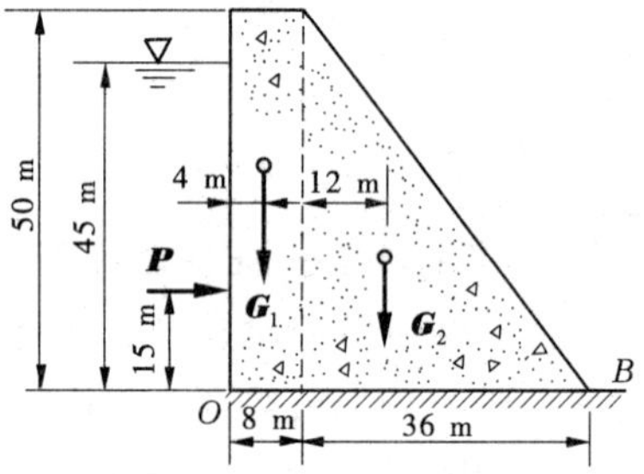

图 3-76

3-24　图 3-77 所示空间支架，直杆 AB 和自重不计，B 端铰接于铅直墙面上，A 端用两根水平绳 CA、DA 拉住。A、C、D 三点在同一水平面内，B 点在 CD 中点 O 的正下方。若 A 点作用有重物 $G=10$ kN，试求两根绳子和 AB 杆所受的力。

3-25　图 3-78 所示一均匀矩形薄板重为 $\boldsymbol{G}$，其重心在板的中心 C 点，两边长分别为 a 和 $2a$，用三根绳悬挂成水平位置，试求三根绳的拉力。

3-26　图 3-79 所示悬臂刚架上作用均布荷载 $q=2$ kN/m 和集中荷载 $F_1=6$ kN、$F_2=5$ kN，其中 $\boldsymbol{F}_1$ 的作用线平行于 x 轴，$\boldsymbol{F}_2$ 的作用线平行于 y 轴。求刚架固定端支座的约束反力。

3-27　图 3-80 所示电动机 M 通过胶带带动鼓轮传动，将重物匀速提起，胶带与水平线成 30°角，已知鼓轮半径 $r=10$ cm，带轮半径 $R=20$ cm，重物重 $G=10$ kN，胶带拉力

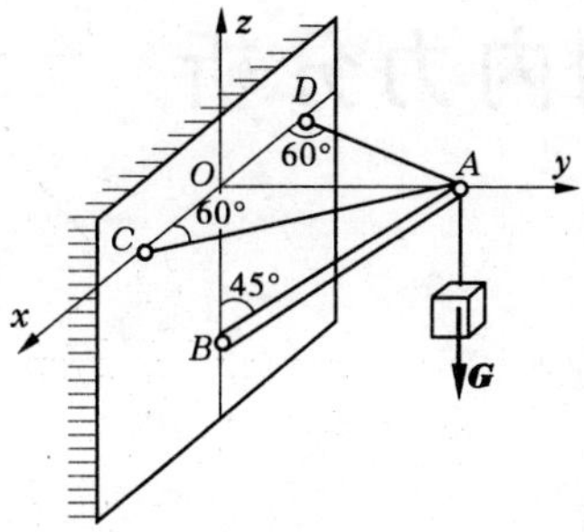

图 3-77

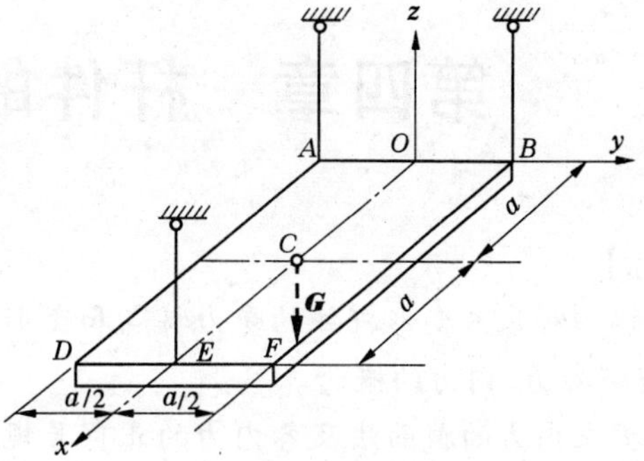

图 3-78

$F_{T1}=2F_{T2}$。试求轴承 A、B 的反力及胶带拉力 $\boldsymbol{F}_{T1}$ 和 $\boldsymbol{F}_{T2}$。

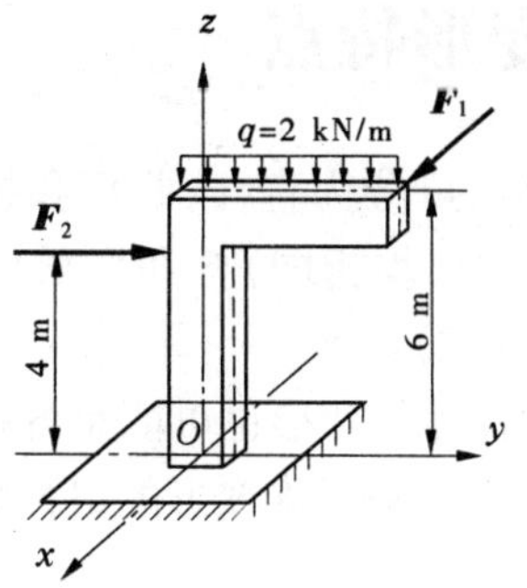

图 3-79

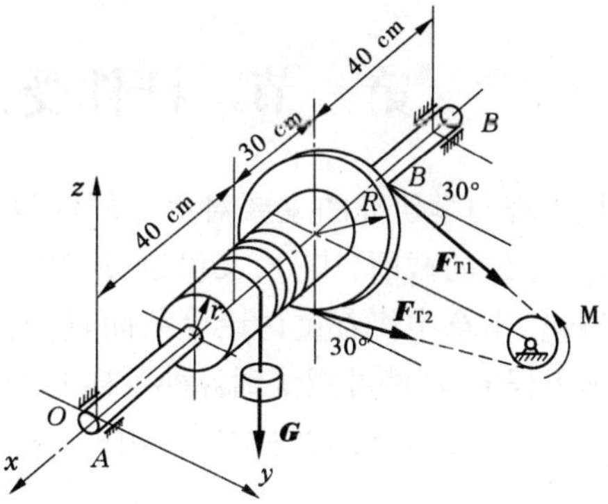

图 3-80

第四章 杆件的内力分析

【学习目标】

- 了解四种基本变形杆件的受力特点和变形特点。
- 理解外力、内力的概念。
- 掌握求内力的截面法及各内力的正负号规定。
- 掌握绘制梁的内力图的三种方法,要求至少熟练掌握其中的一种方法。
- 掌握梁的弯矩、剪力及荷载集度之间的微分关系和积分关系及其在作内力图过程中的应用。

第一节 杆件受力与变形特点

杆件是工程力学研究的主要对象。杆件就外形来分,可分为直杆、曲杆和折杆;就横截面(垂直于轴线的截面)来分,又可以分为等截面(各截面均相同)杆和变截面(各截面是变化的)杆。本章中将着重讨论等截面直杆(简称等直杆)。

在实际工程中,杆件可能受到各种各样的外力作用,杆件的变形也可能是各种各样的,但归纳起来不外乎是以下四种基本变形中的一种,或是其中几种基本变形的组合情形。

一、轴向拉(压)变形

受力特点:杆件所受外力与杆轴线重合。

变形特点:杆件沿轴线方向伸长或缩短。

产生轴向拉(压)变形的杆件称为拉(压)杆。如图 4-1 所示构架中的杆 *AB* 和杆 *BC* 分别为拉杆和压杆。

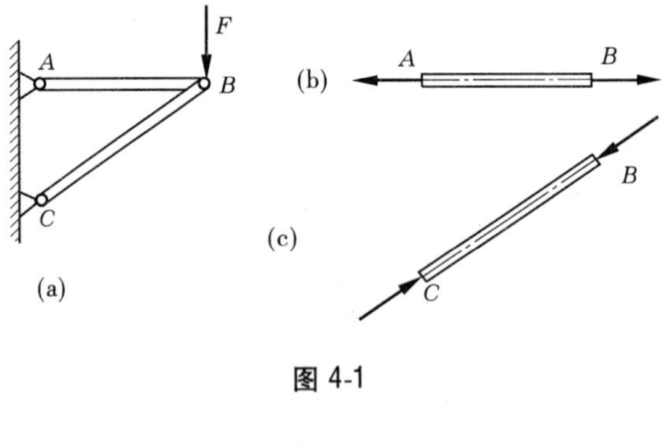

图 4-1

二、剪切变形

受力特点:杆件受一对相距很近、大小相等、方向相反、作用线垂直于杆轴线的外力

(简称横向力)的作用。

变形特点:杆件横截面将沿外力方向产生相对错动变形,如图 4-2(a)中所示。

剪切变形的杆件通常为拉压杆的连接件。例如,图 4-2(b)中所示的螺栓连接件的变形均为剪切变形。

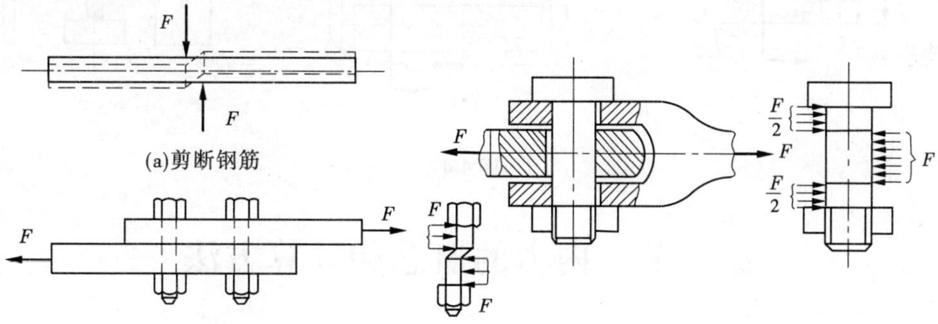

图 4-2

三、扭转变形

受力特点:杆件受一对转向相反、作用在垂直于杆轴线的两个平面内的外力偶作用。

变形特点:相邻两横截面绕杆轴线产生相对扭转变形。

产生扭转变形的杆件多为传动轴,房屋的雨篷梁、钻机的钻杆、工业厂房里的吊车梁等都存在不同程度的扭转变形,如图 4-3 所示。

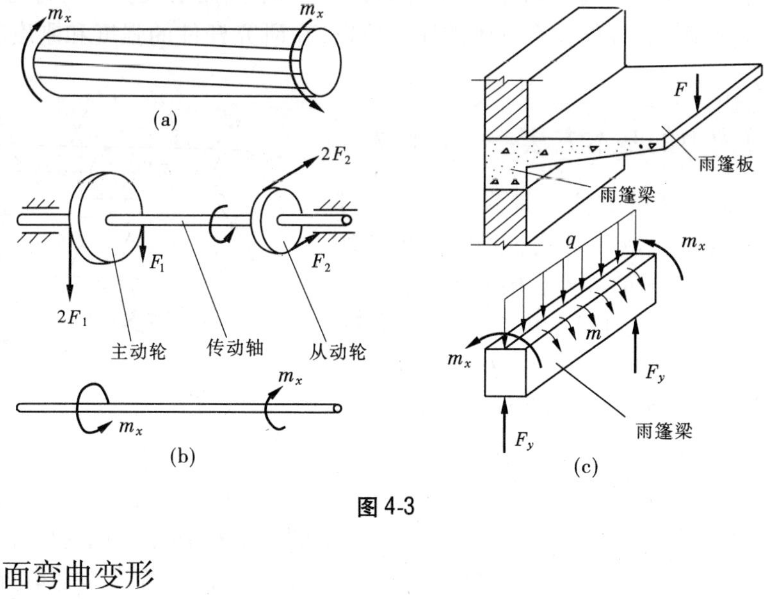

图 4-3

四、平面弯曲变形

受力特点:杆件受到通过梁轴线纵向对称平面内的外力(荷载与支座反力)作用。

变形特点:梁弯曲后的轴线仍然在纵向对称平面内。

产生弯曲变形的杆件称为梁(又称为受弯杆)。平面弯曲是最简单的弯曲变形。如

图 4-4 所示的简支梁,不论梁的横截面是矩形、工字形,还是 T 形,只要作用在梁上的外力作用线均在纵向对称平面内,该梁即发生平面弯曲。

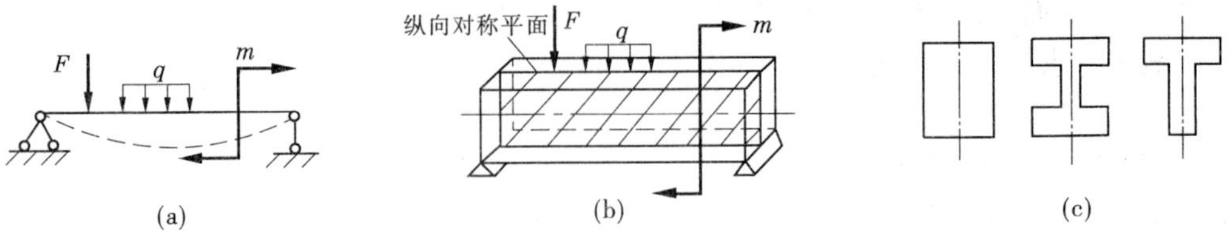

图 4-4

第二节　内力的概念和计算方法

一、内力的概念

作用于杆件上的荷载以及约束反力等,均属于外力。在静力学中已经讨论了外力的计算问题。但仅知杆件上所受的外力,还不能解决杆件的强度和刚度问题,要解决这些问题,还需要进一步了解杆件的内力。

杆件在外力作用下将发生变形,与此同时,杆件内部各质点间的距离将发生改变,其相互作用力(结合力)也将产生变化。这种因杆件受到外力作用而引起的质点间相互作用力的改变量称为内力。

由于内力是由外力引起的,故内力随外力、变形的增大而增大。但内力的增大是有一定限度的,超过此限度,杆件就会发生破坏。所以,在研究杆件的强度和刚度等问题时必须先求出内力。

二、计算内力的基本方法——截面法

计算内力最简便的方法就是截面法。应用截面法可将内力转化成为外力,并可求出其数值。下面以图 4-5 所示的杆件为例说明截面法。

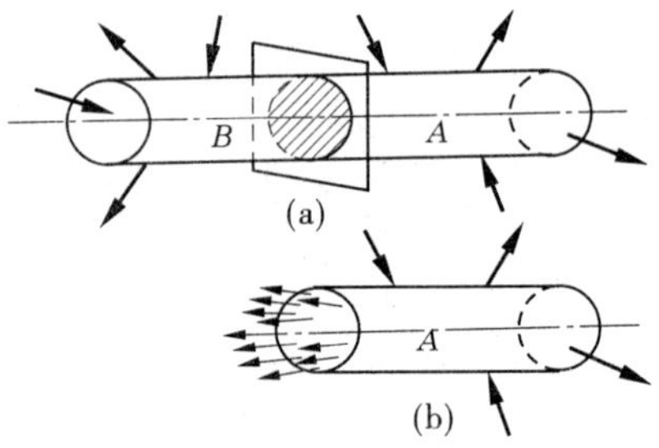

图 4-5

若求图 4-5(a)所示杆件的内力,可用一假想的截面将杆件截开,将杆件分为 A、B 两部分。任取其中一部分(如 A 部分)为研究对象,并以内力来代替去掉的 B 部分对所取 A 部分的作用,根据变形固体的连续均匀性假设可知:在截开面上的内力必是连续分布的,这里所说的内力是指这些分布力的合力(力和力偶),画出其受力图如图 4-5(b)所示。因为杆件在外力作用下处于平衡状态,所以所取 A 部分也应处于平衡状态。列出其静力学平衡方程,即可由已知的外力求出作用在截开面上的内力。

同理,若取 B 部分为研究对象,也可由已知的外力求出截开面上的内力。计算结果表明:A 部分截开面上的内力与 B 部分截开面上的内力是等值、反向的,完全符合作用与反作用定律关系。

这种用一假想截面将构件截开为两部分，任取其中的一部分为研究对象，建立静力学平衡方程，从而求得截面上的内力的方法，即称为截面法。

截面法求内力的步骤可归纳如下：

(1)假想截开。即在欲求内力的位置用一假想截面将构件截开，分为两部分。

(2)弃去代力。即任取其中的一部分为研究对象，用内力替代弃去部分对所取部分的作用，这样将内力显露出来成为外力。

(3)平衡求内力。即对所取部分建立静力学平衡方程，从而求出其内力。

第三节　轴向拉(压)杆的内力分析·轴力图

一、轴向拉(压)杆的内力计算

轴向拉伸和压缩变形是受力杆件中最简单的变形，其受力和特点是：杆件沿杆轴线方向受到一对大小相等、方向相反的力作用。若两个力的方向背离杆端，则杆件纵向伸长，横向缩短，这种变形称为轴向拉伸变形，即杆件称为拉杆，如图 4-6(a)所示。若两个力的方向指向杆端，则杆件纵向缩短，横向伸长，这种变形称为轴向压缩变形，即杆件称为压杆，如图 4-6 (b)所示。

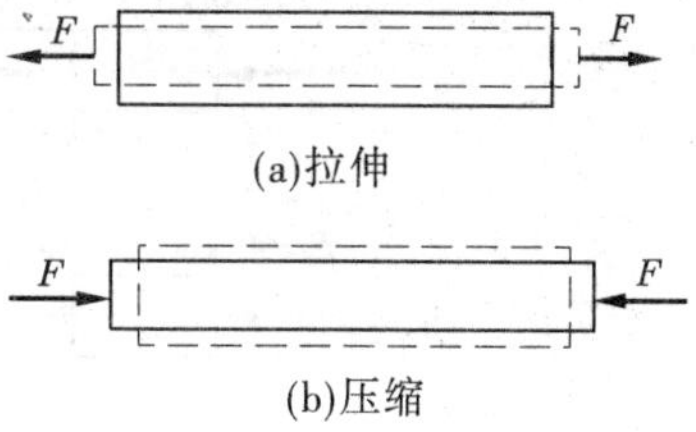

图 4-6

现以轴向受拉杆图 4-7(a)为例，介绍用截面法求杆中 $m—m$ 截面上的内力。

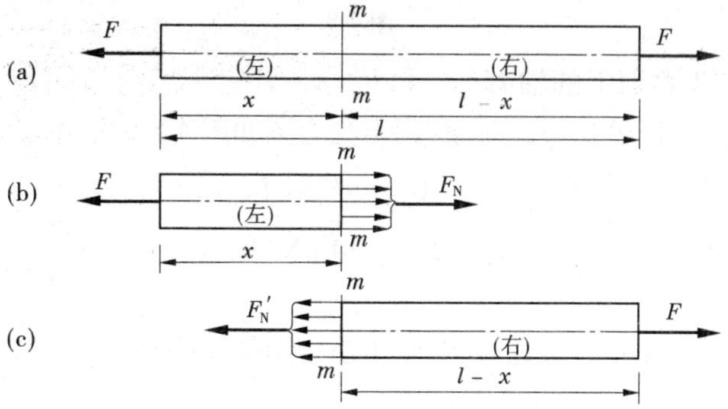

图 4-7

(1)假想截开：即用假想的 $m—m$ 截面将杆件截开，取其左半部分为研究对象。

(2)弃去代力：即用分布内力替代右半部分对左半部分的作用，此时将内力显示成为外力，而分布内力的合力用 F_N 来表示，且 F_N 应该与轴线重合，故称为轴力。画出受力图如图 4-7(b)所示。

(3)平衡求内力：即由静力平衡条件求内力。

由 $$\sum F_x = 0 \qquad F_N - F = 0$$

求得 $$F_N = F$$

求得的轴力为正值，表明轴力 F_N 与假设方向一致，即为拉力。

若取右半部分为研究对象，画出受力图如图 4-7(c)所示。

由 $$\sum F_x = 0 \qquad F - F'_N = 0$$

同样求得 $$F'_N = F = F_N$$

上述计算表明：求轴向拉(压)杆 $m—m$ 截面上的轴力时，不论取 $m—m$ 截面以左部分杆为研究对象，还是取 $m—m$ 截面以右部分杆为研究对象，所求 $m—m$ 截面上的轴力总是相等的，因为 F_N 与 F'_N 是一对作用力与反作用力的关系。

轴力的量纲为[力]，常用的单位为牛顿或千牛顿(N 或 kN)。

轴力的正、负号规定：轴力 F_N 以拉为正，压为负。

【例 4-1】 试用截面法求图 4-8(a)所示阶梯状轴向拉压杆中 1—1 截面、2—2 截面和 3—3 截面的轴力。

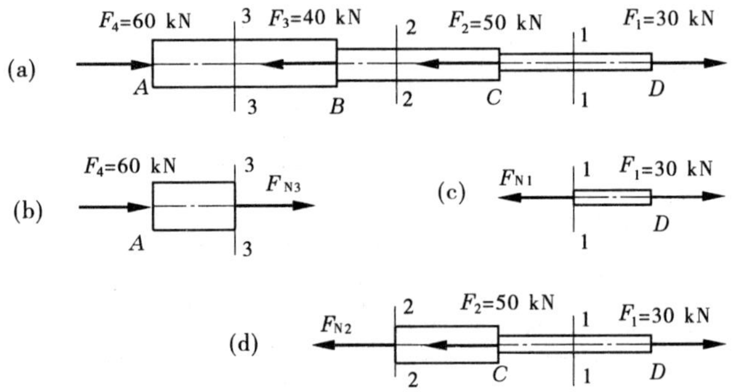

图 4-8

解 (1)求 1—1 截面上的轴力。

取 1—1 截面以右杆段为研究对象，画出受力图如图 4-8(c)所示。

由 $$\sum F_x = 0 \qquad F_1 - F_{N1} = 0$$

求得 $$F_{N1} = F_1 = 30\ \text{kN}(拉力)$$

(2)求 2—2 截面上的轴力。

取 2—2 截面以右杆段为研究对象，画出受力图如图 4-8(d)所示。

由 $$\sum F_x = 0 \qquad F_1 - F_2 - F_{N2} = 0$$

求得 $$F_{N2} = F_1 - F_2 = 30 - 50 = -20(\text{kN})(压力)$$

(3)求 3—3 截面上的轴力。

为使计算简单，取 3—3 截面以左杆段为研究对象，画出受力图如图 4-8(b)所示。

由 $$\sum F_x = 0 \qquad F_{N3} + F_4 = 0$$

求得 $$F_{N3} = -F_4 = -60\ \text{kN}\ (压力)$$

从以上计算可见，轴向拉压杆横截面上的轴力只与作用在杆件上的外力有关，而与杆的横截面面积大小和材料无关。

二、轴力图

当杆件受到多个力的作用时,拉(压)杆在不同横截面上的轴力通常是不相同的。为了直观地表示轴力沿杆轴线的变化规律,选取与杆轴线相平行的 x 轴表示各截面的位置,取与杆轴线垂直的纵坐标 F_N 表示各截面轴力的大小,从而绘出表示轴力与截面位置关系的图形,称为轴力图。

画轴力图时,规定正值的轴力画在轴线的上侧,负值的轴力画在轴线的下侧,并标明正负号。注意:轴力图应画在荷载图的下侧,且与荷载图一一对应。

【例 4-2】 试求作图 4-9(a)所示悬臂等截面直杆的轴力图。

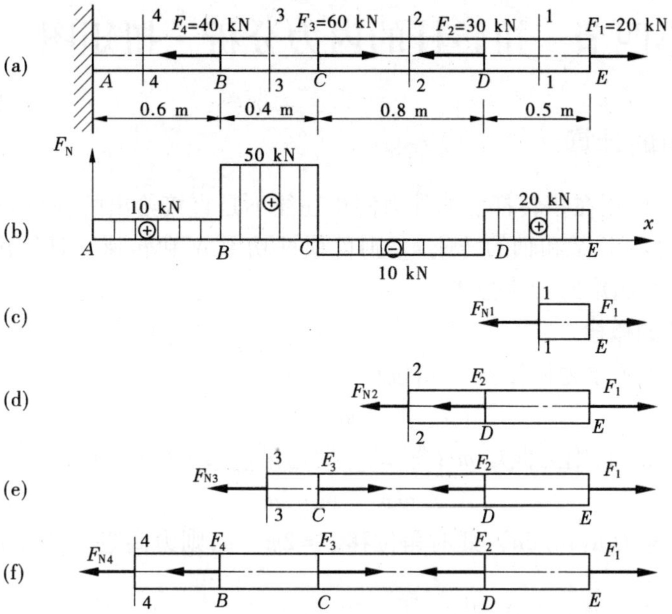

图 4-9

解 该杆左端为固定端,右端为自由端,可不用求支座反力,只要从自由端开始取研究对象,即可由静力平衡条件求得杆中任一横截面上的轴力。又根据杆中荷载变化情况,可将杆件分为 AB、BC、CD、DE 四个杆段,而在每个杆段中的轴力是相同的,故只需在每个杆段中取一个截面作代表即可。

(1)求各段杆轴力。

DE 段:取 1—1 截面以右杆段为研究对象,画出受力图如图 4-9(c)所示。

由 $$\sum F_x = 0 \qquad F_1 - F_{N1} = 0$$

求得 $$F_{N1} = F_1 = 20\ \text{kN}(拉力)$$

CD 段:取 2—2 截面以右杆段为研究对象,画出受力图如图 4-9(d)所示。

由 $$\sum F_x = 0 \qquad F_1 - F_2 - F_{N2} = 0$$

求得 $F_{N2}=F_1-F_2=20-30=-10(\text{kN})$(压力)

BC 段:取 3—3 截面以右杆段为研究对象,画出受力图如图 4-9(e)所示。

由 $\sum F_x=0 \quad F_1-F_2+F_3-F_{N3}=0$

求得 $F_{N3}=F_1-F_2+F_3=20-30+60=50(\text{kN})$(拉力)

AB 段:取 4—4 截面以右杆段为研究对象,画出受力图如图 4-9(f)所示。

由 $\sum F_x=0 \quad F_1-F_2+F_3-F_4-F_{N4}=0$

求得 $F_{N4}=F_1-F_2+F_3-F_4=20-30+60-40=10(\text{kN})$(拉力)

(2)作出轴力图。

根据所求内力值,作出该杆的轴力图如图 4-9(b)所示。

第四节 扭转杆的内力分析·扭矩图

一、外力偶矩的计算

在工程实际中,作用在扭转杆上的外力偶矩往往不是直接给出的,而要通过计算才能确定,若已知电动机功率 N 和轴的转速 n,则可根据功率 N 和转速 n 计算出转换的外力偶矩。下面介绍外力偶矩的计算公式。

(一)力偶做功的概念

力偶所做的功 A 等于力偶矩 m 与角位移 φ 的乘积,即

$$A=m\varphi$$

当角位移 $\varphi=2\pi$ 时,则力偶矩 m 在转动一周的角位移上所做的功为

$$A=m\varphi=m\cdot 2\pi$$

若电动机的转速为 n(r/min),此时角位移 $\varphi=2\pi\cdot n$,则力偶矩 m 在 1 min 内的角位移上所做的功为

$$A=m\varphi=m\cdot 2\pi\cdot n \tag{a}$$

(二)功和功率的关系

电动机的功率有两种单位制:一种功率 N_k 为千瓦(kW),另一种功率 N_p 为马力。

如果输入功率 N_k 为千瓦(kW),由于 1 kW = 1 kN · m/s,1 min = 60 s,则在 1 min 内输入的功为

$$A=N_k\times 1\times 60=60N_k \tag{b}$$

如果输入功率 N_p 为马力,由于 1 马力 = 0.735 5 kN · m/s,1 min = 60 s,则在 1 min 内输入的功为

$$A=N_p\times 0.735\,5\times 60=44.1N_p \tag{c}$$

(三)外力偶矩的计算公式

外力偶所做的功就是输入的功。比较式(a)与式(b)和式(a)与式(c)得

$$m\cdot 2\pi\cdot n=60N_k$$

或 $$m\cdot 2\pi\cdot n=44.1N_p$$

于是得

$$m=\frac{60}{2\pi}\frac{N_k}{n}=9.55\frac{N_k}{n}\quad(\text{kN}\cdot\text{m})\tag{4-1}$$

$$m=\frac{44.1}{2\pi}\frac{N_p}{n}=7.02\frac{N_p}{n}\quad(\text{kN}\cdot\text{m})\tag{4-2}$$

注意:在确定外力偶矩的转向时,输入功率的力偶矩为主动力矩,转向与轴的转向一致,而输出功率的力偶矩为阻力矩,转向与轴的转向相反。

二、扭转杆的内力——扭矩

当杆件受到垂直于杆轴线平面内的外力偶作用时,杆中任一横截面上将产生相应的内力,称为扭矩,用符号 M_x 表示,扭矩的量纲与外力偶矩的量纲相同,即为 N · m 或 kN · m。计算扭矩的方法仍采用截面法。

对如图 4-10(a)所示的扭转杆,现要求杆中任一截面上的内力(扭矩),可假想用n—n截面将杆截开,取其中 n—n 截面以左杆段为研究对象,画出受力图如图 4-10(b)所示。

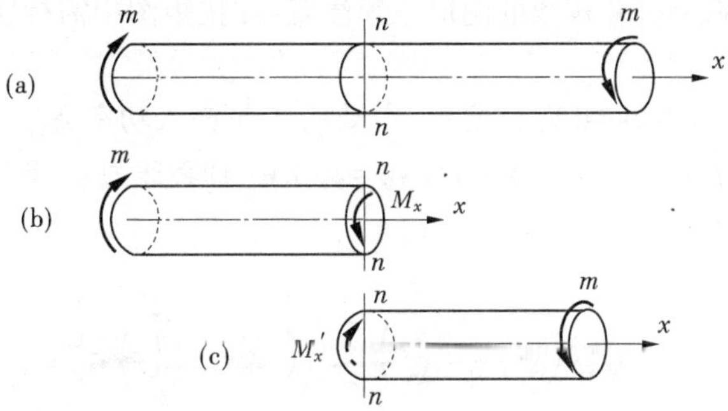

图 4-10

由于整个杆在外力偶矩作用下是处于平衡的,故所取左杆段也应处于平衡。由力偶平衡理论可知,n—n 截面上的内力必合成为一个内力偶矩 M_x,与外力偶矩 m 构成平衡。即扭矩作用,则维持平衡的内力(扭矩)也必是力偶,外力偶作用平面垂直于轴线,根椐力偶矩平衡条件:

由 $\sum M=0\qquad M_x-m=0$

求得 $M_x=m$

同理,若取 n—n 截面以右杆段为研究对象,画出受力图如图 4-10(c)所示。

由 $\sum M=0\qquad m-M'_x=0$

求得 $M'_x=m=M_x$

由此可见,无论取 n—n 截面以左杆段或 n—n 截面以右杆段为研究对象,所求得n—n截面上的扭矩是相同的,即扭矩大小相等、转向相反。

扭矩的正、负号按右手螺旋法则(见图 4-11)确定,即四个手指的方向顺着扭矩的转向,若大拇指的方向背离截面,则扭矩为正,反之为负。

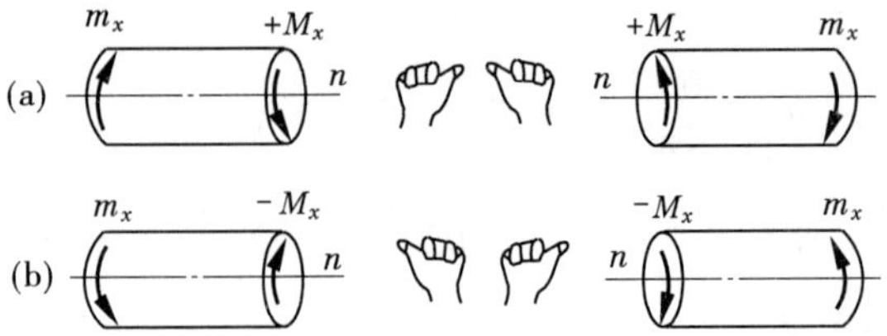

图 4-11

三、扭矩图

当扭转杆受多个外力偶作用时，每一杆段的扭矩是不同的。因此，需要分段计算。为了直观地显示出整个扭转杆各横截面上扭矩沿杆轴向的变化规律，通常需要作出扭转杆的扭矩图。作扭矩图的目的是便于确定扭转杆中的最大扭矩值和危险截面位置。绘制扭矩图与绘制轴向拉(压)时的轴力图类似。其具体作法为：以横坐标表示横截面的位置，以纵坐标表示相应截面的扭矩，正的扭矩画在横坐标的上方，负的扭矩画在横坐标的下方，从而得到扭矩随截面变化规律的图形。须注意，在扭矩图中需标明扭矩值的大小、正负号和单位。

【例 4-3】 传动轴如图 4-12(a)所示，主动轮 A 轮输入功率 $N_{kA}=50$ kW，从动轮 B、C、D 输出功率分别为 $N_{kB}=N_{kC}=15$ kW，$N_{kD}=20$ kW，轴转速为 $n=300$ r/min。试绘制轴的扭矩图。

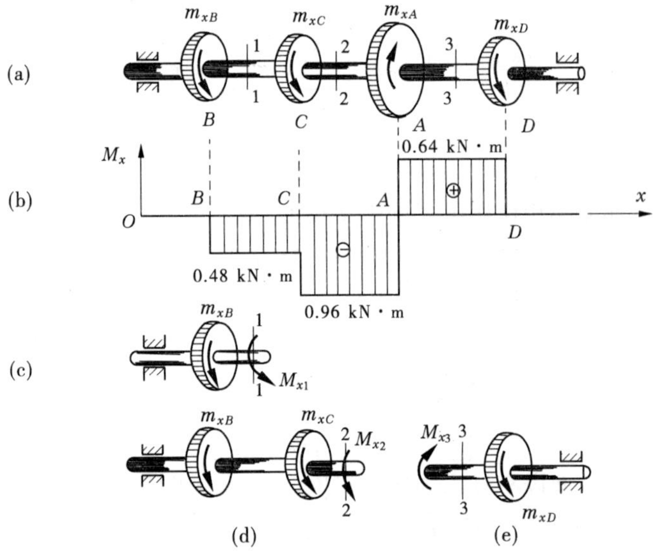

图 4-12

解 (1)计算外力偶矩。

$$m_{xA}=9.55\frac{N_{kA}}{n}=9.55\times\frac{50}{300}=1.6(\text{kN}\cdot\text{m})$$

$$m_{xB}=m_{xC}=9.55\frac{N_{kB}}{n}=9.55\times\frac{15}{300}=0.48(\text{kN}\cdot\text{m})$$

$$m_{xD}=9.55\frac{N_{kD}}{n}=9.55\times\frac{20}{300}=0.64(\text{kN}\cdot\text{m})$$

(2)分段计算扭矩。

BC 段:取1—1截面以左杆段为研究对象,画出受力图如图4-12(c)所示,并假设该截面扭矩为正转向。

由 $\sum M=0 \quad M_{x1}+m_{xB}=0$

求得 $M_{x1}=-m_{xB}=-0.48\ \text{kN}\cdot\text{m}$

计算结果为负,说明假设扭矩转向与实际转向相反,为负扭矩。

CA 段:取2—2截面以左杆段为研究对象,画出受力图如图4-12(d)所示。

由 $\sum M=0 \quad M_{x2}+m_{xB}+m_{xC}=0$

求得 $M_{x2}=-m_{xB}-m_{xC}=-0.48-0.48=-0.96(\text{kN}\cdot\text{m})$

AD 段:取3—3截面以右杆段为研究对象,画出受力图如图4-12(e)所示。

由 $\sum M=0 \quad M_{x3}-m_{xD}=0$

求得 $M_{x3}=m_{xD}=0.64\ \text{kN}\cdot\text{m}$

(3)绘扭矩图。

由于在各杆段中的扭矩值不变,故该轴扭矩图由三段水平线组成,作出扭矩图如图4-12(b)所示。

由 M_x 图可见:最大扭矩发生在 *CA* 段,其值为 $|M_{max}|=0.96\ \text{kN}\cdot\text{m}$。

若将该杆的主动轮 *A* 装置在杆右端,同样可作出扭矩图如图4-13(b)所示。

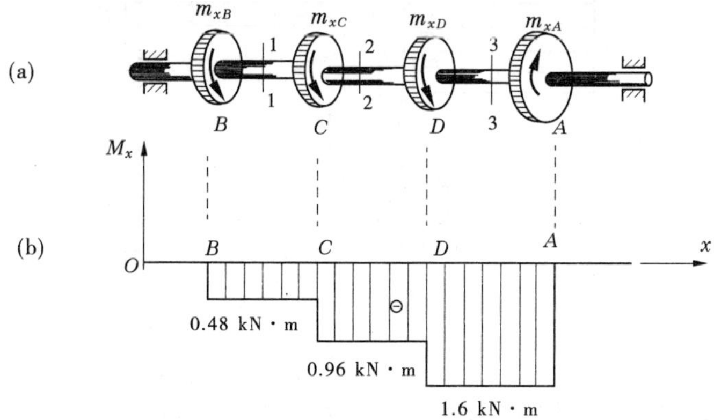

图4-13

由 M_x 图可见:最大扭矩发生在 *DA* 段,其值为 $|M_{max}|=1.6\ \text{kN}\cdot\text{m}$。显然,图4-12(a)所示的主动轮布置较合理。

第五节　梁弯曲时的内力分析·内力图

一、梁的基本类型

工程中对于单跨静定梁按其支座情况分为下列三种形式：

(1)悬臂梁。梁的一端为固定端，另一端为自由端，如图 4-14(a)所示。

(2)简支梁。梁的一端为固定铰支座，另一端为可动铰支座，如图 4-14(b)所示。

(3)外伸梁。梁的一端或两端外伸的简支梁，如图 4-14(c)所示。

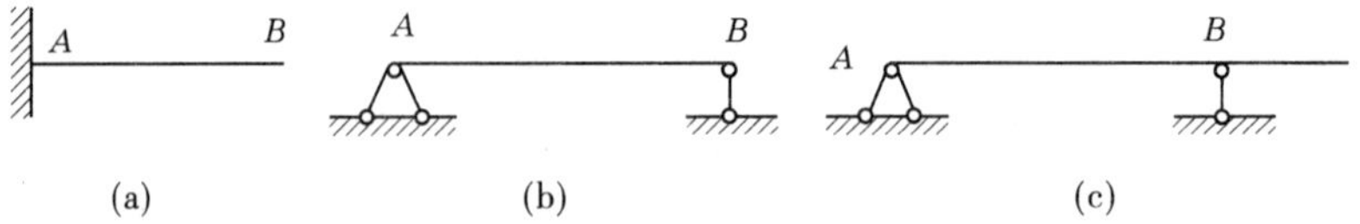

图 4-14

二、梁弯曲时横截面上的内力

(一)梁的内力——剪力和弯矩

梁在外力作用下产生弯曲变形时，要求其任一横截面上的内力，同样可采用“截面法”求得。例如：如图 4-15(a)所示的简支梁在竖向荷载作用下，求 $m—m$ 截面上的内力。

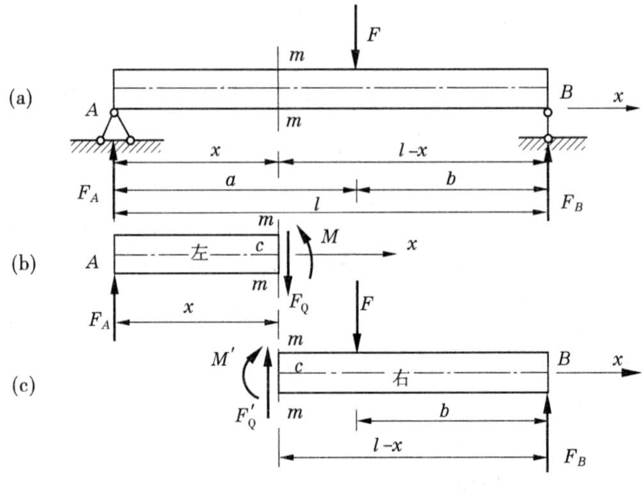

图 4-15

对此，我们先用静力平衡条件求得其支座反力为

$$F_A = \frac{Fb}{l}(\uparrow) \quad F_B = \frac{Fa}{l}(\uparrow)$$

然后用假想的 $m—m$ 截面将梁截开，将梁分成左、右两梁段，取其任一段为研究对象，例如，取 $m—m$ 截面以左梁段为研究对象，画出受力图如图 4-15(b)所示。现分析 $m—m$

截面上的内力,因左梁段上作用有一个向上的支座反力 F_A,要维持平衡,则在 m—m 截面上必定存在一个与反力 F_A 大小相等而指向下方的内力分量 F_Q。又因截面上存有内力 F_Q,而内力 F_Q 和反力 F_A 组成了一个力偶。要维持平衡,则在 m—m 截面上必定还存在着另一内力分量(力偶)M。M 的转向必定与上述的力偶转向相反,且与 F_Q 和 F_A 组成的力偶矩相等。

通过以上内力分析得出,在梁产生弯曲变形时,横截面上存在有如下两种内力分量:

(1)横截面切线方向上的内力分量 F_Q,称为剪力。其单位为牛顿(N)或千牛顿(kN)。

(2)垂直于梁轴线且作用在纵向对称平面内的内力分量力偶,其力偶矩 M 称为弯矩。其单位为牛顿·米(N·m)或千牛顿·米(kN·m)。

m—m 截面上的剪力和弯矩值可由平衡条件求得,即

由 $$\sum F_y = 0 \qquad F_A - F_Q = 0$$

求得 $$F_Q = F_A = \frac{Fb}{l}$$

又由 $$\sum M_c = 0 \qquad -F_A x + M = 0$$

求得 $$M = F_A x = \frac{Fb}{l}x$$

同理,若取 m—m 截面以右梁段为研究对象,画出受力图如图 4-15(c)所示。m—m 截面上的剪力和弯矩值也可由平衡条件求得,即

由 $$\sum F_y = 0 \qquad F_B + F'_Q - F = 0$$

求得 $$F'_Q = F - F_B = F - \frac{Fa}{l} = \frac{F(l-a)}{l} = \frac{Fb}{l} = F_Q$$

由 $$\sum M_c = 0 \qquad F_B(l-x) - F(a-x) - M' = 0$$

求得 $$M' = F_B(l-x) - F(a-x) = \frac{Fa}{l}(l-x) - F(a-x) = \frac{F}{l}(l-a)x = \frac{Fb}{l}x = M$$

上述计算表明:计算 m—m 截面上的内力时,不论取左梁段或取右梁段为研究对象,所得结果是相同的,完全符合作用与反作用定律,即它们大小相等、方向(或转向)相反。所以,在计算梁横截面上的内力时,是取截面以左梁段为研究对象,还是取截面以右梁段为研究对象,应视其计算简单而定,灵活掌握。

(二)剪力、弯矩的正负号规定

为了使取左梁段或取右梁段为研究对象求得的同一截面上内力具有相同的正负号。现将剪力和弯矩的正负号作如下规定:

(1)剪力的正负号规定。当横截面上的剪力绕截面形心顺时针旋转时为正,反之为负,如图 4-16 所示。

(2)弯矩的正负号规定。当横截面上的弯矩使所取梁段的下部受拉时为正,反之为负,如图 4-17 所示。

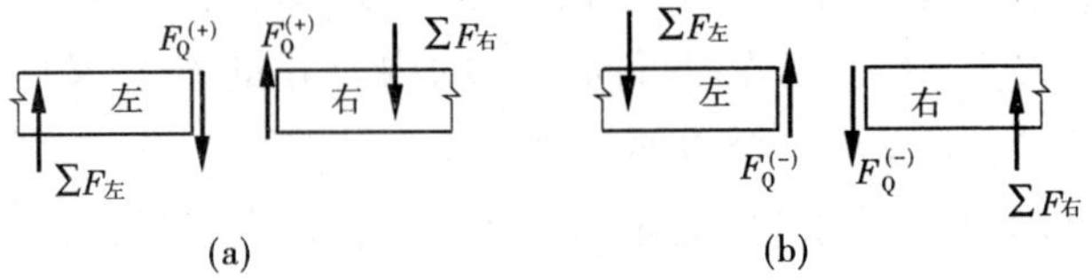

图 4-16

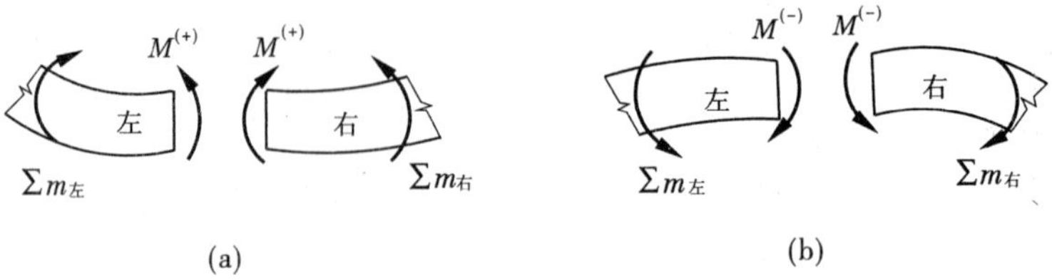

图 4-17

三、计算指定截面的内力值

(一)计算内力的"一般方法"

具体计算步骤如下:

(1)根据整体平衡条件,求出支座反力。

(2)用假想的横截面在欲求内力处将梁截开,取其中任一梁段为研究对象,画出其受力图。在取出的部分梁段上保留作用于该段上的外力,截开的截面用剪力和弯矩代替去掉部分对留下部分的作用力,剪力和弯矩的方向均假设为正向。

(3)建立平衡方程,求其剪力和弯矩。

由于未知的剪力和弯矩均假设为正向,当计算所得的内力值为正值时,说明内力的实际方向与假设的方向一致;当计算所得的内力值为负值时,说明内力的实际方向与假设的方向相反。

【例 4-4】 求图 4-18(a)所示单外伸梁 1—1 截面、2—2 截面、3—3 截面和 4—4 截面的内力。

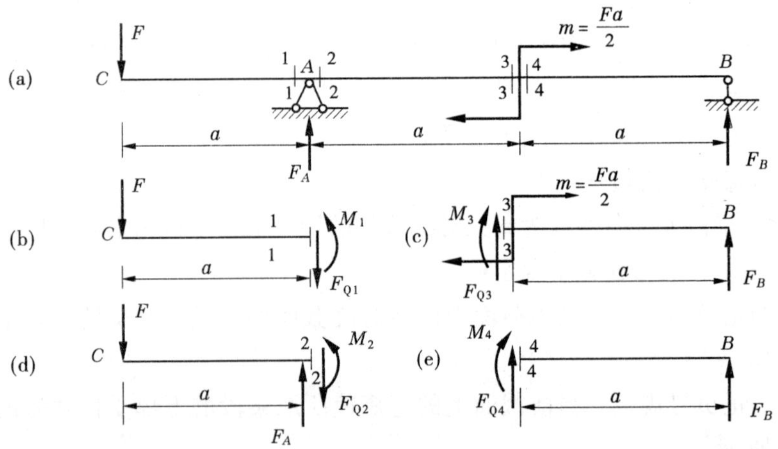

图 4-18

解 (1)求支座反力。

由 $$\sum M_B = 0 \quad F \times 3a - m - F_A \times 2a = 0$$

求得 $$F_A = \frac{3Fa - m}{2a} = \frac{3Fa - \frac{Fa}{2}}{2a} = \frac{5}{4}F(\uparrow)$$

由 $$\sum F_y = 0 \quad F_A + F_B - F = 0$$

求得 $$F_B = F - F_A = F - \frac{5}{4}F = -\frac{F}{4}(\downarrow)$$

(2)求1—1截面的内力。

取1—1截面以左段梁为研究对象,画出其受力图如图4-18(b)所示。

由 $$\sum F_y = 0 \quad -F - F_{Q1} = 0$$

求得 $$F_{Q1} = -F$$

由 $$\sum M = 0 \quad M_1 + Fa = 0$$

求得 $$M_1 = -Fa$$

(3)求2—2截面的内力。

取2—2截面以左段梁为研究对象,画出其受力图如图4-18(d)所示。

由 $$\sum F_y = 0 \quad F_A - F - F_{Q2} = 0$$

求得 $$F_{Q2} = F_A - F = \frac{5}{4}F - F = \frac{F}{4}$$

由 $$\sum M = 0 \quad M_2 + Fa = 0$$

求得 $$M_2 = -Fa$$

(4)求3—3截面的内力。

取3—3截面以右段梁为研究对象,画出其受力图如图4-18(c)所示。

由 $$\sum F_y = 0 \quad F_{Q3} + F_B = 0$$

求得 $$F_{Q3} = -F_B = \frac{F}{4}$$

由 $$\sum M = 0 \quad -M_3 - m + F_B \cdot a = 0$$

求得 $$M_3 = -m + F_B a = -\frac{Fa}{2} - \frac{1}{4}Fa = -\frac{3}{4}Fa$$

(5)求4—4截面的内力。

用4—4截面截取右段梁为研究对象,画出其受力图如图4-18(e)所示。

由 $$\sum F_y = 0 \quad F_{Q4} + F_B = 0$$

求得 $$F_{Q4} = -F_B = \frac{F}{4}$$

由 $$\sum M = 0 \quad -M_4 + F_B a = 0$$

求得 $$M_4 = F_B a = -\frac{Fa}{4}$$

(6)内力分析。比较1—1截面和2—2截面内力，可得

$$F_{Q2} - F_{Q1} = \frac{F}{4} - (-F) = \frac{5}{4}F = F_A$$

$$M_2 = M_1 = -Fa$$

分析表明：在集中力 F_A 左右两侧无限接近的横截面上，剪力有突变，其突变值等于该集中力 F_A 的大小，而弯矩相同。

再比较3—3截面和4—4截面的内力，可得

$$F_{Q3} = F_{Q4} = \frac{F}{4}$$

$$M_4 - M_3 = -\frac{Fa}{4} - (-\frac{3}{4}Fa) = \frac{Fa}{2} = m$$

分析表明：在集中力偶矩 m 两侧无限接近的横截面上，剪力相同，而弯矩发生突变，其突变值等于该集中力偶矩 m 的大小。

（二）计算内力的“简易法”

通过例4-4的内力计算，我们不难总结出计算剪力和弯矩的两条规律。

1. 计算剪力的规律

$F_Q = \sum F_{左}$，即截面左侧梁段所有外力沿截面切线方向投影的代数和；或 $F_Q = \sum F_{右}$，即截面右侧梁段所有外力沿截面切线方向投影的代数和。

等式右边的正、负号可根据梁段上的外力按“左上右下剪力正，左下右上剪力负”的口诀来确定。

2. 计算弯矩的规律

$M = \sum m_c(F_{左})$，即截面左侧梁段所有外力对截面形心 c 的力矩代数和；或 $M = \sum m_c(F_{右})$，即截面右侧梁段所有外力对截面形心 c 的力矩代数和。

等式右边的正、负号可根据梁段上的外力按“左顺右逆弯矩正，左逆右顺弯矩负”的口诀来确定。

掌握了上述两条计算规律后，在求梁某截面的剪力和弯矩时，可不用画受力图，也不必写出平衡方程，根据梁上作用的外力就可直接计算出截面上的剪力和弯矩。从而简化了计算过程，达到快速计算横截面上内力的目的，这种计算内力的方法称为“简易法”。

下面举例说明用“简易法”计算梁某指定截面上内力。

【例4-5】 用“简易法”计算图4-19所示的双外伸梁中 F 截面和 $D_{左}$ 截面上的剪力和弯矩。

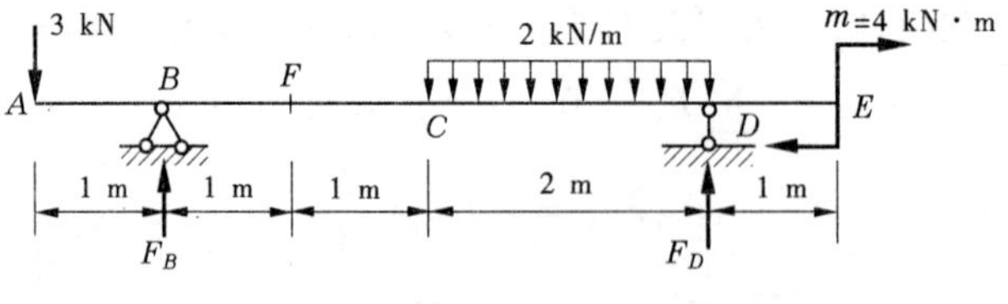

图4-19

解 (1)求支座反力。

由 $\sum M_D = 0 \quad 3 \times 5 + 2 \times 2 \times 1 - 4 - F_B \times 4 = 0$

求得 $F_B = \dfrac{3 \times 5 + 2 \times 2 \times 1 - 4}{4} = 3.75(\text{kN})(\uparrow)$

由 $\sum F_y = 0 \quad F_B + F_D - 3 - 2 \times 2 = 0$

求得 $F_D = 3 + 2 \times 2 - F_B = 3 + 4 - 3.75 = 3.25(\text{kN})(\uparrow)$

(2)求 F 截面上的剪力和弯矩。

$$F_{QF} = \sum F_{F左} = -3 + 3.75 = 0.75(\text{kN})$$

$$M_F = \sum m_F(F_{左}) = -3 \times 2 + 3.75 \times 1 = -2.25(\text{kN} \cdot \text{m})$$

(3)求 $D_{左}$ 截面上的剪力和弯矩。

$$F_{QD左} = \sum F_{D左} = -3 + 3.75 - 2 \times 2 = -3.25(\text{kN})$$

$$M_{D左} = \sum m_D(F_{左}) = -3 \times 5 + 3.75 \times 4 - 2 \times 2 \times 1 = -4(\text{kN} \cdot \text{m})$$

四、用“函数法”绘制梁的内力图

在一般情况下,梁在不同截面上的内力是不同的,即剪力、弯矩随截面位置的变化而变化。在进行梁的强度计算时,需要知道梁中剪力、弯矩的最大值以及它们所在截面的位置,并以此作为强度计算的依据。为了便于直观、形象地显示出内力的变化规律,通常是将剪力、弯矩沿梁轴线方向的变化情况用图形来描述,这种描述剪力和弯矩变化规律的图形,分别称为剪力图和弯矩图。

剪力图、弯矩图的作法是:以横坐标表示梁的截面位置,纵坐标表示相应截面的剪力值、弯矩值,分别列写出剪力、弯矩随截面位置而变化的函数表达式,再由函数表达式画出函数图形,这种求作剪力图和弯矩图的方法,称为“函数法”。

下面举例说明这种作图方法。

【例 4-6】 试用“函数法”求作图 4-20(a)所示的悬臂梁在均布荷载作用下的剪力图和弯矩图。

解 (1)列写剪力、弯矩的函数表达式。

任取 x 截面以左梁段为研究对象,画出受力图如图 4-20(b)所示,由简易法得

$$F_Q(x) = -qx \qquad (0 \leqslant x \leqslant l)$$

$$M(x) = -\frac{1}{2}qx^2 \qquad (0 \leqslant x \leqslant l)$$

(2)求作剪力图和弯矩图。

根据上列剪力的函数表达式描点作 F_Q 图。

由 $F_Q(x) = -qx$ 可知,F_Q 图必为直线图形。

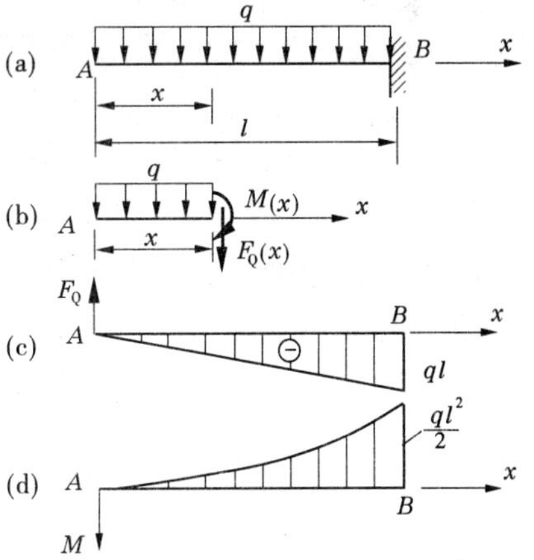

图 4-20

当 $x=0$ 时,则 $F_{QA}=F_Q(0)=0$;当 $x=l$ 时,则 $F_{QB}=F_Q(l)=-ql$。

于是由 A、B 两截面的剪力值 F_{QA} 和 F_{QB} 作出 F_Q 图,如图 4-20(c)所示。

根据弯矩的函数表达式描点作 M 图。

由弯矩方程 $M(x) = -\frac{1}{2}qx^2$ 可知 M 图为二次曲线图形。

当 $x=0$ 时,$M_A = M(0) = 0$;当 $x = \frac{1}{2}$ 时,$M_中 = M(\frac{l}{2}) = -\frac{ql^2}{8}$;当 $x = l$ 时,$M_B = M(l) = -\frac{ql^2}{2}$。

为了将弯矩图画在梁的受拉一侧,故将 M 纵轴指向下方,于是由上述三个截面的弯矩值定性绘出 M 图,如图 4-20(d)所示。

由 F_Q 图和 M 图可知:悬臂梁受均布荷载作用时,最大剪力和最大弯矩都发生在固端截面上,其值为

$$F_{Q\max} = ql \qquad M_{\max} = \frac{ql^2}{2}$$

在进行梁的强度设计时,就是以此内力作为设计的依据。

【例 4-7】 求作图 4-21(a)所示简支梁的剪力图和弯矩图。

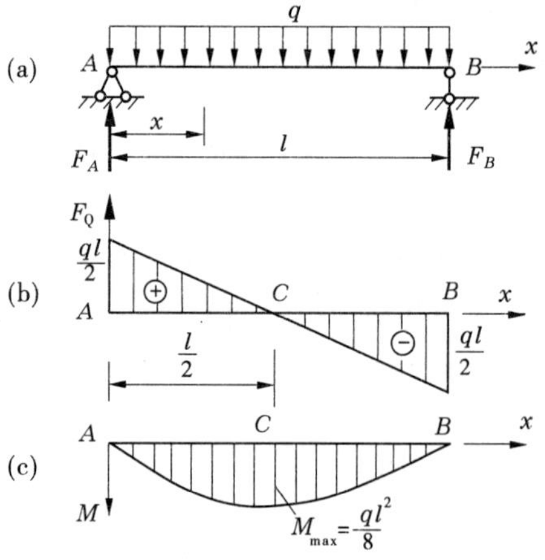

图 4-21

解 (1)求支座反力 F_A 和 F_B。

由对称关系可求得

$$F_A = F_B = \frac{1}{2}ql(\uparrow)$$

(2)列写剪力方程和弯矩方程。

$$F_Q(x) = \frac{1}{2}ql - qx \qquad (0 \leqslant x \leqslant l)$$

$$M(x) = \frac{1}{2}qlx - \frac{1}{2}qx^2 \qquad (0 \leqslant x \leqslant l)$$

(3)求作剪力图和弯矩图。

由 $F_Q(x)=\frac{1}{2}ql-qx$ 可知，$F_Q(x)$是 x 的一次函数，即 F_Q 图的函数图形为一斜直线。可由以下两点确定：当 $x=0$ 时，$F_{QA}=F_Q(0)=\frac{ql}{2}$；当 $x=l$ 时，$F_{QB}=F_Q(l)=-\frac{ql}{2}$。

于是由 A、B 两截面的剪力值 F_{QA} 和 F_{QB} 作出 F_Q 图，如图 4-21(b)所示。

由 $M(x)=\frac{1}{2}qlx-\frac{1}{2}qx^2$ 可知，$M(x)$是 x 的二次函数，则 M 图为二次曲线。可由以下三点确定：当 $x=0$ 时，$M_A=M(0)=0$；当 $x=\frac{l}{2}$时，$M_C=M(\frac{l}{2})=\frac{ql^2}{8}$；当 $x=l$ 时，$M_B=M(l)=0$。

于是由 A、B、C 三个截面的弯矩值 M_A、M_B 和 M_C 作出 M 图，如图 4-21(c)所示。

(4)弯矩极值的计算。

令$\frac{\mathrm{d}M(x)}{\mathrm{d}x}=\frac{ql}{2}-qx=0$，求得 $x=\frac{l}{2}$，于是可得

$$M_{\max}=M(\frac{l}{2})=\frac{1}{2}ql\times\frac{l}{2}-\frac{1}{2}q\times\left(\frac{l}{2}\right)^2=\frac{1}{8}ql^2$$

上述计算表明：当简支梁受满跨均布荷载作用时，最大弯矩发生在梁跨的中点，其值为 $M_{\max}=\frac{1}{8}ql^2$，而最大剪力发生在梁端，其值为 $F_{Q\max}=\frac{1}{2}ql$。

【例 4-8】 求作图 4-22(a)所示简支梁受集中力 F 作用下的剪力图和弯矩图。

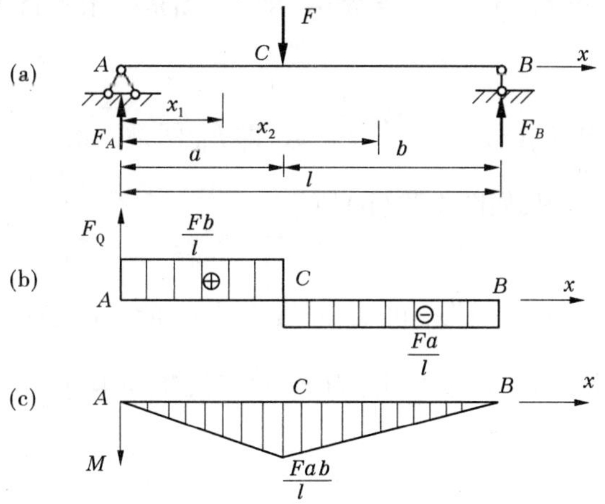

图 4-22

解 (1)求支座反力 F_A 和 F_B。

由 $$\sum M_B=0 \qquad F_Al-Fb=0$$

求得 $$F_A=\frac{Fb}{l}(\uparrow)$$

由 $$\sum M_A=0 \qquad F_Bl-Fa=0$$

求得 $$F_B = \frac{Fa}{l}(\uparrow)$$

(2)列剪力方程和弯矩方程。

由于梁受集中力 F 作用,故 AC 段和 CB 段的剪力方程和弯矩方程是不相同的。因此,必须分段列出:

AC 梁段($0 \leqslant x_1 \leqslant a$)

$$F_Q(x_1) = F_A = \frac{Fb}{l}$$

$$M(x_1) = F_A x_1 = \frac{Fb}{l}x_1$$

CB 梁段($a \leqslant x_2 \leqslant l$)

$$F_Q(x_2) = F_A - F = \frac{Fb}{l} - F = \frac{F}{l}(b - l) = -\frac{Fa}{l}$$

$$M(x_2) = F_A x_2 - F(x_2 - a) = \frac{Fb}{l}x_2 - Fx_2 + Fa$$

$$= \frac{F}{l}[x_2(b - l) + al] = \frac{Fa}{l}(l - x_2)$$

(3)绘制剪力图和弯矩图。

①先绘 F_Q 图。

对于 AC 梁段:由于 $F_Q(x_1) = \frac{Fb}{l}$ = 常数,即 F_Q 图是一条平行于 x 轴的直线,且在 x 轴的上方。

对于 CB 梁段:由于 $F_Q(x_2) = -\frac{Fa}{l}$ = 常数,即 F_Q 图是一条平行于 x 轴的直线,且在 x 轴的下方。于是作出 F_Q 图,如图 4-22(b)所示。

②再绘 M 图。

对于 AC 梁段:由 $M(x_1) = \frac{Fb}{l}x_1$ 可知,$M(x_1)$ 是 x_1 的一次函数,则 M 图是一条斜直线,可由下列两个控制点的弯矩值绘出:当 $x_1 = 0$ 时,$M_A = M(0) = 0$;当 $x_1 = a$ 时,$M_C = M(a) = \frac{Fab}{l}$。

对于 CB 梁段:由 $M(x_2) = \frac{Fa}{l}(l - x_2)$ 可知,$M(x_2)$ 是 x_2 的一次函数,则 M 图也是一条斜直线,可由下列两个控制点的弯矩值绘出:当 $x_2 = a$ 时,$M_C = M(a) = \frac{Fab}{l}$;当 $x_2 = l$ 时,$M_B = M(l) = 0$。

最后作出该梁的 M 图,如图 4-22(c)所示。

(4)内力图分析。

由上述求作出的内力图不难看出:在无荷载作用的梁段,剪力图为水平直线,弯矩图为斜直线;在集中荷载作用处,剪力图发生突变,其突变值为集中力的大小,弯矩图折成尖角，其值为 $M_{max}=\dfrac{Fab}{l}$。

五、剪力、弯矩和荷载集度之间的关系

（一）剪力、弯矩和荷载集度之间的微分关系

设图 4-23（a）所示简支梁上作用有任意的分布荷载 $q(x)$，$q(x)$以向上为正，向下为负。现取梁中一微段 dx 来研究。

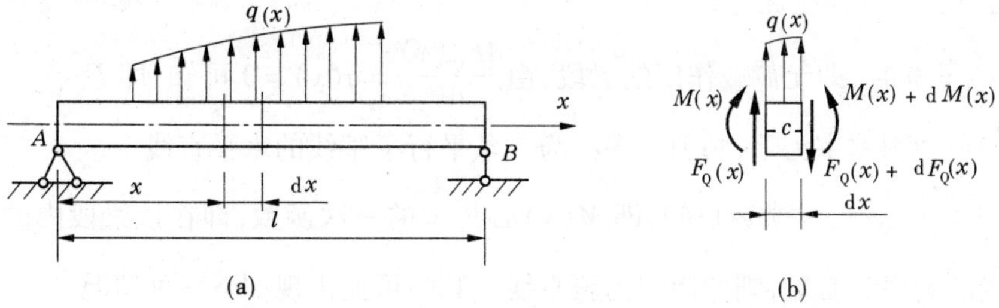

图 4-23

由于所取微段长度 dx 非常小，故可认为作用在微段的分布荷载 $q(x)$为均匀分布，画出微段 dx 的受力图如图 4-23（b）所示。因为梁处于平衡状态，所以从梁中所取微段也应处于平衡。

由 $\sum F_y=0 \qquad F_Q(x)-[F_Q(x)+dF_Q(x)]+q(x)dx=0$

整理得

$$\frac{dF_Q(x)}{dx}=q(x) \tag{4-3}$$

结论 1：梁上任一横截面上的剪力 $F_Q(x)$对 x 的一阶导数等于作用在该截面处的分布荷载集度 $q(x)$。

又由 $\sum M_c=0$（其中 c 点为右侧横截面的形心），即

$$[M(x)+dM(x)]-M(x)-F_Q(x)dx-q(x)dx\cdot\frac{dx}{2}=0$$

略去二阶微量 $q(x)\cdot\dfrac{dx^2}{2}$，整理得

$$\frac{dM(x)}{dx}=F_Q(x) \tag{4-4}$$

结论 2：梁上任一横截面上的弯矩对 x 的一阶导数等于该截面上的剪力。

再将式（4-4）两边对 x 求导一次，可得

$$\frac{d^2M(x)}{dx^2}=\frac{dF_Q(x)}{dx}=q(x) \tag{4-5}$$

结论 3：梁上任一横截面上的弯矩对 x 的二阶导数等于作用在该截面处的分布荷载集度 $q(x)$。

上述微分关系的几何意义为：

$\dfrac{dF_Q(x)}{dx}=q(x)$表明剪力图中曲线上各点的切线斜率等于各相应位置分布荷载的

集度。

$\frac{dM(x)}{dx}=F_Q(x)$表明弯矩图中曲线上各点的切线斜率等于各相应截面上的剪力。

(二)用微分关系定性分析内力图的变化规律

用 $q(x)$、$F_Q(x)$与 $M(x)$之间的微分关系及其几何意义可定性分析出内力图的一些变化规律,而利用这些规律可绘制或校核其内力图。

下面分几种情况再来说明内力图的一些规律。

1. 当 $q(x)=0$ 的情况

当 $q(x)=0$ 时,即无荷载作用的梁段,由$\frac{dF_Q(x)}{dx}=q(x)=0$ 可知,即 $F_Q(x)=$常数,该梁段内的剪力图斜率为零,则剪力图必为一条平行于基线的水平直线。

由$\frac{dM(x)}{dx}=F_Q(x)=$常数可知,即 $M(x)$必为 x 的一次函数,即在该梁段内的弯矩图各点的切线的斜率为常数,则弯矩图为斜直线。其中可能出现如下三种情况:

(1)当 $F_Q(x)=$常数>0,即$\frac{dM(x)}{dx}=F_Q(x)=$常数>0 时,则 $M(x)$必为 x 的一次增函数,故 M 图为图 4-24(a)所示的下斜直线;

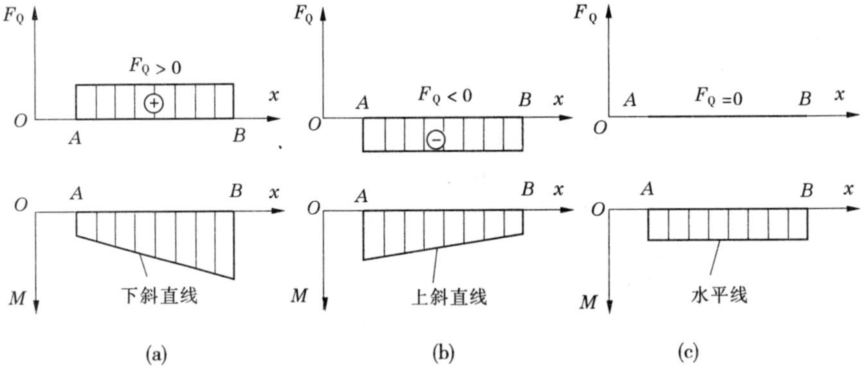

图 4-24

(2)当 $F_Q(x)=$常数<0,即$\frac{dM(x)}{dx}=F_Q(x)=$常数<0 时,$M(x)$必为 x 的一次减函数,故 M 图为图 4-24(b)所示的上斜直线;

(3)当 $F_Q(x)=$常数$=0$,即$\frac{dM(x)}{dx}=F_Q(x)=$常数$=0$ 时,$M(x)=$常数,故 M 图为图 4-24(c)所示的水平直线。

2. 当 $q(x)=$常数$\neq0$ 的情况

当 $q(x)=$常数$\neq0$,即梁段受均布荷载作用时,由$\frac{dF_Q(x)}{dx}=q(x)=$常数,可知 $F_Q(x)$必为 x 的一次函数,即该梁段内剪力图上切线斜率为常数,则 F_Q 图必为一斜直线。

又由 $\frac{d^2M(x)}{dx^2}=q(x)=$常数,可知 M 图上各点处的切线斜率的变化率为常数,弯矩图必为二次曲线。其中可能出现如下两种情况：

(1)当 $q(x)=$常数<0,即$\frac{dF_Q(x)}{dx}=q(x)=$常数<0时,F_Q 图为一下斜直线,M 图斜率变化为正,M 图必为向下凸的二次曲线,如图 4-25(a)所示。

(2)当 $q(x)=$常数>0,即$\frac{dF_Q(x)}{dx}=q(x)=$常数>0时,F_Q 图为上斜直线,M 图斜率变化为负,M 图必为向上凸的二次曲线,如图 4-25 (b)所示。

由此不难看出,M 图的凸向总是与 $q(x)$方向一致,即当荷载 $q(x)$的方向向下作用时,M 图必为下凸的二次曲线,当荷载 $q(x)$的方向向上作用时,M 图形必为上凸的二次曲线。

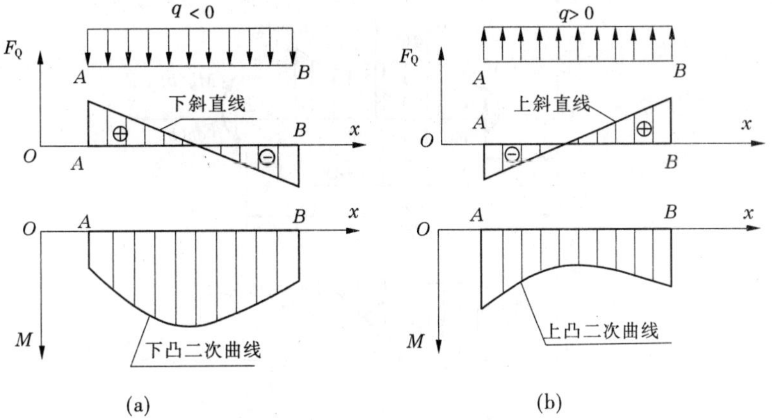

图 4-25

3. 弯矩取极值的条件

当 $F_Q(x)=0$ 时,由$\frac{dM(x)}{dx}=F_Q(x)=0$,可知 $M(x)$有极值,即在剪力等于零的截面上弯矩具有极值(极大值或极小值)。

当 $F_Q(x)$从正号变负号时,$M(x)$有极大值 M_{max},如图 4-26(a)所示。

当 $F_Q(x)$从负号变正号时,$M(x)$有极小值 M_{min},如图 4-26 (b)所示。

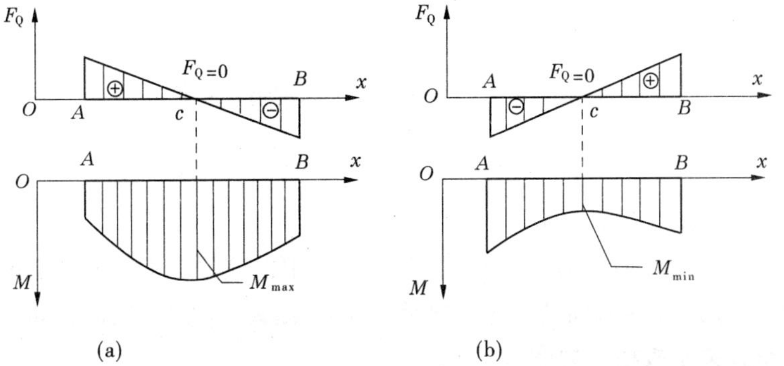

图 4-26

(三)剪力、弯矩和荷载集度的积分关系

由前所述,梁在竖向荷载作用下,既然 $F_Q(x)$、$M(x)$ 和 $q(x)$ 之间存有如下的微分关系

$$\frac{dF_Q(x)}{dx} = q(x)$$

$$\frac{dM(x)}{dx} = F_Q(x)$$

那么,$F_Q(x)$、$M(x)$ 和 $q(x)$ 之间也必然存有一定的积分关系。下面就来分析这个问题。

设在梁中任取一梁段 AB 为研究对象,画出其受力图如图 4-27(a)所示,再根据梁段上所受荷载定性画出剪力图如图 4-27(b)所示。

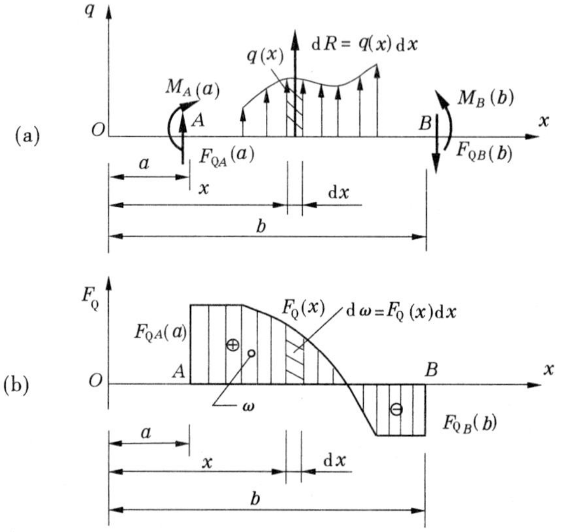

图 4-27

当 $x=a$ 和 $x=b$ 时,分别对上述微分关系两边求其定积分,即

$$\int_a^b dF_Q(x) = \int_a^b q(x)\,dx$$

$$\int_a^b dM(x) = \int_a^b F_Q(x)\,dx$$

于是分别得

$$F_{QB}(b) - F_{QA}(a) = \int_a^b q(x)\,dx = R \tag{4-6}$$

$$M_B(b) - M_A(a) = \int_a^b F_Q(x)\,dx = \omega \tag{4-7}$$

式(4-6)和式(4-7)分别表明:

(1)梁上任意 B、A 两截面的剪力值之差等于作用在该梁段上竖向荷载的合力 R;

(2)梁上任意 B、A 两截面的弯矩值之差等于该梁段上剪力图的面积 ω。

(四)用积分关系校核内力图

当梁的内力图作出之后,其内力图是否正确无误可用上述积分关系进行校核,若两个

等式成立,则说明求作的剪力图和所求的弯矩值是正确的,反之则是错误的。

【例 4-9】 图 4-28(a)所示的单外伸梁,在梁段 AB 上受均布荷载作用,在梁段 BC 上受集中荷载作用,现已求作出 F_Q 图和 M 图如图 4-28(b)、(c)所示。试用积分关系校核梁的内力图是否正确?

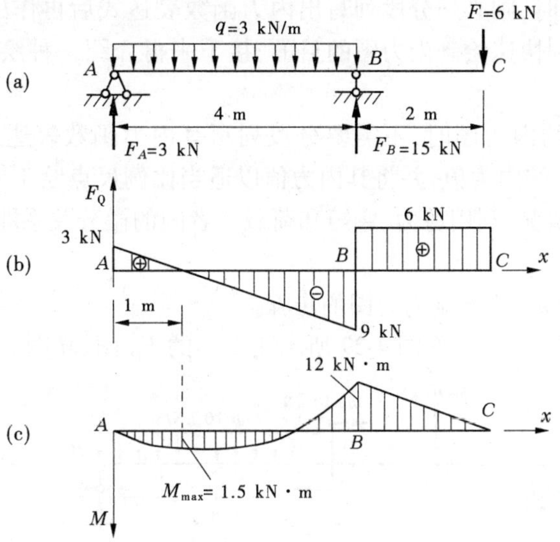

图 4-28

解 (1)分段校核。

将梁分为梁段 AB 和梁段 BC,校核各梁段内力图是否求作正确。

对于梁段 AB,由图 4-28(a)、(b)可知

$$F_{QB} - F_{QA} = -9 - 3 = -12(\text{kN}) \equiv R = -ql = -3 \times 4 = -12(\text{kN})$$

又由图 4-28(b)、(c)可知

$$M_B - M_A = -12 - 0 = -12(\text{kN} \cdot \text{m}) \equiv \omega = -\frac{1}{2} \times 9 \times 3 + \frac{1}{2} \times 3 \times 1 = -12(\text{kN} \cdot \text{m})$$

上述两个关系式恒等,即表明梁段 AB 的 F_Q 图和 M 图求作正确。

对于梁段 BC,由图 4-28(a)、(b)可知

$$F_{QC} - F_{QB} = 6 - 6 = 0 \equiv R = 0$$

又由图 4-28(b)、(c)可知

$$M_C - M_B = 0 - (-12) = 12(\text{kN} \cdot \text{m}) \equiv \omega = 6 \times 2 = 12(\text{kN} \cdot \text{m})$$

上述两个关系式恒等,即表明梁段 BC 的 F_Q 图和 M 图求作正确。

(2)整梁校核。

由图 4-28(a)、(b)可知

$$F_{QC} - F_{QA} = 6 - 3 = 3(\text{kN}) \equiv R = -3 \times 4 + 15 = 3(\text{kN})$$

又由图 4-28(b)、(c)可知

$$M_C - M_A = 0 - 0 = 0 \equiv \omega = -\frac{1}{2} \times 9 \times 3 + \frac{1}{2} \times 3 \times 1 + 6 \times 2 = 0$$

上述两个关系式恒等，即表明整个梁的 F_Q 图和 M 图求作正确。

六、用“简易法”绘制梁的内力图

前面介绍了用“函数法”绘制梁的内力图，该方法对于梁上荷载连续的情况是较适用的，但当梁上荷载有突变时，则必须分段列写出内力函数表达式后再作出内力图，故绘内力图的速度较慢。为达到快速绘制内力图的目的，接下来再介绍一种绘制梁的内力图的方法，称为“简易法”。

用“简易法”绘制梁的内力图时，不需要分段列写其内力函数表达式，只需用“简易法”计算出“各控制截面”的内力值，并将其内力值以适当比例尺点绘于内力坐标系中，然后根据各梁段上的荷载情况，利用剪力、弯矩和荷载三者间的微分关系即可定性定量地绘出整个梁的内力图。

下面举例说明用“简易法”绘制内力图的步骤。

【例 4-10】 试用“简易法”求作图 4-29 所示简支梁的 F_Q 图、M 图。

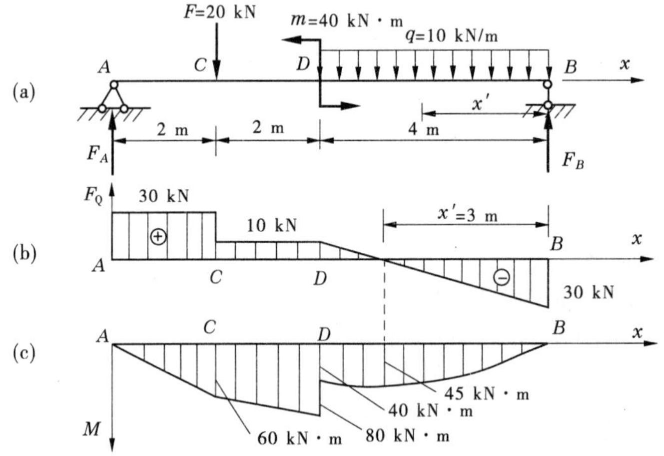

图 4-29

解 (1)求支座反力。

由 $$\sum M_B = 0$$

求得 $$F_A = 30\ \text{kN}(\uparrow)$$

由 $$\sum M_A = 0$$

求得 $$F_B = 30\ \text{kN}(\uparrow)$$

校核：$\sum F_y = F_A + F_B - F - q \times 4 = 30 + 30 - 20 - 10 \times 4 = 0$，表明计算无误。

(2)用“简易法”求各控制截面的内力值。

将计算结果列于表 4-1。

(3)绘制梁的 F_Q 图、M 图。

根据各控制截面的内力值及梁段上的荷载情况，运用 $F_Q(x)$、$M(x)$ 和 $q(x)$ 之间的微分关系确定各梁段内力图的形状，然后逐段绘出内力图如图 4-29(a)、(b)所示。

表 4-1 各梁段控制截面的内力值和内力图形状

梁段	各控制截面的内力值	荷载	内力图形状
AC 段	$F_{QAC}=F_A=30\text{ kN}$ $M_{AC}=0$ $F_{QCA}=F_A=30\text{ kN}$ $M_{CA}=30\times2=60(\text{kN}\cdot\text{m})$	$q=0$	F_Q 图：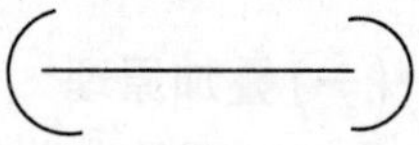 *M* 图：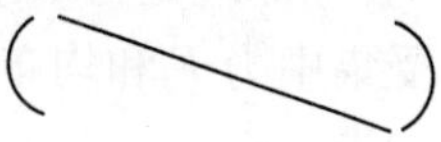
CD 段	$F_{QCD}=30-20=10(\text{kN})$ $M_{CD}=30\times2=60(\text{kN}\cdot\text{m})$ $F_{QDC}=30-20=10(\text{kN})$ $M_{DC}=30\times4-20\times2=80(\text{kN}\cdot\text{m})$	$q=0$	F_Q 图：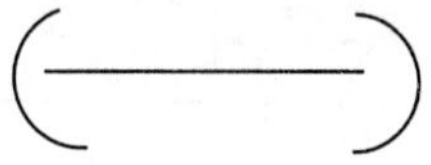 *M* 图：
DB 段	$F_{QDB}=30-20=10(\text{kN})$ $M_{DB}=30\times4-20\times2-40$ $=40(\text{kN}\cdot\text{m})$ $F_{QBD}=-F_B=-30\text{ kN}$ $M_{BD}=0$	$q=-10\text{ kN/m}<0$	F_Q 图： *M* 图：

(4)计算弯矩极值。

以 *B* 点为坐标原点，取 x' 梁段为研究对象，列写出弯矩表达式为

$$M(x')=30x'-10\times\frac{x'^2}{2}$$

将上式对 x' 求一阶导数，且令

$$\frac{\mathrm{d}M(x')}{\mathrm{d}x'}=F_Q=30-10x'=0$$

求得弯矩产生极值的截面距端点 *B* 的距离为 $x'=3$ m，于是求得弯矩极值为

$$M_{极}=M(x')\Big|_{x'=3}=30\times3-10\times\frac{3^2}{2}=45(\text{kN}\cdot\text{m})$$

由本例可见，用“简易法”绘制梁的内力图要比用“函数法”绘制梁的内力图简便、快速，建议读者应熟练掌握这种方法。现将该方法的步骤归纳如下：

(1)求支座反力；

(2)根据梁上的荷载情况将梁分段，用“简易法”计算出各控制截面的内力值；

(3)根据各控制截面的内力值及梁段上的荷载情况，运用 $F_Q(x)$、$M(x)$ 和 $q(x)$ 之间的微分关系定性分析各梁段的内力图形状，然后逐段画出内力图。

须指出：用“函数法”绘制内力图，虽然不方便，但它是基本方法，应在掌握该方法的

基础上,再进一步掌握“简易法”。

七、用“叠加法”绘制梁的弯矩图

(一)叠加原理

叠加原理是力学中经常用到的一个带普遍性的原理。现以图 4-30(a)所示的悬臂梁 AB 受集中力 F 和均布荷载 q 的情况为例,阐明叠加原理。

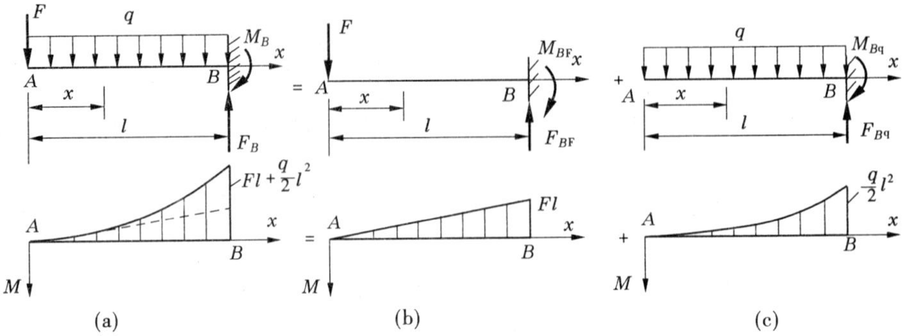

图 4-30

分析每种情况下的固定端支座反力和任意 x 截面上的弯矩。

(1)悬臂梁在 F、q 共同作用(见图 4-30(a))时,其固定端支座反力和任意 x 截面上的弯矩为

$$\left.\begin{aligned} F_B &= F + ql \\ M_B &= -Fl - \frac{ql^2}{2} \\ M(x) &= -Fx - \frac{qx^2}{2} \end{aligned}\right\} \tag{a}$$

(2)悬臂梁在集中力 F 单独作用(见图 4-30(b))时,其固定端支座反力和任意 x 截面上的弯矩为

$$\left.\begin{aligned} F_{BF} &= F \\ M_{BF} &= -Fl \\ M(x)_F &= -Fx \end{aligned}\right\} \tag{b}$$

(3)悬臂梁在均布荷载 q 单独作用(见图 4-30(c))时,其固定端支座反力和任意 x 截面上的弯矩为

$$\left.\begin{aligned} F_{Bq} &= ql \\ M_{Bq} &= -\frac{ql^2}{2} \\ M(x)_q &= -\frac{qx^2}{2} \end{aligned}\right\} \tag{c}$$

从上列各式中可见,悬臂梁的支座反力和弯矩均与荷载呈线性关系,再比较上面三种情况的计算结果可得

$$\left.\begin{aligned} F_B &= F_{BF} + F_{Bq} = F + ql \\ M_B &= M_{BF} + M_{Bq} = -Fl - \frac{q}{2}l^2 \\ M(x) &= M(x)_F + M(x)_q = -Fx - \frac{q}{2}x^2 \end{aligned}\right\} \quad (d)$$

式(d)表明：梁在 F、q 共同作用时所产生的反力和弯矩等于 F 与 q 单独作用时所产生的反力或弯矩的代数和。

这种关系不仅在本例中计算反力和弯矩时存在，在计算其他量值（如应力、变形）时也同样存在。由此得出如下结论：由 n 个荷载共同作用时所引起的某参数（反力、内力、应力、变形）等于各个荷载单独作用时所引起的该参数的代数和。这个结论称为叠加原理。

叠加原理的适用条件是：

（1）必须是该参数与荷载呈线性关系。因为只有存在线性关系时，各荷载所产生的该参数值才彼此独立。

（2）梁在荷载作用下的变形是很微小的，故梁跨长的改变可忽略不计。

只要满足这两个条件，就可以应用叠加原理。

（二）用“叠加法”求作弯矩图

根据叠加原理，由于内力可以叠加，故表达内力沿梁轴线变化情况的内力图也可以叠加。应用叠加原理来绘制内力图的方法称“叠加法”。

在常见荷载作用下，求作梁的剪力图比较简单，一般不采用叠加法作剪力图，故只介绍用叠加法求作弯矩图的方法。

用叠加法作弯矩图的步骤如下：

（1）将作用在梁上的复杂荷载分为几种单独荷载作用于梁上；

（2）分别作出梁在各单独荷载作用下的弯矩图；

（3）将各单独荷载作用下的弯矩图相应叠加，即得梁在复杂荷载作用下的弯矩图。

值得注意的是：所谓弯矩叠加，是将同一截面上的弯矩值代数相加，并非是将几个弯矩图进行简单拼合。

为了便于应用叠加法作内力图，现将单跨静定梁在常见荷载作用下的 F_Q 图、M 图附于表4-2中，以备查用。

【例4-11】 试用叠加法绘制图4-31(a)所示梁的弯矩图。

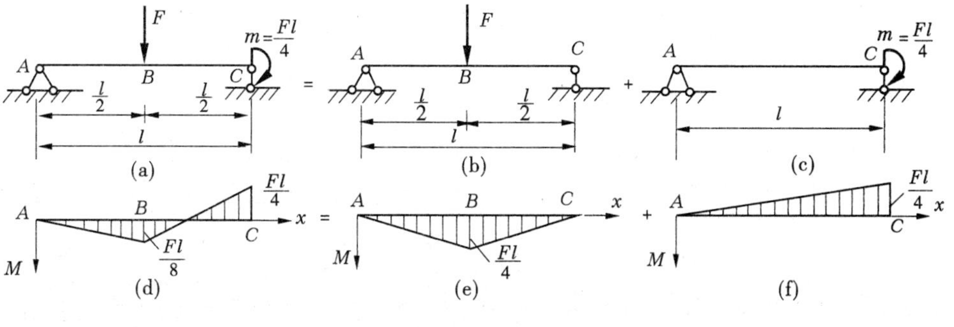

图 4-31

解 (1)将图4-31(a)所示的梁上的荷载分解为 F 与 m 单独作用两种情况的叠加,如图4-31(b)、(c)所示;

(2)分别画出梁在 F 与 m 单独作用下的弯矩图,如图4-31(e)、(f)所示;

(3)用叠加法求作弯矩图。

注意:在叠加时是将图4-31(e)、(f)中相应的纵坐标代数相加,如要求梁 A、B、C 三个截面的弯矩值,即

$$M_A = 0 + 0 = 0 \quad M_B = \frac{Fl}{4} - \frac{Fl}{8} = \frac{Fl}{8} \quad M_C = 0 + \left(-\frac{Fl}{4}\right) = -\frac{Fl}{4}$$

最后根据上述三个控制截面的弯矩值作出此梁的弯矩图,如图4-31(d)所示。

表4-2 常见荷载作用下静定梁的 M 图

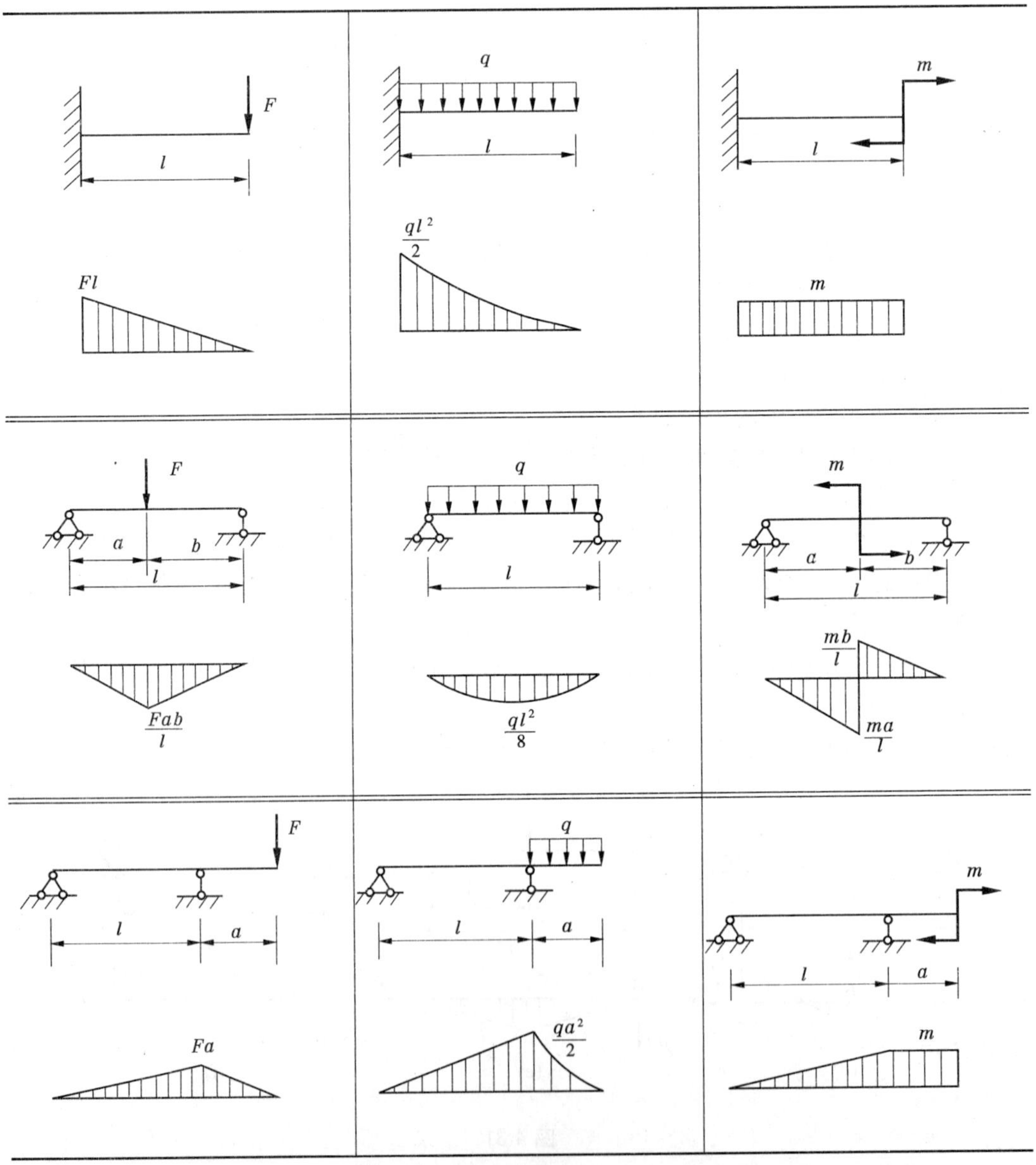

【例 4-12】 试用叠加法绘制图 4-32(a)所示梁的弯矩图。

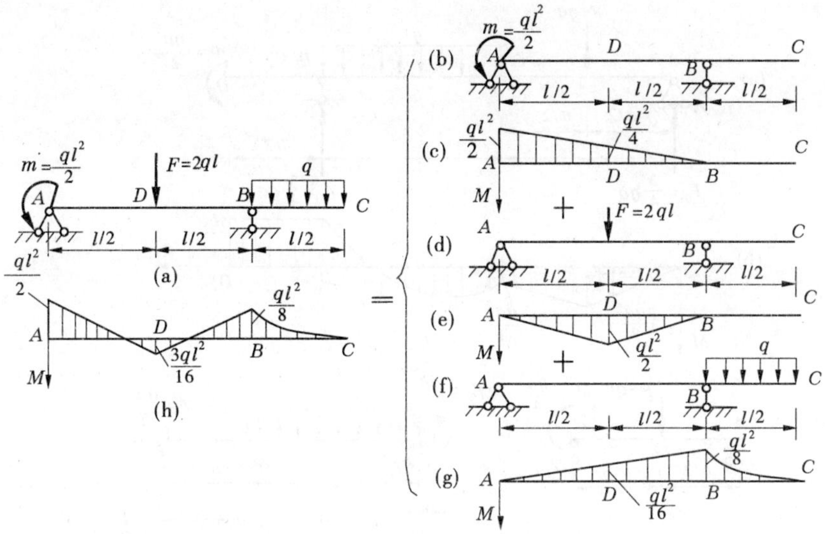

图 4-32

解 (1)将图 4-32(a)所示的梁上的荷载分为由 m、F 和 q 单独作用三种情况的叠加,如图 4-32(b)、(d) 、(f)所示。

(2)分别画出梁在 m、F 和 q 单独作用下的弯矩图,如图 4-32(c)、(e)和(g)所示。

(3)用叠加法求作弯矩图。

将图 4-32(c)、(e) 、(g)中相应的纵坐标代数相加,如要求梁 A、B、C、D 四个截面上的弯矩值,即叠加得

$$M_A = \frac{ql^2}{2} + 0 + 0 = \frac{ql^2}{2} \qquad M_B = 0 + 0 - \frac{ql^2}{8} = -\frac{ql^2}{8}$$

$$M_C = 0 + 0 + 0 = 0 \qquad M_D = -\frac{ql^2}{4} + \frac{ql^2}{2} - \frac{ql^2}{16} = \frac{3ql^2}{16}$$

最后根据上述四个控制截面的弯矩值作出此梁的弯矩图如图 4-32(h)所示。

通过以上两例可见,用叠加法求作静定梁的弯矩图时,只要熟练掌握了梁在一些常见荷载单独作用下的弯矩图后,采用弯矩叠加法即可作出梁在复杂荷载作用下的弯矩图。其计算简单,作图既快速又准确,是一种行之有效的方法。因此,建议读者熟记表 4-2 中所列弯矩图的图形,以方便用这种叠加的方法来求作梁的弯矩图。

(三)用"区段叠加法"求作弯矩图

所谓"区段叠加法",就是将梁分成若干区段梁,而每个区段梁均可视为简支梁或单外伸梁受相应荷载和分段截面处弯矩作用的问题,只要计算出分段截面上的这个端弯矩值,则该区段梁的弯矩图就可用由前所述的弯矩叠加法求作出,求作出了每个区段梁的弯矩图后,再按其顺序连成一体,即得整个梁的弯矩图。用这种方法求作梁在复杂荷载作用下的弯矩图是十分有效的。

下面举例说明用区段叠加法求作弯矩的具体作法。

【例 4-13】 试用“区段叠加法”求作图 4-33(a)所示梁的弯矩图。

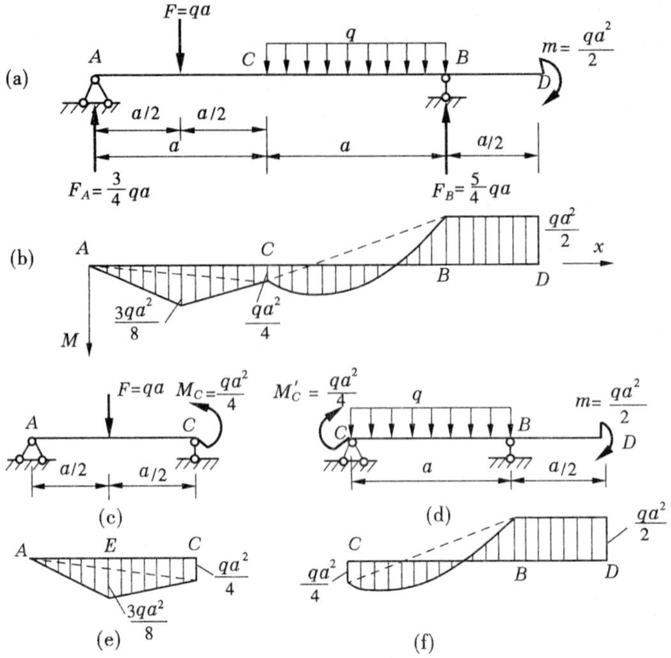

图 4-33

解 (1)求梁的支座反力。

由 $$\sum M_B = 0 \qquad -F_A \times 2a + qa \times \frac{3}{2}a + qa \times \frac{a}{2} - \frac{qa^2}{2} = 0$$

求得 $$F_A = \frac{3}{4}qa(\uparrow)$$

由 $$\sum F_y = 0 \qquad F_A + F_B - qa - qa = 0$$

求得 $$F_B = \frac{5}{4}qa(\uparrow)$$

(2)求分段截面处的弯矩值。

本例可将该梁分为两个区段梁,即 AC 区段梁和 CD 区段梁,则分段 C 截面处的弯矩值可用“简易法”求得

$$M_C = M'_C = \frac{1}{4}qa^2$$

求出 M_C 和 M'_C 后,则可将梁分为一个简支梁和一个单外伸梁,画出其受载图如图 4-33(c)、(d)所示。

(3)求作各区段梁的弯矩图。

要求作 AC 区段梁和 CD 区段梁的弯矩图,则由前所述的叠加法很容易求作出弯矩图如图 4-33(e)、(f)所示。

(4)求作整个梁的弯矩图。

将图 4-33(e)、(f)连成一体,即得整个梁的弯矩图如图 4-33(b)所示。

从上述求作过程可见，用区段叠加法求作弯矩图有两个主要环节：一是将梁分区段，二是用叠加法求作弯矩图。所以，区段叠加法其实还是叠加法，只不过是多了一个分区段的环节，分区段的目的就是将复杂的问题简单化。

本章内容小结

本章主要对三种基本变形杆件作内力分析。

一、内力

(1)杆件轴向拉压时，横截面上的内力只有轴力 F_N，轴力以拉为正、压为负。

(2)圆轴扭转时，横截面上的内力只有扭矩，扭矩的作用面垂直于轴线。扭矩的正、负由右手法则确定。

(3)梁在竖向荷载作用下产生平面弯曲时，横截面上有两个内力分量：剪力 F_Q 和弯矩 M。截面上的剪力使所考虑的梁段顺时针方向转时为正，反之为负；截面上的弯矩使所考虑的梁段产生向下凸的变形时为正，反之为负。

二、求内力的方法和步骤

求内力的基本方法是截面法。其基本步骤为：

(1)假想截开。用一个假想的截面在需求内力的位置将梁截开。

(2)弃去代力。用相应的内力代替弃去部分对所取部分的作用。

(3)平衡求内力。对所取部分建立平衡方程求出相应的内力。

三、求作内力图的方法

内力图是表示构件内力沿轴线的变化规律的图形。

在本章中，作轴向拉(压)杆的轴力图和作扭转杆的扭矩图相对于作梁弯曲时的内力图来说，则较为简单。而作梁弯曲时的内力图方法较多，主要有如下几种：用“函数法”求作梁的内力图，用“简易法”求作梁的内力图，用“叠加法”求作梁的内力图。

四、绘制内力图注意事项

(1)注重支座反力的校核。若支座反力求错，导致后续计算全错。

(2)注意分段考虑。在集中力、力偶作用处和分布荷载集度突变处等都要分段考虑。

(3)注意内力的正负号。在作轴力图、扭矩图和剪力图时都要标明正负号，而梁的弯矩图可不标明正负号，但必须画在梁的受拉一侧。

(4)所有内力图上需要标明控制点数值及单位和图名。

思考题

4-1 若两根材料不同、截面面积也不同的拉杆，受相同的轴向拉力作用，其内力是否相同？

4-2　扭矩与外力偶矩的区别与联系是什么？

4-3　列剪力方程和弯矩方程时，在什么地方需要分段？

4-4　有集中力和力偶作用的横截面上，其内力有何变化？

习　题

4-1　求作图 4-34 所示拉(压)杆的轴力图。

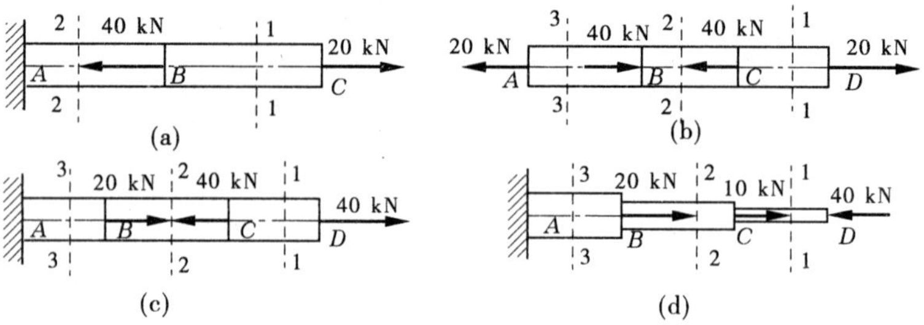

图 4-34

4-2　求图 4-35 所示各轴中各段扭矩，并画出扭矩图。

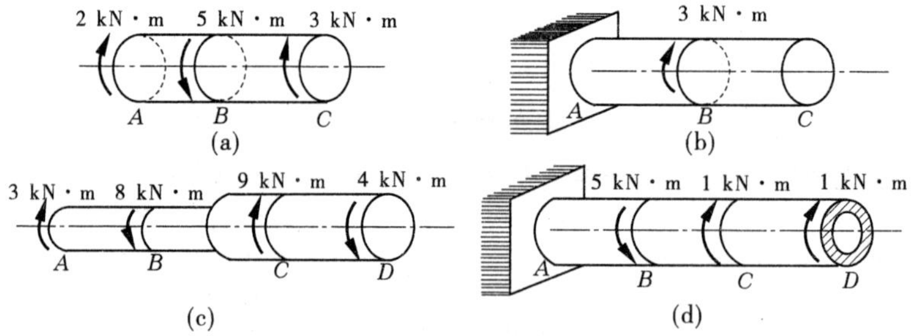

图 4-35

4-3　试用截面法求出图 4-36 所示圆轴各段内的扭矩 M_x，并作扭矩图。

4-4　图 4-37 为钻探机的钻杆简图。设钻机功率为 15 马力，转速 $n=200$ r/min，钻杆入土深度 $l=50$ m。假定土对钻杆的摩擦力矩为平均分布。试求分布力矩集度 m 值，并作扭矩图。

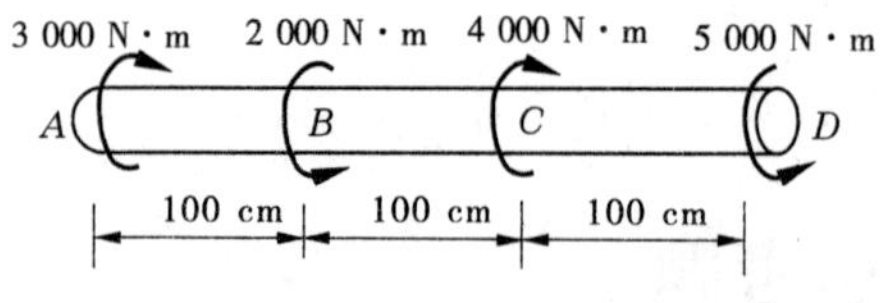

图 4-36

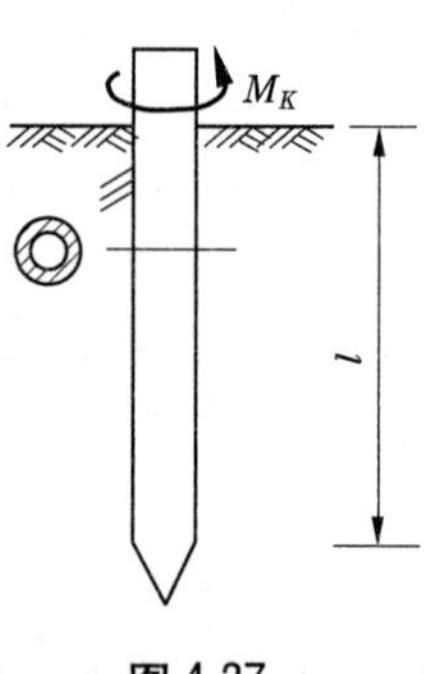

图 4-37

4-5 试用截面法求图 4-38 梁中 $n—n$ 截面上的剪力和弯矩。

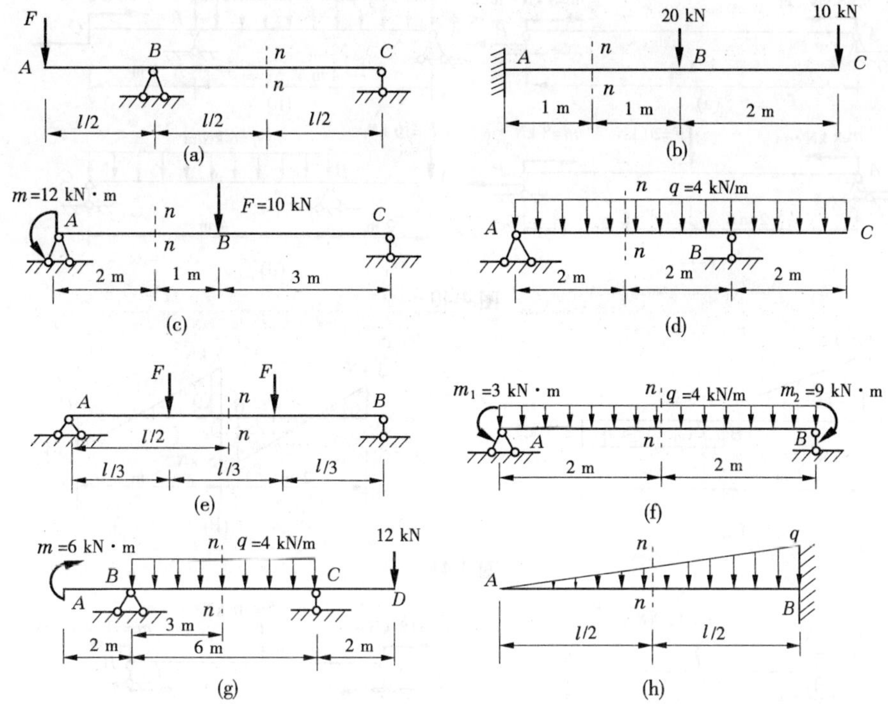

图 4-38

4-6 试求作图 4-39 中所示各梁的剪力图和弯矩图。

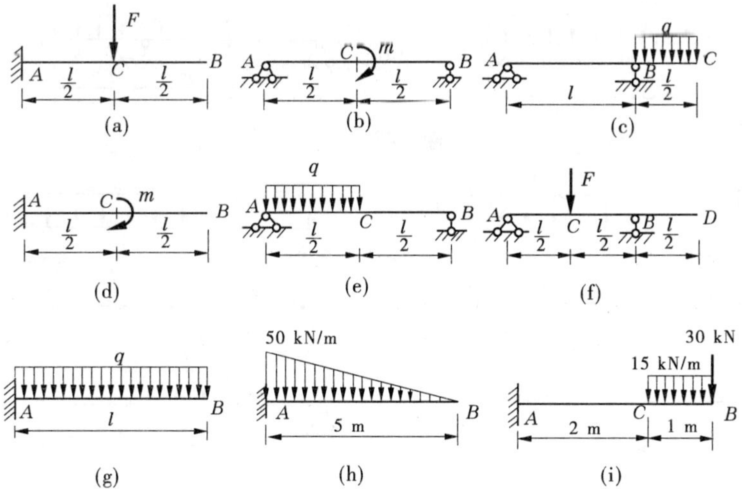

图 4-39

4-7 用“简易法”求作图 4-40 所示各梁的剪力图和弯矩图。

4-8 已知简支梁的剪力图如图 4-41 所示，试根据剪力图画出梁的荷载图和弯矩图（已知梁上无集中力偶作用）。

4-9 试用“叠加法”求作图 4-42 所示各梁的弯矩图。

4-10 试用“区段叠加法”求作图 4-43 所示各梁的弯矩图。

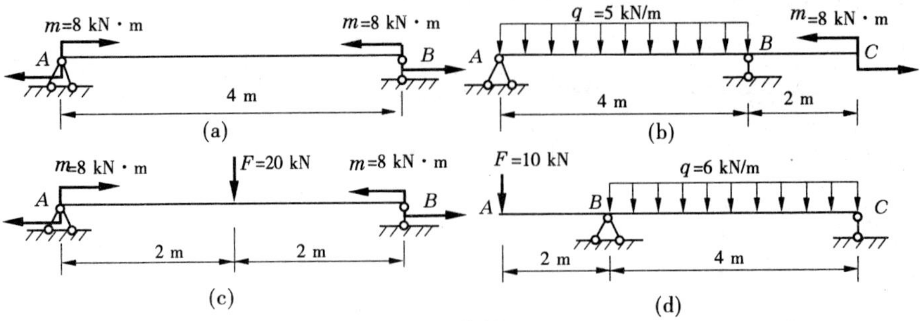

图 4-40

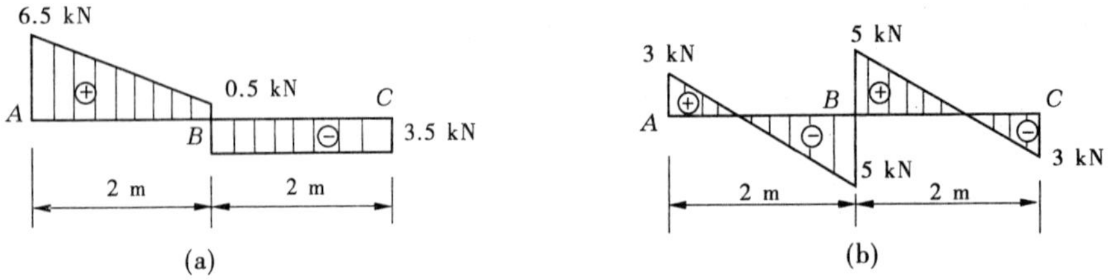

图 4-41

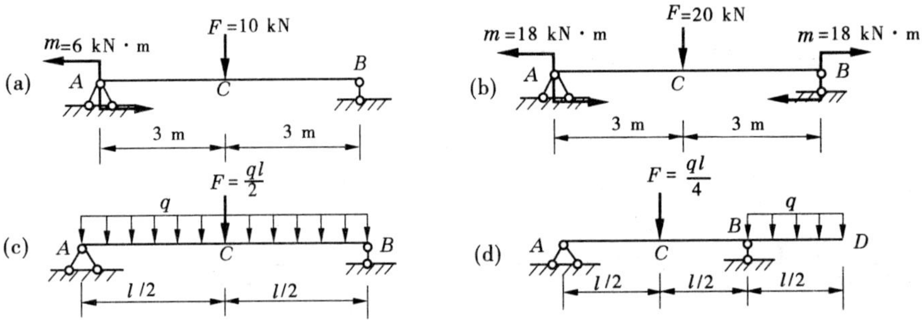

图 4-42

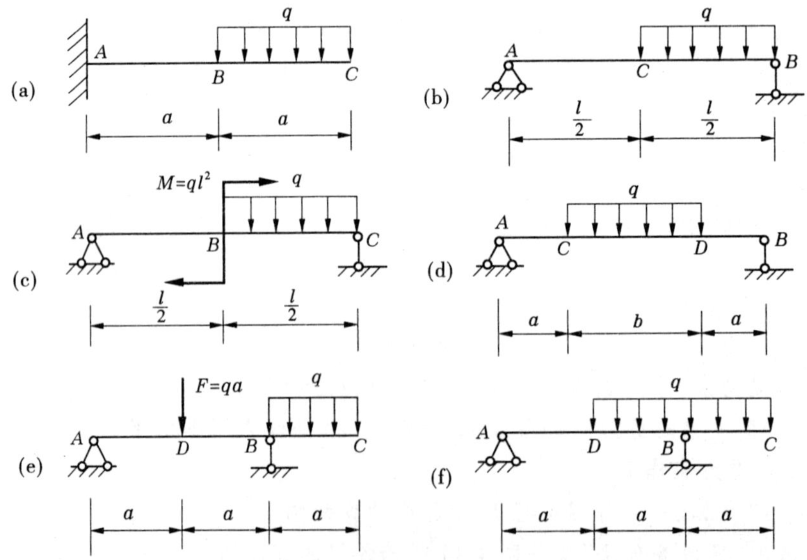

图 4-43

第五章　平面图形的几何性质

【学习目标】

- 了解物体的重心与形心的概念及其计算公式和计算方法。
- 掌握面积矩的概念、单位、性质及面积矩与形心的关系。
- 掌握极惯性矩、惯性矩的定义、单位、性质，及极惯性矩与惯性矩的关系。
- 掌握简单图形、组合图形的面积矩和惯性矩的计算。

在工程结构设计中，我们总是希望在满足安全使用的条件下，选取截面面积较小而承载力较大的构件，以获得较好的经济效益，因此经常会遇到与构件横截面的形状、尺寸有关的几何量。把与构件横截面的形状、尺寸有关的几何量统称为截面的几何性质。截面的几何性质是决定构件承载能力的重要因素之一，因此研究截面的几何性质是很重要的。

第一节　物体的重心与形心的坐标公式

重心在实际工程中是一个非常重要的概念，它的位置与物体的平衡、物体运动的稳定性有着直接的关系，如挡土墙、重力坝、起重机的抗倾覆稳定性问题，都与它们的重心位置有关，高速运转部件的重心如果不在轴线上将引起机械的剧烈震动。因此，确定物体重心位置具有重要的意义，有必要了解物体重心的概念及其位置的确定方法。

一、重心的概念

重力是地球对物体的引力，物体是由许多微小部分组成的，每个微小部分都受到地球的引力，这些引力汇交于地球的中心，形成一个空间汇交力系。由于一般物体尺寸远比地球小得多，因此这些引力可近似地看做空间同向平行力系，这个平行力系的合力就是物体的重力。重力的大小称为物体的重量。由试验可知，无论物体在空间的方位如何，物体重力的作用线始终通过一个确定的点，这个点就是物体重力的作用点，称为物体的重心。

二、物体重心的坐标公式

（一）重心坐标的一般公式

设有一物体，如图 5-1 所示。重心 c 坐标为(x_c, y_c, z_c)，物体的重度为 γ，总体积为 V。将物体分割成许多微小体积 ΔV_i，每个微小体积所受的重力为 $\Delta P_{Gi} = \gamma \Delta V_i$，其作用点坐标为$(x_i, y_i, z_i)$。整个物体所受的重力为 $P_G = \sum \Delta P_{Gi}$。

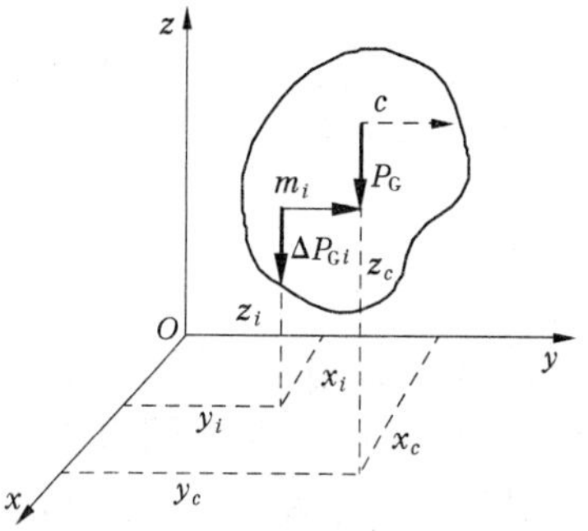

图 5-1

应用合力矩定理可以推导出物体重心的近似公式为

$$x_c=\frac{\sum_{i=1}^{n}\Delta P_{Gi}x_i}{P_G}\quad y_c=\frac{\sum_{i=1}^{n}\Delta P_{Gi}y_i}{P_G}\quad z_c=\frac{\sum_{i=1}^{n}\Delta P_{Gi}z_i}{P_G}\tag{5-1}$$

微小体积 ΔV_i 分割愈小,重心位置愈精确。在极限情况下便得到物体重心的一般公式为

$$\left.\begin{aligned}x_c&=\lim_{\Delta V_i\to 0}\frac{\sum_{i=1}^{n}\Delta P_{Gi}x_i}{P_G}=\lim_{\Delta V_i\to 0}\frac{\sum_{i=1}^{n}\gamma\Delta V_i x_i}{\sum_{i=1}^{n}\gamma\Delta V_i}=\frac{\int_V\gamma x\mathrm{d}V}{\int_V\gamma\mathrm{d}V}\\y_c&=\lim_{\Delta V_i\to 0}\frac{\sum_{i=1}^{n}\Delta P_{Gi}y_i}{P_G}=\lim_{\Delta V_i\to 0}\frac{\sum_{i=1}^{n}\gamma\Delta V_i y_i}{\sum_{i=1}^{n}\gamma\Delta V_i}=\frac{\int_V\gamma y\mathrm{d}V}{\int_V\gamma\mathrm{d}V}\\z_c&=\lim_{\Delta V_i\to 0}\frac{\sum_{i=1}^{n}\Delta P_{Gi}z_i}{P_G}=\lim_{\Delta V_i\to 0}\frac{\sum_{i=1}^{n}\gamma\Delta V_i z_i}{\sum_{i=1}^{n}\gamma\Delta V_i}=\frac{\int_V\gamma z\mathrm{d}V}{\int_V\gamma\mathrm{d}V}\end{aligned}\right\}\tag{5-2}$$

(二)均质物体的重心(形心)坐标公式

一些物体是均质物体,即由同一材料制成的物体,物体的重度 γ 为常量。式(5-2)就可写为

$$x_c=\frac{\int_V x\mathrm{d}V}{V}\quad y_c=\frac{\int_V y\mathrm{d}V}{V}\quad z_c=\frac{\int_V z\mathrm{d}V}{V}\tag{5-3}$$

由上可知如下几点:

(1)均质物体重心完全取决于物体的几何形状,而与物体的重量无关;

(2)由物体的几何形状及尺寸所决定的物体的几何中心,即为形心,式(5-3)也是物体形心的坐标公式;

(3)对于均质物体来说,形心与重心重合,重心是物理概念,形心是几何概念。

(三)均质等厚薄板、壳的重心(形心)坐标公式

对于物体是均质等厚的薄板、壳,设其厚度为 t,总面积为 A,则有

$$\mathrm{d}V=t\mathrm{d}A\qquad V=tA$$

故式(5-3)又可写为

$$x_c=\frac{\int_A x\mathrm{d}A}{A}\quad y_c=\frac{\int_A y\mathrm{d}A}{A}\quad z_c=\frac{\int_A z\mathrm{d}A}{A}\tag{5-4}$$

式(5-4)即为均质等厚薄板、壳的重心(形心)坐标公式。

(四)均质等截面杆的重心(形心)坐标公式

对于均质等截面杆(或曲线),设其等截面面积为 A,杆长为 l,则有

$$\mathrm{d}V=A\mathrm{d}l\qquad V=Al$$

故式(5-3)又可写为

$$x_c = \frac{\int_l x\mathrm{d}l}{l} \quad y_c = \frac{\int_l y\mathrm{d}l}{l} \quad z_c = \frac{\int_l z\mathrm{d}l}{l} \tag{5-5}$$

式(5-5)即为均质等截面杆的重心(形心)坐标公式。

对于平面曲线,取曲线所在平面为 xOy,则 $z_c=0$,x_c、y_c 由式(5-5)中的前两式求得。

三、物体重心(形心)的计算

工程上常见的均质物体很多是简单图形或由几个简单形体组成的几何图形。根据物体的具体形状及特征,可用不同的方法确定其重心(形心)的位置。

(一)积分法

对于没有对称轴、对称面或对称中心的物体,用积分法确定其重心(形心)的位置。例如,对于平面图形,可将图形分割成无穷多个微分面积 $\mathrm{d}A$,则式(5-4)写为

$$x_c = \frac{\int_A x\mathrm{d}A}{A} \quad y_c = \frac{\int_A y\mathrm{d}A}{A}$$

对上式积分,即可求得平面图形的形心坐标。

(二)组合法

在工程实际中,有些物体的截面是由若干个简单图形组成的。例如,梯形可以认为是由两个三角形(或一个矩形、一个三角形)组成的,T 形截面是由两个矩形组成的,这种截面图形称为组合截面图形。

求组合截面图形的形心时,可将组合截面图形视为几个简单图形的组合,而各简单图形的面积与形心是容易确定的,则组合截面图形的形心可按式(5-6)求得。这种求形心的方法称为组合法。

$$\left.\begin{aligned} x_c &= \frac{A_1x_{1c}+A_2x_{2c}+\cdots+A_nx_{nc}}{A_1+A_2+\cdots+A_n} = \frac{\sum_{i=1}^{n}A_ix_{ic}}{\sum_{i=1}^{n}A_i} \\ y_c &= \frac{A_1y_{1c}+A_2y_{2c}+\cdots+A_ny_{nc}}{A_1+A_2+\cdots+A_n} = \frac{\sum_{i=1}^{n}A_iy_{ic}}{\sum_{i=1}^{n}A_i} \end{aligned}\right\} \tag{5-6}$$

【例 5-1】 试求图 5-2 所示 Z 形平面图形的形心。

解 将 Z 形图形视为由三个矩形图形组合而成的,以 c_1、c_2、c_3 分别表示这些矩形的形心。取坐标系如图 5-2 所示,各矩形的面积和形心坐标为

$A_1 = 30 \times 10 = 300(\mathrm{mm}^2)$ $x_{1c} = -15$ mm $y_{1c} = 45$ mm

$A_2 = 50 \times 10 = 500(\mathrm{mm}^2)$ $x_{2c} = 5$ mm $y_{2c} = 25$ mm

$A_3 = 20 \times 10 = 200(\mathrm{mm}^2)$ $x_{3c} = 20$ mm $y_{3c} = 5$ mm

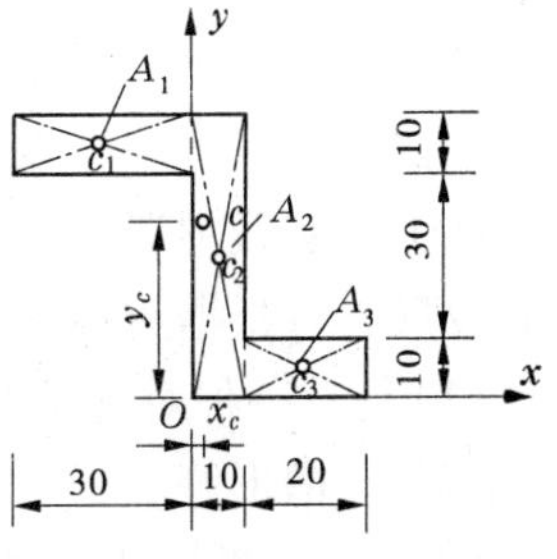

图 5-2 (单位:mm)

应用公式(5-6),求得 Z 形图形的形心坐标为

$$x_c = \frac{A_1x_{1c} + A_2x_{2c} + A_3x_{3c}}{A_1 + A_2 + A_3}$$

$$= \frac{300 \times (-15) + 500 \times 5 + 200 \times 20}{300 + 500 + 200} = 2(\text{mm})$$

$$y_c = \frac{A_1y_{1c} + A_2y_{2c} + A_3y_{3c}}{A_1 + A_2 + A_3}$$

$$= \frac{300 \times 45 + 500 \times 25 + 200 \times 5}{300 + 500 + 200} = 27(\text{mm})$$

有些组合图形,可以看做从某个简单图形挖去另一个简单图形而成。要求这类组合形体的形心时,仍可应用组合法,不过挖去的面积(或体积)应为负值。这种求形心的方法称为负面积法(负体积法)。

【例5-2】 图5-3为振动器中偏心块,已知 $R=100$ mm, $r=17$ mm, $b=13$ mm,求偏心块的形心。

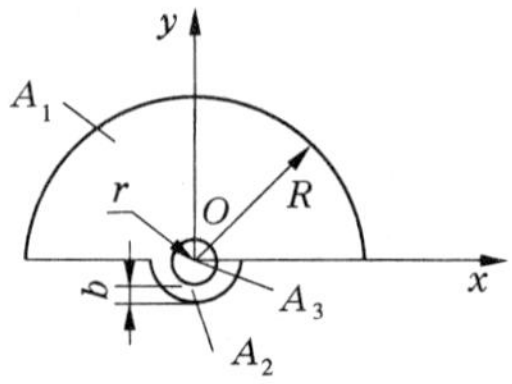

图5-3

解 将偏心块看成是由三部分组成的,即半径为 R 的半圆 A_1、半径为 $r+b$ 的半圆 A_2 及半径为 r 的圆 A_3,但 A_3 应取负值,因为该圆是被挖去的部分。取坐标系如图5-3所示,y 轴为对称轴,故 $x_c=0$。各部分的面积及形心坐标为

$$A_1 = \frac{1}{2}\pi R^2 = \frac{3.14}{2} \times 100^2 = 15\ 700(\text{mm}^2)$$

$$y_{1c} = \frac{4R}{3\pi} = \frac{4 \times 100}{3 \times 3.14} = 42.5(\text{mm})$$

$$A_2 = \frac{1}{2}\pi(r+b)^2 = \frac{3.14}{2} \times (17+13)^2 = 1\ 413(\text{mm}^2)$$

$$y_{2c} = \frac{4(r+b)}{3\pi} = \frac{4 \times (17+13)}{3 \times 3.14} = 12.74(\text{mm})$$

$$A_3 = -\pi r^2 = -3.14 \times 17^2 = -907.46(\text{mm}^2)$$

$$y_{3c} = 0$$

应用公式(5-6),求得偏心块的形心坐标为

$$y_c = \frac{A_1y_{1c} + A_2y_{2c} + A_3y_{3c}}{A_1 + A_2 + A_3}$$

$$= \frac{15\ 700 \times 42.5 + 1\ 413 \times 12.74 - 907.46 \times 0}{15\ 700 + 1\ 413 - 907.46} = 42.3(\text{mm})$$

常见简单形体的形心(重心)及面积(体积)列入表5-1,以供查用。

(三)对称法

在工程实践中遇到具有对称面或对称轴或对称中心的物体或图形,形状比较规则,其重心及形心可根据对称性直接判断,见图5-4。

(1)具有一根对称轴的简单物体及图形,其形心必在对称轴上,如图5-4(a)所示的T形、半圆形、槽形等。

(2)具有两根或两根以上对称轴的物体及图形,其形心在对称轴的交点上,如

表 5-1　常见简单形体的形心(重心)及面积(体积)

图　形	形心坐标及面积(体积)	图　形	形心坐标及面积(体积)
梯形 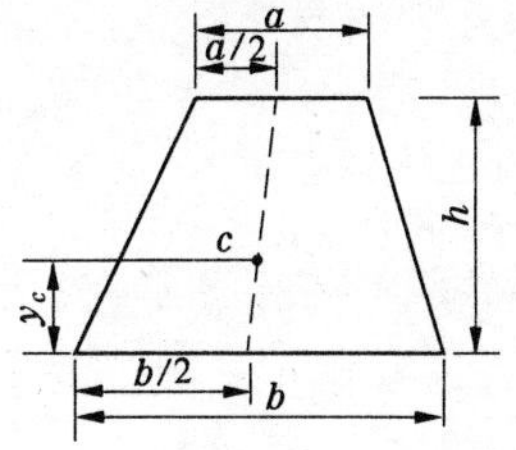	$y_c=\dfrac{h(2a+b)}{3(a+b)}$ $A=\dfrac{h}{2}(a+b)$	半球体 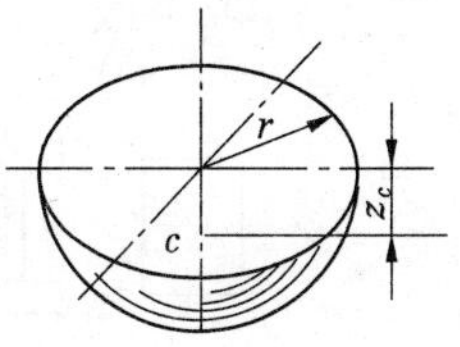	$z_c=\dfrac{3}{8}r$ $V=\dfrac{2}{3}\pi r^3$
扇形 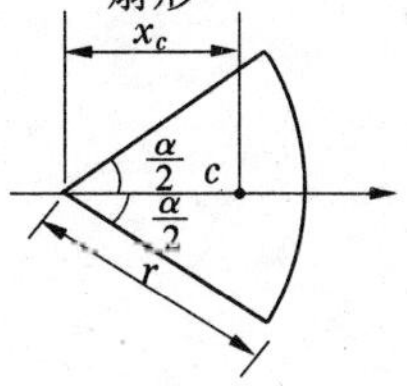	$x_c=\dfrac{4r}{3\alpha}\sin\dfrac{\alpha}{2}$ $A=\dfrac{1}{2}\alpha r^2$ 半圆：$x_c=\dfrac{4r}{3\pi}$	半圆柱体 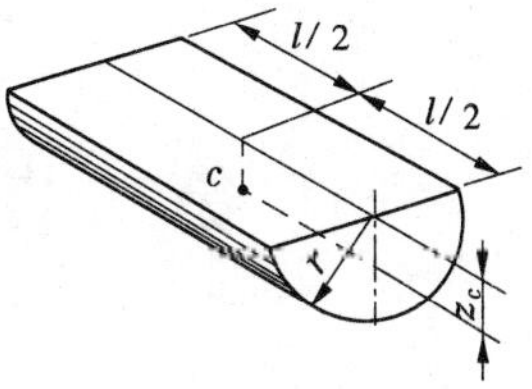	$z_c=-\dfrac{4r}{3\pi}$ $V=\dfrac{1}{2}\pi r^2 l$
部分圆环 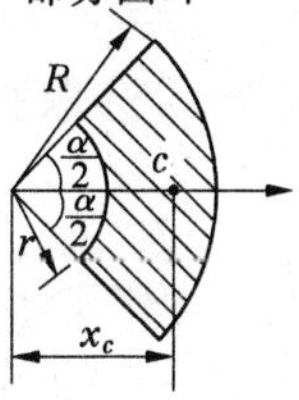	$x_c=\dfrac{2(R^3-r^3)\sin\alpha}{3(R^2-r^2)\alpha}$	锥体 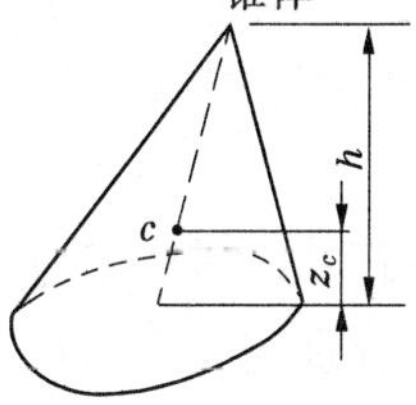	在锥顶与底面形心的连线上 $z_c=\dfrac{1}{4}h$ $V=\dfrac{1}{3}Ah$ (A为底面积)
圆弧 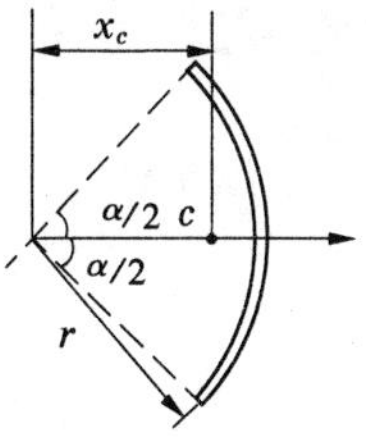	$x_c=\dfrac{2r}{\alpha}\sin\dfrac{\alpha}{2}$	三角棱柱体 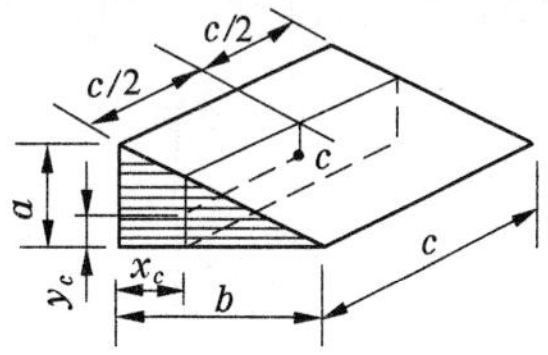	$x_c=\dfrac{b}{3}$ $y_c=\dfrac{a}{3}$ $V=\dfrac{1}{2}abc$
抛物线形 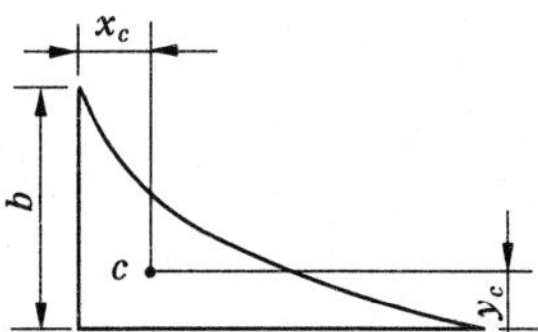	$x_c=\dfrac{a}{4}$ $y_c=\dfrac{3b}{10}$ $A=\dfrac{1}{3}ab$	正四面体 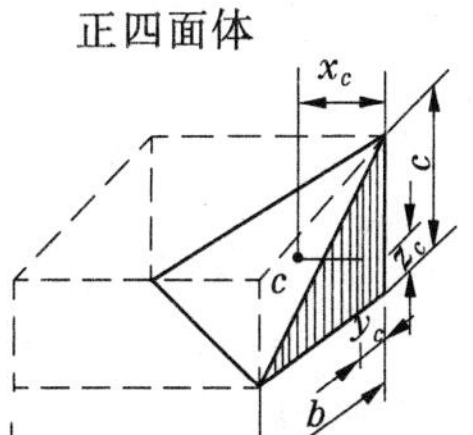	$x_c=\dfrac{a}{4}$ $y_c=\dfrac{b}{4}$ $z_c=\dfrac{c}{4}$ $V=\dfrac{1}{6}abc$

图 5-4(c) 所示的矩形、翼等宽的工字形、正方形、圆形等。

(3)中心对称的简单物体及图形,其对称中心即是重心或形心,如图 5-4(b)所示的球形、立方体等。

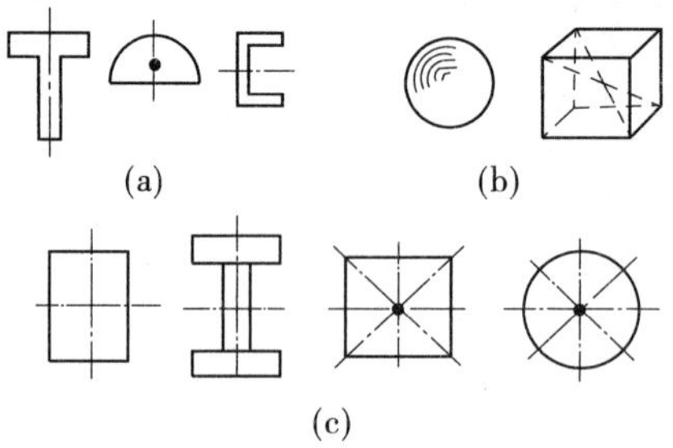

图 5-4

第二节　面积矩

一、面积矩的概念

(一)面积矩的定义

面积矩可仿力对轴之矩来定义,设一任意平面图形,其图形面积为 A,选取直角坐标系如图 5-5 所示。

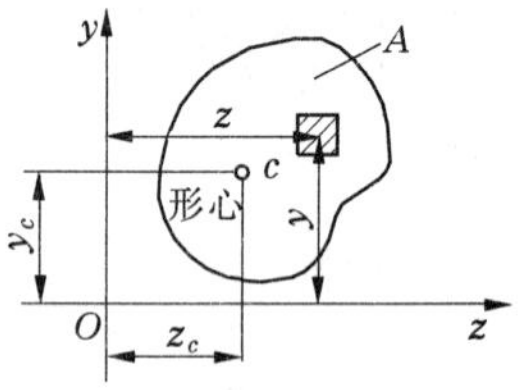

图 5-5

在图形内任取一面积 dA,其坐标为(y,z)。

将乘积 ydA 和 zdA 分别定义为微面积 dA 对 z 轴和 y 轴的微面积矩;把积分 $\int_A ydA$ 和 $\int_A zdA$ 分别定义为整个平面图形对 z 轴和 y 轴的面积矩,并用符号 S_z 和 S_y 来表示

$$\left.\begin{aligned} S_z &= \int_A y\mathrm{d}A \\ S_y &= \int_A z\mathrm{d}A \end{aligned}\right\} \tag{5-7}$$

(二)面积矩的单位

由面积矩的定义可知,面积矩的量纲是长度的三次方,常用单位为 m^3 或 mm^3。

(三)面积矩的性质

(1)面积矩是对一定的轴而言的,同一平面图形对不同的轴,其面积矩不同。

(2)面积矩的数值可正、可负,也可为零。

二、面积矩与形心的关系

由平面图形的形心坐标公式和面积矩的定义导得

$$\left.\begin{aligned} y_c &= \frac{\int_A y\mathrm{d}A}{A} = \frac{S_z}{A} \\ z_c &= \frac{\int_A z\mathrm{d}A}{A} = \frac{S_y}{A} \end{aligned}\right\} \tag{5-8}$$

式(5-8) 建立了面积矩与形心的关系，利用此关系，可由面积矩求平面图形的形心。

也可将式(5-8) 改写为

$$\left.\begin{aligned} S_z &= Ay_c \\ S_y &= Az_c \end{aligned}\right\} \tag{5-9}$$

若已知截面面积 A 及其形心在 yOz 坐标系中的形心坐标，即可按式(5-9)计算该截面对 z 轴和 y 轴的面积矩。

由式(5-9)可知：若截面对于某轴的面积矩为零，则该轴一定通过截面的形心；反之，若某轴通过截面的形心，则截面对该轴的面积矩一定为零。又由于平面图形的对称轴一定通过形心，所以平面图形对于对称轴的面积矩恒等于零。

面积矩的几何意义：图形的形心相对于指定的坐标轴之间距离的远近程度。图形形心相对于某一坐标轴的距离愈远，对该轴的面积矩绝对值愈大。

【例 5-3】 求图 5-6 所示半圆形截面图形的静矩 S_y、S_z 及形心位置坐标。

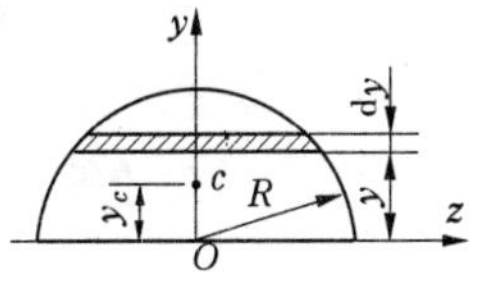

图 5-6

解 由对称性可知

$$z_c = 0 \qquad S_y = 0$$

现取平行于 y 轴的狭长条作为微面积 $\mathrm{d}A$，则有

$$\mathrm{d}A = 2z\mathrm{d}y = 2\sqrt{R^2 - y^2}\,\mathrm{d}y$$

于是求得

$$S_z = \int_A y\mathrm{d}A = \int_0^R y2\sqrt{R^2 - y^2}\,\mathrm{d}y = \frac{2}{3}R^3$$

$$y_c = \frac{S_z}{A} = \frac{\dfrac{2R^3}{3}}{\dfrac{\pi R^2}{2}} = \frac{4R}{3\pi}$$

三、组合图形的面积矩计算

当图形是由若干个简单图形(如矩形、圆形和三角形等)组合而成时，这类图形称为组合图形。由于简单图形的面积及其形心位置均为已知，而且由面积矩的定义可知，组合图形对某一轴的面积矩等于其各简单图形对该轴面积矩的代数和，即

$$\left.\begin{aligned} S_z &= \sum S_{zi} = \sum A_i y_{ic} \\ S_y &= \sum S_{yi} = \sum A_i z_{ic} \end{aligned}\right\} \tag{5-10}$$

式中：A_i 和 y_{ic}、z_{ic}为任一简单图形的面积和形心在坐标系 yOz 中的坐标。

根据面积矩和形心坐标关系,还可以根据式(5-11)计算组合图形的形心坐标

$$y_c = \frac{\sum A_i y_{ic}}{A} \qquad z_c = \frac{\sum A_i z_{ic}}{A} \tag{5-11}$$

【例 5-4】 试求图 5-7 所示组合截面图形的形心位置。

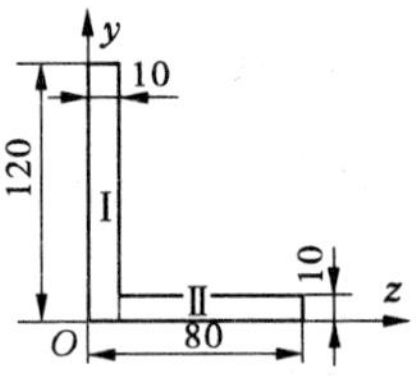

图 5-7

解 将图形看做由两个矩形Ⅰ和Ⅱ组成,在图示坐标下每个矩形的面积及形心位置分别为

矩形 Ⅰ $A_{\text{I}} = 120 \times 10 = 1\,200(\text{mm}^2)$

$$z_{\text{I}c} = \frac{10}{2} = 5(\text{mm}) \qquad y_{\text{I}c} = \frac{120}{2} = 60(\text{mm})$$

矩形 Ⅱ $A_{\text{II}} = 70 \times 10 = 700(\text{mm}^2)$

$$z_{\text{II}c} = 10 + \frac{70}{2} = 45(\text{mm}) \qquad y_{\text{II}c} = \frac{10}{2} = 5(\text{mm})$$

整个图形形心 c 的坐标为

$$z_c = \frac{A_{\text{I}} z_{\text{I}c} + A_{\text{II}} z_{\text{II}c}}{A_{\text{I}} + A_{\text{II}}} = \frac{1\,200 \times 5 + 700 \times 45}{1\,200 + 700} = 19.7(\text{mm})$$

$$y_c = \frac{A_{\text{I}} y_{\text{I}c} + A_{\text{II}} y_{\text{II}c}}{A_{\text{I}} + A_{\text{II}}} = \frac{1\,200 \times 60 + 700 \times 5}{1\,200 + 700} = 39.7(\text{mm})$$

第三节 极惯性矩、惯性矩、惯性积

一、极惯性矩、惯性矩和惯性积的概念

(一)极惯性矩、惯性矩和惯性积的定义

设任一平面图形,其面积为 A,如图 5-8 所示。在图形内取微面积 dA,其坐标为 (y,z),dA 到坐标原点 O 的极坐标为 ρ。

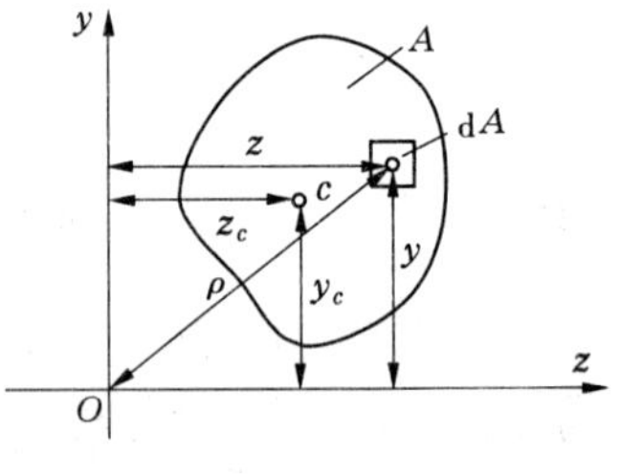

图 5-8

将乘积 $\rho^2 dA$ 定义为微面积 dA 对于 O 点的微小极惯性矩,而将 $\int_A \rho^2 dA$ 定义为整个图形面积 A 对坐标原点的极惯性矩,用符号 I_ρ 表示,即

$$I_\rho = \int_A \rho^2 dA \tag{5-12}$$

又将乘积 $y^2 dA$ 和 $z^2 dA$ 分别定义为微面积 dA 对 z 轴和 y 轴的微小惯性矩,,而将 $\int_A y^2 dA$ 和 $\int_A z^2 dA$ 分别定义为整个图形面积 A 对 z 轴和 y 轴的惯性矩,分别用符号 I_z 和 I_y 表示,即

$$\left.\begin{aligned} I_z &= \int_A y^2 \mathrm{d}A \\ I_y &= \int_A z^2 \mathrm{d}A \end{aligned}\right\} \tag{5-13}$$

再将乘积 $yz\mathrm{d}A$ 定义为微面积 $\mathrm{d}A$ 对 y、z 轴的微小惯性积，而将 $\int_A yz\mathrm{d}A$ 定义为整个图形面积 A 对 y、z 轴的惯性积，用符号 I_{yz} 表示，即

$$I_{yz} = \int_A yz\mathrm{d}A \tag{5-14}$$

（二）极惯性矩、惯性矩和惯性积的单位

经量纲分析，极惯性矩、惯性矩、惯性积三者的量纲均为长度的四次方，常用单位为 m^4 或 mm^4。

（三）极惯性矩、惯性矩和惯性积的性质

1. 极惯性矩的性质

极惯性矩是相对于坐标原点而言的，即同一平面图形对不同坐标原点的极惯性矩是不同的，极惯性矩恒为正值。

2. 惯性矩的性质

惯性矩是对坐标轴而言的，即同一图形对不同的坐标轴的惯性矩是不同的，惯性矩恒为正值。

3. 惯性积的性质

惯性积是对于一对正交坐标轴而言的，即同一图形对不同的正交坐标轴的惯性积是不同的，惯性积的数值可正、可负、可为零。若图形具有对称轴，则图形对包含此对称轴在内的一对正交坐标轴的惯性积为零。

（四）极惯性矩与惯性矩的关系

从图 5-8 中看出，微面积 $\mathrm{d}A$ 到坐标原点 O 的距离 ρ 和它到两个坐标轴的距离 y、z 有如下关系

由于 $$\rho^2 = y^2 + z^2$$

故 $$I_\rho = \int_A \rho^2 \mathrm{d}A = \int_A (y^2 + z^2)\mathrm{d}A = \int_A y^2 \mathrm{d}A + \int_A z^2 \mathrm{d}A$$

于是得 $$I_\rho = I_z + I_y \tag{5-15}$$

式(5-15)表明：平面图形对坐标原点的极惯性矩等于平面图形对两正交坐标轴的惯性矩之和。

二、简单图形的极惯性矩、惯性矩的计算

（一）简单图形的极惯性矩计算

【例 5-5】 求图 5-9 所示圆截面图形对其圆心的极惯性矩。

解 取厚度为 $\mathrm{d}\rho$ 的环形面积为微面积 $\mathrm{d}A$，则有

$$\mathrm{d}A = \mathrm{d}\rho 2\pi\rho$$

即 $$I_\rho = \int_A \rho^2 \mathrm{d}A = \int_0^{\frac{D}{2}} \rho^2 2\pi\rho \mathrm{d}\rho = \frac{\pi D^4}{32}$$

对于外径为 D、内径为 d 的空心圆截面，如图 5-10 所示，按同样方法计算可得到它对圆心的极惯性矩为

$$I_\rho = \int_A \rho^2 dA = \int_{\frac{d}{2}}^{\frac{D}{2}} \rho^2 2\pi\rho d\rho = \frac{\pi}{32}(D^4 - d^4) = \frac{\pi D^4}{32}(1 - \alpha^4)$$

式中：$\alpha = \frac{d}{D}$为空心圆截面内、外径的比值。

（二）简单图形的惯性矩计算

【例 5-6】 求图 5-9 所示圆截面图形对其形心轴 y、z 的惯性矩。

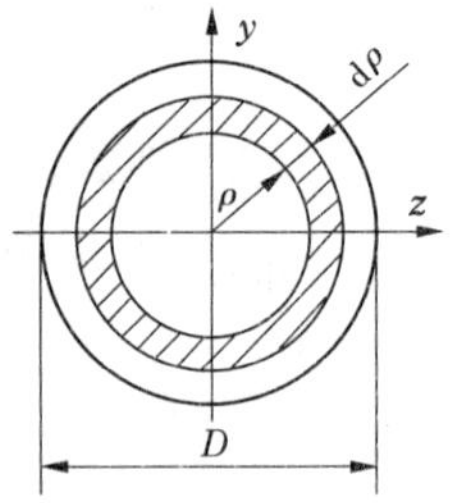

图 5-9

解 已知圆截面对其圆心的极惯性矩为

$$I_\rho = \frac{\pi D^4}{32}$$

利用极惯性矩与惯性矩之间的关系求得

$$I_z = I_y = \frac{I_\rho}{2} = \frac{\pi D^4}{2 \times 32} = \frac{\pi D^4}{64}$$

同理，可求得图 5-10 所示空心圆截面图形过圆心的 y、z 轴的惯性矩为

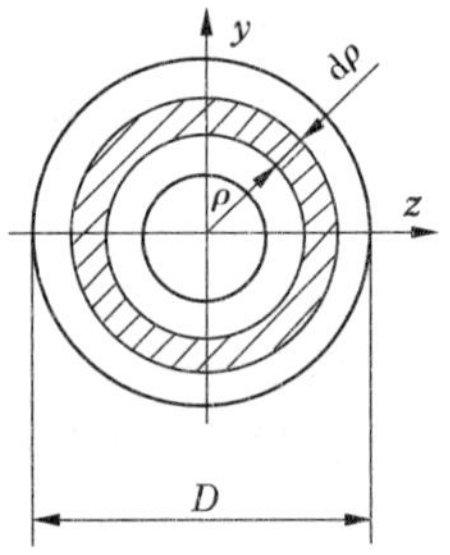

图 5-10

$$I_y = I_z = \frac{\pi(D^4 - d^4)}{64} = \frac{\pi D^4}{64}(1 - \alpha^4)$$

【例 5-7】 试计算图 5-11（a）所示矩形截面对其对称轴（形心轴）y 轴和 z 轴的惯性矩。

解 先计算截面对 z 轴的惯性矩 I_z。取平行于 z 轴的狭长条作为微面积，即 $dA = b dy$，由定义式求得

$$I_z = \int_A y^2 b dy = \int_{-\frac{h}{2}}^{\frac{h}{2}} y^2 b dy = \frac{bh^3}{12}$$

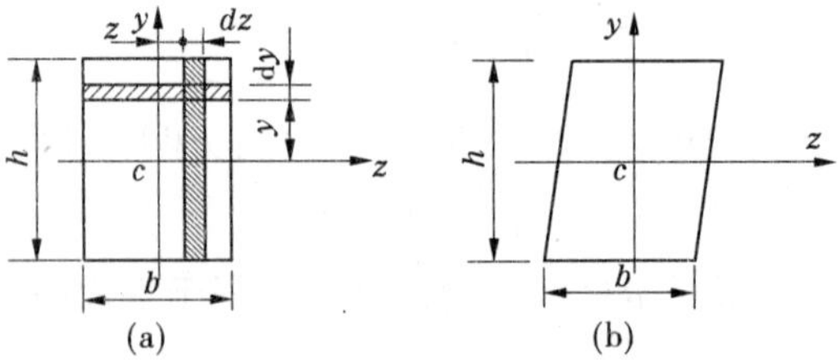

图 5-11

同理，在计算对 y 轴的惯性矩 I_y时，可以取 $dA = h dz$，由定义式求得

$$I_y = \int_A z^2 h dz = \int_{-\frac{b}{2}}^{\frac{b}{2}} z^2 h dz = \frac{b^3 h}{12}$$

若截面图形是高度为 h 的平行四边形，如图 5-11（b）所示，则它对于形心轴 z 的惯性矩同样为

$$I_z = \frac{bh^3}{12} \text{（请读者自行验证）}$$

三、组合图形的惯性矩计算

（一）平行移轴公式

同一截面对不同坐标轴的惯性矩和惯性积虽然各不相同，但它们之间都存在着一定的关系，利用这些关系既可以使计算简化，又有助于计算截面对于某些特殊轴的惯性矩。现介绍平面图形对两平行坐标轴的惯性矩之间的关系。

设如图5-12所示为任一平面图形，其面积为A，c点为形心。设z_c、y_c为过形心c点的一对正交形心轴，又设z_1、y_1为与形心轴平行的另一对正交轴，平行轴间的距离分别为a和b。

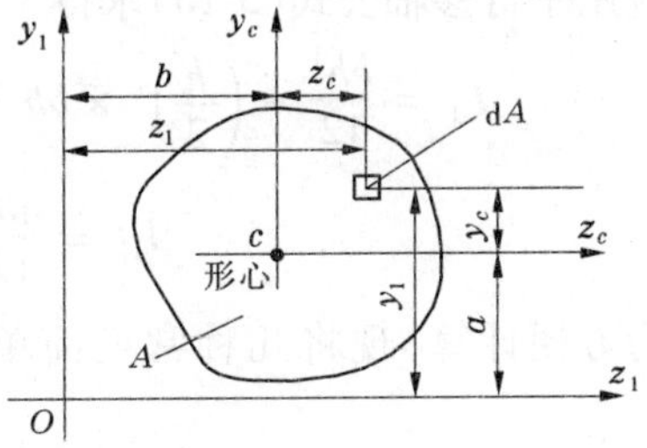

图5-12

由图5-12可知，两相互平行坐标轴之间的坐标关系为

$$y_1 = y_c + a \qquad z_1 = z_c + b$$

现求该平面图形面积对z_1轴的惯性矩。

根据定义求得

$$\begin{aligned} I_{z1} &= \int_A y_1^2 \mathrm{d}A = \int_A (y_c + a)^2 \mathrm{d}A \\ &= \int_A (y_c^2 + 2ay_c + a^2) \mathrm{d}A \\ &= \int_A y_c^2 \mathrm{d}A + 2a\int_A y_c \mathrm{d}A + a^2\int_A \mathrm{d}A \\ &= I_{zc} + 2aS_{zc} + a^2 A \end{aligned}$$

式中：$S_{zc} = \int_A y_c dA$是平面图形面积A对z_c轴的面积矩，因z_c轴是形心轴，故$S_{zc} = 0$。于是得

$$I_{z1} = I_{zc} + a^2 A$$

同理，可求得截面对y_c轴的惯性矩为

$$I_{y1} = I_{yc} + b^2 A$$

即

$$\left.\begin{aligned} I_{z1} &= I_{zc} + a^2 A \\ I_{y1} &= I_{yc} + b^2 A \end{aligned}\right\} \tag{5-16}$$

式（5-16）称为惯性矩的平行移轴公式。

式（5-16）表明：平面图形对任一轴的惯性矩，等于平面图形对平行于该轴的形心轴的惯性矩，再加上图形面积A与两轴间距离平方的乘积。

由于乘积a^2A、b^2A恒为正，故图形对于形心轴的惯性矩是对所有平行轴的惯性矩中最小的。

注意，平行移轴公式的适用条件是：

（1）y_c、z_c轴必须是通过截面形心的轴；

（2）z_1、y_1轴必须分别与y_c、z_c轴平行。

【例5-8】 试计算图5-13所示矩形截面图形对z_1轴与y_1轴的惯性矩。

解 矩形截面图形对其形心轴的惯性矩可由表 5-2 查得

$$I_{zc} = \frac{bh^3}{12}$$

$$I_{yc} = \frac{hb^3}{12}$$

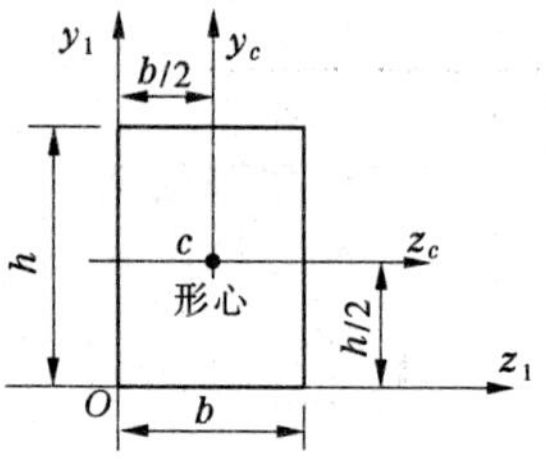

图 5-13

应用平行移轴公式(5-16)求得

$$I_{z1} = \frac{bh^3}{12} + \left(\frac{h}{2}\right)^2 \times bh = \frac{bh^3}{3}$$

$$I_{y_1} = \frac{hb^3}{12} + \left(\frac{b}{2}\right)^2 \times bh = \frac{hb^3}{3}$$

为方便计算,现将几种常见简单平面图形的形心位置和惯性矩列入表 5-2,以供查用。

表 5-2 几种常见简单平面图形的形心位置和惯性矩

序号	图形	面积	形心位置	惯性矩(形心轴)
1	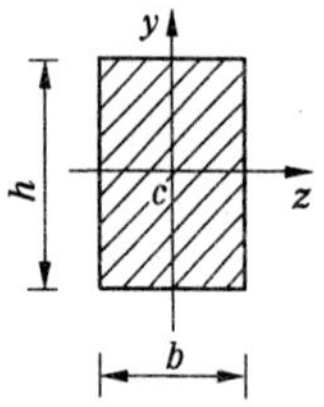	$A = bh$	$z_c = \frac{b}{2}$ $y_c = \frac{h}{2}$	$I_z = \frac{bh^3}{12}$ $I_y = \frac{hb^3}{12}$
2	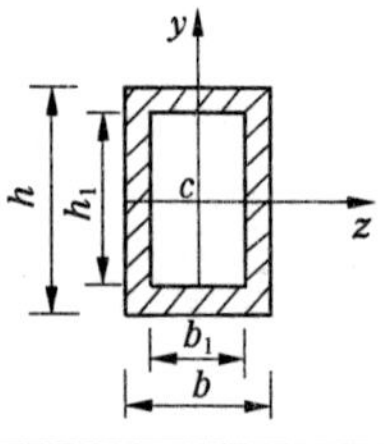	$A = bh - b_1h_1$	$z_c = \frac{b}{2}$ $y_c = \frac{h}{2}$	$I_z = \frac{1}{12}(bh^3 - b_1h_1^3)$ $I_y = \frac{1}{12}(hb^3 - h_1b_1^3)$
3	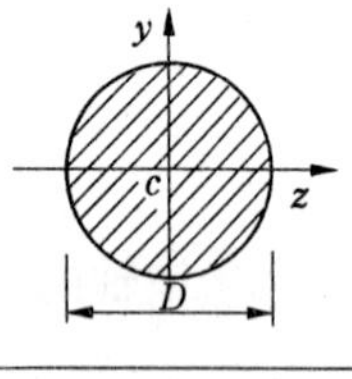	$A = \frac{\pi D^2}{4}$	$z_c = y_c = \frac{D}{2}$	$I_z = I_y = \frac{\pi D^4}{64}$
4	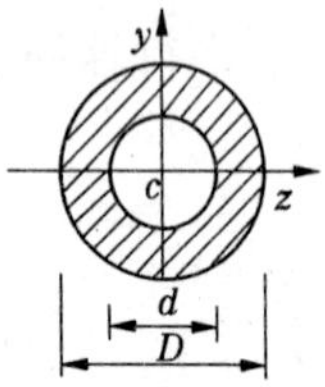	$A = \frac{\pi}{4}(D^2 - d^2)$	$z_c = y_c = \frac{D}{2}$	$I_z = I_y = \frac{\pi D^4}{64}(1 - \alpha^4)$ $\alpha = \frac{d}{D}$

续表 5-2

序号	图 形	面 积	形心位置	惯性矩(形心轴)
5	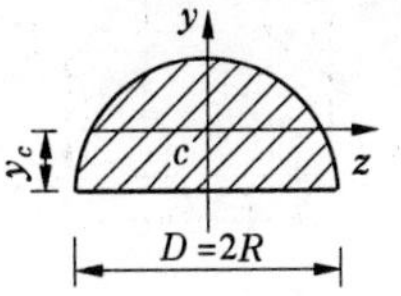	$A=\dfrac{\pi R^2}{2}$	$z_c=\dfrac{D}{2}$ $y_c=\dfrac{4R}{3\pi}$	$I_z=(\dfrac{1}{8}-\dfrac{8}{9\pi^2})\pi R^4$ $\approx 0.11R^4$ $I_y=\dfrac{\pi D^4}{128}=\dfrac{\pi R^4}{8}$
6	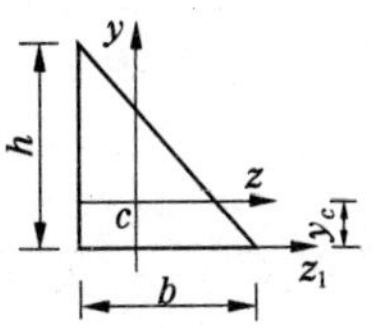	$A=\dfrac{1}{2}bh$	$z_c=\dfrac{b}{3}$ $y_c=\dfrac{h}{3}$	$I_z=\dfrac{bh^3}{36}$ $I_y=\dfrac{hb^3}{12}$

(二)组合图形的惯性矩计算

在进行梁弯曲时的强度计算中,若梁的横截面为组合图形时,需要计算出组合图形对其形心轴的惯性矩。例如,图 5-14(a)、(b)、(c)所示的 T 形、工字形和 L 形等就是由几个矩形截面组合而成的,又如图 5-14(d)所示的图形就是由两个槽形图形组合而成的。

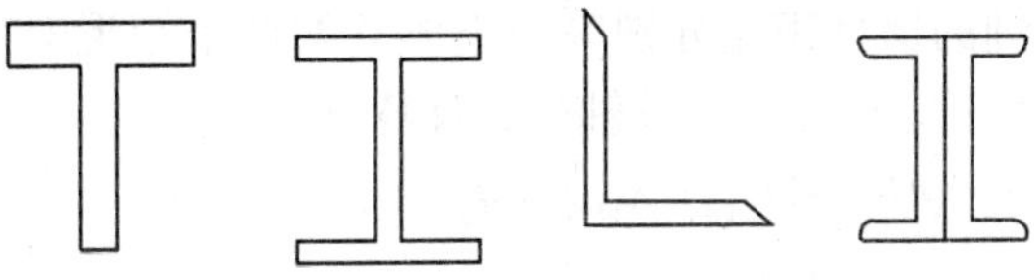

图 5-14

要计算由 n 个简单图形组成的组合截面图形对某轴的惯性矩,可根据定义分别计算各简单图形对该轴的惯性矩后相加,并利用平行移轴公式导得其计算公式为

$$\left.\begin{aligned} I_z &= \sum_{i=1}^{n} I_{zi} = \sum_{i=1}^{n}(I_{zic}+a_i^2A_i) = \sum_{i=1}^{n} I_{zic} + \sum_{i=1}^{n} a_i^2A_i \\ I_y &= \sum_{i=1}^{n} I_{yi} = \sum_{i=1}^{n}(I_{yic}+b_i^2A_i) = \sum_{i=1}^{n} I_{yic} + \sum_{i=1}^{n} b_i^2A_i \end{aligned}\right\} \qquad (5\text{-}17)$$

式中:I_{zic}为第 i 个简单图形对过自身形心 z_{ic}轴的惯性矩;I_{yic}为第 i 个简单图形对过自身形心 y_{ic}轴的惯性矩;a_i 为 z 轴与 z_{ic}轴两个平行轴之间的间距;b_i 为 y 轴与 y_{ic}轴两个平行轴之间的间距;A_i 为第 i 个简单图形的面积。

【例 5-9】 试计算图 5-15 所示 T 形截面对形心轴 z_c、y_c 的惯性矩。

解 (1)确定 T 形截面的形心位置。

由于 y_c 轴为截面的对称轴,形心必在 y_c 轴上,故 $z_c=0$。为确定 y_c,选参照坐标系 z_1Oy_1。将 T 形图形分为两个矩形,它们的面积和形心坐标分别为

$$A_1 = 0.5\times 0.12 = 0.06(\mathrm{m}^2) \qquad y_{1c} = 0.58+0.06 = 0.64(\mathrm{m})$$

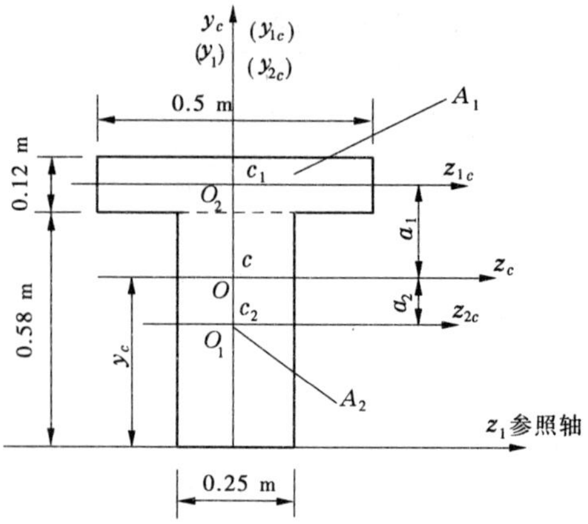

图 5-15

$$A_2 = 0.25 \times 0.58 = 0.145(\mathrm{m}^2) \qquad y_{2c} = \frac{0.58}{2} = 0.29(\mathrm{m})$$

求得

$$y_c = \frac{\sum A_i y_i}{A} = \frac{A_1 y_1 + A_2 y_2}{A_1 + A_2} = \frac{0.06 \times 0.64 + 0.145 \times 0.29}{0.06 + 0.145} = 0.392(\mathrm{m})$$

(2)计算截面对形心轴的惯性矩。

整个截面对 y_c、z_c 轴的惯性矩应分别等于组成它的两个矩形对 y_c、z_c 轴惯性矩之和，而两矩形对 z_c 轴的惯性矩应根据平行移轴公式计算，即

$$\begin{aligned} I_z &= I_{z1} + I_{z2} = I_{zc1} + A_1 a_1^2 + I_{zc2} + A_2 a_2^2 \\ &= \frac{0.5 \times 0.12^3}{12} + 0.12 \times 0.5 \times (0.64 - 0.392)^2 + \\ &\quad \frac{0.25 \times 0.58^3}{12} + 0.25 \times 0.58 \times (0.392 - 0.29)^2 \\ &= 9.33 \times 10^{-3}(\mathrm{m}^4) \end{aligned}$$

由于 y 轴通过两个矩形的形心，即 $b_1 = 0, b_2 = 0$，故可直接计算它们对 y 轴的惯性矩为

$$I_y = I_{y1c} + I_{y2c} = \frac{0.12 \times 0.5^3}{12} + \frac{0.58 \times 0.25^3}{12} = 2 \times 10^{-3}(\mathrm{m}^4)$$

【例 5-10】 在如图 5-16 所示的矩形中，挖去两个直径为 d 的圆形，求余下阴影部分图形对 z 轴的惯性矩。

解 整个图形可看成是由一个大的矩形减去两个圆形组成的，因 z 轴通过大矩形图形的形心，故 $I_{z矩} = \frac{bh^3}{12}$，但 z 轴不通过圆形的形心，故求 $I_{z圆}$ 时，需要应用平行移轴公式。由式(5-16)求得一个圆形对 z 轴的惯性矩为

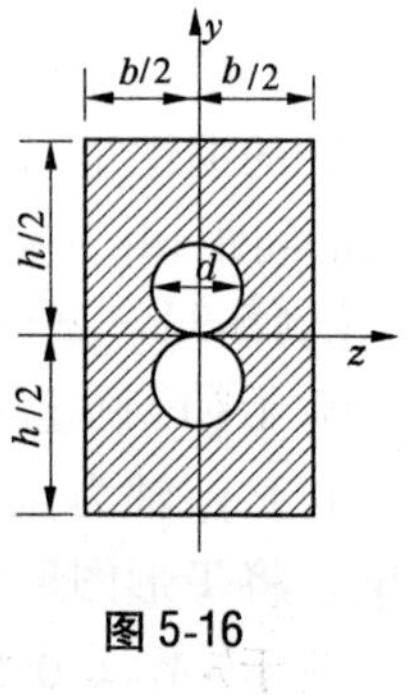

图 5-16

$$I_{z圆} = I_{zc} + a^2 A = \frac{\pi d^4}{64} + \left(\frac{d}{2}\right)^2 \times \frac{\pi d^2}{4} = \frac{5\pi d^4}{64}$$

最后求得阴影部分图形对 z 轴的惯性矩为

$$I_z = \frac{bh^3}{12} - 2 \times \frac{5\pi d^4}{64} = \frac{bh^3}{12} - \frac{5\pi d^4}{32}$$

【例 5-11】 由两个 No20a 槽钢组成的截面,如图 5-17 所示。试问:

(1)当两槽钢相距 $a = 50$ mm 时,对形心轴 z、y 的惯性矩哪个较大,其值各为多少?

(2)如果使 $I_y = I_z$,a 值应为多少?

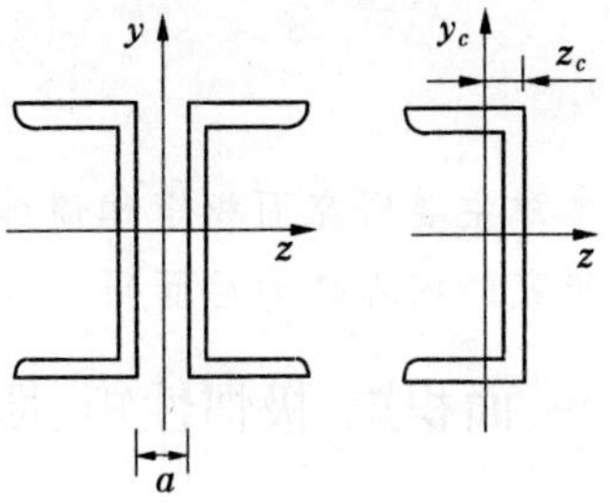

图 5-17

解 (1)由附录的型钢表查得 No20a 槽钢

$A = 2.883 \times 10^3\ \text{mm}^2 \qquad z_0 = 20.1$ mm

$I_{xc} = I_{zc} = 17.8 \times 10^6\ \text{mm}^4 \qquad I_{yc} = 1.28 \times 10^6\ \text{mm}^4$

(2)当 $a = 50$ mm 时,I_z、I_y 的值为

$$I_z = 2I_{zc} = 2 \times 17.8 \times 10^6 = 35.6 \times 10^6 (\text{mm}^4)$$

$$I_y = 2 \times \left[I_{yc} + \left(z_0 + \frac{a}{2} \right)^2 A \right]$$

$$= 2 \times \left[1.28 \times 10^6 + (20.1 + \frac{50}{2})^2 \times 2.883 \times 10^3 \right] = 14.292 \times 10^6 (\text{mm}^4)$$

(3)欲使 $I_y = I_z$,确定 a 的值。

由计算结果可知,$I_z > I_y$,适当加大 a 值,可使 $I_y = I_z$,则

$$I_y = 2 \times \left[I_{yo} + \left(z_0 + \frac{a}{2} \right)^2 A \right] = I_z$$

即
$$2 \times \left[1.28 \times 10^6 + (20.1 + \frac{a}{2})^2 \times 2.883 \times 10^3 \right] = 35.6 \times 10^6$$

求得
$$a = 111.2\ \text{mm}$$

计算结果表明,当 $a = 111.2$ mm 时,截面对 z、y 轴的惯性矩相等,即 $I_z = I_y = 35.6 \times 10^6\ \text{mm}^4$。

四、惯性半径

在工程中为某些计算的需要,还将一个图形对某轴(如 z 轴)的惯性矩用图形面积 A 与某一长度的平方的乘积来表示,即

$$I_z = i_z^2 A$$

或
$$i_z = \sqrt{\frac{I_z}{A}} \tag{5-18}$$

式中:i_z 称为平面图形对 z 轴的惯性半径。惯性半径的量纲为长度,常用单位为 m 或 mm。

对于圆截面图形,其惯性半径为

$$i_z = \sqrt{\frac{I_z}{A}} = \sqrt{\frac{\pi d^4}{64} \Big/ \frac{\pi d^2}{4}} = \frac{d}{4}$$

对于矩形截面图形,其惯性半径为

$$i_z = \sqrt{\frac{I_z}{A}} = \sqrt{\frac{bh^3}{12}/bh} = \frac{h}{\sqrt{12}}$$

本章内容小结

本章主要研究面积矩和惯性矩的计算，二者都是与图形的形状、大小有关的几何量。本章研究的内容是为后面研究其他相关内容做的准备工作。

一、面积矩、极惯性矩、惯性矩和惯性积的定义和性质

(1) 面积矩为 $S_z = \int_A y\mathrm{d}A \qquad S_y = \int_A z\mathrm{d}A$

(2) 极惯性矩为 $I_\rho = \int_A \rho^2 \mathrm{d}A$

(3) 惯性矩为 $I_z = \int_A y^2\mathrm{d}A \qquad I_y = \int_A z^2\mathrm{d}A$

(4) 惯性积为 $I_{yz} = \int_A yz\mathrm{d}A$

面积矩和惯性矩都是对一个坐标轴而言的，对于不同的坐标轴，它们的数值是不同的。面积矩可正、可负、可为零，而惯性矩恒为正值。

极惯性矩是对一个坐标原点而言的，对于不同坐标原点，其数值是不同的。极惯性矩恒为正值。

惯性积是对两个正交的坐标轴而言的。惯性积可正、可负、可为零。

二、面积矩与形心坐标的关系

简单图形为 $S_z = \int_A y\mathrm{d}A = Ay_c$ 或 $y_c = \dfrac{S_z}{A}$

组合图形为 $S_z = \sum_{i=1}^{n} A_i y_{ic} = Ay_c$ 或 $y_c = \dfrac{\sum A_i y_{ic}}{A}$

当坐标轴通过图形的形心时，静矩为零；反之，若截面对某轴的面积矩等于零，则该轴必定为形心轴。

三、极惯性矩、惯性矩的计算

(1) 简单图形：按定义通过积分计算或查表 5-2。

(2) 组合图形：利用简单图形的已知结果，通过平行移轴公式来计算组合图形的惯性矩。其计算式为

$$\left.\begin{aligned} I_z &= \sum_{i=1}^{n} I_{zi} = \sum_{i=1}^{n} (I_{zic} + a_i^2 A_i) = \sum_{i=1}^{n} I_{zic} + \sum_{i=1}^{n} a_i^2 A_i \\ I_y &= \sum_{i=1}^{n} I_{yi} = \sum_{i=1}^{n} (I_{yic} + b_i^2 A_i) = \sum_{i=1}^{n} I_{yic} + \sum_{i=1}^{n} b_i^2 A_i \end{aligned}\right\}$$

熟记矩形、圆形和圆环的惯性矩，即

矩形 $$I_z = \frac{bh^3}{12}$$

圆形 $$I_z = \frac{\pi d^4}{64}$$

圆环 $$I_z = \frac{\pi D^4}{64}(1 - \alpha^4)$$

思考题

5-1 何谓重心、形心？在什么情况下物体的重心与形心重合？

5-2 为什么说图形的对称轴一定是形心主轴？

5-3 面积矩与形心有何关系？

5-4 矩形截面宽为 b，高 $h=2b$，宽度增加一倍时，图形对形心轴的惯性矩 I_z 是原来的几倍？高宽互换时，图形对形心轴的惯性矩 I_z 是原来的几倍？高度增加一倍时，图形对形心轴的惯性矩 I_z 是原来的几倍？

习 题

5-1 试确定图 5-18(a)、(b)所示图形的形心位置。图中尺寸单位为 mm。

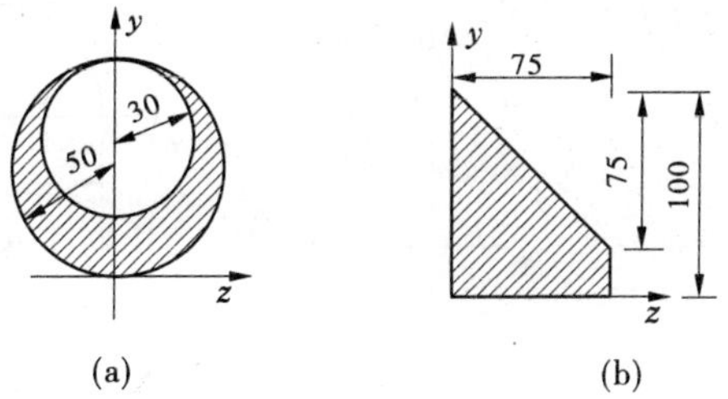

图 5-18

5-2 T 形截面如图 5-19 所示，图中尺寸单位为 m。试求阴影部分面积对通过形心且与对称轴 y 垂直的 z_0 轴的面积矩。

5-3 如图 5-20 所示倒 T 形截面，图中尺寸单位为 m。试求：

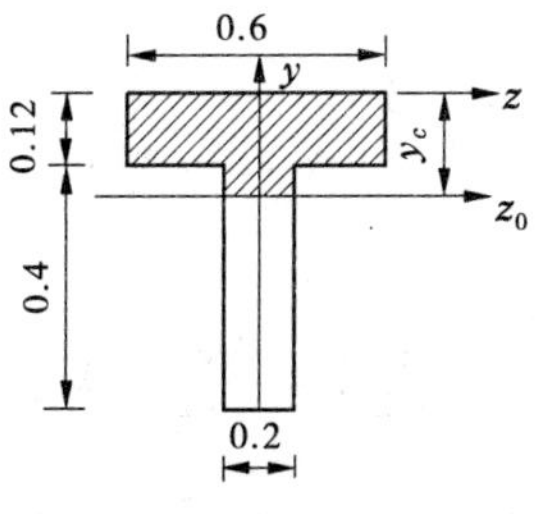

图 5-19

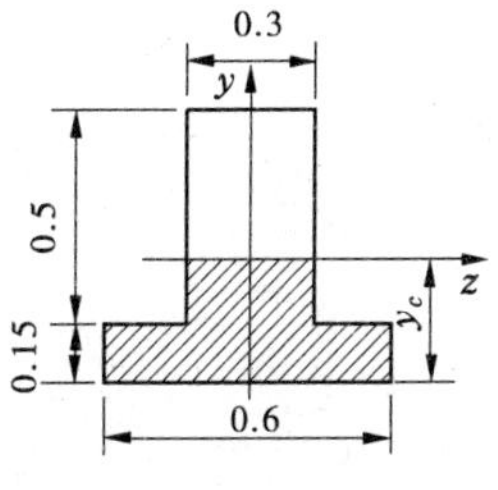

图 5-20

(1)形心的位置；

(2)阴影部分对 z 轴的面积矩。

5-4　求图 5-21 所示两截面对形心主轴的惯性矩。

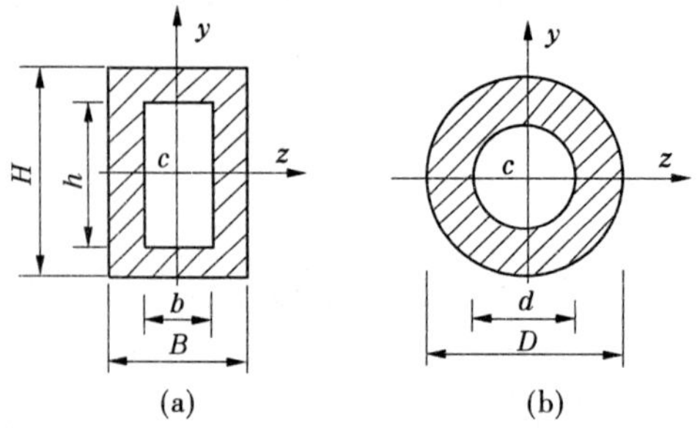

图 5-21

5-5　计算如图 5-22 所示图形对 z 轴的惯性矩，图中尺寸单位为 mm。

5-6　如图 5-23 所示直径为 D 的半圆，已知它对 z 轴的惯性矩为 $I_z=\frac{\pi D^4}{128}$，则对 z_1 轴的惯性矩为 $I_{z1}=I_z+a^2A=\frac{\pi D^4}{128}\times\left(\frac{D}{2}\right)^2\times\frac{\pi D^2}{8}=\frac{5\pi D^4}{128}$，以上计算是否正确？为什么？

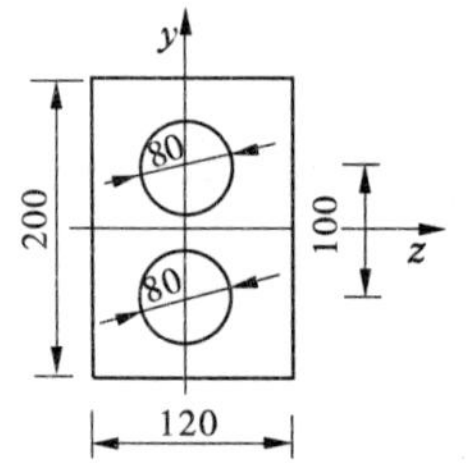

图 5-22

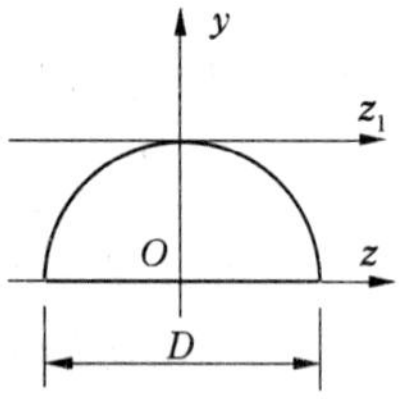

图 5-23

第六章　杆件的强度和刚度计算

【学习目标】

● 了解应力、应变、许用应力与安全系数、剪切与挤压、梁弯曲时的挠度和转角、组合变形及截面核心等概念。

● 了解轴向拉(压)杆斜截面上的应力、材料在拉伸和压缩时的力学性能、矩形截面杆扭转时的应力、用积分法求梁的挠度和转角、提高弯曲强度和刚度的措施、双向偏心压(拉)杆的应力和强度条件等。

● 熟悉虎克定律与轴向拉(压)杆的变形计算、几种基本变形杆件横截面上的正应力及剪应力的计算公式、叠加法求梁的挠度和转角。

● 掌握几种基本变形及组合变形时的强度条件，并能利用强度条件进行强度计算。

● 了解圆轴扭转时的扭转角和刚度计算、梁弯曲时的变形和刚度计算。

第一节　应力的概念

内力是构件内部某截面上相连两部分之间的相互作用力，是截面上分布内力系的合力。因它只表示截面上总的受力情况，故只求出内力还无法很确切地反映构件的危险程度。例如，两根材料相同但粗细不同的直杆，在相同的拉力作用下，随着拉力的增加，细杆首先被拉断。这说明杆件的破坏不仅与内力有关，而且与截面上内力分布的密集程度有关。因此，研究构件的强度问题，必须研究内力在截面上的分布规律。截面上某点处内力分布的集度，称为该点的应力。

一受力构件如图6-1(a)所示，在 $m—m$ 截面上围绕 K 点取微面积 ΔA(见图6-1(b))。设作用在 ΔA 上的分布内力的合力为 ΔF，则在 ΔA 上内力的平均应力为：$p_m = \Delta F/\Delta A$。

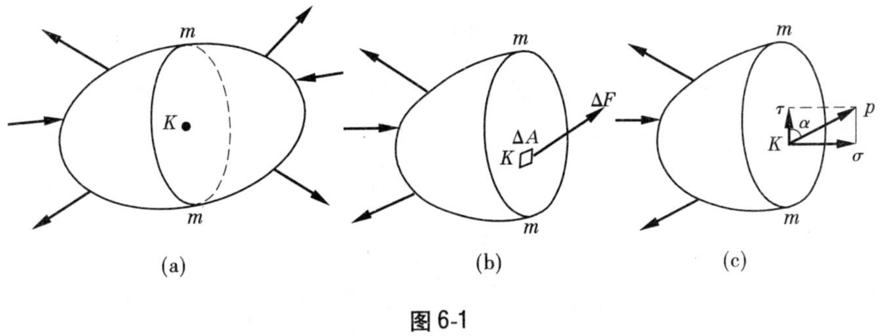

图6-1

当内力分布不均匀时，平均应力 p_m 随所取 ΔA 的大小而变化，因而它没有确切地反映出 K 点的实际内力集度。只有当 $\Delta A \to 0$ 时，p_m 的极限值 p 才能代表 K 点的内力集度，即

$$p = \lim_{\Delta A \to 0} \frac{\Delta F}{\Delta A} = \frac{dF}{dA}$$

p 称为 K 点处的应力。p 是一个矢量,常常与截面既不垂直也不相切。通常把应力 p 分解成垂直于截面的法向分量 σ 和相切于截面的切向分量 τ(见图6-1(c))。由图6-1中的关系可知

$$\sigma = p\sin\alpha \qquad \tau = p\cos\alpha$$

式中:σ 称为正应力;τ 称为剪应力。

应力的单位为Pa(帕),1 Pa = 1 N/m²。由于帕斯卡这一单位甚小,工程中常用kPa(千帕)、MPa(兆帕)和GPa(吉帕)表示,1 kPa = 10^3 Pa、1 MPa = 10^6 Pa、1 GPa = 10^9 Pa。

第二节 轴向拉(压)杆的强度计算

一、横截面上的正应力

因为拉(压)杆横截面上的内力是沿着截面的法向应力,所以横截面上只有正应力 σ。

要计算杆件横截面上的正应力,可通过试验中观察到的变形情况,推测出应力在横截面上的变化规律,再通过静力学关系得到应力计算公式。

以拉杆为例来说明。取一等截面直杆,试验前先在杆的表面刻划出两条垂直于轴线的横向线1—1、2—2(见图6-2(a))。在轴向拉力 F 作用下观测到杆件的变形现象:横向线1—1、2—2移动后仍保持为直线(见图6-2(a)中虚线),并且仍然与杆轴线垂直。根据以上变形现象,可作出假设如下:变形前为平面的横截面,变形后仍保持为平面且与轴线垂直,这就是平面假设。

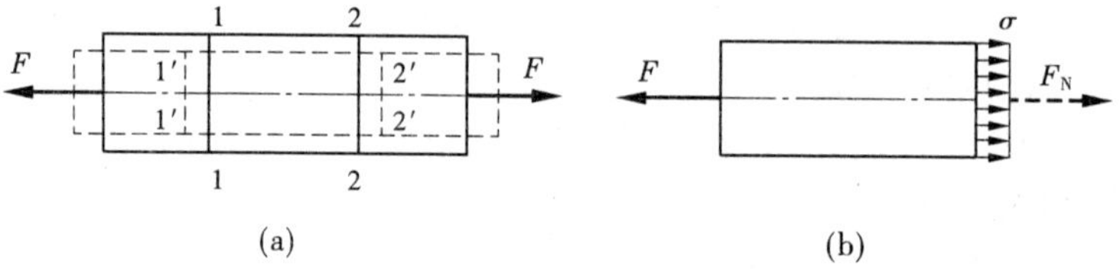

图6-2

根据平面假设可以断定拉杆所有纵向纤维的伸长相等。又因材料是均匀的,各纵向纤维的性质相同,因而其受力也就一样。所以,杆件横截面上的内力是均匀分布的,即在横截面上各点的正应力相等,亦即 σ 等于常量(见图6-2(b))。由 $F_N = \sigma A$,于是

$$\sigma = \frac{F_N}{A} \tag{6-1}$$

式(6-1)就是拉(压)杆横截面上正应力 σ 的计算公式。正应力符号与轴力 F_N 的符号规定相同,即拉应力为正、压应力为负。由于拉(压)杆横截面上各点的正应力相同,故求应力时只需确定截面位置即可。

虽然在靠近外力 F 作用点处,拉(压)杆的变形并不完全满足平面假设,但根据圣维南原理知道,这一范围影响不大。因此,工程中一般将二力之间截面上各点的应力均用

式(6-1)计算。

【例 6-1】 图 6-3 所示为阶梯形钢杆。已知 $F=30$ kN,1—1 截面的面积为 $A_1=250$ mm^2,2—2 截面的面积为 $A_2=600$ mm^2,杆的受力情况如图所示,试求各段横截面上的应力。

解 (1)轴力计算。

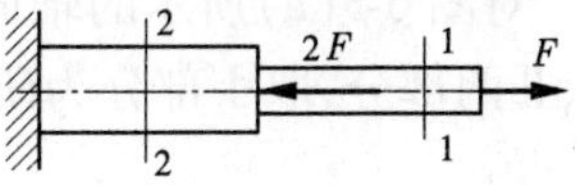

图 6-3

由力的平衡方程可得

$F_{N1}-F=0 \quad F_{N1}=F=30\text{ kN}$ (拉力)

$F-2F-F_{N2}=0 \quad F_{N2}=F-2F=-30\text{ kN}$ (压力)

(2)应力计算。

$$\sigma_1=\frac{F_{N1}}{A_1}=\frac{30\times 10^3}{250}=120(\text{MPa}) \quad (\text{拉应力})$$

$$\sigma_2=\frac{F_{N2}}{A_2}=-\frac{30\times 10^3}{600}=-50(\text{MPa}) \quad (\text{压应力})$$

【例 6-2】 一支架在 B 结点承受荷载 $F=20$ kN,如图 6-4(a)所示。若 BC 杆和 BD 杆横截面面积分别为 $A_{BC}=500$ mm^2 和 $A_{BD}=200$ mm^2。试求此两杆横截面上的应力。

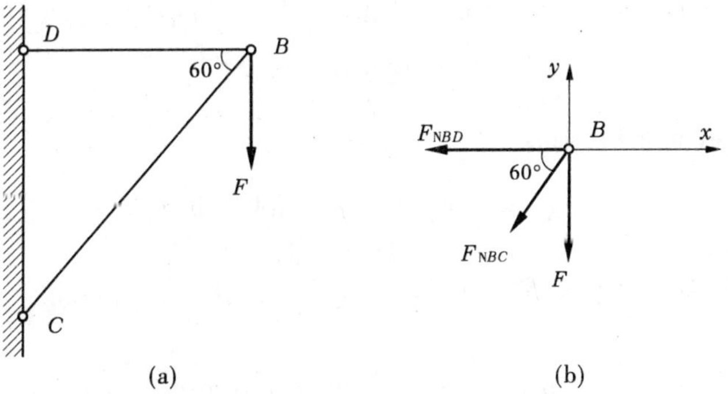

图 6-4

解 (1)求杆件的内力。

取 B 结点为研究对象,画受力图,如图 6-4(b)所示。

由 $$\sum F_x=0 \qquad -F_{NBD}-F_{NBC}\cos 60°=0$$

$$\sum F_y=0 \qquad -F-F_{NBC}\sin 60°=0$$

求得

$$F_{NBC}=-\frac{F}{\sin 60°}=-\frac{20}{\sin 60°}=-23.094(\text{kN}) \quad (\text{压力})$$

$$F_{NBD}=-F_{NBC}\cos 60°=23.094\times 0.5=11.547(\text{kN}) \quad (\text{拉力})$$

(2)求杆件横截面上的应力

$$\sigma_{BC}=\frac{F_{NBC}}{A_{BC}}=\frac{-23.094\times 10^3}{500}=-46.2(\text{MPa}) \quad (\text{压应力})$$

$$\sigma_{BD}=\frac{F_{NBD}}{A_{BD}}=\frac{11.547\times 10^3}{200}=57.7(\text{MPa}) \quad (\text{拉应力})$$

二、斜截面上的应力

铸铁压缩的试验表明，破坏有时也可能是沿斜截面发生的。要更全方位地研究拉(压)杆的强度，就需要进一步讨论斜截面上的应力。

对图 6-5(a)所示的轴向受拉杆件，用一与横截面成 α 角的斜截面 m—n 截开，分成Ⅰ、Ⅱ两部分，取Ⅰ部分为研究对象。

由
$$\sum F_x = 0$$
求得
$$F_{N\alpha} = F$$

按照证明横截面上应力均匀分布的方法，可得出斜截面上的应力也是均匀分布的，如图 6-5(c)所示。

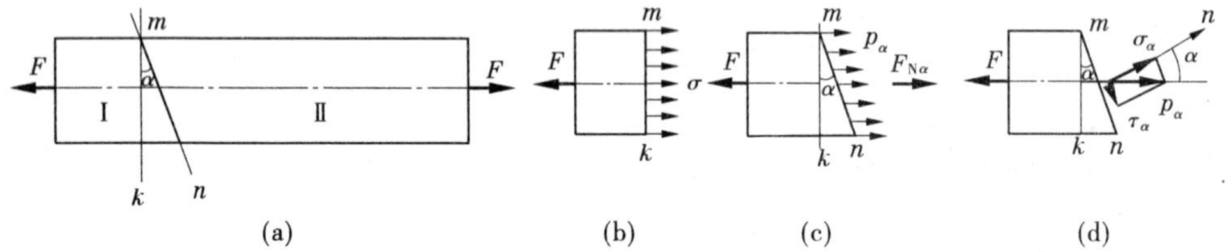

图 6-5

用 A_α 表示斜截面面积，则有

$$F_{N\alpha} = \int_{A_\alpha} p_\alpha \mathrm{d}A = p_\alpha \int_{A_\alpha} \mathrm{d}A = p_\alpha A_\alpha \qquad (a)$$

若横截面面积为 A，由图 6-5(c)可得：$A_\alpha = \dfrac{A}{\cos\alpha}$，则由式(a)可得

$$p_\alpha = \frac{F_{N\alpha}}{A_\alpha} = \frac{F}{A}\cos\alpha = \sigma\cos\alpha \qquad (b)$$

式中：$\sigma = \dfrac{F}{A}$ 为横截面上的正应力。如图 6-5(b)所示，p_α 称为斜截面上的全应力，通常把 p_α 分解为两个分量，即垂直于 m—n 截面的正应力 σ_α 和相切于 m—n 截面的剪应力 τ_α。由图 6-5(d)可得

$$\sigma_\alpha = p_\alpha\cos\alpha = \sigma\cos^2\alpha \qquad (6\text{-}2)$$

$$\tau_\alpha = p_\alpha\sin\alpha = \sigma\cos\alpha\sin\alpha = \frac{1}{2}\sigma\sin2\alpha \qquad (6\text{-}3)$$

式(6-2)和式(6-3)表明了轴向拉(压)杆斜截面上任一点既有正应力 σ_α，又有剪应力 τ_α，并且它们都随斜截面的方位角 α 的变化而变化。

计算时要注意 α、σ_α 和 τ_α 的符号(见图 6-6)规定如下：

(1)角 α 自杆轴线向斜截面外法线 n 旋转，逆时针转为正，顺时针转为负；

(2)正应力 σ_α 仍以拉应力为正，压应力为负；

(3)剪应力 τ_α 以其对截面内侧任一点顺时针转为正，反之为负。

由式(6-2)可知，最大正应力发生在 $\alpha = 0$ 的横截面上，其值为

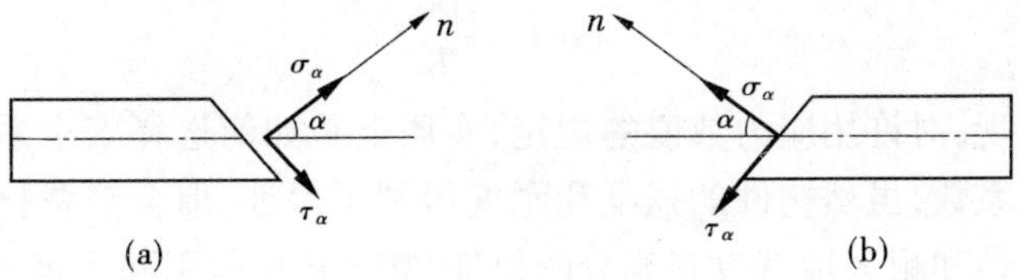

图 6-6

$$\sigma_{max} = \sigma$$

由式(6-3)可知，最大剪应力发生在 $\alpha = 45°$的斜截面上，其值为

$$\tau_{max} = \tau_{\alpha=45°} = \frac{\sigma}{2}$$

【例 6-3】 一杆件受到轴向拉力作用，已知拉力 $F = 20$ kN，横截面面积 $A = 200$ mm^2。试求 $\alpha = 30°$、$60°$、$120°$时各截面上的应力。

解 由式(6-1)可得横截面上的正应力为

$$\sigma = \frac{F_N}{A} = \frac{F}{A} = \frac{20 \times 10^3}{200} = 100(\text{MPa})$$

由式(6-2)、式(6-3)计算各斜截面上的应力

$$\sigma_{30°} = \sigma\cos^2\alpha = 100 \times \cos^2 30° = 75(\text{MPa})$$

$$\tau_{30°} = \frac{\sigma}{2}\sin 2\alpha = \frac{100}{2} \times \sin(2 \times 30°) = 43.3(\text{MPa})$$

$$\sigma_{60°} = \sigma\cos^2\alpha = 100 \times \cos^2 60° = 25(\text{MPa})$$

$$\tau_{60°} = \frac{\sigma}{2}\sin 2\alpha = \frac{100}{2} \times \sin(2 \times 60°) = 43.3(\text{MPa})$$

$$\sigma_{120°} = \sigma\cos^2\alpha = 100 \times \cos^2 120° = 25(\text{MPa})$$

$$\tau_{120°} = \frac{\sigma}{2}\sin 2\alpha = \frac{100}{2} \times \sin(2 \times 120°) = -43.3(\text{MPa})$$

在例 6-3 中发现，$\alpha = 30°$和 $\alpha = 120°$两个正交截面上的剪应力数值相等而符号相反，此结果具有一般性，称为剪应力互等定理，即在受力构件内互相垂直的任意两截面上，剪应力大小相等而符号相反，其方向同时指向或同时离开两截面的交线。

三、轴向拉(压)杆的强度条件

(一)许用应力和安全系数

把材料断裂或产生过大的塑性变形时的应力称为极限应力，用 σ_u 表示。在本章第四节中将介绍：当脆性材料的应力达到强度极限 σ_b 时，材料发生破坏；当塑性材料的应力达到屈服极限 σ_s 时，材料将产生较大的塑性变形而不能正常工作。于是：对于塑性材料，取 $\sigma_u = \sigma_s$；对于脆性材料，取 $\sigma_u = \sigma_b$。

为了保证构件能安全正常地工作，必须使构件的实际工作应力限制在比极限应力 σ_u 更低的范围内，该值就是所谓的许用应力。许用应力是将材料的极限应力 σ_u 除以大于 1 的系数 K(即安全系数)，用符号$[\sigma]$来表示。即

$$[\sigma] = \frac{\sigma_u}{K} \tag{6-4}$$

由式(6-4)发现,对许用应力数值的规定,实质上是如何选择安全系数的问题。从安全考虑,加大安全系数,虽然构件的强度和刚度得到了保证,但会浪费材料,不够经济;若选得过小,其安全性和耐久性就没有充分的保证,甚至还可能引起严重的事故。

安全系数的选择原则是:在满足安全要求的前提下,适当减小安全系数以提高许用应力,从而提高经济效益。

安全系数的确定是一个复杂的问题,一般情况下,在国家或有关部门相应的规范中可以查到。对塑性材料一般取 $K=1.4\sim1.7$,脆性材料一般取 $K=2.0\sim3.5$。

许用应力的具体数据,一般均由国家在有关规范中规定。表 6-1 给出了几种常用材料在常温、静载条件下的许用应力值。

表 6-1　几种常用材料的许用应力

材料	牌号	许用应力	
		轴向拉伸(MPa)	轴向压缩(MPa)
低碳钢	A_3	170	170
低合金钢	16 Mn	230	230
灰口铸铁		34 ~ 54	160 ~ 200
混凝土	C20	0. 44	7
混凝土	C30	0. 6	10. 3
红松(顺纹)		6. 4	10

(二)轴向拉(压)杆的强度条件

对于等截面直杆件,最大的正应力发生在最大轴力 F_{Nmax} 作用的截面上,即

$$\sigma_{max} = \frac{F_{Nmax}}{A} \tag{6-5}$$

通常把 σ_{max} 所在的截面称为危险截面,把 σ_{max} 所在的点称为危险点。为了保证拉(压)杆不致因强度不够而破坏,构件内的最大工作应力不得超过其材料的许用应力,即

$$\sigma_{max} = \frac{F_{Nmax}}{A} \leqslant [\sigma] \tag{6-6}$$

式(6-6)称为轴向拉(压)杆的强度条件。

四、强度计算示例

应用上述强度条件可以解决轴向拉(压)杆的三类强度计算问题。

(一)强度校核

当已知杆的材料许用应力 $[\sigma]$、截面尺寸 A 和承受的荷载 F_{Nmax} 时,可用式(6-6)校核杆的强度,即

$$\sigma_{max} = \frac{F_{Nmax}}{A} \leqslant [\sigma]$$

以检查梁是否满足强度要求。

(二)设计截面

当已知荷载与材料的许用应力时,可将式(6-6)改写为

$$A \geqslant \frac{F_{Nmax}}{[\sigma]}$$

以确定截面尺寸。

(三)确定许可荷载

当已知构件截面尺寸和材料的许用应力时,可将式(6-6)改写为

$$F_{Nmax} \leqslant A[\sigma]$$

以确定许可荷载。

【例 6-4】 如图 6-7(a)所示为一简易吊车的简图,斜杆 AC 为直径 $d = 20$ mm 的圆形钢杆,材料的许用应力$[\sigma] = 170$ MPa,荷载 $F = 20$ kN。试校核斜杆 AC 的强度。

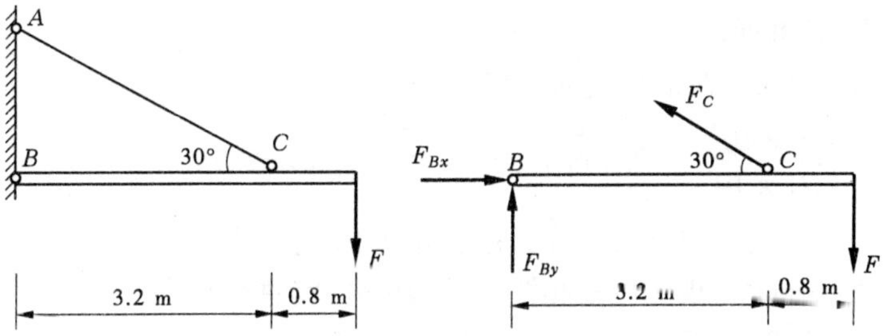

图 6-7

解 (1)求斜杆 AC 的轴力。

取梁 BC 进行分析,如图 6-7(b)所示。

由 $\sum M_B = 0 \qquad F_C \times \sin 30° \times 3.2 - F \times 4 = 0$

求得 $F_C = 50$ kN

(2)强度校核。

杆 AC 的横截面上的应力为

$$\sigma = \frac{F_N}{A} = \frac{F_C}{\pi d^2/4} = \frac{50 \times 10^3 \times 4}{\pi \times 20^2} = 159.2(\text{MPa}) \leqslant [\sigma] = 170 \text{ MPa}$$

所以,杆 AC 的强度能满足要求。

【例 6-5】 如图 6-8(a)所示为三角形托架,其杆 AB 由两个等边角钢组成。已知 $F =$ 75 kN,$[\sigma] = 160$ MPa,试选择等边角钢型号。

解 (1)求杆 AB 的轴力。

取 B 结点为研究对象,如图 6-8(b)所示。

由 $\sum F_x = 0 \qquad -F_{NAB} + F_{NCB}\cos 45° = 0$

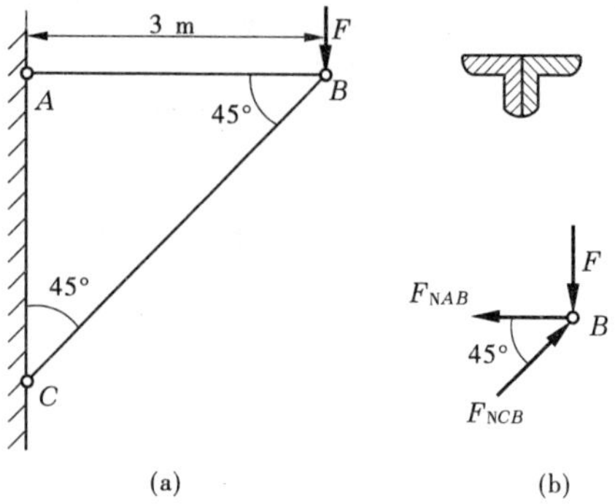

图 6-8

$$\sum F_y = 0 \qquad F_{NCB}\sin45° - F = 0$$

求得

$$F_{NCB} = \sqrt{2}F = \sqrt{2} \times 75 = 106.1(\text{kN})$$

$$F_{NAB} = F = 75 \text{ kN}$$

(2)设计杆 AB 截面尺寸。

由强度条件求得杆 AB 的横截面面积为

$$A \geqslant \frac{F_{NAB}}{[\sigma]} = \frac{75 \times 10^3}{160 \times 10^6} = 0.468\ 75 \times 10^{-3}(\text{m}^2) = 468.75 \text{ mm}^2$$

从附录型钢表查得 3 mm 厚的 4 号等边角钢的截面面积为 $2.359 \text{ cm}^2 = 235.9 \text{ mm}^2$。现用两根相同的角钢拼合,其总面积为

$$2 \times 235.9 = 471.8(\text{mm}^2) > A = 468.75 \text{ mm}^2$$

故能满足要求。

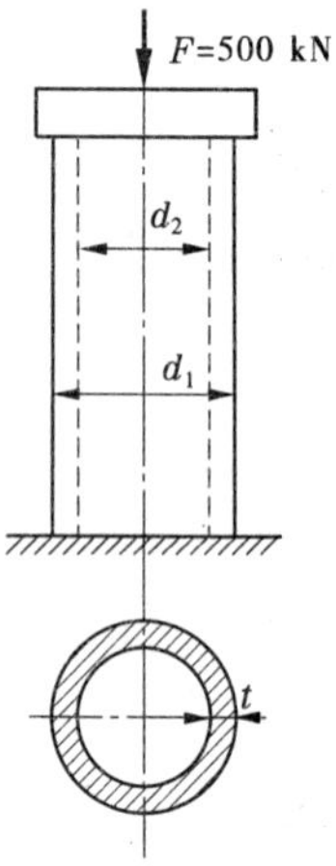

图 6-9

【例 6-6】 一空心铸铁短圆筒,外径 $d_1 = 250$ mm,内径 $d_2 = 200$ mm,受压力 F 作用,如图 6-9 所示。已知铸铁的许用应力 $[\sigma] = 30$ MPa,圆筒自重略去不计。求此圆筒的许可荷载 F。

解 (1)求圆桶横截面面积 A。

$$A = \pi(d_1^2 - d_2^2)/4 = \pi(250^2 - 200^2)/4 = 17\ 671(\text{mm}^2)$$

(2)确定许可荷载。

$$F \leqslant A[\sigma] = 17\ 671 \times 30 = 530\ 130(\text{N}) = 530.13 \text{ kN}$$

故许可荷载 F 为 530.13 kN。

第三节 轴向拉(压)杆的变形·虎克定律

一、轴向拉(压)杆的变形和应变

以悬臂圆截面杆件为例,说明轴向拉(压)杆的变形和应变。

如图 6-10(a)所示的杆件在轴向拉力作用下,将引起轴向尺寸的伸长和横向尺寸的缩短;反之,如图 6-10(b)所示的杆件在轴向压力作用下,则将引起轴向的缩短和横向的伸长。

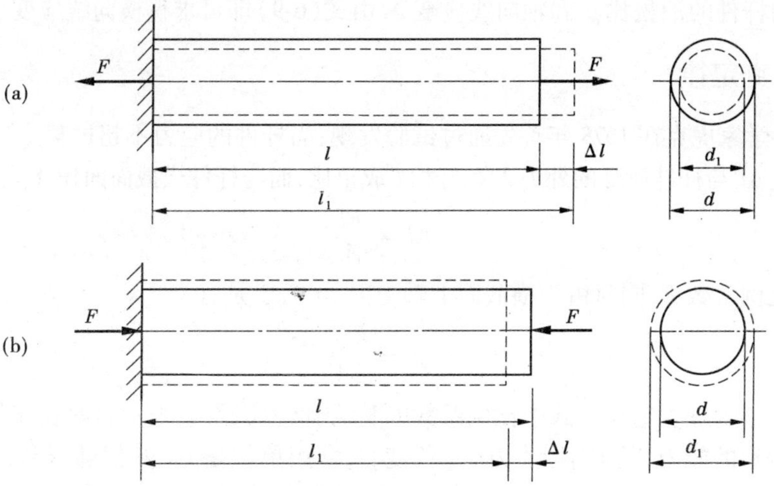

图 6-10

(一)轴向变形和应变

杆件变形后长度由 l 变为 l_1,则杆件在轴线方向的伸长为

$$\Delta l = l_1 - l$$

Δl 称为轴向变形或纵向变形,单位为 m 或 mm。Δl 与杆件的原长度 l 有关,为了确切反映杆件的变形程度,消除原尺寸的影响,引入相对变形概念(单位长度的伸长量),即轴向线应变为

$$\varepsilon = \frac{\Delta l}{l} \tag{6-7}$$

应变 ε 是无量纲的量。

(二)横向变形和应变

设杆原横向尺寸为 d,受力后变为 d_1,如图 6-10(b)所示,则杆的横向变形为

$$\Delta d = d_1 - d$$

而相应的横向线应变为

$$\varepsilon' = \frac{\Delta d}{d} \tag{6-8}$$

横向线应变 ε' 也是无量纲的量。

正负号规定:Δl、Δd 以伸长为正,缩短为负;ε 和 ε' 的正负号分别与 Δl 和 Δd 一致,即拉应变为正,压应变为负。显然,轴向线应变 ε 与横向线应变 ε' 恒为异号。

(三)泊松比

试验结果表明,当受拉(压)杆的应力不超过某一限度时,横向线应变 ε' 与轴向线应变 ε 之比的绝对值为一常数,用 μ 表示,即

$$\mu = \left|\frac{\varepsilon'}{\varepsilon}\right|$$

μ 称为横向变形系数或泊松比。由于 ε' 和 ε 的符号相反,故有

$$\varepsilon' = -\mu\varepsilon \tag{6-9}$$

若已知杆件的泊松比μ和轴向线应变ε，由式(6-9)即可求得横向线应变。

二、虎克定律

英国科学家虎克在1678年首先通过试验发现：当杆件的应力不超过某一限度时，杆件的轴向变形Δl与杆件所受的外力F和杆长l成正比，而与杆件横截面面积A成反比，即

$$\Delta l \propto \frac{Fl}{A}$$

引入比例常数E，同时由于横截面上轴力$F_N = F$，于是有

$$\Delta l = \frac{F_N l}{EA} \tag{6-10}$$

式(6-10)为虎克定律。式中比例系数E称为弹性模量，它表示材料在拉伸(压缩)时抵抗弹性变形的能力，其量纲为[力]/[长度]^2，常用单位是Pa，E值随材料而异。EA亦是表示杆抵抗拉伸(压缩)变形能力大小的量，故称为杆的抗拉(压)刚度。将式(6-1)和式(6-7)代入式(6-10)可得虎克定律的另一表达式

$$\sigma = E\varepsilon \tag{6-11}$$

从式(6-11)可以得知，当杆的应力在线弹性范围内时，应力与应变成正比。

E与μ都是材料弹性性质的常数，表6-2列出了几种常用工程材料的E、μ值。

表6-2　几种常用工程材料的E、μ值

材料	E(GPa)	μ	材料	E(GPa)	μ
碳钢	196～216	0.25～0.33	铜合金	72.6～128	0.31～0.42
合金钢	186～216	0.24～0.33	铝合金	70	0.33
灰铸铁	78.5～157	0.23～0.27	橡胶	0.007 85	0.47

【例6-7】 一截面为正方形的阶梯形柱，由上、下两段组成。其各段长度、截面尺寸和受力情况如图6-11所示。已知材料的弹性模量$E = 0.03 \times 10^5$ MPa，外力$F = 50$ kN，试求该柱A、B截面的位移。

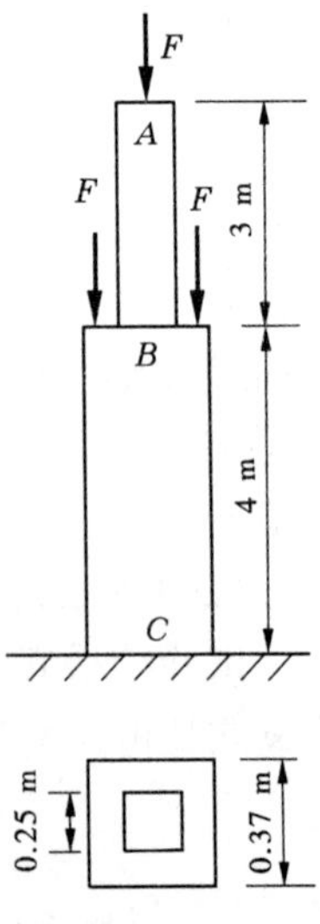

图6-11

解　顶点A向下的位移等于全柱的总缩短量

$$\Delta l_A = \Delta l_1 + \Delta l_2 = \frac{F_{N1} l_1}{EA_1} + \frac{F_{N2} l_2}{EA_2}$$

B截面向下的位移等于BC段的缩短量

$$\Delta l_B = \Delta l_2 = \frac{F_{N2} l_2}{EA_2}$$

由题意及图示可知

$$F_{N1} = -F = -50\ \text{kN} \quad l_1 = 3\ \text{m} \quad A_1 = 0.25^2\ \text{m}^2$$

$$F_{N2} = -3F = -150\ \text{kN} \quad l_2 = 4\ \text{m} \quad A_2 = 0.37^2\ \text{m}^2$$

则
$$\Delta l_A = \frac{-50 \times 10^3 \times 3}{0.03 \times 10^5 \times 10^6 \times 0.25^2} + \frac{-150 \times 10^3 \times 4}{0.03 \times 10^5 \times 10^6 \times 0.37^2}$$

$$= -0.002\,26(\text{m}) = -2.26\ \text{mm} \quad (\text{向下})$$

$$\Delta l_B=\frac{-150\times10^3\times4}{(0.03\times10^5\times10^6)\times0.37^2}=-0.00146(\mathrm{m})=-1.46\ \mathrm{mm}\quad(向下)$$

【例 6-8】 用 AB 和 BC 两根圆截面杆件铰接成如图 6-12 所示的支架，两根材料的弹性模量均为 $E=200$ GPa。AB 杆的截面直径 $d_1=10$ mm，长度 $l_1=400$ mm；BC 杆的截面直径 $d_2=20$ mm，长度 $l_2=200$ mm。在结点 B 受铅垂方向的荷载 $F=10$ kN。试求各杆件轴向长度的变形量。

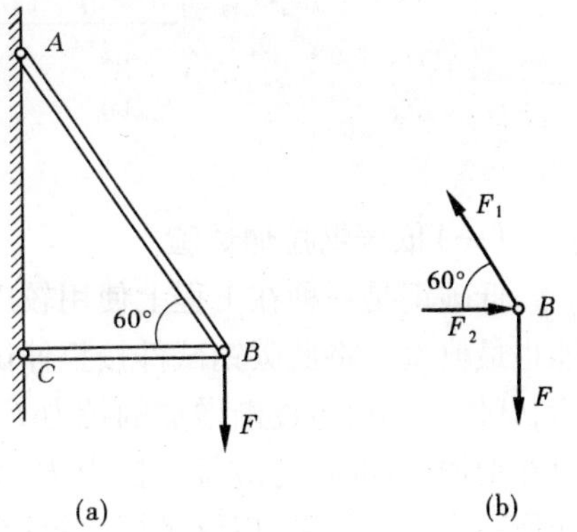

图 6-12

解 (1)计算各杆轴力。

取结点 B 为研究对象，画受力图如图 6-12(b)所示。

由 $\sum F_x=0\quad -F_1\cos60°+F_2=0$

$\sum F_y=0\quad F_1\sin60°-F=0$

求得
$$F_1=\frac{F}{\sin60°}=\frac{10}{0.866}=11.55(\mathrm{kN})$$
$$F_2=F_1\cos60°=11.55\times0.5=5.775(\mathrm{kN})$$

则
$$F_{N1}=F_1=11.55\ \mathrm{kN}\quad(拉力)$$
$$F_{N2}=-F_2=-5.775\ \mathrm{kN}\quad(压力)$$

(2)计算杆件的变形。

杆 AB $\quad \Delta l_1=\frac{F_{N1}l_1}{EA_1}=\frac{11.55\times10^3\times400\times4}{200\times10^3\times\pi\times10^2}=0.294(\mathrm{mm})$ (伸长)

杆 BC $\quad \Delta l_2=\frac{F_{N2}l_2}{EA_2}=\frac{-5.775\times10^3\times200\times4}{200\times10^3\times\pi\times20^2}=-0.018(\mathrm{mm})$ (缩短)

第四节 材料在拉伸和压缩时的力学性能

材料的力学性质是指材料受力时在强度和变形方面所表现出的规律和特点。通常通过材料试验来测定材料的力学性质。构件的承载力除与构件的几何尺寸和受力情况有关外，还与材料的力学性质有关，如本章第二节中提到的极限应力等。本节以低碳钢和铸铁等材料为例，介绍不同材料在常温静载下轴向拉伸和压缩时表现出来的力学性能。

一、材料在拉伸时的力学性能

按照国家标准，金属材料在拉伸试验时的标准试件如图 6-13 所示。试件截面形状有圆形与矩形两种，其中段为等直杆部分，在中间部分取工作段长度 l 称为标距。

对于圆截面的试件，标距 l 与截面直径 d 的关系有两种

$$l=10d\quad 或\quad l=5d$$

对于矩形截面试件，标距 l 与截面面积 A 之间的关系为

$$l=11.3\sqrt{A}\quad 或\quad l=5.65\sqrt{A}$$

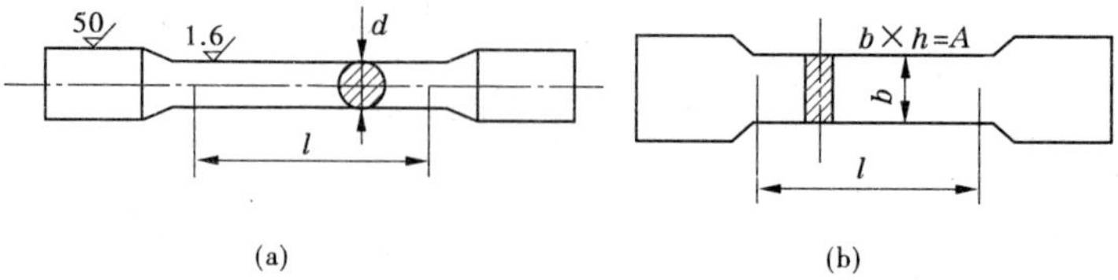

图 6-13

(一)低碳钢拉伸试验

低碳钢是一种在工程上使用较广的塑性材料,并且在拉伸试验中表现出来的力学性能也最典型。将低碳钢试件按拉伸试验的原理和步骤进行拉伸试验。当试件装上试验机后,试件受到由零逐渐增加的拉力 F,可以看到随着拉力 F 的逐渐增加,试件的伸长量 Δl 也在增加。同时,对应每一拉力 F,可测出试件在标距内的绝对伸长 Δl,直至试件破坏。如取一直角坐标系,以纵坐标表示拉力 F,横坐标表示伸长量 Δl,便可绘出 F 与 Δl 的关系曲线,如图 6-14(a)所示,这条曲线称为拉伸图或 $F \sim \Delta l$ 曲线。试验机上的自动绘图装置,在试件拉伸过程中可自动绘出拉伸图。

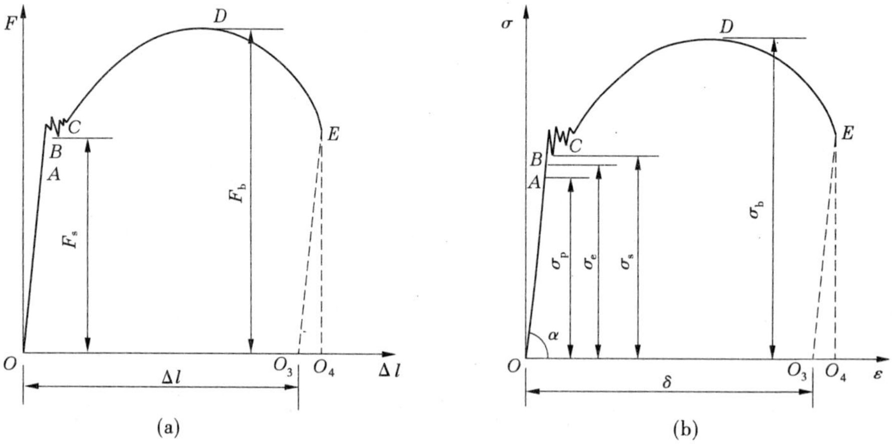

图 6-14

由于 $F \sim \Delta l$ 曲线与试件的尺寸有关,因而不能直接反映材料本身的力学性能。为了消除试件尺寸的影响,通常是将拉伸图的拉力 F 除以试件的原横截面面积 A,即得正应力 $\sigma = F/A$;将伸长量 Δl 除以标距 l,即得轴向线应变 $\varepsilon = \Delta l/l$。以 σ 为纵坐标,ε 为横坐标,即可绘出 $\sigma \sim \varepsilon$ 曲线,如图 6-14(b)所示,称为应力与应变曲线。

根据低碳钢的应力与应变曲线特点,可以将整个拉伸过程分为四个阶段。

1. 弹性阶段

$\sigma \sim \varepsilon$ 曲线上 OB 段为弹性阶段。这个阶段的应变很小,如果卸除荷载,则变形能够完全消失,即发生的是弹性变形,故称为弹性阶段。弹性阶段的应力最高值称为弹性极限应力,用 σ_e 表示,即 B 点处的应力值。

在 OB 段内,除 AB 这一小段外,有一段直线 OA,应力与应变成线性关系,即材料服从虎克定律。A 点所对应的应力,称为比例极限应力,用 σ_p 表示。常见的低碳钢的比例极

限 $\sigma_p \approx 200$ MPa，OA 直线的斜率 $\tan\alpha=\sigma/\varepsilon$，其值即等于材料的弹性模量 E。在 $\sigma\sim\varepsilon$ 图上，由于比例极限与弹性极限两点非常接近而难以严格区分，在工程实际中常将两者视为相等，即 $\sigma_p=\sigma_e$。

2. 屈服阶段

$\sigma\sim\varepsilon$ 曲线上 BC 段称为屈服阶段，在此阶段内 $\sigma\sim\varepsilon$ 曲线沿着锯齿形波动线上下摆动。此时，应力基本保持不变而应变却急剧增加，材料暂时失去了抵抗变形的能力，这种现象称为屈服或流动。在屈服阶段中，对应于曲线最高点与最低点的应力分别称为上屈服点应力和下屈服点应力。因下屈服点应力值较稳定，通常把屈服阶段 BC 内的最低应力称为屈服极限应力，用 σ_s 表示。

当材料屈服时，如果试件表面经过磨光，则在光滑的试件表面会出现与轴线约成 45°倾角的斜纹，如图 6-15(a)所示。这种条纹是由于材料的微小晶粒之间产生滑移而形成的，称为滑移线。考虑到轴向拉伸时，在与杆轴线成 45°的斜截面上，剪应力为最大值，由此可见屈服现象的出现与最大剪应力有关。当应力达到屈服极限时，材料会出现过大的塑性变形，将使构件不能正常工作，所以屈服极限应力 σ_s 是衡量材料强度的一个重要指标。低碳钢的屈服极限应力约为 $\sigma_s=235$ MPa，故低碳钢又称为 Q235 钢。

(a)　　　　　　(b)

图 6-15

3. 强化阶段

屈服阶段以后的 CD 段，$\sigma\sim\varepsilon$ 曲线又开始逐渐上升，这说明材料又恢复了抵抗变形的能力，要使它继续变形必须增加应力，这种现象称为材料的强化。强化阶段中最高点 D 所对应的应力，是材料所能承受的最大应力，称为强度的极限应力，用 σ_b 表示。低碳钢的强度极限应力为 $\sigma_b\approx 400$ MPa。

4. 破坏阶段

过了 D 点，试件变形将集中在试件的某一薄弱的局部小范围内，使横向尺寸急剧收缩，形成颈缩现象，如图 6-15(b)所示。由于颈缩处的截面面积迅速减小，试件继续伸长所需的拉力也相应减少，曲线下降到 E 点，试件在颈缩处拉断。

试件拉断后，弹性变形完全消失，而塑性变形依然保留下来。试件标距的原始长度 l 变成 l_1，把用百分比表示的相对变形称为延伸率，其表达式为

$$\delta=\frac{l_1-l}{l}\times 100\%$$

延伸率 δ 是衡量材料塑性的一个指标。低碳钢的 δ 为 25%～27%。

工程中使用的材料种类很多，习惯上根据试件在破坏时塑性变形的大小，分为脆性材料和塑性材料两类。把 $\delta\geqslant 5\%$ 的材料称塑性材料，如钢、铜、铝等；而把 $\delta<5\%$ 的材料称脆性材料，如铸铁、玻璃、石料、混凝土等。需要指出的是，材料的力学性能不是固定不变

的，而随着材料所处条件的不同其力学性能可能会发生改变。

试件拉断后，若断口处的截面面积为 A_1。衡量材料塑性的另一指标是用百分比表示横截面面积的相对收缩比例，称为截面收缩率，其表达式为

$$\psi = \frac{A - A_1}{A} \times 100\%$$

（二）其他材料拉伸时的力学性能

在同样试验条件下，锰钢、青铜、硬铝、低碳钢等，其 $\sigma \sim \varepsilon$ 曲线如图 6-16(a) 所示，它们与低碳钢相比，其共同点是有较大的塑性变形，不同之处是没有明显的屈服阶段。国家标准规定，取试件产生 0.2% 的塑性应变对应的应力值作为其屈服极限，称为名义屈服极限，用 $\sigma_{0.2}$ 表示，如图 6-16(b) 所示。

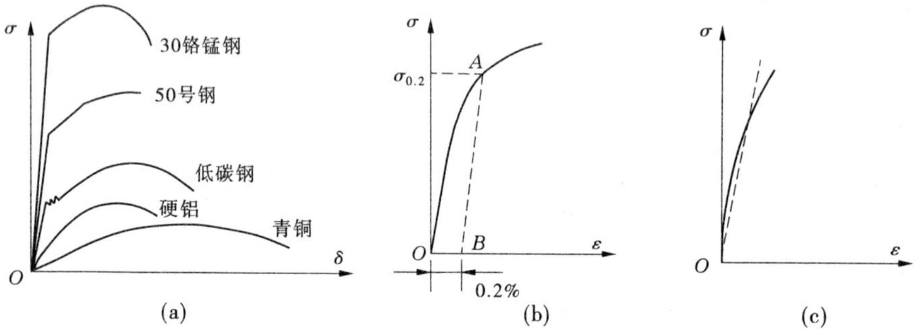

图 6-16

铸铁是一种典型的脆性材料，它受拉时从开始到断裂，变形都不显著，没有屈服阶段和颈缩现象，图 6-16(c) 是铸铁拉伸时的 $\sigma \sim \varepsilon$ 曲线。在曲线上没有明显的直线部分，这说明铸铁不符合虎克定律，而且变形很小时便达到了强度极限。因此，常用一条割线近似代替曲线，并由此求出其弹性模量 E。由 $\sigma \sim \varepsilon$ 曲线可以看出，脆性材料只有一个强度指标，即拉断时的最大应力——强度极限应力 σ_b。在土木工程中，常用的混凝土和砖石等材料也是脆性材料，它们的 $\sigma \sim \varepsilon$ 曲线与铸铁相似，但是各具有不同的强度极限应力 σ_b 值。

二、材料在压缩时的力学性能

钢材和铸铁的压缩试件一般采用圆柱形，它不能做得太高，高了容易压弯，试件的高度 l 与直径 d 的比一般为 1 ~ 3。

（一）低碳钢压缩试验

低碳钢受压时的 $\sigma \sim \varepsilon$ 曲线，如图 6-17(a) 中实线所示，把它和受拉时的 $\sigma \sim \varepsilon$ 曲线（图 6-17(a) 中虚线）进行比较可以看出：

(1) 在应力未超过屈服阶段前，两个图形是重合的。因此，受压时的弹性模量 E、比例极限应力 σ_p 和屈服极限应力 σ_s 与受拉时相同。

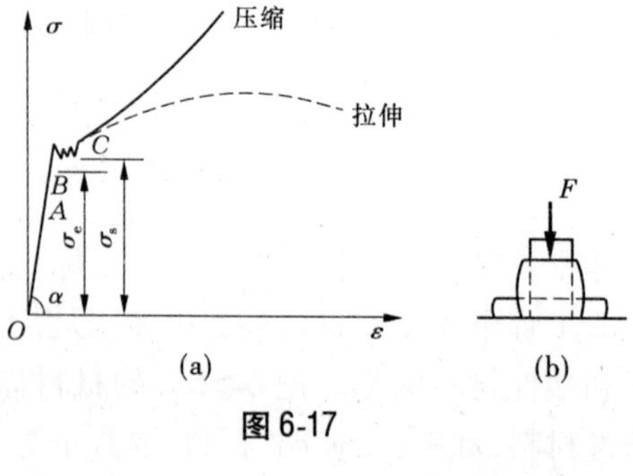

图 6-17

(2)当应力超过屈服极限后,受压的曲线不断上升,其原因是试件的截面不断增加,由鼓形最后变成了薄饼形。

由于钢材受拉和受压时的主要力学性能(E、σ_p、σ_s)相同,所以钢材的力学性能都由拉伸试验来测定,不必进行压缩试验。

(二)铸铁压缩试验

对于脆性材料,压缩试验是很重要的。脆性材料如铸铁、混凝土和砖石等,受拉时也是在很小的变形下就发生破坏,但其抗压的能力远远大于抗拉的能力。所以,脆性材料常用于受压的构件,以充分利用其抗压性能。

铸铁的压缩试验表明:在应力—应变的关系曲线上,没有明显的直线部分,也没有屈服阶段。强度极限 σ_b 可以测得,其值一般为受拉时的 4 ~ 5 倍。试件破坏时,沿着接近于45°的斜面上裂开,如图 6-18(a)所示,这说明铸铁的抗剪强度低于抗压强度。

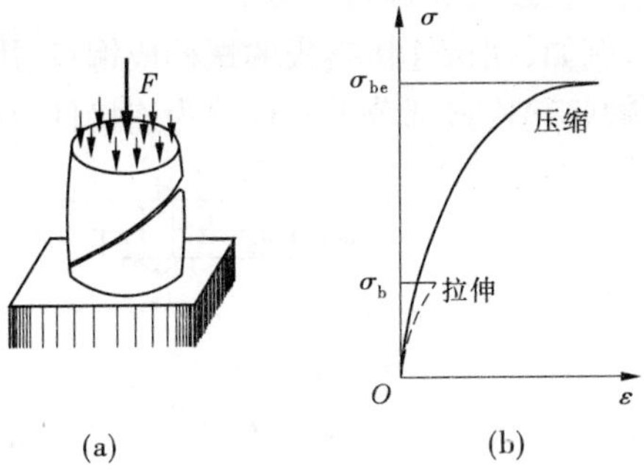

图 6-18

表 6-3 列出了几种常用材料在常温与静载下的力学性能,以供参考。

表 6-3　几种常用材料在常温与静载下的力学性能

材料	屈服极限 σ_s (MPa)	强度极限 σ_b		延伸率 δ(%)
		拉伸(MPa)	压缩(MPa)	
Q235 低碳钢	220 ~ 240	370 ~ 460		25 ~ 27
16 锰钢	290 ~ 340	470 ~ 510		16 ~ 21
灰口铸铁		98 ~ 390	640 ~ 1 300	0. 5 ~ 0. 6
C20 混凝土		1. 6	14. 2	
C30 混凝土		2. 1	21. 0	
红松(顺纹)		96	32. 2	

三、工程材料的选用原则

综上所述,根据塑性材料和脆性材料的力学性能,可按照以下思想选择工程材料:

(1)塑性材料适用于制作须进行锻压、冷拉或受冲击荷载、动力荷载的构件,而脆性材料则不能。因为塑性材料的延伸率大、塑性好,而脆性材料的延伸率小、塑性差。

(2)脆性材料主要用于制作受压构件,而受拉构件一般采用塑性材料。脆性材料抗压能力远大于抗拉能力,且价格低廉又便于就地取材,所以工程上大量用于制作受压构件;而塑性材料在屈服阶段前抗拉压能力基本相同,但是一般价格相对较高,故常使用在受拉构件上。

第五节　连接件的强度计算

一、剪切与挤压的概念

在工程实际中，机械和结构大都由许多零件或构件连接而成。连接的形式有铆接、焊接、键连接、销钉连接等。

例如，用来连接钢板的螺栓或铆钉、用来作为连接零件的销轴、用来连接轴和轮子的键，这些起连接部分的构件称为连接件，如图 6-19 所示。

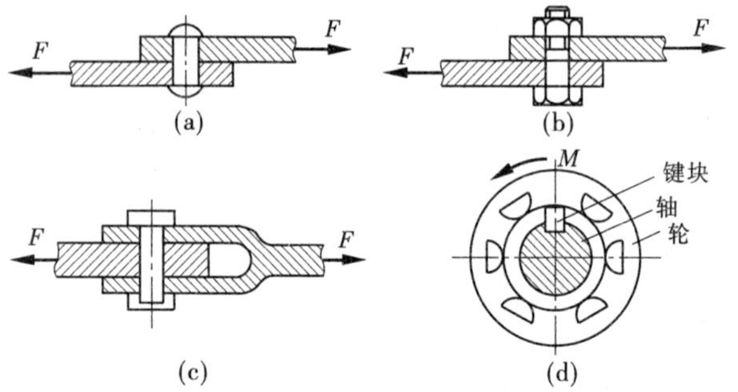

图 6-19

这些连接件的受力特点是：作用在构件两侧面上外力合力的大小相等、方向相反、作用线平行，与轴线垂直且相距很近。其变形特点是：介于作用力中间部分的截面，有发生相对错动的趋势。构件的这种变形称为剪切变形；发生相对错动的截面称为剪切面，受剪面平行于作用力的方向，如图 6-20(b)所示，$m—m$ 截面为剪切面。

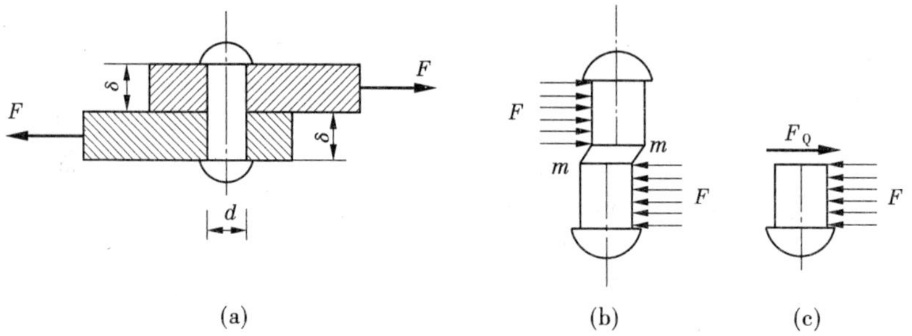

图 6-20

如果连接件的应力超过材料的强度极限，接头就要破坏而造成工程事故。因此，连接件设计一定要考虑强度要求。

连接件除可能被剪切破坏外，还可能发生挤压破坏。所谓挤压，是指两个构件相互传递压力时接触面相互压紧而产生的局部压缩变形。图 6-21 所示铆钉连接中，铆钉与钢板接触面上的压力过大时，接触面上将发生显著的塑性变形或压溃，铆钉被压扁，圆孔变成了椭圆孔，连接件松动，不能正常使用(见图 6-21(b))。因此，连接件在满足剪切条件的同时还必须满足挤压条件。

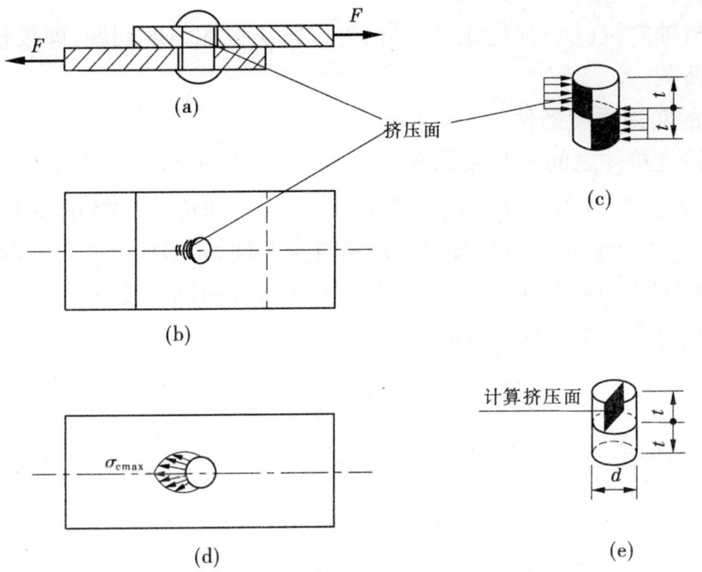

图 6-21

在工程实际中，广泛应用的连接件，像螺栓、铆钉、销钉等，大多属于粗短杆，受力与变形也比较复杂，因此从理论上分析其真实工作应力十分困难。它们的强度计算通常采用实用计算法来进行，即在试验和经验的基础上，作出一些假设而得到的简化计算方法。

二、剪切与挤压的实用强度条件

(一)剪切的实用强度条件

现以铆钉为例，介绍剪切的实用计算公式。如图 6-20(a)所示的两块钢板用铆钉连接，当钢板受拉时，铆钉在两钢板之间的截面处受剪切，如图 6-20(b)所示，如 F 过大，铆钉会被剪断。剪切面上的内力可用截面法来求，即假想将铆钉沿 $m—m$ 截面截开，并取其中一部分为研究对象，由平衡条件不难求得剪切面上的剪力 $F_Q = F$。显然，剪力 F_Q 与外力 F 大小相等、方向相反，如图 6-20(c)所示。

剪切面上的剪应力分布情况较为复杂，实用计算中假设剪应力 τ 在剪切面上均匀分布，即

$$\tau = \frac{F_Q}{A} \tag{6-12}$$

式中：A 为剪切面的面积；F_Q 为该剪切面上的剪力。

于是，可得如下的实用剪切强度条件

$$\tau = \frac{F_Q}{A} \leqslant [\tau] \tag{6-13}$$

式中：$[\tau]$ 为材料的许用剪应力。$[\tau]$ 由剪切破坏试验确定。各种材料的许用剪应力值可在有关手册中查得。试验表明，材料的 $[\tau]$ 和 $[\sigma]$ 之间大致有如下关系：

塑性材料：$[\tau] = (0.6 \sim 0.8)[\sigma]$；

脆性材料：$[\tau]=(0.8\sim1.0)[\sigma]$。

式(6-13)与轴向拉(压)强度条件一样，可以解决三类强度问题，即校核强度、设计截面和确定许可荷载。

(二)挤压的实用强度条件

连接件与被连接件之间相互接触面上的压力 F_c 称为挤压力，挤压力的作用面 A_c 称为挤压面，如图6-21(c)所示，挤压面上应力 σ_c 称为挤压应力。挤压面上的挤压应力的分布也很复杂，它与接触面的形状及材料性质有关。例如，钢板上铆钉孔附近的挤压应力分布如图6-21(d)所示，挤压面上各点的应力大小与方向都不相同。实用计算中假设挤压应力也均匀地分布在挤压面上，即

$$\sigma_c=\frac{F_c}{A_c} \tag{6-14}$$

于是，实用挤压强度条件为

$$\sigma_c=\frac{F_c}{A_c}\leqslant[\sigma_c] \tag{6-15}$$

式中：$[\sigma_c]$为材料的许用挤压应力，可由试验测定。各种材料的许用挤压应力$[\sigma_c]$可在有关手册中查得。材料$[\sigma_c]$与$[\sigma]$之间大致有如下关系：

塑性材料：$[\sigma_c]=(1.5\sim2.5)[\sigma]$；

脆性材料：$[\sigma_c]=(0.5\sim1.5)[\sigma]$。

式(6-14)和式(6-15)中的挤压面计算面积 A_c 规定如下：当挤压面为平面(如键连接)时，A_c 即为该平面的面积；当挤压面为半圆柱面(如铆钉、螺栓连接)时，A_c 为挤压面在其直径平面上投影的面积(见图6-21(e)中阴影部分的面积)。这是由于其计算所得的挤压应力值与理论分析所得的最大挤压应力值相近。

三、连接件的实用强度计算示例

【例6-9】 如图6-22所示的钢板和铆钉的材料相同，已知荷载 $F=52$ kN，板宽 $b=60$ mm，板厚 $\delta=10$ mm，铆钉直径 $d=16$ mm，许用切应力$[\tau]=140$ MPa，$[\sigma_c]=320$ MPa，许用拉应力$[\sigma]=160$ MPa，试校核接头的强度。

解 (1)校核铆钉强度。

连接部位的各铆钉剪切变形相同，承受的剪力也相同，因而拉力平均分配在每个铆钉上，如图6-22(c)所示。

每个铆钉受到的作用力为

$$F_Q=\frac{F}{2}=\frac{52}{2}=26(\text{kN})$$

剪切面的面积为

$$A=\frac{\pi d^2}{4}=\frac{3.14\times16^2}{4}=200.96(\text{mm}^2)\approx201\ \text{mm}^2$$

$$\tau=\frac{F_Q}{A}=\frac{26\times10^3}{201}=129.4(\text{MPa})<[\tau]=140\ \text{MPa}$$

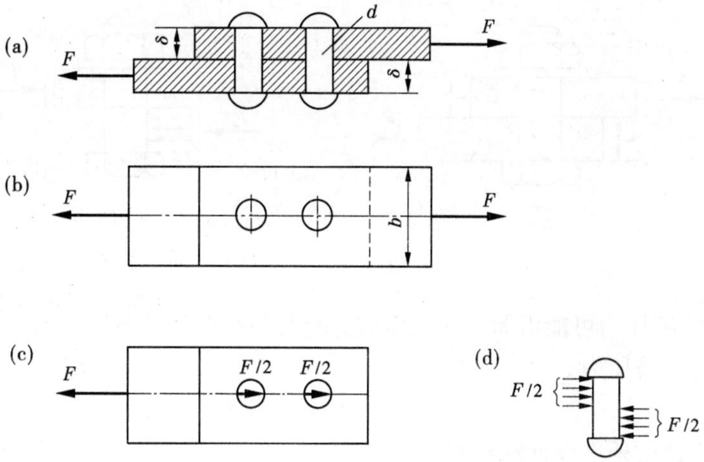

图 6-22

故铆钉连接满足剪切强度要求。

(2)校核铆钉或钢板的挤压强度。

每个铆钉受到的挤压力为

$$F_c = \frac{F}{2} = \frac{52}{2} = 26(\text{kN})$$

计算挤压面积为

$$A_c = d \times \delta = 16 \times 10 = 160(\text{mm}^2)$$

$$\sigma_c = \frac{F_c}{A_c} = \frac{26 \times 10^3}{160} = 162.5(\text{MPa}) < [\sigma_c] = 320 \text{ MPa}$$

故铆钉连接满足挤压强度要求。

(3)校核钢板的抗拉强度。

危险截面的轴力 $F_N = F$,钢板上有铆钉孔因而减小了钢板的截面面积,故 $A = (b-d)\delta$,则

$$\sigma = \frac{F_N}{A} = \frac{F}{(b-d)\delta} = \frac{52 \times 10^3}{(60-16) \times 10} = 118.2(\text{MPa}) < [\sigma] = 160 \text{ MPa}$$

故钢板的抗拉强度满足要求。

所以,整个连接均满足强度要求。

【例 6-10】 已知钢板的厚度 $t = 10$ mm,其剪切极限应力为 $\tau_0 = 300$ MPa,若用冲床将钢板冲出直径 $d = 25$ mm 的孔,问需要多大的冲剪力 F?

解 剪切面就是钢板被冲头冲出的圆柱体侧面,其面积为

$$A = \pi dt = \pi \times 25 \times 10^{-3} \times 10 \times 10^{-3} = 785 \times 10^{-6}(\text{m}^2)$$

冲孔所需要的冲剪力应为

$$F \leqslant A\tau_0 = 785 \times 10^{-6} \times 300 \times 10^6 = 236 \times 10^3(\text{N}) = 236 \text{ kN}$$

【例 6-11】 如图 6-23 所示的螺栓连接,已知钢板的厚度 $t = 10$ mm,螺栓的许用剪应力 $[\tau] = 100$ MPa,许用挤压应力 $[\sigma_c] = 20$ MPa,$F = 28$ kN,试选择该螺栓的直径 d。

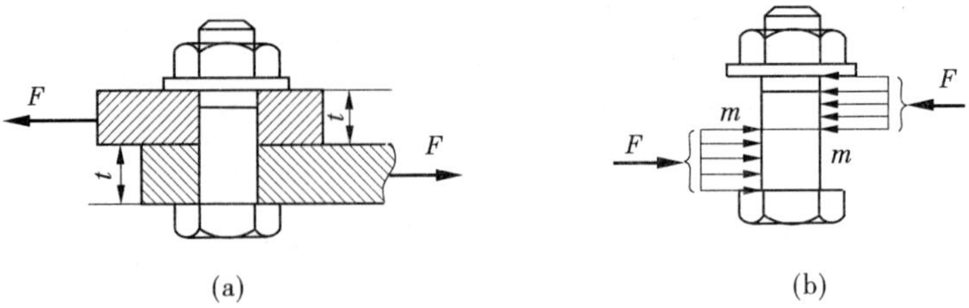

图 6-23

解 螺栓的破坏为可能沿 m—m 截面被剪断及与孔壁间的挤压变形。

(1)求剪力和挤压力。

$$F_Q = F_c = F = 28 \text{ kN}$$

(2)按剪切强度条件设计螺栓的直径。

由
$$A \geqslant \frac{F_Q}{[\tau]} = \frac{28 \times 10^3}{100} = 280(\text{mm}^2)$$

即
$$\frac{1}{4}\pi d^2 \geqslant 280 \text{ mm}^2$$

求得
$$d \geqslant 18.88 \text{ mm}$$

(3)按挤压强度条件设计螺栓直径。

$$d \geqslant \frac{F_c}{t[\sigma_c]} = \frac{28 \times 10^3}{10 \times 200} = 14(\text{mm})$$

若要螺栓同时满足剪切和挤压强度的要求,则其最小直径取 $d = 19$ mm。

【例 6-12】 两块宽度 $b = 270$ mm,厚度 $t = 16$ mm 的钢板,用 8 个直径 $d = 25$ mm 的铆钉连接在一起(见图 6-24(a))。材料的$[\sigma] = 120$ MPa,$[\tau] = 80$ MPa,$[\sigma_c] = 200$ MPa。试求此连接件能承受的最大荷载 F。

解 (1)按铆钉剪切强度计算最大荷载 F。

实用计算中假定荷载 F 由各铆钉平均承担,则每个铆钉剪切面上的剪力为

由
$$\tau = \frac{F_Q}{A} \leqslant [\tau]$$

得
$$\frac{\frac{F}{8}}{\frac{\pi d^2}{4}} \leqslant 80 \times 10^6$$

则
$$F \leqslant \frac{\pi}{4} \times 25^2 \times 10^{-6} \times 8 \times 80 \times 10^6 = 314 \times 10^3(\text{N}) = 314 \text{ kN}$$

(2)按铆钉或钢板的挤压强度计算最大荷载 F。

由
$$\sigma_c = \frac{F_c}{A_c} \leqslant [\sigma_c]$$

得
$$\frac{F}{td \times 8} \leqslant 200 \times 10^6$$

则
$$F \leqslant 200 \times 10^6 \times 16 \times 25 \times 8 \times 10^{-6} = 640 \times 10^3(\text{N}) = 640 \text{ kN}$$

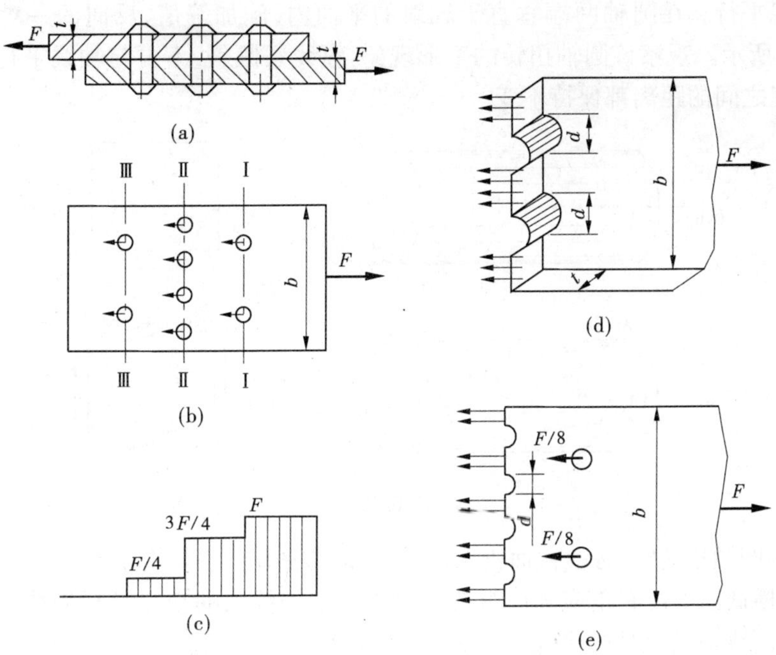

图 6-24

(3)按钢板拉伸强度计算最大荷载 F。

由钢板轴力图可知，Ⅰ—Ⅰ、Ⅱ—Ⅱ截面为危险截面。

①根据Ⅰ—Ⅰ截面计算，其受力如图 6-24(d)所示，则

$$\sigma = \frac{F_{N1}}{A_1} = \frac{F}{(b-2d)t} = \frac{F}{(270-2\times 25)\times 16\times 10^{-6}} \leqslant 120\times 10^6$$

$$F \leqslant 120\times 10^6 \times (270-2\times 25)\times 16\times 10^{-6} = 422.4\times 10^3(\text{N}) = 422.4\ \text{kN}$$

②根据Ⅱ—Ⅱ截面计算，其受力如图 6-24(e)所示，则

$$\sigma = \frac{F_{N2}}{A_2} = \frac{F-\frac{2}{8}F}{(b-4d)t} = \frac{\frac{3}{4}F}{(270-4\times 25)\times 16\times 10^{-6}} \leqslant 120\times 10^6$$

$$F \leqslant 120\times 10^6 \times (270-4\times 25)\times 16\times 10^{-6}\times \frac{4}{3} = 435.2\times 10^3(\text{N}) = 435.2\ \text{kN}$$

故此连接能承受的最大荷载 $F=314$ kN。

第六节　圆轴扭转时的强度和刚度计算

一、圆轴扭转时横截面上的应力

(一)变形现象

为了观察圆轴扭转时的变形现象，以便定性分析截面上应力的分布规律，在圆轴的外表面画横线条和纵线条，如图 6-25(a)所示，横线条是横截面外轮廓的圆周线，纵线条与

圆轴的轴线平行。在圆轴两端垂直于轴线的平面内,施加等值、反向的一对力偶 M,如图 6-25(b)所示。观察该圆轴扭转的变形现象:纵线条倾斜,不再与轴线平行;横线条的形状和相互之间的距离都保持不变。

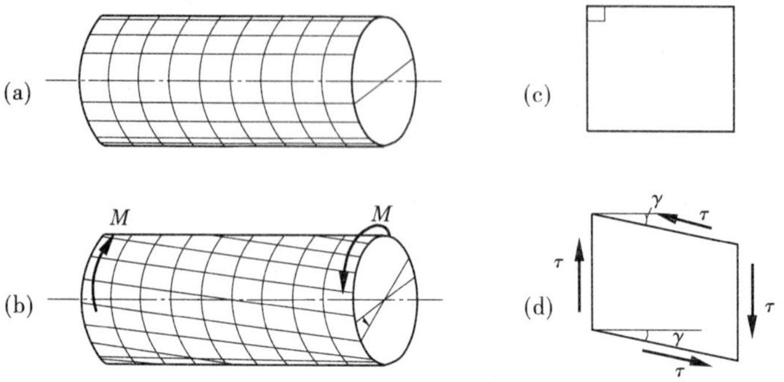

图 6-25

这说明圆轴扭转时,各横截面仍保持平面,即得平面假设。由于没有沿轴向相对位置的移动,故横截面上没有正应力。纵线条倾斜,纵、横线条的交点沿圆周线移动,这又说明,各横截面绕轴线相对转动,相邻两截面之间只有绕轴线旋转的相互错动,故横截面上有剪应力 τ。

(二)剪切虎克定律

各纵线条向同一方向倾斜了同一微小角度 γ,原来如图 6-25(c)所示的小方格变成如图 6-25(d)所示的菱形格,这种变形称为剪切变形,角度 γ 是原小方格的直角改变量,这种直角改变量称为剪应变,单位为弧度。产生了剪应变,说明横截面上必然存在剪应力 τ,其方向垂直于半径。试验表明,对于大多数工程材料,在纯剪状态下,当剪应力不超过材料的剪切比例极限时,剪应力 τ 与剪应变 γ 呈线性关系,即

$$\tau = G\gamma \tag{6-16}$$

式(6-16)称为剪切虎克定律。式中 G 为剪切弹性模量,其量纲与弹性模量 E 的量纲相同。对于各向同性的材料,在弹性范围内,可以证明 G 与其他两个弹性常数 E、μ 之间存在如下关系

$$G = \frac{E}{2(1 + \mu)}$$

(三)横截面上剪应力的计算公式

研究圆轴扭转时剪应力的方法是:首先通过变形观察,然后再由变形与应力之间的物理关系得到应力分布规律,最后利用静力学关系求解横截面上应力和变形的基本公式。

如图 6-26(b)所示,在圆轴上取 dx 微段,再从微段中用夹角很小的两个径向截面切出楔形体,如图 6-26(c)所示。

1. 从几何方面

在圆轴扭转变形中,若截面 O_2 相对截面 O_1 转动 $d\varphi$,截面上的两个半径 O_2c 和 O_2d 均旋转了同一个角度 $d\varphi$。圆周表面的矩形 $abdc$ 变成了平行四边形 $abd'c'$,cd 边相对 ab 边的错动为 $cc' = Rd\varphi$。圆周表面上任意点的直角改变量 γ 即为该点的剪应变,即

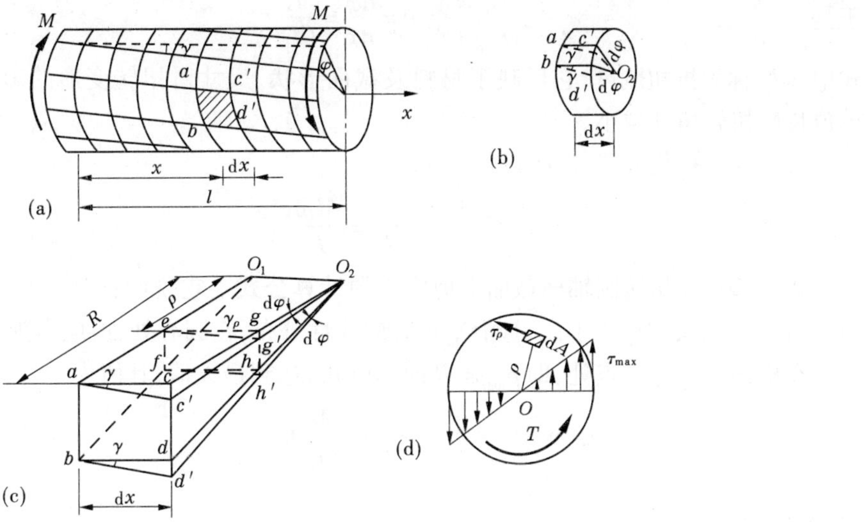

图 6-26

$$\gamma \approx \tan\gamma = \frac{dd'}{bd} = \frac{R\mathrm{d}\varphi}{\mathrm{d}x}$$

于是,距圆心为 ρ 的任意点的剪应变为

$$\gamma_{\rho} = \frac{gg'}{\mathrm{d}x} = \rho\frac{\mathrm{d}\varphi}{\mathrm{d}x} = \rho\theta \qquad (6\ 17)$$

式中:$\theta = \frac{\mathrm{d}\varphi}{\mathrm{d}x}$为扭转角沿杆长的变化率,称为单位长度扭转角,其单位为 rad/m。对于给定截面,θ 为常数,可见剪应变 γ_{ρ} 与 ρ 成正比。

式(6-17)表明:横截面上任一点的剪应变 γ_{ρ} 与该点到圆心的距离 ρ 成正比。因此,所有距圆心等距离的点,其剪应变都相等,这就是扭转圆轴横截面上任一点剪应变的变化规律。

2. 物理方面

在剪切比例极限范围内,根据剪切虎克定律,得

$$\tau_{\rho} = G\gamma_{\rho} = G\rho\theta \qquad (6\text{-}18)$$

式(6-18)表明:扭转圆轴横截面上任一点的剪应力 τ_{ρ} 与该点到圆心的距离 ρ 成正比。由此可见,所有距圆心等距离的点,其剪应力都相等。因为 γ_{ρ} 是垂直于半径平面内的剪应变,所以 τ_{ρ} 的方向应垂直于半径。

3. 静力学方面

剪应力沿任一半径的变化情况如图 6-26(d)所示,同时在横截面上距圆心 ρ 处取一微面积 dA,作用在微面积 dA 上的微内力为 τdA,此力对 x 轴的力矩为 $\tau \mathrm{d}A\rho$,整个横截面上各点处微内力对轴之矩为 M_x,即

$$M_x = \int_A \rho\tau\mathrm{d}A = \int_A G\rho^2\theta\mathrm{d}A = G\theta\int_A \rho^2\mathrm{d}A$$

式中:积分 $\int_A \rho^2\mathrm{d}A$ 为圆截面对圆心的极惯性矩 I_{ρ}。

于是 $$\theta = \frac{\mathrm{d}\varphi}{\mathrm{d}x} = \frac{M_x}{GI_\rho} \tag{6-19}$$

式中：GI_ρ 称为抗扭刚度，它反映了材料及截面形状、尺寸对扭转变形的影响。GI_ρ 越大，单位长度扭转角 θ 越小。

将式(6-19)代入式(6-18)得

$$\tau_\rho = \frac{M_x \rho}{I_\rho} \tag{6-20}$$

式(6-20)即扭转圆轴横截面上剪应力的计算公式。它说明：圆轴扭转时横截面上的剪应力 τ_ρ 与扭矩 M_x 成正比，且沿半径方向线性分布，在圆心处，剪应力为零。

在横截面周边各点处，即 $\rho_{\max} = R$ 时，剪应力达到最大值，其值为

$$\tau_{\max} = \frac{M_x}{I_\rho} R$$

令 $W_\rho = \frac{I_\rho}{R}$，则有

$$\tau_{\max} = \frac{M_x}{W_\rho} \tag{6-21}$$

式(6-19)、式(6-20)、式(6-21)只能是等直圆杆扭转时在线弹性范围内使用。

式(6-21)中，W_ρ 称为抗扭截面模量，是反映材料抵抗扭转变形的几何量，其单位为 m^3 或 mm^3。

对于直径为 D 的实心圆轴

$$W_\rho = \frac{I_\rho}{R} = \frac{\frac{\pi D^4}{32}}{\frac{D}{2}} = \frac{\pi D^3}{16}$$

对于外径为 D、内径为 d 的空心圆轴

$$W_\rho = \frac{I_\rho}{R} = \frac{\frac{\pi D^4}{32}(1-\alpha^4)}{\frac{D}{2}} = \frac{\pi D^3}{16}(1-\alpha^4)$$

式中：$\alpha = \frac{d}{D}$。

二、圆轴扭转时的强度计算

（一）强度条件

为了确保圆轴能安全工作，必须使圆轴的最大工作剪应力 $\tau_{\max}$ 不超过材料的扭转许用剪应力[τ]。因此，等直圆轴的强度条件为

$$\tau_{\max} = \frac{M_{x\max}}{W_\rho} \leqslant [\tau] \tag{6-22}$$

式中：$M_{x\max}$ 为扭矩图中绝对值最大的扭矩；[τ]为许用剪应力。

(二)强度计算

应用式(6-22)所示的强度条件可解决圆轴扭转时的以下三类强度问题。

1. 强度校核

已知材料的[τ]、截面尺寸以及所承受的外力偶矩(荷载),可计算出 W_ρ 和 $M_{x\max}$,应用式(6-22)即可求得

$$\tau_{\max}=\frac{M_{x\max}}{W_\rho}\leqslant[\tau]$$

若上列不等式成立,则圆轴满足强度要求;反之,圆轴不满足强度要求。

2. 设计截面

已知圆轴所受的荷载及所用材料,即可计算出 $M_{x\max}$ 和确定[τ],则由式(6-22)改写求得

$$W_\rho\geqslant\frac{M_{x\max}}{[\tau]}$$

求得 W_ρ 之后,就可根据 W_ρ 进一步确定圆轴的直径。

3. 确定许可荷载

已知圆轴的尺寸和材料,即可计算出 W_ρ 和确定出[τ],则由式(6-22)改写求得

$$M_{x\max}\leqslant[\tau]W_\rho$$

求得圆轴所能承担的扭矩 $M_{x\max}$ 之后,就可根据 $M_{x\max}$ 确定许可外力偶矩[M]。

【例 6-13】 如图 6-27 所示的某汽车传动轴简图,外径 $D=90$ mm,内径 $d=85$ mm。许用剪应力[τ]=60 MPa,轴能承受的最大外力偶矩 $m=1.5$ kN·m。试求:

(1)校核该轴的强度;

(2)若改用实心圆轴,试按最大剪应力相等的条件确定实心圆轴的直径 d_1;

(3)比较空心轴与实心轴的重量。

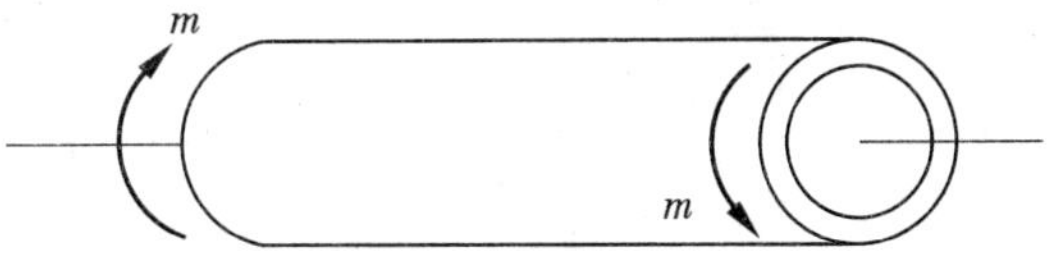

图 6-27

解 (1)校核该轴的强度。

$$M_x=m=1.5\ \text{kN}\cdot\text{m}\qquad \alpha=\frac{d}{D}=\frac{85}{90}=0.944$$

$$W_\rho=\frac{\pi D^3}{16}(1-\alpha^4)=\frac{3.14\times90^3}{16}(1-0.944^4)=29\,454(\text{mm}^3)$$

$$\tau_{\max}=\frac{M_x}{W_\rho}=\frac{1.5\times10^6}{29\,454}=50.93(\text{MPa})<[\tau]=60\ \text{MPa}$$

故该轴的强度满足。

(2)若改用实心圆轴,按最大剪应力相等的条件确定实心圆轴的直径 d_1,则

由 $$\tau_{\max}=\frac{M_x}{W_\rho}=\frac{1.5\times10^6}{\frac{\pi}{16}d_1^3}=50.93(\mathrm{MPa})$$

求得 $$d_1=\sqrt[3]{\frac{16\times1.5\times10^6}{\pi\times50.93}}=53(\mathrm{mm})$$

(3)比较空心、实心轴重量。

$$\frac{A_{空}}{A_{实}}=\frac{\frac{\pi}{4}(D^2-d^2)}{\frac{\pi}{4}d_1^2}=\frac{90^2-85^2}{53^2}=0.31$$

由此可见,在相同的条件下,空心轴的重量仅为实心轴的31%,其减轻自重节省材料是非常明显的。这是因为实心轴靠近轴心部分的剪应力很小,材料未能充分发挥作用。在实际工程中,受扭圆轴多采用空心轴,道理就在于此。

三、矩形截面杆扭转时的应力计算简介

对于等截面圆杆,扭转时横截面上的应力变形分析是建立在平面假设的基础之上的。但对于非圆截面杆受扭时,其横截面已由平面变为曲面,即所谓翘曲现象,如图6-28(b)所示,平面假设已不适用。可见,圆轴扭转时的应力、变形公式对非圆截面杆是不适用的。

在非圆截面杆扭转中,最常见的是矩形截面杆,如雨篷梁、曲轴上的曲柄、方形截面传动轴等。这里简单介绍矩形截面杆的自由扭转的情况。所谓自由扭转,是指杆件横截面的翘曲不受任何约束,此时各横截面的翘曲程度相同,横截面上只有剪应力没有正应力。由弹性力学计算可得:

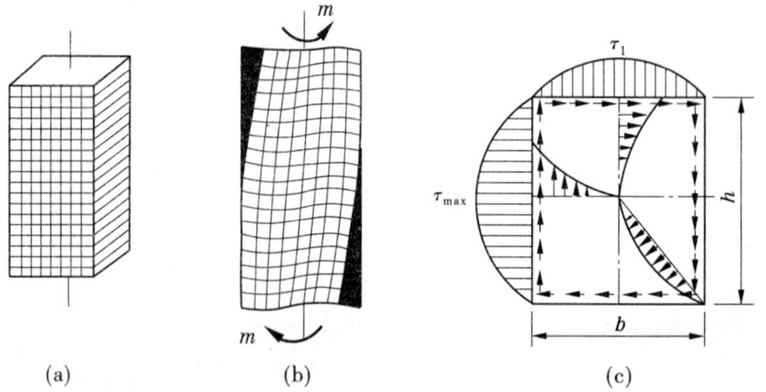

图6-28

(1)发生自由扭转的矩形杆横截面上剪应力分布规律如图6-28(c)所示,剪应力的方向与横截面上扭矩的方向一致,最大剪应力$\tau_{\max}$发生在长边的中点处,短边中点处有较大的剪应力τ_1,形心及角点处剪应力为零,周边上各点处的剪应力只可能与周边平行。

(2)长边中点处的剪应力最大值为

$$\tau_{\max}=\frac{M_x}{\alpha hb^2} \tag{6-23}$$

短边中点处的剪应力为

$$\tau_1 = \gamma\tau_{max} \tag{6-24}$$

式中：h 为截面长边长度；b 为截面短边长度；α、γ 均为与比值 h/b 有关的系数，见表 6-4。

表 6-4　系数 α、γ 值

h/b	1.0	1.5	2.0	2.5	3.0	4.0	6.0	8.0	10.0	∞
α	0.208	0.231	0.246	0.258	0.267	0.282	0.299	0.307	0.313	0.333
γ	1.000	0.859	0.795	0.766	0.753	0.745	0.743	0.742	0.742	0.742

【例 6-14】　一矩形截面等直钢杆，其横截面尺寸 $h = 140$ mm，$b = 70$ mm，在杆两端作用一对的外力偶矩 m。已知：$m = 10$ kN·m，钢的许用剪应力 $[\tau] = 100$ MPa。试校核此杆的强度。

解　扭矩 $M_\tau = m = 10 \times 10^6$ N·mm

由 $h/b = 140/70 = 2$，查表 6-4 得 $\alpha = 0.246$。

再由式(6-23)求得

$$\tau_{max} = \frac{M_x}{\alpha hb^2} = \frac{10 \times 10^6}{0.246 \times 140 \times 70^2} = 59.3(\text{MPa}) < [\tau] = 100 \text{ MPa}$$

故此杆满足强度要求。

四、圆轴扭转时的刚度计算

(一)圆轴单位扭转角

当圆轴扭转时，两横截面绕轴线相对转动产生的扭转角 φ 由式(6-19)得

$$d\varphi = \frac{M_x}{GI_\rho}dx$$

积分求得，即当扭矩 M_x、抗扭刚度 GI_ρ 为常量时，相距为 l 的两横截面间的扭转角 φ 为

$$\varphi = \int_l d\varphi = \int_l \frac{M_x}{GI_\rho}dx = \frac{M_x}{GI_\rho}\int_0^l dx = \frac{M_x l}{GI_\rho} \tag{6-25}$$

式中：φ 的单位为 rad。式(6-25)表明：扭转角 φ 与扭矩 M_x、轴长 l 成正比，与抗扭刚度 GI_ρ 成反比。

(二)刚度条件

对于受扭的圆轴，除要满足强度条件外，还必须满足刚度条件，即要求轴的扭转变形不能超过一定的限度。通常，规定单位长度扭转角的最大值不应超过规定的允许值$[\theta]$，则

$$\theta_{max} = \frac{M_{xmax}}{GI_\rho} \leqslant [\theta] \tag{6-26}$$

式中：$[\theta]$为许用单位长度扭转角，单位为 rad/m。其数值一般很小。因此，工程中使用的$[\theta]$的单位常改用度/米(°/m)表示，故将式(6-26)转换为

$$\theta_{max} = \frac{M_{xmax}}{GI_\rho} \times \frac{180}{\pi} \leqslant [\theta] \tag{6-27}$$

（三）圆轴的刚度计算示例

【例 6-15】 阶梯轴如图 6-29（a）所示。外力偶矩 $m_1=0.8\ \text{kN}\cdot\text{m}$，$m_2=2.3\ \text{kN}\cdot\text{m}$，$m_3=1.5\ \text{kN}\cdot\text{m}$，$AB$ 段的直径 $d_1=40\ \text{mm}$，BC 段的直径 $d_2=70\ \text{mm}$，已知材料的剪切弹性模量 $G=80\ \text{GPa}$。试计算 AC 轴的扭转角 φ。

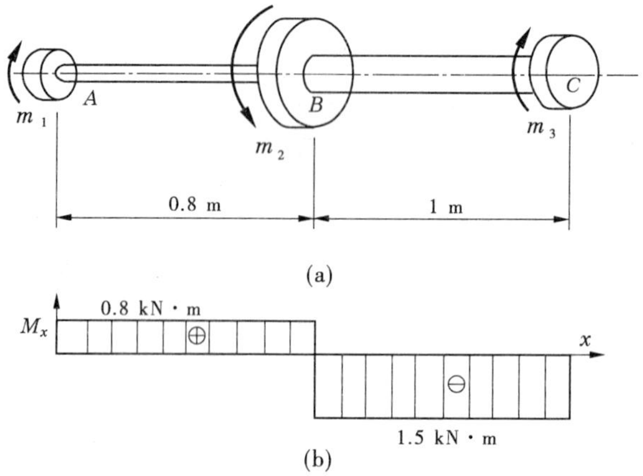

图 6-29

解 （1）分段计算各段截面的扭矩，并画出扭矩图，如图 6-29（b）所示。

AB 段 $M_{1x}=0.8\ \text{kN}\cdot\text{m}$

BC 段 $M_{2x}=-1.5\ \text{kN}\cdot\text{m}$

（2）计算扭转角 φ。

由于 A、C 两截面间的扭矩和极惯性矩不是常量，所以分别计算 AB、BC 段的扭转角，然后再求其代数和。

$$\varphi_{AB}=\frac{M_{1x}l_1}{GI_{\rho1}}=\frac{0.8\times10^6\times0.8\times10^3}{80\times10^3\times\pi\times40^4/32}=0.031\ 8(\text{rad})$$

$$\varphi_{BC}=\frac{M_{2x}l_2}{GI_{\rho2}}=\frac{-1.5\times10^6\times1\times10^3}{80\times10^3\times\pi\times70^4/32}=-0.008(\text{rad})$$

$$\varphi=\varphi_{AB}+\varphi_{BC}=0.031\ 8-0.008=0.023\ 8(\text{rad})=1.364^\circ$$

【例 6-16】 一钢制的电机传动轴，直径 $d=40\ \text{mm}$，轴传递的功率为 30 kW，转速 $n=1\ 400\ \text{r/min}$。轴的许用剪应力$[\tau]=40\ \text{MPa}$，剪切弹性模量 $G=8\times10^4\ \text{MPa}$，轴的许用扭转角$[\theta]=2^\circ/\text{m}$，试校核此轴的强度和刚度。

解 （1）计算外力偶矩和扭矩。

$$m=9.55\frac{N_\text{k}}{n}=9.55\times\frac{30}{1\ 400}=0.205\ (\text{kN}\cdot\text{m})=205\times10^3\text{N}\cdot\text{mm}$$

于是轴横截面上的扭矩为

$$M_x=m=205\times10^3\ \text{N}\cdot\text{mm}$$

（2）强度校核。

$$W_\rho=\frac{\pi}{16}D^3=\frac{\pi}{16}\times40^3=1.257\times10^4(\text{mm}^3)$$

$$\tau_{max} = \frac{M_x}{W_\rho} = \frac{205 \times 10^3}{1.257 \times 10^4} = 16.3(\mathrm{MPa}) < [\tau] = 40\ \mathrm{MPa}$$

故传动轴满足强度条件。

(3)刚度校核。

$$I_\rho = \frac{\pi}{32}D^4 = \frac{\pi}{32} \times 40^4 = 2.51 \times 10^5(\mathrm{mm}^4)$$

$$\theta = \frac{T}{GI_\rho} \times \frac{180}{\pi} = \frac{205 \times 10^3}{8 \times 10^4 \times 2.51 \times 10^5} \times \frac{180}{3.14}$$

$$= 0.58 \times 10^{-3}(°/\mathrm{mm}) = 0.58\ °/\mathrm{m} < 2\ °/\mathrm{m}$$

故传动轴也满足刚度条件。

第七节　梁弯曲时的强度计算

在第四章中已经学习了梁的横截面上的内力——弯矩 M 和剪力 F_Q 的计算。为了进行梁的强度计算,本节首先需要探讨梁横截面上的应力情况。由图 6-30 可知,梁横截面上的剪力 F_Q 应由截面上的微内力 τdA 组成,而弯矩 M 应由微内力 σdA 对 z 轴之矩组成。因此,当梁的横截面上同时有弯矩和剪力时,横截面上各点也就同时有正应力 σ 和剪应力 τ。本节研究等直梁在平面弯曲时这两种应力的计算公式及相应的强度计算。

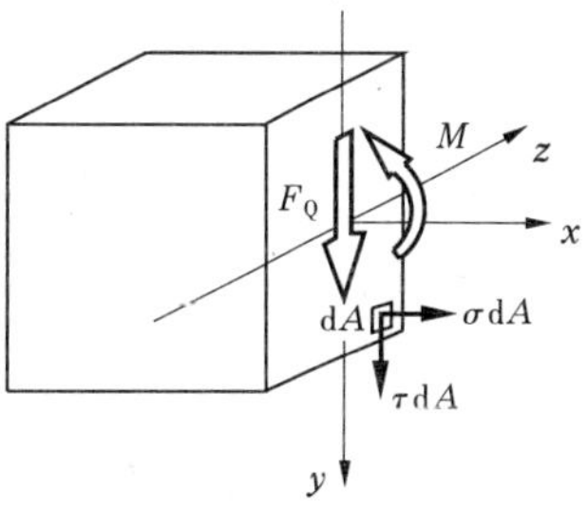

图 6-30

一、横截面上的正应力和强度计算

(一)正应力计算公式

平面弯曲时,某梁段各横截面上只有弯矩而没有剪力,这种弯曲称为纯弯曲。如果某梁段各横截面上不仅有弯矩而且有剪力,这种平面弯曲称为剪切弯曲或横力弯曲。

为了方便研究,下面以矩形截面梁为例,分析纯弯曲时梁横截面上的正应力。

梁发生纯弯曲时,可以通过对变形的观察、分析,推测出梁的内部变形的规律,由此进一步找出应力的分布规律,从而得出正应力的计算公式。

1. *几何方面*

为了观察梁发生纯弯曲时的变形情况,试验前在矩形截面梁的表面上画出若干条与梁轴平行的纵线和与纵线垂直的横线,如图 6-31(a)所示。然后,在梁的两端施加一对力偶 M,梁将发生如图 6-31(b)所示的纯弯曲变形。于是观察到如下的一些现象:

(1)所有纵线都弯成曲线,靠近底面(凸边)的纵线伸长了,而靠近顶面(凹边)的纵线缩短了;

(2)所有横线仍保持为直线,只是相互倾斜了一个角度,但仍与弯曲的纵线垂直;

(3)矩形截面的上部变宽,下部变窄。

根据上面所观察到的现象,推测梁的内部变形,可作出如下的假设和推断:

(1)平面假设。梁在纯弯曲时,横截面弯曲后仍保持为平面,且仍垂直于弯曲后的梁轴线。

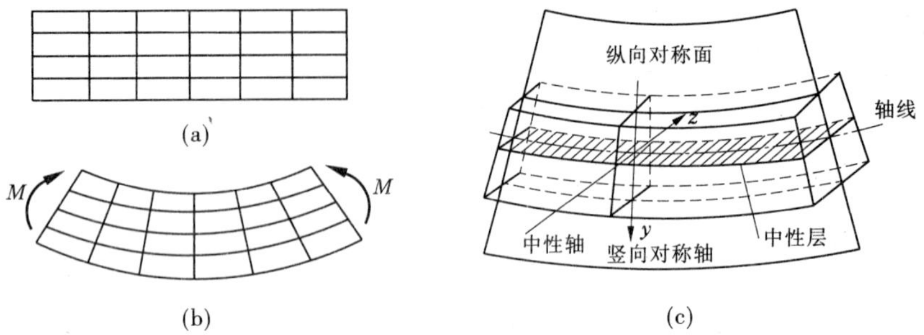

图 6-31

(2)单向受力假设。将梁看成由无数根纵向纤维组成，各纤维只受到轴向拉伸或压缩，不存在相互挤压。

根据平面假设，上部的纵线缩短而使截面变宽，下部的纵线伸长而使截面变窄，在同一高度上的纤维有相同的变形。由变形的连续性可知，从上部各层纤维缩短到下部各层纤维伸长的变化过程中，中间必存在着一层纤维既不伸长也不缩短，这一层称为中性层，如图 6-31(c)所示。中性层与横截面的交线称为中性轴。中性轴将横截面分为受压和受拉两个区域。由于梁变形后各横截面仍保持与纵线正交，所以剪应变为零，故纯弯曲梁的横截面上没有剪应力。

由平面假设可知，纵向纤维的伸长或缩短是由于横截面绕中性轴转动的结果。为了研究任意一根纤维的线应变，可用两相邻横截面 $m—m$ 和 $n—n$ 从梁上截出一微段 dx，如图 6-32 所示。设 O_1O_2 为中性层(它的具体位置还不知道)，两相邻横截面 $m—m$ 和 $n—n$ 转动后延长相交于 O 点，O 点为中性层的曲率中心。中性层的曲率半径用 ρ 表示，两个截面间的夹角以 $d\theta$ 表示。

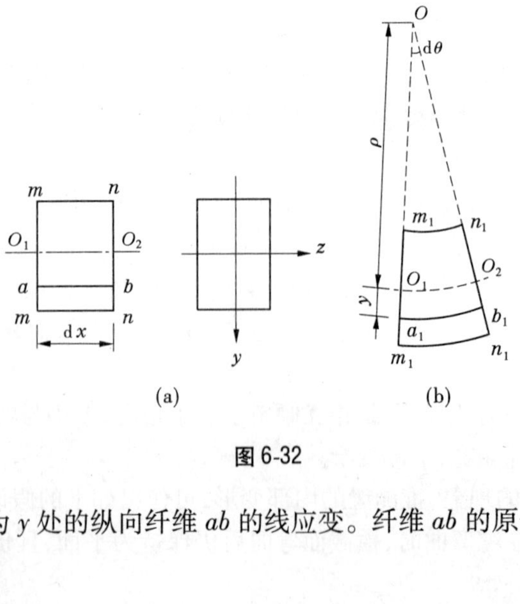

图 6-32

现求距中性层为 y 处的纵向纤维 ab 的线应变。纤维 ab 的原长 $\overline{ab} = dx = O_1O_2 = \rho d\theta$，

变形后的长度为$\widehat{a_1b_1}=(\rho+y)\mathrm{d}\theta$,故纤维 ab 的线应变为

$$\varepsilon=\frac{\widehat{a_1b_1}-\overline{ab}}{\overline{ab}}=\frac{(\rho+y)\mathrm{d}\theta-\rho\mathrm{d}\theta}{\rho\mathrm{d}\theta}=\frac{y}{\rho} \tag{a}$$

对于确定的截面来说,ρ 是常量,所以各层纤维的应变与它到中性层的距离成正比,并且梁愈弯(即曲率 $k=\frac{1}{\rho}$愈大),同一位置的线应变也愈大。

2. 物理方面

由于假设纵向纤维只受单向拉伸或压缩,在正应力不超过比例极限时,由虎克定律得

$$\sigma=E\varepsilon=E\cdot\frac{y}{\rho} \tag{b}$$

式(b)表明:距中性轴等远的各点正应力相同,并且横截面上任一点处的正应力与该点到中性轴的距离成正比。即弯曲正应力沿截面高度按线性规律分布,中性轴上各点的正应力均为零,如图 6-33 所示。

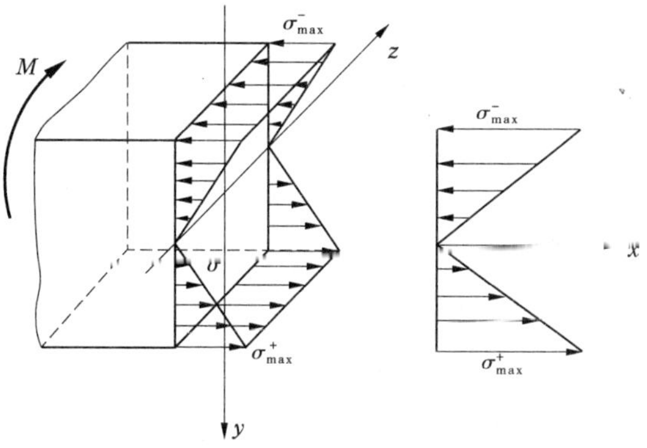

图 6-33

3. 静力学方面

梁发生纯弯曲时,横截面上只有正应力 σ。如图 6-30 所示,在横截面上取微面积 $\mathrm{d}A$,横截面上法向分布内力 $\sigma\mathrm{d}A$ 组成一空间平行力系。因为整个横截面的轴力为零,只有弯矩 M,故可得

$$F_N=\int_A\sigma\mathrm{d}A=0 \tag{c}$$

$$M=\int_A\sigma y\mathrm{d}A \tag{d}$$

将式(b)代入式(c)得 $$\frac{E}{\rho}\int_A y\mathrm{d}A=0 \tag{e}$$

由于$\frac{E}{\rho}\neq0$,故有 $$\int_A y\mathrm{d}A=0 \tag{f}$$

式(f)表明:截面对中性轴的静矩等于零。由此可知,直梁弯曲时中性轴 z 必定通过截面的形心。

将式(b)代入式(d),得

$$M = \int_A \frac{E}{\rho} y^2 \mathrm{d}A = \frac{E}{\rho}\int_A y^2 \mathrm{d}A = \frac{E}{\rho} I_z$$

于是可得

$$\frac{1}{\rho} = \frac{M}{EI_z} \tag{6-28}$$

式(6-28)是计算梁变形的基本公式,后面讨论压杆稳定时也要用到它。由式(6-28)可知,曲率 $1/\rho$ 与 M 成正比,与 EI_z 成反比。这表明:梁在外力作用下,某横截面上的弯矩愈大,该处梁的弯曲程度就愈大;而 EI_z 值愈大,则梁愈不易弯曲,故 EI_z 称为梁的抗弯刚度,其物理意义是表示梁抵抗弯曲变形的能力。

将式(6-28)代入式(b),便得纯弯曲梁横截面上任一点处正应力的计算公式

$$\sigma = \frac{My}{I_z} \tag{6-29}$$

式(6-29)表明:梁横截面上任一点的正应力 σ 与该截面上的弯矩 M 和该点到中性轴的距离 y 成正比,而与该截面对中性轴的惯性矩 I_z 成反比。当 M 为正时,中性轴以下各点为拉应力,取正值;中性轴以上各点为压应力,取负值,如图 6-33(b)所示。若 M 为负值,则相反。

4. 正应力公式应用的推广

虽然从式(6-29)的推导过程知,它的适用条件是纯弯曲梁且梁的最大正应力不超过材料的比例极限,但是该正应力公式可推广使用到以下这些情况:

(1)当梁跨度与横截面高度之比 l/h 大于 5 时,式(6-29)可用于横力弯曲时横截面正应力的计算。横力弯曲时梁横截面上不仅有正应力而且还有剪应力,梁受载后其横截面将发生不同程度的翘曲,故平面假设不成立。但当 l/h 大于 5 时,剪应力对正应力的影响甚小,所以式(6-29)仍然可以使用。

(2)式(6-29)虽然是由矩形截面推导出来的,但对于横截面为其他对称形状的梁,如圆形、圆环形、工字形和 T 形截面等,在发生平面变曲时均可适用。

(二)正应力强度条件

1. 危险点的应力

要进行梁的正应力强度计算,需要先算出梁危险点的正应力。最大正应力所在的截面称为危险截面。对于等直梁,弯矩绝对值最大的截面就是危险截面。危险截面上出现最大应力的点,称为危险点,它位于距中性轴最远的上、下边缘处。

对中性轴是截面对称轴的梁,最大正应力 $\sigma_{\max}$ 值为

$$\sigma_{\max} = \frac{M_{\max} y_{\max}}{I_z}$$

令 $W_z = \dfrac{I_z}{y_{\max}}$,则上式又可写为

$$\sigma_{\max} = \frac{M_{\max}}{W_z} \tag{6-30}$$

式中:W_z 为抗弯截面模量,它是一个与截面形状、尺寸有关的几何量,常用单位是 m^3 或 mm^3。对于工字钢、槽钢等型钢截面,W_z 值可在附录的型钢规格表中查得。显然,W_z 值愈

大,梁中的最大正应力值愈小,从强度角度看,就愈有利。矩形和圆形截面的抗弯截面模量分别为:

对于矩形截面
$$W_z = \frac{I_z}{y_{\max}} = \frac{\frac{bh^3}{12}}{\frac{h}{2}} = \frac{1}{6}bh^2$$

对于圆截面
$$W_z = \frac{I_z}{y_{\max}} = \frac{\frac{\pi d^4}{64}}{\frac{d}{2}} = \frac{\pi d^3}{32}$$

对中性轴不是对称轴的截面梁,例如图 6-36 所示的倒 T 形截面梁,A 截面在正弯矩作用下,梁的下边缘上各点处产生最大拉应力,上边缘上各点处产生最大压应力,其值分别为

$$\left.\begin{aligned} \sigma_{\max}^{+} &= \frac{My_{\max}^{+}}{I_z} \\ \sigma_{\max}^{-} &= \frac{My_{\max}^{-}}{I_z} \end{aligned}\right\} \tag{6-31}$$

式中:$y_{\max}^{+}$为最大拉应力所在点距中性轴的距离;$y_{\max}^{-}$为最大压应力所在点距中性轴的距离。

2. 正应力强度条件

要使梁能安全工作,必须使梁的最大工作正应力 $\sigma_{\max}$不超过其材料的许用应力$[\sigma]$,即得正应力强度条件

$$\sigma_{\max} = \frac{M_{\max}}{W_z} \leqslant [\sigma] \tag{6-32}$$

对于脆性材料,其抗压与抗拉许用应力是不同的。为了充分利用材料,通常将梁的横截面做成与中性轴不对称的形状。因此,梁的拉应力和压应力都不能超过材料相应的许用应力,即

$$\sigma_{\max}^{+} \leqslant [\sigma^{+}] \qquad \sigma_{\max}^{-} \leqslant [\sigma^{-}] \tag{6-33}$$

式中:$\sigma_{\max}^{+}$、$\sigma_{\max}^{-}$分别为梁的最大拉应力和最大压应力;$[\sigma^{+}]$、$[\sigma^{-}]$分别为材料的许用拉应力和许用压应力。

(三)正应力强度计算示例

应用上述正应力强度条件,可解决梁的以下三类强度计算问题。

1. 强度校核

在已知梁的材料和横截面的形状、尺寸以及所受荷载时,对梁作强度校核,即

$$\sigma_{\max} = \frac{M_{\max}}{W_z} \leqslant [\sigma]$$

检查梁是否满足正应力强度条件。

2. 设计截面

当已知荷载和所用材料时,根据强度条件计算所需的抗弯截面模量,即

$$W_z \geqslant \frac{M_{\max}}{[\sigma]}$$

然后按选择的截面形状，进一步确定截面的具体尺寸。

3. 确定许可荷载

已知梁的材料和截面尺寸，根据强度条件计算梁所能承受的最大弯矩，即

$$M_{\max} \leqslant [\sigma] W_z$$

然后由 $M_{\max}$ 确定出梁的许可荷载 $[F]$。

【例 6-17】 一简支木梁受均布荷载 q 作用，如图 6-34 所示。已知 $q=5.6$ kN/m，梁的跨度 $l=3$ m，木材的许用应力 $[\sigma]=10$ MPa，截面为矩形，$b=120$ mm，$h=180$ mm。试求：

(1) C 截面上 a、b 两点的正应力；

(2) 校核木梁的正应力强度。

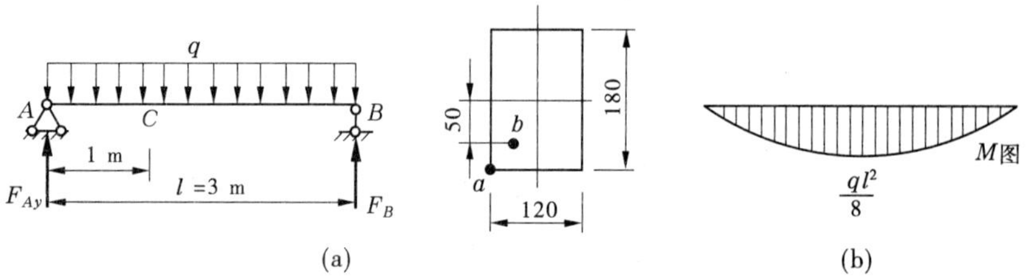

图 6-34

解 (1) 计算 C 截面上 a、b 两点的正应力。

由于具有对称性，故梁的支座反力为

$$F_{Ay} = F_B = \frac{ql}{2} = \frac{5.6 \times 3}{2} = 8.4(\text{kN})$$

于是 C 截面的弯矩为

$$M_C = F_{Ay} \times 1 - \frac{q \times 1^2}{2} = 8.4 \times 1 - \frac{5.6 \times 1^2}{2} = 5.6(\text{kN} \cdot \text{m})$$

横截面对中性轴 z 的惯性矩为

$$I_z = \frac{bh^3}{12} = \frac{1}{12} \times 120 \times 180^3 = 58.3 \times 10^6(\text{mm}^4)$$

则 a、b 两点的正应力为

$$\sigma_a = \frac{M_C y_a}{I_z} = \frac{5.6 \times 10^6 \times 90}{58.3 \times 10^6} = 8.64(\text{MPa}) \quad (拉)$$

$$\sigma_b = \frac{M_C y_b}{I_z} = \frac{5.6 \times 10^6 \times 50}{58.3 \times 10^6} = 4.80(\text{MPa}) \quad (拉)$$

(2) 校核木梁的正应力强度。

由弯矩图可知，最大弯矩在跨中截面，其值为

$$M_{\max} = \frac{ql^2}{8} = \frac{1}{8} \times 5.6 \times 3^2 = 6.3(\text{kN} \cdot \text{m})$$

等截面梁的最大正应力应发生在 $M_{\max}$ 截面的上下边缘处，最大正应力值为

$$\sigma_{max} = \frac{M_{max} y_{max}}{I_z} = \frac{6.3 \times 10^6 \times 90}{58.3 \times 10^6} = 9.73(\text{MPa}) < [\sigma] = 10 \text{ MPa}$$

所以,该木梁满足正应力强度要求。

【例 6-18】 如图 6-35(a)所示的工字钢悬臂梁,梁长 $l = 6$ m,自由端受集中力 $F = 40$ kN 作用,材料的许用应力$[\sigma] = 160$ MPa,不计梁自重,试按正应力强度来选择工字钢的型号。

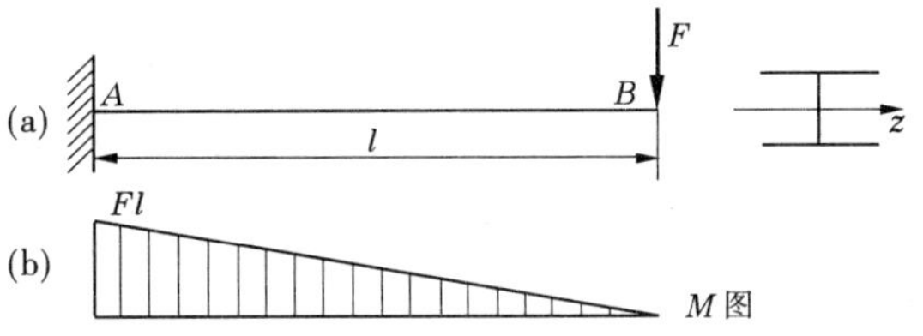

图 6-35

解 (1)确定最大弯矩。

求作出该梁的弯矩图如图 6-35(b)所示,可见最大弯矩在固定端截面处,其值为

$$M_{max} = Fl = 40 \times 6 = 240(\text{kN} \cdot \text{m})$$

(2)确定 W_z,选择工字钢的型号。

根据正应力强度条件,该梁所需的弯曲截面模量为

$$W_z = \frac{M_{max}}{[\sigma]} = \frac{240 \times 10^6}{160} = 1.5 \times 10^6(\text{mm}^3) = 1\ 500 \text{ cm}^3$$

查附录工字钢表,No45b 工字钢的抗弯截面模量 $W_z = 1\ 500 \text{ cm}^3$,可以满足要求,故可选择 No45b 工字钢。

【例 6-19】 倒 T 形截面悬臂梁尺寸及荷载如图 6-36 所示。若材料的许用拉应力$[\sigma^+] = 40$ MPa,许用压应力$[\sigma^-] = 160$ MPa,截面对形心轴 z 的惯性矩 $I_z = 10\ 180 \text{ cm}^4$,$h_1 = 96.4$ mm,试按正应力强度确定该梁的许可荷载$[F]$。

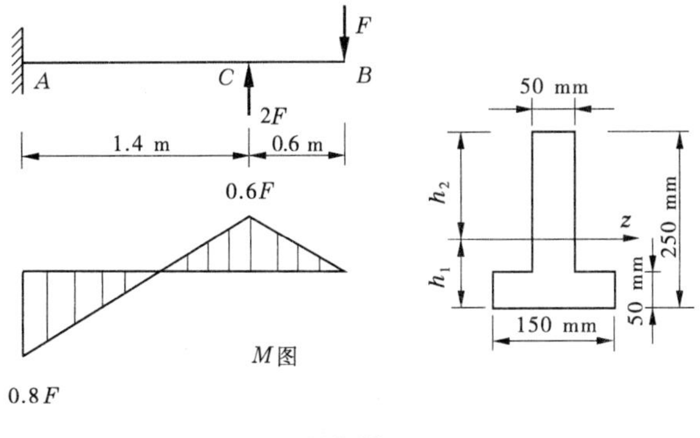

图 6-36

解 (1)确定最大弯矩。

作弯矩图如图 6-36 所示。由图可见,在固定端截面 A 处有最大正弯矩,$M_A = 0.8F$。在 C 截面有最大负弯矩,大小为 $M_C = 0.6F$。由于中性轴不是截面的对称轴,而材料的

拉、压许用应力又不相等，故应综合考虑 A、C 两截面的强度来确定许可荷载 $[F]$。

(2) 由 A 截面强度要求确定 $[F]$。

A 截面为正弯矩，下拉上压。根据强度条件，由

$$\sigma_{\max}^{+} = \frac{M_A h_1}{I_z} \leqslant [\sigma^{+}]$$

求得 $$[M_A] \leqslant \frac{I_z[\sigma^{+}]}{h_1} = \frac{10\ 180 \times 10^4 \times 40}{96.4} = 42.24 \times 10^6 (\mathrm{N \cdot mm}) = 42.24\ \mathrm{kN \cdot m}$$

即 $$0.8[F] \leqslant 42.24\ \mathrm{kN}$$

于是，求得许可荷载为

$$[F] \leqslant \frac{42.24}{0.8} = 52.8(\mathrm{kN})$$

又由 $$\sigma_{\max}^{-} = \frac{M_A h_2}{I_z} \leqslant [\sigma^{-}]$$

求得 $$[M_A] \leqslant \frac{I_z[\sigma^{-}]}{h_2} = \frac{10\ 180 \times 10^4 \times 160}{250 - 96.4} = 106 \times 10^6 (\mathrm{N \cdot mm}) = 106\ \mathrm{kN \cdot m}$$

即 $$0.8[F] \leqslant 106\ \mathrm{kN}$$

于是，求得许可荷载为

$$[F] \leqslant \frac{106}{0.8} = 132.5(\mathrm{kN})$$

(3) 由 C 截面强度要求确定 $[F]$。

C 截面为负弯矩，上拉下压。根据强度条件，由

$$\sigma_{\max}^{+} = \frac{M_C h_2}{I_z} \leqslant [\sigma^{+}]$$

求得 $$[M_C] \leqslant \frac{I_z[\sigma^{+}]}{h_2} = \frac{10\ 180 \times 10^4 \times 40}{250 - 96.4} = 26.5 \times 10^6 (\mathrm{N \cdot mm}) = 26.5\ \mathrm{kN \cdot m}$$

即 $$0.6[F] \leqslant 26.5\ \mathrm{kN}$$

于是，求得许可荷载为

$$[F] = \frac{26.5}{0.6} = 44.2(\mathrm{kN})$$

又由 $$\sigma_{\max}^{-} = \frac{M_C h_1}{I_z} \leqslant [\sigma^{-}]$$

求得 $$[M_C] \leqslant \frac{I_z[\sigma^{-}]}{h_1} = \frac{10\ 180 \times 10^4 \times 160}{96.4} = 169 \times 10^6 (\mathrm{N \cdot mm}) = 169\ \mathrm{kN \cdot m}$$

即 $$0.6[F] \leqslant 169\ \mathrm{kN}$$

于是，求得许可荷载为

$$[F] = \frac{169}{0.6} = 281.67(\mathrm{kN})$$

综合以上的计算结果，为保证梁的正应力强度安全，该梁的许可荷载为

$$[F] = 44.2\ \mathrm{kN}$$

二、横截面上的剪应力和强度计算

(一)剪应力计算公式

由图6-30已经知道,在横力弯曲时,梁的横截面上既有弯矩又有剪力,因而在横截面上既有正应力又有剪应力。当梁的剪应力的数值过大而导致材料抗剪强度不足时,就会发生剪切破坏。下面对几种常用截面梁的剪应力作简要介绍。

1. 矩形截面梁横截面上的剪应力

图6-37(a)所示矩形截面的高度为 h,宽度为 b,截面上的剪力 F_Q 沿截面的对称轴 y。

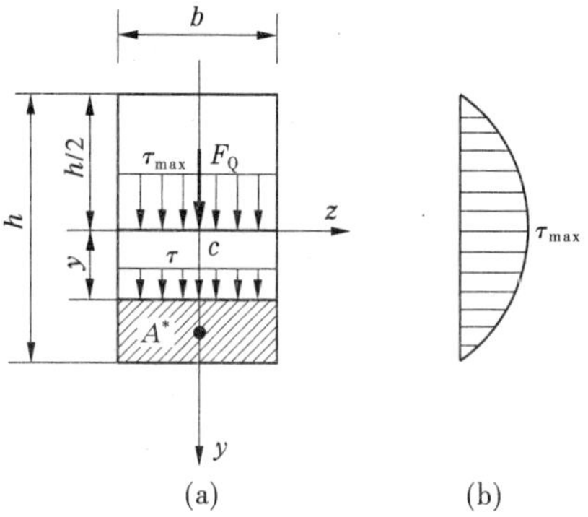

图6-37

因为梁的侧面没有剪应力,根据剪应力互等定理,在横截面上靠近两侧面边缘的剪应力方向一定平行于横截面的侧边。一般矩形截面的宽度相对于高度较小,可以认为沿截面宽度方向剪应力的大小和方向都不会有明显变化。所以,对横截面上剪应力分布规律作如下假设:

(1)横截面上各点处的剪应力方向都平行于剪力 F_Q。

(2)剪应力沿截面宽度均匀分布,即离中性轴等距离的各点处的剪应力相等。

根据上面的假设,可以得出横截面上剪应力的计算公式

$$\tau = \frac{F_Q S_z}{I_z b} \tag{6-34}$$

式中:F_Q 为所求剪应力的点所在横截面上的剪力;b 为所求剪应力的点处的截面宽度;I_z 为整个截面对中性轴的惯性矩;S_z 为所求剪应力的点处横线以下(或以上)的面积 A^* 对中性轴的静矩。

下面讨论剪应力沿截面高度的分布规律。

如图6-37所示,面积 A^* 对中性轴的静矩为

$$S_z = A^* y_c^* = \frac{b}{2}\left(\frac{h^2}{4} - y^2\right)$$

将上式代入式(6-34),可得

$$\tau = \frac{6F_Q}{bh^3}\left(\frac{h^2}{4} - y^2\right)$$

上式表明:剪应力沿截面高度按二次抛物线规律变化。当 $y = \pm h/2$ 时,$\tau = 0$,即截面上下边缘处的剪应力为零。当 $y = 0$ 时,$\tau = \tau_{max}$,即中性轴上剪应力最大,其值为

$$\tau_{max} = \frac{3}{2}\frac{F_Q}{A} \tag{6-35}$$

式中:$\frac{F_Q}{A}$称为截面上的平均剪应力。式(6-35)说明矩形截面上的最大剪应力为截面上平均剪应力的$\frac{3}{2}$倍。

2. 圆形截面梁横截面上的剪应力

对于圆形截面,弯曲时最大剪应力仍发生在中性轴上,如图 6-38(a)所示,且沿中性轴均匀分布,其值为

$$\tau_{max} = \frac{4}{3}\frac{F_Q}{A} \tag{6-36}$$

式中:F_Q 为截面上的剪力;A 为圆截面的面积。

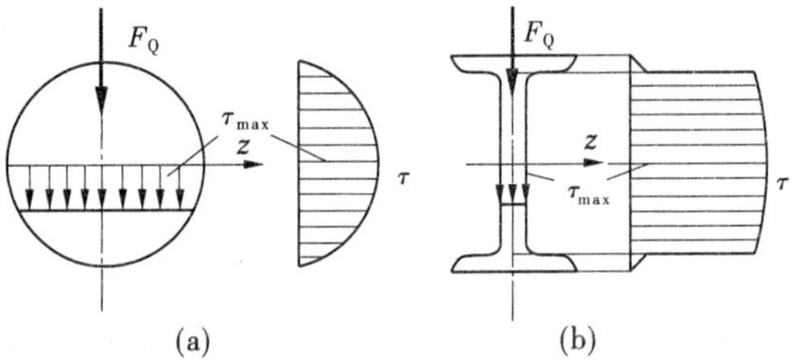

图 6-38

3. 工字形截面梁横截面上的剪应力

工字形截面由腹板和上下翼缘板组成,如图 6-38(b)所示,横截面上的剪力 F_Q 的绝大部分由腹板所承担。在上下翼缘板上,也有平行于 F_Q 的剪应力分量,但分布情况比较复杂,且数值较小,通常并不进行计算。因腹板为一狭长的矩形,关于矩形截面上剪应力分布规律的两个假设仍然适用,所以腹板上的剪应力可用公式(6-34)计算。剪应力沿腹板高度的分布规律仍按抛物线规律分布,最大剪应力仍发生在截面的中性轴上,且腹板上的最大剪应力与最小剪应力相差不大,其中最大剪应力为

$$\tau_{max} = \frac{F_Q}{d(I_z/S_{zmax})} \tag{6-37}$$

式中:d 为腹板的宽度。对于工字钢,式中的 I_z/S_{zmax} 可由型钢规格表中查得。

当腹板的厚度较小时,可将横截面上的剪力 F_Q 除以腹板面积,近似地作为工字形截面梁的最大剪应力,即

$$\tau \approx \frac{F_Q}{hd}$$

(二)剪应力强度条件

对等截面直梁来说,最大剪应力一般发生在最大剪力 F_{Qmax} 所在截面的中性轴上各点

处。为了保证梁的剪切强度,梁在荷载作用下产生的最大剪应力,也不能超过材料的许用剪应力[τ],即剪应力强度条件为

$$\tau_{max} = \frac{F_{Qmax}S_{zmax}}{I_z b} \leqslant [\tau] \tag{6-38}$$

对梁进行强度计算时,必须同时满足正应力强度条件和剪应力强度条件。一般情况下,梁的正应力强度条件为梁强度的控制条件,故一般先按正应力强度条件选择截面,或确定许可荷载,然后再按剪应力强度条件进行校核。

(三)剪应力强度计算示例

【例 6-20】 例 6-17 中的简支木梁如图 6-34 所示,试求:

(1)横截面上最大剪应力 τ_{max};

(2)τ_{max}与 σ_{max}的比值。

解 (1)计算最大剪应力。

根据木梁的受力情况可得

$$F_{Qmax} = F_{Ay} = \frac{1}{2}ql = \frac{1}{2} \times 5.6 \times 3 = 8.4(\text{kN})$$

$$\tau_{max} = \frac{3}{2} \times F_{Qmax}/A = \frac{3}{2} \times 8.4 \times 10^3/(120 \times 180) = 0.58(\text{MPa})$$

(2)计算 τ_{max}与 σ_{max}的比值。

$$\tau_{max}/\sigma_{max} = 0.58/9.73 = 0.06$$

可见,τ_{max}与 σ_{max}相比很小,故在一般情况下,梁的正应力往往是梁强度的控制条件。

【例 6-21】 如图 6-39(a)所示的一个 No32a 工字钢截面的外伸梁,已知钢材的许用应力[σ] =160 MPa,许用剪应力[τ] =100 MPa,试校核此梁强度。

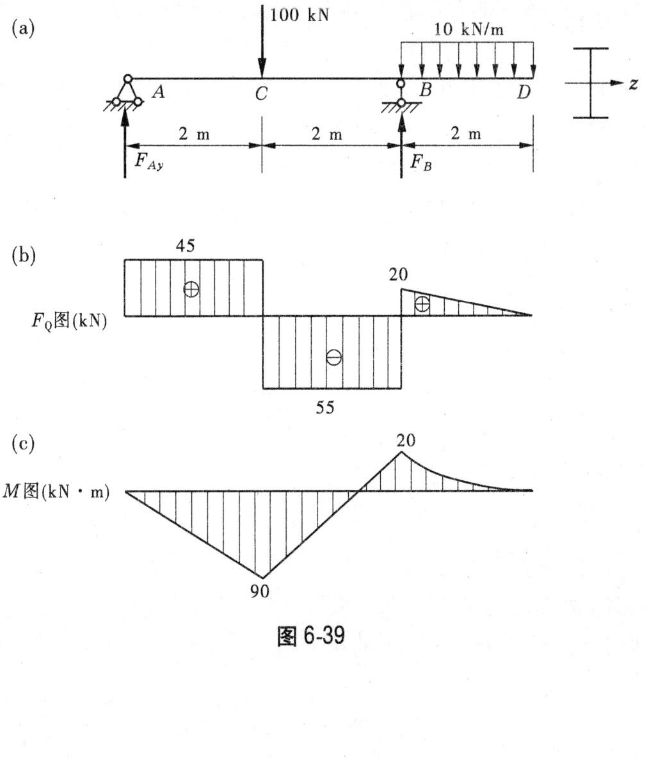

图 6-39

解 (1)求出支座反力。

$$F_{Ay}=45\ \text{kN}\qquad F_B=75\ \text{kN}$$

(2)求作梁的剪力图和弯矩图。

求作出梁的剪力图和弯矩图如图6-39(b)、(c)所示。

(3)确定最大弯矩和最大剪力。

由图6-39(b)、(c)可知,该梁的最大弯矩和最大剪力分别为

$$M_{\max}=90\ \text{kN}\cdot\text{m}\qquad F_{Q\max}=55\ \text{kN}$$

(4)查附录型钢规格表,查得No32a工字钢有关的量为

$$W_z=692.2\ \text{cm}^3\qquad d=9.5\ \text{mm}\qquad I_z/S_z=27.46\ \text{cm}$$

(5)确定正应力危险点的位置,校核正应力强度。

梁的最大正应力发生在最大弯矩所在的横截面C的上、下边缘处,大小为

$$\sigma_{\max}=\frac{M_C}{W_z}=\frac{90\times10^6}{692.2\times10^3}=130.02(\text{MPa})<[\sigma]=160\ \text{MPa}$$

可见,该梁满足正应力强度条件。

(6)确定剪应力危险点的位置,校核剪应力强度。

由剪力图可知,最大剪力发生在BC段上,其值$F_{Q\max}=55$ kN。这些横截面的中性轴处各点为剪应力危险点,其剪应力为

$$\tau_{\max}=\frac{F_{Q\max}}{d(I_z/S_z)}=\frac{55\times10^3}{9.5\times27.46\times10^3}=21.08(\text{MPa})<[\tau]=100\ \text{MPa}$$

可见,该梁也满足剪应力强度条件。

三、提高弯曲强度的措施

杆件的强度计算,除必须满足强度要求外,还需要考虑如何充分利用材料,使设计更合理。由于弯曲正应力常常是控制梁强度的主要因素,因此从梁的正应力强度条件考虑,可以采取以下措施来提高梁的强度。

(一)改善梁的受力状况

合理安排梁的支座和荷载可以降低最大弯矩值$M_{\max}$,从而改善梁的受力。

当荷载一定时,梁的最大弯矩值$M_{\max}$与梁的跨度有关,首先应当合理安排支座。如图6-40(a)所示受均布荷载作用的简支梁,其最大弯矩值$M_{\max}=0.125ql^2$。若将两端支座各向中间移动$0.2l$,如图6-40(b)所示,则最大弯矩为$0.025ql^2$,仅为原来的1/5,可使截面的尺寸减小很多。

如图6-41所示,把一个集中力分为两个较小的集中力,梁的最大弯矩就明显减少。因此,在工作条件允许的情况下,尽可能地把梁上的荷载合理布置,如分散布置等。

(二)采用合理的截面形状

由式$M_{\max}=[\sigma]W_z$可知,梁所能承受的最大弯矩$M_{\max}$与抗弯截面模量W_z成正比。所以,从强度角度看,当截面面积一定时,W_z值愈大愈有利。通常用抗弯截面模量W_z与横截面面积A的比值来衡量梁的截面形状的合理性和经济性。

对各种不同形状的截面,可用W/A的值来比较它们的合理性。现比较圆形、矩形和

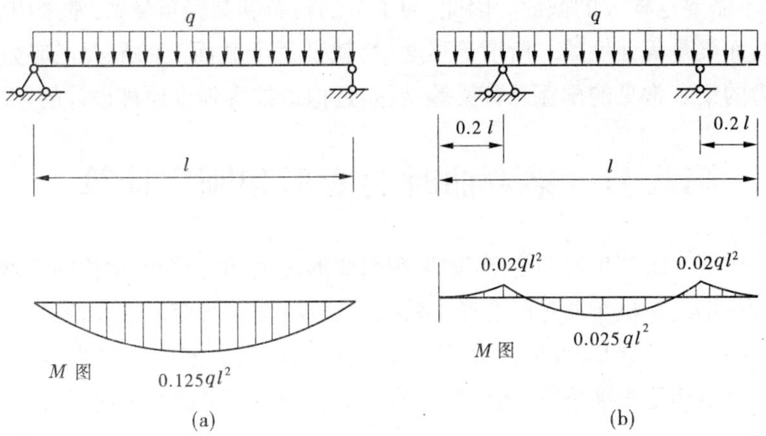

图 6-40

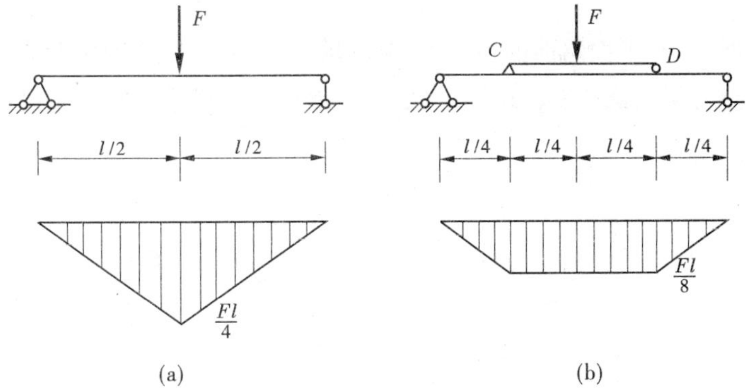

图 6-41

工字形三种截面。为了便于比较,设三种截面的高度均为 h。

对于圆形截面: $W/A = 0.125h$;

对于矩形截面: $W/A = 0.167h$;

对于工字形截面: $W/A = (0.27 \sim 0.31)h$。

由此可见,矩形截面比圆形截面合理,工字形截面比矩形截面合理。

从梁的横截面上正应力沿梁高的分布来看,离中性轴越远的点处,正应力越大,在中性轴附近的点处,正应力很小。所以,为了充分利用材料,应尽可能将材料移到离中性轴较远的地方。上述三种截面中,工字形截面最好,圆形截面最差,道理就在于此。

在选择截面形式时,还要考虑材料的性能。例如,由塑性材料制成的梁,因拉伸和压缩的许用应力相同,宜采用中性轴为对称轴的截面。由脆性材料制成的梁,因许用拉应力远小于许用压应力,故宜采用 T 字形或 Π 形等中性轴为非对称轴的截面,并使最大拉应力发生在离中性轴较近的边缘上。

(三)采用变截面梁

梁的截面尺寸可按最大弯矩设计并做成等截面。但等截面梁并不经济,因为在其他弯矩较小处，不需要这样大的截面。因此，为了节约材料和减轻重量，常常采用变截面梁。最合理的变截面梁是等强度梁。所谓等强度梁，就是每个截面上的最大正应力都达到材料的许用应力的梁。常见的雨篷悬臂梁等，就是近似地按等强度原理设计的。

第八节　梁弯曲时的变形和刚度计算

梁在外力作用下将产生弯曲变形，如果弯曲变形过大，就会影响结构的正常工作。例如：桥梁的变形过大，在机车通过时会产生较大的震动；楼面梁变形过大，容易使下面的抹灰层开裂；水闸的工作闸门若变形过大，则会影响闸门的正常启闭。因此，对有些刚度要求高的构件不但要满足强度条件，还应把梁的变形限制在许可的范围内，故需要分析梁的变形。

一、梁弯曲时的挠度和转角

如图 6-42 所示，在平面弯曲的情况下，梁的轴线 AB 在 xAy 平面内弯成一光滑连续的平面曲线 AB'，称为梁的挠曲线。由图可见，梁变形后任一横截面将产生挠度和转角两种位移。

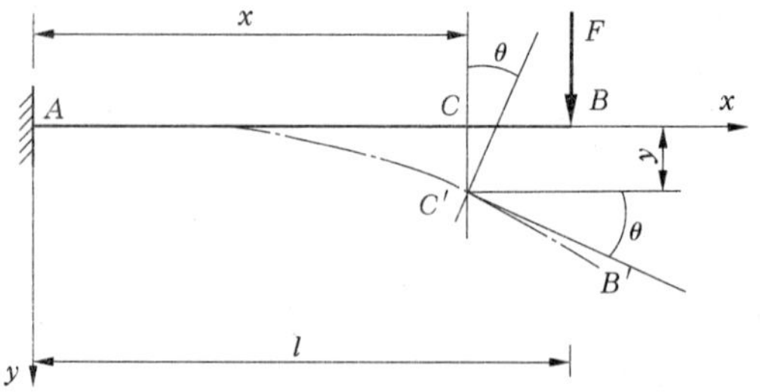

图 6-42

（一）挠度

梁任一横截面的形心 C 沿 y 轴方向的线位移 CC'，称为该截面的挠度，通常用 y 表示，并以向下为正，反之为负，单位用 mm 或 m 表示。虽然横截面形心产生沿 x 轴方向的线位移，但因为很小，故常忽略不计。

梁横截面的挠度 y 是随截面位置 x 而变化的函数，可用方程 $y=f(x)$ 来表示，称为梁的挠曲线方程。常用 f 表示梁的最大挠度，即 $f=y_{max}$。

（二）转角

梁任一横截面相对于原来位置所转动的角度，称为该截面的转角，用 θ 表示，并以顺时针转向为正，反之为负。

根据平面假设，梁的横截面在梁弯曲前垂直于轴线，弯曲后仍将垂直于挠曲线在该处的切线，因此截面转角 θ 就等于挠曲线在该处的切线与 x 轴的夹角。挠曲线上任意一点处的斜率为

$$\tan\theta = \frac{dy}{dx}$$

由于实际变形 θ 是很小的量,可认为 $\tan\theta \approx \theta$,于是上式可写成 $\theta = \frac{dy}{dx}$。

上式表明,梁任一横截面的转角 θ 等于挠曲线方程的一阶导数。可见,只要确定了挠曲线方程,就可以计算任意截面的挠度和转角。因此,计算的关键在于确定挠曲线方程。

二、梁的挠曲线近似微分方程

由公式(6-28)知,梁在纯弯曲时的曲率表达式为

$$\frac{1}{\rho} = \frac{M}{EI}$$

对于跨度远远大于截面高度的梁在横力弯曲时,剪力对弯曲变形的影响很小,可以略去不计,所以上式仍可应用。但这时的 M、ρ 都是 x 的函数,故对等截面梁,可将上式改写为

$$\frac{1}{\rho(x)} = \frac{M(x)}{EI}$$

又由高等数学可知,平面曲线的曲率与曲线方程之间存在下列关系

$$\frac{1}{\rho(x)} = \pm \frac{\frac{d^2y}{dx^2}}{\left[1 + \left(\frac{dy}{dx}\right)^2\right]^{\frac{3}{2}}}$$

由于梁在小变形的条件下,$\left(\frac{dy}{dx}\right)^2$ 与 1 相比十分微小,可以略去,于是上式可简化为

$$\frac{1}{\rho(x)} = \pm \frac{d^2y}{dx^2}$$

从而得出

$$\frac{d^2y}{dx^2} = \pm \frac{M(x)}{EI}$$

上式中的正负号与弯矩的符号规定和选取的坐标有关。若 y 坐标以向下为正,弯矩的正负号按以前的规定,则正弯矩对应二阶导数 $\frac{d^2y}{dx^2}$ 的负值,而负弯矩对应二阶导数 $\frac{d^2y}{dx^2}$ 的正值。因此,上式等号右边应取负号,即

$$\frac{d^2y}{dx^2} = -\frac{M(x)}{EI} \tag{6-39}$$

式(6-39)称为梁的挠曲线近似微分方程。对该方程进行积分,即可得到转角方程和挠度方程。

三、用积分法求梁的挠度和转角

对于等截面梁,梁的 EI 是常数,对式(6-39)进行积分一次,即得梁的转角方程为

$$\theta(x)=\frac{dy}{dx}=-\frac{1}{EI}\int M(x)dx+C \tag{6-40}$$

再积分一次,可得梁的挠度方程为

$$y(x)=-\frac{1}{EI}\int\left[\int M(x)dx\right]dx+Cx+D \tag{6-41}$$

方程中的 C、D 为积分常数。积分常数可通过挠曲线上的边界条件及连续条件来确定。如图 6-42 中,悬臂梁在固定端 A 处的挠度 $y_A=0$ 及转角 $\theta_A=0$;若是简支梁,则左、右两端支座处的挠度都等于零。如果梁的弯矩方程须分段写出,则各段梁的挠曲线近似微分方程也需要分段建立。要确定这些积分常数,除利用支承处的边界条件外,还应该根据光滑连续的挠曲线在分段处位移的连续条件,即两段梁在分段处应具有相同的挠度和转角。

【例 6-22】 试用积分法求图 6-43 所示的简支梁受均布荷载 q 作用下的转角和挠曲线方程,并求支座截面的转角 θ_A、θ_B 和最大挠度 y_{max}。设该梁的 EI 为常数。

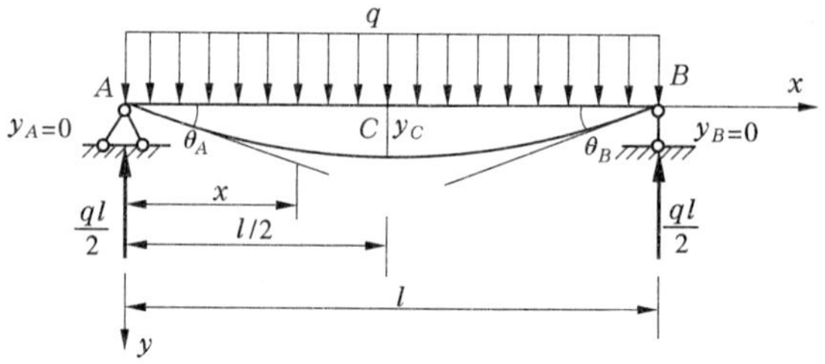

图 6-43

解 (1)列写弯矩方程(建立坐标系如图所示)。

$$M(x)=F_{Ay}x-\frac{1}{2}qx^2=\frac{1}{2}qlx-\frac{1}{2}qx^2 \tag{a}$$

(2)列写挠曲线近似微分方程。

$$EI\frac{d^2y}{dx^2}=-M(x)=-\frac{ql}{2}x+\frac{qx^2}{2} \tag{b}$$

(3)用积分法求转角和挠度。

对式(b)积分一次,得

$$EI\frac{dy}{dx}=EI\theta=-\frac{ql}{4}x^2+\frac{q}{6}x^3+C \tag{c}$$

对式(c)再积分一次,得

$$EIy=-\frac{ql}{12}x^3+\frac{q}{24}x^4+Cx+D \tag{d}$$

(4)由位移边界条件确定积分常数。

当 $x=0$ 时,$y=0$,代入式(d),求得 $D=0$;

当 $x=l$ 时,$y=0$,代入式(d),求得 $C=\frac{ql^3}{24}$。

(5)列出转角方程和挠曲线方程。

将 C 和 D 值代入式(c)和式(d),整理得梁的转角方程和挠曲线方程分别为

$$\theta = \frac{1}{EI}\left(-\frac{ql}{4}x^2 + \frac{q}{6}x^3 + \frac{ql^3}{24}\right) \tag{e}$$

$$y = \frac{1}{EI}\left(-\frac{ql}{12}x^3 + \frac{q}{24}x^4 + \frac{ql^3}{24}x\right) \tag{f}$$

(6)求 θ_A、θ_B 和 $y_{\max}$。

A 截面处,$x=0$ 代入式(e)得

$$\theta_A = \frac{ql^3}{24EI}$$

B 截面处,$x=l$ 代入式(e)得

$$\theta_B = -\frac{ql^3}{24EI}$$

由于对称,可知梁的最大挠度在跨中 C 截面,将 $x=\frac{l}{2}$ 代入式(f),得

$$y_{\max} = y_C = \frac{5ql^4}{384EI}$$

四、用叠加法求梁的挠度和转角

当梁上有几个荷载同时作用时,用积分法固然可以求出梁指定截面的位移,但计算过程较麻烦。假如改用叠加法计算通常会简便得多,故工程上常用叠加法来求梁的挠度和转角。

将梁上所承受的复杂荷载分解为几种简单荷载,分别计算每种简单荷载单独作用下使梁产生的挠度和转角,然后再将这些位移代数相加,就求得梁的位移。这就是所谓的叠加法。由于梁在简单荷载作用下的变形可从表 6-5 中查得,因而用叠加法计算梁的位移就很简便了。

为便于用叠加法求梁的挠度和转角,现将基本梁在简单荷载作用下的变形列入表 6-5,以供查用。

表 6-5 梁在简单荷载作用下的变形

序号	梁的简图	端截面转角	挠曲线方程	挠度
1	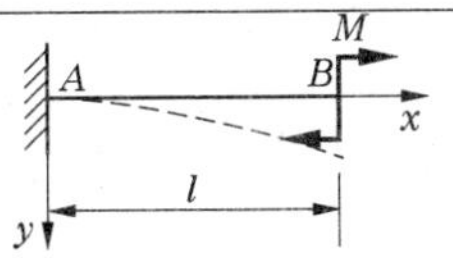	$\theta_B = \frac{Ml}{EI}$	$y = \frac{Mx^2}{2EI}$	$y_B = \frac{Ml^2}{2EI}$
2	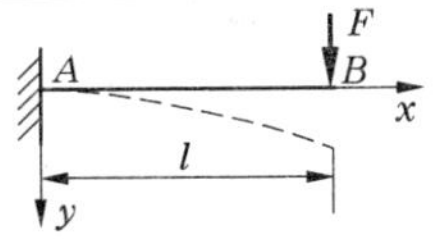	$\theta_B = \frac{Fl^2}{2EI}$	$y = \frac{Fx^2}{6EI}(3l - x)$	$y_B = \frac{Fl^3}{3EI}$
3	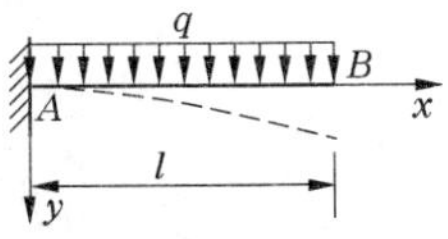	$\theta_B = \frac{ql^3}{6EI}$	$y = \frac{qx^2}{24EI}(x^2 + 6l^2 - 4lx)$	$y_B = \frac{ql^4}{8EI}$

续表 6-5

序号	梁的简图	端截面转角	挠曲线方程	挠度
4	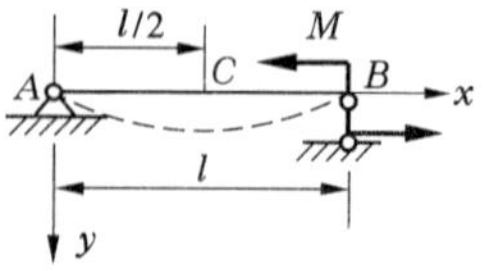	$\theta_A=\dfrac{Ml}{6EI}$ $\theta_B=-\dfrac{Ml}{3EI}$	$y=\dfrac{Mx}{6lEI}(l^2-x^2)$	在 $x=\dfrac{l}{\sqrt{3}}$处 $y=\dfrac{Ml^2}{9\sqrt{3}EI}$ $y_C=\dfrac{Ml^2}{16EI}$
5	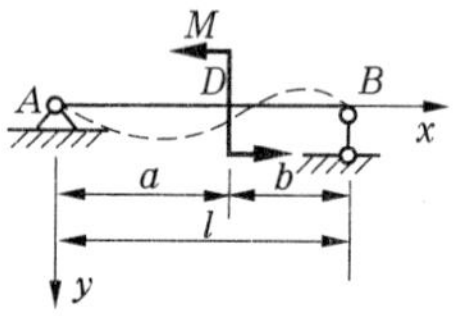	$\theta_A=\dfrac{Ml}{6lEI}(l^2-3b^2)$ $\theta_B=\dfrac{M}{6lEI}(l^2-3a^2)$ $\theta_D=\dfrac{M}{6lEI}(l^2-$ $3a^2-3b^2)$	$0\leqslant x\leqslant a$ $y=\dfrac{Mx}{6lEI}(l^2-3b^2-x^2)$ $a\leqslant x\leqslant l$ $y=\dfrac{M(l-x)}{6lEI}(3a^2-$ $2lx+x^2)$	在 $x=\sqrt{\dfrac{l^2-3b^2}{3}}$处 $y=-\dfrac{M(l^2-3b^2)^{\frac{3}{2}}}{9\sqrt{3}lEI}$ 在 $x=\sqrt{\dfrac{l^2-3a^2}{3}}$处 $y=\dfrac{M(l^2-3a^2)^{\frac{3}{2}}}{9\sqrt{3}lEI}$
6	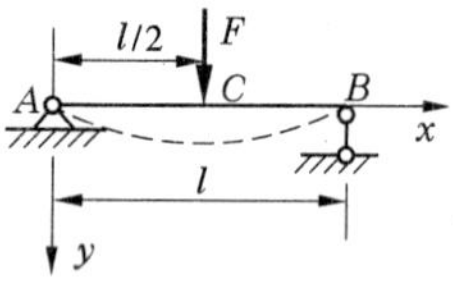	$\theta_A=-\theta_B=\dfrac{Fl^2}{16EI}$	$0\leqslant x\leqslant \dfrac{l}{2}$ $y=\dfrac{Fx}{48EI}(3l^2-4x^2)$	$y_C=\dfrac{Fl^3}{48EI}$
7	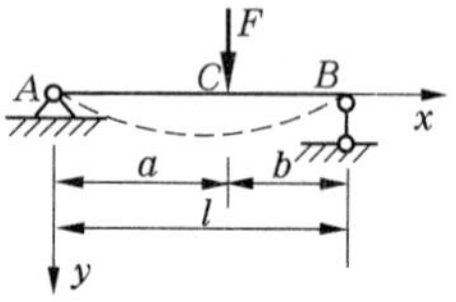	$\theta_A=\dfrac{Fab(l+b)}{6lEI}$ $\theta_B=-\dfrac{Fab(l+a)}{6lEI}$	$0\leqslant x\leqslant a$ $y=\dfrac{Fbx}{6lEI}(l^2-x^2-b^2)$ $a\leqslant x\leqslant l$ $y=\dfrac{Fb}{6lEI}[(l^2-b^2)x-$ $x^3+\dfrac{l}{b}(x-a)^3]$	若 $a>b$ 在 $x=\sqrt{\dfrac{l^2-b^2}{3}}$处 $y=\dfrac{\sqrt{3}Fb}{27lEI}(l^2-b^2)^{\frac{3}{2}}$ $y_C=\dfrac{Fb}{48EI}(3l^2-4b^2)$
8	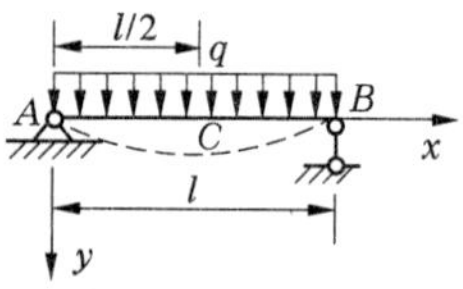	$\theta_A=-\theta_B=\dfrac{ql^3}{24EI}$	$y=\dfrac{qx}{24EI}(l^3-2lx^2+x^3)$	$y_C=\dfrac{5ql^4}{384EI}$
9	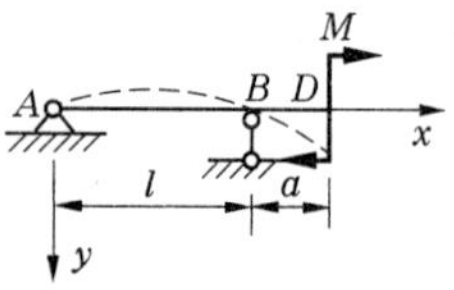	$\theta_A=-\dfrac{Ml}{6EI}$ $\theta_B=\dfrac{Ml}{3EI}$ $\theta_D=\dfrac{M}{3EI}(l+3a)$	$0\leqslant x\leqslant l$ $y=\dfrac{Mx}{6lEI}(x^2-l^2)$ $l\leqslant x\leqslant l+a$ $y=\dfrac{M}{6EI}(3x^2-4lx+l^2)$	在 $x=\dfrac{l}{\sqrt{3}}$处 $y=-\dfrac{Ml^2}{9\sqrt{3}EI}$ 在 $x=l+a$ 处 $y_D=\dfrac{Ma}{6EI}(2l+3a)$

续表 6-5

序号	梁的简图	端截面转角	挠曲线方程	挠度
10	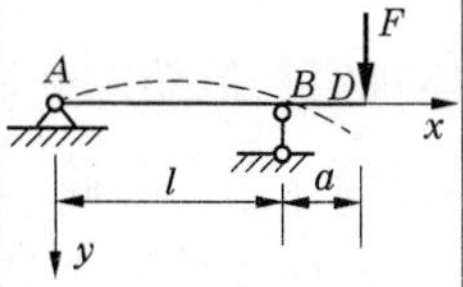	$\theta_A = -\frac{Fal}{6EI}$ $\theta_B = \frac{Fal}{3EI}$ $\theta_D = \frac{Fa}{6EI}(2l+3a)$	$0 \leqslant x \leqslant l$ $y = -\frac{Fax}{6lEI}(l^2 - x^2)$ $l \leqslant x \leqslant l+a$ $y = \frac{F(x-l)}{6EI}[a(3x - l) - (x-l)^2]$	在 $x = \frac{l}{\sqrt{3}}$ 处 $y = -\frac{Fal^2}{9\sqrt{3}EI}$ 在 $x = l+a$ 处 $y_D = \frac{Fa^2}{3EI}(l+a)$
11	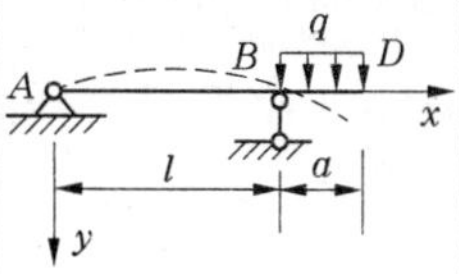	$\theta_A = -\frac{qa^2l}{12EI}$ $\theta_B = \frac{qa^2l}{6EI}$ $\theta_D = \frac{qa^2}{6EI}(l+a)$	$0 \leqslant x \leqslant l$ $y = -\frac{qa^2}{12EI}(lx - \frac{x^2}{l})$ $l \leqslant x \leqslant l+a$ $y = \frac{qa^2}{12EI}[\frac{x^2}{l} - \frac{(2l+a)(x-l)^2}{al} + \frac{(x-l)^4}{2a^2} - lx]$	在 $x = \frac{l}{\sqrt{3}}$ 处 $y = -\frac{qa^2l^2}{18\sqrt{3}EI}$ 在 $x = l+a$ 处 $y_D = \frac{qa^3}{24EI}(3a+4l)$

【例 6-23】 试用叠加法求图 6-44(a)所示悬臂梁自由端 B 截面的转角和挠度，其中 $F = ql$，设抗弯刚度 EI 为常数。

解 (1)先将梁上的荷载分为集中荷载和均布荷载单独作用的情况，如图 6-44(b)、(c)所示。由表 6-5 查得悬臂梁在集中荷载和均布荷载单独作用下，B 截面的挠度和转角分别为

$$y_{BF} = \frac{Fl^3}{3EI} = \frac{ql^4}{3EI} \qquad \theta_{BF} = \frac{Fl^2}{2EI} = \frac{ql^3}{2EI}$$

$$y_{Bq} = \frac{ql^4}{8EI} \qquad \theta_{Bq} = \frac{ql^3}{6EI}$$

(2)用叠加法求 B 截面的转角和挠度。

求上述结果的代数和，即得在两种荷载共同作用下的挠度和转角

$$y_B = y_{BF} + y_{Bq} = \frac{ql^4}{3EI} + \frac{ql^4}{8EI} = \frac{11ql^4}{24EI}(\downarrow)$$

$$\theta_B = \theta_{BF} + \theta_{Bq} = \frac{ql^3}{2EI} + \frac{ql^3}{6EI} = \frac{2ql^3}{3EI}(\curvearrowright)$$

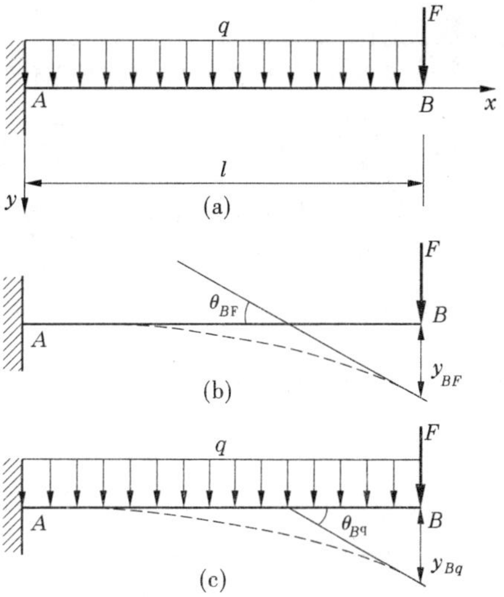

图 6-44

五、梁的刚度条件和刚度计算

(一)刚度条件

为确保梁能够正常工作，在土建工程中一般只对梁进行挠度计算，常以允许的挠度与

梁跨长的比值$\left[\frac{f}{l}\right]$作为刚度校核的标准。因此,梁的刚度条件可写为

$$\frac{f}{l} \leqslant \left[\frac{f}{l}\right] \tag{6-42}$$

$\left[\frac{f}{l}\right]$的值一般控制在1/200~1/1 000,在有关规范中有具体规定。虽然梁必须同时满足强度条件和刚度条件,但在一般情况下,强度条件起主要的控制作用。因此,在设计梁时,一般先由强度条件进行计算,再用刚度条件来校核。若刚度条件校核不满足,则需重新按刚度条件进行设计。

(二)梁的刚度计算示例

【例6-24】 例6-18所示的工字钢悬臂梁,设许用单位跨度内的挠度值$\left[\frac{f}{l}\right]=1/200$,弹性模量$E=210$ GPa,不计梁的自重。试用刚度条件来校核No45b工字钢是否会满足刚度条件。若刚度条件不满足,则重新按刚度条件选择工字钢的型号。

解 (1)校核刚度条件。

例6-18根据正应力强度条件,已经选择了No45b工字钢。

查附录工字钢规格表,No45b工字钢的$I_z=33\ 760\ \text{cm}^4$。

从表6-5中查得悬臂梁在F作用下$f=y_B=\frac{Fl^3}{3EI_z}$,于是

$$\frac{f}{l}=\frac{Fl^2}{3EI_z}=\frac{40\times10^3\times6^2}{3\times210\times10^9\times33\ 760\times10^{-8}}=\frac{1}{147.7}>\left[\frac{f}{l}\right]=\frac{1}{200}$$

故不满足刚度条件。

(2)重新按刚度条件选择工字钢的型号。

由
$$\frac{f}{l}=\frac{Fl^2}{3EI_z}=\left[\frac{f}{l}\right]=\frac{1}{200}$$

得
$$I_z=\frac{200Fl^2}{3E}=\frac{200\times40\times10^3\times6^2}{3\times210\times10^9}=45\ 714\times10^{-8}(\text{m}^4)=45\ 714\ \text{cm}^4$$

故可选择No50a工字钢,$I_z=46\ 470\ \text{cm}^4$。

六、提高弯曲刚度的措施

从表6-5中可以发现,梁的变形与梁的跨度l及荷载(q、F、M)成正比,与梁的抗弯刚度EI成反比。因此,要提高梁的弯曲刚度可以从下面几方面考虑。

(一)减小梁的跨度l

梁的挠度和转角与梁的跨度l成正比。减小梁的跨度,将会有效地减小梁的变形。

例如图6-45(a)所示的简支梁在均布荷载作用下,跨中的最大挠度为f;若在跨中增加一支座,如图6-45(b)所示,则梁的最大挠度$f_1\approx f/38$。

也可考虑将简支梁的支座向中间适当移动,把简支梁变成外伸梁,如图6-40(b)所示。这样,减小了梁的跨度,从而减小跨中最大挠度。

(二)改善荷载的作用情况

梁的挠度和转角与梁的荷载大小、分布有关。在结构允许的条件下,合理地调整荷载

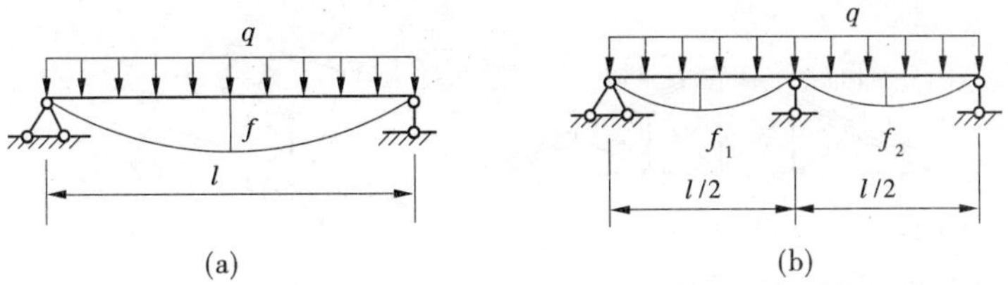

图 6-45

的位置及分布情况，以降低弯矩，从而减少梁的变形。例如，将集中力分散作用，甚至改为分布荷载，就能使最大的弯矩值变小，从而减小梁的变形，如图 6-41(b)所示。

(三)增大梁的抗弯刚度 EI

梁的挠度和转角与 EI 成反比，增大梁的 EI 将使变形减小。增大梁的抗弯刚度主要是设法增大梁截面的惯性矩。在截面面积不变的情况下，采用合理的截面形状，如采用工字形、箱形截面等，可有效增大梁的惯性矩。

第九节　组合变形杆件的强度计算

一、组合变形的概念和分析方法

(一)组合变形的概念

前面几节讨论了杆件发生基本变形时的强度计算。但在实际工程中，杆件在荷载作用下往往不止产生一种基本变形，把同时产生两种或两种以上基本变形的变形形式称为组合变形。例如：图 6-46(a)所示屋架上的檩条受到屋面传来的荷载 q 作用，由于荷载作用线不在纵向对称平面内，檩条将在 y、z 两个方向发生平面弯曲，这种组合变形称斜弯曲；图 6-46(b)所示的烟囱除自重 q_1 引起的轴向压缩外，还有因水平风力 q_2 作用而产生的弯曲变形；图 6-46(c)所示工业厂房的承重柱承受吊车荷载 F 的作用，因力作用线与柱子的轴线不重合，使柱子发生偏心压缩；图 6-46(d)所示卷扬机的机轴变形则同时包含了弯曲与扭转。

工程中最常见的组合变形主要有下列几种：

(1)斜弯曲；

(2)轴向拉伸(压缩)与平面弯曲的组合；

(3)弯曲与扭转的组合。

(二)组合变形的分析方法

分析组合变形的基本方法是采用“叠加法”。由于本章所讨论的组合变形是在材料服从虎克定律且为小变形条件下的，因此可用叠加法来计算，经试验证明，计算的结果与实际情况基本符合。对组合变形问题进行应力和强度计算可按如下步骤：

(1)将所作用的荷载分解成几个荷载分量，使各荷载分量只引起一种基本变形；

(2)按基本变形分别计算各荷载分量所引起的应力；

(3)根据叠加原理，把所求得的应力相应地叠加，即得到原来荷载作用下构件所产生

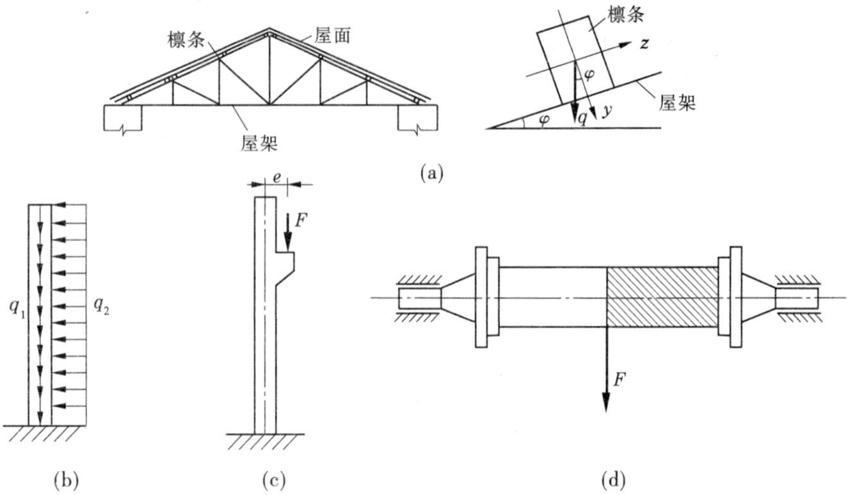

图 6-46

的应力；

(4)确定构件上危险点的应力并进行强度计算。

二、梁斜弯曲时的应力和强度计算

第四章和本章第七节已经讨论了平面弯曲的内力和强度计算。当外力作用在梁的纵向对称平面内且垂直于梁轴线时，梁变形后的轴线仍在此对称平面内，这种变形就是梁的平面弯曲。如果外力作用平面也通过梁轴线，但并不与梁的纵向对称平面重合，在这种情况下，变形后的梁轴线不在外力作用平面内，这种弯曲称为斜弯曲。

现以矩形截面悬臂梁为例介绍斜弯曲的应力和强度计算。

(一)应力计算

1. 荷载分解

如图 6-47(a)所示，设矩形截面的形心主轴分别为 y 轴和 z 轴，作用于梁自由端的外力 F 通过截面形心，且与形心主轴 y 的夹角为 φ。将外力 F 沿 y 轴和 z 轴分解得

$$F_y = F\cos\varphi \qquad F_z = F\sin\varphi$$

F_y 将使梁在铅垂平面 xOy 内发生平面弯曲，而 F_z 将使梁在水平面 xOz 内发生平面弯曲。可见，斜弯曲是梁在两个互相垂直方向平面弯曲的组合。

2. 内力计算

虽然在斜弯曲梁的横截面上有弯矩也有剪力，但剪力影响较小，通常强度是由弯矩引起的正应力控制的，故内力分析时只计算弯矩。

在距固定端为 x 的任意横截面 $m—m$ 上由 F_y 和 F_z 引起的弯矩分别为

$$M_z = F_y(l-x) = F(l-x)\cos\varphi = M\cos\varphi$$

$$M_y = F_z(l-x) = F(l-x)\sin\varphi = M\sin\varphi$$

式中：$M = F(l-x)$ 表示力 F 在 $m—m$ 截面上产生的总弯矩。

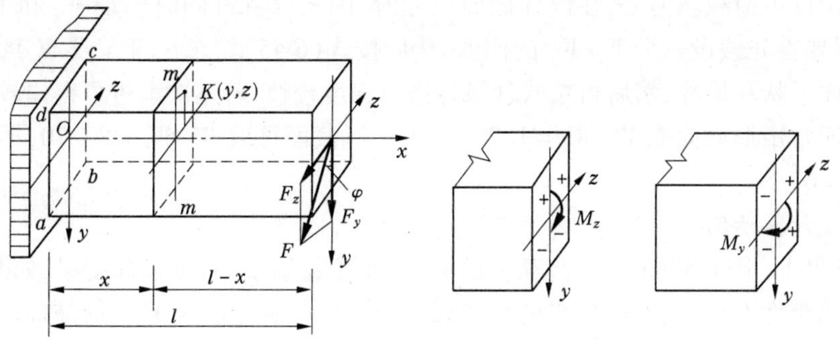

(a) (b) (c)

图 6-47

3. 应力计算

在 $m—m$ 截面上任意点 $K(y,z)$ 处,与弯矩 M_z 和 M_y 对应的正应力分别为 σ' 和 σ'',即

$$\sigma' = \frac{M_z y}{I_z} = \frac{My\cos\varphi}{I_z} \qquad \sigma'' = \frac{M_y z}{I_y} = \frac{Mz\sin\varphi}{I_y}$$

根据叠加原理,将两个正应力 σ' 和 σ'' 叠加,即得 K 点处总的弯曲正应力,也即斜弯曲梁内任意一点正应力计算公式

$$\sigma = \sigma' + \sigma'' = \frac{M_z y}{I_z} + \frac{M_y z}{I_y} = M\left(y\frac{\cos\varphi}{I_z} + z\frac{\sin\varphi}{I_y}\right) \tag{6-43}$$

应用式(6-43)计算时,M、M_z、M_y 和 y、z 均以正值代入,而正应力 σ'、σ'' 的正负号,则可直接根据弯矩引起所求点的应力是拉还是压来判断,并按前面的拉为正、压为负规定。如图 6-47(b)、(c)所示,K 点由 M_z 引起的正应力 σ' 和由 M_y 引起的正应力 σ'' 都是拉应力,故均为正值。

(二)强度计算

1. 最大正应力

对于图 6-47 所示的悬臂梁,固定端截面($x=0$)处的 M_z 和 M_y 都是最大值。因此,固定端截面就是危险截面,根据对变形的判断,可知棱角 c 点和 a 点是危险点,其中 c 点处有最大拉应力,a 点处有最大压应力,且 $\sigma_c = |\sigma_a| = \sigma_{\max}$,由式(6-43)可得最大正应力为

$$\sigma_{\max} = \frac{M_{z\max} y_{\max}}{I_z} + \frac{M_{y\max} z_{\max}}{I_y} = \frac{M_{z\max}}{W_z} + \frac{M_{y\max}}{W_y} \tag{6-44}$$

式中:$W_z = \frac{I_z}{y_{\max}}$;$W_y = \frac{I_y}{z_{\max}}$。

2. 强度条件

若材料的抗拉强度和抗压强度相等,则其强度条件为

$$\sigma_{\max} = \frac{M_{z\max}}{W_z} + \frac{M_{y\max}}{W_y} \leqslant [\sigma] \tag{6-45}$$

若材料的抗拉和抗压能力不一样,则必须分别对其抗拉和抗压进行强度验算。

根据上述强度条件,可以解决工程中针对斜弯曲梁的三类计算问题:强度校核、选择

截面和确定许可荷载。但是,在设计截面尺寸时,因式(6-45)同时出现 W_z 和 W_y 两个未知量,所以要首先假设一个 W_z/W_y 的比值,然后按式(6-45)解求出 W_z(或 W_y),并进一步确定出截面形状和尺寸,然后再按式(6-45)进行强度校核,若逐次渐进可得出较合理的截面尺寸。通常矩形截面取 $W_z/W_y=1.2\sim2$,工字形截面可取 $W_z/W_y=8\sim10$,槽形截面可取 $W_z/W_y=6\sim8$。

3. 强度计算示例

【例 6-25】 图 6-48(a)所示屋架上的桁条,可简化为两端铰支的简支梁,如图 6-48(b)所示。梁的跨度 $l=4$ m,屋面传来的荷载可简化为均布荷载 $q=4$ kN/m,屋面与水平面的夹角 $\varphi=25°$。桁条的截面为 $h=280$ mm、$b=140$ mm 的矩形,如图 6-48(c)所示。桁条材料的许用应力 $[\sigma]=10$ MPa,试校核其强度。

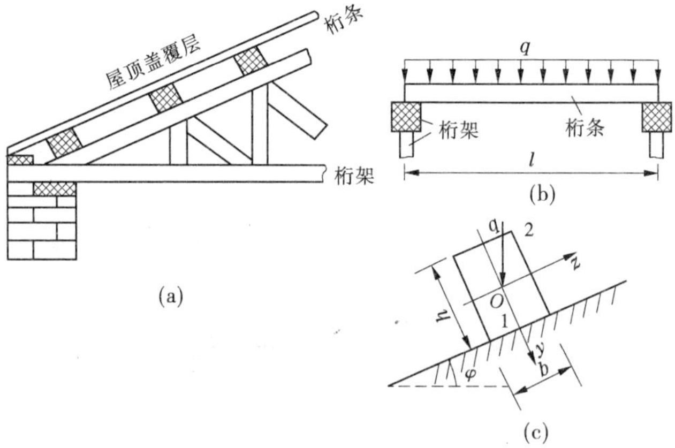

图 6-48

解 (1)均布荷载分解。

将均布荷载 q 沿对称轴 y 和 z 分解,得

$$q_y = q\cos\varphi = 4\times\cos25° = 3.63(\text{kN/m})$$

$$q_z = q\sin\varphi = 4\times\sin25° = 1.69(\text{kN/m})$$

(2)内力计算。

跨中截面为危险截面,其内力为

$$M_z = q_y l^2/8 = 3.63\times4^2/8 = 7.26(\text{kN}\cdot\text{m})$$

$$M_y = q_z l^2/8 = 1.69\times4^2/8 = 3.38(\text{kN}\cdot\text{m})$$

(3)强度计算。

对于危险的跨中截面,其上的 1 点和 2 点是危险点,它们分别产生最大压应力和最大拉应力,且数值相等。

$$\sigma_{\max} = \frac{M_{z\max}}{W_z} + \frac{M_{y\max}}{W_y} = \frac{7.26\times10^6}{\frac{140\times280^2}{6}} + \frac{3.38\times10^6}{\frac{280\times140^2}{6}} = 7.66(\text{MPa}) < [\sigma] = 10\text{ MPa}$$

故桁条满足强度要求。

三、偏心压(拉)杆的应力和强度计算

对于工业厂房中的边柱,一般作用在它上面的合外力 F 与构件的轴线平行但不重合,如图 6-49(a)所示,构件的这种受力情况称为偏心压缩(拉伸)。偏心力的作用点到截面形心的距离 e 称偏心距。偏心压缩(拉伸)是工程实际中常见的组合变形形式。根据偏心力作用点位置不同,常将偏心压缩(拉伸)分为单向偏心压缩(拉伸)和双向偏心压缩(拉伸)两种,下面分别讨论这两种情况的强度计算。

(一)单向偏心压缩(拉伸)

偏心压力作用在截面的某一对称轴上的一点而使杆件产生的偏心压缩称为单向偏心压缩,如图 6-49(a)所示,这种情况在工程实际中最为常见。

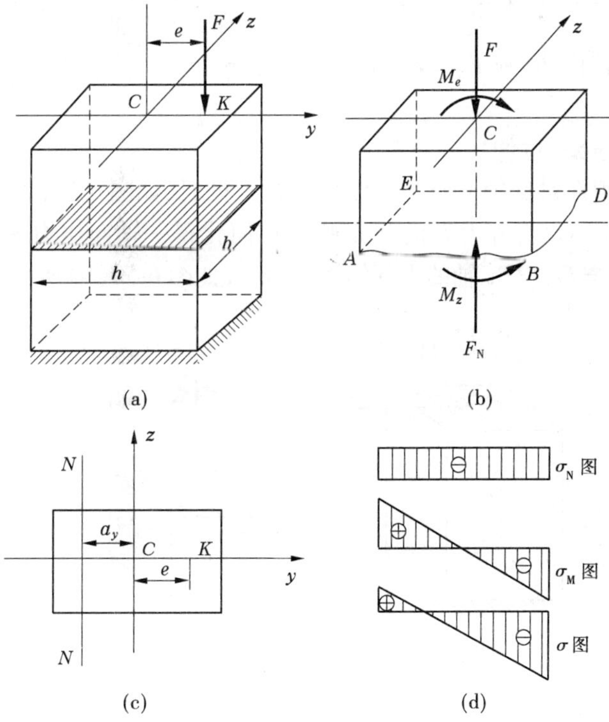

图 6-49

1. 荷载简化与内力计算

如图 6-49(b)所示,将偏心压力 F 向截面形心 C 平移,得到一个轴向压力 F 和一个力偶矩 $M_e = Fe$ 的力偶。用截面法可求得任意横截面上的内力为:$F_N = -F, M_z = Fe$。可见偏心压缩为轴向压缩与纯弯曲的组合。

2. 应力计算

由于各横截面上的轴力 F_N、弯矩 M_z 都相同,所以各横截面上的应力也相同。根据叠加原理,将轴力 F_N 引起的正应力 σ_N 与弯矩 M_z 引起的正应力 σ_M 叠加起来,即得单向偏心压缩时任意横截面上任一点的正应力计算式

$$\sigma = \sigma_N + \sigma_M = \frac{F_N}{A} \pm \frac{M_z y}{I_z} = -\frac{F}{A} \pm \frac{Fe}{I_z}y \tag{6-46}$$

应用式(6-46)计算时,式中各量均以绝对值代入,对第二项弯矩正应力 σ_M 的正负号可通过观察弯矩的转向来确定,该点在受拉区为正,在受压区为负。

3. 最大应力及强度条件

若不计柱自重,则各截面内力相同。由应力分布图 6-49(d)可知:偏心压缩时的惯性轴不再通过截面形心,最大正应力和最小正应力分别发生在横截面上距中性轴 $N—N$ 最远的左、右两边缘上,其计算公式为

$$\sigma_{\min}^{\max} = -\frac{F}{A} \pm \frac{Fe}{W_z} \tag{6-47}$$

由于截面上各点都处于单向拉压状态,所以可得强度条件如下

$$\sigma_{\max}^{+} = -\frac{F}{A} + \frac{Fe}{W_z} \leqslant [\sigma^+] \text{ 及 } \sigma_{\max}^{-} = \left| -\frac{F}{A} - \frac{Fe}{W_z} \right| \leqslant [\sigma^-] \tag{6-48}$$

如果是单向偏心拉伸,则 $F_N = F$,故只要把式(6-46)~式(6-48)第一项压缩时的轴力 $-F$改成 F 即可。

(二)双向偏心压缩(拉伸)

当外力 F 不作用在对称轴上而是在任意的 H 点处时,如图 6-50(a)所示,产生的偏心压缩称为双向偏心压缩。将外力 F 向截面形心 C 简化得一轴向压力 F 和两个弯曲力偶对 y 轴的力偶矩 $M_{ey} = Fe_z$,对 z 轴的力偶矩 $M_{ez} = Fe_y$,如图 6-50(b)所示。

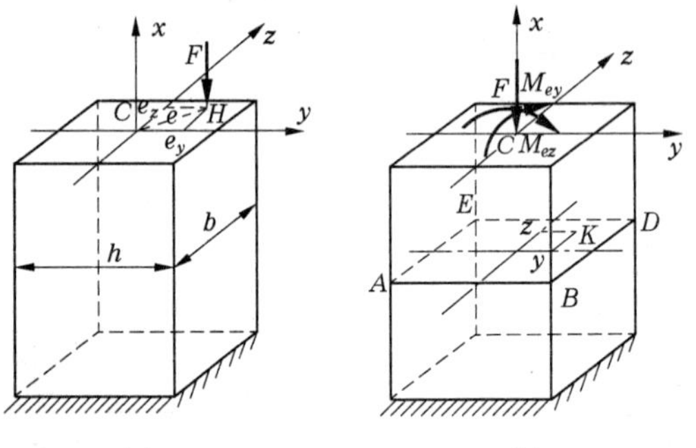

(a)　　　　(b)

图 6-50

1. 应力计算

研究双向偏心压缩的计算方法和步骤与单向偏心压缩的基本相同。由截面法可求得杆件任一截面上的内力有轴力 $F_N = -F$、弯矩 $M_y = M_{ey} = Fe_z$ 和 $M_z = M_{ez} = Fe_y$。可见,双向偏心压缩实质上是压缩与两个方向纯弯曲的组合。根据叠加原理,可得杆件横截面上任意一点 $K(y,z)$处正应力计算式为

$$\sigma = \sigma_N + \sigma_{My} + \sigma_{Mz} = \frac{F_N}{A} \pm \frac{M_y}{I_y}z \pm \frac{M_z}{I_z}y \tag{6-49}$$

式(6-49)中第二、三项弯矩正应力的正负号,可按照前述方法通过观察弯矩的转向直接确定。

从图 6-50(b)中容易看出,最大正应力和最小正应力发生在截面的角点 A、D 处,可按下式计算

$$\sigma_{\min}^{\max} = -\frac{F}{A} \pm \frac{M_y}{W_y} \pm \frac{M_z}{W_z} \tag{6-50}$$

2. 强度条件

由于截面上各点也都处于单向拉压状态,如果材料的拉压许用应力大小相等或全截面受压,则可得强度条件如下

$$|\sigma|_{\max} = \left| -\frac{F}{A} - \frac{M_y}{W_y} - \frac{M_z}{W_z} \right| \leqslant [\sigma^-] \tag{6-51}$$

当材料的拉压许用应力不相等并且截面有拉应力出现时,则除满足式(6-51)抗压强度条件外,还要满足抗拉强度要求,即

$$\sigma_{\max}^{+} = -\frac{F}{A} + \frac{M_y}{W_y} + \frac{M_z}{W_z} \leqslant [\sigma^+] \tag{6-52}$$

式(6-49)~式(6-52)同样适用于偏心拉伸,只须将公式中第一项轴力 $-F$ 改成正号的 F 即可。

3. 强度计算示例

【例 6-26】 如图 6-51 所示一厂房的矩形截面柱,由柱顶传来的压力 $F_1 = 110$ kN,由吊车梁传来的压力 $F_2 = 50$ kN,F_2 与柱子的轴线有一偏心距 $e = 0.24$ m。如果柱横截面宽度 $b = 200$ mm,试求:

(1)当 $h = 300$ mm 时,柱截面中的最大拉、压应力各为多少?

(2)当横截面宽度 h 为多少时,截面不会出现拉应力,并求柱这时的最大压应力。

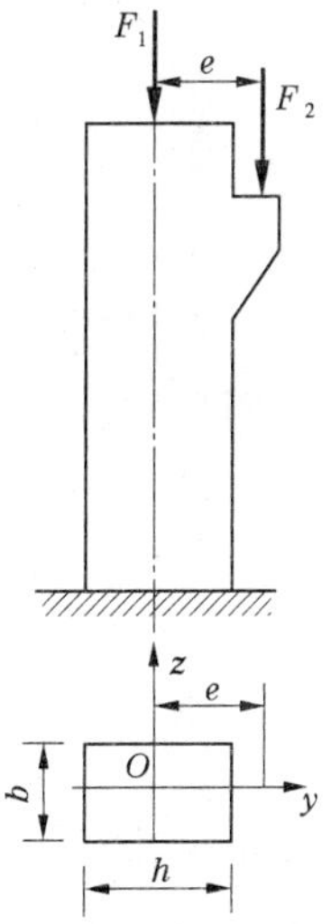

图 6-51

解 (1)荷载简化。

$$F = F_1 + F_2 = 110 + 50 = 160(\text{kN})$$

$$M_{ez} = F_2 e = 50 \times 0.24 = 12(\text{kN} \cdot \text{m})$$

(2)用截面法可求得横截面上的内力为

$$F_{\text{N}} = -F = -160 \text{ kN}$$

$$M_z = M_{ez} = F_2 e = 12 \text{ kN} \cdot \text{m}$$

(3)当 $h = 300$ mm 时,柱截面中的最大拉、压应力为

$$\sigma_{\max}^{+} = -\frac{F}{A} + \frac{M_z}{W_z} = -\frac{160 \times 10^3}{200 \times 300} + \frac{12 \times 10^6}{(200 \times 300^2)/6} = 1.33(\text{MPa})$$

$$\sigma_{\max}^{-} = -\frac{F}{A} - \frac{M_z}{W_z} = -\frac{160 \times 10^3}{200 \times 300} - \frac{12 \times 10^6}{(200 \times 300^2)/6} = -6.67(\text{MPa})$$

(4)计算使截面不会出现拉应力的 h。

要使截面上不出现拉应力,必须令 $\sigma_{\max}^{+} \leqslant 0$,即

$$\sigma_{\max}^{+} = -\frac{F}{A} + \frac{M_z}{W_z} = -\frac{160 \times 10^3}{200 \times h} + \frac{12 \times 10^6}{(200 \times h^2)/6} \leqslant 0$$

解得

$$h \geqslant 450 \text{ mm}$$

此时柱的最大压应力发生在截面的右边缘上各点处，其值为

$$|\sigma_{max}^{-}| = \frac{F}{A} + \frac{M_z}{W_z} = \frac{160 \times 10^3}{200 \times 450} + \frac{12 \times 10^6}{(200 \times 450^2)/6} = 3.56(\text{MPa})$$

四、弯曲与扭转组合时的应力和强度计算

弯曲与扭转的组合是机械工程中常见的一种组合变形，如图 6-46(d)所示的卷扬机的机轴就是一个同时包含了弯曲与扭转变形的实例。现以图 6-52(a)所示的钢制直角曲拐中的圆杆 AB 为例，研究杆在弯曲和扭转组合变形下，应力和强度计算的方法。

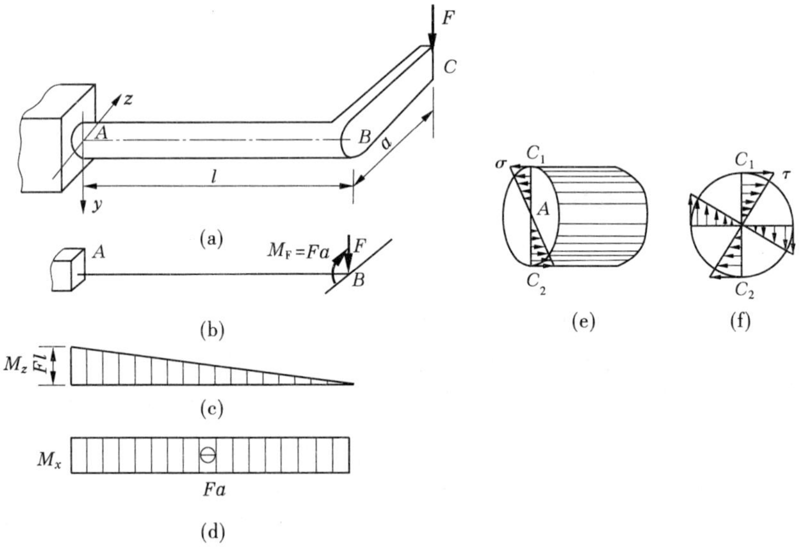

图 6-52

(一) 荷载简化与内力分析

如图 6-52(b)所示，先将作用在 C 点的 F 力向 AB 杆右端截面的形心 B 简化，得到一横向力 F 及力偶矩 $M_F = Fa$。力 F 使 AB 杆弯曲，力偶矩 M_F 使 AB 杆扭转，故 AB 杆同时产生弯曲和扭转两种变形。作出 AB 杆的弯矩图和扭矩图如图 6-52(c)、(d)所示。显而易见，固定端截面是危险截面，截面上的弯矩和扭矩值分别为 $M_z = Fl$、$M_x = Fa$。

(二) 应力分析

在该截面上，弯曲正应力和扭转剪应力的分布分别如图 6-52(e)、(f)所示。从应力分布图可见，横截面的上、下两点 C_1 和 C_2 是危险点。

对应于弯矩 M 的弯曲正应力沿截面高度呈线性分布，在上、下边缘点应力最大，其值为

$$\sigma = \frac{M_z}{W_z}$$

对应于扭矩 M_x 的扭转剪应力在截面上沿半径线性分布，其值在周边各点最大，为

$$\tau = \frac{M_x}{W_\rho}$$

(三)强度条件

现对危险点建立强度条件。在危险截面的上、下边缘 C_1、C_2 两点上,扭转剪应力和弯曲正应力均为最大值。在机械工程中,发生弯曲和扭转组合变形的圆轴都是塑性材料制成的,其抗拉强度与抗压强度相等。对弯、扭组合变形的圆轴,经理论推证可得其强度条件

$$\sigma = \frac{\sqrt{M_z^2 + M_x^2}}{W_z} \leqslant [\sigma] \tag{6-53}$$

对非圆截面杆在弯曲和扭转组合变形下,仍然可按照上述方法分析。但扭矩剪应力须用非圆截面杆扭矩的剪应力公式计算,并且需要仔细判断危险点的位置,这里就不讨论了。

【例 6-27】 如图 6-53(a)所示的钢制拐轴 A 端固定,位于同一水平面上的两段轴线互相垂直,尺寸 $AB = a = 0.4$ m,$BC = b = 0.3$ m。AB 段的实心圆截面直径 $d = 30$ mm,材料的许用应力$[\sigma] = 120$ MPa,C 端受力 $F = 500$ N。试校核 AB 段的强度。

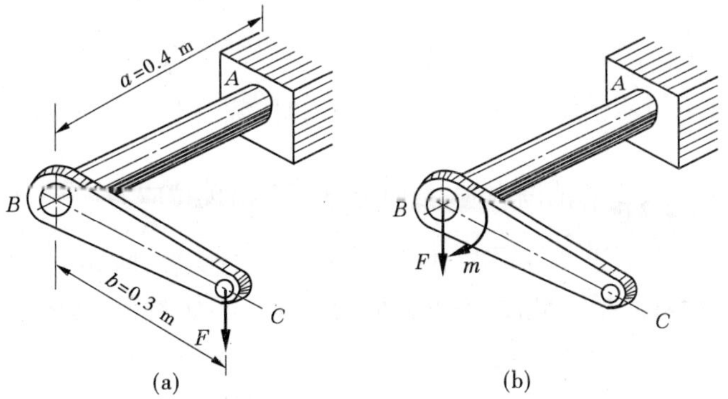

图 6-53

解 (1)荷载简化。

为了分析 AB 段的变形,把力 F 平移到 B 点,附加力偶矩为

$$m = F \times b = 500 \times 0.3 = 150(\mathrm{N \cdot m})$$

力 F 的作用线和 AB 段的轴线垂直,从而出现弯曲变形。附加力偶矩 m 的作用面与 AB 段的轴线垂直,故出现扭转变形。所以,AB 段发生弯曲与扭转的组合变形。

(2)内力分析。

固定端 A 截面是 AB 段的危险截面,截面上内力为

弯矩 $$M_z = F \times a = 500 \times 0.4 = 200(\mathrm{N \cdot m})$$

扭矩 $$M_x = m = 150\ \mathrm{N \cdot m}$$

(3)强度校核。

已知圆截面的抗弯截面模量为

$$W_z = \frac{\pi d^3}{32} = \frac{\pi \times 30^3}{32} = 2\,650.7(\mathrm{mm^3})$$

由式(6-53)即

$$\sigma = \frac{\sqrt{M_z^2 + M_x^2}}{W_z} = \frac{\sqrt{200^2 + 150^2} \times 10^3}{2\,650.7} = 94.31(\mathrm{MPa}) \leqslant [\sigma] = 120\ \mathrm{MPa}$$

可见,AB 段满足强度要求。

五*、截面核心的概念

土木建筑工程中常用的脆性材料如砖、石、混凝土等,它们的抗拉强度远远小于抗压强度,所以在设计由这类材料制成的偏心受压构件时,截面中最好不出现拉应力,以避免拉裂。由前面的分析可知,当偏心压力 F 和截面形状、尺寸确定后,应力的分布只与偏心距有关。因此,要求偏心距不能太大,而且总可以找到包含截面形心在内的一个特定区域,当荷载作用在截面形心周围的这个区域内时,杆件整个横截面上只产生压应力而不出现拉应力,这个区域就称为截面核心。

这里分析如图 6-54(a)所示的矩形截面杆,在单向偏心压缩时,要使横截面上不出现拉应力的条件是

$$\sigma_{\max}^{+}=-\frac{F}{A}+\frac{Fe}{W_z}=-\frac{F}{bh}+\frac{Fe}{bh^2/6}\leqslant 0$$

于是求得

$$e\leqslant\frac{h}{6}$$

这说明当偏心压力作用在 y 轴上 $\pm\dfrac{h}{6}$ 范围内时,截面上不会出现拉应力。同理,当偏心压力作用在 z 轴上 $\pm\dfrac{b}{6}$ 的范围内时,截面上也不会出现拉应力。

把图 6-54(a)中 1、2、3、4 点顺次用直线连接所得的菱形,即为矩形截面的截面核心。

常见的工字形截面、槽形截面、圆形截面的截面核心如图 6-54(b)、(c)、(d)所示。

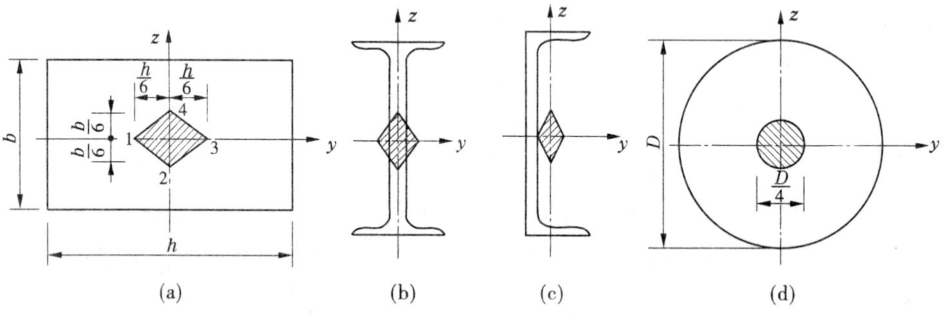

图 6-54

本章内容小结

本章内容较多,为帮助读者理解和掌握这些内容,较系统地总结如下。

一、应力的概念

截面上某点处内力分布的集度,称为该点的应力。通常把应力分解成正应力 σ 和剪应力 τ 两个分量。

二、轴向拉(压)杆的强度计算

横截面上的应力是正应力,均匀分布在整个横截面上,计算式为 $\sigma=\frac{F_N}{A}$。

斜截面上的应力既有正应力又有剪应力,最大正应力作用在横截面上,最大剪应力作用在与杆轴成45°的斜截面上。

轴向拉(压)杆的强度条件为

$$\sigma_{max}=\frac{F_{Nmax}}{A}\leqslant[\sigma]$$

应用上述条件可解决如下三类强度计算问题:①强度校核;②设计截面;③确定许可荷载。

进行强度计算的一般步骤是:用截面法计算轴力,分析危险截面位置并建立强度条件,最后进行三类问题的计算。

三、轴向拉(压)杆的变形·虎克定律

虎克定律是材料力学中最基本的定律,它揭示了材料内应力与应变之间的关系,其表达式有两种:$\Delta l=\frac{F_N l}{EA}$ 或 $\sigma=E\varepsilon$。公式的适用条件是:杆的内应力不超过比例极限。

四、材料在拉伸和压缩时的力学性能

材料的力学性能是通过试验测定的,它是解决强度和刚度问题的重要依据。材料在常温、静载下的力学性能主要有:

(1)强度指标表示材料抵抗破坏能力的指标,有材料的屈服极限 σ_s 和强度极限 σ_b。

(2)刚度指标表示材料抵抗弹性变形能力的指标,有弹性模量 E 和泊松比 μ。

(3)塑性指标表示材料产生塑性变形能力的指标,有伸长率 δ 和断面收缩率 ψ。

对低碳钢拉伸曲线的四个阶段和工程材料的选用原则要有所了解。

五、连接件的强度计算

在发生剪切变形的同时往往伴有挤压。剪切与挤压的实用强度条件为

$$\tau=\frac{F_Q}{A}\leqslant[\tau] \qquad \sigma_c=\frac{F_c}{A_c}\leqslant[\sigma_c]$$

连接件的实用强度计算一般有三方面,即剪切、挤压及拉伸。

六、圆轴扭转时的强度和刚度计算

(一)圆轴扭转时横截面上的应力

圆轴扭转时横截面上只产生剪应力 τ,其大小沿半径线性分布,圆心处为零、边缘处最大,方向垂直于半径而与截面上的扭矩转向一致。圆轴扭转时横截面上的剪应力计算公式为

$$\tau_\rho = \frac{M_x \rho}{I_\rho} \qquad \tau_{max} = \frac{M_{xmax}}{W_\rho}$$

(二)极惯性矩和抗扭截面模量

I_ρ、W_ρ 分别为横截面的极惯性矩和抗扭截面模量。

对实心圆轴 D

$$I_\rho = \frac{\pi D^4}{32} \qquad W_\rho = \frac{\pi D^3}{16}$$

对外径为 D、内径为 d 的空心圆轴

$$I_\rho = \frac{\pi D^4}{32}(1 - \alpha^4) \qquad W_\rho = \frac{\pi D^3}{16}(1 - \alpha^4)$$

(三)圆轴扭转时的强度计算

圆轴扭转时的强度条件为

$$\tau_{max} = \frac{M_{xmax}}{W_\rho} \leqslant [\tau]$$

应用该强度条件可解决圆轴扭转时如下三类强度问题:①强度校核;②设计截面;③确定许可荷载。

(四)圆轴扭转时的刚度计算

圆轴扭转时,横截面产生绕轴线的相对转动,相邻两截面的扭转角为

$$\varphi = \frac{M_x l}{G I_\rho}$$

而刚度条件为

$$\theta_{max} = \frac{M_{xmax}}{G I_\rho} \times \frac{180}{\pi} \leqslant [\theta] \quad (°/m)$$

应用该刚度条件可校核圆轴扭转时是否满足刚度要求。

七、梁弯曲时的强度计算

主要讨论梁的正应力和剪应力的计算方法,并在此基础上建立了强度条件,进行梁的强度计算。

(一)横截面上的正应力和强度计算

横截面上的正应力计算公式为

$$\sigma = \frac{M_z y}{I_z}$$

该公式是在纯弯曲时导出的,但可适用于剪切弯曲。梁的正应力的大小沿截面高度成线性变化,中性轴上各点为零,上、下边缘处最大。中性轴通过截面形心,并将截面分为受压和受拉两个区域。应力的正负号由弯矩的正、负及点的位置直观判定。

正应力强度条件为

$$\sigma_{max} = \frac{M_{max}}{W_z} \leqslant [\sigma]$$

应用上述强度条件可解决梁弯曲时如下三类强度计算问题:①强度校核;②设计截

面;③确定许可荷载。

对常用截面,如矩形、圆形等的抗弯截面模量应熟练掌握。

梁强度计算的方法和步骤:画出梁的 F_Q、M 图,确定危险截面及相应的 F_Q、M 值;计算最大正应力的危险点,在弯矩最大截面上的上、下边缘处,必要时进行剪应力强度校核。

(二)横截面上的剪应力和强度条件

横截面上的剪应力计算公式为

$$\tau = \frac{F_Q S_z}{I_z b}$$

当 $y=0$ 时,$\tau=\tau_{max}$,即中性轴上剪应力最大。

对于矩形截面 $$\tau_{max} = \frac{3}{2}\frac{F_Q}{A}$$

对于圆形截面 $$\tau_{max} = \frac{4}{3}\frac{F_Q}{A}$$

对于工字形截面 $$\tau_{max} = \frac{F_Q}{d(I_z/S_{zmax})}$$

剪应力强度条件为

$$\tau_{max} = \frac{F_{Qmax} S_{zmax}}{I_z b} \leqslant [\tau]$$

关于梁的设计一般按正应力强度条件进行设计,按剪应力强度条件进行校核。

(三)提高弯曲强度的措施

(1)改善梁的受力状况,如合理安排梁的支座和荷载等。

(2)采用合理的截面形状。

(3)采用变截面梁。

八、梁弯曲时的刚度计算

梁弯曲时的刚度计算主要讨论了有关梁变形的概念及变形计算的基本方法,从而建立梁的刚度条件。

(一)梁弯曲时的挠度 y 和转角 θ

$$y = f(x)$$

$$\theta = \frac{dy}{dx}$$

(二)梁的挠曲线近似微分方程

$$\frac{d^2y}{dx^2} = -\frac{M(x)}{EI}$$

该公式适用条件是小变形及梁在弹性范围内。

(三)用"积分法"求梁的挠度和转角

$$\theta(x)=\frac{dy}{dx}=-\frac{1}{EI}\int M(x)dx+C$$

$$y(x)=-\frac{1}{EI}\int\left[\int M(x)dx\right]dx+Cx+D$$

用积分法计算变形时,若弯矩要分段,则挠曲线近似微分方程也要随之分段列出。

(四)用"叠加法"求梁的挠度和转角

计算时应注意以下方面:

(1)将梁上复杂荷载分成几种简单荷载时,要能直接应用现成的变形计算图表;

(2)查表计算每种简单荷载单独作用下使梁产生的挠度和转角,可画出每一简单荷载单独作用下的挠曲线大致形状,从而直接判断挠度和转角的正负号;

(3)叠加就可求得梁的位移。

(五)梁的刚度条件

$$\frac{f}{l}\leqslant\left[\frac{f}{l}\right]$$

一般用刚度条件来校核。

(六)提高弯曲刚度的措施

(1)减小梁的跨度 l。

(2)改善荷载的作用情况。

(3)增大梁的抗弯刚度 EI。

九、组合变形杆件的强度计算

(一)组合变形的概念和分析方法

组合变形是由两种以上的基本变形组合而成的。解决组合变形强度问题的基本方法是叠加法,即在材料服从虎克定律和小变形的前提下,将组合变形化为几个基本变形的组合。

(二)梁斜弯曲时的应力和强度条件

$$\sigma=\frac{M_z y}{I_z}+\frac{M_y z}{I_y}$$

$$\sigma_{max}=\frac{M_{zmax}}{W_z}+\frac{M_{ymax}}{W_y}\leqslant[\sigma]$$

(三)偏心压(拉)杆的应力和强度条件

$$\sigma=\sigma_N+\sigma_M=\frac{F_N}{A}\pm\frac{M_z y}{I_z}$$

$$\sigma_{max}^{+}=-\frac{F}{A}+\frac{Fe}{W_z}\leqslant[\sigma^{+}]\text{ 及 }\sigma_{max}^{-}=\left|-\frac{F}{A}-\frac{Fe}{W_z}\right|\leqslant[\sigma^{-}]$$

双向偏心压(拉)见式(6-49)~式(6-52)。

(四)圆截面杆在弯曲与扭转组合时的强度条件

$$\sigma=\frac{\sqrt{M_z^2+M_x^2}}{W_z}\leqslant[\sigma]$$

(五)* 截面核心的概念

当偏心压力作用点位于截面形心周围的一个区域内时，横截面上只有压应力而没有拉应力，这个区域就是截面核心。

思考题

6-1 试判断图 6-55 所示构件中哪些属于轴向拉伸？哪些属于轴向压缩？

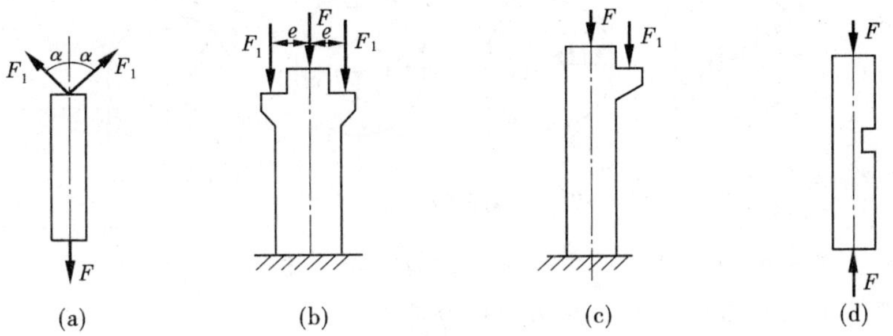

图 6-55

6-2 拉压杆横截面上正应力的分布规律是怎样的？

6-3 在轴向拉(压)杆中，发生最大正应力的横截面上，其剪应力等于零。在发生最大剪应力的截面上，其正应力是否也等于零？

6-4 两根不同材料的等截面直杆，承受着相同的拉力，它们的截面面积与长度都相等。试问：①两杆的内力是否相等？②两杆应力是否相等？③两杆的变形是否相等？

6-5 试写出两种形式的拉(压)虎克定律公式。

6-6 什么是轴向拉(压)杆的纵向变形和相对线应变？

6-7 什么是平面假设？提出这个假设有什么实际意义？

6-8 脆性材料和塑性材料的极限应力是如何确定的？

6-9 什么是许用应力？许用应力、极限应力和安全系数三者之间是什么关系？

6-10 利用强度条件可以解决工程中哪三类强度计算问题？

6-11 试指出图 6-56 所示构件的剪切面和挤压面。

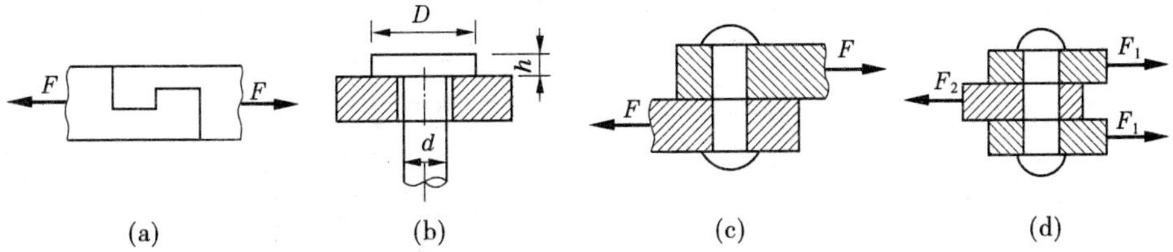

图 6-56

6-12 挤压面与计算挤压面是否相同？举例说明。

6-13 等直圆轴扭转时，横截面上为什么只产生剪应力而无其他形式的应力？剪应力是如何分布的？

6-14　圆轴扭转时剪应力计算公式的适用条件是什么？

6-15　圆轴扭转时，实心圆截面和空心圆截面哪一个更合理？为什么？

6-16　阶梯轴的最大扭转剪应力是否一定发生在最大扭矩所在的截面上，为什么？

6-17　若直径和长度相同但材料不同的两根轴，在相同的扭矩作用下，它们的最大剪应力是否相同？扭转角是否相同？

6-18　试分析图 6-57 所示扭转剪应力分布是否正确？为什么？

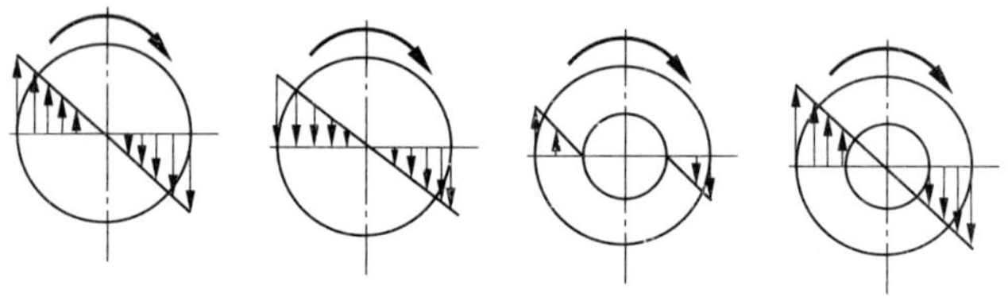

图 6-57

6-19　什么是中性层？什么是中性轴？中性轴的位置是如何确定的？

6-20　梁弯曲时横截面上的正应力如何分布？

6-21　矩形截面梁的剪应力在横截面上怎样分布？

6-22　在何种情况下需要作梁的剪应力强度校核？

6-23　梁截面合理设计的原则是什么？何谓变截面梁？何谓等强度梁？

6-24　工字形截面梁的剪应力分布规律怎样？

6-25　提高梁弯曲强度的主要措施有哪些？

6-26　在悬臂梁固定端约束处，梁的挠度与转角为多少？

6-27　如何利用积分法计算梁的变形？如何利用梁的边界条件和挠曲线的连续条件确定积分常数？

6-28　何谓组合变形？如何计算组合变形杆件横截面上任一点的应力？

6-29　简述用叠加原理解决组合变形强度问题的步骤。

6-30　试判别图 6-58 所示曲杆 *ABCD* 上，杆 *AB*、*BC*、*CD* 将产生何种变形。

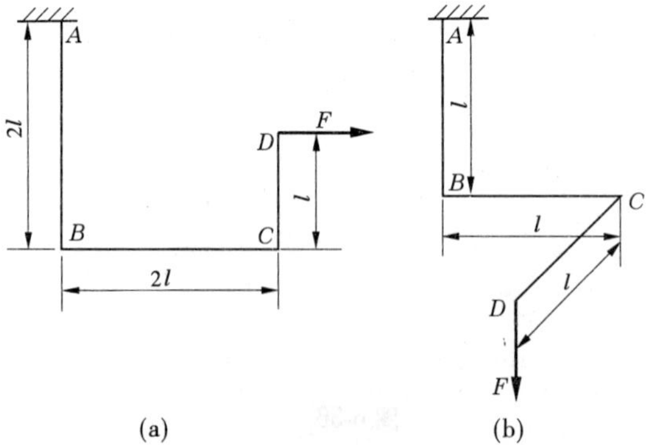

图 6-58

6-31　何谓单向偏心压缩（拉伸）？何谓双向偏心压缩（拉伸）？如何确定杆件的危险点？

习　题

6-1　圆截面杆的直径及荷载如图 6-59 所示，求各杆的最大正应力。

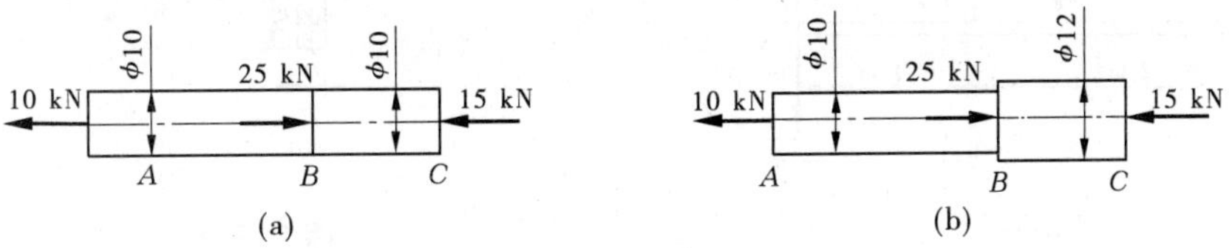

图 6-59

6-2　图 6-60 所示直杆承受轴向拉力 $F=10$ kN 的作用，已知杆的横截面面积 $A=100$ mm^2，试求 $\alpha=0°$、$30°$、$45°$、$60°$、$90°$的各斜截面上的正应力和剪应力。

6-3　求图 6-61 所示阶梯杆各段横截面上的应力。已知横截面面积 $A_{AB}=200$ mm^2，$A_{BC}=300$ mm^2，$A_{CD}=400$ mm^2。

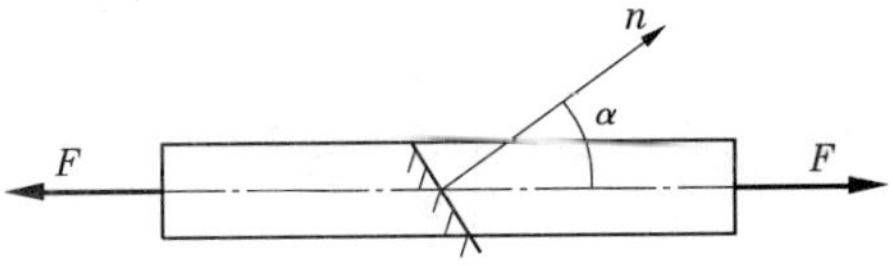

图 6-60

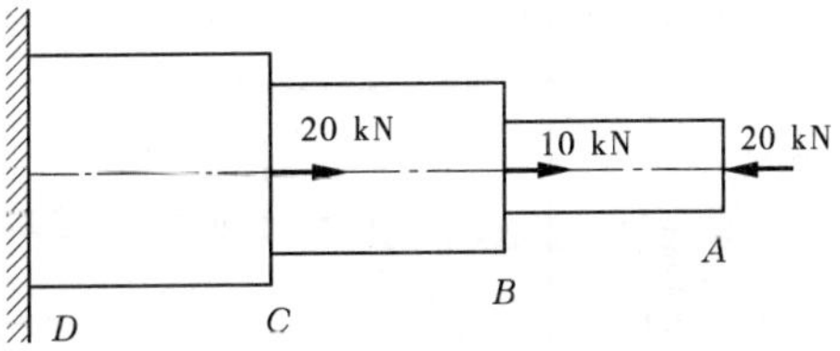

图 6-61

6-4　用绳索起吊钢筋混凝土管子，如图 6-62 所示。管子重 $W=10$ kN，绳索的直径 $d=40$ mm，许用应力$[\sigma]=10$ MPa，试校核绳索的强度。

6-5　刚性梁 AB 用两根钢杆 AC 和 BD 悬挂着，受力如图 6-63 所示。已知钢杆 AC 和 BD 的直径分别为 $d_1=25$ mm 和 $d_2=18$ mm，钢的许用应力$[\sigma]=170$ MPa，弹性模量 $E=2.0\times10^5$ MPa，试校核钢杆的强度，并计算钢杆的变形 Δl_{AC}、Δl_{BD}。

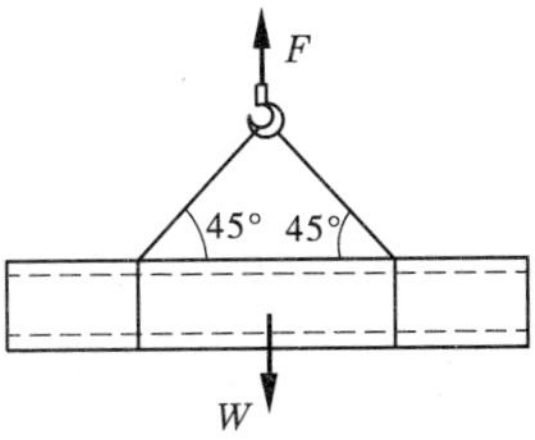

图 6-62

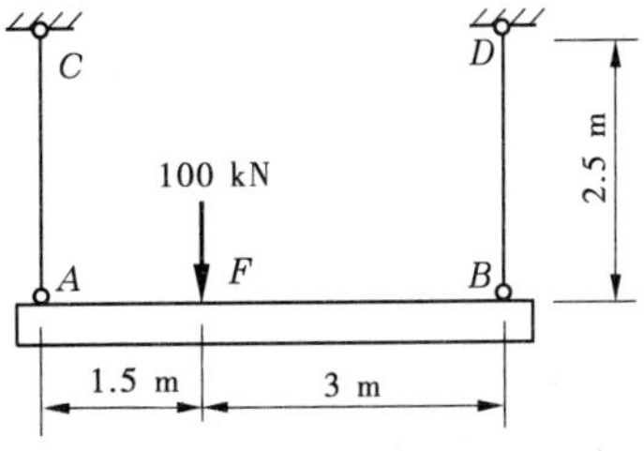

图 6-63

6-6　悬挂托架如图 6-64 所示。BC 杆直径 $d=30$ mm，$E=2.1\times10^5$ MPa，为了测量起吊重量 F，可以在起吊过程中测量 BC 杆的应变。若 $\varepsilon=390\times10^{-6}$，试求 F。

6-7　如图 6-65 所示钢拉杆受力 $F=40$ kN。若拉杆的许用应力$[\sigma]=100$ MPa，横截面为矩形，并且 $b=2a$，试确定 a、b 的尺寸。

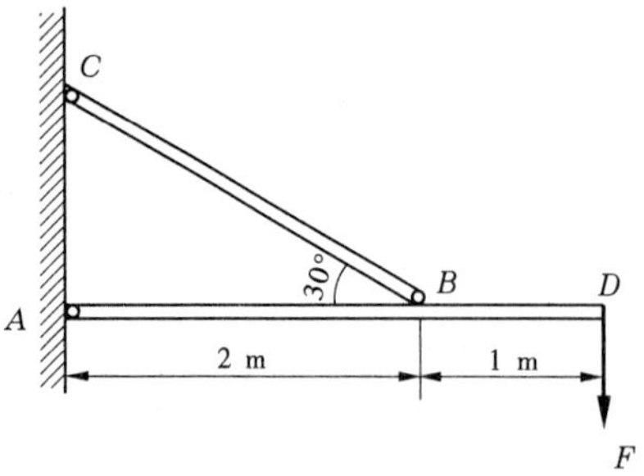

图 6-64

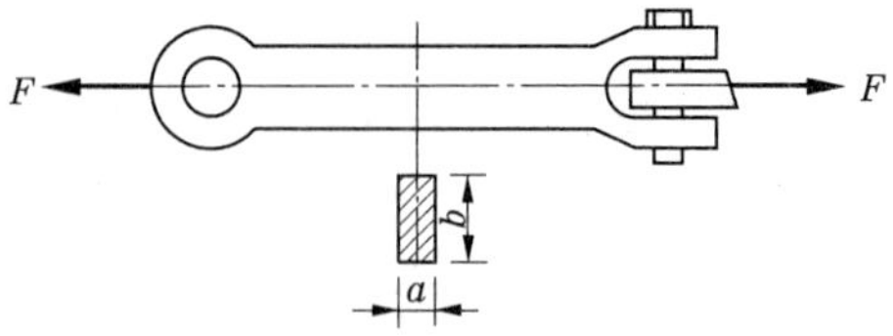

图 6-65

6-8　如图 6-66 所示支架，在 B 处需承受荷载 80 kN，杆为圆形截面的钢杆，其许用应力 $[\sigma_1]=160$ MPa；杆 BC 为正方形截面木杆，其许用应力 $[\sigma_2]=4$ MPa。试确定钢杆的直径 d 和木杆截面的边长 a。

6-9　如图 6-67 所示结构中，杆 AB 可视为是刚性杆，CD 杆的横截面面积 $A=500$ mm^2，材料的许用应力 $[\sigma]=160$ MPa。试求 B 点所能承受的最大荷载 F。

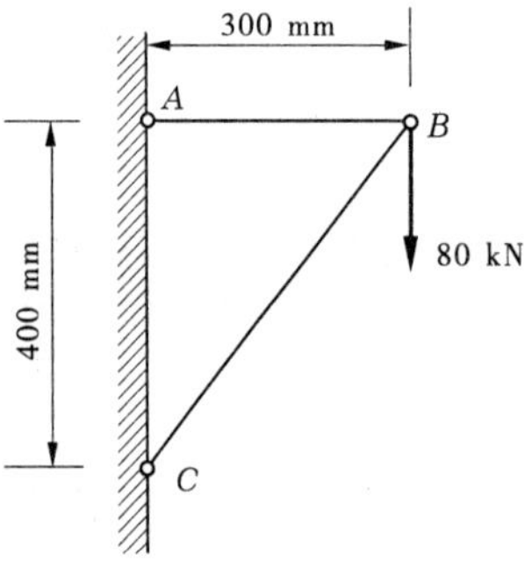

图 6-66

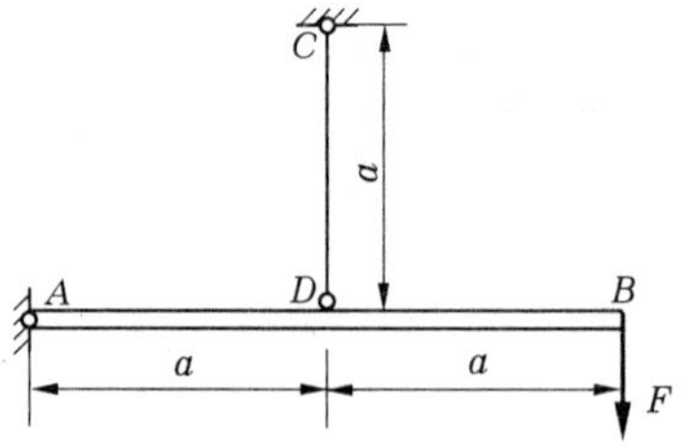

图 6-67

6-10　如图 6-68 所示一钢制阶梯杆，各段横截面面积分别为 $A_1=A_3=300$ mm^2，$A_2=200$ mm^2，钢的弹性模量 $E=200$ GPa。求杆的总变形。

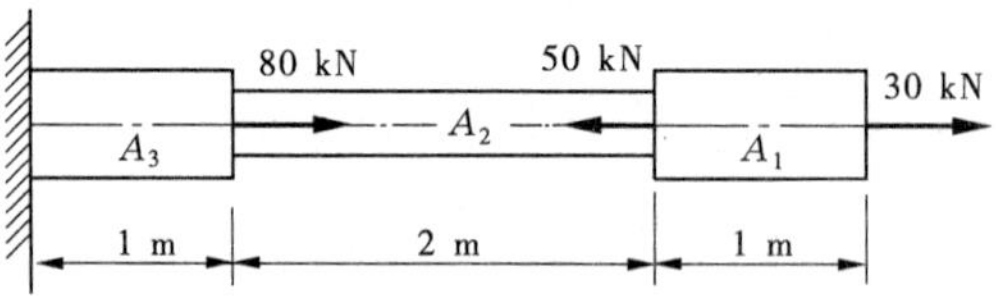

图 6-68

6-11　如图 6-69 所示一直径 $d=40$ mm 的螺栓受拉力 $F=100$ kN，已知 $[\tau]=60$ MPa，求螺母所需的高度 h。

6-12　在厚度 $t=5$ mm 的薄钢板上，冲出一个如图 6-70 所示形状的孔，钢板的极限剪应力 $\tau_b=320$ MPa，求冲床所需的冲力 F。

6-13　如图 6-71 所示两块厚度为 10 mm、宽度为 60 mm 的钢板，用两个直径为 16 mm 的铆钉搭接在一起，钢板受拉力 $F=52$ kN。已知 $[\tau]=140$ MPa，$[\sigma_c]=320$ MPa，$[\sigma]=160$ MPa。试校核该接头的强度。

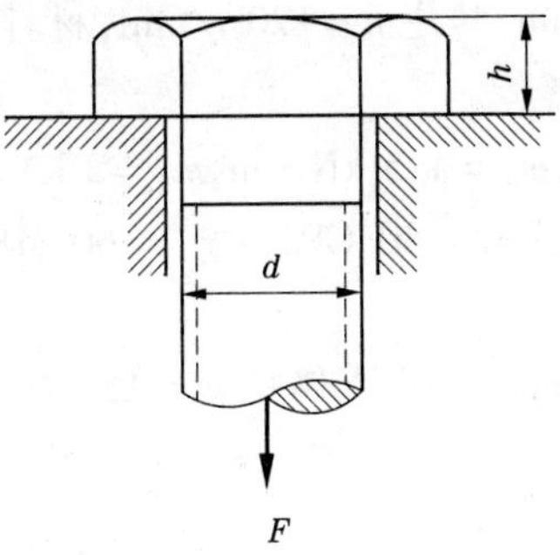

图 6-69

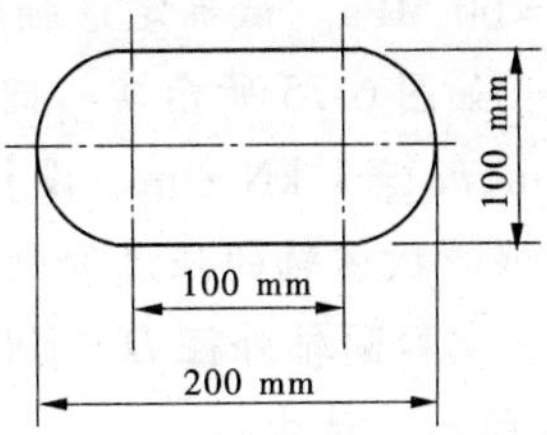

图 6-70

6-14 如图 6-72 所示一混凝土柱，其横截面为 0.2 m×0.2 m 的正方形，竖立在边长为 $a=1$ m 的正方形混凝土基础上，柱顶上承受着轴向压力 $F=100$ kN。若地基对混凝土板的支承反力是均匀分布的，混凝土的许用剪应力 $[\tau]=1.5$ MPa，试问为使柱不会穿过混凝土板，板应有的最小厚度 t 为多少？

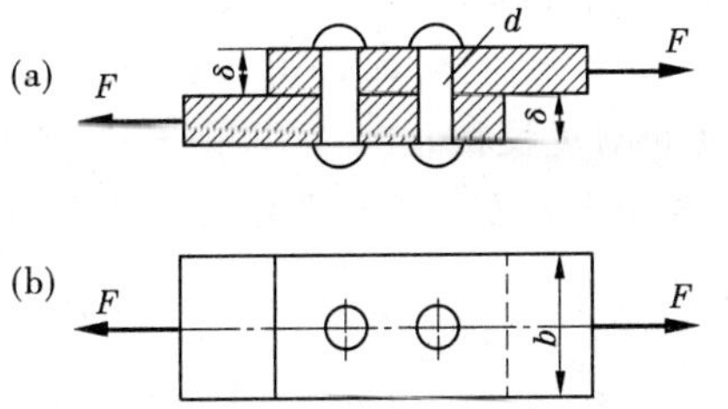

图 6-71

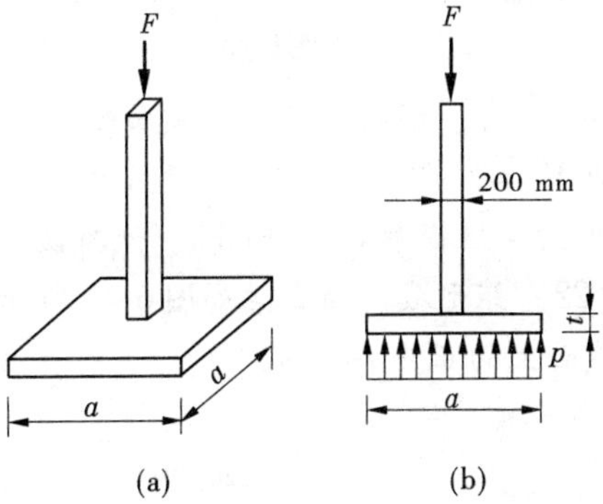

图 6-72

6-15 两钢板由一个铆钉连接如图 6-73 所示，已知 $F=10$ kN，$\delta=5$ mm，许用应力 $[\tau]=80$ MPa，许用挤压应力 $[\sigma_c]=200$ MPa，试确定铆钉的直径 d。

6-16 实心圆轴的直径 $D=100$ mm，两端受外力偶矩 $m=15$ kN·m 作用，如图 6-74 所示。试求：

(1) 轴内阴影截面上 A、B、O 三点处的剪应力的大小及方向；

(2) 轴内的最大剪应力。

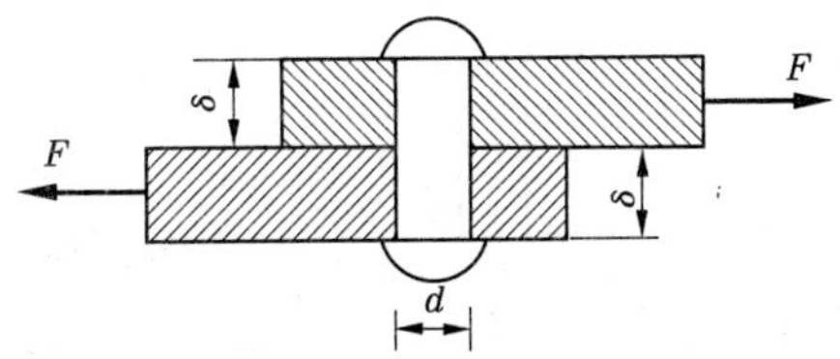

图 6-73

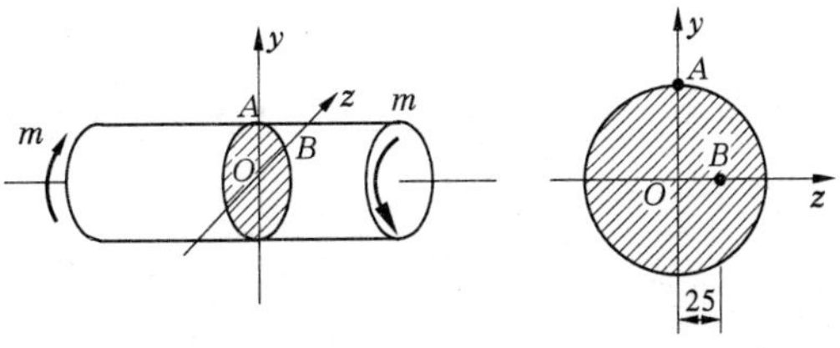

图 6-74 （单位:mm）

6-17 一钢轴长 $l=1$ m，两端受外力偶矩 $M=18$ kN·m 的作用，材料的许用剪应力 $[\tau]=40$ MPa，试按强度条件确定圆轴的直径 d。

6-18　有一钢制圆截面传动轴，其直径 $D=70$ mm，转速 $n=120$ r/min，材料的许用剪应力 $[\tau]=60$ MPa。试确定该轴所能传递的许用功率。

6-19　如图 6-75 所示实心圆轴直径 $D=76$ mm，$m_1=4.5$ kN·m，$m_2=2$ kN·m，$m_3=1.5$ kN·m，$m_4=1$ kN·m。设材料的剪切弹性模量 $G=80$ GPa，$[\tau]=60$ MPa，$[\theta]=1.2$ °/m，试校核该轴的强度和刚度。

6-20　空心圆轴外径 $D=100$ mm，内径 $d=50$ mm，受外力偶矩 $m=15$ kN·m 作用，如图 6-76 所示。试求：

(1)截面剪应力的最大值和最小值；

(2)画出截面的剪应力分布图。

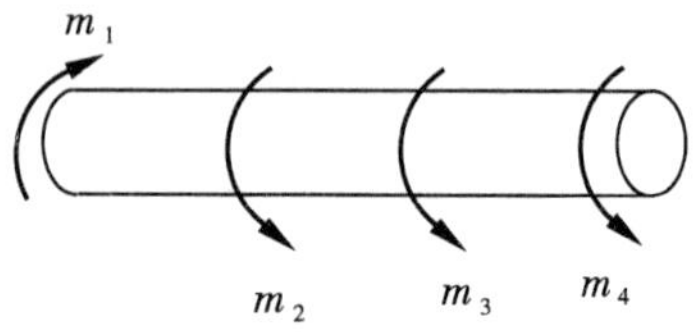

图 6-75

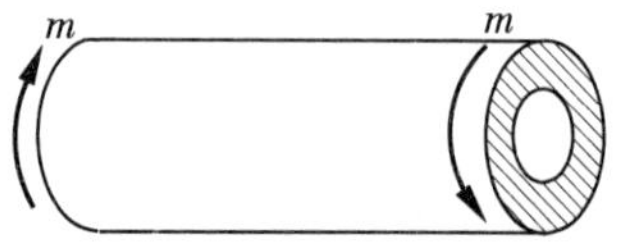

图 6-76

6-21　有一钢制的空心圆截面轴，其内径 $d=60$ mm，外径 $D=100$ mm，所须承受的最大扭矩 $M_x=1$ kN·m，单位长度许用扭转角 $[\theta]=0.5$ °/m；材料的许用剪应力 $[\tau]=60$ MPa，剪切弹性模量 $G=80$ GPa。试对该轴进行强度和刚度校核。

6-22　矩形截面简支梁如图 6-77 所示，试求 C 截面上 a、b、c、d 四点处的正应力，并画出该截面上的正应力分布图。

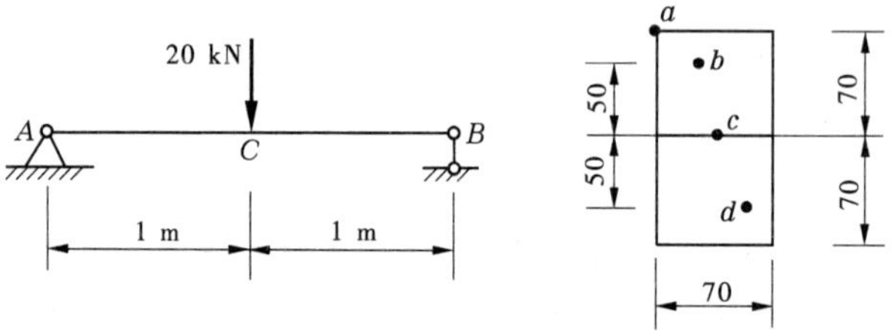

图 6-77　(单位：mm)

6-23　一矩形截面的木梁其截面尺寸及荷载如图 6-78 所示，已知 $q=1.5$ kN/m，许用应力 $[\sigma]=10$ MPa，许用剪应力 $[\tau]=2$ MPa，试校核梁的正应力强度和剪应力强度。

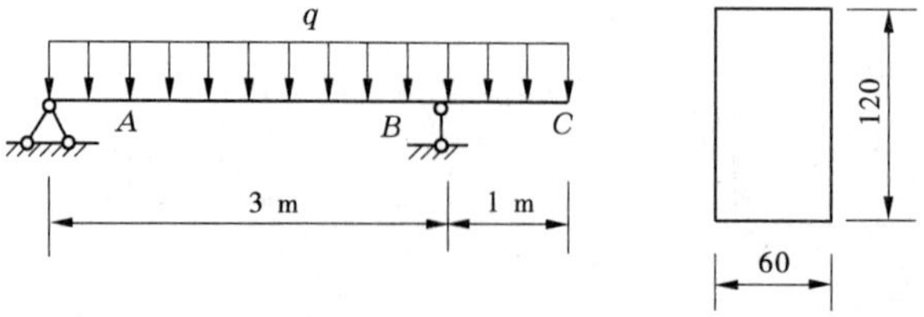

图 6-78　(单位：mm)

6-24　木梁受一个可移动的荷载 F 作用，如图 6-79 所示，已知 $F=40$ kN，木材的许用应力 $[\sigma]=10$ MPa，许用剪应力 $[\tau]=3$ MPa。木梁的横截面为矩形，其高宽比 $h/b=1.5$。

试选择此梁的截面尺寸。

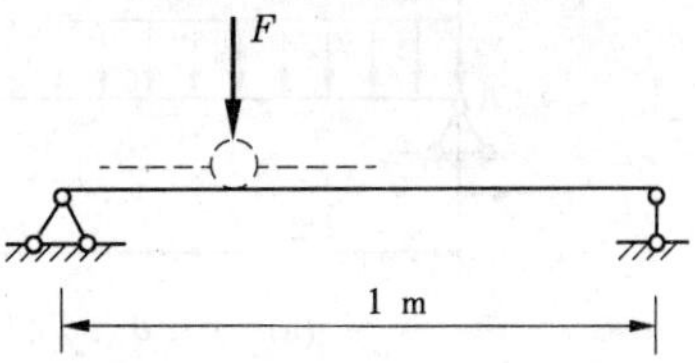

图 6-79

6-25　外伸圆木梁受荷载作用如图 6-80 所示。已知 $F=4$ kN。木材的许用应力 $[\sigma]=10$ MPa, $[\tau]=2$ MPa。试选择梁的直径 d。

6-26　如图 6-81 所示一根 No40a 号工字钢制成的悬臂梁,在自由端作用一集中荷载 F。已知钢的许用应力 $[\sigma]=150$ MPa,若考虑梁的自重,问 F 的许可值是多少?

6-27　外伸梁如图 6-82 所示,截面对形心轴的惯性

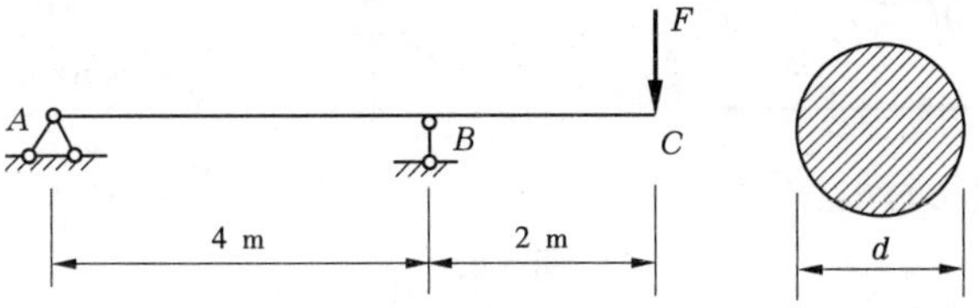

图 6-80

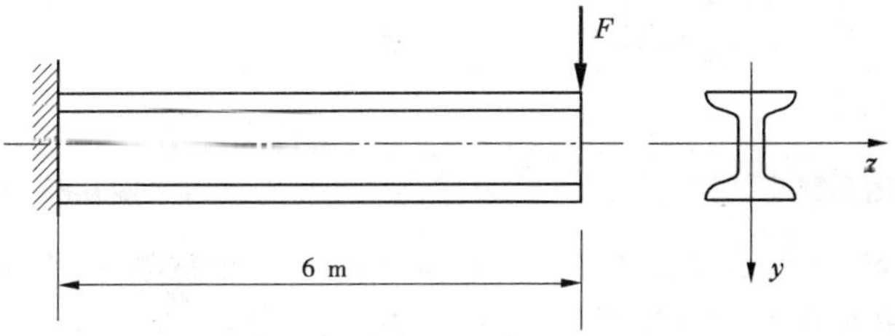

图 6-81

矩 $I_z=2\times10^8\ \text{mm}^4$,已知 $y_1=100$ mm, $y_2=200$ mm,许用拉应力 $[\sigma^+]=30$ MPa,许用压应力 $[\sigma^-]=60$ MPa。试校核梁的正应力强度。

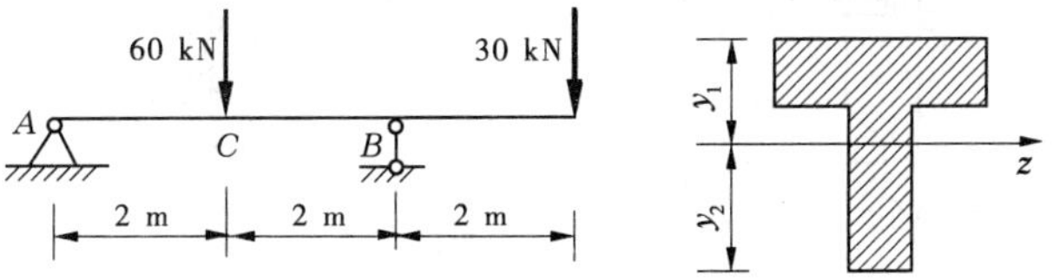

图 6-82

6-28　用叠加法求图 6-83 所示各梁中指定截面的转角和挠度。各梁 EI 为常数。

6-29　如图 6-84 所示一简支梁用 No20b 工字钢制成,已知 $F=10$ kN, $q=4$ kN/m, $l=6$ m,材料的弹性模量 $E=200$ GPa,许用挠跨比 $[f/l]=\dfrac{1}{400}$。试校核梁的刚度。

6-30　如图 6-85 所示工字钢简支梁,已知 $q=4$ kN/m, $m=4$ kN·m, $l=6$ m, $E=200$ GPa, $[\sigma]=160$ MPa,许用挠跨比 $[f/l]=\dfrac{1}{400}$。试选择工字钢型号。

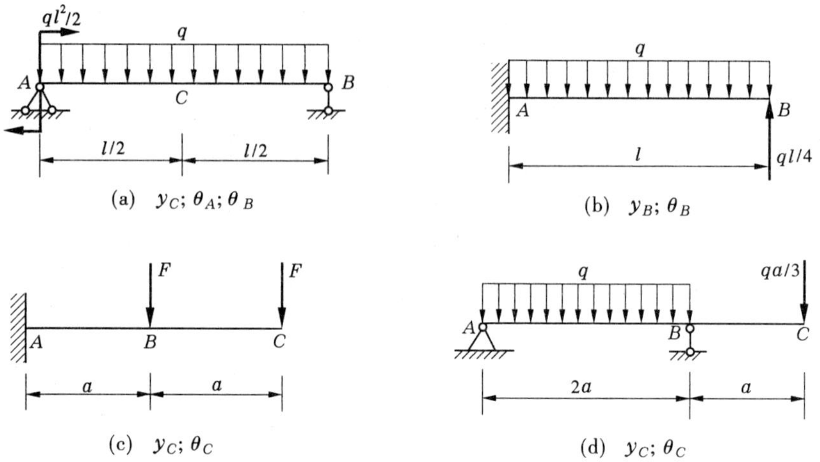

图 6-83

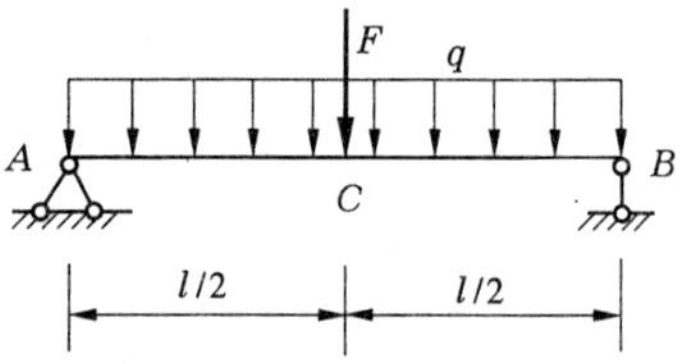

图 6-84

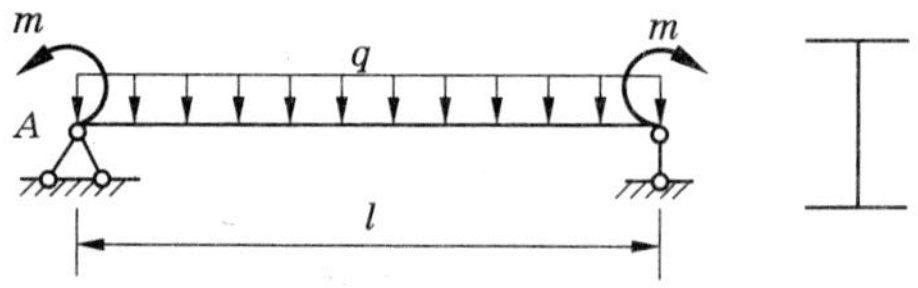

图 6-85

6-31 如图 6-86 所示悬臂梁长 $l = 3$ m，由 No24b 工字钢制成，作用在梁上的均布荷载 $q = 5$ kN/m，集中荷载 $F = 2$ kN，力 F 与轴的夹角 $\varphi = 30°$。求梁内的最大拉应力和最大压应力。

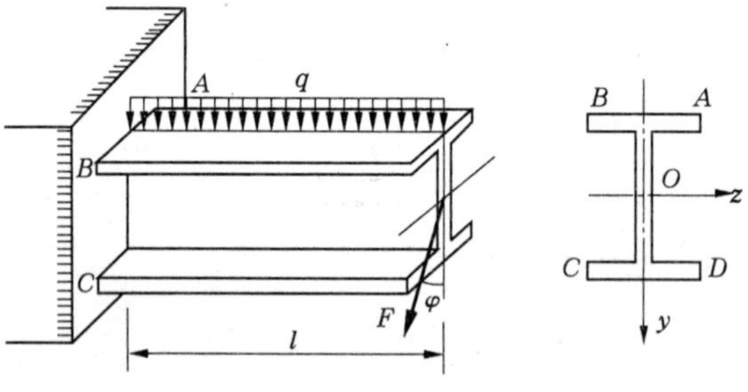

图 6-86

6-32 如图 6-87 所示矩形截面为 $b \times h = 110\ \text{mm} \times 160\ \text{mm}$ 的木檩条，跨长 $l = 4$ m，承受均布荷载作用，$q = 1.6$ kN/m，木材为杉木，许用应力 $[\sigma] = 12$ MPa，$E = 9 \times 10^3$ MPa，试校核檩条的强度。

6-33 如图 6-88 所示矩形截面偏心受拉木杆，偏心力 $F = 160$ kN，$e = 5$ cm，$[\sigma] = 10$ MPa，矩形截面宽度 $b = 160$ mm，试确定木杆的截面高度 h。

6-34 如图 6-89 所示直角曲拐，一端固定，已知 $l = 200$ mm，$a = 150$ mm，直径 $d = 50$ mm，材料的许用应力 $[\sigma] = 130$ MPa。试按强度条件确定曲拐的许可荷载 $[F]$。

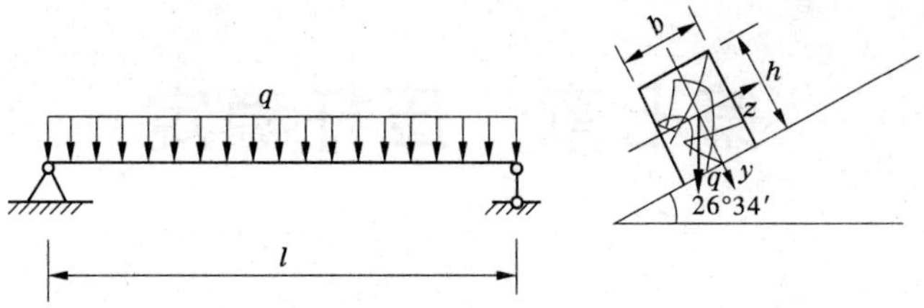

图 6-87

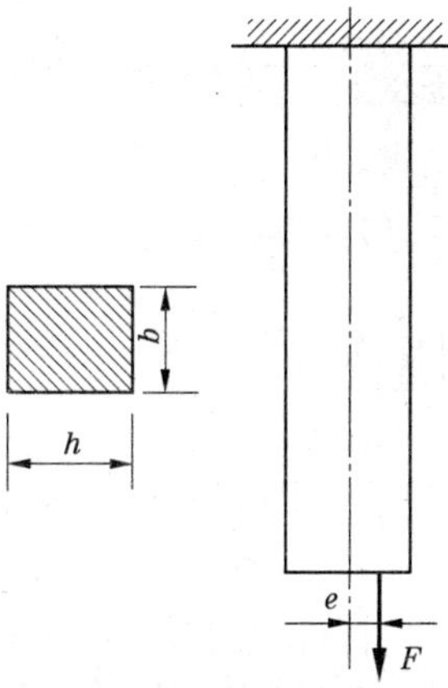

图 6-88

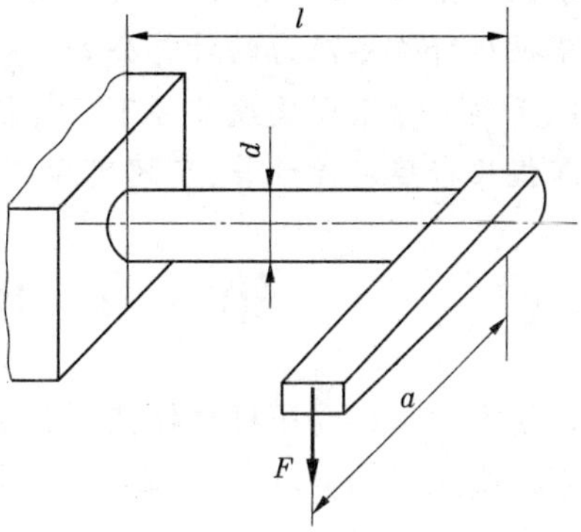

图 6-89

6-35　如图 6-90 所示电动机带动一圆轴 AB，其中点处装有一重 $W=5$ kN，直径 $D=1.2$ m 的皮带轮，皮带紧边的拉力为 $F_1=6$ kN，松边的拉力为 $F_2=3$ kN，若轴的许用应力 $[\sigma]=50$ MPa，试按强度条件设计轴的直径 d。

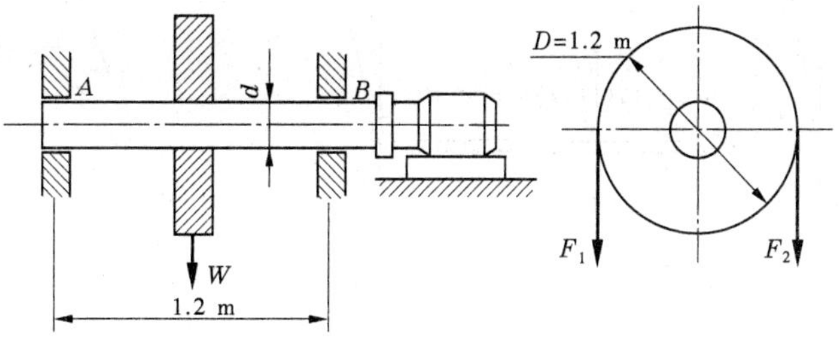

图 6-90

第七章　压杆稳定

【学习目标】

- 了解压杆稳定的概念。
- 掌握临界力、临界应力、长度系数、柔度等概念。
- 掌握压杆临界应力的计算公式——欧拉公式和经验公式。
- 能正确区分不同柔度条件下压杆临界应力的计算方法。
- 掌握压杆稳定性计算,了解实际工程中提高压杆稳定的工程措施。

第一节　压杆稳定的概念

压杆稳定性是指受压杆件保持原有平衡状态的能力。对于短粗的杆件,通常认为只要满足直杆受压时的强度条件,就能保证压杆的正常工作。但对于细长的杆件,实践表明在轴向压力作用下,当杆内应力远远小于材料的许用应力时,杆件就可能发生突然弯曲而破坏。通常将细长杆发生的突然弯曲而破坏的现象称为“丧失稳定”,简称失稳。因此,对于这类受压杆件,除考虑强度问题外,还必须考虑稳定性问题。

以图 7-1(a)所示的等直细长杆为例说明压杆稳定性问题。

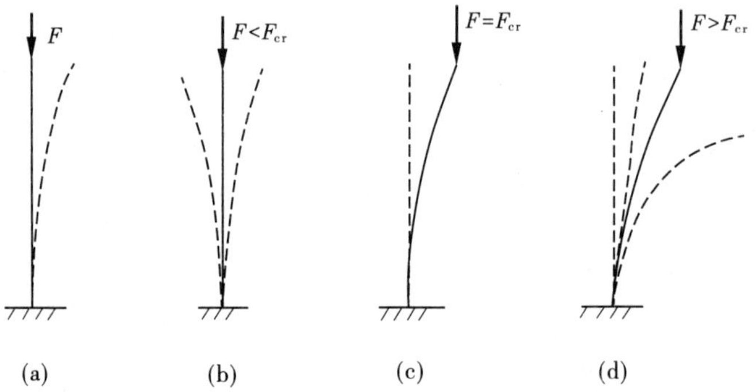

图 7-1

在细长杆上端施加轴向压力 F,使杆在保持直线状态下处于平衡。若对杆施加微小的侧向干扰力,使其发生微小的弯曲,然后撤去干扰力,当杆承受的轴向压力数值不同时,可能出现以下几种情况:

(1)当杆承受的轴向压力 F 小于某一数值 F_{cr} 时,撤去干扰力以后,杆能自动恢复到原有的直线平衡状态而保持平衡,如图 7-1(b)所示。这种能保持原有的直线平衡状态的平衡称为稳定平衡。

(2)当杆承受的轴向压力数值 F 正好等于杆在该状态下的临界值 F_{cr} 时,撤去干扰力,杆不能恢复到原有的直线平衡状态,处于如图 7-1(c)所示的一种微弯平衡状态。此时的这种平衡称为临界平衡。

(3)当杆承受的轴向压力数值 F 超过杆在该状态下的临界值 F_{cr} 时,如图 7-1(d)所示,随着力 F 继续增大,则杆继续弯曲,产生显著的变形,发生突然破坏。

上述现象表明,在轴向压力 F 由小逐渐增大的过程中,压杆由稳定平衡转变为不稳定平衡,即发生了压杆失稳现象。显然,压杆是否失稳取决于轴向压力的数值,压杆处于临界平衡状态时所对应的轴向压力,称为压杆的临界压力或临界力,用 F_{cr} 表示。

研究压杆稳定问题的关键是确定临界力。

第二节　压杆的临界力

一、两端铰支压杆的临界力·欧拉公式

设如图 7-2(a)所示的两端铰支的细长压杆,在临界力($F=F_{cr}$)作用下,压杆在 xOy 平面内处于微弯平衡状态。

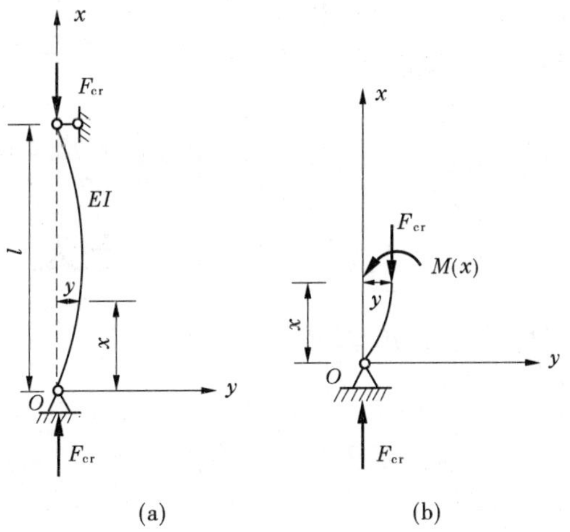

图 7-2

现用一截面将杆截开,画出受力图如图 7-2(b)所示,杆中任意 x 截面上的弯矩方程为

$$M(x) = F_{cr}y$$

式中:y 为 x 截面的挠度。

将弯矩方程代入梁挠曲线近似微分方程可得

$$EI\frac{d^2y}{dx^2} = -M(x) = -F_{cr}y$$

求解上列二阶常系数非齐次微分方程,利用边界条件,可推求出该压杆的临界力公式为

$$F_{cr} = \frac{\pi^2 EI}{l^2} \tag{7-1}$$

式(7-1)又称为欧拉公式。

二、其他约束压杆的临界力

式(7-1)为两端铰支压杆的临界力公式,但压杆的临界力还与其杆端的约束情况有关。当杆端的约束情况改变时,边界条件发生改变,临界力就表现为不同的数值。把各种约束情况下压杆临界力计算公式写成统一形式

$$F_{cr} = \frac{\pi^2 EI}{(\mu l)^2} \tag{7-2}$$

式中:μl 称为折算长度,即表示将杆端约束条件不同的压杆计算长度 l 折算成两端铰支压杆的长度;μ 称为长度系数。

现将几种不同杆端约束情况下的临界力公式、长度系数 μ 列表 7-1,供计算时查阅。

表 7-1　各种约束下等截面细长压杆的临界力及长度系数

支承情况	两端固定	一端固定一端铰支	两端铰支	一端固定一端自由
压杆计算简图	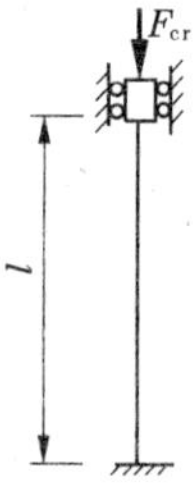	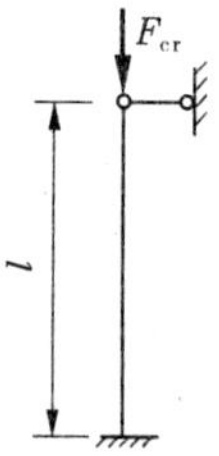	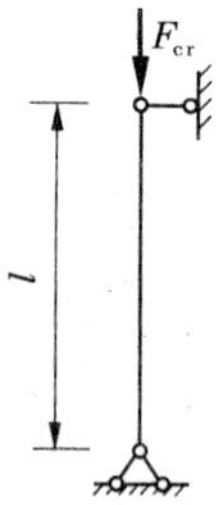	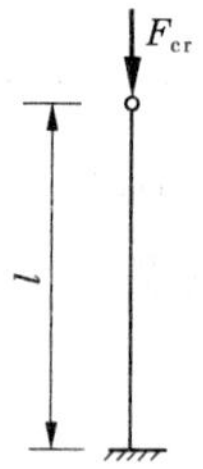
临界力 F_{cr}	$F_{cr} = \frac{\pi^2 EI}{(0.5l)^2}$	$F_{cr} = \frac{\pi^2 EI}{(0.7l)^2}$	$F_{cr} = \frac{\pi^2 EI}{l^2}$	$F_{cr} = \frac{\pi^2 EI}{(2l)^2}$
折算长度 μl	$0.5l$	$0.7l$	l	$2l$
长度系数 μ	0.5	0.7	1	2

第三节　压杆的临界应力

一、临界应力与柔度

在进行压杆稳定计算时,还需要知道临界应力。临界应力是指当压杆在临界力 F_{cr} 作用下处于临界平衡状态时,其横截面上的平均正应力,用 σ_{cr} 表示,即

$$\sigma_{cr} = \frac{F_{cr}}{A}$$

将式(7-2)代入上式,得

$$\sigma_{cr} = \frac{\pi^2 EI}{(\mu l)^2 A}$$

若将压杆的惯性矩 I 用惯性半径 i 和截面面积 A 表示，即

$$I = i^2 A \quad \text{或} \quad i = \sqrt{\frac{I}{A}}$$

则临界应力又可写为

$$\sigma_{cr} = \frac{\pi^2 E i^2}{(\mu l)^2} = \frac{\pi^2 E}{\left(\frac{\mu l}{i}\right)^2}$$

令
$$\lambda = \frac{\mu l}{i} \tag{7-3}$$

于是导得压杆的临界应力欧拉公式为

$$\sigma_{cr} = \frac{\pi^2 E}{\lambda^2} \tag{7-4}$$

式(7-3)中 λ 称为压杆的柔度或长细比。柔度 λ 是一个无量纲的量，它与压杆两端的支承情况、杆长 l 及截面尺寸和形状等因素有关。若压杆的柔度 λ 越大，表明压杆细而长，其临界应力越小，则压杆就越容易失稳；若压杆的柔度 λ 越小，表明压杆短而粗，其临界应力越大，则压杆就越不容易失稳。所以，柔度 λ 是压杆稳定计算中的一个很重要的几何参数。

二、大柔度杆的临界应力 · 欧拉公式

欧拉公式是根据挠曲线近似微分方程导出的，而应用此微分方程时，材料必须服从虎克定律。因此，欧拉公式的适用范围应当是压杆的临界应力 σ_{cr} 不超过材料的比例极限 σ_p，即

$$\sigma_{cr} = \frac{\pi^2 E}{\lambda^2} \leqslant \sigma_p$$

或
$$\lambda \geqslant \pi \sqrt{\frac{E}{\sigma_p}}$$

令
$$\lambda_p = \pi \sqrt{\frac{E}{\sigma_p}} \tag{7-5}$$

式中：λ_p 称为压杆的临界应力达到材料的比例极限时的柔度值。

欧拉公式的适用范围为

$$\lambda \geqslant \lambda_p \tag{7-6}$$

当压杆的柔度不小于 λ_p 时，才可以应用欧拉公式计算临界力或临界应力。满足这一条件的压杆称为大柔度杆或细长杆。

从式(7-5)可知，λ_p 的值取决于材料性质，用不同材料制成的压杆，其 λ_p 也不同。例如 Q235 钢，$\sigma_p = 200$ MPa，$E = 200$ GPa，由式(7-5)可求得 $\lambda_p = 100$。

三、中柔度杆的临界应力 · 经验公式

若压杆的柔度 $\lambda < \lambda_p$，则说明此类压杆的临界应力已经超过材料的比例极限。此时，

欧拉公式不再适用。对这类压杆各国大多采用从试验结果得到经验公式计算临界力或者临界应力。常用的经验公式中,以直线公式形式最为简单,此外还有抛物线形式。

直线形式公式可写成以下形式

$$\sigma_{cr} = a - b\lambda \tag{7-7}$$

式中:a、b 值与材料力学性能有关,可由试验确定。

例如,对 Q235 钢:$a = 304$ MPa,$b = 1.12$ MPa,则 $\sigma_{cr} = a - b\lambda = 304 - 1.12\lambda$。

当 $\sigma = \sigma_{cu}$(对塑性材料,取 $\sigma_{cu} = \sigma_s$;对脆性材料,取 $\sigma_{cu} = \sigma_b$)时,还可求得

$$\lambda_0 = \frac{a - \sigma_{cu}}{b}$$

综上可以确定,当 $\lambda_p > \lambda > \lambda_0$ 时,常利用经验公式确定临界应力的大小,此类压杆称为中柔度杆。

当 $\lambda \leqslant \lambda_0$ 时,为短杆,压杆的破坏为强度破坏,不存在失稳问题。

四、临界应力总图

压杆按照其柔度的不同,可以分为大柔度杆和中柔度杆。分别由式(7-4)和式(7-7)计算其临界应力。如果把压杆的临界应力与柔度之间的函数关系绘制在直角坐标系内,即可得到压杆的临界应力总图,如图 7-3 所示。

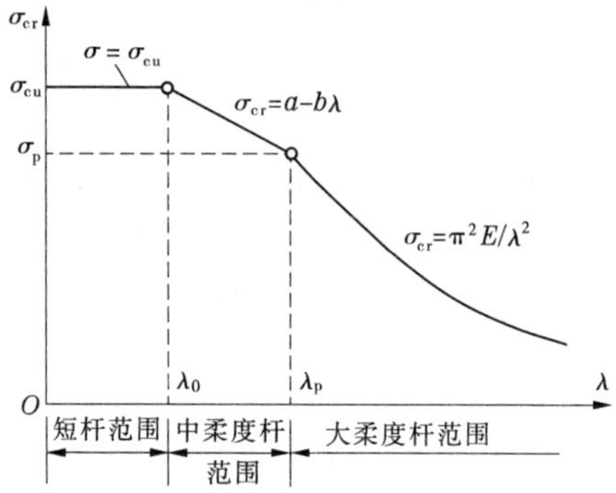

图 7-3

【例 7-1】 如图 7-4 所示,一端固定另一端自由的细长压杆,其杆长 $l = 2$ m,截面形状为矩形,$b = 20$ mm、$h = 45$ mm,材料的弹性模量 $E = 200$ GPa,$G_p = 200$ MPa。试求:

(1)该压杆的临界力。

(2)若把截面改为 $b = h = 30$ mm,而保持长度不变,则该压杆的临界力又为多大?

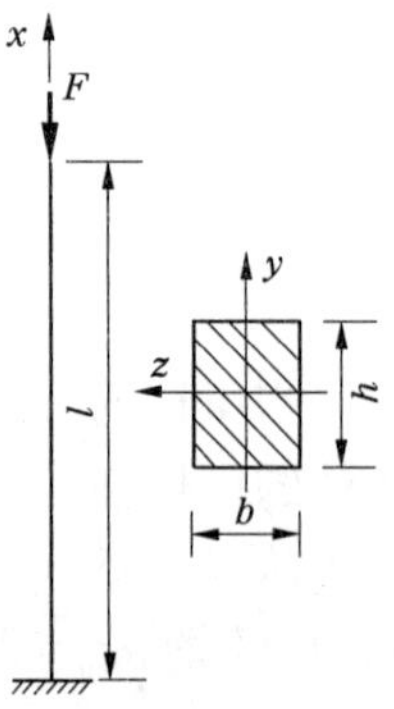

图 7-4

解 (1)计算该压杆的临界力。

$$\lambda_p = \pi\sqrt{\frac{E}{\sigma_p}} = \pi\sqrt{\frac{200 \times 10^9}{200 \times 10^6}} \approx 100$$

当 $b = 20$ mm、$h = 45$ mm 时,可求得压杆的柔度和截面的惯性矩分别为

$$\lambda=\frac{\mu l}{i}=\frac{\mu l}{\sqrt{\frac{I_z}{A}}}=\frac{\mu l}{\sqrt{\frac{\frac{bh^3}{12}}{bh}}}=\frac{\mu l}{\frac{h}{\sqrt{12}}}=\frac{2\times2\,000}{\frac{20}{\sqrt{12}}}=692.8$$

$$I_y=\frac{hb^3}{12}=\frac{45\times20^3}{12}=3.0\times10^4(\text{mm}^4)=3\times10^{-8}\ \text{m}^4$$

显然，$\lambda=692.8>\lambda_p=100$，即压杆为大柔度杆，故可由欧拉公式计算临界力为

$$F_{cr}=\frac{\pi^2EI}{(\mu l)^2}=\frac{\pi^2\times200\times10^9\times3\times10^{-8}}{(2\times2)^2}=3\,701(\text{N})=3.70\ \text{kN}$$

(2)求截面改为 $b=h=30$ mm 时的临界应力。

求得压杆的柔度和截面的惯性矩分别为

$$\lambda=\frac{\mu l}{i}=\frac{2\times2\,000}{\frac{30}{\sqrt{12}}}=461.9$$

$$I_y=I_z=\frac{bh^3}{12}=\frac{30^4}{12}=6.75\times10^4(\text{mm}^4)=6.75\times10^{-8}\ \text{m}^4$$

显然，$\lambda=461.9>\lambda_p=100$，即压杆为大柔度杆，故可由欧拉公式计算临界力为

$$F_{cr}=\frac{\pi^2EI}{(\mu l)^2}=\frac{\pi^2\times200\times10^9\times6.75\times10^{-8}}{(2\times2)^2}=8\,327(\text{N})=8.33\ \text{kN}$$

从以上两种情况分析，其横截面面积相等，支承条件相同，但是计算得到的临界力后者大于前者。可见，在材料用量相同的条件下，选择恰当的截面形式可以提高细长压杆的临界力。

第四节　压杆的稳定计算

一、压杆的稳定条件(折减系数法)

受压杆件的破坏，多数是由于失稳而引起的，所以为确保压杆的正常工作，并具有足够的稳定性，这就要求其横截面上的应力不能超过压杆的临界应力的许用应力值$[\sigma_{cr}]$，即

$$\sigma=\frac{F}{A}\leqslant[\sigma_{cr}]\tag{7-8}$$

$[\sigma_{cr}]$为临界应力的许用值，其值为

$$[\sigma_{cr}]=\frac{\sigma_{cr}}{k_{st}}\tag{7-9}$$

式中：k_{st}称为稳定安全系数。

稳定安全系数一般都大于强度计算时的安全系数，这是因为在确定稳定安全系数时，除应遵循确定安全系数的一般原则外，还必须考虑实际压杆并非理想的轴向压杆这一情况。例如，在制造过程中，杆件不可避免地存在微小的弯曲；同时外力的作用线也不可能

绝对准确地与杆件的轴线相重合。另外,也必须考虑杆件的细长程度,杆件越细长,稳定安全性矛盾越重要,稳定安全系数应越大等,这些因素都应在稳定安全系数中加以考虑。

为了计算上的方便,将临界应力的允许值,写成如下形式

$$[\sigma_{cr}] = \frac{\sigma_{cr}}{k_{st}} = \varphi[\sigma] \tag{7-10}$$

从式(7-10)可知,φ 值为

$$\varphi = \frac{\sigma_{cr}}{k_{st}[\sigma]} \tag{7-11}$$

式中:$[\sigma]$为强度计算时的许用应力;φ 称为折减系数,其值小于 1。

由式(7-11)可知,当$[\sigma]$一定时,φ 取决于 σ_{cr}与 k_{st}。由于临界应力 σ_{cr}值随压杆的柔度而改变,而不同柔度的压杆一般又规定不同的稳定安全系数,所以折减系数 φ 是柔度 λ 的函数。当材料一定时,φ 值取决于柔度 λ 的值。表 7-2 给出了三种材料的折减系数 φ 与柔度 λ 的值,以供查用。

表 7-2　压杆的折减系数

λ	φ 值		
	Q 235钢	16 锰钢	木材
0	1.000	1.000	1.000
10	0.995	0.993	0.971
20	0.981	0.973	0.932
30	0.958	0.940	0.883
40	0.927	0.895	0.822
50	0.888	0.840	0.751
60	0.842	0.776	0.668
70	0.789	0.705	0.575
80	0.731	0.627	0.470
90	0.669	0.546	0.370
100	0.604	0.462	0.300
110	0.536	0.384	0.248
120	0.466	0.325	0.208
130	0.401	0.279	0.178
140	0.349	0.242	0.153
150	0.306	0.213	0.133
160	0.272	0.188	0.117
170	0.243	0.168	0.104
180	0.218	0.151	0.093
190	0.197	0.136	0.083
200	0.180	0.124	0.075

$[\sigma_{cr}]$与$[\sigma]$虽然都是许用应力，但两者却有很大的不同。$[\sigma]$只与材料种类有关，当材料一定时，其值为定值；而$[\sigma_{cr}]$除与材料有关外，还与压杆的长细比有关，所以相同材料制成的不同(柔度)的压杆，其$[\sigma_{cr}]$值是不同的。

将式(7-10)代入式(7-8)，可得

$$\sigma = \frac{F}{A} \leqslant \varphi[\sigma] \quad 或 \quad \sigma = \frac{F}{A\varphi} \leqslant [\sigma] \tag{7-12}$$

式(7-12)称为压杆的稳定条件。

由于折减系数 φ 可按 λ 的值直接从表 7-2 中查到，因此按式(7-12)的稳定条件进行压杆的稳定计算十分方便。这种计算压杆稳定问题的方法，即称为折减系数法。

二、压杆的稳定计算

应用压杆的稳定条件，可计算如下三个方面的稳定问题。

(一)稳定校核

已知压杆的几何尺寸、所用材料、支承条件以及承受的压力，验算是否满足式(7-12)的稳定条件。这类问题，一般应首先计算出压杆的柔度 λ，根据 λ 查出相应的折减系数 φ，再按照式(7-12)进行校核。

(二)计算稳定时的许用荷载

已知压杆的几何尺寸、所用材料及支承条件，按稳定条件计算其能够承受的许用荷载 F 值。这类问题，一般也要首先计算出压杆的柔度 λ，根据 λ 查出相应的折减系数 φ，再按照式 $F \leqslant A\varphi[\sigma]$ 进行计算。

(三)进行截面设计

已知压杆的长度、所用材料、支承条件以及承受的压力 F，按照稳定条件计算压杆所需的截面尺寸。这类问题，一般采用试算法。这是因为在稳定条件式(7-12)中，折减系数 φ 是根据压杆的柔度 λ 查表 7-2 得到的，而在压杆的截面尺寸尚未确定之前，压杆的柔度 λ 不能确定，所以也就不能确定折减系数 φ。因此，只能采用试算法：首先假定一折减系数 φ 值(0 与 1 之间一般采用 0.45)，由稳定条件计算所需要的截面面积 A，然后计算出压杆的柔度 λ，根据压杆的柔度 λ 查表 7-2 得到折减系数 φ，再按照式(7-12)验算是否满足稳定条件。如果不满足稳定条件，则应重新假定折减系数 φ 值，重复上述过程，直到满足稳定条件。

【例 7-2】 如图 7-5 所示，构架由两根直径相同的圆杆构成，杆的材料为 Q235 钢，直径 $d=20$ mm，材料的许用应力$[\sigma]=170$ MPa，已知 $h=0.4$ m，作用力 $F=15$ kN。试校核两杆的稳定。

解 (1)计算各杆承受的压力。

取结点 A 为研究对象，根据平衡条件列方程

$$\sum F_x = 0 \qquad F_{NAB}\cos45° - F_{NAC}\cos30° = 0 \tag{a}$$

$$\sum F_y = 0 \qquad F_{NAB}\sin45° + F_{NAC}\sin30° - F = 0 \tag{b}$$

联立式(a)、式(b)解得

$$F_{NAB} = 0.897F = 0.897 \times 15 = 13.46(\text{kN})$$

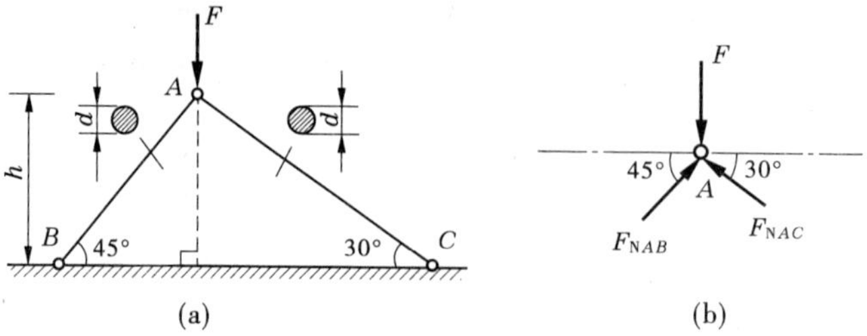

图 7-5

$$F_{NAC} = 0.732F = 0.732 \times 15 = 10.98(\text{kN})$$

(2)计算二杆的柔度。

二杆的长度分别为

$$l_{AB} = \sqrt{2}h = \sqrt{2} \times 0.4 = 0.566(\text{m})$$
$$l_{AC} = 2h = 2 \times 0.4 = 0.8(\text{m})$$

则二杆的柔度分别为

$$\lambda_{AB} = \frac{\mu l_{AB}}{i} = \frac{\mu l_{AB}}{\frac{d}{4}} = \frac{4 \times 1 \times 0.566}{0.02} = 113.2$$

$$\lambda_{AC} = \frac{\mu l_{AC}}{i} = \frac{\mu l_{AC}}{\frac{d}{4}} = \frac{4 \times 1 \times 0.8}{0.02} = 160$$

(3)根据柔度查折减系数按直线插入公式计算得

$$\varphi_{AB} = \varphi_{113.2} = \varphi_{110} - \frac{\varphi_{110} - \varphi_{120}}{10} \times 3.2 = 0.536 - \frac{0.536 - 0.466}{10} \times 3.2 = 0.514$$

$$\varphi_{AC} = \varphi_{160} = 0.272$$

(4)按照稳定条件进行验算

杆 AB $\quad \sigma_{AB} = \dfrac{F_{NAB}}{A\varphi_{AB}} = \dfrac{13.46 \times 10^3}{\pi\left(\dfrac{0.02}{2}\right)^2 \times 0.514} = 83.35 \times 10^6(\text{Pa}) = 83.35\ \text{MPa} < [\sigma] = 170\ \text{MPa}$

杆 AC $\quad \sigma_{AC} = \dfrac{F_{NAC}}{A\varphi_{AC}} = \dfrac{10.98 \times 10^3}{\pi\left(\dfrac{0.02}{2}\right)^2 \times 0.272} = 128.5 \times 10^6(\text{Pa}) = 128.5\ \text{MPa} < [\sigma] = 170\ \text{MPa}$

由此可见,两杆都满足稳定条件,结构稳定。

【例 7-3】 如图 7-6 所示支架,杆 BD 为正方形截面的木杆,杆 AB 长度 $l = 2$ m,截面边长 $a = 0.1$ m,木材的许用应力$[\sigma] = 10$ MPa,试从满足杆 BD 的稳定条件考虑,确定该支架的许可荷载$[F]$。

解 (1)计算杆 BD 的柔度。

$$l_{BD} = \frac{l}{\cos 30^\circ} = \frac{2}{\frac{\sqrt{3}}{2}} = 2.31(\text{m})$$

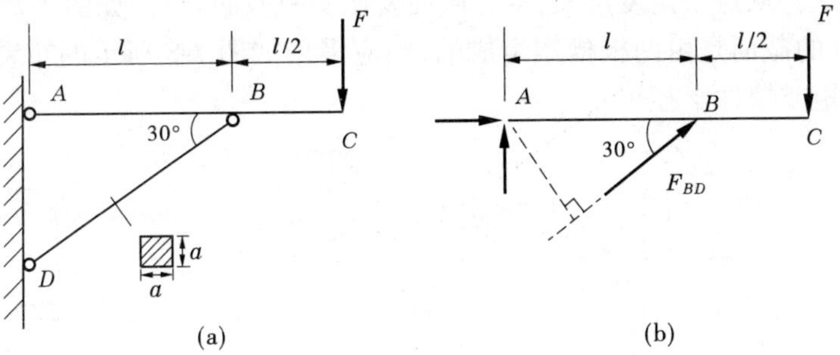

图 7-6

$$\lambda_{BD}=\frac{\mu l_{BD}}{i}=\frac{\mu l_{BD}}{\sqrt{\frac{I}{A}}}=\frac{\mu l_{BD}}{a\sqrt{\frac{1}{12}}}=\frac{1\times 2.31}{0.1\times\sqrt{\frac{1}{12}}}=80$$

(2)求杆 BD 能承受的最大压力。

根据柔度 λ_{BD}查表 7-2,得 $\varphi_{BD}=0.470$,则杆 BD 能承受的最大压力为

$$F_{BD\max}=A\varphi[\sigma]=0.1^2\times 0.470\times 10\times 10^6=47.0\times 10^3(\mathrm{N})$$

(3)确定该支架的许可荷载。

根据外力 F 与杆 BD 所承受压力之间的关系,只要考虑杆 AC 的平衡,由

$$\sum M_A=0\qquad F_{BD}\frac{l}{2}-F\frac{3}{2}l=0$$

求得
$$F=\frac{1}{3}F_{BD}$$

于是求得该支架能承受的最大荷载为

$$F_{\max}=\frac{1}{3}F_{BD\max}=\frac{1}{3}\times 47.0\times 10^3=15.67\times 10^3(\mathrm{N})$$

最后确定该支架的许可荷载为

$$[F]=15\ \mathrm{kN}$$

三、提高压杆稳定性的措施

要提高压杆的稳定性,关键在于提高压杆的临界力或临界应力。而压杆的临界力和临界应力,与压杆的长度、横截面形状及大小、支承条件以及压杆所用材料等有关。因此,可以从以下几个方面考虑提高压杆的稳定性。

(一)合理选择材料

欧拉公式表明,大柔度杆的临界应力与材料的弹性模量成正比。所以,选择弹性模量较高的材料,可以提高大柔度杆的临界应力,提高其稳定性。但是,对于钢材而言,各种钢的弹性模量大致相同,所以选用高强度钢并不能明显提高大柔度杆的稳定性。而中粗杆的临界应力则与材料的强度有关,采用高强度钢材,可以提高这类压杆抵抗失稳的能力。

(二)选择合理的截面形状

增大截面的惯性矩,可以增大截面的惯性半径,降低压杆的柔度,从而可以提高压杆的稳定性。在压杆的横截面面积相同的条件下,应尽可能使材料远离截面形心轴,以取得较大的轴惯性矩。从这个角度出发,空心截面要比实心截面合理,如图 7-7 所示。在工程实际中,若压杆的截面是由两根槽钢组成的,则应采用如图 7-8 所示的布置方式,可以取得较大的惯性矩或惯性半径。

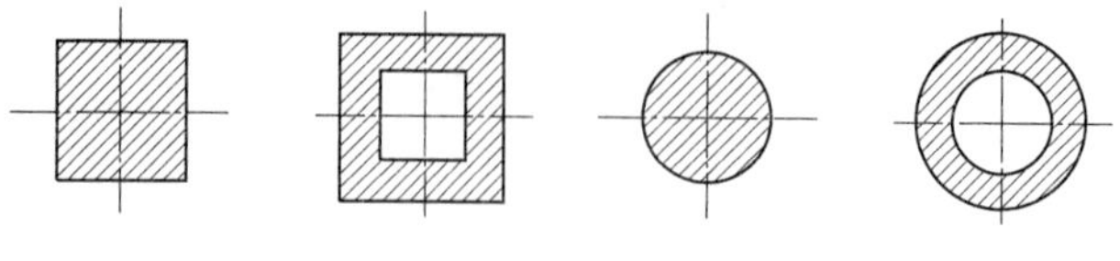
(a) (b)

图 7-7

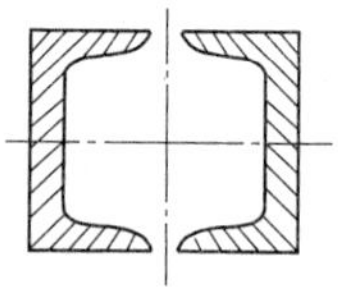

图 7-8

另外,由于压杆总是在柔度较大(临界力较小)的纵向平面内首先失稳,所以应注意尽可能使压杆在各个纵向平面内的柔度都相同,以充分发挥压杆的稳定承载力。

(三)改善约束条件、减小压杆长度

减小压杆长度可以降低压杆的柔度,有利于提高压杆的稳定性。在条件允许的情况下,应尽量减小压杆的长度或在压杆中间增加支承。同时,尽可能加强杆端的约束。从表 7-1可以看出,压杆端部固定越牢固,长度系数 μ 越小,压杆柔度 λ 越小,压杆稳定性越好。

本章内容小结

压杆的稳定性对整体的安全具有重要意义,而解决压杆稳定的关键在于计算临界力。

一、压杆稳定平衡和不稳定平衡的概念

当压杆的工作力小于临界力时,压杆能保持原来的平衡状态,称为稳定平衡状态。

当压杆的工作力大于或等于临界力时,压杆不能保持原来的平衡状态,称为不稳定平衡状态。

二、临界力和临界应力的计算

(1)当 $\lambda \geqslant \lambda_p$ 时,压杆为大柔度杆(细长杆),可用欧拉公式计算临界力及临界应力。其计算公式为

$$F_{cr} = \frac{\pi^2 EI}{(\mu l)^2} \qquad \sigma_{cr} = \frac{\pi^2 E}{\lambda^2}$$

(2)当 $\lambda < \lambda_p$ 时,压杆为中柔度杆,可用经验公式计算临界力及临界应力。其计算公式为

$$F_{cr} = \sigma_{cr} A \qquad \sigma_{cr} = a - b\lambda$$

三、压杆稳定的实用计算

(一)压杆稳定条件(折减系数法)

$$\sigma = \frac{F}{A} \leqslant \varphi[\sigma] \quad 或 \quad \sigma = \frac{F}{A\varphi} \leqslant [\sigma]$$

(二)压杆的稳定计算

根据压杆稳定条件可解决以下三类稳定计算问题:

(1)压杆稳定校核;

(2)计算许可荷载;

(3)设计压杆的截面尺寸。

思考题

7-1 如何区别压杆的稳定平衡与不稳定平衡?

7-2 什么叫临界力?计算临界力的欧拉公式的应用条件是什么?

7-3 什么叫柔度?它与哪些因素有关?

7-4 提高压杆稳定性可以采取哪些措施?

7-5 如图 7-9 所示的 4 根压杆,其材料相同、截面相同,试分别计算它们的临界力,并将它们的承载能力按由大到小的顺序排列。

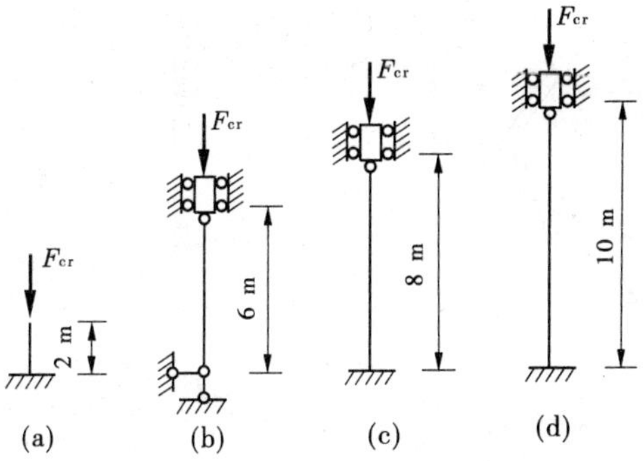

图 7-9

习 题

7-1 由 Q235 钢制成的圆截面压杆,已知长度 $l=0.8$ m,其下端固定、上端自由,压力 $F=100$ kN,$[\sigma]=170$ MPa,试求压杆的直径 d。

7-2 如图 7-10 所示压杆,材料为 Q235 钢,横截面有 4 种形式,但其面积均为 3.2×10^3 mm^2。试计算它们的临界力,并进行比较。已知弹性模量 $E=200$ GPa,$a=240$ MPa,$b=0.006\ 82$ MPa。

7-3 如图 7-11 所示,已知柱的上端为铰支,下端为固定,外径 $D=200$ mm,内径 $d=100$ mm,柱长 $l=9$ m,材料为 Q235 钢,试求柱的临界应力。

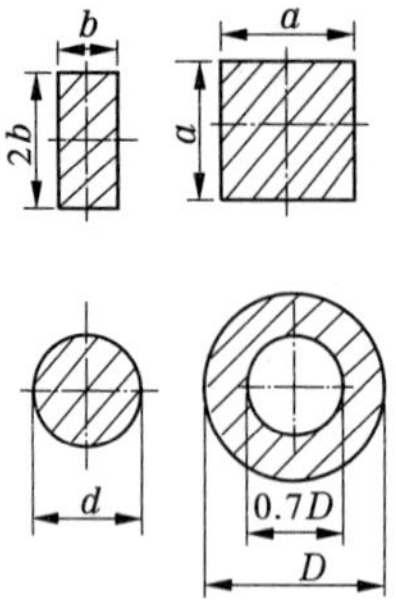

图 7-10

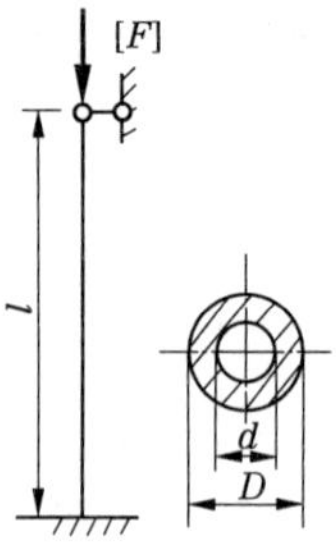

图 7-11

7-4　如图 7-12 所示结构中，两根杆的横截面均为 50 mm × 50 mm，材料的 $E = 70 \times 10^3$ MPa，试用欧拉公式确定结构失稳时的 F 值。

7-5　如图 7-13 所示，$E = 200$ MPa，杆 BC 的直径 $d = 40$ mm。求杆 BC 的临界应力，并根据杆 BC 的临界荷载的 $\frac{1}{5}$ 确定起吊重力 F 的许可值。

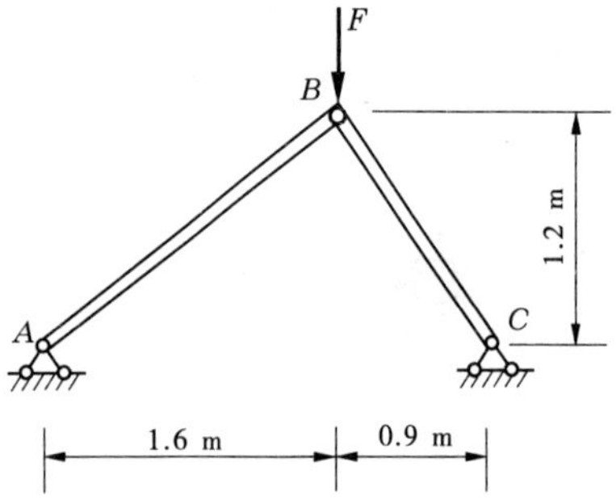

图 7-12

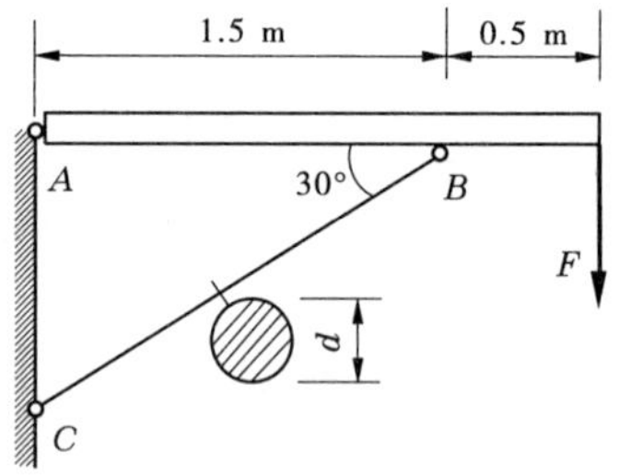

图 7-13

第八章　结构的几何组成分析

【学习目标】

- 了解几何组成分析的目的。
- 熟悉几何不变体系的简单组成规则、静定结构与超静定结构的几何特征。
- 灵活运用几何不变体系的简单组成规则对体系几何组成进行分析。

第一节　概　述

一、几何不变体系、几何可变体系的概念

杆系结构是由若干个杆件相互联结而形成的体系，并不是所有由杆件组成的结构体系都能安全地承受荷载的作用，只有组成体系的所有杆件按照一定的组成规则联结起来，才能在荷载作用下维持其原有的几何形状和位置不变，才能作为结构使用。我们把这种在受到荷载作用后能保持原有几何形状和位置不变的体系称为几何不变体系；相反，把受到荷载作用后不能保持原有几何形状和位置的体系称为几何可变体系。只有在使用过程中保持其自身的几何形状和位置不变，才能安全承受荷载，因而土木工程中的结构必须是几何不变体系。

如图 8-1(a)所示的杆件体系，在受到荷载作用后，其几何形状和位置是不会改变的，是几何不变体系，能作为结构使用；但如果把该体系中的斜杆 *BC* 撤去，如图 8-1(b)所示，则在受载后体系因各杆产生相对移动而成为几何可变体系，因而不能作为结构使用。

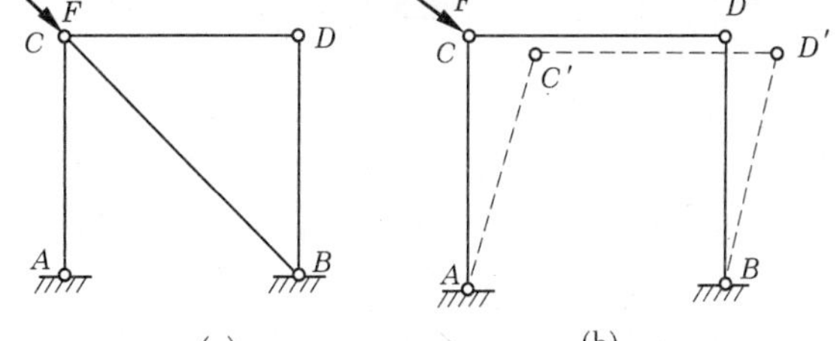

图 8-1

二、几何组成分析的目的

只有几何不变体系才能作为工程结构使用。因此，在设计结构或选取计算简图时，首先要把所有的杆件都假想地看成不变形的刚体，分析研究体系的几何性质，判别其是几何可变还是几何不变，这种判别工作称为体系的几何组成分析。本书只讨论平面体系的几何组成分析。

对体系进行几何组成分析有以下目的：

(1)判别体系是否为几何不变体系，从而确定它是否能作为结构使用；

(2)通过几何组成分析，判定结构是静定结构还是超静定结构，以便选择相应的计算方法；

(3)明确体系的几何组成顺序，有助于了解结构各部分之间的受力和变形关系，确定相应的计算顺序。

三、刚片、自由度和约束的概念

(一)刚片

如上所述，在几何组成分析中，不考虑材料的变形，把构件看成刚体，把每一根杆件或体系中已经判定为几何不变的某个部分看做刚体，这种刚体在平面体系几何组成分析中通常被称为刚片。

(二)自由度

所谓体系的自由度，是指该体系运动时，用来确定其位置所需的独立坐标(或参变量)数目。如果一个体系的自由度大于零，则该体系就是几何可变体系。

1. 点的自由度

平面内一动点 A，其位置需用两个独立的坐标 x 和 y(对极坐标而言是 r 和 θ)来确定，如图 8-2(a)所示。因此，平面内一个点有两个自由度。

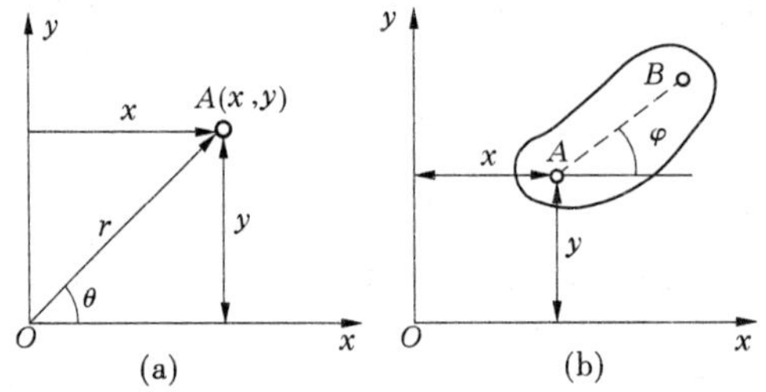

图 8-2

2. 刚片的自由度

一个刚片在平面内运动时，其位置将由其上任一点 A 的坐标 x、y 和过点 A 的任一直线 AB 的倾角 φ 来确定，如图 8-2(b)所示。因此，平面内一个刚片有三个自由度。

3. 地基的自由度

支承体系的地基(基础)就是一个大的几何不变体系，平面内即为一大刚片，其自由度为零。但是通常将基础作为参照物，因此其自由度一般不考虑。

(三)约束

约束是用来限制或阻止体系运动的装置(又称联系)。约束能使体系的自由度减少，能减少体系自由度的个数即为约束的数目。下面讨论几种常见约束及其自由度。

1. 链杆约束

只用两个铰结点与其他构件相连的杆件称为链杆。如图 8-3(a)所示，平面内一刚片 AB，若将该刚片用一链杆 AC 与基础相连，则刚片 AB 就不能沿链杆方向移动，因而减少一个自由度，故一个链杆相当于一个约束。可以设想，如果在刚片与基础之间再增加一个链杆，则刚片 AB 又减少一个自由度，此时刚片只能绕 A 点转动，即减少了两个自由度。凡是只用两个铰结点与其他构件相连的杆件，不管是直杆、曲杆或折杆（见图 8-3(b)），甚至是几何不变的局部体系，它们的约束作用都相当于链杆，在几何组成分析时都可当做链杆约束看待。

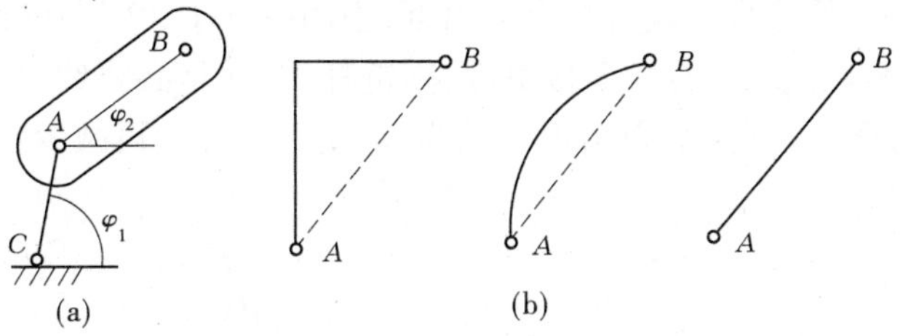

图 8-3

2. 单铰约束

两个相互独立的刚片Ⅰ、Ⅱ共有 $2\times3=6$ 个自由度，如图 8-4(a) 所示，若用一个铰 A 将这两个刚片联结起来，此时对刚片Ⅰ而言，其位置可由 A 点的坐标 x、y 和 AB 线的倾角 φ_1 来确定，因此其有 3 个自由度；而刚片Ⅱ相对刚片Ⅰ只能绕 A 点转动，其位置只需要一个独立的倾角 φ_2 便能确定。即用铰 A 将刚片Ⅰ、Ⅱ联结起来所组成的体系在平面内有 4 个自由度，因而一个铰约束减少了 2 个自由度。这种只联结两个刚片的铰称为单铰。显然，一个单铰或一个固定铰支座（见图 8-4(b)）相当于 2 个约束，能减少 2 个自由度。

3. 复铰约束

同时联结 3 个或 3 个以上刚片的铰称为复铰，如图 8-4(c) 所示。设其中一刚片可沿 x、y 向移动和绕某点转动，则其余两刚片都只能绕其转动，因此各减少 2 个自由度。像这种联结三刚片的复铰相当于两个单铰的作用，由此可见，联结 n 个刚片的复铰，相当于 $n-1$ 个单铰的作用。

如图 8-5 所示，刚片Ⅰ、Ⅱ用两根不共线的链杆 AC、BD 与基础相连，当刚片Ⅰ相对刚片Ⅱ发生微小移动时，A、B 两点至 A'、B' 的位移，相当于刚片Ⅰ绕两链杆延长线的交点 O 转动，交点 O 称为瞬时转动中心。这表明两根不共线的链杆其约束作用相当于一个单铰，不过该铰位于瞬时转动中心上，因此称为瞬铰，也称虚铰。

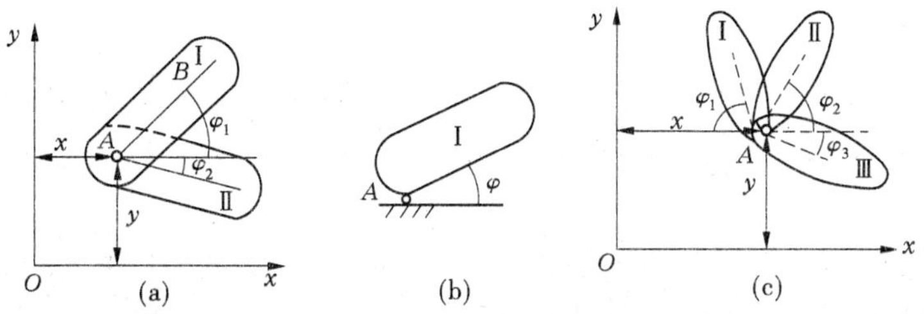

图 8-4

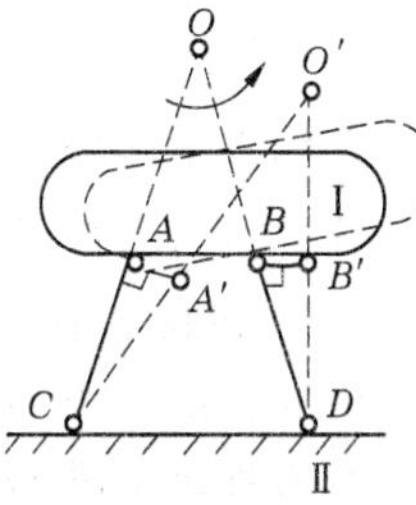

图 8-5

4. 刚性约束

刚性约束即刚结点或固定支座约束，一个刚性联结相当于 3 个约束，能减少 3 个自由度。

5. 多余约束

约束就其维持体系几何不变性的作用而言，有必要约束和多余约束之分。必要约束是维持体系几何不变性所必需的约束；反之，维持体系几何不变形性所不必需的约束称为多余约束。显然，如果在一个体系中增加或者减少一个约束，而体系的自由度并不改变，则此约束为多余约束。

例如，图 8-6(a)所示的 A 点有两个自由度，当用链杆①、②与基础联结后，点 A 被固定了，链杆①、②减少了点 A 的两个自由度，则链杆①、②是必要约束。若再增加一个链杆③，如图 8-6(b)所示，点 A 的自由度仍然为零，实际上并没再减少自由度，则此时就有一个链杆是多余约束。

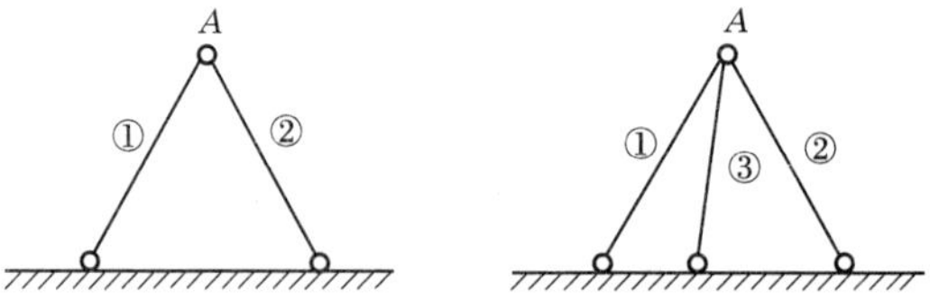

图 8-6

须指出：一个体系多余约束的数目是确定不变的，但在保证体系几何不变的前提下，多余约束的位置可以任意指定。如图 8-6(b)的体系共有一个多余约束，但可把三个链杆中任何一个看做是多余约束。

第二节　几何不变体系的简单组成规则

如图 8-7(a)所示，平面内三根刚性杆件用三个铰 A、B、C 两两相连组成一个铰接三角形体系。分析其几何组成：若将体系中杆件Ⅰ视为不动，则铰 A 不可能同时沿两条不相切的圆弧运动，故此铰接三角形为无多余约束的几何不变体系。下面以此铰接三角形为基础，讨论平面几何不变体系的简单组成规则。

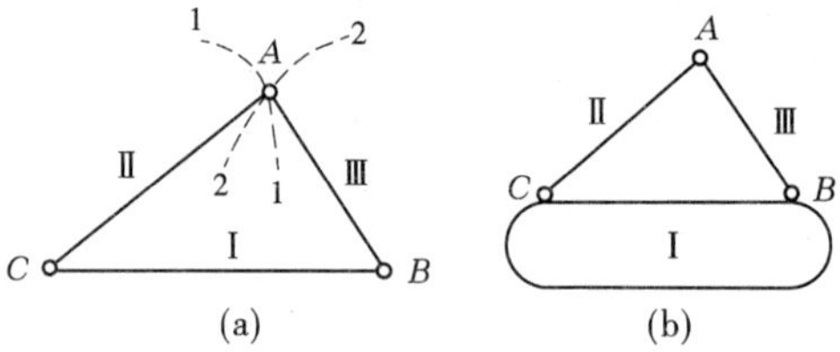

图 8-7

一、二元体规则

若将图 8-7(a)中杆件Ⅰ视为一个刚片，杆件Ⅱ、Ⅲ视为链杆约束，两者不在一条直线上，则两者固定了 A 点的位置，如图 8-7(b)所示，它是一个无多余约束的几何不变体系。由此得出以下规则。

规则Ⅰ：一个点与一个刚片用两根不共线的链杆相联结(三个铰不在同一直线上)，

组成几何不变体系,且无多余约束。

在体系的几何组成分析中,常把这种由两根不共线的链杆联结一个结点的装置称为二元体。如图8-7中的ABC部分就是二元体。由前述可知,一个结点的自由度为2,用两根不共线的链杆相联,其约束数也为2,则A点被固定,且无多余约束。所以,增加或取掉一个二元体对体系的自由度无影响。

推论Ⅰ:在一个几何不变体系上增加或撤去一个二元体,不会改变体系的几何不变性。此推论常称为加减二元体规则。

由加减二元体规则可知,在进行体系的几何组成分析时,宜先将二元体依次撤除,再对剩余部分进行分析,所得结论就是原体系的几何组成分析结论。反过来,也可采用在几何不变体系的基础上依次增加二元体扩展体系的办法来分析。

二、两刚片组成规则

若将图8-7(a)中任意两根链杆,如链杆Ⅰ和链杆Ⅱ视为刚片,刚片Ⅰ和刚片Ⅱ之间是通过单铰C和与铰C不在一条直线上的链杆Ⅲ相连,即得图8-8(a)所示体系,该体系是无多余约束的几何不变体系。

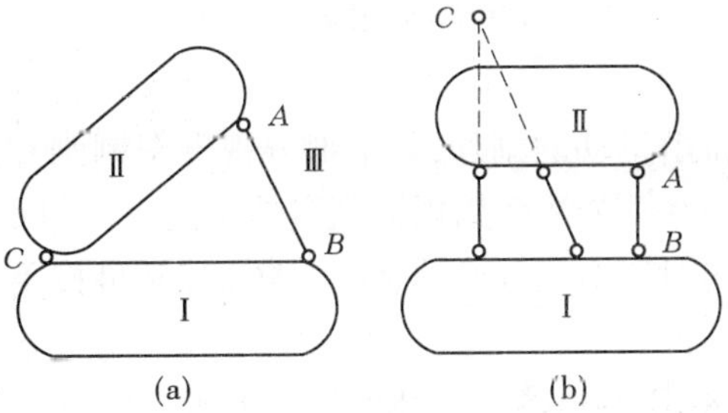

图8-8

如前所述,一个单铰的作用相当于两根链杆,故可将图8-8(a)中铰C用两根链杆代替,即得两刚片用三根链杆相联结的体系,如图8-8(b)所示,只要三根链杆不完全平行,也不全交于一点,组成的体系也是无多余约束的几何不变体系。由此得到以下规则。

规则Ⅱ:两刚片之间用一个铰和与该铰不共线的链杆相连,或用不平行也不全交于一点的三根链杆相联结,则组成几何不变体系,且无多余约束。

三、三刚片组成规则

若将图8-7(a)中的三根链杆全视为刚片,就得到图8-9(a)所示体系,每两个刚片之间都是通过单铰相连的。同理,三个单铰中的任意一个都可用两根链杆代替,只要这些由两根链杆组成的实铰或虚铰不在一条直线上,则组成的体系同样是几何不变体系且无多余约束,如图8-9(b)所示。由此得到以下规则。

规则Ⅲ:三刚片之间用三个不共线的单铰两两相联,组成几何不变体系,且无多余约束。

上述规则及其推论是组成无多余约束几何不变体系的充分必要条件,它们既规定了刚片之间所必需的最少约束数目,又说明了刚片之间应遵循的联结方式,即合理的约束布

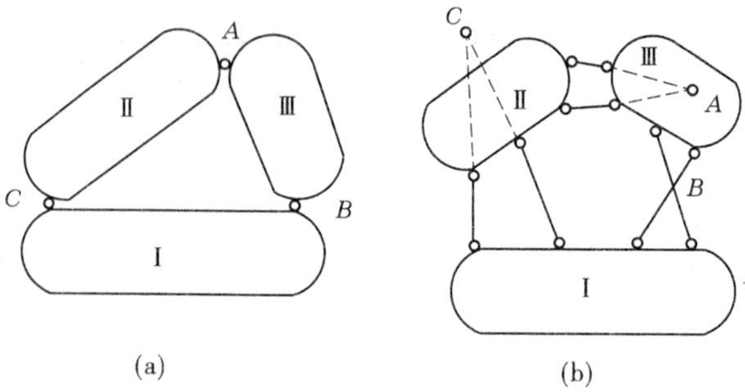

图 8-9

置方式,这两个限制条件应同时满足。否则,就是几何可变体系。利用这三个规则及其推论可对体系进行几何组成分析。

第三节　结构的几何组成分析示例

几何组成分析就是根据前述的三个规则检查体系的几何组成,判断是否为几何不变体系,且有无多余约束。分析时,首先观察体系是否有二元体,如有二元体可先将二元体依次撤除,分析剩余部分;再把体系中的某些部分(如基础、一根链杆或已经判定为几何不变的部分)视做可以自由运动的刚片,其余部分视做限制刚片运动的约束,从而把体系划分为刚片—约束体系,然后灵活套用规则判定体系是否几何不变,是否有多余约束。需要注意的是,三个基本规则是相互融通的,同一体系有时可按不同的规则来分析,但分析结论必定相同。

【例 8-1】 试对图 8-10 所示体系作几何组成分析。

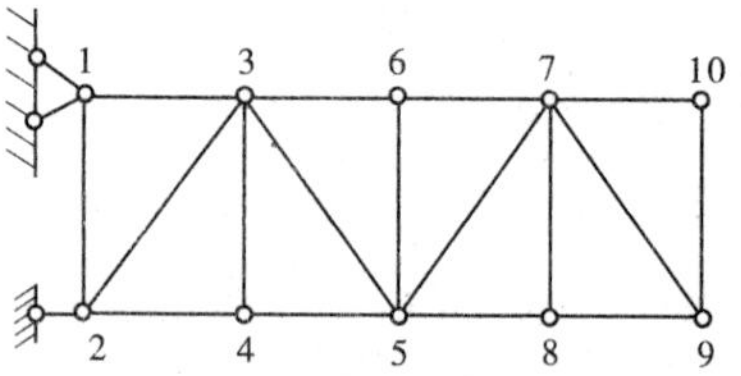

图 8-10

解　该体系是由链杆组成的桁架体系,可用加减二元体规则分析。基础是几何不变体系,从基础上增加一个二元体得结点 1,此时基础扩展为包含结点 1 的几何不变体系,以它为基础再依次增加二元体分别得到结点 2,3,4,…,直到得到结点 10,最后组成该体系,因考虑了所有的杆件和结点,故该体系是几何不变体系,且无多余约束。

反过来,可用拆除二元体的方法分析此体系。从结点 10 开始,依次拆去二元体,最后剩下基础是几何不变的,故体系是几何不变体系,且无多余约束。

【例 8-2】 试对图 8-11(a)所示体系进行几何组成分析。

解　该体系的 3 根水平杆分别与基础用链杆相连,有二元体存在,可用加减二元体规则分析,请读者自行练习。这里尝试用其他规则分析,先把基础和杆 *AB* 视做刚片,把联结两者的 3 根链杆(或者说一个固定铰支座和一根链杆)视做约束,刚好符合规则Ⅱ,故

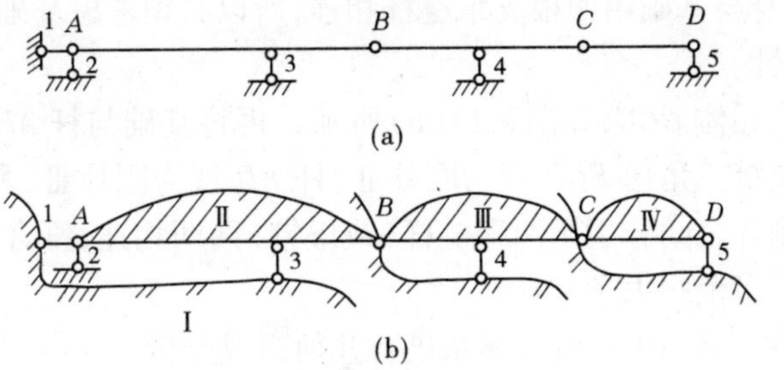

图 8-11

基础和杆 *AB* 组成一几何不变体系。然后把这部分视做一个大刚片（Ⅰ，Ⅱ），再把 *BC* 视做刚片Ⅲ，单铰 *B* 和不通过该铰的链杆 4 视做约束，仍满足规则Ⅱ，组成几何不变体系。同理，再把该几何不变体系视做一个大的刚片（Ⅰ，Ⅱ，Ⅲ），把 *CD* 视做刚片Ⅳ，单铰 *C* 和不通过该铰的链杆 5 视做约束，也满足规则Ⅱ，组成几何不变体系。考虑了所有的杆件和结点，故该体系是几何不变体系，且无多余约束。

【例 8-3】 对图 8-12(a)所示体系进行几何组成分析。

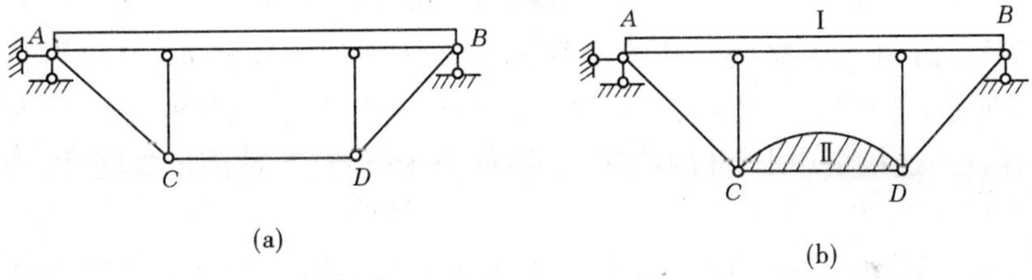

图 8-12

解 基础与体系本身用三根既不全交于一点也不全平行的链杆相连，符合规则Ⅱ，可不考虑基础和支座，只分析体系本身的几何不变性。

杆 *AB* 视做刚片Ⅰ，杆 *CD* 视做刚片Ⅱ，刚片Ⅰ、Ⅱ之间用 4 根链杆相连，符合规则Ⅱ，但有一个多余约束，故该体系是几何不变体系，有一个多余约束。

这里需要注意的是，若连接基础与体系的支承链杆多于 3 根或不符合规则Ⅱ，则要考虑基础及支承链杆，分析整个体系的几何不变性。

【例 8-4】 对图 8-13(a)所示体系进行几何组成分析。

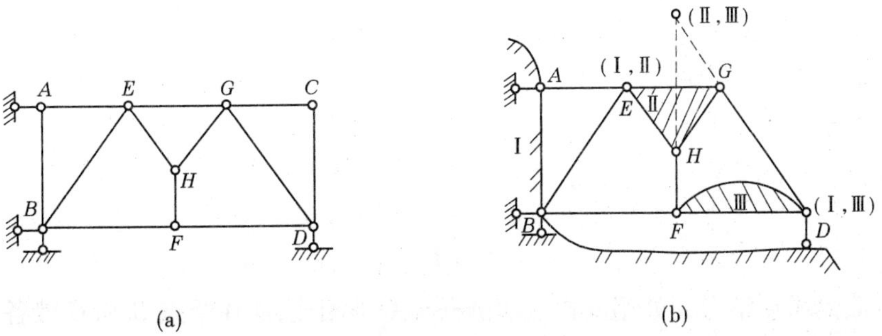

图 8-13

解　该体系本身与基础用四根支承链杆相连，所以必须考虑基础及支承链杆，分析整个体系的几何不变性。

首先，可拆去二元体 *DCG*，如图 8-13(b) 所示。再将基础与杆 *AB* 组成的几何不变部分视为刚片Ⅰ，将铰接三角形 *EGH* 视为刚片Ⅱ，杆 *FD* 视为刚片Ⅲ，剩余链杆均视为连接刚片的约束，三个刚片之间分别用两根链杆（或虚铰）两两相连，符合规则Ⅲ，故该体系是几何不变体系，且无多余约束。

【例 8-5】　试对图 8-14(a) 所示体系进行几何组成分析。

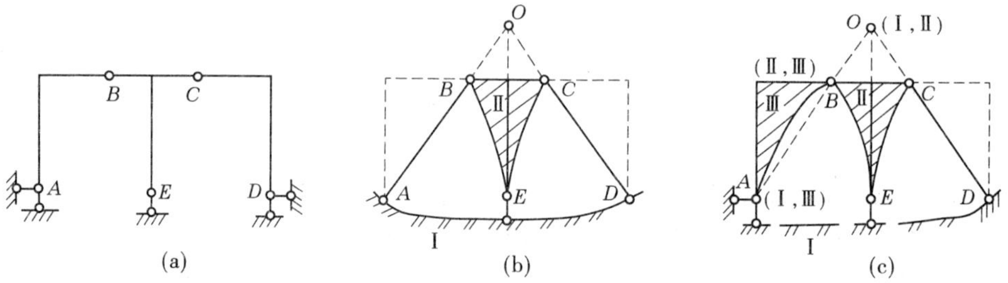

图 8-14

解　折杆 *AB* 和 *CD* 都是以其两端的铰与其他杆件相连接的，可视为直链杆。如图 8-14(b) 所示，若将基础视为刚片Ⅰ，T 形杆 *BCE* 视为刚片Ⅱ，折杆 *AB*、*CD* 和结点 *E* 处的支承链杆视为连接刚片Ⅰ、Ⅱ的约束，三链杆交于一点 *O*，不满足规则Ⅱ，为几何可变体系。

对这个体系还可以用规则Ⅲ来分析。如图 8-14(c) 所示，若将基础视为刚片Ⅰ，T 形部分视为刚片Ⅱ，折杆 *AB* 视为刚片Ⅲ，其余链杆视为连接刚片的约束，刚片Ⅰ、Ⅱ、Ⅲ之间分别用两根链杆（或虚铰）两两相连，但三个虚铰位于一条直线上，不符合规则Ⅲ的约束布置要求，故该体系为几何可变体系。

【例 8-6】　试对图 8-15(a) 所示体系进行几何组成分析。

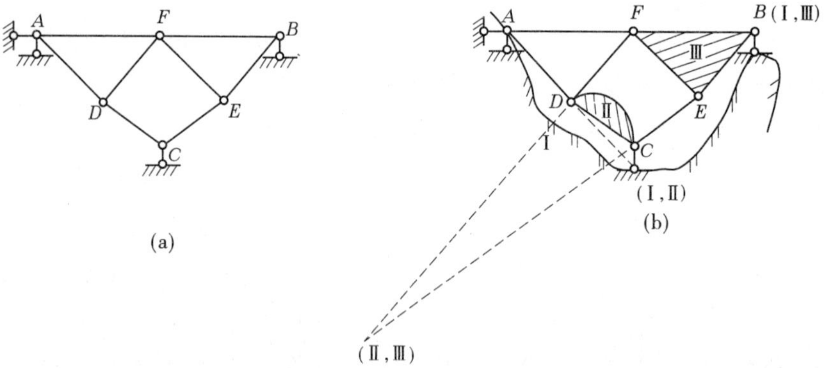

图 8-15

解　该体系在结点 *A* 处用两根支承链杆与基础相连，而在结点 *B* 和 *C* 处各有一根支承链杆，可将包含结点 *A* 处两根支座链杆的基础视为刚片Ⅰ，将杆件 *DC* 视为刚片Ⅱ，铰结三角形 *BEF* 视为刚片Ⅲ，其余杆件均视为连接刚片的约束，三个刚片之间分别用两根链杆(或虚铰)两两相连,符合规则Ⅲ,故该体系是几何不变体系,且无多余约束。

第四节　结构的几何特征

工程中用来作为结构的杆件体系,必须是几何不变体系,而几何不变体系又分为无多余约束的几何不变体系和有多余约束的几何不变体系两类。

对于无多余约束的几何不变体系,其约束均为必要约束,体系的全部反力和内力都可由静力平衡条件求解,这类结构称为静定结构。如图8-16所示的简支梁为几何不变体系且无多余约束,所以是静定结构,它的三个支承链杆都是必要约束,有三个未知约束反力,而整个结构可以建立三个独立的静力平衡方程,故可由静力平衡条件求得全部反力和内力。

对于具有多余约束的几何不变体系,除满足几何不变的要求外尚有多余约束,仅由静力平衡条件是不能求解出其全部反力和内力的,需建立补充条件才能求解,这类结构称为超静定结构。如图8-17所示连续梁为几何不变体系且有两个多余约束,有五个未知约束反力,而静力平衡条件只有三个,仅由静力平衡条件无法求得其全部反力,从而也就不可能求得其全部内力。在工程中,为了减少结构的变形和内力,达到提高结构强度和刚度的目的,有时需在静定结构上增加多余约束从而形成超静定结构。

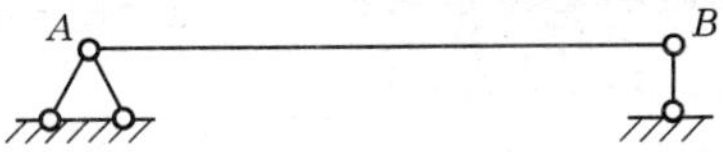

图8-16

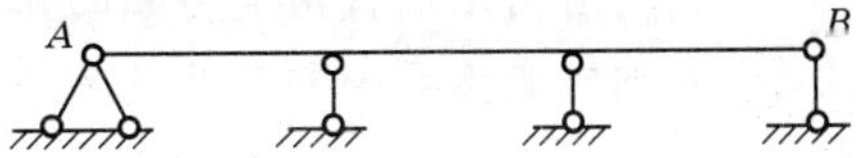

图8-17

本章内容小结

一、体系分类

体系分为几何不变体系和几何可变体系,只有几何不变体系才能作为工程结构使用。几何不变体系又分为无多余约束的几何不变体系(静定结构)和有多余约束的几何不变体系(超静定结构)两类。

二、几何不变体系的几何组成规则。

二元体规则:在一个几何不变体系上增加或撤去一个二元体,不会改变体系的几何不变性。

两刚片组成规则:两刚片之间用一个铰和与该铰不共线的链杆相连,或用不平行也不全交于一点的三根链杆相联结,则组成几何不变体系,且无多余约束。

三刚片组成规则:三刚片之间用三个不共线的单铰两两相联,组成几何不变体系,且无多余约束。

三个基本规则是相互融通的,实质都是铰结三角形规则。同一体系有时可按不同的规则来分析，但分析结论必定相同。

三、几何组成分析的基本方法

首先观察体系是否有二元体，如有二元体可先将二元体依次撤除，分析剩余部分；再把体系中的某些部分（如基础、一根链杆或已经判定为几何不变的部分）视做可以自由运动的刚片，其余部分视做限制刚片运动的约束，从而把体系划分为刚片—约束体系，然后灵活套用规则判定体系是否几何不变，是否有多余约束。

几何组成分析是对工程结构进行受力分析计算的基础。如何灵活运用几何不变体系的三个简单组成规则对体系进行几何组成分析，是本章的重点，也是难点。同学们在学习时，要注意灵活运用，绝对不能不求甚解、生搬硬套。同时，一定要多做题目、勤练习，熟能生巧。

思考题

8-1 对体系进行几何组成分析的目的何在？其依据是什么？

8-2 何为几何不变体系和几何可变体系？什么样的体系可用于工程结构？

8-3 在进行几何组成分析时，应注意体系的哪些特点，才能使分析得到简化？

8-4 何为自由度？自由度为零的体系一定是几何不变体系吗？

8-5 几何可变体系一定是无多余约束的体系吗？试举例说明。

习　题

8-1 试对图 8-18 ~ 图 8-30 所示体系作几何组成分析。

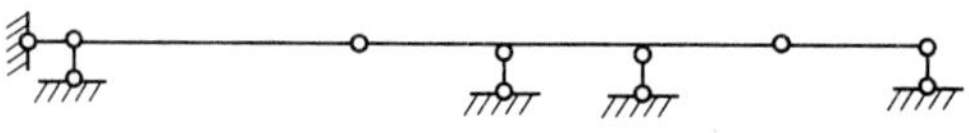
(a)

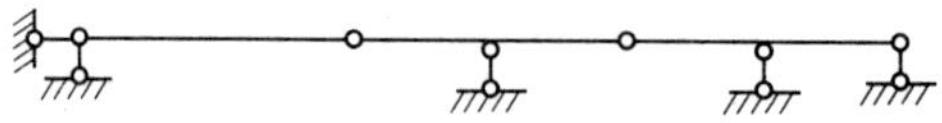
(b)

图 8-18

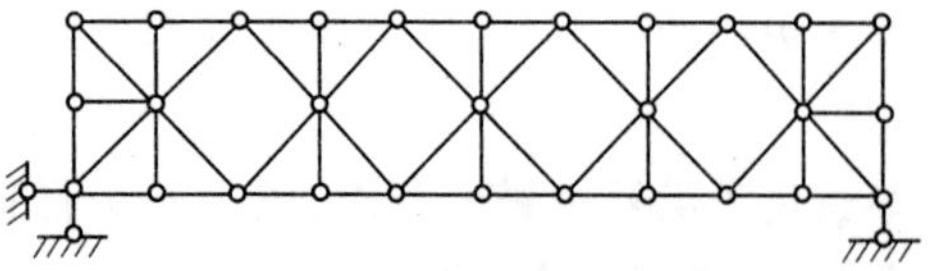
图 8-19

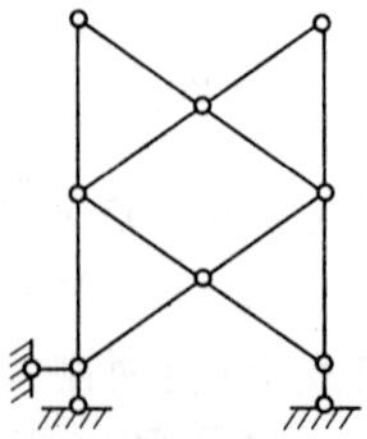
图 8-20

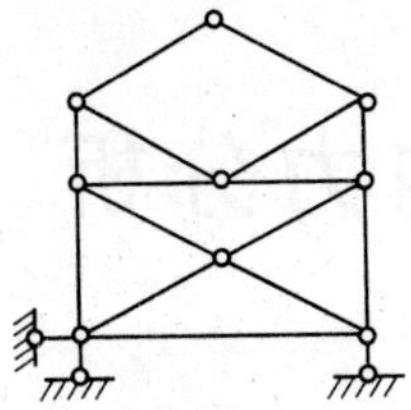
图 8-21

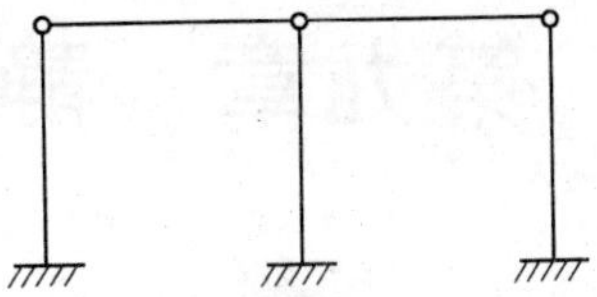
图 8-22

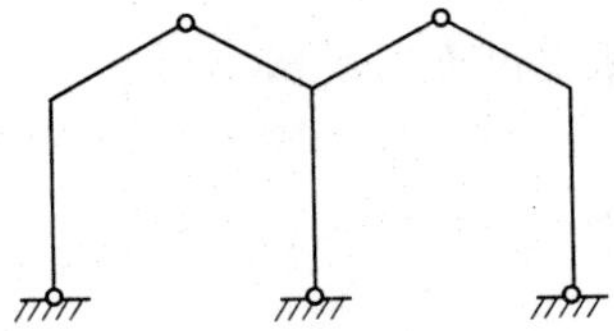
图 8-23

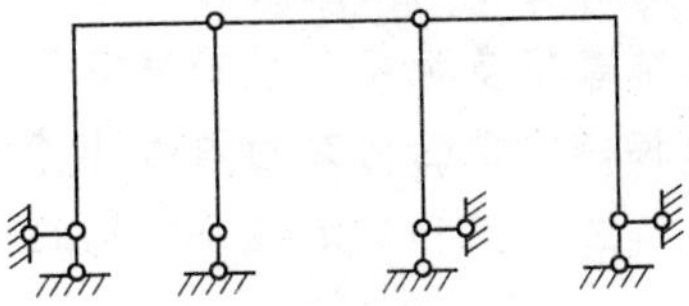
图 8-24

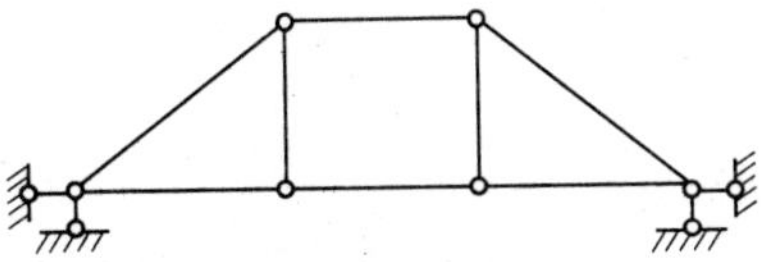
图 8-25

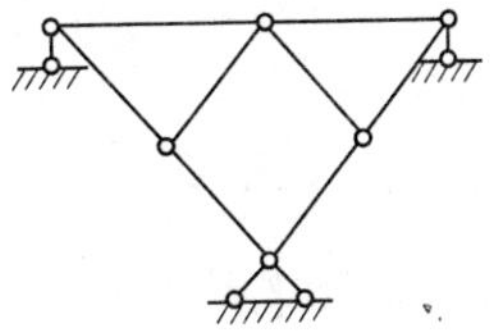
图 8-26

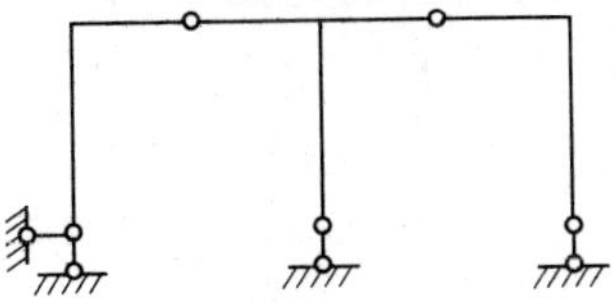
图 8-27

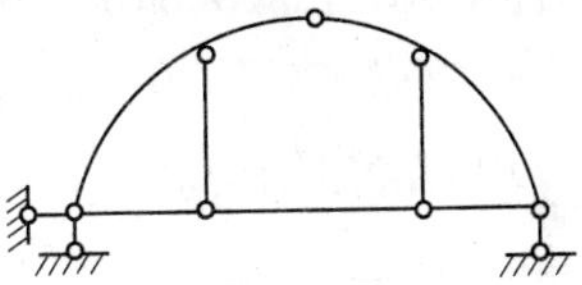
图 8-28

图 8-29

图 8-30

第九章　静定结构的内力分析

【学习目标】

- 了解静定结构的主要特征及类型。
- 熟练掌握多跨静定梁和静定平面刚架的内力计算及内力图绘制。
- 掌握静定平面桁架的内力计算方法。
- 了解三铰拱和静定组合结构的内力计算方法。

第一节　多跨静定梁的内力分析·内力图

一、多跨静定梁的组成及基本形式

多跨静定梁是由若干个单跨静定梁用铰联结而成并能跨越几个相连跨度的静定结构。它是工程实际中比较常见的结构，其基本组成形式有图9-1所示两种。图9-1(a)所示的是在外伸梁AC上依次加上CE、EF两根梁，图9-1(b)所示的是在AC和DF两根外伸梁上再架上一小悬跨梁CD。通过几何组成分析可知，它们都是几何不变且无多余约束的体系，所以均为静定结构。

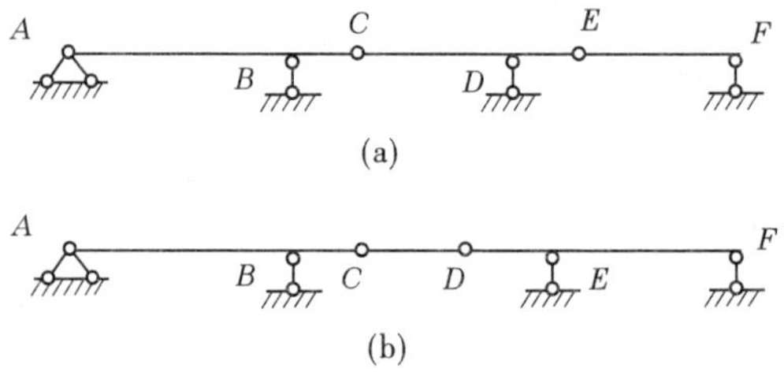

图9-1

根据几何组成规律，可以将多跨静定梁的各部分区分为基本部分和附属部分。基本部分是能独立承受荷载的几何不变体系；附属部分是不能独立承受荷载的几何可变体系，它需要与基本部分相联结方能承受荷载。如图9-1(a)所示的梁中，AC通过三根既不全平行也不相交于一点的三根链杆与基础联结，所以它是几何不变。梁CE通过铰C和支座D联结在梁AC和基础上，梁EF又通过铰E和支座F联结在梁CE和基础上。由此可知，梁AC直接与基础组成一几何不变部分，它的几何不变性不受CE和EF影响，故称梁AC为该多跨静定梁中的基本部分。而梁CE要依靠梁AC才能保证其几何不变性，故称为梁AC的附属部分。同理，相对于AC和CE组成的部分来说，梁EF也是附属部分。

二、多跨静定梁的内力计算和内力图绘制

(一)层次图

如图 9-1 所示的结构的组成顺序可用图 9-2 来表示。这种图形称为层次图。

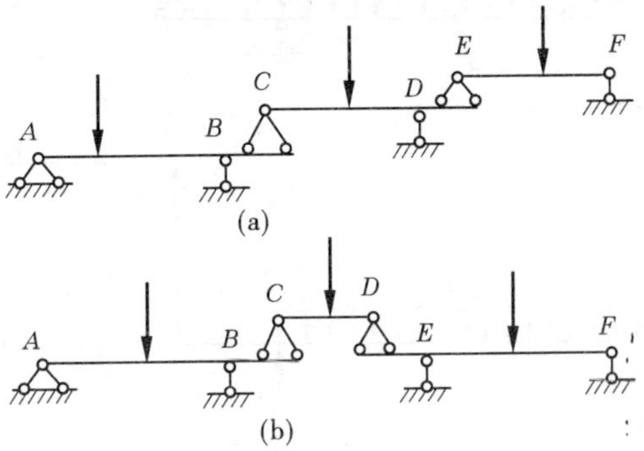

图 9-2

(二)多跨静定梁的计算顺序

通过层次图可以看出力的传递过程:当荷载作用在最上面的附属部分上时,不但会使附属部分受力,而且还会传给基本部分;当荷载作用在基本部分上时,只在基本部分上引起内力和反力,而对附属部分不会产生影响。总之,作用在附属部分上的荷载将使基本部分产生反力和内力,而作用在基本部分上的荷载则对附属部分没有影响。据此,计算多跨静定梁时,应先从附属部分开始,按组成顺序的逆过程进行计算。

(三)多跨静定梁的内力计算示例

【例 9-1】 试求作如图 9-3(a)所示的多跨静定梁的内力图。

解 (1)辨明基本部分和附属部分,作层次图。

由结构的几何组成分析可知:梁 AC 为基本部分,梁 CD 为附属部分,作出层次图如图 9-3(b)所示。

(2)求梁的支座反力。

先求附属部分梁 CD 的支座反力,取梁 CD 为分离体,画出受力图如图 9-3(c)所示,由于集中荷载作用在梁 CD 的中点,由对称关系可得

$$F_C = F_D = 60\ \text{kN}(\uparrow)$$

再求基本部分梁 AC 的支座反力;取梁 AC 为分离体,画出受力图如图 9-3(d)所示,由平衡条件求得

$$F_A = 145\ \text{kN}(\uparrow) \qquad F_B = 235\ \text{kN}(\uparrow)$$

(3)求作剪力图和弯矩图。

分别绘制各单跨梁的剪力图和弯矩图,然后拼接在一起,即为多跨静定梁的内力图,如图 9-3(e)、(f)所示。

由本例可见,求作多跨静定梁的内力图关键是要分清梁的组成层次,作出层次图,如何将梁拆开来计算其支座反力?梁的支座反力一旦求出,求作多跨静定梁内力图的问题就归结为求作各单跨静定梁的内力图问题,而单跨静定梁的内力图绘制已是熟悉的求作

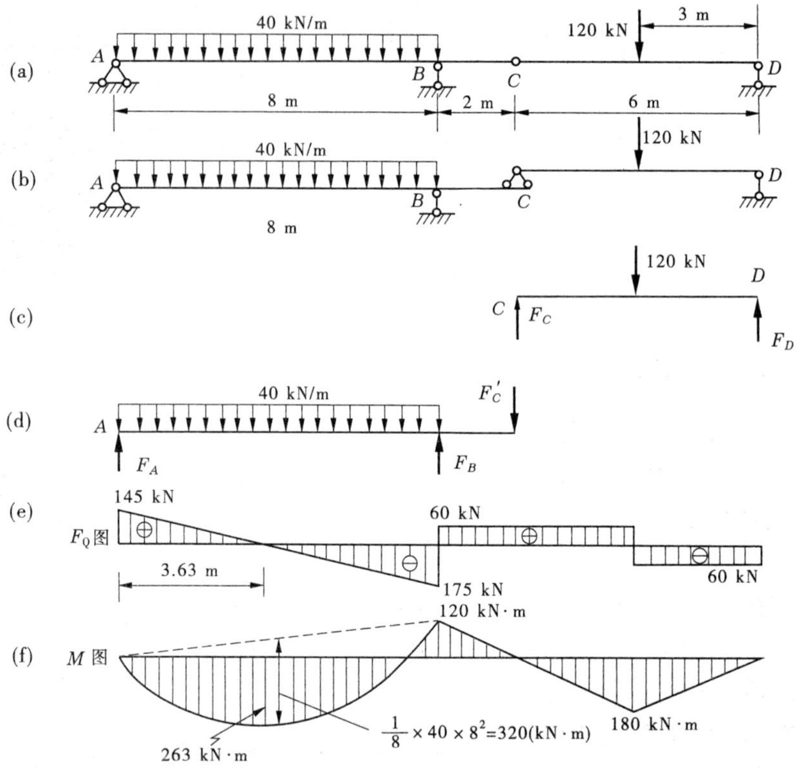

图 9-3

问题。所以,求作多跨静定梁内力图只不过是在单跨静定梁的内力图绘制的基础上的一种引伸,而并非是新的计算问题。

第二节　静定平面刚架的内力分析·内力图

一、刚架结构的特征和基本类型

(一)刚架结构的特征

刚架是用刚结点将若干直杆联结而成的结构。当刚架的轴线和外力都在同一平面时,称为平面刚架。由静力平衡条件可以求出全部约束反力和内力的平面刚架称为静定平面刚架。刚架在构造方面,具有杆件少、内部空间大、便于使用的特点;在受力方面,由于刚结点能承受和传递弯矩,从而使结构中弯矩的分布较均匀,峰值较小,节约材料。因此,在工程中,刚架结构是最为常见的一种结构。

(二)静定平面刚架的基本类型

静定平面刚架基本类型有三种:悬臂刚架、简支刚架、三铰刚架,如图 9-4(a)、(b)、(c)所示。

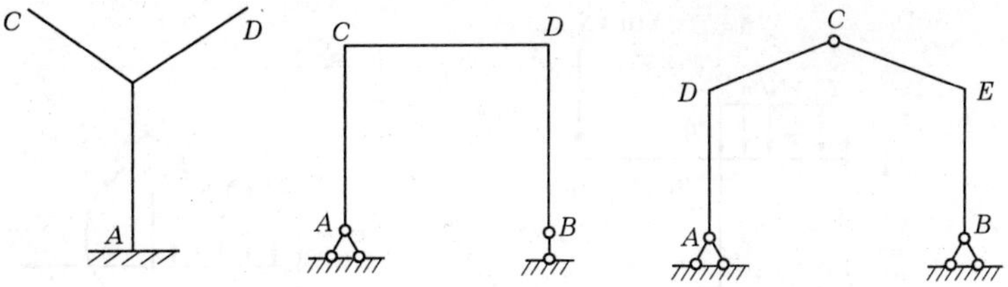

(a)　　(b)　　(c)

图 9-4

二、静定平面刚架的内力计算及内力图绘制

静定平面刚架横截面上的内力一般有轴力 F_N、剪力 F_Q 和弯矩 M 等三个内力，其内力的计算方法与静定梁基本相同。通常将刚架拆成单个杆件，求出各杆的杆端内力，然后利用杆端内力分别作出各杆件的内力图，再将各杆件的内力图组合在一起，即得刚架的内力图。

在计算杆端内力时，杆端内力的表示方法是在内力符号的后面加两个脚标。例如，对杆 AB 的杆端内力可表示为：M_{AB}表示杆 AB 在 A 端的弯矩，M_{BA}表示杆 AB 在 B 端的弯矩；F_{QAB}表示杆 AB 在 A 端的剪力，F_{QBA}表示杆 AB 在 B 端的剪力。

在作刚架的内力图时，通常将弯矩图画在杆件弯曲时受拉的一侧，而不必标注正负号，但在作剪力图和轴力图时，剪力和轴力可画在杆件的任一侧，但必须标明正负号。下面举例说明。

【例 9-2】 试求作如图 9-5(a)所示刚架的内力图。

解 (1)求支座反力。

因刚架为悬臂刚架，可不求支座反力也可得内力，故不用求。

(2)分别计算各杆杆端的内力。

杆 BC：取杆 BC 为研究对象，如图 9-5(b)所示，由平衡条件求得

$$F_{NBC} = 0 \qquad F_{NCB} = 0$$

$$F_{QBC} = -20 \times 2 = -40(\text{kN}) \qquad F_{QCB} = 0$$

$$M_{BC} = -20 \times 2 \times 1 = -40(\text{kN}\cdot\text{m}) \qquad M_{CB} = 0$$

杆 BD：取杆 BD 为研究对象，如图 9-5(c)所示，由平衡条件求得

$$F_{NBD} = 0 \qquad F_{NDB} = 0$$

$$F_{QBD} = 10\ \text{kN} \qquad F_{QDB} = 10\ \text{kN}$$

$$M_{BD} = -10 \times 2 = -20(\text{kN}\cdot\text{m}) \qquad M_{DB} = 0$$

杆 BA：取 CBD 为研究对象，如图 9-5(d)所示，由平衡条件求得

$$F_{NBA} = -20 \times 2 - 10 = -50(\text{kN}) \qquad F_{NAB} = F_{NBA} = -50\ \text{kN}$$

$$F_{QBA} = 0 \qquad F_{QAB} = F_{QBA} = 0$$

$$M_{BA} = 20 \times 2 \times 1 - 10 \times 2 = 20(\text{kN}\cdot\text{m}) \qquad M_{AB} = M_{BA} = 20\ \text{kN}\cdot\text{m}$$

(3)作内力图。

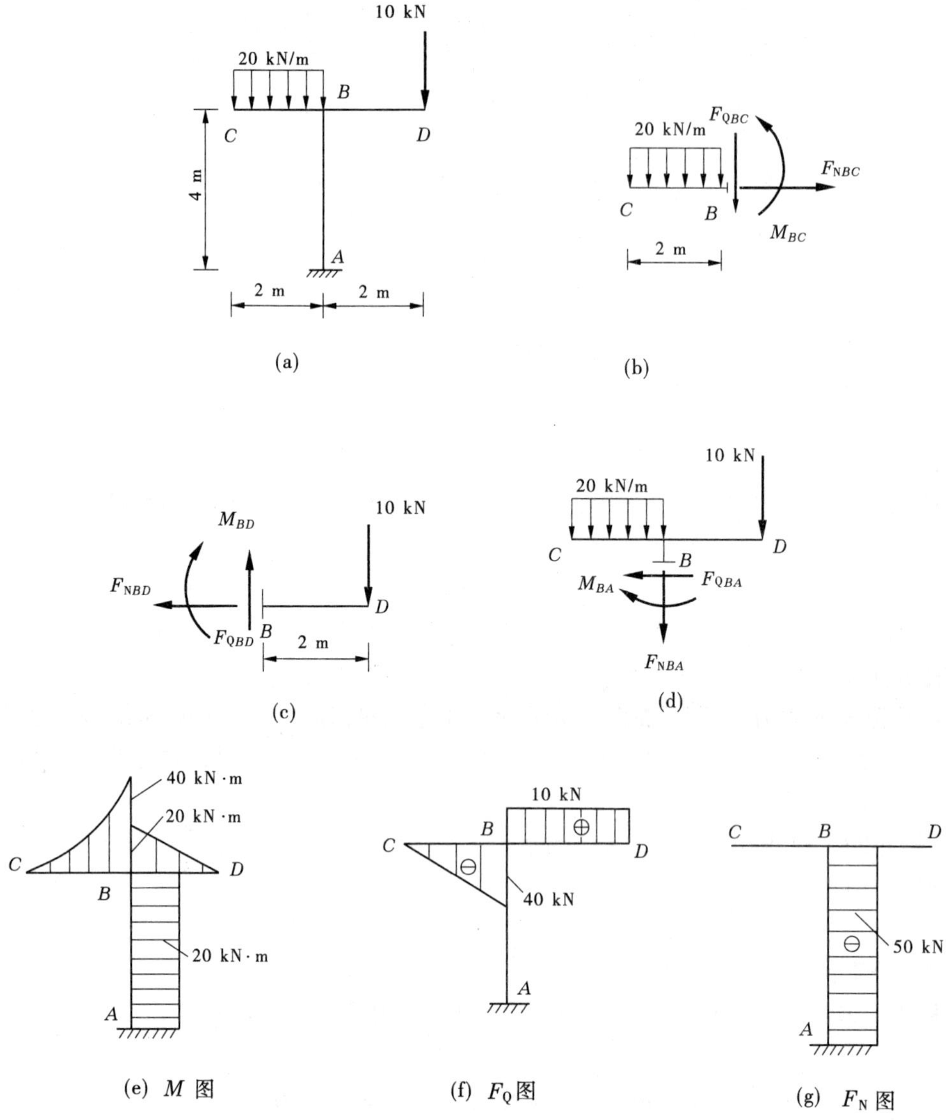

图 9-5

根据上述计算的杆端内力值及杆中的荷载情况,作出刚架的内力图如图 9-5(e)、(f)、(g)所示。

【例 9-3】 试求作如图 9-6(a)所示刚架的内力图。

解 (1)计算支座反力。

由 $\sum F_x = 0 \quad F_{Ax} - 10 + 8 \times 4 = 0$

求得 $F_{Ax} = 10 - 8 \times 4 = -22(\text{kN})(\leftarrow)$

由 $\sum M_B = 0 \quad -F_{Ay} \times 4 - 8 \times 4 \times 2 + 20 \times 2 - 12 \times 1 + 10 \times 2 = 0$

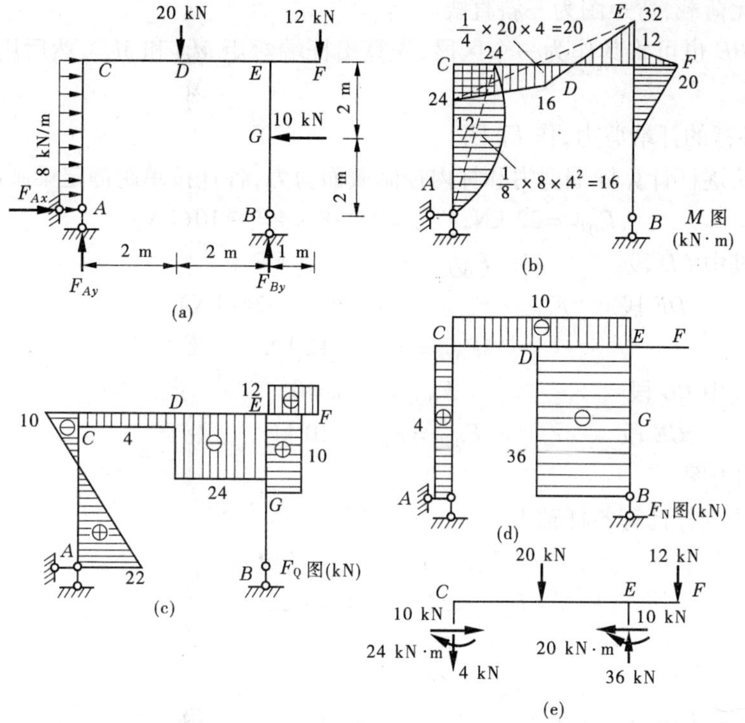

图 9-6

求得 $$F_{Ay}=\frac{-8\times4\times2+20\times2-12\times1+10\times2}{4}=-4(\mathrm{kN})(\downarrow)$$

由 $$\sum F_y=0 \qquad F_{By}+F_{Ay}-20-12=0$$

求得 $$F_{By}=20+12-F_{Ay}=20+12-(-4)=36(\mathrm{kN})(\uparrow)$$

(2)求各杆的杆端弯矩,作 M 图。

①杆 AC: $M_{AC}=0 \qquad M_{CA}=22\times4-8\times4\times2=24(\mathrm{kN\cdot m})$

用区段叠加法绘出杆 AC 段弯矩图。应用虚线连接杆端弯矩 M_{AC} 和 M_{CA},再叠加该杆段为简支梁在均布荷载作用下的弯矩图。

②杆 CE: $M_{CE}=22\times4-\frac{1}{2}\times8\times4^2=24(\mathrm{kN\cdot m})$(下侧受拉)

$$M_{EC}=12\times1+10\times2=32(\mathrm{kN\cdot m})\text{(上侧受拉)}$$

用区段叠加法可绘出杆 CE 的弯矩图。

③杆 EF: $M_{EF}=12\times1=12(\mathrm{kN\cdot m})$(上侧受拉)

$$M_{FE}=0$$

杆段中无荷载,将 M_{EF} 和 M_{FE} 用直线连接。

④杆 BE:可分为 BG 和 GE 两段计算。

其中 $M_{BG}=M_{GB}=0$,该段内弯矩为零。

GE 段: $M_{GE}=0$

$$M_{EG}=10\times2=20(\mathrm{kN\cdot m})\text{(右侧受拉)}$$

杆段内无荷载，弯矩图为一斜直线。

对于杆 BE 也可将其作为一个区段，先算出杆端弯矩 M_{BE} 和 M_{EB}，然后用区段叠加法作出弯矩图。

(3)求各杆的杆端剪力，作 F_Q 图。

用截面法逐杆计算杆端剪力和杆内控制截面剪力，各杆按单跨静定梁画出剪力图。

杆 AC： $F_{QAC}=22\ \text{kN}, F_{QCA}=22-8\times4=-10(\text{kN})$

杆 CE：其中 CD 段 $F_{QCD}=F_{QDC}=-4\ \text{kN}$

DE 段 $F_{QDE}=F_{QED}=-4-20=-24(\text{kN})$

杆 EF： $F_{QEF}=F_{QFE}=12\ \text{kN}$

杆 BE：其中 BG 段 $F_{QBG}=F_{QGB}=0$

GE 段 $F_{QGE}=F_{QEG}=10\ \text{kN}$

(4)绘轴力图。

用截面法选杆计算各杆轴力。

杆 AC： $F_{NAC}=F_{NCA}=4\ \text{kN}$(拉)

杆 CE： $F_{NCE}=F_{NEC}=22-8\times4=-10(\text{kN})$(压)

杆 EF： $F_{NEF}=F_{NFE}=0$

杆 BE： $F_{NBE}=F_{NEB}=-36\ \text{kN}$(压)

(5)校核内力图。

截取横梁 CF 为研究对象，根据 F_N 图、F_Q 图和 M 图，画出其受力图如图 9-6(e)所示。

$$\sum M_C=-24-20-20\times2-12\times5+36\times4=0$$

$$\sum F_x=10-10=0$$

$$\sum F_y=36-4-20-12=0$$

可见横梁 CF 满足平衡条件，表明所求作的内力图正确。

【例 9-4】 试作如图 9-7 所示三铰刚架内力图。

解 (1)求支座反力。

先考虑整体刚架的平衡，列平衡方程。

由 $\sum M_A=0 \quad -F_{By}\times8+2\times6\times3=0$

求得 $F_{By}=4.5\ \text{kN}(\uparrow)$

由 $\sum F_y=0 \quad F_{Ay}+F_{By}=0$

求得 $F_{Ay}=-F_{By}=-4.5\ \text{kN}(\downarrow)$

由 $\sum F_x=0 \quad F_{Ax}-F_{Bx}+2\times6=0$

求得 $F_{Ax}=F_{Bx}-12$

再考虑 CB 部分刚架的平衡，画出 CB 部分刚架的受力图如图 9-7(b)所示。

由 $\sum M_C=0 \quad F_{Bx}\times6-4.5\times4=0$

$F_{Bx}=3\ \text{kN}(\leftarrow)$

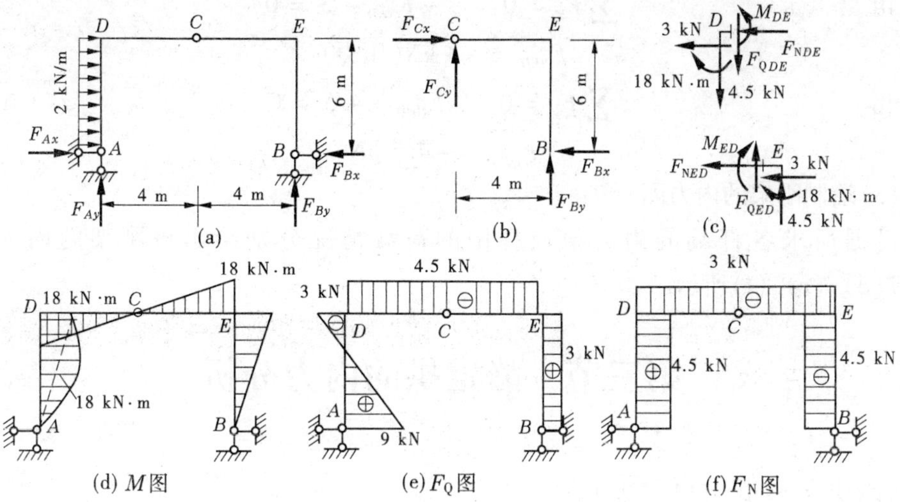

图 9-7

求得 $$F_{Ax}=3-12=-9(\text{kN})(\leftarrow)$$

(2)求各杆杆端的内力。

①杆 DA:

$$M_{AD}=0 \qquad M_{DA}=9\times6-2\times6\times3=18(\text{kN}\cdot\text{m})(\text{右侧受拉})$$

$$F_{QAD}=-F_{Ax}=9\ \text{kN} \qquad F_{QDA}=-F_{Ax}-2\times6=9-12=-3(\text{kN})$$

$$F_{NAD}=F_{NDA}=-F_{Ay}=4.5\ \text{kN}$$

②杆 BE:

$$M_{BE}=0 \qquad M_{EB}=3\times6=18(\text{kN}\cdot\text{m})(\text{右侧受拉})$$

$$F_{QBE}=F_{QEB}=F_{Bx}=3\ \text{kN}$$

$$F_{NBE}=F_{NEB}=F_{By}=-4.5\ \text{kN}$$

③杆 DE:

可分别取刚结点 D 和 E 为研究对象,画出受力图如图 9-7(c)所示。

考虑结点 D 的平衡:

由 $$\sum M_D=0 \qquad M_{DE}-18=0$$

求得 $$M_{DE}=18\ \text{kN}\cdot\text{m}(\text{下侧受拉})$$

由 $$\sum F_x=0 \qquad -F_{NDE}-3=0$$

求得 $$F_{NDE}=-3\ \text{kN}(\text{压力})$$

由 $$\sum F_y=0 \qquad -F_{QDE}-4.5=0$$

求得 $$F_{QDE}=-4.5\ \text{kN}$$

考虑结点 E 的平衡:

由 $$\sum M_E=0 \qquad M_{ED}+18=0$$

求得 $$M_{ED}=-18\ \text{kN}\cdot\text{m}(\text{上侧受拉})$$

由 $$\sum F_x = 0 \qquad -F_{NED} - 3 = 0$$

求得 $$F_{NED} = -3\ \text{kN}(压力)$$

由 $$\sum F_y = 0 \qquad F_{QED} + 4.5 = 0$$

求得 $$F_{QED} = -4.5\ \text{kN}$$

(3)绘制刚架的内力图。

根据所求各杆端的内力值及杆中的荷载情况分别绘出该刚架的内力图如图9-7(d)、(e)、(f)所示。

第三节　静定拱的内力分析

一、拱结构的特点及形式

拱结构的特点是杆轴线为曲线，且在竖向荷载作用下能产生水平推力，故此拱结构又称推力结构。

拱结构通常有三种常见的形式，其计算简图如图9-8所示。其中，图9-8(a)为无铰拱，图9-8(b)为两铰拱，图9-8(c)为三铰拱。无铰拱和两铰拱均为超静定拱，而三铰拱则为静定拱。在本节中，将只讨论三铰拱的计算。

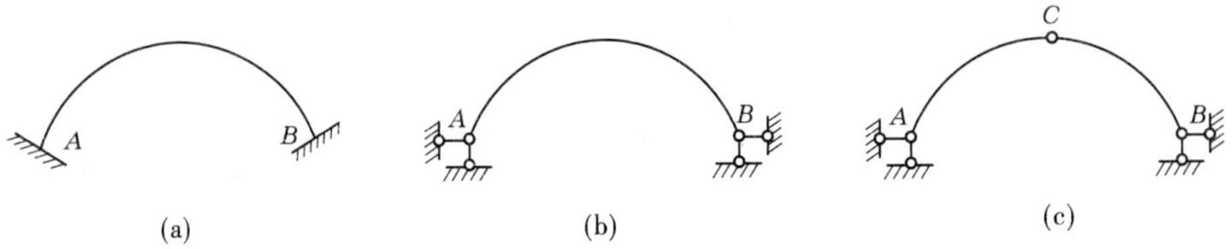

图9-8

拱与梁的区别主要在于竖向荷载作用下是否产生水平推力。由于拱中有水平推力的存在，各截面的弯矩比相应简支梁的弯矩小，能跨越较大空间；同时，由于拱以承受压力为主，所以拱可利用抗压强度高而抗拉强度低的砖、石和混凝土等材料。

拱结构最高的一点称为拱顶，三铰拱的中间铰通常安置在拱顶处。拱的两端与支座联结处称为拱趾，或称拱脚。两个拱趾间的水平距离 l 称为跨度。拱顶到两拱趾连线的竖向距离 f 称为拱高，或称拱矢，如图9-9(a)所示。拱高与跨度之比 f/l 称为高跨比或矢跨比。由后面可知，拱的主要力学性能与高跨比有关。

若屋面承重结构采用三铰拱结构形式，但由于支承结构(如砖墙、柱等)不具备承受水平推力的能力，故常在两铰支座间设置一根水平拉杆，用拉杆承担此水平推力，这样，在竖向荷载作用下，使支座只产生竖向反力。但这种结构的内部受力情况与三铰拱完全相同，故称为具有拉杆的拱，或简称拉杆拱，其计算简图如图9-9(b)所示。

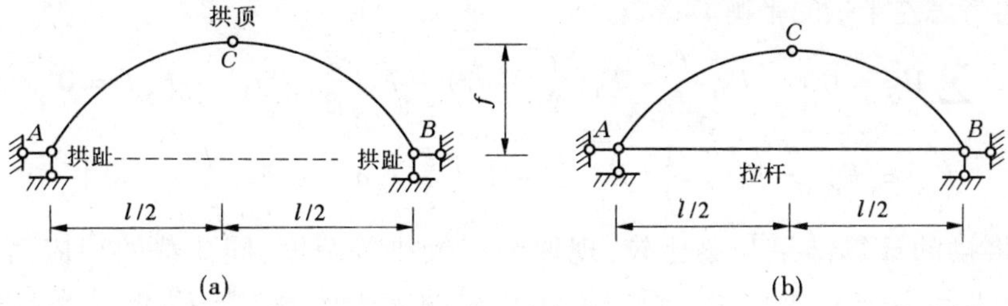

图 9-9

二、三铰拱的支座反力和内力

三铰拱为静定结构,其全部支座反力和内力都可由静力平衡条件确定。现以在竖向荷载作用下,拱趾在同一水平线上的三铰拱(见图 9-10(a))为例,导出其支座力反力的计算公式。

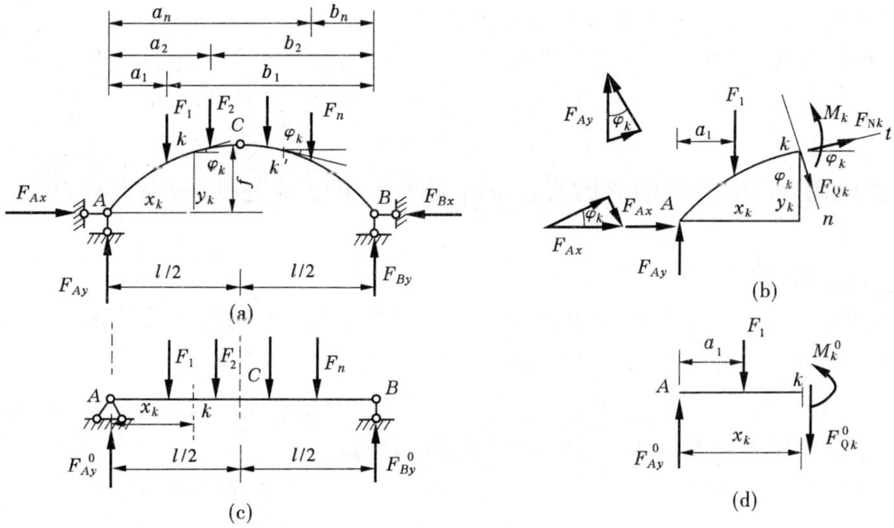

图 9-10

(一)支座反力计算

首先考虑三铰拱的整体平衡。

由 $$\sum M_B = 0 \qquad F_1 b_1 + F_2 b_2 + \cdots + F_n b_n - F_{Ay} l = 0$$

求得 $$F_{Ay} = \frac{1}{l}(F_1 b_1 + F_2 b_2 + \cdots + F_n b_n) = \frac{\sum F_i b_i}{l} \tag{a}$$

由 $$\sum M_A = 0 \qquad F_1 a_1 + F_2 a_2 + \cdots + F_n a_n - F_{By} l = 0$$

求得 $$F_{Ay} = \frac{1}{l}(F_1 a_1 + F_2 a_2 + \cdots + F_n a_n) = \frac{\sum F_i a_i}{l} \tag{b}$$

由 $$\sum F_x = 0 \qquad F_{Ax} - F_{Bx} = 0$$

求得 $$F_{Ax} = F_{Bx} = F_x$$

然后再考虑左半拱的平衡。

由 $\sum M_C = 0 \qquad F_{Ay}\frac{l}{2} - F_1(\frac{l}{2} - a_1) - F_2(\frac{l}{2} - a_2) - F_{Ax}f = 0$

求得 $$F_{Ax} = F_{Bx} = F_x = \frac{1}{f}[F_{Ay}\frac{l}{2} - F_1(\frac{l}{2} - a_1) - F_2(\frac{l}{2} - a_2)] \tag{c}$$

为了将拱的计算结果与梁比较，现取与三铰拱等跨度、同荷载的相应简支梁，如图 9-10(c)所示，该梁称为代梁。可以看出代梁的支座反力 F_{Ay}^0、F_{By}^0 的结果与式(a)和式(b)右边值相等，式(c)右边的分子，等于代梁上与拱中间铰位置相对应的截面 C 的弯矩 M_C^0。由此可得

$$\left.\begin{aligned} F_{Ay} &= F_{Ay}^0 \\ F_{By} &= F_{By}^0 \\ F_x &= F_{Ax} = F_{Bx} = \frac{M_C^0}{f} \end{aligned}\right\} \tag{9-1}$$

式(9-1)就是计算三铰拱的支座反力公式。

式(9-1)表明：三铰拱在竖向荷载作用下，竖向支座反力等于相应的同跨、同荷载的简支代梁的支座反力；水平推力 F_x 等于铰 C 对应用于简支代梁 C 截面的弯矩 M_C^0 除以拱高 f，当拱跨 l 和拱高 f 已经确定时，M_C^0 和 f 的数值即定。所以，水平推力 F_x 的数值只取决于三个铰的位置，而与拱轴线的形状无关；水平推力 F_x 的大小与拱高 f 成反比，拱越扁平，水平推力就越大。

（二）内力计算

三铰拱任一截面的内力有弯矩 M、剪力 F_Q 和轴力 F_N。内力的正负号规定：弯矩以使拱内侧纤维受拉为正，反之为负；剪力和轴力与梁的正负号规定相同。

内力计算的基本方法仍采用截面法。如求图 9-10(a)所示三铰拱任一 k 截面内力。可取 Ak 部分为研究对象，画出受力图如图 9-10(b)所示。

拱上截面 k 的位置可用截面形心 k 的坐标(x_k, y_k)和 k 截面处拱轴切线与水平线所成的锐角 φ_k 表示。当截面在左半拱时，φ 取正号；在右半拱时，φ 取负号。以上几何参数可由拱轴方程 $y = f(x)$ 及其导数$\frac{dy}{dx} = \tan\varphi$ 求出。

根据其平衡条件，可导出三铰拱任一截面内力的计算公式。

1. 弯矩计算公式

由 $\sum M_k = 0 \quad F_{Ay}x_k - F_1(x_k - a_1) - F_x y_k - M_k = 0$

求得 $$M_k = F_{Ay}x_k - F_1(x_k - a_1) - F_x y_k$$

根据 $F_{Ay} = F_{Ay}^0$，可见上式 $F_{Ay}x_k - F_1(x_k - a_1)$ 的数值等于相应水平梁上截面 k 的弯矩 M_k^0，如图 9-10(d)所示，故上式可改写为

$$M_k = M_k^0 - F_x y_k \tag{d}$$

式(d)表明：三铰拱内任一截面的弯矩，等于其相应水平梁对应截面的弯矩 M_k^0 减去水平推力所引起的弯矩 $F_x y_k$。由此可知，由于有水平推力的存在，三铰拱的弯矩比相应

的同跨度、同荷载的简支梁的弯矩要小。

2. 剪力的计算公式

由 $\sum F_n = 0 \quad F_{Qk} - F_{Ay}\cos\varphi_k + F_1\cos\varphi_k + F_x\sin\varphi_k = 0$

求得

$$\begin{aligned} F_{Qk} &= (F_{Ay}^0 - F_1)\cos\varphi_k - F_x\sin\varphi_k \\ &= F_{Q_k}^0\cos\varphi_k - F_x\sin\varphi_k \end{aligned} \tag{e}$$

3. 轴力的计算公式

由 $\sum F_t = 0 \quad F_{Nk} + F_{Ay}\sin\varphi_k - F_1\sin\varphi_k + F_x\cos\varphi_k = 0$

求得

$$\begin{aligned} F_{Nk} &= -(F_{Ay}^0 - F_1)\sin\varphi_k - F_x\cos\varphi_k \\ &= -(F_{Qk}^0\sin\varphi_k + F_x\cos\varphi_k) \end{aligned} \tag{f}$$

竖向荷载作用下,两拱铰在同一水平线上的三铰拱,其内力计算公式归纳如下

$$\left.\begin{aligned} M_k &= M_k^0 - F_x y_k \\ F_{Qk} &= F_{Qk}^0\cos\varphi_k - F_x\sin\varphi_k \\ F_{Nk} &= -(F_{Qk}^0\sin\varphi_k + F_x\cos\varphi_k) \end{aligned}\right\} \tag{9-2}$$

(三)内力图绘制

先将拱沿跨长或沿拱轴分成若干等分段,用公式(9-2)求出各分段截面内力,再以水平线或拱轴为基线,将各分段点内力纵坐标的顶点连成曲线,即为拱的内力图。拱内力图画法与梁基本相同。

【例 9-5】 试求图 9-11 所示三铰拱 D 截面的内力。拱轴为二次抛物线,其拱轴线方程为 $y = \frac{4f}{l^2}x(l-x)$。

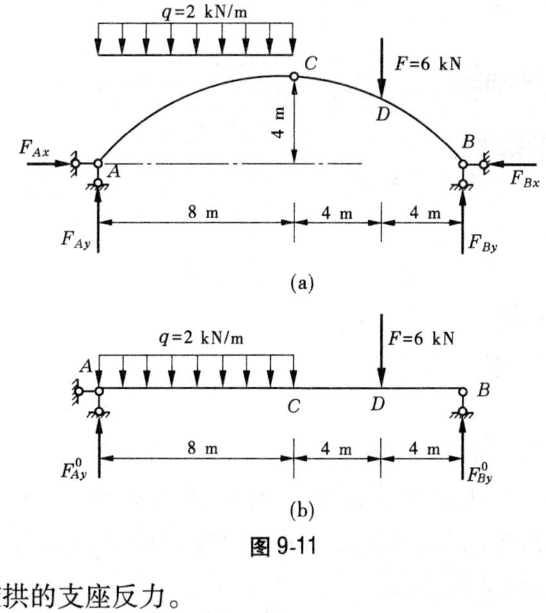

图 9-11

解 (1)求三铰拱的支座反力。

作出相应的简支代梁如图 9-11(b)所示,由式(9-1)求得

$$F_{Ay} = F_{Ay}^0 = \frac{2 \times 8 \times 12 + 2 \times 4}{16} = 13.5(\text{kN})(\uparrow)$$

$$F_{By} = F_{By}^0 = \frac{2 \times 8 \times 4 + 6 \times 12}{16} = 8.5(\text{kN})(\uparrow)$$

$$F_x = \frac{M_C^0}{f} = \frac{8.5 \times 8 - 6 \times 4}{4} = 11(\text{kN})(\rightarrow\leftarrow)$$

(2)计算 D 截面的几何参数。

$$x_D = 12\ \text{m}$$

$$y_D = \frac{4f}{l^2}x_D(l - x_D) = \frac{4 \times 4}{16^2} \times 12 \times (16 - 12) = 3(\text{m})$$

$$\tan\varphi_D = \frac{\mathrm{d}y}{\mathrm{d}x} = \frac{4f}{l^2}(l - 2x) = \frac{4 \times 4}{16^2}(16 - 2 \times 12) = -0.5$$

$$\sin\varphi_D = -0.447 \qquad \cos\varphi_D = 0.894$$

(3)计算 D 截面上的弯矩、剪力和轴力。

对于三铰拱的内力计算,通常利用相应的同跨、同荷载的简支梁来代替计算,并将式(9-2)中各项列成如表 9-1 所示格式进行计算。

表 9-1　三铰拱内力计算

截面几何参数					F_{QD}^0	$M_D(\text{kN}\cdot\text{m})$			$F_{QD}(\text{kN})$			$F_{ND}(\text{kN})$		
x_D (m)	y_D (m)	$\tan\varphi_D$	$\sin\varphi_D$	$\cos\varphi_D$	(kN)	M_D^0	$F_x y_D$	M_D	$F_{QD}^0\cos\varphi_D$	$F_x\sin\varphi_D$	F_{QD}	$F_{QD}^0\sin\varphi_D$	$F_x\cos\varphi_D$	F_{ND}
12	3	-0.5	-0.447	0.894	-2.5	34	33	1	-2.2	-4.9	2.7	1.1	9.8	-10.9
					-8.5				-7.6		-2.7	3.8		-13.6

三、三铰拱合理拱轴线

(一)合理拱轴线的概念

在一般情况下,三铰拱截面上有弯矩、剪力和轴力,拱圈处于偏心受压状态,其正应力分布不均匀。但是,可以选取一根适当的拱轴线,使得在给定荷载作用下,拱上各截面只承受轴力,而弯矩为零,这样的拱轴线称为合理拱轴线。

(二)合理拱轴线方程

由式(9-2)可知,拱内任意截面 k 的弯矩为

$$M_k = M_k^0 - F_x y_k$$

上式说明,三铰拱的弯矩 M_k 是由相应简支代梁的弯矩 M_k^0 与 $-F_x y_k$ 叠加而得的。当拱的跨度和荷载为已知时,M_k^0 不随拱轴线改变而改变,而 $-F_x y_k$ 则与拱的轴线有关。因此,可以在三个铰之间恰当地选择拱的轴线形式,使拱中各截面的弯矩 M 都为零。

为了求出合理拱轴线方程,则令

$$M = M^0 - F_x y = 0$$

于是求得

$$y = \frac{M^0}{F_x} \tag{9-3}$$

由式(9-3)可知:合理拱轴线的竖标 y 与相应简支梁的弯矩竖标成正比,$1/F_x$ 是这两个竖标之间比例系数。当拱上所受荷载已知时,只需求出相应简支梁的弯矩方程,然后除以推力 F_x,便可得到拱的合理轴线方程。

(三)确定合理拱轴线示例

【例 9-6】 试求图 9-12(a)所示三铰拱在竖向满跨均布荷载 q 作用下的合理拱轴线。

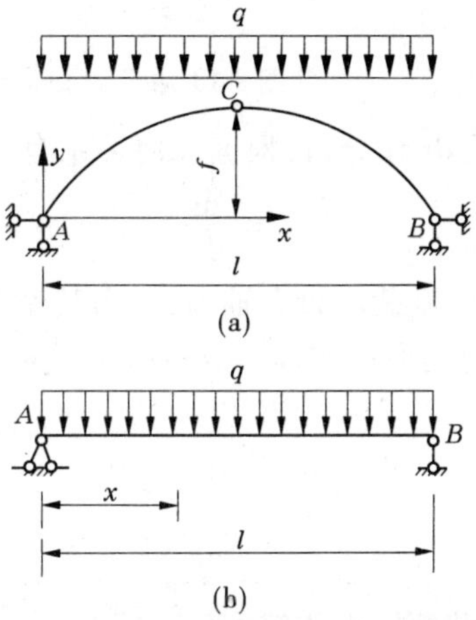

图 9-12

解 在图 9-12(a)中取支座 A 为坐标原点,建立坐标系如图所示。作出相应的简支代梁如图 9-12(b)所示。

不难列出简支代梁的弯矩方程为

$$M^0 = \frac{1}{2}qlx - \frac{1}{2}qx^2$$

而三铰拱水平推力为

$$F_x = \frac{M_C^0}{f} = \frac{ql^2}{8f}$$

由式(9-3)导得三铰拱的合理拱轴线方程为

$$y = \frac{M^0}{F_x} = \frac{\frac{1}{2}qlx - \frac{1}{2}qx^2}{\frac{ql^2}{8f}}$$

即

$$y = \frac{4f}{l^2}x(l - x)$$

可见,在沿跨长的竖向均布荷载作用下,三铰拱的合理拱轴线为二次抛物线。因此,在屋面结构中,常采用抛物线拱。

【例 9-7】 求如图 9-13(a)所示三铰拱受径向均布荷载作用时的合理拱轴线。

解 先假设受径向均布荷载时三铰拱处于无弯矩的状态,则各截面只有轴力,然后根据平衡条件推出合理拱轴线形式。

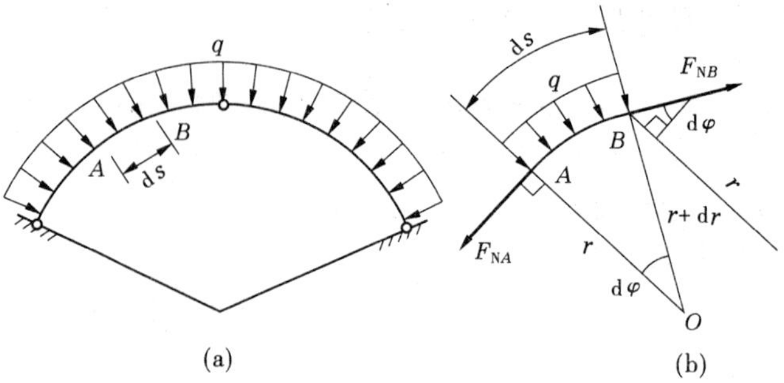

图 9-13

在三铰拱中取一微段弧长 ds 作分析，根据几何关系有

$$r = \frac{\mathrm{d}s}{\mathrm{d}\varphi}$$

由于拱处于无弯矩状态，任意截面只有轴力，画出其受力图如图 9-13(b) 所示。

现以曲率中心 O 点为矩心列力矩方程，$q\mathrm{d}s$ 的外荷载通过矩心，则只有 F_{NA} 和 F_{NB} 对 O 点有矩，即

$$F_{NA}r = F_{NB}(r + \mathrm{d}r)$$

略去微量后，即得

$$F_{NA} = F_{NB}$$

上式表明，此时三铰拱各截面轴力相等。

现设 $F_{NA} = F_{NB} = F_N$。把微段上所有的力对半径 r 列投影方程，由于取的是微段，可以认为 $q\mathrm{d}s$ 作用在微段中心。

由 $\sum F_r = 0 \qquad q\mathrm{d}s\cos\frac{\mathrm{d}\varphi}{2} + F_N\sin\mathrm{d}\varphi = 0$

又因 $\mathrm{d}\varphi$ 是很微小的，所以 $\cos\frac{\mathrm{d}\varphi}{2} = 1$，$\sin\mathrm{d}\varphi = \mathrm{d}\varphi$，代入上式后得

$$q\mathrm{d}s + F_N\mathrm{d}\varphi = 0$$

则

$$\frac{F_N}{q} = -\frac{\mathrm{d}s}{\mathrm{d}\varphi} = -r$$

在上式中由于 F_N 是不变化的，q 是常量，则 r 为常量。由此证明：三铰拱在径向均布荷载作用下其合理拱轴线为圆弧线。这就是在有些拱坝中其拱轴线常采用圆弧线的原因。

应当指出，合理拱轴线是针对一种荷载而言的。当荷载改变时，合理拱轴线随之改变。因此，在实际工程中一般是以主要荷载作用来设计合理拱轴线的。

第四节　静定平面桁架的内力分析

一、概述

（一）桁架的组成及特点

桁架是由若干直杆在其两端用铰联结而成的结构。这种结构具有以下特点：一是节省材料、自重轻；二是承载能力大，适用于大跨度建筑。因此，在建筑工程中常采用这种结

构形式,如图 9-14 所示轻型钢屋架就是一实例。

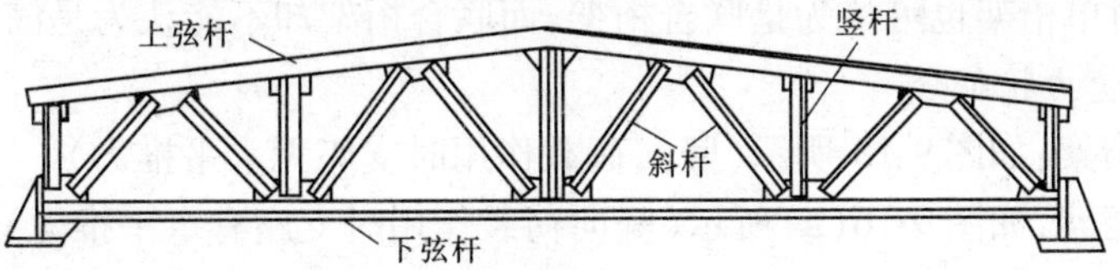

图 9-14

在桁架中,根据杆件所在的不同位置,杆件可分为弦杆和腹杆两类。上部弦杆称为上弦杆,下部弦杆称为下弦杆,竖向腹杆称为竖杆,斜向腹杆称为斜杆,如图 9-14 所示。

(二)桁架的计算假定

为了既便于简化计算,又能反映桁架的主要受力特征,通常对实际桁架的计算简图采用下列假定:

(1)组成桁架的各杆均为等截面直杆;

(2)各杆在两端用光滑的理想铰相互联结;

(3)各杆的轴线通过铰的中心;

(4)全部荷载和支座反力都作用在铰结点上。

满足上述假定的桁架称为理想桁架。理想桁架在结点荷载作用下,其各杆中的内力只有轴力,而不产生弯矩和剪力。

(三)桁架的分类

1. 按桁架几何组成方式分

(1)简单桁架:由一基本三角形开始,依次增加二元体所组成的桁架,如图 9-15 所示。

(2)联合桁架:由几个简单桁架按几何不变体系组成规则组成的桁架,如图 9-16(a)、(b)所示。

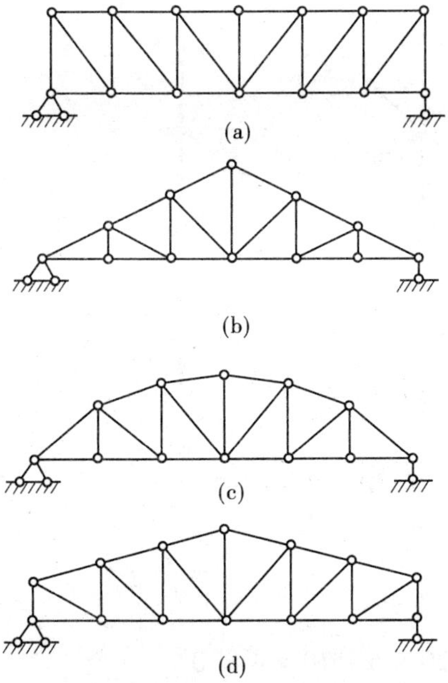

图 9-15

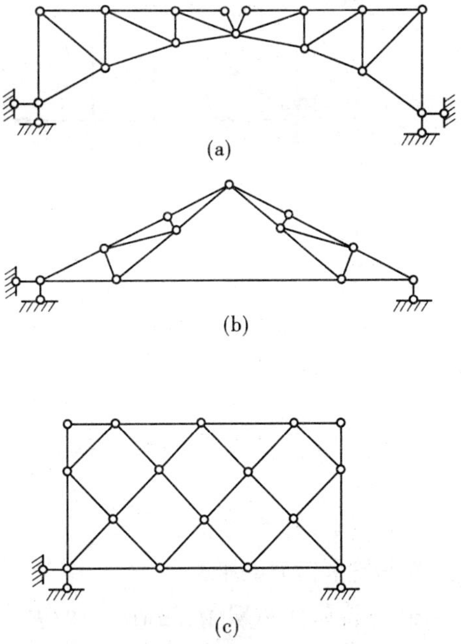

图 9-16

(3)复杂桁架:不按上述两种方法组成的其他静定桁架,如图9-16(c)所示。

应指出:简单桁架也可认为是联合桁架,而联合桁架却不能认为是简单桁架。

2.按整体受力特征分

(1)梁式桁架:如图9-15所示(竖向荷载作用时支座无水平推力)。

(2)拱式桁架,如图9-16(a)所示(竖向荷载作用时支座有水平推力)。

二、静定平面桁架的内力计算方法

(一)结点法

用结点法求解桁架内力(轴力)时,取桁架的结点为分离体,利用结点的平衡条件求解杆件轴力。每一个结点组成一个平面汇交力系,具有两个独立的静力平衡方程,能求解两个未知数。实际计算时,需从未知力不超过两个的结点开始,依次推算。结点法适用于简单桁架的轴力计算。计算时,先假定未知杆件轴力为拉力,若解答结果为负值,则为压力。

【例9-8】 试用结点法计算图9-17(a)所示桁架中各杆的内力。

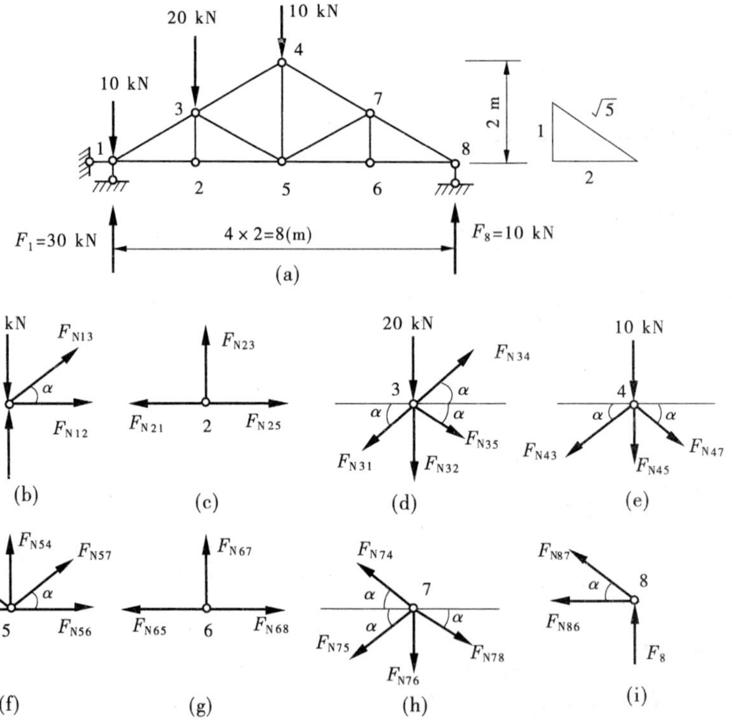

图9-17

解 (1)求出支座反力。

考虑整个桁架的平衡。

由 $\sum M_8 = 0 \quad 8(F_1 - 10) - 20 \times 6 - 10 \times 4 = 0$

求得 $F_1 = 30\ \text{kN}(\uparrow)$

由 $\sum F_y = 0 \quad 30 - 10 - 20 - 10 + F_8 = 0$

求得 $F_8 = 10 \text{ kN}(\uparrow)$

(2)选取结点求各杆内力。

最初选取只包含两个未知力的结点有1和8两个结点,现在从结点1开始,然后依2,3,4,…,7的次序进行解算。

注意:在画结点的受力图时,假定杆件的轴力为拉力,即轴力的指向背离结点,如所得结果为负,则为压力。

现用结点法计算各杆内力如下。

①取结点1为分离体,画出其受力图如图9-17(b)所示。

由 $\sum F_y = 0 \quad \frac{1}{\sqrt{5}}F_{N13} - 10 + 30 = 0$

求得 $F_{N13} = -44.72 \text{ kN}$

由 $\sum F_x = 0 \quad \frac{2}{\sqrt{5}}F_{N13} + F_{N12} = 0$

求得 $F_{N12} = -\frac{2}{\sqrt{5}}F_{N13} = -\frac{2}{\sqrt{5}} \times (-44.72) = 40(\text{kN})$

②取结点2为分离体,画出其受力图如图9-17(c)所示。

由 $\sum F_y = 0$

求得 $F_{N23} = 0$

由 $\sum F_x = 0 \quad F_{N25} - F_{N21} = 0$

求得 $F_{N25} = F_{N21} = 40 \text{ kN}$

③取结点3为分离体,画出其受力图如图9-17(d)所示。

由 $\sum F_x = 0 \quad -\frac{2}{\sqrt{5}}F_{N31} + \frac{2}{\sqrt{5}}F_{N34} + \frac{2}{\sqrt{5}}F_{N35} = 0$

$\sum F_y = 0 \quad -20 + \frac{1}{\sqrt{5}}F_{N34} - \frac{1}{\sqrt{5}}F_{N35} - \frac{1}{\sqrt{5}}F_{N31} - F_{N32} = 0$

求得 $F_{N34} = -22.36 \text{ kN} \quad F_{N35} = -22.36 \text{ kN}$

④取结点4为分离体,画出其受力图如图9-17(e)所示。

由 $\sum F_x = 0 \quad -\frac{2}{\sqrt{5}}F_{N43} + \frac{2}{\sqrt{5}}F_{N47} = 0$

求得 $F_{N47} = -22.36 \text{ kN}$

由 $\sum F_y = 0 \quad -10 - \frac{1}{\sqrt{5}}F_{N43} - \frac{1}{\sqrt{5}}F_{N47} - F_{N45} = 0$

求得 $F_{N45} = 10 \text{ kN}$

⑤取结点5为分离体,画出其受力图如图9-17(f)所示。

由 $\sum F_y = 0 \quad \frac{1}{\sqrt{5}}F_{N53} + F_{N54} + \frac{1}{\sqrt{5}}F_{N57} = 0$

求得 $$F_{N57}=0$$

由 $$\sum F_x=0 \qquad -F_{N52}+F_{N56}-\frac{2}{\sqrt{5}}F_{N53}+\frac{2}{\sqrt{5}}F_{N57}=0$$

求得 $$F_{N56}=20\ \mathrm{kN}$$

⑥取结点 6 为分离体,画出其受力图如图 9-17(g)所示。

由 $$\sum F_y=0$$

求得 $$F_{N67}=0$$

由 $$\sum F_x=0 \qquad -F_{N65}+F_{N68}=0$$

求得 $$F_{N68}=20\ \mathrm{kN}$$

⑦取结点 7 为分离体,画出其受力图如图 9-17(h)所示。

由 $$\sum F_x=0 \qquad -\frac{2}{\sqrt{5}}F_{N75}-\frac{2}{\sqrt{5}}F_{N74}+\frac{2}{\sqrt{5}}F_{N78}=0$$

求得 $$F_{N78}=-22.36\ \mathrm{kN}$$

至此,桁架中各杆件的内力都已求得。

最后可根据结点 8 的分离体,画出其受力图如图 9-17(i)所示,是否满足平衡条件来作校核。

(二)零杆和等力杆的判别

在桁架中,有一些特殊形状的结点,掌握这些特殊结点的平衡规律,可以更方便地计算杆件轴力。桁架中内力为零的杆件称为零杆。现将几种主要的特殊情况列举如下:

(1)不共线的二杆结点,当结点上无荷载作用时,则二杆均为零杆,如图 9-18(a)所示。

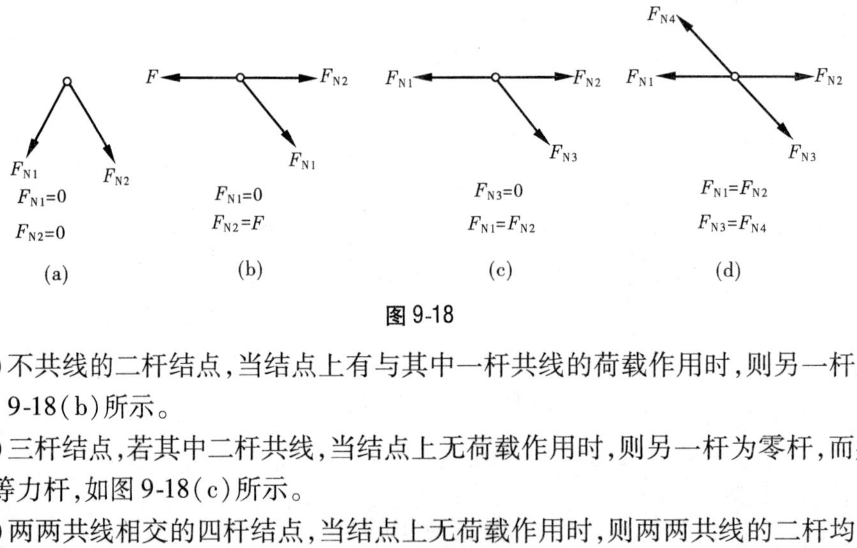

图 9-18

(2)不共线的二杆结点,当结点上有与其中一杆共线的荷载作用时,则另一杆必为零杆,如图 9-18(b)所示。

(3)三杆结点,若其中二杆共线,当结点上无荷载作用时,则另一杆为零杆,而共线的二杆为等力杆,如图 9-18(c)所示。

(4)两两共线相交的四杆结点,当结点上无荷载作用时,则两两共线的二杆均为等力杆,如图 9-18(d)所示。

利用以上结论,可以看出图 9-19 中虚线所示的各杆皆为零杆,于是剩下的计算工作量大为减少。

须指出：桁架在给定荷载作用下，虽然有些杆为零杆，但零杆并非是可有可无的杆件，为保证体系为几何不变体系，则需要保留，故不能随意取消。

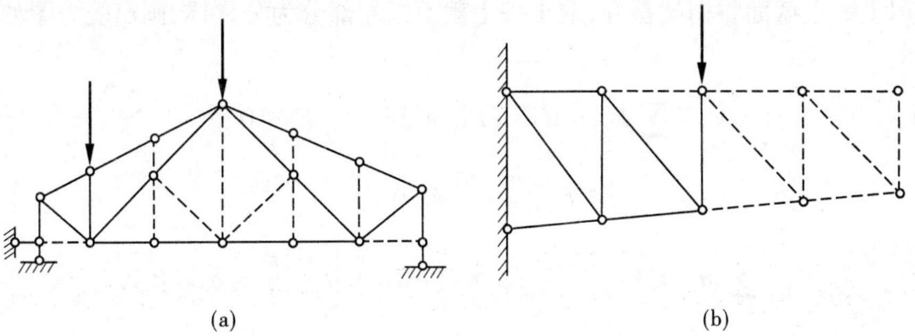

图 9-19

（三）截面法

用结点法计算桁架内力时，为避免解联立方程，必须从未知力不超过两个的结点开始，需逐一进行推算，这对求桁架中某些指定杆的内力极不方便。为此再介绍一种计算桁架内力的常用方法——截面法。

所谓截面法，就是用一适当的截面截取桁架的某一部分为分离体（分离体包含两个以上结点），利用平面一般力系的平衡方程来计算桁架内力的方法。结点法和截面法乃是计算桁架内力的基本方法。

【例 9-9】 试用截面法求图 9-20（a）所示桁架中指定杆 1、杆 2、杆 3 的内力。

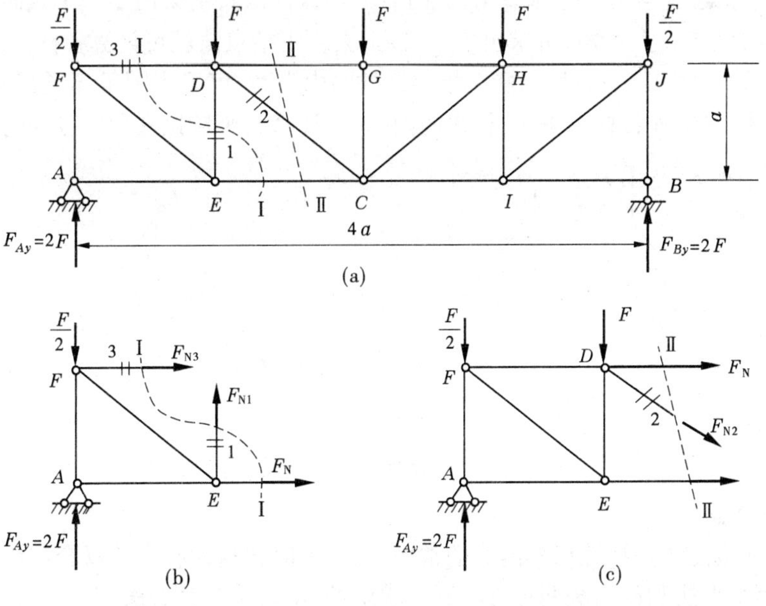

图 9-20

解 （1）计算支座反力。

由桁架的整体平衡条件，求得

$$F_{Ay} = F_{By} = 2F(\uparrow)$$

(2)用截面法计算指定杆件的内力。

选用Ⅰ—Ⅰ截面将桁架截开,取Ⅰ—Ⅰ截面以左部分为分离体,画出受力图如图9-20(b)所示。

由 $$\sum F_y = 0 \qquad F_{N1} + 2F - \frac{1}{2}F = 0$$

求得 $$F_{N1} = -\frac{3}{2}F(\text{压力})$$

由 $$\sum M_E = 0 \qquad -F_{N3} \times a - 2F \times a + \frac{F}{2} \times a = 0$$

求得 $$F_{N3} = -\frac{3}{2}F(\text{压力})$$

再选用Ⅱ—Ⅱ截面将桁架截开,取Ⅱ—Ⅱ截面以左部分桁架为分离体,画出受力图如图9-20(c)所示。

由 $$\sum F_y = 0 \qquad 2F - F - \frac{F}{2} - F_{N2}\cos45° = 0$$

求得 $$F_{N2} = \frac{\sqrt{2}}{2}F(\text{拉力})$$

截面法通常适用于计算联合桁架和求简单桁架中少数指定杆件的内力。

例如,计算图9-21(a)所示联合桁架杆件的内力时,若用结点法就会发现无论从哪个结点开始计算都至少含有三个未知力,此时若采用截面法将桁架沿Ⅰ—Ⅰ截面截开,任取左或右部分均可向 C 点取矩,可求出 F_{NAB},接下去再用结点法就可计算各杆内力。

又例如,计算图9-21(b)所示联合桁架杆件的内力时,可采用图示环形截面截取中间部分为分离体,先求连接杆1、杆2、杆3的内力,再计算两个铰接三角体各杆的内力。

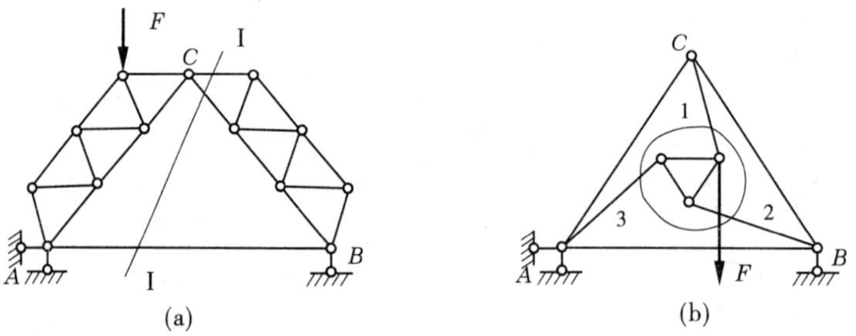

图9-21

(四)联合法

结点法和截面法是计算桁架内力的常用方法,有时将这两种方法联合应用,可使计算更为简捷,用结点法和截面法两种方法联合求解的方法,称为联合法。

【例9-10】 试求图9-22所示K字形桁架中1、2、3、4杆件的内力。

解 (1)求支座反力。取如图9-22(a)所示的整体平衡,由对称性知

$$F_A = F_B = 2F(\uparrow)$$

(2)求 F_{N1} 和 F_{N4}。

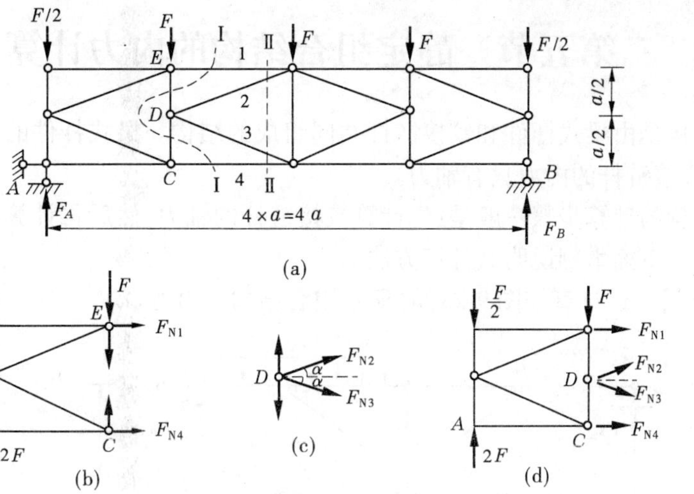

图 9-22

取Ⅰ—Ⅰ截面以左部分为分离体,画出受力图如图 9-22(b)所示。

由 $$\sum M_C = 0 \qquad -F_{N1} \times a + \frac{F}{2} \times a - 2F \times a = 0$$

求得 $$F_{N1} = -\frac{3}{2}F(\text{压力})$$

由 $$\sum F_x = 0 \qquad F_{N1} + F_{N4} = 0$$

求得 $$F_{N4} = -F_{N1} = \frac{3}{2}F(\text{拉力})$$

(3)求 F_{N2} 和 F_{N3}。

取结点 D 为分离体,画出受力图如图 9-22(c)所示。

由 $$\sum F_x = 0 \qquad F_{N2}\cos\alpha + F_{N3}\cos\alpha = 0$$

求得 $$F_{N2} = -F_{N3}$$

这是一个特殊结点,熟练之后应知道 F_{N2} 和 F_{N3} 的关系。

再取Ⅱ—Ⅱ截面以左部分为分离体,画出受力图如图 9-22(d)所示。

由 $$\sum F_y = 0 \qquad 2F - \frac{F}{2} - F + F_{N2}\sin\alpha - F_{N3}\sin\alpha = 0$$

即 $$2F_{N3}\sin\alpha = \frac{1}{2}F$$

求得 $$F_{N3} = \frac{1}{4\sin\alpha}F = \frac{\sqrt{5}}{4}F(\text{拉力})$$

$$F_{N2} = -F_{N3} = -\frac{\sqrt{5}}{4}F(\text{压力})$$

联合法较适用于计算复杂桁架。

第五节　静定组合结构的内力计算

组合结构是由梁式杆件和铰接链杆共同组成的结构。梁式杆件的内力为弯矩、剪力和轴力,而铰接链杆的内力只有轴力。

组合结构的计算步骤一般是:先计算铰接链杆的轴力,然后再计算梁式杆件的弯矩、剪力和轴力。下面举例说明其计算方法。

【例 9-11】　试计算如图 9-23(a)所示组合结构的内力。

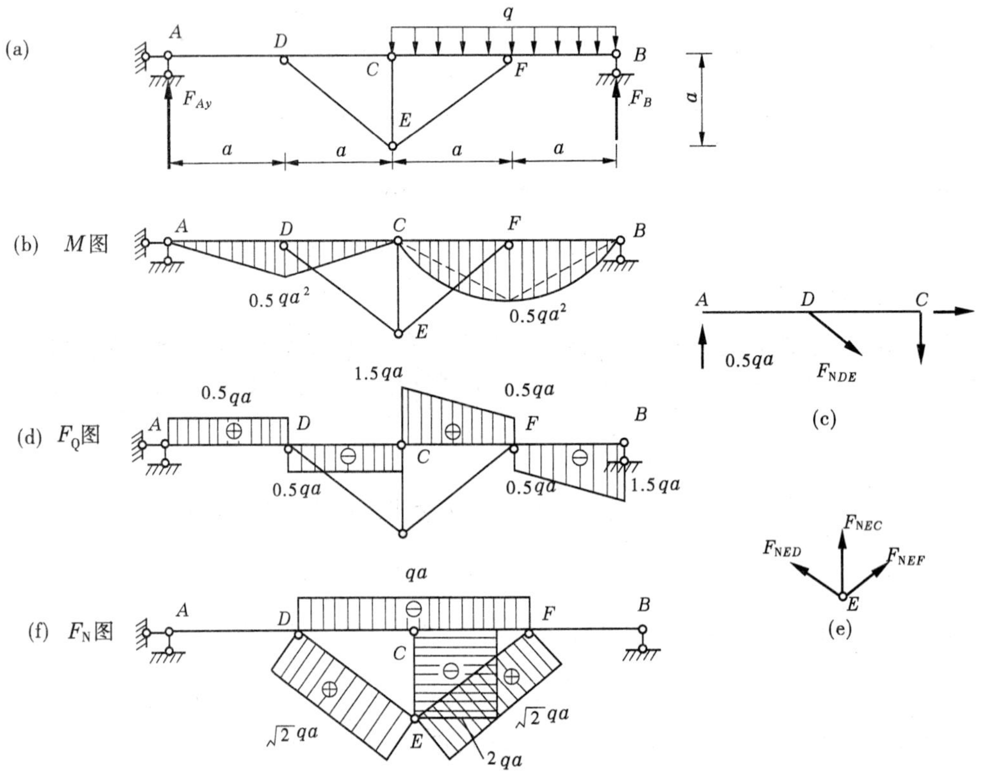

图 9-23

解　(1)求支座反力。

考虑整个结构的平衡

由　$\sum M_A = 0 \quad -2qa \times 3a + F_{By} \times 4a = 0$

求得　$F_B = \dfrac{2qa \times 3a}{4a} = \dfrac{3qa}{2}(\uparrow)$

由　$\sum M_B = 0 \quad 2qa \times a - F_{Ay} \times 4a = 0$

求得　$F_{Ay} = \dfrac{2qa \times a}{4a} = \dfrac{qa}{2}(\uparrow)$

验算　$\sum F_y = F_{Ay} + F_B - 2qa = \dfrac{qa}{2} + \dfrac{3qa}{2} - 2qa = 0$

表明所求支座反力正确无误。

(2)求铰接链杆的内力。

先取 ADC 部分为分离体,画出受力图如图 9-23(c)所示。

由 $$\sum M_C = 0 \qquad F_{NDE} \times \frac{\sqrt{2}}{2} \times a - 0.5qa \times 2a = 0$$

求得 $$F_{NDE} = \sqrt{2}qa(\text{拉力})$$

再取结点 E 为分离体,画出受力图如图 9-20(e)所示。

由 $$\sum F_x = 0 \qquad -F_{NED} \times \frac{\sqrt{2}}{2} + F_{NEF} \times \frac{\sqrt{2}}{2} = 0$$

求得 $$F_{NEF} = F_{NED} = F_{NDE} = \sqrt{2}qa(\text{拉力})$$

由 $$\sum F_y = 0 \qquad F_{NEC} + 2F_{NED} \times \frac{\sqrt{2}}{2} = 0$$

求得 $$F_{NEC} = -2qa(\text{压力})$$

(3)求作梁式杆的内力图。

由支座反力、铰接链杆内力及荷载作用在梁式杆件上,可求梁式杆各控制截面的内力为

杆 AC: $$M_{AD} = 0 \qquad M_{CD} = 0$$

$$M_{DA} = M_{DC} = F_{Ay} \times a = \frac{qa}{2} \times a = 0.5qa^2(\text{下侧受拉})$$

$$F_{QAD} = F_{QDA} = F_{Ay} = 0.5qa$$

$$F_{QDC} = F_{QCD} = -0.5qa$$

$$F_{NAD} = F_{NDA} = 0$$

$$F_{NDC} = F_{NCD} = -F_{NDE} \times \frac{\sqrt{2}}{2} = -\sqrt{2}qa \times \frac{\sqrt{2}}{2} = -qa(\text{压力})$$

杆 CB: $$M_{CE} = 0 \qquad M_{BE} = 0$$

$$M_{FC} = M_{FB} = F_{By} \times a - \frac{qa^2}{2} = \frac{3qa}{2} \times a - \frac{qa^2}{2} = qa^2(\text{下侧受拉})$$

$$F_{QBF} = -F_{By} = -1.5qa$$

$$F_{QFB} = -F_{By} + qa = -1.5qa + qa = -0.5qa$$

$$F_{QCF} = 1.5qa$$

$$F_{QFC} = 1.5qa - qa = 0.5qa$$

$$F_{NBF} = F_{NFB} = 0$$

$$F_{NFC} = F_{NCF} = -F_{NFE} \times \frac{\sqrt{2}}{2} = -\sqrt{2}qa \times \frac{\sqrt{2}}{2} = -qa(\text{压力})$$

求得了各控制截面的内力值之后，即可根据杆中荷载情况，利用微分关系，作出该组合结构的弯矩图、剪力图和轴力图，分别如图 9-23(b)、(d)、(f)所示。

本章内容小结

静定结构是没有多余约束的几何不变体系，静定结构的反力和内力是只用静力平衡条件就可以确定的。

静定平面结构主要有多跨静定梁、静定刚架、静定拱、静定桁架和组合结构。

一、求作多跨静定梁内力图的方法

将多跨静定梁拆分为若干单跨梁，计算支座反力时，应首先计算附属部分，再计算基本部分，支座反力求得后，可求作出各单跨梁的内力图，然后连为一体，即可得到多跨静定梁的内力图。

二、求作静定平面刚架内力图的方法

将刚架拆成单个杆件，求各杆件的杆端内力，分别作出各杆件的内力图，然后将各杆的内力图合并在一起即得到静定平面刚架的内力图。

三、三铰拱的内力计算方法

计算三铰拱的支座反力和内力均可采用相应的“简支代梁”来代替计算。

四、静定平面桁架的内力计算方法

基本方法有结点法和截面法，此外还有联合法。

五、组合结构的内力计算方法

先分清组合结构中的链杆和梁式杆，计算内力时，先计算链杆的轴力，然后计算梁式杆的内力。

思考题

9-1 分别说明多跨静定梁中基本部分与附属部分的几何组成和受力特点。

9-2 刚架的刚结点处内力图有何特点？

9-3 什么叫做合理拱轴线？如何找出三铰拱的合理拱轴线？

9-4 理想桁架应符合哪些假设？

9-5 用截面法计算桁架内力时，有哪些简化计算的做法？

9-6 何谓零杆？能否将其从实际结构中撤去？

9-7 组合结构的计算有何特点？

习 题

9-1 试求作图 9-24 所示多跨静定梁的内力图。

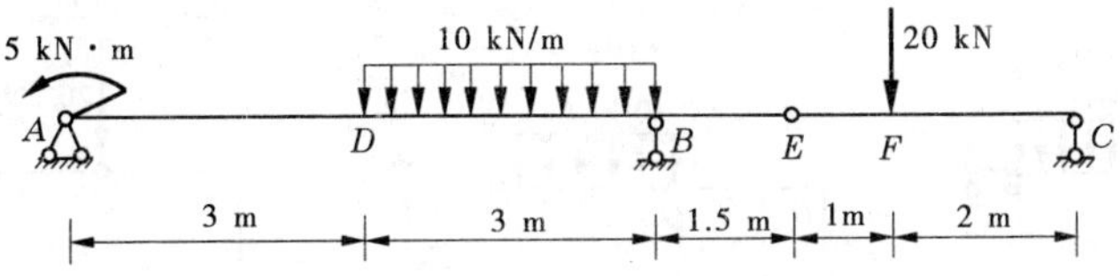

(a)

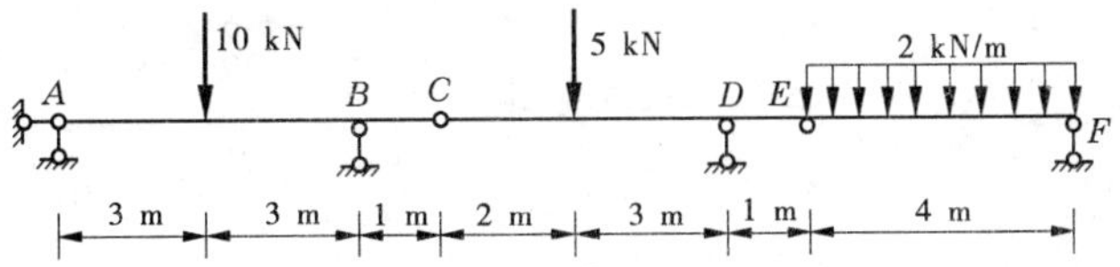

(b)

图 9-24

9-2 试求作图 9-25 所示悬臂刚架的内力图。

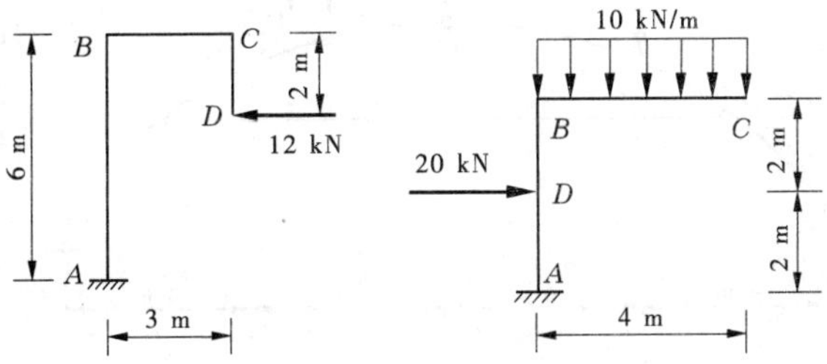

(a) (b)

图 9-25

9-3 试求作图 9-26 所示各刚架的内力图。

9-4 试计算图 9-27 所示三铰拱拉杆 DE 的内力。

9-5 图 9-28 所示三铰拱的轴线方程式为 $y=\frac{4f}{l^2}x(l-x)$，试求 K 截面的内力。

9-6 试判断图 9-29 所示桁架中的零杆。

9-7 试用结点法计算图 9-30 所示桁架各杆的内力。

9-8 试求图 9-31 所示桁架中指定杆件的内力。

9-9 试计算图 9-32 所示组合结构的内力，并绘出各梁式杆的弯矩图。

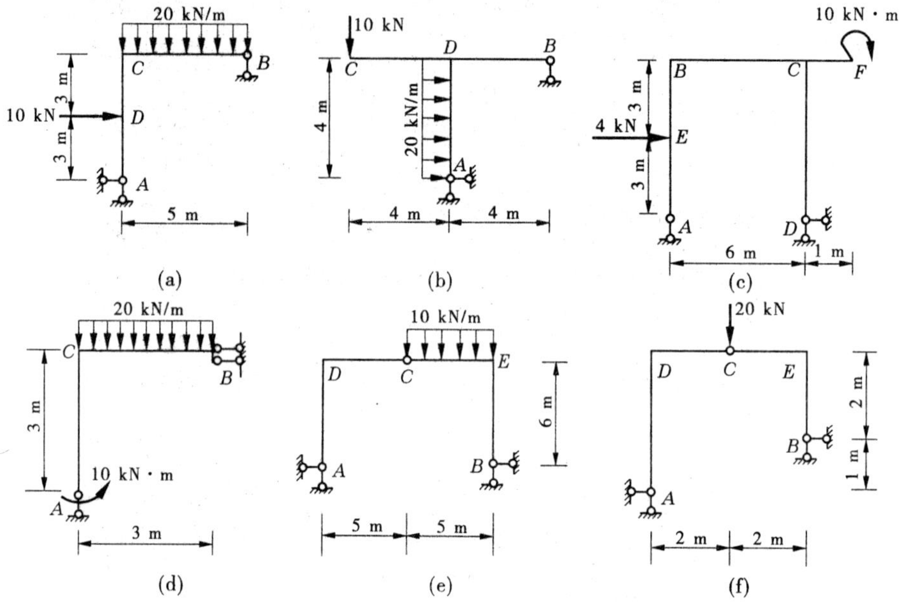

图 9-26

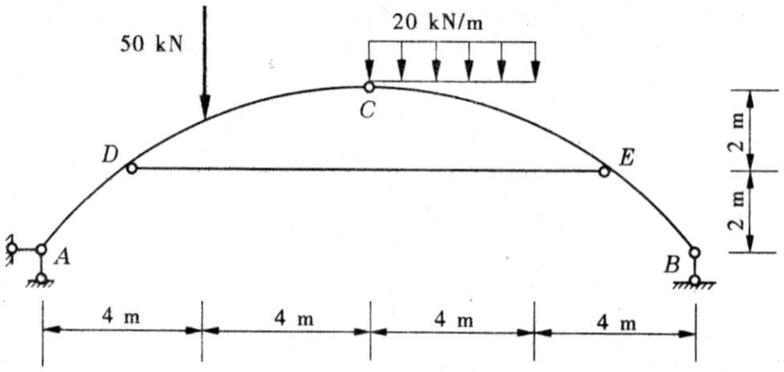

图 9-27

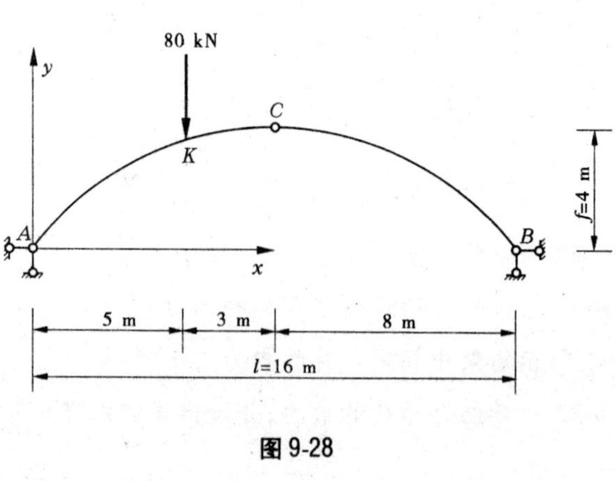

图 9-28

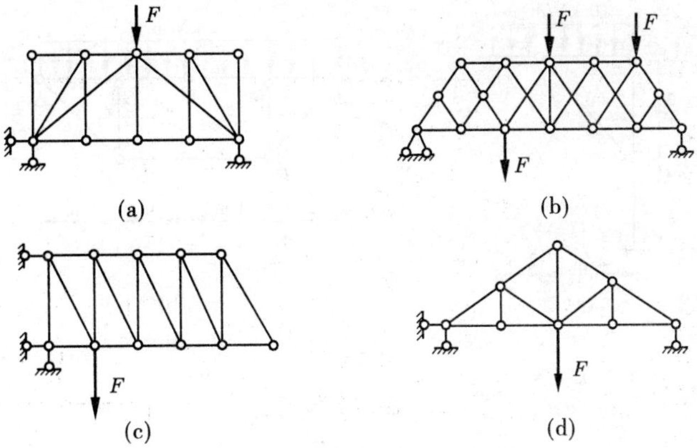

图 9-29

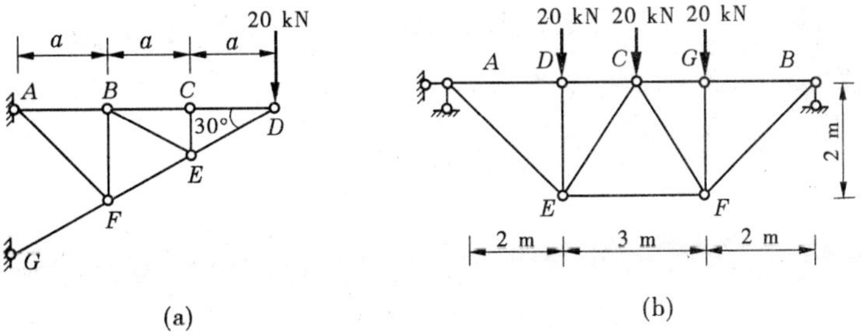

图 9-30

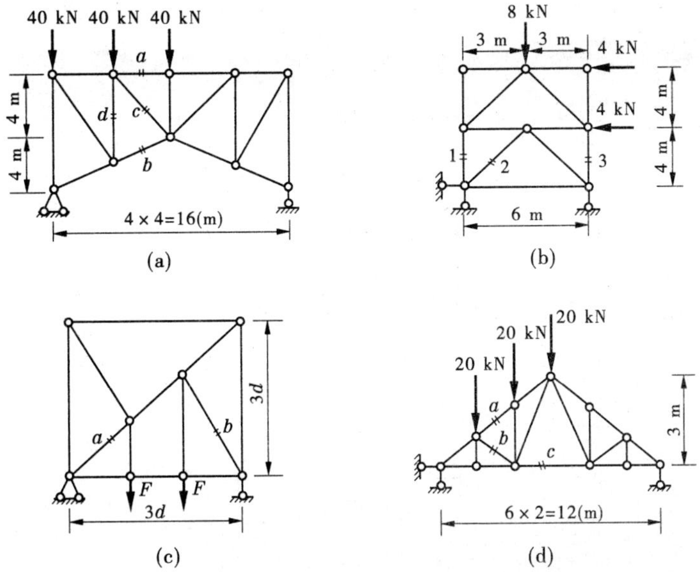

图 9-31

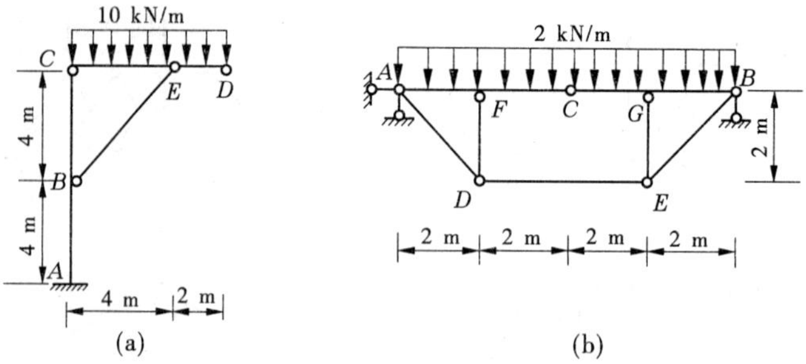

图 9-32

第十章　静定结构的位移计算

【学习目标】

- 了解引起结构位移的因素,明确计算结构位移的目的。
- 掌握广义力、广义位移、实功以及虚功的概念。
- 理解变形体虚功原理及其应用,掌握结构在荷载作用下的位移计算公式。
- 理解图乘法的适用条件,熟练掌握用图乘法计算结构的位移。
- 掌握在支座移动影响下的位移计算方法。
- 了解线弹性体系的几个互等定理。

第一节　概　述

一、结构位移的概念及影响因素

结构在外界因素(荷载、温度变化、支座沉降等)作用下将产生内力和变形。由于变形,必然导致结构上各点的位置发生移动,同时截面也将发生转动,这些位置改变量,称为结构的位移。

结构的位移一般分为线位移和角位移两种。如图 10-1(a)所示的刚架在荷载作用下,结构产生图示虚线表示的弯曲变形,引起刚架的 A 点位置发生了改变,即 A 点移动到 A' 点,产生线位移为 Δ_A,而线位移 Δ_A 通常分解为水平方向的分位移 Δ_H 和铅垂方向的分位移 Δ_V,如图 10-1(b)所示。与此同时,截面 A 还产生角位移,如图 10-1(a)所示。

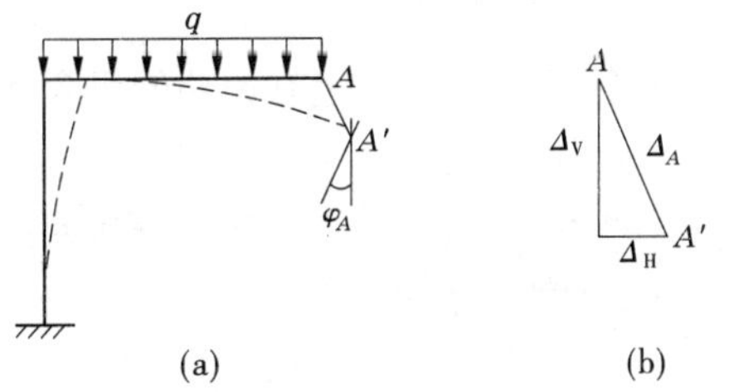

图 10-1

不同的截面,有不同的线位移和角位移。结构除在荷载作用下会产生位移外,温度改变、支座移动、材料胀缩和制造误差等非荷载因素也会使结构产生位移。本章主要研究结构在荷载作用下的位移计算问题。

二、计算结构位移的目的

(一)校核结构或构件的刚度

刚度是指结构或构件在荷载作用下抵抗变形的能力。为确保结构或构件在使用过程中不致发生过大变形而影响结构的正常使用,需要校核结构或构件的刚度。

(二)为超静定结构的内力分析奠定基础

超静定结构的内力计算只通过平衡条件是不能完全确定的,还必须同时考虑变形条件，即超静定结构要同时满足平衡条件和变形连续条件，而建立变形连续条件时需要计算结构的位移。

（三）便于结构或构件的制作和施工

结构或构件在制作和施工等过程中需要预先知道该结构或构件可能发生的位移，以便采取必要的措施（建筑起拱），确保结构或构件的正常使用。

由此可见，结构的位移计算在结构分析和实际工程中具有重要的意义。

三、计算结构位移的假定

求解结构位移时，为使计算简化，常作如下假定：

（1）结构的材料服从虎克定律，即应力与应变呈线性关系；

（2）结构的变形（位移）是微小的；

（3）结构各部分之间为理想连接，不需要考虑摩擦阻力等影响。

满足上述条件的理想化体系，其位移与荷载之间为线性关系，也称为线性变形体系。对于此种体系，计算位移时可应用叠加原理。

第二节　变形体的虚功原理

计算结构位移的方法很多，但其有效的、常用的计算方法就是应用变形体的虚功原理来导出结构位移计算公式。

一、功的概念

在物理学中已学过有关功的概念和定义，在此作简要复述如下。

（一）功的定义

$$功 = 广义力 \times 广义位移$$

（二）常力做功

所谓常力，就是指力的大小和方向不随时间而改变的力。

设在物体上的 M 点受常力 F 作用，使物体 M 点发生线位移 Δ，如图 10-2 所示，则常力 F 所做的功为

$$W = F\Delta\cos\alpha \tag{10-1}$$

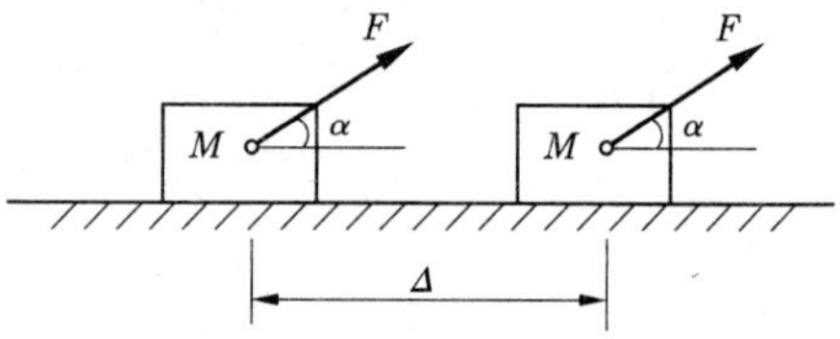

图 10-2

由此可见，力所做的功等于力与力方向位移的乘积。显然，力做功有如下三种情况：

（1）当 $\alpha = 0$ 时，则 $W = F\Delta$，即力 F 在位移 Δ 方向上做正功；

（2）当 $\alpha = \frac{\pi}{2}$ 时，则 $W = 0$，即力 F 在位移 Δ 方向上不做功；

（3）当 $\alpha = \pi$ 时，则 $W = -F\Delta$，即力 F 在位移 Δ 方向上做负功。

由于功具有正功和负功之分，所以功是一个标量。

(三)力偶做功

设物体受力偶 $m=Fd$ 作用而发生角位移 φ,如图 10-3 所示,则力偶所做的功可用构成力偶的两个力所做功之和来计算,即

$$W=2F\frac{d}{2}\varphi=Fd\varphi=m\varphi \tag{10-2}$$

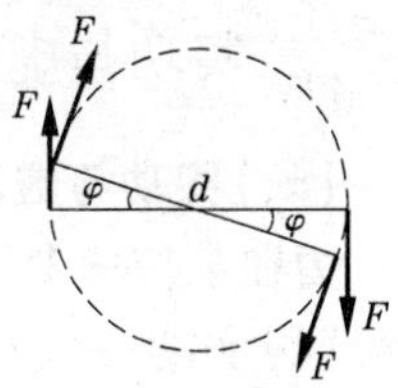

图 10-3

式(10-2)表明:力偶做的功等于其力偶矩与相应角位移的乘积。当 m 与 φ 同向时 W 为正功,反向时 W 为负功。

(四)变力做功

所谓变力,就是指力的大小或方向随时间而改变的力。

如图 10-4 所示的线性变形结构,当荷载由零增加到 F_1 时,简支梁由原来的直线位置逐渐变形到曲线 I,相应于 F_1 作用点位移亦由零增加到 Δ_{11}。

因为对于线性变形体,F_1 与 Δ_{11} 呈线性变形关系,即如图 10-5 所示。若以变量 F 表示由零增加到 F_i 过程中的某一数值,以 Δ 表示相应位移,则当 F 增加 $\mathrm{d}F$ 时,位移 Δ 也相应增加 $\mathrm{d}\Delta_{iF}$,则在此微小阶段荷载 F 所做的元功为

$$\mathrm{d}W=(F+\mathrm{d}F)\mathrm{d}\Delta=F\mathrm{d}\Delta+\mathrm{d}F\mathrm{d}\Delta \tag{a}$$

略去高阶微量,则元功又可表示为

$$\mathrm{d}W=F\mathrm{d}\Delta \tag{b}$$

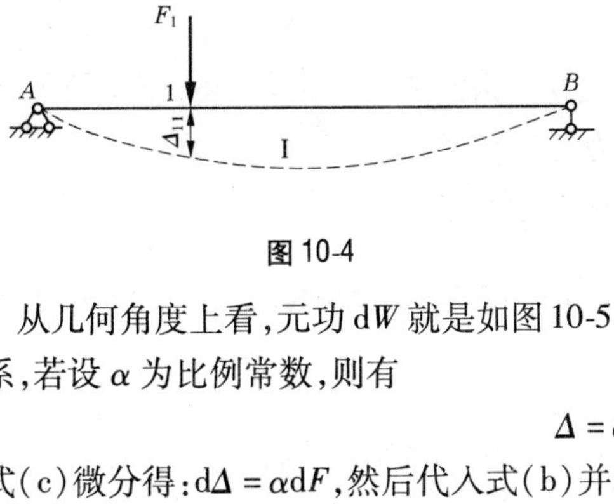

图 10-4

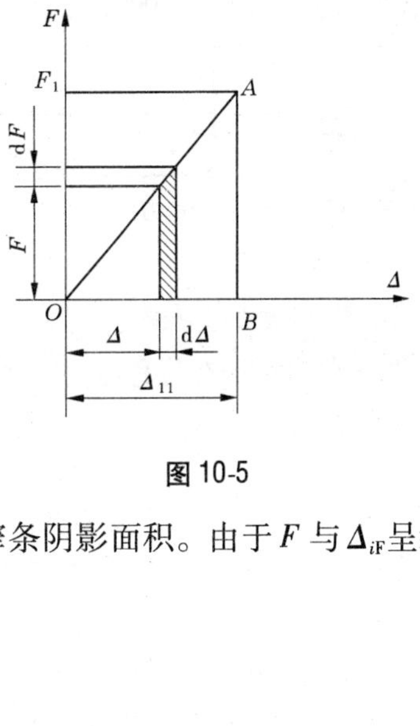

图 10-5

从几何角度上看,元功 $\mathrm{d}W$ 就是如图 10-5 所示的窄条阴影面积。由于 F 与 Δ_{iF} 呈线性关系,若设 α 为比例常数,则有

$$\Delta=\alpha F \tag{c}$$

将式(c)微分得:$\mathrm{d}\Delta=\alpha\mathrm{d}F$,然后代入式(b)并积分得

$$W=\int\mathrm{d}W=\int_0^{F_1}F\alpha\mathrm{d}F=\alpha\int_0^{F_1}F\mathrm{d}F=\frac{1}{2}\alpha F_1^2 \tag{d}$$

再将式(c)代入式(d)得

$$W=\frac{1}{2}F_1\Delta_{11} \tag{10-3}$$

式(10-3)即为变力做功的计算公式。从几何角度上看,变力所做的功等于图 10-5 中三角形 OAB 的面积。

二、实功与虚功

（一）实功与虚功的概念

力在某位移上所做的功根据位移产生的原因可分为如下两类：

（1）实功——力在其自身引起的位移上所做的功；

（2）虚功——力在其他因素引起的位移上所做的功。

（二）实功与虚功的计算

设图 10-6 所示的简支梁，在其梁上 1 点作用由零增加至 F_1 时，使梁产生弯曲变形如虚线Ⅰ所示，则 1 点发生竖向位移 Δ_{11} 是由 F_1 作用所引起的；当 F_1 平稳后，又在其梁上 2 点作用力 F_2，使梁继续产生弯曲变形如实线Ⅱ所示，由于 F_2 作用，则 1 点又发生竖向位移 Δ_{12}。

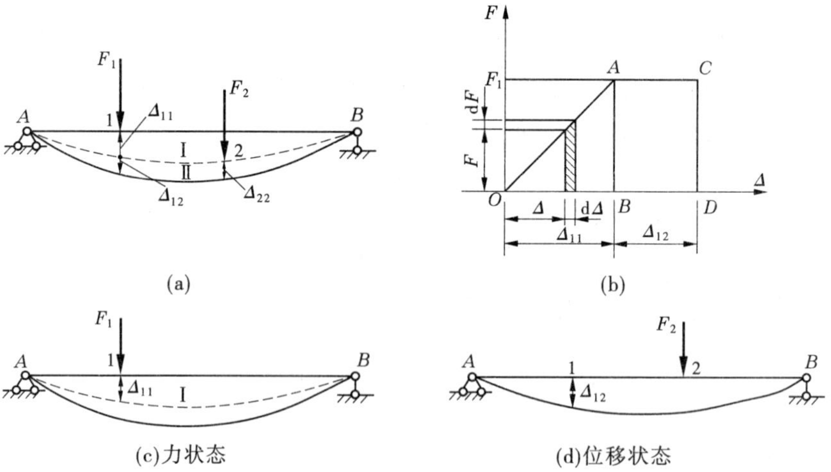

图 10-6

此时，变力 F_1 在位移 Δ_{11} 上所做的实功为

$$W_{11} = \frac{1}{2}F_1\Delta_{11} \tag{10-4}$$

由式（10-4）可见，其实功 W_{11} 等于图 10-6（b）中三角形 OAB 的面积。

而常力 F_1 在位移 Δ_{12} 上所做的虚功为

$$W_{12} = F_1\Delta_{12} \tag{10-5}$$

由式（10-5）可见，其虚功 W_{12} 等于图 10-6（b）中矩形 $ABCD$ 的面积。

须指出：由于虚功中的力与位移是彼此无关的两个量，因此做虚功必具备互不相关的两种状态，即力状态和位移状态，如图 10-6（c）、（d）所示。

（三）实功和虚功的区别

为了更清楚地理解虚功的概念，现将实功与虚功作一比较：

（1）实功是指力在自身引起的位移上所做的功，虚功是指力在其他因素引起的位移上所做的功。

（2）做实功时，力与位移成正比，此时力 F 是一变力，故在计算式中有系数 1/2；而做虚功时,因力 F 与位移无关,即不随位移变化而为常力,故在计算式中没有系数 1/2。

(3)实功恒为正值;而虚功则可能为正值、也可能为负值,即取决于力与位移的方向是否一致。

三、外力虚功与内力虚功

虚功又可根据力的性质分为外力虚功和内力虚功。外力虚功是指结构上的各外力在其他因素引起的相对应的位移上所做的虚功,内力虚功是指结构受外力作用各截面产生的内力在其他因素引起的对应的变形上所做的虚功。下面讨论外力虚功和内力虚功的计算。

设图 10-7(a)所示的刚架在荷载 F_1、F_2 及支座反力 R_1、R_2、R_3 共同作用下处于平衡状态,并将该状态称为第一状态(力状态);又设刚架由其他因素引起的位移如图 10-7(b)所示,其中 Δ_1 表示与 F_1 相应的位移,Δ_2 表示与 F_2 相应的位移,C_1、C_2、C_3 为支座虚位移,并将该状态称为第二状态(位移状态)。

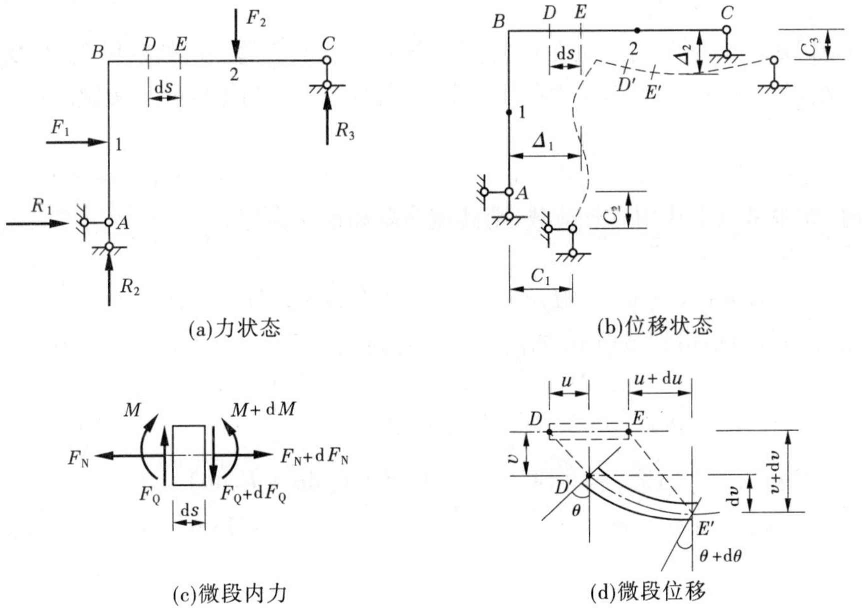

(a)力状态 (b)位移状态

(c)微段内力 (d)微段位移

图 10-7

(一)外力虚功的计算

第一状态的外力(F_1,F_2 及 R_1, R_2, R_3)在第二状态的位移(Δ_1,Δ_2 及 C_1,C_2,C_3)上所做的外力虚功为

$$W_{外} = F_1\Delta_1 + F_2\Delta_2 + R_1C_1 + R_2C_2 + R_3C_3 = \sum F_i\Delta_i + \sum R_iC_i \tag{10-6}$$

(二)内力虚功的计算

在图 10-7(a)所示的力状态中任取微段 ds 来分析其受力情况,画出其受力图如图 10-7(c)所示,微段两侧截面上分别作用有 M、F_Q、F_N 和 $M + dM$、$F_Q + dF_Q$、$F_N + dF_N$。这些力相对于整个刚架而言是刚架的内力,相对微段 ds 而言则是其外力。

同理,在图 10-7(b)所示的位移状态中取同一微段 ds 作分析,画出其位移如图 10-7(d)

所示，微段两侧截面的位移分别为 θ、u、v 和 $\theta+\mathrm{d}\theta$、$u+\mathrm{d}u$、$v+\mathrm{d}v$。这些位移包括两部分：一部分（θ、u、v）是刚体位移，另一部分（$\mathrm{d}\theta$、$\mathrm{d}u$、$\mathrm{d}v$）是微段两侧截面的相对位移。其中：$\mathrm{d}\theta$ 表示微段两截面间的相对转角，$\mathrm{d}u$ 表示微段相对轴向伸长（或缩短），$\mathrm{d}v$ 表示微段两截面间的相对错动。

于是可求得图 10-7（c）所示的内力（M、F_Q、F_N 和 $M+\mathrm{d}M$、$F_Q+\mathrm{d}F_Q$、$F_N+\mathrm{d}F_N$）在图 10-7（d）所示的相应位移（θ、u、v 和 $\theta+\mathrm{d}\theta$、$u+\mathrm{d}u$、$v+\mathrm{d}v$）上所做的虚元功为

$$\begin{aligned}\mathrm{d}W_{内} &= M\theta + F_Q v + F_N u + (M+\mathrm{d}M)(\theta+\mathrm{d}\theta) + \\ &\quad (F_Q+\mathrm{d}F_Q)(v+\mathrm{d}v) + (F_N+\mathrm{d}F_N)(u+\mathrm{d}u) \\ &= M\theta + F_Q v + F_N u + (M+\mathrm{d}M)\theta + (F_Q+\mathrm{d}F_Q)v + (F_N+\mathrm{d}F_N)u + \\ &\quad (M+\mathrm{d}M)\mathrm{d}\theta + (F_Q+\mathrm{d}F_Q)\mathrm{d}v + (F_N+\mathrm{d}F_N)\mathrm{d}u\end{aligned} \tag{a}$$

引用理论力学中已讨论过刚体系的虚功原理：刚体系处于平衡的充要条件是对于符合刚体系约束情况的任意微小虚位移，刚体系上所有外力在其虚位移上所做虚功的总和为零。

由于图 10-7（a）所示的刚架在外力作用下是处于平衡的，故微段 $\mathrm{d}s$ 在图 10-7（c）所示的内力作用下也应处于平衡。因此，微段 $\mathrm{d}s$ 上的外力在刚体位移上所做的虚功总和应为零，即

$$M\theta + F_Q v + F_N u + (M+\mathrm{d}M)\theta + (F_Q+\mathrm{d}F_Q)v + (F_N+\mathrm{d}F_N)u = 0 \tag{b}$$

此时，如果微段上作用有外荷载，则其虚功总和也应为零。

将式（b）代入式（a）得

$$\mathrm{d}W_{内} = (M+\mathrm{d}M)\mathrm{d}\theta + (F_Q+\mathrm{d}F_Q)\mathrm{d}v + (F_N+\mathrm{d}F_N)\mathrm{d}u \tag{c}$$

再略去高阶微量得到微段 $\mathrm{d}s$ 的内力虚元功为

$$\mathrm{d}W_{内} = M\mathrm{d}\theta + F_Q\mathrm{d}v + F_N\mathrm{d}u \tag{d}$$

对于一根杆件，则将式（d）积分求得内力虚功为

$$\Delta W_{内} = \int \mathrm{d}W_{内} = \int_l (M\mathrm{d}\theta + F_Q\mathrm{d}v + F_N\mathrm{d}u) \tag{e}$$

对于整个结构，若结构是由若干根杆件组成的，只需将各杆的内力虚功求和便得到整个结构的内力总虚功为

$$W_{内} = \sum \Delta W_{内} = \sum \int_l (M\mathrm{d}\theta + F_Q\mathrm{d}v + F_N\mathrm{d}u) \tag{10-7}$$

四、变形体虚功原理

变形体处于平衡状态的必要和充分条件是：变形体上所有外力在其对应位移上所做的外力虚功总和等于各微段上内力在其对应变形上所做的内力虚功 $W_{内}$ 总和（证明从略），即

$$W_{外} = W_{内} \tag{10-8}$$

将式（10-6）和式（10-7）代入式（10-8），于是得

$$\sum F_i\Delta_i + \sum R_iC_i = \sum \int_l (M\mathrm{d}\theta + F_Q\mathrm{d}v + F_N\mathrm{d}u) \tag{10-9}$$

式（10-9）即称为变形体系的虚功方程。

五、虚功原理的两种应用

在虚功方程中，由于力和位移是彼此独立的两个状态，即一个是平衡的力状态，另一个是符合约束条件的位移状态。因此，虚功原理具有如下两种应用：

(1)虚设位移，求力，故称为虚位移原理。若虚设单位位移，应用虚位移原理求力的方法，称为虚拟单位位移法。

(2)虚设力系，求位移，故称为虚力原理。若虚设单位荷载，应用虚力原理求位移的方法，称为虚拟单位荷载法。

第三节　结构位移计算的一般公式

一、公式推导

设如图 10-8(a)所示刚架在荷载、支座移动及温度变化等因素影响下，产生了如虚线所示的实际变形，此状态为位移状态。为求此状态的位移，例如欲求刚架 K 点沿 $k—k$ 方向的位移 Δ_K，需要虚设一个相应的力状态。则在刚架 K 点沿 $k—k$ 方向虚加一个集中力 F_K，即虚设力状态如图 10-8(b)所示。为计算简便常令 $F_K=1$。

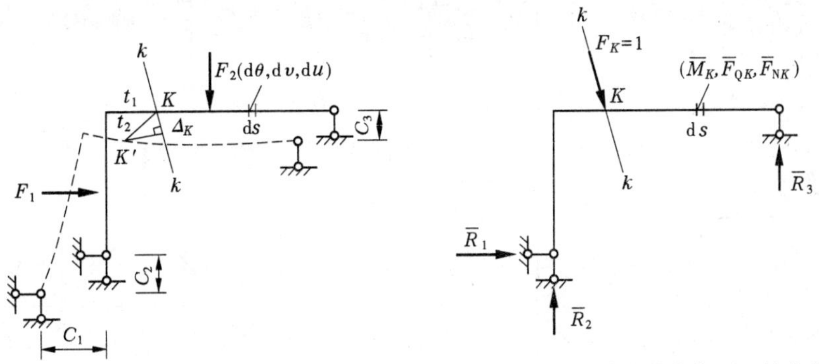

(a)实际位移状态　　(b)虚单位荷载作用下的力状态

图 10-8

为求外力虚功 $W_外$，在位移状态中给出了实际位移 Δ_K, C_1, C_2 和 C_3，在力状态中可根据 $F_K=1$ 的作用求出支座反力 $\overline{R}_1, \overline{R}_2, \overline{R}_3$。为求内力虚功 $W_内$，在位移状态中任取一微段 ds，微段上的变形位移分别为 $d\theta, dv$ 和 du。

根据式(10-9)的形式，列写其变形体虚功方程为

$$1 \times \Delta_K + \sum \overline{R}_i C_i = \sum \int_l (\overline{M}_K d\theta + \overline{F}_{QK} dv + \overline{F}_{NK} du)$$

于是得

$$\begin{aligned} \Delta_K &= \sum \int_l (\overline{M}_K d\theta + \overline{F}_{QK} dv + \overline{F}_{NK} du) - \sum \overline{R}_i C_i \\ &= \sum \int_l \overline{M}_K d\theta + \sum \int_l \overline{F}_{QK} dv + \sum \int_l \overline{F}_{NK} du - \sum \overline{R}_i C_i \qquad (10\text{-}10) \end{aligned}$$

式(10-10)称为结构位移计算的一般公式。

按式(10-10)计算结果若为正,表示单位荷载所做虚功为正,即所求位移 Δ_K 的指向与单位荷载 $F_K=1$ 的指向相同;计算结果若为负,表示单位荷载所做虚功为负,即所求位移 Δ_K 的指向与单位荷载 $F_K=1$ 的指向相反。这种通过虚设单位荷载,应用虚功原理中虚力原理来计算结构位移的方法,称为虚单位荷载法。

二、虚单位荷载的设置

利用虚功原理求结构的位移,需要虚设恰当的力状态。在实际问题中,除计算线位移外,还要计算角位移、相对位移等。集中力是在其相应的线位移上做功,力偶是在其相应的角位移上做功。若拟求绝对线位移,则应在拟求位移处沿拟求线位移方向虚设相应的单位集中力;若拟求绝对角位移,则应在拟求角位移处沿拟求角位移方向虚设相应的单位集中力偶;若拟求相对位移,则应在拟求相对位移处沿拟求位移方向虚设相应的一对平衡单位力或力偶。图 10-9 分别表示了几种单位荷载的设置。

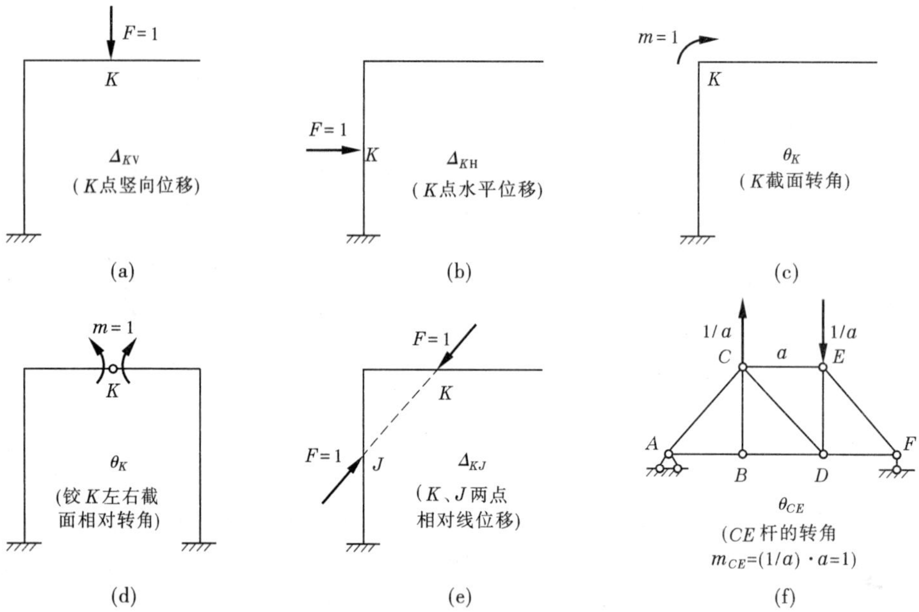

图 10-9

第四节　结构在荷载作用下的位移计算公式

一、结构在荷载作用下位移计算的一般公式

当结构的位移仅是荷载引起的,而无支座移动时,式(10-10)中的 $\sum \overline{R}_i C_i$ 一项为零,于是位移计算公式为

$$\Delta_K = \sum \int_l \overline{M}_K \mathrm{d}\theta + \sum \int_l \overline{F}_{QK} \mathrm{d}v + \sum \int_l \overline{F}_{NK} \mathrm{d}u \tag{10-11}$$

式中：$\mathrm{d}\theta$、$\mathrm{d}v$ 和 $\mathrm{d}u$ 是实际位移状态中结构受荷载作用使微段产生内力导致变形所引起的相对位移，如图 10-10 所示。

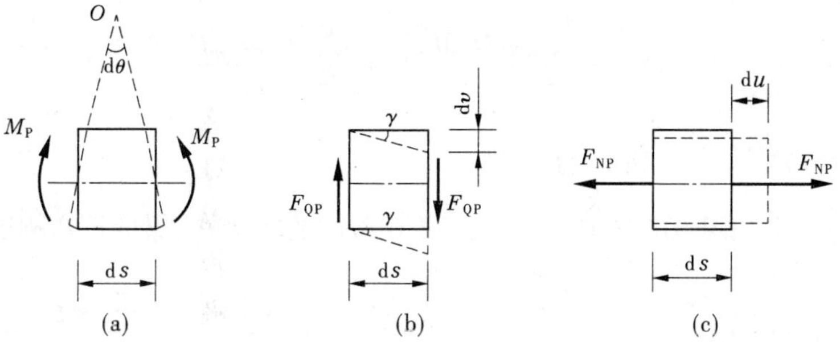

图 10-10

由线弹性变形体的变形公式（虎克定律），故有

$$\mathrm{d}\theta = \frac{M_P \mathrm{d}s}{EI} \qquad \mathrm{d}v = \frac{kF_{QP}\mathrm{d}s}{GA} \qquad \mathrm{d}u = \frac{F_{NP}\mathrm{d}s}{EA}$$

将上列位移代入式（10-10），导得

$$\Delta_{KP} = \sum \int_l \frac{\overline{M}_K M_P}{EI}\mathrm{d}s + \sum \int_l \frac{k\,\overline{F}_{QK} F_{QP}}{GA}\mathrm{d}s + \sum \int_l \frac{\overline{F}_{NK} F_{NP}}{EA}\mathrm{d}s \tag{10-12}$$

式（10-12）为结构在荷载作用下计算位移的一般公式，适用于线弹性结构的位移计算。

二、各类结构的位移计算公式

在荷载作用下的实际结构中，不同的结构形式其受力特点不同，各内力项对位移的影响也不同。为简化计算，对不同结构常忽略对位移影响较小的内力项，这样既满足于工程精度要求，又使计算简化。

（一）梁和刚架结构

对于梁和刚架结构，位移主要是由弯矩引起的，为简化计算，可忽略剪力和轴力对位移的影响，即位移计算公式简化为

$$\Delta_{KP} = \sum \int_l \frac{\overline{M}_K M_P}{EI}\mathrm{d}s \tag{10-13}$$

（二）桁架结构

对于桁架结构，各杆件只有轴力，且轴力为常数，则位移计算公式简化为

$$\Delta_{KP} = \sum \int_l \frac{\overline{F}_{NK} F_{NP}}{EA}\mathrm{d}s = \sum \frac{\overline{F}_{NK} F_{NP} l}{EA} \tag{10-14}$$

（三）拱结构

对于拱结构，当其轴力与压力线相近（两者的距离与拱截面高度为同一数量级）或者为扁平拱$\left(\frac{f}{l} < \frac{1}{5}\right)$时主要考虑弯矩和轴力对位移的影响，则位移计算公式简化为

$$\Delta_{KP} = \sum \int_l \frac{\overline{M}_K M_P}{EI} ds + \sum \int_l \frac{\overline{F}_{NK} F_{NP}}{EA} ds \tag{10-15}$$

（四）组合结构

此类结构中梁式杆以受弯为主，桁杆（二力杆）则主要承受轴力，故有

$$\Delta_{KP} = \sum \int_l \frac{\overline{M}_K M_P}{EI} ds + \sum \frac{\overline{F}_{NK} F_{NP} l}{EA} \tag{10-16}$$

三、用积分法计算结构位移示例

【例 10-1】 求如图 10-11（a）所示简支梁 C 截面的转角 θ_C，梁的抗弯刚度 EI = 常数。

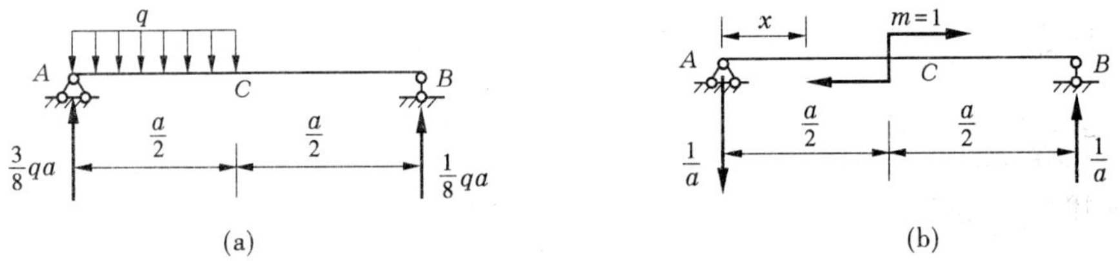

图 10-11

解 （1）建立实、虚两种状态。

以图 10-11（a）作为实际位移状态，建立与求位移 θ_C 相应的虚单位力状态如图 10-11（b）所示。

（2）列写实、虚两种状态的弯矩表达式。

AC 段： $\overline{M}(x) = -\frac{1}{a}x \qquad M_P(x) = \frac{3}{8}qax - \frac{1}{2}qx^2 \quad (0 \leqslant x \leqslant a/2)$

CB 段： $\overline{M}(x) = -\frac{1}{a}x + 1 \qquad M_P(x) = \frac{1}{8}qa(a-x) \quad (a/2 \leqslant x \leqslant a)$

（3）用积分法求 θ_C。

$$\theta_C = \sum \int_l \frac{\overline{M}_K M_P}{EI} ds = \int_0^{\frac{a}{2}} \frac{-x/a}{EI} \left(\frac{3}{8}qax - \frac{qx^2}{2} \right) dx + \int_{\frac{a}{2}}^{a} \frac{(-x/a+1)}{EI} \frac{1}{8}qa(a-x) dx = -\frac{qa^3}{384EI}$$

计算结果为负，表明 θ_C 的实际转向为逆时针转。

【例 10-2】 求如图 10-12（a）所示刚架截面 B 水平位移 Δ_{Bx}，设各杆段抗弯刚度均为 EI。

解 （1）建立实、虚两种状态。

以图 10-12（a）作为实际位移状态，建立与求位移 Δ_{Bx} 相应的虚单位力状态如图 10-12（b）所示。

（2）列写实、虚两种状态的弯矩表达式。

杆 BA： $M_P(x) = -Fa - \frac{qx^2}{2} \qquad \overline{M}_K = (-1) \times x = -x \quad (0 \leqslant x \leqslant a)$

杆 BC： $M_P(x) = -Fx \qquad \overline{M}_K = 0 \quad (0 \leqslant x \leqslant a)$

（3）用积分法求 Δ_{Bx}。

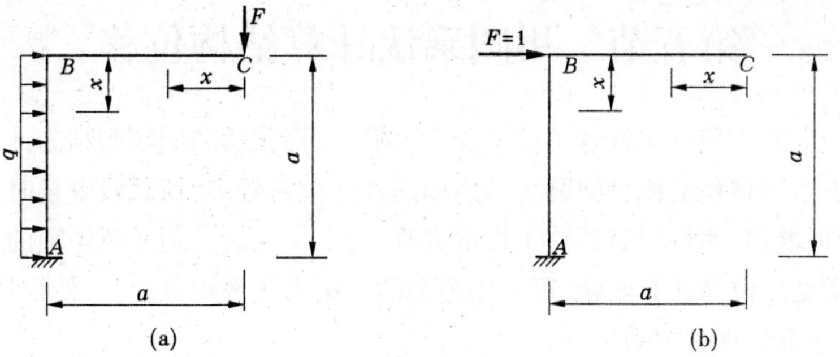

图 10-12

$$\Delta_{Bx} = \sum \int_l \frac{\overline{M}_K M_P}{EI} dx = \frac{1}{EI}\int_0^a \left[(-x) \times \left(-Fa - \frac{qx^2}{2} \right) \right] dx + \frac{1}{EI}\int_0^a [0 \times (-Fx)] dx$$

$$= \frac{1}{EI}\left(\frac{Fa^3}{2} + \frac{qa^4}{8} \right)(\rightarrow)$$

【例 10-3】 试计算如图 10-13(a)所示桁架结点 C 的竖向位移 Δ_{Cy}。设各杆 EA 为同一常数。

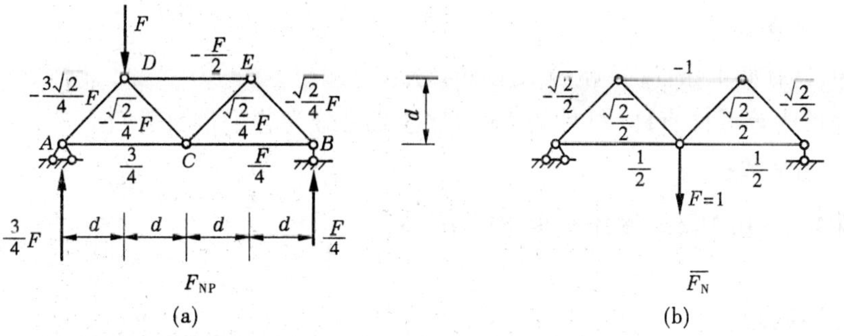

图 10-13

解 (1)建立实、虚两种状态。

以图 10-13(a)为实际位移状态，建立与 Δ_{Cy} 相应的虚单位力状态如图 10-13(b)所示。

(2)求实、虚两种状态下的轴力值。

将用结点法或截面法求得的轴力值分别标明于图 10-13(a) 、(b)中。

(3)用求和法计算 Δ_{Cy}。

$$\Delta_{Cy} = \frac{1}{EA}\sum \overline{F}_{NK} F_{NP}$$

$$= \frac{1}{EA}\Big[\left(-\frac{\sqrt{2}}{2}\right) \times \left(-\frac{3\sqrt{2}}{4}F\right) \times (\sqrt{2}d) + \left(\frac{\sqrt{2}}{2}\right) \times \left(-\frac{\sqrt{2}}{4}F\right) \times (\sqrt{2}d) +$$

$$\left(\frac{\sqrt{2}}{2}\right) \times \left(\frac{\sqrt{2}}{4}F\right) \times (\sqrt{2}d) + \left(-\frac{\sqrt{2}}{2}\right) \times \left(-\frac{\sqrt{2}}{4}F\right) \times (\sqrt{2}d) +$$

$$(-1) \times \left(-\frac{F}{2}\right) \times (2d) + \left(\frac{1}{2}\right) \times \left(\frac{3}{4}F\right) \times 2d + \left(\frac{1}{2}\right) \times \left(\frac{F}{4}\right) \times 2d \Big]$$

$$= \frac{Fd}{EA}(2 + \sqrt{2}) \approx 3.41\frac{Fd}{EA}(\downarrow)$$

第五节　用图乘法计算结构位移

从前面介绍的用积分法计算结构位移中可见:计算位移的问题归结为计算实、虚两种状态的内力表达式乘积的积分问题。当结构的杆件数目较多,荷载较复杂时,需要逐杆逐段积分,然后再求和,使得积分计算工作量大,显得十分麻烦。为避免烦琐的积分运算,对某些特殊且常见的位移计算问题,可采用图乘的方法来代替积分运算,使得计算问题大为简化,这种计算方法称为图乘法。

下面以弯曲变形引起的位移计算为例,介绍这一计算方法。

一、图乘法的适用条件及公式推导

现以求弯曲变形引起的位移为例,导出图乘公式。如求梁和刚架结构的位移,其位移公式为

$$\Delta_{KP} = \sum\int_l \frac{\overline{M}\cdot M_P}{EI}ds$$

(一)图乘条件

当结构具有如下条件时,就可采用图乘法:

(1)杆件为等截面直杆(杆件的 EI 为常数或可分为若干常数段);

(2)EI 为常数;

(3)在$\overline{M}(x)$和 $M_P(x)$图中至少有一个是直线图形。

(二)图乘公式

设图 10-14 所示为等截面直杆 AB 段上的两个弯矩图,实际状态弯矩图(简称 M_P 图)为任意形状(对于图示坐标),虚拟状态弯矩图(简称$\overline{M}$图)为一段直线,则$\overline{M}=x\tan\alpha$。

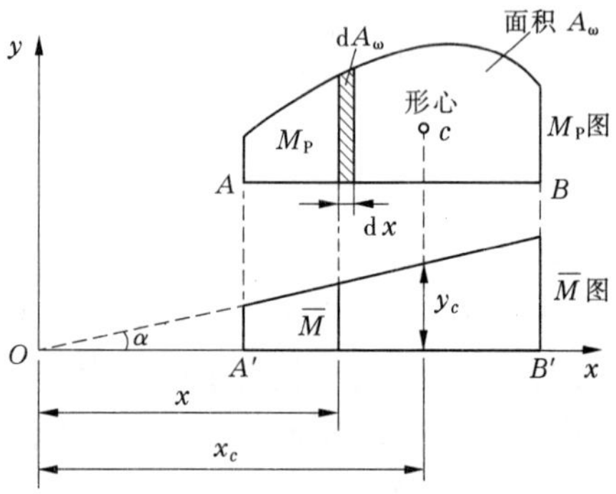

图 10-14

$$\text{于是有 }\Delta_{KP} = \int_A^B\frac{\overline{M}M_P}{EI}ds = \frac{1}{EI}\int_A^B x\tan\alpha M_P dx$$

$$= \frac{1}{EI}\tan\alpha\int_A^B xM_P dx = \frac{1}{EI}\tan\alpha\int_A^B x dA_\omega$$

式中:dA_ω 表示 M_P 图中 dx 微段的微面积,因而积分 $\int_A^B x dA_\omega$ 就是 M_P 图形面积 A_ω 对 y 轴的静矩。由静矩的性质可得

$$\int_A^B x dA_\omega = A_\omega x_c$$

式中:x_c 为 M_P 图形心到 y 轴的距离。因此,有 $\int_A^B\frac{\overline{M}M_P}{EI}ds = \frac{1}{EI}A_\omega x_c\tan\alpha$,而 $x_c\tan\alpha = y_c$ 为$\overline{M}$

图中与 M_P 图形心相对应的竖坐标，于是导得

$$\Delta_{KP}=\int_A^B\frac{\overline{M}M_P}{EI}ds=\frac{1}{EI}A_\omega y_c \tag{10-17}$$

式(10-17)表明:两个弯矩表达式乘积的积分等于一个弯矩图的面积 A_ω 乘以其形心所对应的另一个直线弯矩图的竖坐标 y_c 再除以 EI。

这种利用图形相乘来代替积分运算的方法,称为图乘法。

二、图乘法的注意事项

在应用图乘法时要注意以下几点:

(1)必须符合图乘法的应用条件;

(2)竖标只能取自直线图形;

(3)A_ω 与 y_c 若在杆件同侧图乘取正号,异侧取负号。

三、内力图形面积及形心位置

常见的简单内力图形的面积及形心位置,可以查阅图 10-15 所列数据。

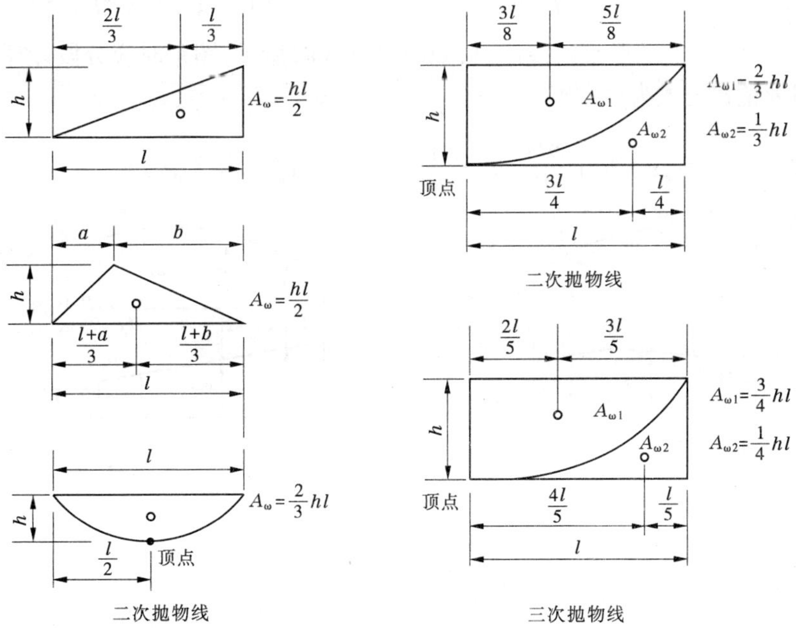

图 10-15

四、图乘法的技巧

当面积和形心位置不易确定时,可将它分解为几个简单的图形,分别与另一图形相乘,然后把结果叠加。

例如,在基线同一侧的两个梯形相图乘时,如图 10-16(a)所示。由于梯形的形心不

易确定，我们可把它分解为两个三角形相图乘，即

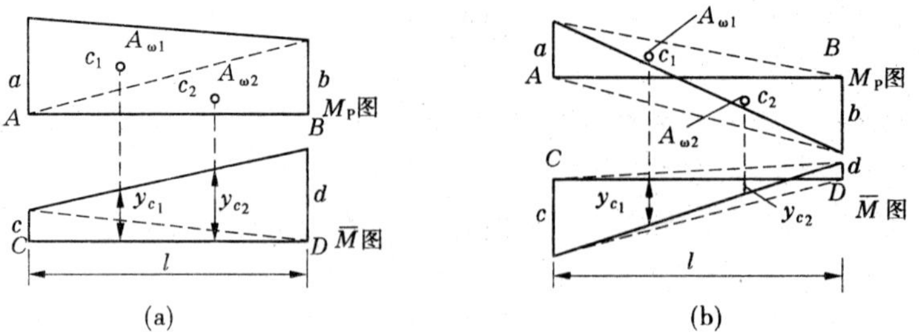

图 10-16

$$\Delta_{KP} = \int_A^B \frac{\overline{M}M_P}{EI}ds = \frac{1}{EI}A_\omega y_c = \frac{1}{EI}(A_{\omega1}y_{c1} + A_{\omega2}y_{c2}) = \frac{1}{EI}\left[\frac{al}{2}\left(\frac{2}{3}c + \frac{1}{3}d\right) + \frac{bl}{2}\left(\frac{1}{3}c + \frac{2}{3}d\right)\right]$$

当 M_P 图和$\overline{M}$图的端竖标 a、b、c、d 不在基线的同一侧时，如图 10-16(b)所示。同样也可分解为位于基线两侧的两个三角形相图乘，即

$$\Delta_{KP} = \int_A^B \frac{\overline{M}M_P}{EI}ds = \frac{1}{EI}A_\omega y_c = \frac{1}{EI}(A_{\omega1}y_{c1} + A_{\omega2}y_{c2}) = \frac{1}{EI}\left[\frac{al}{2}\left(-\frac{2}{3}c + \frac{1}{3}d\right) + \frac{bl}{2}\left(\frac{1}{3}c - \frac{2}{3}d\right)\right]$$

当取竖坐标 y_c 的图形是折线形时，如图 10-17(a)所示，图乘时应分段计算，然后再行叠加，即图乘位移公式为

$$\Delta_{KP} = \int_l \frac{\overline{M}M_P}{EI}ds = \frac{1}{EI}(A_{\omega1}y_{c1} + A_{\omega2}y_{c2} + A_{\omega3}y_{c3})$$

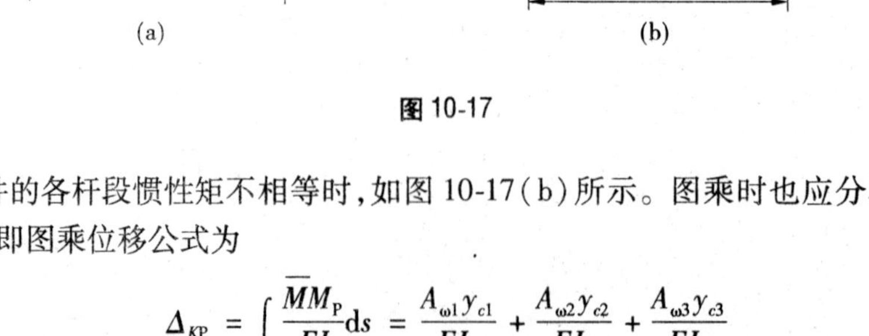

图 10-17

当杆件的各杆段惯性矩不相等时，如图 10-17(b)所示。图乘时也应分段计算，然后再行叠加，即图乘位移公式为

$$\Delta_{KP} = \int_l \frac{\overline{M}M_P}{EI}ds = \frac{A_{\omega1}y_{c1}}{EI_1} + \frac{A_{\omega2}y_{c2}}{EI_2} + \frac{A_{\omega3}y_{c3}}{EI_3}$$

五、用图乘法计算结构位移示例

【例 10-4】 试求如图 10-18(a)所示外伸梁 C 点的竖向位移 Δ_{Cy}。梁的 EI 为常数。

解 (1)建立实、虚两种状态。

以图 10-18(a)作为实际位移状态，另在外伸梁 C 点虚设与 Δ_{Cy} 相应的单位集中力，作为虚拟力状态，如图 10-18(c)所示。

(2)分别求作实、虚两种状态的 M_P 和 $\overline{M}$ 图。

作出 M_P 和 $\overline{M}$ 图分别如图 10-18(b)、(c)所示。

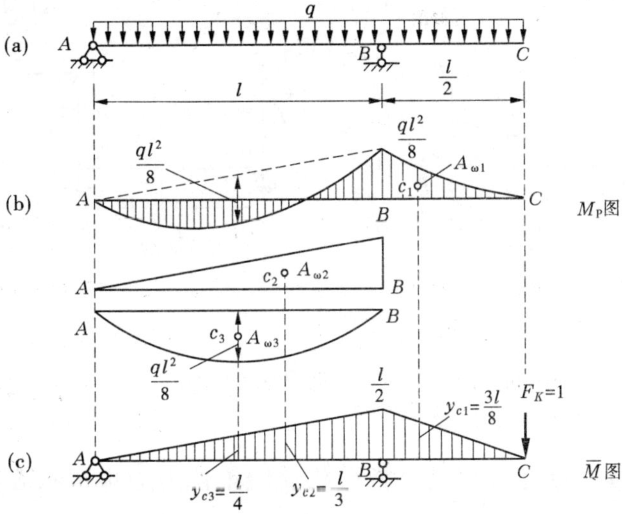

图 10-18

(3)用图乘法求 Δ_{Cy}。

$$\Delta_{Cy} = \sum \frac{1}{EI}A_\omega y_c = \frac{1}{EI}(A_{\omega1}y_{c1} + A_{\omega2}y_{c2} - A_{\omega3}y_{c3})$$

$$= \frac{1}{EI}\left[\left(\frac{1}{3} \times \frac{ql^2}{8} \times \frac{l}{2}\right) \times \frac{3l}{8} + \left(\frac{1}{2} \times \frac{ql^2}{8} \times l\right) \times \frac{l}{3} - \left(\frac{2}{3} \times \frac{ql^2}{8} \times l\right) \times \frac{l}{4}\right]$$

$$= \frac{ql^4}{128EI}(\downarrow)$$

【例 10-5】 试用图乘法计算如图 10-19(a)所示简支刚架距截面 C 的竖向位移 Δ_{Cy}，B 点的角位移 φ_B 和 D、E 两点间的相对水平位移 Δ_{DE}，设各杆 EI 为常数。

解 (1)计算 C 点的竖向位移 Δ_{Cy}。

作出 M_P 图和 C 点作用单位荷载 $F=1$ 时的 $\overline{M}_1$ 图，分别如图 10-19(b)、(c)所示。由于 $\overline{M}$ 图是折线，故需分段进行图乘，然后叠加。

$$\Delta_{Cy} = \frac{1}{EI} \times 2\left[\left(\frac{2}{3} \times \frac{l}{2} \times \frac{ql^2}{8}\right) \times \left(\frac{5}{8} \times \frac{l}{4}\right)\right] = \frac{5ql^4}{384EI}(\downarrow)$$

(2)计算结点 B 角位移 φ_B。

在 B 点处施加单位力偶，单位弯矩图 $\overline{M}_2$ 如图 10-19(d)所示，将 M_P 与 $\overline{M}_2$ 图乘得

$$\varphi_B = -\frac{1}{EI}\left(\frac{2}{3} \times l \times \frac{ql^2}{8}\right) \times \frac{1}{2} = -\frac{ql^3}{24EI}(\nwarrow)$$

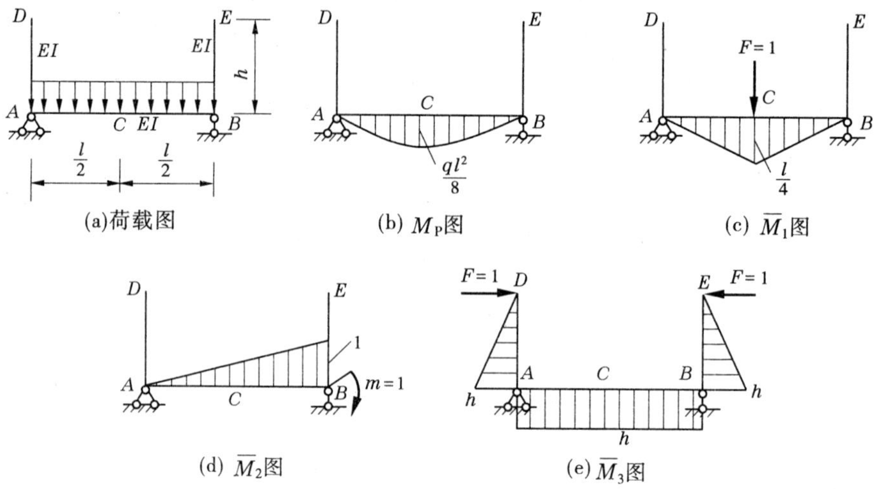

图 10-19

结果为负号表示 φ_B 的实际转向与所加单位力偶的方向相反。

(3)求 D、E 两点的相对水平位移。

在 D、E 两点沿着两点连线加一对指向相反的单位力为虚拟状态,作出 $\overline{M}_3$ 图如图 10-19(e)所示。将 M_P 与 $\overline{M}_3$ 图乘得

$$\Delta_{DE} = \frac{1}{EI}\left(\frac{2}{3} \times \frac{ql^2}{8} \times l\right) \times h = \frac{ql^3 h}{12EI}(\rightarrow\leftarrow)$$

计算结果为正号,表示 D、E 两点相对位移方向与所设单位力的指向相同,即 D、E 两点相互靠近。

【例 10-6】 试求图 10-20(a)所示组合结构 D 端的竖向位移 Δ_{Dy}。$E = 2.1 \times 10^{11}$ N/m^2,受弯杆件截面惯性矩 $I = 3.2 \times 10^{-5}$ m^4,拉杆 BE 的截面面积 $A = 16 \times 10^{-4}$ m^2。

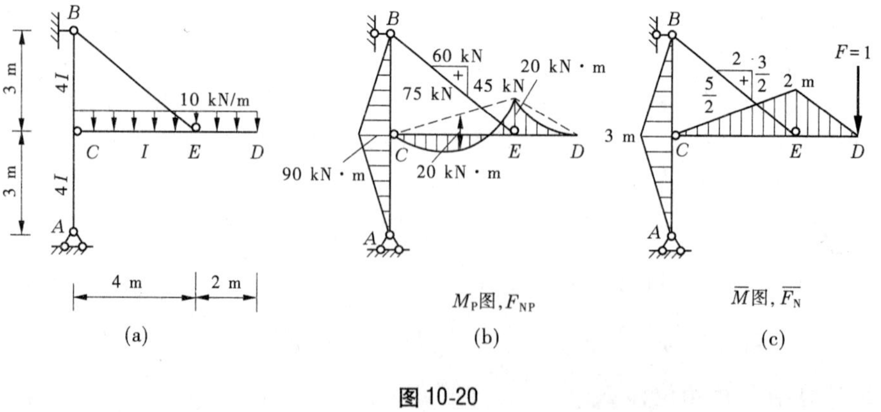

图 10-20

解 作出实际荷载作用下的弯矩图 M_P,并求出 BE 杆轴力,如图 10-20(b)所示,在 D 端加一竖向单位力,作出 $\overline{M}$图和杆 BE 轴力,如图 10-20(c)所示。

$$\Delta_{Dy} = \frac{1}{EI}\left[\left(\frac{1}{3}\times 20\times 10^3\times 2\right)\times\left(\frac{3}{4}\times 2\right)+\left(\frac{1}{2}\times 20\times 10^3\times 4\right)\times\left(\frac{2}{3}\times 2\right)-\right.$$

$$\left.\left(\frac{2}{3}\times 20\times 10^3\times 4\right)\times\left(\frac{1}{2}\times 2\right)\right]+\frac{1}{4EI}\left[\left(\frac{1}{2}\times 90\times 10^3\times 3\right)\times\left(\frac{2}{3}\times 3\right)\times 2\right]+$$

$$\frac{1}{EA}\times 75\times 10^3\times\frac{5}{2}\times 5=\frac{1}{EI}\times 155\times 10^3+\frac{1}{EA}\times 937.5\times 10^3$$

$$=0.023\,1+0.002\,79=0.025\,9(\mathrm{m})(\downarrow)$$

从上面的计算可知:弯矩和轴力对位移的影响分别占 89% 和 11%,显然在组合结构的计算中链杆的轴力是不能略去的。

第六节　线性变形体系的几个互等定理

对于线弹性结构,由虚功原理可推导出四个互等定理,即虚功互等定理、位移互等定理、反力互等定理和位移反力互等定理。其中,虚功互等定理是最基本的,其他几个互等定理皆可由它推得。

一、虚功互等定理

定理:第一状态的外力在第二状态的位移上所做的功等于第二状态的外力在第一状态的位移上所做的功,即

$$W_{12}=W_{21} \tag{10-18}$$

证明:设两组外力 F_1 和 F_2 分别作用于同一线弹性结构上,构成如图 10-21 所示和图 10-22所示的两种状态。

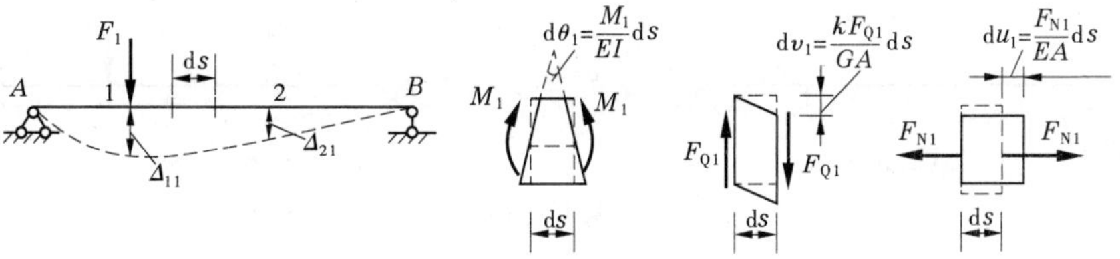

(a)外力与位移　　(b)微段内力与相应变形

图 10-21(第一状态)

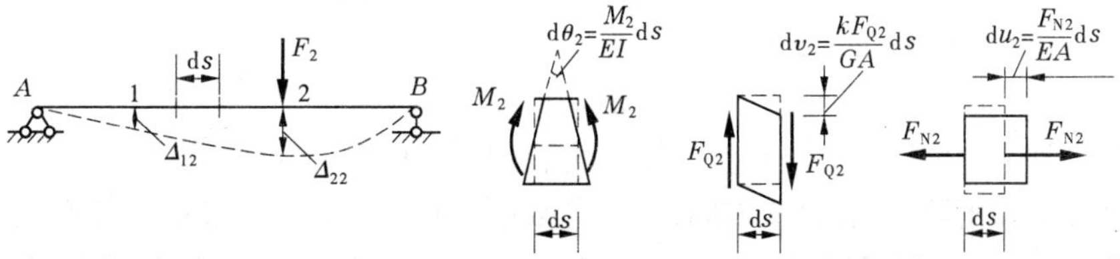

(a)外力与位移　　(b)微段内力与相应变形

图 10-22(第二状态)

在第一状态中,结构在外力 F_1 作用下,1 点产生竖向位移 Δ_{11},2 点产生竖向位移 Δ_{21},如图 10-21(a)所示;同时使微段产生内力为 M_1、F_{Q1} 和 F_{N1},而微段又在内力 M_1、F_{Q1} 和 F_{N1}

作用下产生相应的变形为 $d\theta_1$、dv_1、du_1，如图 10-21(b)所示。

在第二状态中，结构在外力 F_2 作用下，1 点产生竖向位移 Δ_{12}，2 点产生竖向位移 Δ_{22}，如图 10-22(a)所示；也同时使微段产生内力为 M_2、F_{Q2} 和 F_{N2}，而微段又在内力 M_2、F_{Q2} 和 F_{N2} 作用下产生相应的变形为 $d\theta_2$、dv_2、du_2，如图 10-22(b)所示。

下面交互列写出这两种状态的虚功方程为

$$\begin{aligned} W_{12} &= F_1\Delta_{12} = \sum\int_l (M_1 d\theta_2 + F_{Q1} dv_2 + F_{N1} du_2) \\ &= \sum\int_l M_1 \frac{M_2}{EI}ds + \sum\int_l F_{Q1}\frac{kF_{Q2}}{GA}ds + \sum\int_l F_{N1}\frac{F_{N2}}{EA}ds \end{aligned} \tag{a}$$

$$\begin{aligned} W_{21} &= F_2\Delta_{21} = \sum\int_l (M_2 d\theta_1 + F_{Q2} dv_1 + F_{N2} du_1) \\ &= \sum\int_l M_2 \frac{M_1}{EI}ds + \sum\int_l F_{Q2}\frac{kF_{Q1}}{GA}ds + \sum\int_l F_{N2}\frac{F_{N1}}{EA}ds \end{aligned} \tag{b}$$

比较式(a)和式(b)的右边，可见是完全相同的。那么，两式的左边也应相等，即

$$F_1\Delta_{12} = F_2\Delta_{21} \tag{10-19}$$

或

$$W_{12} = W_{21}$$

二、位移互等定理

定理：第二个单位力所引起的第一个单位力作用点沿其方向的位移 δ_{12}，等于第一个单位力所引起的第二个单位力作用点沿其方向的位移 δ_{21}，即

$$\delta_{12} = \delta_{21} \tag{10-20}$$

证明：设两个状态中的荷载都是单位力，即 $F_1=1$，$F_2=1$，如图 10-23 所示。

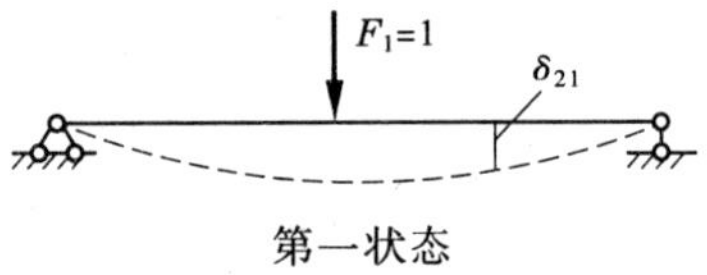

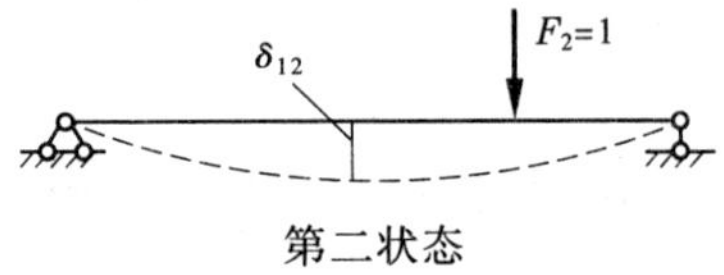

图 10-23

根据虚功概念有

$$W_{12} = F_1\delta_{12} = 1\times\delta_{12} = \delta_{12}$$
$$W_{21} = F_2\delta_{21} = 1\times\delta_{21} = \delta_{21}$$

由虚功的互等定理 $W_{12}=W_{21}$ 得

$$\delta_{12} = \delta_{21}$$

这里的单位力可以认为是广义的单位力，位移也可以认为是广义位移。虽然会出现角位移和线位移相等，二者含义不同，但二者数值上相等，量纲也相同，定理亦成立。

须指出：位移互等定理将在力法解算超静定结构中应用，应用该定理可减少计算工作量。

三、反力互等定理

它用来说明在超静定结构中，假设两个支座分别产生单位位移时，两个状态中反力的

互等关系。

定理：支座 1 发生单位位移所引起的支座 2 的反力，等于支座 2 发生单位位移所引起的支座 1 的反力，即

$$r_{21} = r_{12} \tag{10-21}$$

证明：如图 10-24(a)所示，支座 1 发生单位位移 $\Delta_1 = 1$，此时使支座 2 产生反力 r_{21}，称此为第一状态。如图 10-24(b)所示，支座 2 发生单位位移 $\Delta_2 = 1$，此时使支座 1 产生反力 r_{12}，称此为第二状态。

根据功的互等定理有

$$W_{12} = W_{21}$$

即 $$r_{21}\Delta_2 = r_{12}\Delta_1$$

由于 $$\Delta_2 = \Delta_1 = 1$$

故 $$r_{21} = r_{12}$$

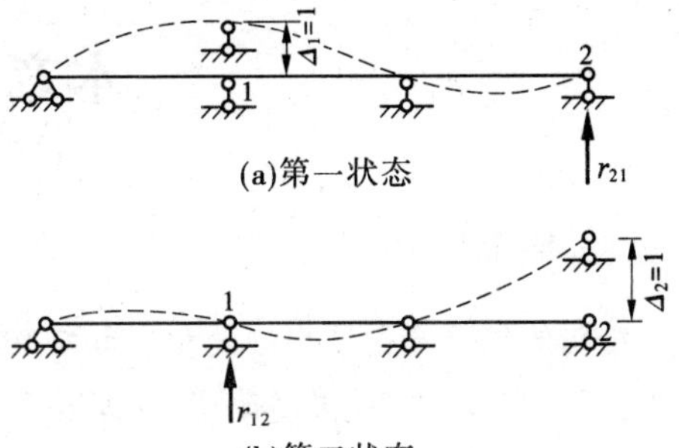

(a)第一状态

(b)第二状态

图 10-24

必须指出：反力互等定理只有在超静定结构中才成立，而静定结构不可能存有反力互等。此外，位移互等定理将在位移法解算超静定结构中应用，应用该定理可减少计算工作量。

第七节　静定结构因支座移动时的位移计算

静定结构在支座移动时不会引起结构的内力和变形，但会使结构发生刚体位移，此时，结构位移计算的一般公式(10-10)形式如下

$$\Delta_{KC} = -\sum \overline{R}_i C_i \tag{10-22}$$

式中：$\overline{R}_i$ 为虚拟单位力状态的支座反力；C_i 为实际支座位移；$\sum \overline{R}_i C_i$ 为反力虚功的总和，当$\overline{R}_i$ 与实际支座位移 C_i 方向一致时其乘积取正，相反时为负。

式(10-22)为静定结构在支座移动时的位移计算公式。

【例 10-7】 如图 10-25(a)所示三铰刚架，若支座 B 发生如图所示位移 $a = 4$ cm，$b = 6$ cm，$l = 8$ m，$h = 6$ m，求由此而引起的左支座处杆端截面的转角 φ_A。

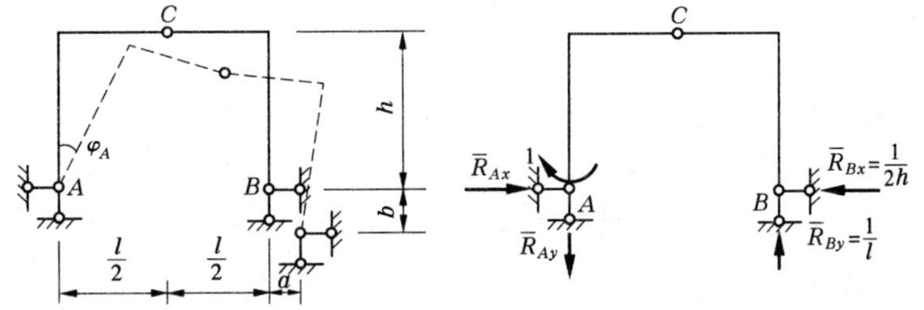

(a)

(b)

图 10-25

解 在 A 点处施加一单位力偶,建立虚拟力状态,依次求得支座反力,如图 10-25(b)所示。由式(10-22)求得

$$\varphi_A = -\sum \overline{R}_i C_i = -\left[\left(-\frac{1}{2h}\times a\right)+\left(-\frac{1}{l}\times b\right)\right] = \frac{a}{2h}+\frac{b}{l} = \frac{4}{2\times 600}+\frac{6}{800} = 0.010\,8(\text{rad})$$

本章内容小结

一、基本概念

结构的位移是指结构的变形引起结构各截面位置的变化。结构的位移一般分为线位移和角位移。荷载作用、温度改变、支座移动、材料胀缩和制造误差等都会使结构产生位移。

计算结构位移的目的:

(1)校核结构或构件的刚度;

(2)为分析超静定结构的内力奠定基础;

(3)便于结构或构件的制作和施工。

实功是指力在自身引起的位移上所做的功。当做功的力与相应的位移之间彼此独立无关时,这种功称为虚功。

二、变形体虚功原理

变形体在力系作用下处于平衡状态时,若使它产生任意的、微小的、可能的虚位移,则力状态的外力沿位移状态的相应变形上所做的外力虚功等于力状态的内力沿位移状态的相应变形上所做的内力虚功,即

$$W_{外} = W_{内}$$

变形体虚功原理是结构位移计算的理论基础,应重点了解。

三、位移计算公式

结构位移计算的一般公式为

$$\Delta_K = \sum \int_l \overline{M}_K \mathrm{d}\theta + \sum \int_l \overline{F}_{QK} \mathrm{d}v + \sum \int_l \overline{F}_{NK} \mathrm{d}u - \sum \overline{R}_i C_i$$

各类静定结构在荷载作用下的位移计算公式分别如下。

(一)梁和刚架结构

$$\Delta_{KP} = \sum \int_l \frac{\overline{M}_K M_P}{EI} \mathrm{d}s$$

(二)桁架结构

$$\Delta_{KP} = \sum \int_l \frac{\overline{F}_{NK} F_{NP}}{EA} \mathrm{d}s = \sum \frac{\overline{F}_{NK} F_{NP} l}{EA}$$

(三)拱结构

$$\Delta_{KP} = \sum \int_l \frac{\overline{M}_K M_P}{EI} ds + \sum \int_l \frac{\overline{F}_{NK} F_{NP}}{EA} ds$$

(四)组合结构

$$\Delta_{KP} = \sum \int_l \frac{\overline{M}_K M_P}{EI} ds + \sum \frac{\overline{F}_{NK} F_{NP} l}{EA}$$

静定结构在支座移动时的位移计算公式为

$$\Delta_{KC} = -\sum \overline{R}_i C_i$$

四、计算结构位移的方法、步骤及注意事项

(一)用积分法计算结构位移的步骤

(1)建立实、虚两种状态；

(2)根据结构类型列写出实、虚两种状态所需的内力表达式；

(3)将所列内力表达式代入位移公式进行积分计算,即得所求位移。

(二)用图乘法计算结构位移的步骤

(1)建立实、虚两种状态；

(2)根据结构类型求作实、虚两种状态所需的内力图；

(3)应用图乘公式 $\Delta = \frac{1}{EI} A_\omega y_c$ 进行图乘计算,即得所求位移。

(三)图乘法注意事项

(1)竖距必须取自相同斜率段的直线图形中,面积取自于另一图形。若两种状态的内力图均为直线图形,则可在任意图形中取竖距,另一图形中取面积。

(2)若直杆各段的刚度为不同的常数,应当分段图乘。

(3)两种状态的内力图均在基线同侧时,图乘结果为正,反之为负。

五、几个互等定理

(1)虚功互等定理

$$W_{12} = W_{21}$$

(2)位移互等定理

$$\delta_{12} = \delta_{21}$$

(3)反力互等定理

$$r_{21} = r_{12}$$

在上述三个定理中,虚功互等定理是主要定理,而位移互等定理和反力互等定理均可由虚功互等定理导得。

思考题

10-1　用图乘法求图10-26中 Δ_{Cy} 时,下列哪个答案是正确的？为什么？

(1) $\Delta_{Cy}=0+\frac{1}{EI}\times\frac{1}{8}l^2\times\frac{5}{6}Fl=\frac{5Fl^3}{48EI}(\downarrow)$；

(2) $\Delta_{Cy}=\frac{1}{EI}\times\frac{1}{2}Fl^2\times\frac{l}{6}=\frac{Fl^3}{12EI}(\downarrow)$。

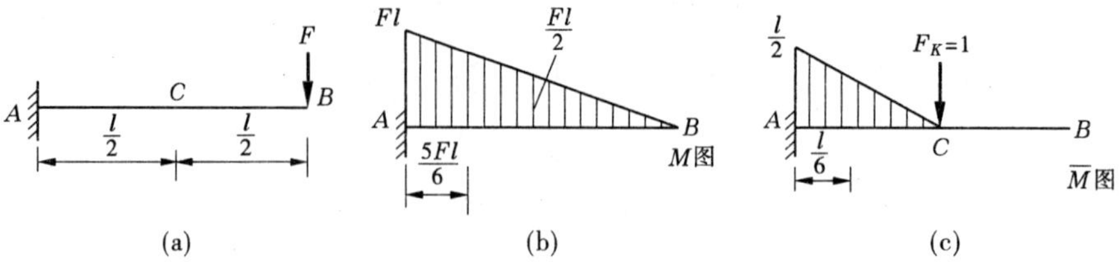

图 10-26

10-2 求图 10-27 所示结构中指定截面指定方向的位移时，对应的力状态如何建立？

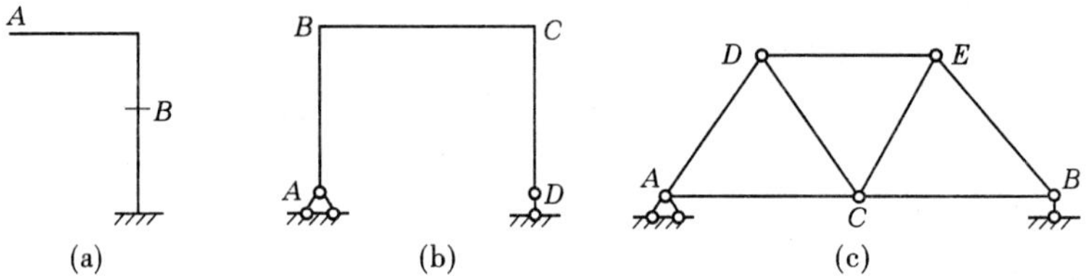

图 10-27

在图 10-27(a) 中：

(1) 求 A 点的竖向线位移；

(2) 求截面 A 的角位移；

(3) 求 A、B 两点的相对线位移；

(4) 求 A、B 两截面的相对角位移。

在图 10-27(b) 中：求 B、D 两点间相对水平线位移。

在图 10-27(c) 中：

(1) 求 C 点的竖向线位移；

(2) 求 CD 杆的角位移。

习　题

10-1 用积分法计算图 10-28 所示各梁中 A 点的转角和 C 截面的竖向位移。设 EI 为常数。

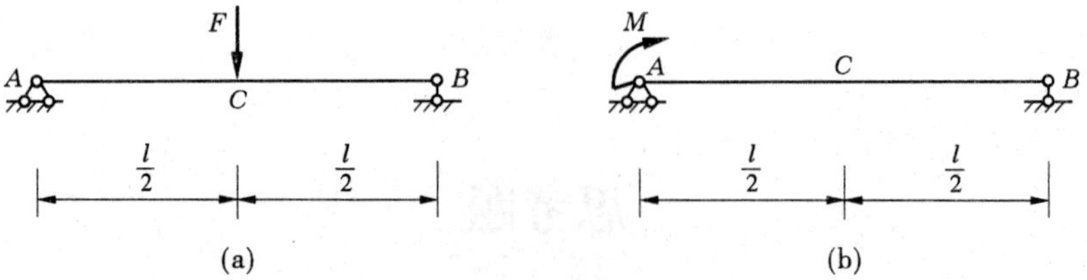

图 10-28

10-2　用积分法计算图 10-29 所示曲梁 B 点的水平位移 Δ_{Bx}。已知：曲梁的 EI 为常数，轴线方程为 $y=\dfrac{4f}{l^2}x(l-x)$。计算时只考虑弯曲变形，并取 $ds=dx$。

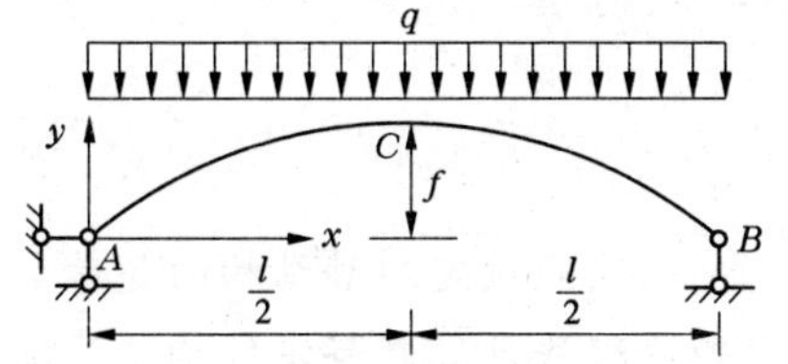

图 10-29

10-3　用积分法计算图 10-30 所示刚架截面 B 的水平位移和角位移。各杆刚度 EI 为常数。

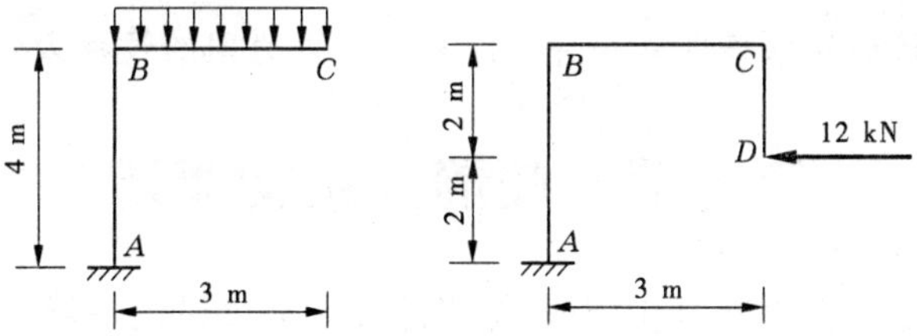

图 10-30

10-4　计算图 10-31 所示桁架中结点 C 的竖向线位移。各杆 EA 为常数。

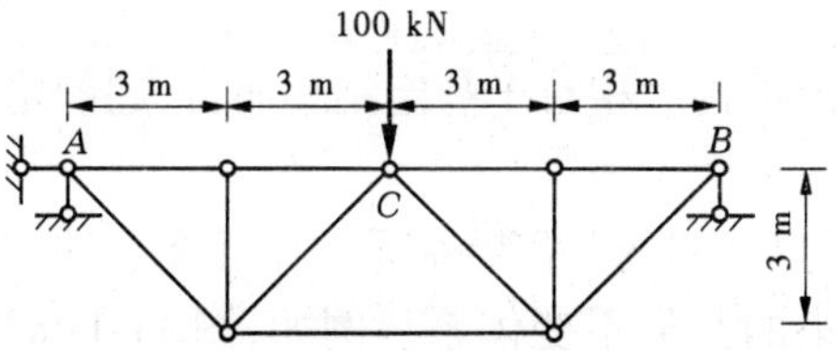

图 10-31

10-5　用图乘法计算图 10-32 所示结构中各指定截面的位移。试求：

(1)图 10-32(a)所示简支梁跨中挠度及 A 端转角；

(2)图 10-32(b)所示简支梁 A 端转角；

(3)图 10-32(c)所示刚架 C 点竖向位移。

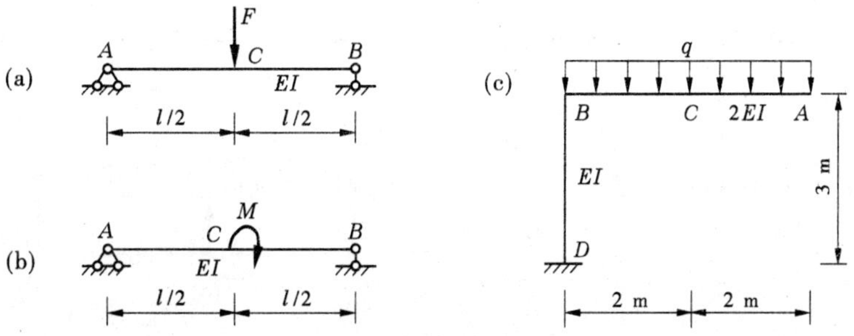

图 10-32

第十一章　超静定结构的内力分析

【学习目标】

- 了解超静定结构的主要特征，能确定超静结构的超静定次数。
- 掌握力法、位移法和力矩分配法计算超静定结构的基本原理及计算步骤。
- 明确力法、位移法和力矩分配法各自的基本未知量及基本结构。
- 理解力法、位移法各自的典型方程及方程中系数和自由项的物理意义。
- 掌握用力法、位移法或力矩分配法计算超静定结构在荷载作用下的内力。
- 掌握利用结构对称性取“取半结构”简化计算的方法。
- 掌握超静定结构的位移计算和静定结构最后内力图的校核方法。

第一节　超静定结构概述

前面讨论了静定结构的反力、内力和位移计算。本章讨论超静定结构的内力计算问题。在实际工程中，采用较多的是超静定结构，因此对超静定结构的研究具有实际意义。

一、超静定结构的概念

超静定结构又称静不定结构。相对于静定结构而言，超静定结构具有如下主要特征。

(一)几何特征

从几何组成方面看，静定结构的几何特征是一个无多余约束的几何不变体系，而超静定结构则是一个有多余约束的几何不变体系。例如，图 11-1(a)所示的简支梁是一个无多余约束的几何不变体系，而图 11-1(b)所示的连续梁则是有一个多余约束的几何不变体系。

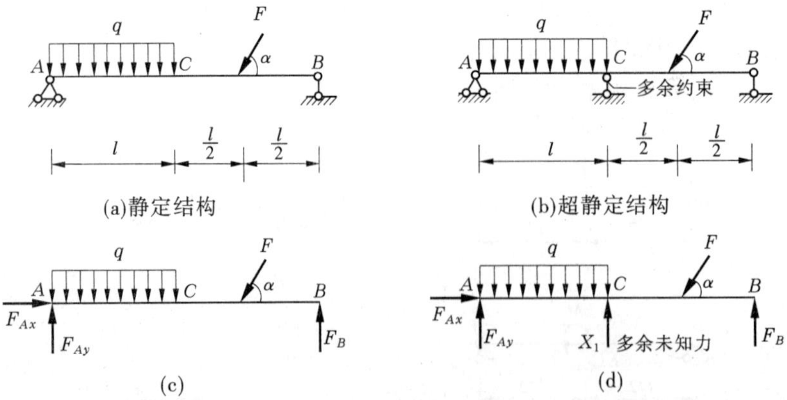

图 11-1

所谓多余约束,是指单独去掉它后体系仍保持为几何不变的那种约束,并非不起作用的约束。

(二)静力特征

从计算上来说,静定结构的静力特征是,用静力平衡条件就能求得全部反力和内力。而超静定结构的静力特征是,仅用静力平衡条件不能求得全部反力和内力。例如,对图 11-1(a)所示的静定梁,画出其受力图如图 11-1(c)所示,梁的反力(F_{Ax}、F_{Ay}、F_B)和内力(F_N,F_Q,M)分别由三个静力平衡方程求得。而对图 11-1(b)所示的连续梁,画出其受力图如图 11-1(d)所示,梁的反力共有四个(F_{Ax}、F_{Ay}、X_1、F_B),其中 X_1 称为多余约束所对应的多余未知力,用三个静力平衡方程不可能将此四个反力全部求得,只要有一个反力尚未确定,梁的内力就不能确定。因此,还须补充其他条件,才能求解。

(三)其他特征

静定结构的内力是由荷载作用所产生的,且内力与材料的物理性能和杆截面的几何性质无关,任何非荷载因素作用于静定结构都不会产生内力。超静定结构除荷载作用产生的内力外,其他非荷载因素(如支座移动、温度改变、构造误差等)作用都会产生内力。又由于超静定结构具有多余约束,在求此相应的多余未知力时,需用到多余约束处的变形谐调条件,因此超静定结构的内力还与材料的物理性能和杆截面的几何性质有关。

例如,图 11-2(a)所示的静定梁因支座 B 向下位移 Δ 时,整个梁绕支座 A 点发生刚体转动,则梁不因支座 B 向下位移 Δ 时而产生内力。图 11-2(b)所示的超静定梁因支座 B 向下位移 Δ 时,体系仍为几何不变体系,整个梁发生图示弯曲变形,故梁就会产生内力。

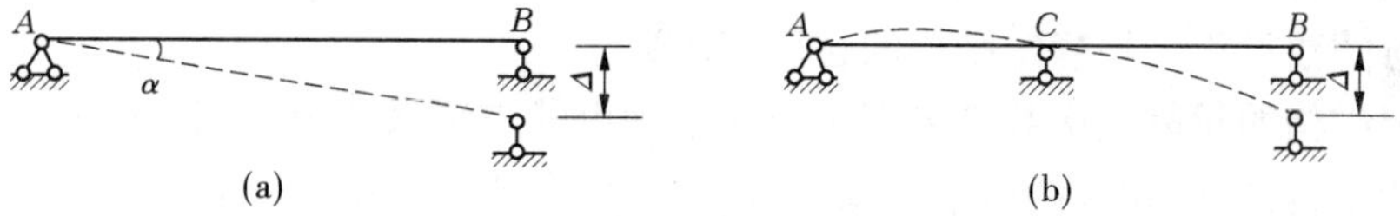

图 11-2

又例如,图 11-3(a)所示的静定梁因温度改变时,梁上温度 T_2 高于梁下温度 T_1,但支座 B 为可动支座,梁可自由伸缩,故不产生内力。

图 11-3

对于图 11-3(b)所示的超静定梁,当温度改变与图 11-3(a)中静定梁相同时,因 A、B 支座固定,梁不可能自由伸缩,梁上侧温度高所引起的伸长量大于梁下侧温度低所引起的伸长量,梁就会产生向上弯曲变形,故梁就会因温度改变而产生内力。

除上述主要特征外,超静定结构还具有整体性强、变形小、受力较为均匀等特点,因而这种结构在实际工程中被广泛采用。例如,图 11-4(a)所示的两跨连续梁较图 11-4(b)所示的两跨简支梁,在力 F 作用点处的弯矩和挠度均较小。

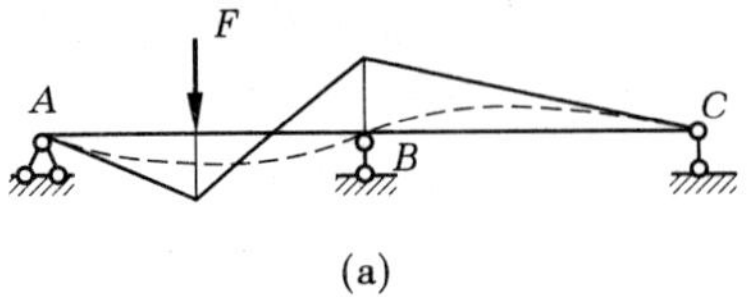

图 11-4

二、超静定结构的类型

常见的超静定结构的类型有梁、刚架、拱、桁架及组合结构等，如图 11-5 所示。

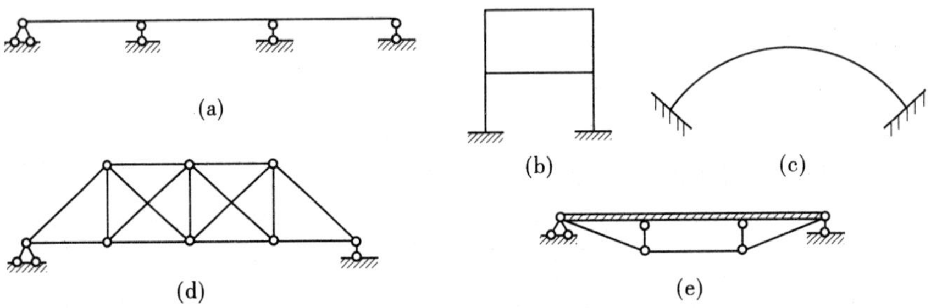

图 11-5

三、超静定次数的确定

超静定结构具有多余约束，因而具有相应的多余未知力。通常将多余约束的数目或多余未知力的数目称为超静定结构的超静定次数。

超静定结构的超静定次数常采用去掉多余约束的方法来确定。该方法就是去掉结构中的多余约束，代之以相应的多余未知力，使原结构变成静定结构，则

$$\text{超静定次数}\ n = \text{多余约束的数目} = \text{多余未知力的数目}$$

去掉多余约束法通常有如下几种情况：

(1) 去掉一根支座链杆或切断一根链杆，相当于去掉一个约束。

如图 11-6 (a) 所示的连续梁，去掉 B 支座链杆而变成静定结构，如图 11-6(c) 所示。因 $n=1$，故该结构一次超静定。又例如图 11-6(b) 所示的组合梁，切断下弦链杆而变成静定结构，如图 11-6(d) 所示。因 $n=1$，故该结构为一次超静定。

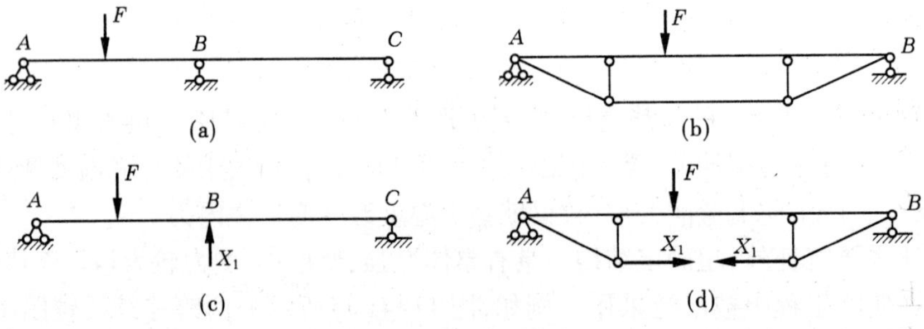

图 11-6

(2)去掉一个单铰,相当于去掉两个约束。

如图 11-7(a)所示的结构,去掉一个单铰而变成静定结构,如图 11-7(b)所示。因 $n=2$,故原结构为两次超静定。

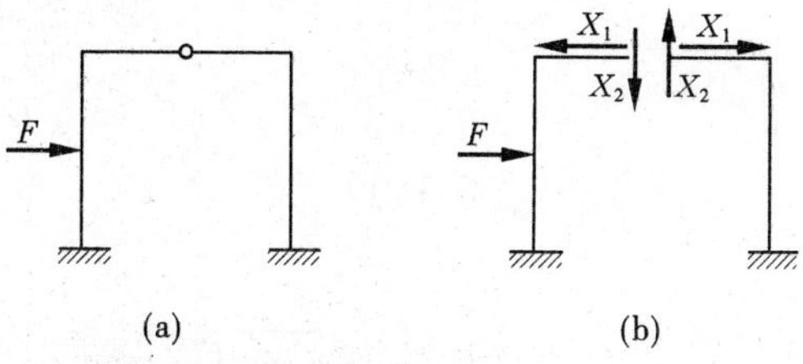

图 11-7

(3)切断一根梁式杆,相当于去掉三个约束。

如图 11-8(a)所示刚架结构,将结构杆件任一处截开而变成静定结构,如图 11-8(b)所示。因 $n=3$,故该刚架结构为三次超静定。

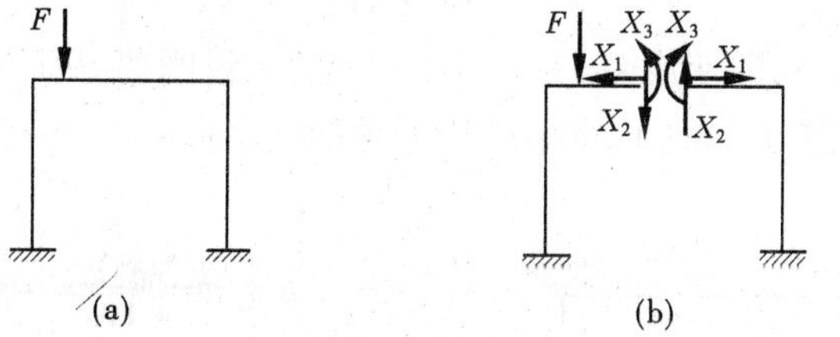

图 11-8

(4)将刚结点改为单铰或把固定端支座改为固定铰支座,相当于去掉一个约束。

如图 11-9(a)所示的刚架结构将刚结点改为铰后变成静定结构(三铰刚架),如图 11-9(b)所示,因 $n=3$,故该刚架结构仍为三次超静定。

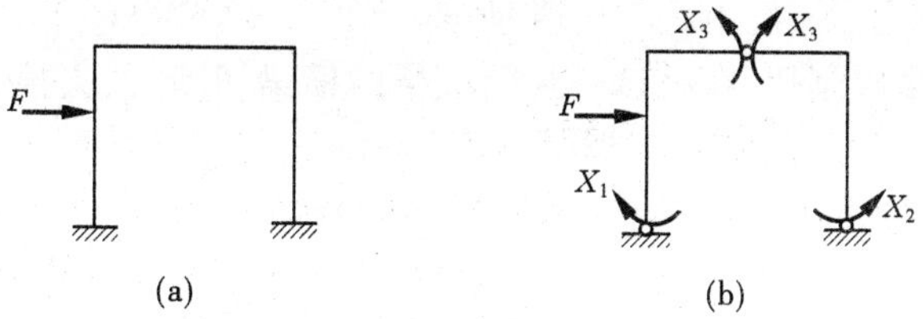

图 11-9

必须注意:若将刚结点改为铰,但此铰不是单铰而是复铰,则去掉的约束数目等于复铰所折算的单铰个数。例如,将图 11-10(a)所示刚结点 B 改为铰,即得图 11-10(b)所示的静定结构(BD 为基本部分,BC 和 BA 为附属部分)。但铰 B 是一个复铰(连接杆件),相当于两个单铰,所以相当于去掉 2 个约束,即 $n=2$,故该刚架结构为两次超静定。若去掉刚架 A、C 支座链杆而变成静定结构,如图 11-10(c)所示。显然,该刚架结构仍为两次超静定。

采用上述去掉多余约束法可较方便地确定一个超静定结构的超静定次数,同时也为以后选取力法的基本结构奠定基础。下面再举例说明。

【例 11-1】 确定图 11-11(a)所示结构的超静定次数。

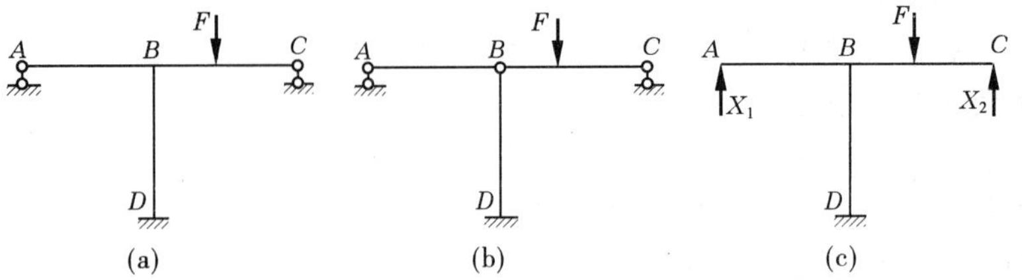

图 11-10

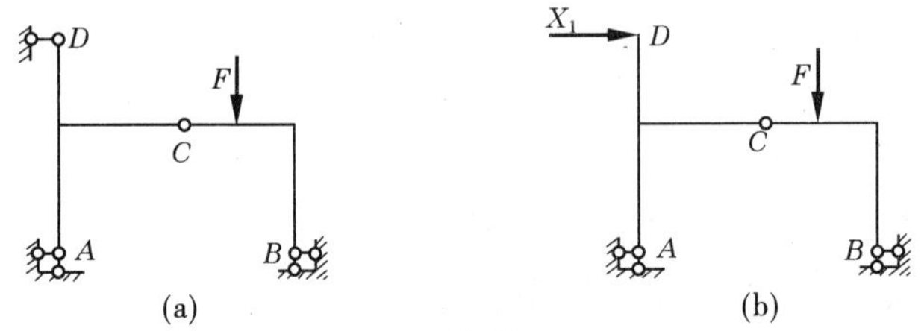

图 11-11

解　去掉 D 处支杆，即变成图 11-11(b)所示的三铰刚架，故原结构 $n=1$。

【**例 11-2**】　确定图 11-12(a)所示结构的超静定次数。

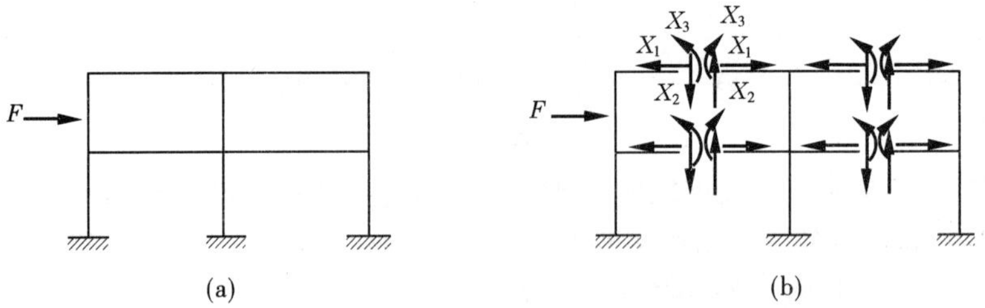

图 11-12

解　图示为多跨多层刚架，在将每一封闭框格的横梁切断，共去掉 $3\times4=12$ 个多余约束后，成为图 11-12(b)所示的静定结构，故原结构 $n=12$。

【**例 11-3**】　确定图 11-13(a)所示结构的超静定次数。

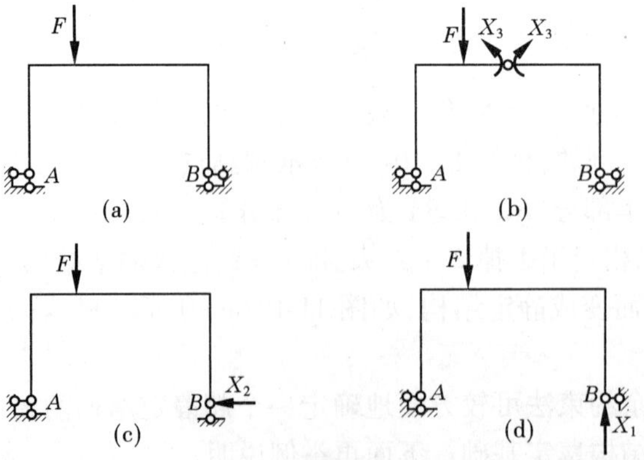

图 11-13

解 图 11-13(a)所示刚架，具有一个多余约束。若将横梁某处改为铰结，即相当于去掉一个约束，得到 11-13(b)所示的静定结构，故原结构 $n=1$。

若去掉支座 B 处的水平支杆，则得图 11-13(c)所示的静定结构。

但是，若去掉支座 B 或支座 A 的竖向支杆，即成瞬变体系如图 11-13(d)所示，显然这是不允许的，所以此刚架支座处的竖向支杆不能作为多余约束。

由此也可见，对于某一个超静定结构，去掉多余约束的方式可能有很多种，因而所得到的静定结构可能有很多种形式。

第二节　用力法计算超静定结构

力法是计算超静定结构最先进、最基本的一种计算方法。该方法适用于求解各种外界因素（荷载、支座移动、温度改变、构造误差等）作用下的任何超静定结构。

一、力法的基本原理

力法计算超静定结构的基本思路就是把超静定结构的计算转化为静定结构的计算。即解除超静定结构的多余约束，代以多余约束反力，使之变成静定结构，由该静定结构在解除多余约束处的位移与原超静定结构的位移协调条件，求出多余约束反力，然后再用静力平衡条件求出其余约束反力和内力。

根据上述思路，下面以简单的一次超静定梁为例说明力法的基本原理。

设如图 11-14(a)所示的一单跨梁受均布荷载 q 作用，它是具有一个多余约束的超静定结构，若将 B 支座作为多余约束，在去掉该约束并以多余约束反力 X_1 代替后，则得图 11-14(d)所示的悬臂梁。我们把这种去掉多余约束后所得到的静定结构，称为力法的基本结构，多余约束的未知力 X_1 称为力法的基本未知量。

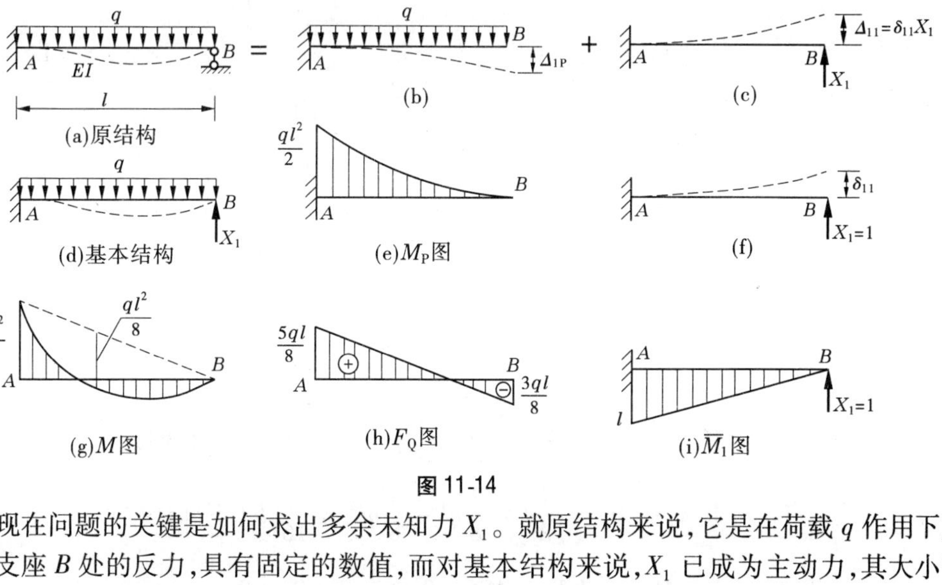

图 11-14

现在问题的关键是如何求出多余未知力 X_1。就原结构来说，它是在荷载 q 作用下产生的支座 B 处的反力，具有固定的数值，而对基本结构来说，X_1 已成为主动力，其大小暂属未知，如果只考虑基本结构的平衡条件，则不论 X_1 取何值，基本结构恒满足平衡条件而无法确定，因此还须进一步考虑基本结构的变形条件。

由于原结构在支座 B 处与 X_1 相应的竖向位移 Δ_1 等于零，所以要使基本结构的受力与原结构完全一致，那么基本结构在荷载 q 和多余未知力 X_1 共同作用下产生的 B 点的竖向位移 Δ_1 也应等于零，这就要求 X_1 具有某一确定的数值。只有当 X_1 的值能保证 $\Delta_1=0$ 时，基本结构才能还原于原结构。所以，超静定结构只有唯一的一组解答能同时满足静力平衡条件和变形谐调条件，这就是超静定结构解答的唯一性定理。

根据上述 $\Delta_1=0$ 的条件，可列写出求解多余未知力 X_1 表示的力法方程如下。

设以 Δ_{11} 和 Δ_{1P} 分别表示基本结构在单位多余力 X_1 和荷载 q 单独作用下 B 点沿 X_1 方向的位移，如图 11-14 (b)、(c) 所示，并规定与所设 X_1 方向相同者为正，根据叠加原理，则有

$$\Delta_1 = \Delta_{11} + \Delta_{1P} = 0 \tag{a}$$

由于 X_1 本身为未知量，故 Δ_{11} 也必然是未知量。为了方便计算，设 δ_{11} 表示单位力 $X_1=1$ 单独作用在基本结构上时 B 点沿 X_1 方向的位移，如图 11-14 (f) 所示，则 $\Delta_{11}=\delta_{11}X_1$。于是式(a)可写为

$$\delta_{11}X_1 + \Delta_{1P} = 0 \tag{11-1}$$

式(11-1)称为力法的基本方程。

式中的系数 δ_{11} 和自由项 Δ_{1P} 均为基本结构在已知荷载作用下的位移，可按静定结构的位移计算的单位荷载法求得。求得 δ_{11} 和 Δ_{1P} 之后，代入式(11-1)即可求得 X_1。

现用图乘法计算上述位移 δ_{11} 和 Δ_{1P}。首先，分别绘出荷载 q 及 $X_1=1$ 单独作用于基本结构时的 M_P 图和 $\overline{M}_1$ 图，如图 11-14 (e)、(i) 所示，然后由图乘法求得

$$\delta_{11} = \frac{1}{EI}\left(\frac{1}{2}l \times l\right) \times \frac{2}{3}l = \frac{l^3}{3EI}$$

$$\Delta_{1P} = -\frac{1}{EI}\left(\frac{1}{3} \times \frac{1}{2}ql^2 \times l\right) \times \frac{3}{4}l = -\frac{ql^4}{8EI}$$

将所求 δ_{11} 和 Δ_{1P} 代入式(11-1)，求得

$$X_1 = -\frac{\Delta_{1P}}{\delta_{11}} = \frac{ql^4}{8EI} \times \frac{3EI}{l^3} = \frac{3}{8}ql(\uparrow)$$

求出 X_1 之后，即可按静定结构方法计算其余反力和内力，并作出内力图。通常，作内力图时可利用已绘出的 $\overline{M}_1$ 图和 M_P 图用叠加法作弯矩图，然后由弯矩图再作剪力图和轴力图。

现用叠加法作弯矩图，即

$$M = \overline{M}_1X_1 + M_P \tag{11-2}$$

例如：

$$M_A = \overline{M}_1X_1 + M_P = l \times \frac{3}{8}ql - \frac{1}{2}ql^2 = -\frac{1}{8}ql^2(\text{上部受拉})$$

$$M_{\text{中}} = \overline{M}_1X_1 + M_P = \frac{1}{2}l \times \frac{3}{8}ql - \frac{1}{8}ql^2 = \frac{1}{16}ql^2(\text{下部受拉})$$

$$M_B = \overline{M}_1X_1 + M_P = 0 \times \frac{3}{8}ql + 0 = 0$$

从而作出弯矩图如图 11-14(g)所示，进而再作出剪力图如图 11-14(h)所示。

综上所述可知，力法的基本原理是以多余未知力作为基本未知量，取去掉多余约束后的静定结构为基本结构，并根据去掉多余约束处的已知位移条件建立以多余未知力表示的力法的基本方程，解出多余未知力，将超静定结构的计算转化为对其静定的基本结构的计算。

【例 11-4】 用力法计算图 11-15(a)超静定平面刚架，并求作出弯矩图。

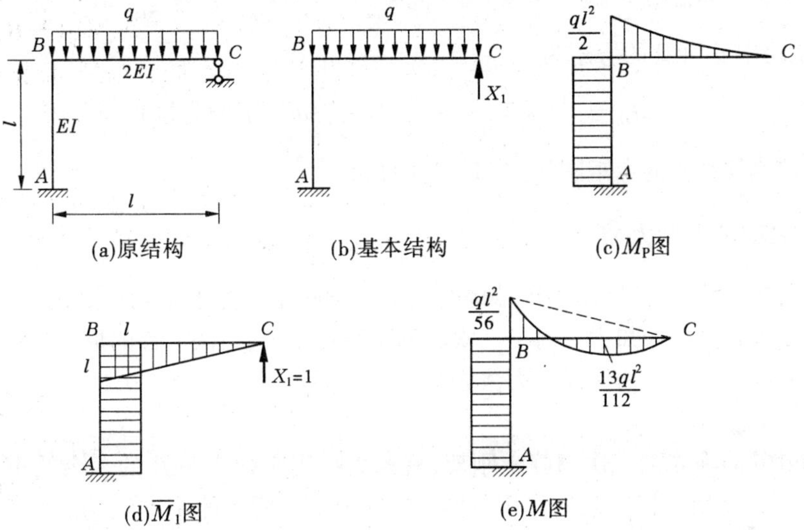

图 11-15

解 (1)选取力法的基本结构。

去掉 C 支座支杆，代之以多余未知力 X_1，得到如图 11-15(b)的基本结构。

(2)建立力法方程。

以基本结构在 C 点处无竖向位移(或沿 X_1 方向总位移 $\Delta_1=0$)为条件，其力法方程为

$$\delta_{11}X_1+\Delta_{1\mathrm{P}}=0$$

(3)计算系数和自由项。

分别绘出基本结构在荷载 q 及 $X_1=1$ 单独作用下的 M_P 图和 $\overline{M}_1$ 图，如图 11-15 (c)、(d)所示。由图乘法求得

$$\delta_{11}=\frac{1}{2EI}\left(\frac{1}{2}l\times l\right)\times\frac{2}{3}l+\frac{1}{EI}(l\times l)\times l=\frac{7l^3}{6EI}$$

$$\Delta_{1\mathrm{P}}=\frac{1}{2EI}\left(\frac{1}{3}\times\frac{1}{2}ql^2\times l\right)\times\left(-\frac{3}{4}l\right)+\frac{1}{EI}\left(\frac{ql^2}{2}\times l\right)\times(-l)=-\frac{9ql^4}{16EI}$$

(4)求解多余未知力 X_1。

将所求的 δ_{11} 和 $\Delta_{1\mathrm{P}}$ 代入力法方程，即得

$$\frac{7l^3}{6EI}X_1-\frac{9ql^4}{16EI}=0$$

求得

$$X_1 = \frac{27}{56}ql(\uparrow)$$

从上可见，力法方程中各项都含有 EI，故可消去。所以，荷载作用下超静定结构的多余未知力 X_1 和最后内力与各杆 EI 的绝对值无关，只与各杆 EI 的相对值有关。

(5)用叠加法求作弯矩图。

由 $M = \overline{M}_1X_1 + M_P$，求得各控制截面的弯矩为

$$M_{AB} = M_{BA} = M_{BC} = \overline{M}_1X_1 + M_P = -l \times \frac{27}{56}ql + \frac{ql^2}{2} = \frac{ql^2}{56}(\text{外侧受拉})$$

BC 梁跨中截面 D 的弯矩为

$$M_D = \frac{l}{2} \times \frac{27ql^2}{56} - \frac{ql^2}{8} = \frac{13}{112}ql^2(\text{下侧受拉})$$

作出该刚架结构的弯矩图如图 11-15(e)所示。

二、力法的典型方程

如前所述，用力法计算超静定结构的关键在于根据去掉多余约束处的位移条件建立力法方程以求解多余未知力。对于一次超静定结构来说，力法方程的形式较简单。那么，对于多次超静定结构又如何建立力法方程呢？下面拟通过一个三次超静定刚架，来说明如何建立其力法方程。

图 11-16(a)所示的三次超静定刚架，现若去掉固定端支座 B 的多余约束，以多余力 X_1、X_2 和 X_3 代替所去掉约束的作用，即得图 11-16(b)所示的基本结构。而 X_1、X_2 和 X_3 就是力法的基本未知量。

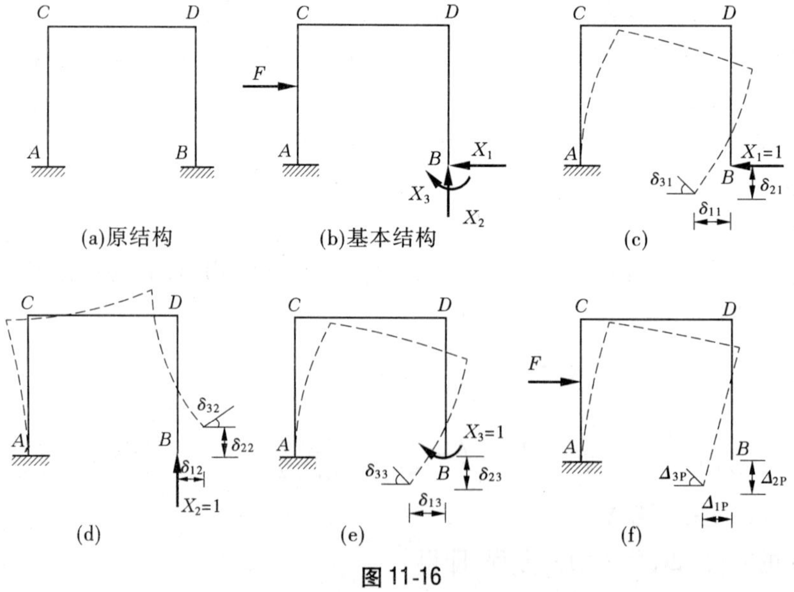

图 11-16

由于原结构在固定端支座 B 处不可能有任何位移，因此基本结构在给定的荷载 F 和多余未知力 X_1、X_2 和 X_3 共同作用下，在 B 点也必须保证这样的位移条件，即在 B 点沿

X_1、X_2 和 X_3 方向的相应位移 Δ_1、Δ_2 和 Δ_3 均应等于零。

为了清晰可见，现将多余未知力 X_1、X_2、X_3 和荷载 F 单独作用下分别沿 X_1、X_2、X_3 方向产生的位移列表如表 11-1 所示。

表 11-1 力与位移的关系

力	位移		
	X_1 方向的位移 Δ_1	X_2 方向的位移 Δ_2	X_3 方向的位移 Δ_3
X_1	$\Delta_{11}=\delta_{11}X_1$	$\Delta_{21}=\delta_{21}X_1$	$\Delta_{31}=\delta_{31}X_1$
X_2	$\Delta_{12}=\delta_{12}X_2$	$\Delta_{22}=\delta_{22}X_2$	$\Delta_{32}=\delta_{32}X_2$
X_3	$\Delta_{13}=\delta_{13}X_3$	$\Delta_{23}=\delta_{23}X_3$	$\Delta_{33}=\delta_{33}X_3$
F	Δ_{1P}	Δ_{2P}	Δ_{3P}

根据叠加原理，B 点沿 X_1、X_2 和 X_3 方向总的位移条件即表示为

$$\left.\begin{aligned}\Delta_1 &= \Delta_{11}+\Delta_{12}+\Delta_{13}+\Delta_{1P}=0\\ \Delta_2 &= \Delta_{21}+\Delta_{22}+\Delta_{23}+\Delta_{2P}=0\\ \Delta_3 &= \Delta_{31}+\Delta_{32}+\Delta_{33}+\Delta_{3P}=0\end{aligned}\right\} \tag{b}$$

将上述位移条件用多余未知力 X_1、X_2 和 X_3 表示为

$$\left.\begin{aligned}\delta_{11}X_1+\delta_{12}X_2+\delta_{13}X_3+\Delta_{1P}&=0\\ \delta_{21}X_1+\delta_{22}X_2+\delta_{23}X_3+\Delta_{2P}&=0\\ \delta_{31}X_1+\delta_{32}X_2+\delta_{33}X_3+\Delta_{3P}&=0\end{aligned}\right\} \tag{11-3}$$

式(11-3)就是求解上述三次超静定刚架结构所需要建立的力法方程，方程的右边全为零，故称为力法的典型方程。

式(11-3)中每项位移两个下脚标的意义是：第一个脚标表示位移发生的地点和方向，第二个脚标表示产生该位移的原因。例如：

δ_{11} 表示 $X_1=1$ 单独作用在基本结构上时，X_1 作用点（B 点）处沿 X_1 方向的位移，如图 11-16(c)所示；

δ_{12} 表示 $X_2=1$ 单独作用在基本结构上时，X_1 作用点（B 点）处沿 X_1 方向的位移，如图 11-16(d)所示；

δ_{13} 表示 $X_3=1$ 单独作用在基本结构上时，X_1 作用点（B 点）处沿 X_1 方向的位移，如图 11-16(e)所示；

Δ_{1P}表示荷载 F 单独作用在基本结构上时，X_1 作用点（B 点）处沿 X_1 方向的位移，如图 11-16(f)所示；

其余类推。

同理，对于 n 次超静定结构，则有 n 个多余未知力，因而对应有 n 个已知的位移条件，按此 n 个位移条件可建立 n 个方程，从而可解出 n 个多余未知力。其 n 个多余未知力表示的力法方程为

$$\left.\begin{aligned}
\delta_{11}X_1+\delta_{12}X_2+\cdots+\delta_{1i}X_i+\cdots+\delta_{1n}X_n+\Delta_{1P}&=\Delta_1\\
\delta_{21}X_1+\delta_{22}X_2+\cdots+\delta_{2i}X_i+\cdots+\delta_{2n}X_n+\Delta_{2P}&=\Delta_2\\
&\vdots\\
\delta_{i1}X_1+\delta_{i2}X_2+\cdots+\delta_{ii}X_i+\cdots+\delta_{in}X_n+\Delta_{iP}&=\Delta_i\\
&\vdots\\
\delta_{n1}X_1+\delta_{n2}X_2+\cdots+\delta_{ni}X_i+\cdots+\delta_{nn}X_n+\Delta_{nP}&=\Delta_n
\end{aligned}\right\}\tag{11-4}$$

当沿所有多余未知力方向的位移都等于零时,式(11-4)即为

$$\left.\begin{aligned}
\delta_{11}X_1+\delta_{12}X_2+\cdots+\delta_{1i}X_i+\cdots+\delta_{1n}X_n+\Delta_{1P}&=0\\
\delta_{21}X_1+\delta_{22}X_2+\cdots+\delta_{2i}X_i+\cdots+\delta_{2n}X_n+\Delta_{2P}&=0\\
&\vdots\\
\delta_{i1}X_1+\delta_{i2}X_2+\cdots+\delta_{ii}X_i+\cdots+\delta_{in}X_n+\Delta_{iP}&=0\\
&\vdots\\
\delta_{n1}X_1+\delta_{n2}X_2+\cdots+\delta_{ni}X_i+\cdots+\delta_{nn}X_n+\Delta_{nP}&=0
\end{aligned}\right\}\tag{11-5}$$

式(11-5)称为 n 次超静定结构的力法典型方程。

在式(11-5)中:主斜线(自左上方 δ_{11} 至右下方 δ_{nn} 的连线)上的系数 δ_{ii} 称为主系数,它表示当 $X_i=1$ 作用在基本结构上时,X_i 作用点沿 X_i 方向的位移。由于 δ_{ii} 代表由于单位力 $X_i=1$ 作用在其本身方向所引起的位移,显然 δ_{ii} 存在且与 X_i 方向一致,故其数值 $\delta_{ii}>0$。两个脚标不同的 δ_{ik} 称为副系数,表示当 $X_k=1$ 作用在基本结构上时,X_i 作用点沿 X_i 方向的位移。其值可能为正、为负或为零。根据位移互等定理可知:$\delta_{ik}=\delta_{ki}$,表明在力法方程中,位于主对角线两侧对称位置的两个副系数是相等的。Δ_{iP}称为自由项,表示荷载单独作用在基本结构上时,沿 X_i 方向的位移,其值也可能为正、为负或为零。

上述力法方程在组成上具有一定的规律,其副系数具有互等的关系。无论是哪种类型的超静定结构,也无论静定的基本结构如何选取,只要是 n 次超静定结构,其力法方程的形式和组成与式(11-5)相同。

因为基本结构是静定结构,所以力法方程式(11-5)中的系数和自由项都可按前面求位移的方法求得。

从力法方程中解出多余未知力 $X_i(i=1,2,3,\cdots,n)$后,可按照静定结构的分析方法求原结构的反力和内力,或先用弯矩叠加法,即

$$M=\overline{M}_1X_1+\overline{M}_2X_2+\cdots+\overline{M}_nX_n+M_P\tag{11-6}$$

求出弯矩,并绘出弯矩图,再根据弯矩图进而求作剪力图和轴力图。

三、用力法解算超静定结构的步骤和示例

(一)用力法解算超静定结构的步骤

根据以上所述,用力法解算超静定结构的步骤可归纳如下:

(1)选取力法基本结构。去掉原超静定结构的多余约束,代之以相应的多余未知力,即得力法基本结构。对一个超静定结构来说,其基本结构有多种取法,不同的基本结构在计算上有繁简之别,所以力法基本结构存有选取的问题。建议读者多作尝试,尽可能选取

计算较简的基本结构。

(2)建立力法方程。根据基本结构在多余未知力和荷载共同作用下在去掉多余约束处的位移应与原结构中相应的位移相同的条件,列出力法方程。

(3)求方程中的系数和自由项。分别作出基本结构在多余未知力为单位力作用下的内力图和在荷载作用下的内力图(或分别写出内力表达式),用图乘法(或积分法)求出所有系数和自由项。

(4)求解各多余未知力。将所求系数和自由项代入力法方程,联立解得。

(5)求作原结构的内力图。当多余未知力确定后,可按静定结构的内力计算方法绘出原结构的内力图,也可利用已作好的基本结构的单位内力图和荷载内力图,按叠加法先作出内力图。

(二)用力法解算超静定结构的示例

下面分别举例说明用力法解算各类超静定结构。

1. 用力法解算超静定梁和刚架

用力法解算超静定梁和刚架时,其系数和自由项可按下列公式,用图乘法计算

$$\left.\begin{aligned}\delta_{ii} &= \sum\int\frac{\overline{M}_i^2}{EI}\,ds\\ \delta_{ik} &= \sum\int\frac{\overline{M}_i\overline{M}_k}{EI}\,ds\\ \Delta_{iP} &= \sum\int\frac{\overline{M}_iM_P}{EI}\,ds\end{aligned}\right\}\tag{11-7}$$

式中:$\overline{M}_i$、$\overline{M}_k$ 和 M_P分别表示在 $X_i=1$ 、$X_k=1$ 和荷载单独作用于基本结构时,所产生的单位弯矩表达式或荷载弯矩表达式。

【例11-5】 用力法求解如图11-17(a)所示单跨超静定梁,画出 M 图。设 EI 为常数。

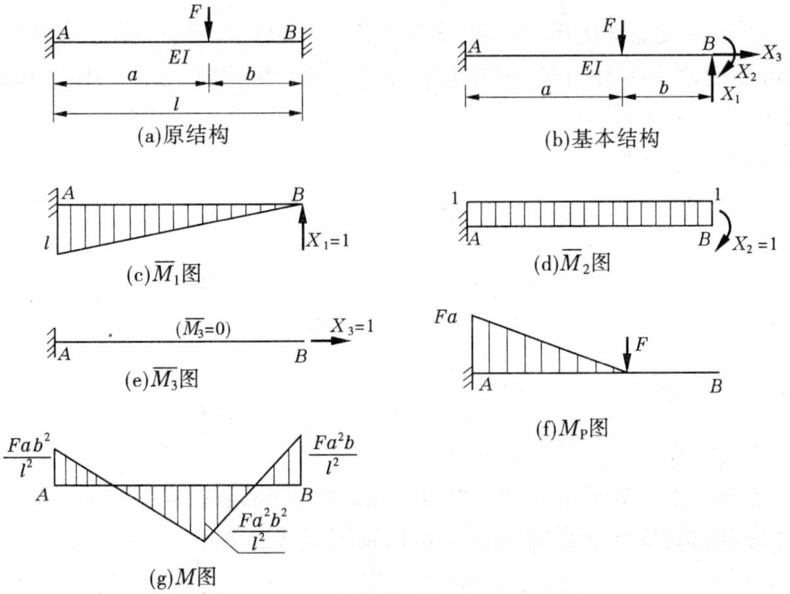

图11-17

解 (1)选取基本结构。

此梁具有三个多余约束,为三次超静定。取基本结构如图 11-17(b)所示。取基本结构时注意必须为几何不变体系,另外由于基本结构有多种取法,尽量选取便于计算的基本结构。

(2)建立力法典型方程。

根据支座处位移为零的条件,可以建立以下力法典型方程

$$\left.\begin{aligned}\delta_{11}X_1+\delta_{12}X_2+\delta_{13}X_3+\Delta_{1P}=0\\ \delta_{21}X_1+\delta_{22}X_2+\delta_{23}X_3+\Delta_{2P}=0\\ \delta_{31}X_1+\delta_{32}X_2+\delta_{33}X_3+\Delta_{3P}=0\end{aligned}\right\}$$

其中:X_1、X_3 分别代表支座 B 处的竖向反力和水平反力,X_2 代表支座 B 处的反力偶。

(3)求系数和自由项。

先求作出基本结构分别在多余未知力为单位力及荷载作用下的弯矩图 $\overline{M}_1$、$\overline{M}_2$、$\overline{M}_3$ 图和 M_P图,如图 11-17(c)、(d)、(e)、(f)所示。用图乘法求各系数和自由项如下

$$\delta_{11}=\frac{1}{EI}\left(\frac{1}{2}\times l\times l\times\frac{2}{3}l\right)=\frac{l^3}{3EI}$$

$$\delta_{12}=\delta_{21}=-\frac{1}{EI}\left(\frac{1}{2}l\times l\times 1\right)=-\frac{l^2}{2EI}$$

$$\delta_{22}=\frac{1}{EI}(l\times 1\times 1)=\frac{l}{EI}$$

$$\delta_{13}=\delta_{31}=\delta_{23}=\delta_{32}=0$$

$$\Delta_{1P}=-\frac{1}{EI}\left[\frac{Fa}{2}\times a\times\left(l-\frac{a}{3}\right)\right]=-\frac{Fa^2(3l-a)}{6EI}$$

$$\Delta_{2P}=\frac{1}{EI}\left(\frac{1}{2}Fa\times a\times 1\right)=\frac{Fa^2}{2EI}$$

$$\Delta_{3P}=0$$

关于 δ_{33} 的计算分两种情况:不考虑轴力对变形的影响时,$\delta_{33}=0$;考虑轴力对变形的影响时,$\delta_{33}\neq 0$。

(4)求解多余未知力。

将以上各值代入力法方程,而在前两式中消去 $\frac{1}{6EI}$ 后,得

$$2l^3X_1-3l^2X_2-Fa^2(3l-a)=0$$

$$-3l^2X_1+6lX_2+3Fa^2=0$$

联立可求得

$$X_1=\frac{Fa^2(l+2b)}{l^3}\qquad X_2=\frac{Fa^2b}{l^2}$$

由力法方程的第三式求解 X_3 时,可以看出,按不同的假设有不同的结果。

若不考虑轴力对变形的影响($\delta_{33}=0$),则第三式变为

$$0\times\frac{Fa^2(l+2b)}{l^3}+0\times\frac{Fa^2b}{l^2}+0\times X_3=0$$

故 X_3 为不定值。按此假设,不能利用位移条件求出轴力。

若考虑轴力对变形的影响,则 $\delta_{33} \neq 0$,而 Δ_{3P} 仍为零,所以 X_3 的值为零。

(5)用叠加法求作 M 图。

$$M = \overline{M}_1 X_1 + \overline{M}_2 X_2 + \overline{M}_3 X_3 + M_P$$

绘得的 M 图如图 11-17(g)所示。

将求得的 X_1、X_2 和 X_3 放在基本结构上,按求静定梁剪力的方法很容易计算出基本结构的剪力。

【例 11-6】 用力法解图 11-18(a)所示刚架,画 M 图、F_Q 图、F_N 图。设 EI 为常数。

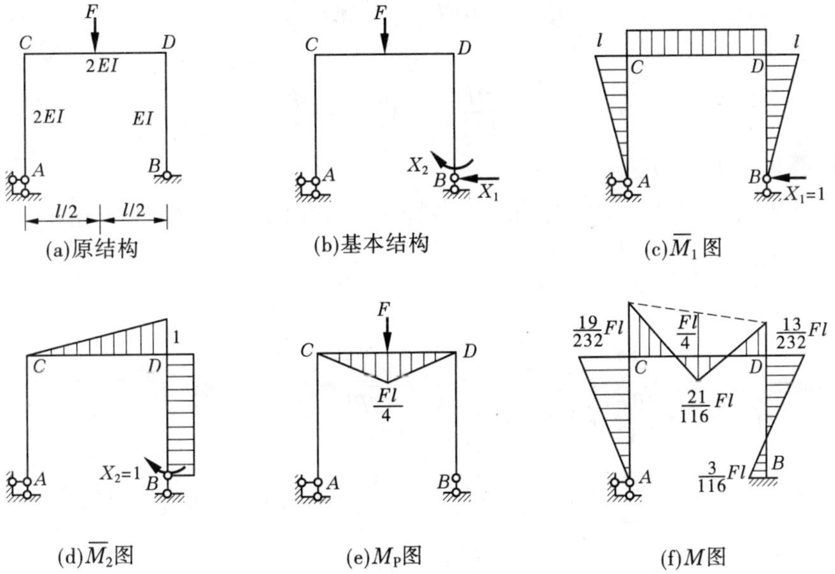

图 11-18

解 (1)选取基本结构。

此梁具有两个多余约束,为二次超静定。取基本结构如图 11-18(b)所示。

(2)建立力法方程。

原刚架支座 B 为固定端支座,没有任何移动和转动,力法方程为

$$\left.\begin{aligned} \delta_{11}X_1 + \delta_{12}X_2 + \Delta_{1P} = 0 \\ \delta_{21}X_1 + \delta_{22}X_2 + \Delta_{2P} = 0 \end{aligned}\right\}$$

(3)求系数和自由项。

分别绘出 $\overline{M}_1$、$\overline{M}_2$、M_P 图如图 11-18(c)、(d)、(e)所示。用图乘法求得各系数及自由项如下

$$\delta_{11} = \frac{1}{2EI} \times (l \times l \times l) + \frac{1}{2EI} \times \left(\frac{1}{2} \times l \times l \times \frac{2}{3}l\right) + \frac{1}{EI} \times \left(\frac{1}{2} \times l \times l \times \frac{2}{3}l\right) = \frac{l^3}{EI}$$

$$\delta_{22} = \frac{1}{2EI} \times \left(\frac{1}{2} \times l \times 1\right) \times \left(\frac{2}{3} \times 1\right) + \frac{1}{EI}(1 \times l) \times 1 = \frac{7l}{6EI}$$

$$\delta_{12} = \delta_{21} = \frac{1}{2EI} \times \left(\frac{1}{2} \times 1 \times l\right) \times l + \frac{1}{EI}\left(\frac{1}{2} \times l \times l\right) \times 1 = \frac{3l^2}{4EI}$$

$$\Delta_{1P} = -\frac{1}{2EI} \times \left(\frac{1}{2} \times \frac{Fl}{4} \times l\right) \times l = -\frac{Fl^3}{16EI}$$

$$\Delta_{2P} = -\frac{1}{2EI} \times \left(\frac{1}{2} \times \frac{Fl}{4} \times l\right) \times \frac{1}{2} = -\frac{Fl^2}{32EI}$$

(4)求多余未知力 X_1、X_2。

将所求各系数、自由项代入力法典型方程,得

$$\frac{l^3}{EI}X_1 + \frac{3l^2}{4EI}X_2 - \frac{Fl^3}{16EI} = 0$$

$$\frac{3l^2}{4EI}X_1 + \frac{7l}{6EI}X_2 - \frac{Fl^2}{32EI} = 0$$

联立解得

$$X_1 = \frac{19F}{232} \qquad X_2 = -\frac{3Fl}{116}$$

(5)用叠加法求作 M 图。

据 $M = \overline{M}_1X_1 + \overline{M}_2X_2 + M_P$ 先将刚架各杆两个端截面的弯矩值计算出来

$$M_{CA} = l \times \frac{19F}{232} = \frac{19Fl}{232}(\text{左拉}) \qquad M_{AC} = 0$$

$$M_{CD} = l \times \frac{19F}{232} = \frac{19Fl}{232}(\text{上拉}) \qquad M_{CA} = M_{CD}$$

$$M_{DC} = l \times \frac{19F}{232} + 1 \times \left(-\frac{3Fl}{116}\right) = \frac{13Fl}{232}(\text{上拉})$$

$$M_{DB} = l \times \frac{19F}{232} + 1 \times \left(-\frac{3Fl}{116}\right) = \frac{13Fl}{232}(\text{右拉}) \qquad M_{DB} = M_{DC}$$

$$M_{BD} = 1 \times \left(-\frac{3Fl}{116}\right) = -\frac{3Fl}{116}(\text{左拉})$$

求得以上各杆的杆端弯矩值之后,看各杆是否作用横向荷载:杆 AC、BD 上无荷载作用,可根据各杆的两个端弯矩值 M_{AC}、M_{CA} 及 M_{BD}、M_{DB} 连线即可作出此两杆的弯矩图;杆 CD 上作用横向荷载 F,则按简支梁叠加的方法作该杆的弯矩图,即先将两杆端弯矩值 M_{CD}、M_{DC} 连成虚线,然后以此虚线为基线,叠加上简支梁跨中受集中力作用下的弯矩图,如杆 CD 跨中弯矩为

$$M = \frac{1}{4}Fl - \frac{1}{2}\left(\frac{19}{232} + \frac{13}{232}\right)Fl = \frac{21}{116}Fl(\text{下拉})$$

最后作出弯矩图如图 11-18(f)所示。

(6)求作 F_Q 图和 F_N 图。

将求得的多余未知力 X_1、X_2 作用在基本结构上,按静定结构画剪力图的方法画出剪力图和轴力图如图 11-19(a)、(b)所示。

2. 用力法解算超静定桁架

在工程中,除遇到超静定梁和刚架外,还有超静定桁架,尤其在桥梁建筑中使用较多,一般工业厂房的支承系统有时也做成超静定桁架。如图 11-20 所示的桁架就是建筑工程中常见的平行弦超静定桁架。

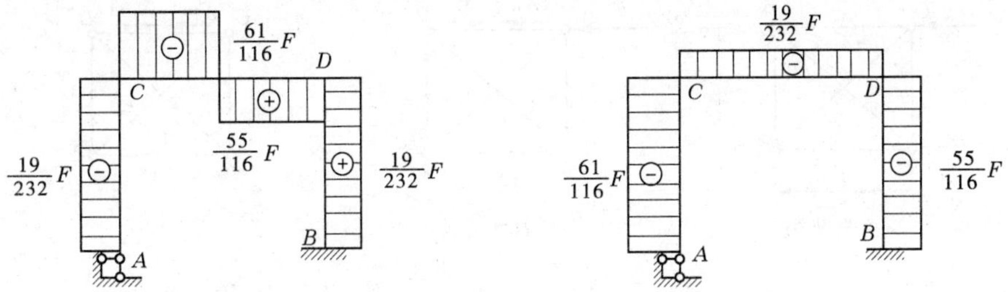

(a) F_Q图　　　　(b) F_N图

图 11-19

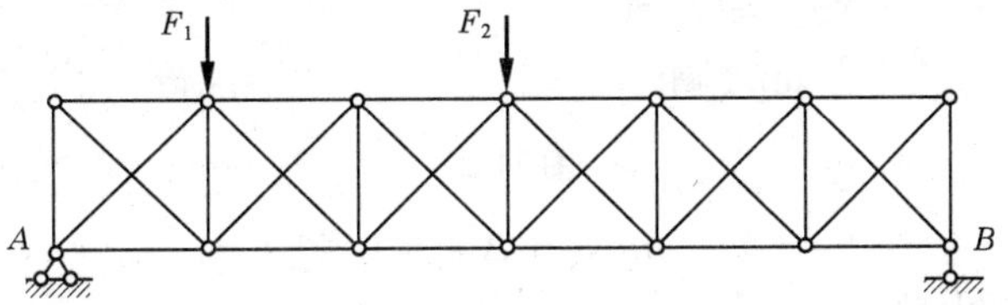

图 11-20

用力法计算超静定桁架，由于只承受结点荷载，则桁架各杆只产生轴力，因此基本结构的位移仅由杆件的轴向变形引起。其力法方程中的系数和自由项按下式计算

$$\left.\begin{aligned}\delta_{ii} &= \sum \frac{\overline{F}_{Ni}^{2} l}{EA} \\ \delta_{ik} &= \sum \frac{\overline{F}_{Ni}\overline{F}_{Nk}}{EA} l \\ \Delta_{iP} &= \sum \frac{\overline{F}_{Ni}F_{NP}}{EA} l\end{aligned}\right\} \tag{11-8}$$

式中：$\overline{F}_{Ni}$、$\overline{F}_{Nk}$和 F_{NP}分别表示 $X_i = 1$、$X_k = 1$ 和荷载单独作用在基本结构上时单位轴力值和荷载轴力值。

桁架各杆的最后内力可按叠加法计算，即

$$F_N = \overline{F}_{N1}X_1 + \overline{F}_{N2}X_2 + \cdots + \overline{F}_{Nn}X_n + F_{NP} \tag{11-9}$$

【例 11-7】 用力法求解图 11-21(a)所示桁架各杆所受的力。设各杆 EA 为常数。

解 (1)选取基本结构。

此桁架与基础相连则无多余约束，即外部是静定的，但桁架内部以任意铰结三角形为一个刚片，增加一个二元体得到静定桁架后多了一根链杆，桁架的这种超静定形式叫做内部超静定。该桁架为一次内部超静定，若切断链杆 CD 代之以多余力 X_1，得基本结构如图 11-21(b)所示。

(2)建立力法典型方程。

根据基本结构切口两侧截面在 X_1 和荷载共同作用下沿杆轴方向的相对线位移与原桁架相应线位移相同即 $\Delta_1 = 0$ 的条件（切口两侧截面原来是同一截面），建立力法典型方程为

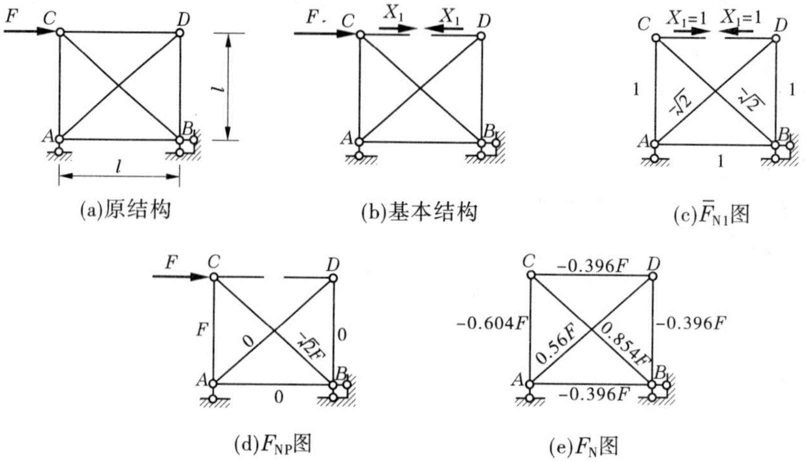

图 11-21

$$\delta_{11}X_1 + \Delta_{1P} = 0$$

(3)求系数和自由项。

分别求出 $X_1 = 1$ 和荷载 F 单独作用下基本结构各杆轴力图 11-21(c)、(d),然后利用桁架由位移公式求出系数和自由项为

$$\delta_{11} = \frac{l}{EA}(1\times1\times4)+\frac{\sqrt{2}}{EA}l\times[(-\sqrt{2})^2\times2] = \frac{4l}{EA}(1+\sqrt{2})$$

$$\Delta_{1P} = \frac{l}{EA}(1\times F) + \frac{\sqrt{2}}{EA}l\times[(-\sqrt{2})\times(-\sqrt{2}F)] = \frac{Fl}{EA}(1+2\sqrt{2})$$

(4)求多余未知力 X_1。

将求得的 δ_{11}、Δ_{1P} 代入力法方程,求得

$$X_1 = -\frac{\Delta_{1P}}{\delta_{11}} = -\frac{(1+2\sqrt{2})F}{4(1+\sqrt{2})} = -0.396F$$

(5)用叠加法求桁架各杆轴力。

$$F_N = \bar{F}_{N1}X_1 + F_{NP}$$

求得桁架各杆轴力值如图 11-21(e)所示。

3. *用力法解算超静定组合结构*

在工程实际中,有时为了减小梁的挠度,降低弯矩峰值,常由一根实体梁和一些加劲杆件组成的加劲梁,这种结构称为组合结构,如图 11-22 所示。

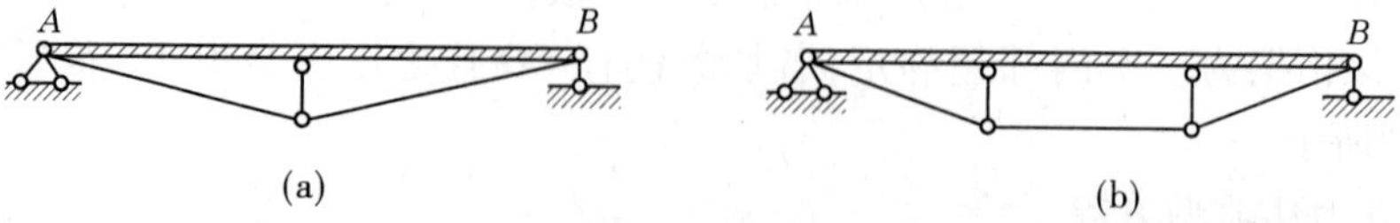

图 11-22

用力法计算这类结构时,由于结构中既有梁式杆,又有铰结杆,故力法方程中系数和自由项应按下列公式计算

$$
\left.\begin{aligned}
\delta_{ii} &= \int \frac{\overline{M}_i^{\,2}}{EI}dx + \sum \frac{\overline{F}_{Ni}^{\,2}}{EA}l \\
\delta_{ik} &= \int \frac{\overline{M}_i\overline{M}_k}{EI}\,dx + \sum \frac{\overline{F}_{Ni}\overline{F}_{Nk}}{EA}l \\
\Delta_{iP} &= \int \frac{\overline{M}_i M_P}{EI}\,dx + \sum \frac{\overline{F}_{Ni}\,F_{NP}}{EA}
\end{aligned}\right\} \qquad (11\text{-}10)
$$

式中：$\overline{F}_{Ni}$，$\overline{F}_{Nk}$，F_{NP} 表示基本结构在多余未知力 $X_i=1$，$X_k=1$ 和荷载单独作用下，各铰结杆产生的单位轴力和荷载轴力；而 $\overline{M}_i$，M_P 表示基本结构在多余未知力 $X_i=1$ 和荷载单独作用下，梁式杆产生的单位弯矩和荷载弯矩。梁式杆主要考虑弯曲变形产生的位移，而轴力变形产生的位移忽略不计。

【例 11-8】 用力法解图 11-23(a)所示加劲梁的内力，设梁的抗弯刚度为 E_1I_1，各链杆的抗拉抗压刚度均为 E_2A_2。

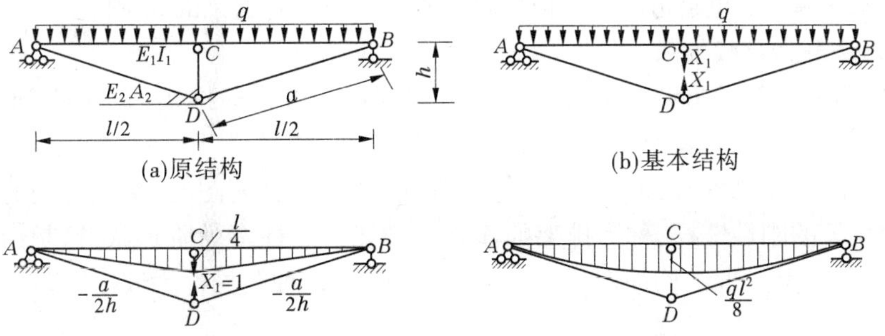

(a)原结构　(b)基本结构

(c)$\overline{M}_1$图和$\overline{F}_{N1}$值　(d)M_P图

图 11-23

解 (1)选取基本结构。

该结构为一次超静定结构，利用结构的对称性，故切断杆 CD 作为基本结构，如图 11-23(b)所示。

(2)建立力法方程。

由杆 CD 切口处相对位移为零来建立力法方程，即

$$\delta_{11}X_1 + \Delta_{1P} = 0$$

(3)求系数和自由项。

分别求作出基本结构在 $X_1=1$ 和荷载单独作用下的弯矩图，并求出各链杆的轴力，如图 11-23(c)、(d)所示，然后利用桁架的位移公式求出系数和自由项为

$$
\begin{aligned}
\delta_{11} &= \int \frac{\overline{M}_1^{\,2}}{E_1I_1}ds + \sum \frac{\overline{F}_{N1}^{\,2}}{E_2A_2} = \frac{2}{E_1I_1}\left(\frac{1}{2}\times\frac{l}{4}\times\frac{l}{2}\times\frac{2}{3}\times\frac{l}{4}\right) + \frac{(1)^2h + 2\left(-\frac{a}{2h}\right)^2a}{E_2A_2} \\
&= \frac{l^3}{48E_1I_1} + \frac{2h^3+a^3}{2h^2E_2A_2}
\end{aligned}
$$

$$
\Delta_{1P} = \int \frac{\overline{M}_1M_P}{E_1I_1}ds + \sum \frac{\overline{F}_{N1}F_{NP}}{E_2A_2} = \frac{2}{E_1I_1}\left(\frac{2}{3}\times\frac{1}{8}ql^2\times\frac{l}{2}\times\frac{5}{8}\times\frac{l}{4}\right) + 0 = \frac{5ql^4}{384E_1I_1}
$$

(4)求多余未知力。

将求得的 δ_{11}、Δ_{1P} 代入力法方程，求得

$$X_1 = -\frac{\Delta_{1P}}{\delta_{11}} = -\frac{\dfrac{5ql^4}{384E_1I_1}}{\dfrac{l^3}{48E_1I_1} + \dfrac{2h^3 + a^3}{2h^2E_2A_2}}$$

计算结果为负值，表明竖向支杆实为受压杆件。

(5)用叠加法求出弯矩图和各杆轴力，分别按下式计算

$$M = \overline{M}_1X_1 + M_P \qquad F_N = \overline{F}_{N1}X_1 + F_{NP}$$

由以上结果可见：因为 $\overline{M}_1X_1$ 与 M_P 的符号相反，故叠加后 M 的数值将比 M_P 要小。这表明横梁由于下部链杆的支承，弯矩大为减小。如链杆的截面很大，设 E_2A_2 趋于无穷大，则 X_1 趋近于 $-\frac{5ql}{8}$，即横梁的 M 图接近于两跨连续梁的 M 图。如链杆的截面很小，设 E_2A_2 趋于零时，则 X_1 也趋近于零，即横梁的 M 图接近于简支梁的 M 图。

4. 用力法解算铰接排架

单层厂房的主要承重结构是由屋架、柱子和基础组成横向排架，如图 11-24(a)所示。柱与基础为刚接，屋架与柱顶视为铰接。在屋面荷载作用下，屋架按桁架计算。当柱承受荷载作用时，屋架对柱顶只起联系作用，在取结构计算简图时，屋架常视为一根抗拉压刚度 $EA=\infty$ 的刚性链杆，称为排架的横梁。排架的立柱多为阶梯状，这是由于单层厂房常需放置吊车梁。取结构简图如图 11-24(b)所示，这种结构称为铰接排架。

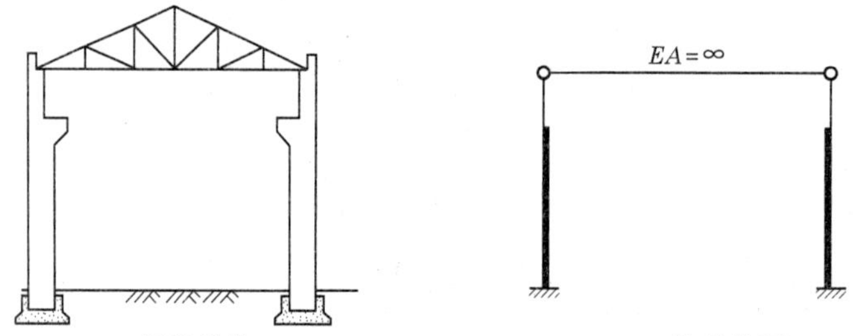

(a)厂房结构　　(b)结构简图

图 11-24

铰接排架是超静定结构，可用力法计算，其计算方法及步骤与计算刚架相同。其基本结构的取法通常把横杆作为多余约束而切断，代之以多余未知力，利用切口两侧相对位移(或链杆两端柱顶的相对位移)为零的条件建立力法方程。

下面举例说明具体计算。

【例 11-9】 用力法求作图 11-25(a)所示的单跨铰接排架受荷载 q 作用下的弯矩图。

解 (1)选取基本结构。

该结构为一次超静定结构，故切断杆 CD 作为基本结构，如图 11-25(b)所示。

(2)建立力法方程。

由杆 CD 切口处相对位移为零的条件，建立方程如下

$$\delta_{11}X_1 + \Delta_{1P} = 0$$

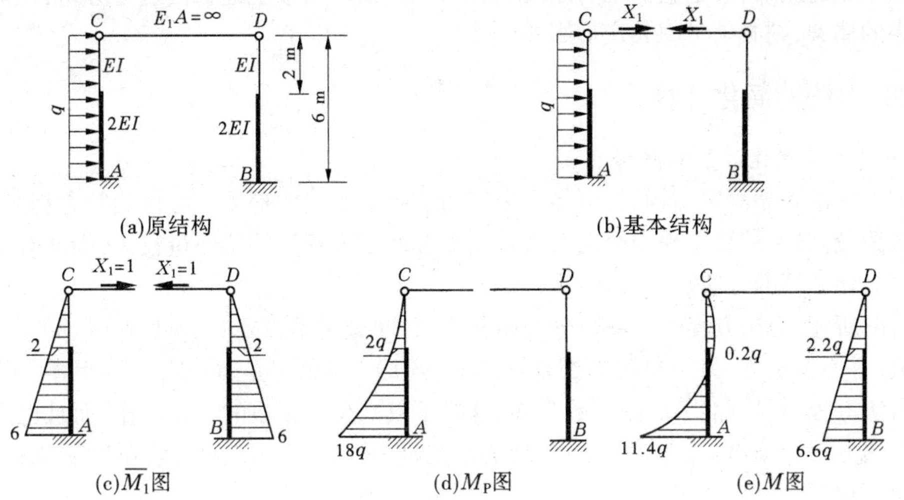

图 11-25

(3)求系数和自由项。

分别求作出基本结构在 $X_1=1$、荷载 q 单独作用下的弯矩图，如图 11-25(c)、(d)所示。由于柱各段抗弯刚度不同，则系数和自由项应分段进行计算。用图乘法求得

$$\delta_{11}=\frac{2}{EI}\left(\frac{1}{2}\times2\times2\right)\times\left(\frac{2}{3}\times2\right)+\frac{2}{2EI}\left[\left(\frac{1}{2}\times2\times4\right)\times\left(\frac{2}{3}\times2+\frac{1}{3}\times6\right)+\left(\frac{1}{2}\times6\times4\right)\times\left(\frac{1}{3}\times2+\frac{2}{3}\times6\right)\right]$$

$$=\frac{16}{3EI}+\frac{1}{EI}\left(4\times\frac{10}{3}+12\times\frac{14}{3}\right)=\frac{224}{3EI}$$

$$\Delta_{1P}=\frac{1}{EI}\left(\frac{1}{3}\times2q\times2\right)\times\left(\frac{3}{4}\times2\right)+\frac{1}{2EI}\left[\left(\frac{1}{2}\times2q\times4\right)\times\frac{10}{3}+\left(\frac{1}{2}\times18q\times4\right)\times\frac{14}{3}-\left(\frac{2}{3}\times\frac{q}{8}\times4^2\times4\right)\times4\right]$$

$$=\frac{2q}{EI}+\frac{1}{2EI}\left(\frac{40q}{3}+\frac{504q}{3}-\frac{64q}{3}\right)=\frac{246q}{3EI}$$

(4)求多余未知力。

将求得的 δ_{11}、Δ_{1P} 代入力法方程，求得

$$X_1=-\frac{\Delta_{1P}}{\delta_{11}}=-\frac{246q}{3EI}\times\frac{3EI}{224}=-1.1q$$

负号表示多余力 X_1 的方向与所设方向相反，即横杆为压力。

(5)用叠加法求出弯矩图，即

$$M=\overline{M}_1X_1+M_P$$

作出该铰接排架的弯矩图如图 11-25(e)所示。

在上述分析过程中，我们假定横杆的刚度远大于柱的刚度而忽略横杆的变形，即认为排架受力作用时横杆两段的水平位移相等。这对于一般钢屋架，钢筋混凝土或预应力混

凝土屋架是适用的,即把它们视为刚度为无穷大的横杆而按上述方法进行分析;但对于刚度较小的屋架,则必须考虑其变形影响。

四、力法的简化计算

(一)力法简化计算的途径

用力法解算超静定结构时,以多余未知力表示的力法方程为一线性代数方程组,当超静定次数较高时,计算方程中的系数及自由项和联解方程组的工作量较大,为此有必要探讨一些简化计算的方法。

由前所述,力法方程中的系数分为两种:一种叫做主系数 $\delta_{ii}(i=1,2,\cdots,n)$,其值总为正值,且不等于零;另一种叫做副系数 $\delta_{ik}(i\neq k)$,其值可正、可负,也可为零。若能设法使力法方程中尽可能多的副系数为零,这样不仅减少了系数的计算工作,而且也简化了联解力法方程的求解工作。一种极端的情形就是力法方程中的副系数全为零,则力法方程组便简化为 n 个独立方程

$$\left.\begin{aligned}\delta_{11}X_1+\Delta_{1P}&=0\\\delta_{22}X_2+\Delta_{2P}&=0\\&\vdots\\\delta_{nn}X_n+\Delta_{nP}&=0\end{aligned}\right\}\tag{11-11}$$

由以上分析可知,力法简化计算的途径是:设法使力法方程中的副系数尽可能等于零。而使某些副系数等于零的主要措施是对基本结构作合理的选择,其中利用对称性可达到简化计算的目的。

(二)对称结构对称的概念

在工程实际中,很多结构是对称的,所谓结构对称,就是指结构满足以下对称条件:

(1)结构的几何形状和支承情况对某轴对称;

(2)杆件截面的几何性质和材料的特性也对此轴对称(如 EI、EA 也对此轴对称)。

根据上述结构对称条件,我们很容易判定一个结构是否对称。如图 11-26(a)所示的结构是一对称结构,如图 11-26(b)、(c)所示的结构均为非对称结构,如图 11-26(d)所示的结构是具有两个对称轴的结构。

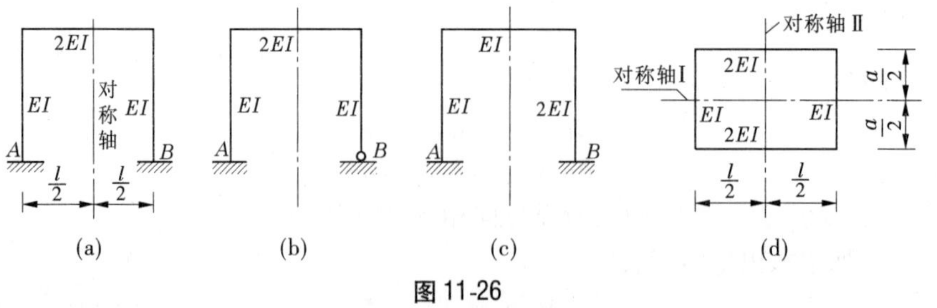

图 11-26

(三)对称性的利用

计算超静定对称结构时,若选取对称的基本结构,利用其对称性,可使计算问题大为简化。下面先分析两种情形。

1. 对称结构受正对称荷载作用

如图 11-27(a)所示刚架,这是一个三次超静定对称结构受正对称荷载作用的例子。

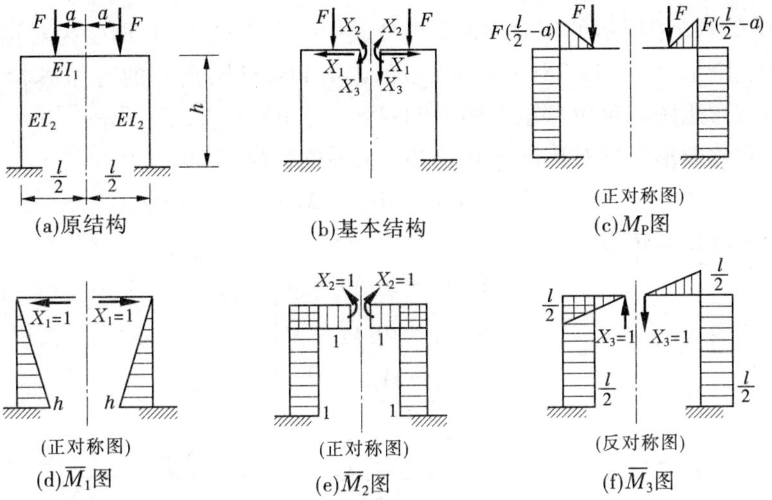

图 11-27

其力法方程一般形式为

$$\left.\begin{aligned}\delta_{11}X_1+\delta_{12}X_2+\delta_{13}X_3+\Delta_{1P}&=0\\ \delta_{21}X_1+\delta_{22}X_2+\delta_{23}X_3+\Delta_{2P}&=0\\ \delta_{31}X_1+\delta_{32}X_2+\delta_{33}X_3+\Delta_{3P}&=0\end{aligned}\right\}$$

若沿对称轴上横梁的中间截面切开,得到一个对称的基本结构如图 11-27(b)所示,即在切口处以三对多余力 X_1(轴力)、X_2(弯矩)、X_3(剪力)来代替所去掉的三个多余约束。在这三对多余力中,X_1 和 X_2 是正对称的,X_3 是反对称的,分别作出荷载弯矩图和单位弯矩图如图 11-27(c)、(d)、(e)、(f)所示。

可以看出,$\overline{M}_1$ 图、$\overline{M}_2$ 图、M_P 图是正对称的,而 $\overline{M}_3$ 图是反对称的。因此,在计算力法方程的系数时,正对称的 $\overline{M}_1$ 图、$\overline{M}_2$ 图、M_P图与反对称的 $\overline{M}_3$ 图进行图乘时,其结果为零,即

$$\delta_{13}=\delta_{31}=\sum\int\frac{\overline{M}_1\overline{M}_3}{EI}\mathrm{d}s=0$$

$$\delta_{23}=\delta_{32}=\sum\int\frac{\overline{M}_2\overline{M}_3}{EI}\mathrm{d}s=0$$

$$\Delta_{3P}=\sum\int\frac{\overline{M}_3M_P}{EI}\mathrm{d}s=0$$

于是力法方程简化为

$$\left.\begin{aligned}&\delta_{11}X_1+\delta_{12}X_2+\Delta_{1P}=0\\ &\delta_{21}X_1+\delta_{22}X_2+\Delta_{2P}=0\\ &\delta_{33}X_3=0\end{aligned}\right\}\qquad(11\text{-}12)$$

由上列方程组的第三式可知,因主系数 $\delta_{33}\neq 0$,故只有反对称未知力 $X_3=0$。

于是可得结论：对称结构在正对称荷载作用下，在对称的切口处只有正对称未知力，而反对称未知力为零。

2. 对称结构受反对称荷载作用

将图 11-27(a) 中所示的正对称荷载改变其中一力 F 的方向，即变为对称结构受反对称荷载作用的情形，如图 11-28(a) 所示，若仍选图 11-28(b) 所示的对称基本结构。同样，分别作出荷载弯矩图和单位弯矩图如图 11-28(c)、(d)、(e)、(f) 所示。

按照正对称图形与反对称图形乘积之和为零的性质可知

$$\delta_{13} = \delta_{31} = \delta_{23} = \delta_{32} = \Delta_{1P} = \Delta_{2P} = 0$$

于是力法方程简化为

$$\left.\begin{aligned} \delta_{11}X_1 + \delta_{12}X_2 &= 0 \\ \delta_{21}X_1 + \delta_{22}X_2 &= 0 \\ \delta_{33}X_3 + \Delta_{3P} &= 0 \end{aligned}\right\} \qquad (11\text{-}13)$$

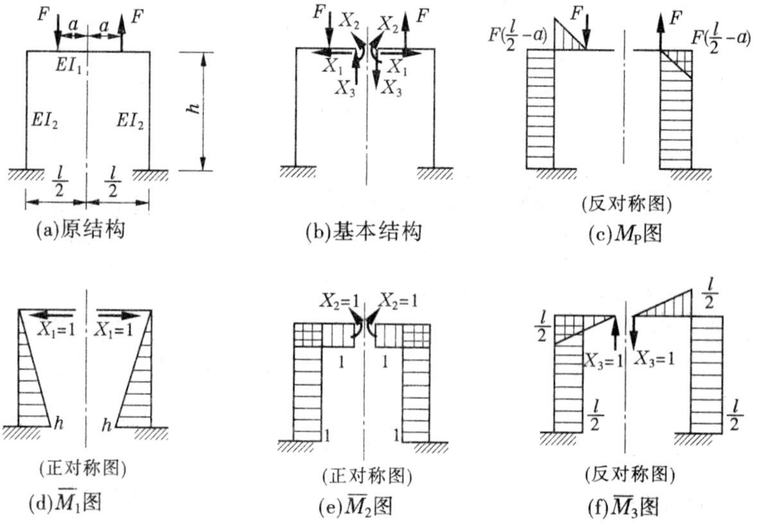

(a)原结构　(b)基本结构　(c)M_P图　(d)$\overline{M}_1$图　(e)$\overline{M}_2$图　(f)$\overline{M}_3$图

图 11-28

由式(11-12)可解得正对称未知力 $X_1 = X_2 = 0$，而反对称未知力 $X_3 = -\dfrac{\Delta_{3P}}{\delta_{33}} \neq 0$。

由此又可得结论：对称结构在反对称荷载作用下，在对称切口上只产生反对称未知力，而正对称未知力为零。

有了上述两个结论，在计算对称结构受正、反对称荷载作用时，只要是取对称的基本结构，就直接列写出正、反对称多余未知力的力法方程，从而使计算问题得以简化。

3. 荷载分解

若对称结构受任意荷载作用，根据叠加原理，总可将任意荷载值按其对称位置分解为正、反对称两组荷载，分别计算其内力后，叠加可得原结构内力。

例如，图 11-29(a) 所示的五次超静定对称结构受任意荷载作用。

对此，将任意荷载值按其对称位置进行简单的荷载分解，即分为正、反对称两组荷载

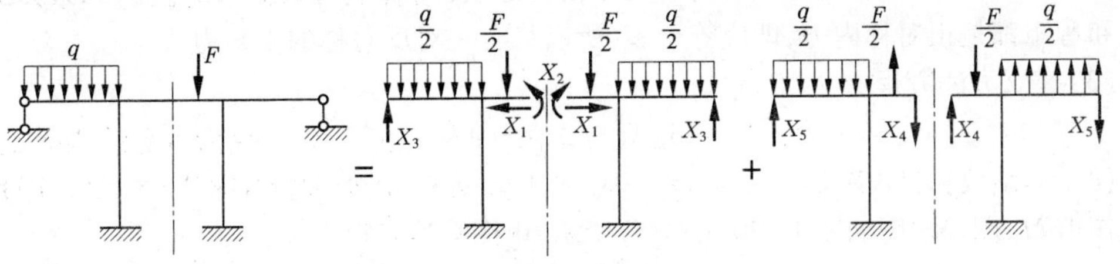

(对称结构受任意荷载作用) (a)　(正对称荷载组的基本结构) (b)　(反对称荷载组的基本结构) (c)

图 11-29

的叠加，再应用上述两个结论，分别取正对称荷载组和反对称荷载组的基本结构如图 11-29(b)、(c)所示。

由此可见，结构在正对称荷载组作用下有三个多余未知力，即 X_1、X_2 和 X_3；而在反对称荷载组作用下有两个多余未知力，即 X_4 和 X_5。这样，就将本是求解五次超静定的计算问题简化为求解一个三次超静定和一个两次超静定的计算问题。

【例 11-10】 求作图 11-30(a)所示的刚架在水平力 F 作用下的弯矩图。

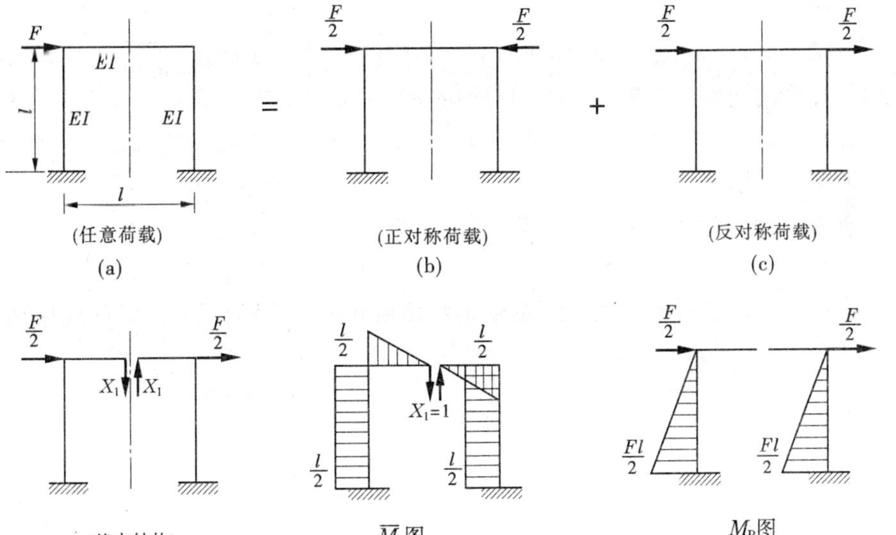

(任意荷载) (a)　(正对称荷载) (b)　(反对称荷载) (c)

(基本结构) (d)　$\overline{M}_1$图 (e)　M_P图 (f)

图 11-30

解 (1)利用对称性进行简化。

把原结构的荷载分为对称荷载(见图 11-30(b))和反对称荷载(见图 11-30(c))。因刚架结构在考虑变形时可忽略杆件轴向变形不计，则图 11-30(b)的刚架在正对称荷载作用下，横梁无轴向压缩变形，两立柱无侧移就不会发生弯曲，也就不会产生内力，只有横梁产生轴向压力 $F_N = F/2$，这种状态称为无弯矩状态。这样，求作原结构的弯矩图，只须求作出反对称荷载作用下的弯矩图即可。

(2)选取基本结构。

在反对称荷载作用下，选取对称的基本结构如图 11-30(d)所示。因在对称切口处的轴力和弯矩都是正对称内力，即应等于零，所以只有一对反对称的未知力 X_1。

(3)建立力法方程。

$$\delta_{11}X_1 + \Delta_{1P} = 0$$

(4) 求系数和自由项。

作出 $\overline{M}_1$ 图、M_P 图如图 11-30(e)、(f)所示，由图乘法求得

$$\delta_{11} = \frac{2}{EI}\left[\left(\frac{1}{2}\times\frac{l}{2}\times\frac{l}{2}\right)\times\frac{2}{3}\times\frac{l}{2} + \left(\frac{l}{2}\times l\right)\times\frac{l}{2}\right] = \frac{7l^3}{12EI}$$

$$\Delta_{1P} = \frac{2}{EI}\left(\frac{1}{2}\times\frac{Fl}{2}\times l\right)\times\frac{l}{2} = \frac{Fl^3}{4EI}$$

(5)求解多余未知力 X_1。

$$X_1 = -\frac{\Delta_{1P}}{\delta_{11}} = -\frac{Fl^3}{4EI}\times\frac{12EI}{7l^3} = -\frac{3}{7}F$$

(6)用叠加法作弯矩图。

$$M = \overline{M}_1X_1 + M_P$$

作出 M 图如图 11-31 所示。

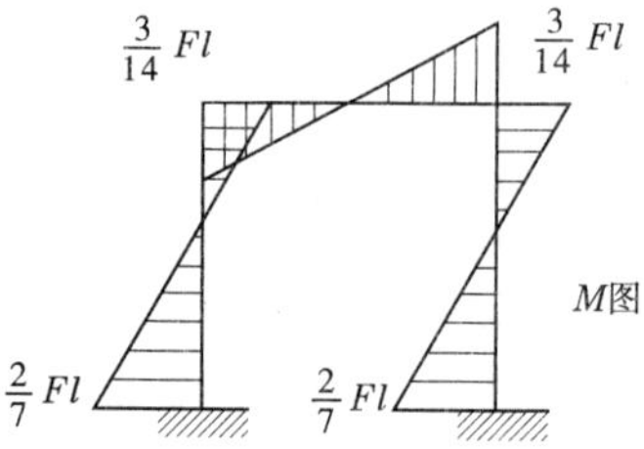

图 11-31

4. 半结构法

所谓半结构法，就是利用其对称性取对称结构的一半进行分析计算。这样，不仅使得计算结构及计算用图更为简单(杆件数目减少一半)，而且计算系数和自由项的工作量成倍减少，从而达到简化计算的目的。半结构法是结构分析计算的首选方法。下面分四种情况介绍半结构的取法。

1)奇数跨对称结构受正对称荷载作用

例如，图 11-32(a)、(c)所示的奇数跨对称刚架在正对称荷载作用下，结构产生的内力和变形正对称。即在对称截面处不发生相对转角和水平位移，只发生竖向线位移；同时

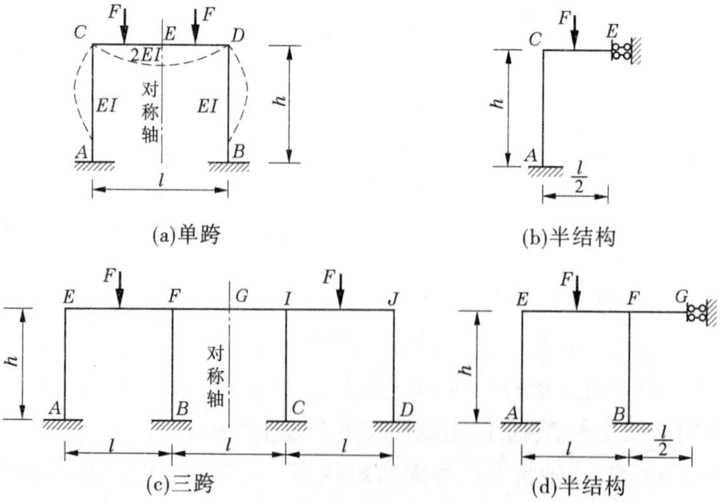

图 11-32

在对称截面处只有正对称的内力(即弯矩和轴力)。因此,取半结构计算时,依据位移相同、受力等效的原则,在对称截面处可取为一个定向支座(双链杆支座),于是取得半结构如图 11-32(b)、(d)所示。

2)奇数跨对称结构受反对称荷载作用

例如,图 11-33(a)、(c)所示的奇数跨对称刚架在反对称荷载作用下,结构产生的内力和变形也反对称。即在对称截面处不发生竖向位移,但可发生转动和水平位移;同时在对称截面处只有反对称的内力(即剪力)。因此,取半结构计算时,在对称截面处可取为一个可动支座(单链杆支座),于是取得半结构如图 11-33(b)、(d)所示。

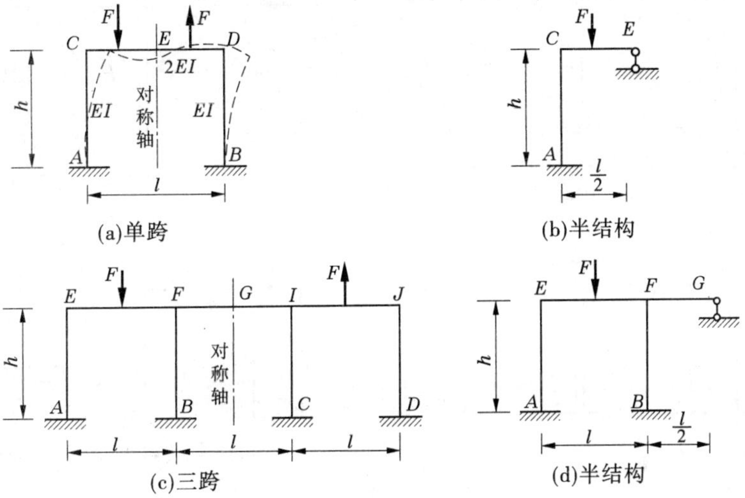

图 11-33

3)偶数跨对称结构受正对称荷载作用

例如,图 11-34(a)所示的偶数跨对称刚架在正对称荷载作用下,即在对称截面处不发生相对转角和水平位移,若忽略中间柱的轴向变形,则对称截面处既不能移动,又不能转动。因此,取半结构计算时,在对称截面处可取为一个固定端支座。于是取得半结构如图 11-34(b)所示。

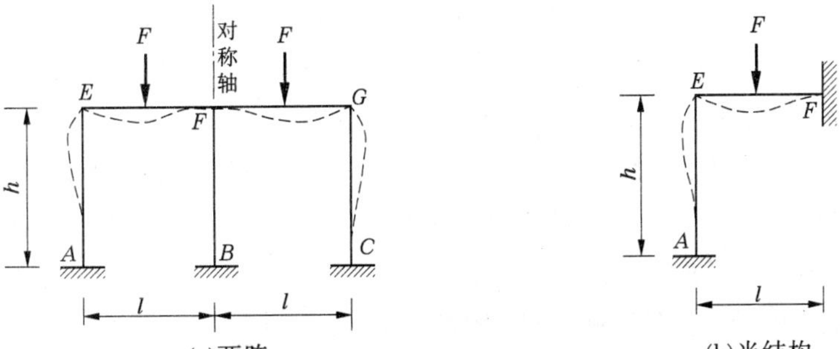

图 11-34

4)偶数跨对称结构受反对称荷载作用

例如,图 11-35(a)所示的偶数跨对称刚架受反对称荷载作用。由于此刚架沿对称轴

有一根抗弯刚度为 EI_3 的立柱而不便分析，对此，可将偶数跨（两跨）对称刚架改造为奇数跨（三跨）对称刚架受其反对称荷载作用（即中间跨跨度为零，立柱抗弯刚度 EI_3 平分为 $EI_3/2$），如图 11-35（b）所示，显然它与原结构等效。这样，偶数跨对称结构受反对称荷载作用改变为奇数跨对称结构受反对称荷载作用。现从两柱中间横梁的中点 C 处切开，将刚架分成如图 11-35（c）所示的两半，由对称性可知，切口处只有剪力 F_{QC}，而一对剪力只能使平分的两柱分别产生轴向的拉力和压力，而不会使各半刚架产生弯矩，即处于无弯矩状态。因此，求作结构的弯矩图时，F_Q 可忽略不计，于是得半结构如图 11-35（d）所示。

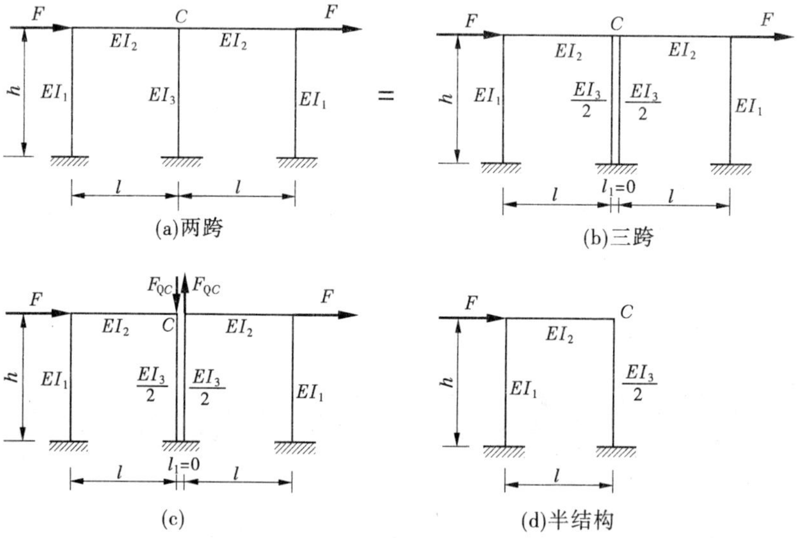

图 11-35

【例 11-11】 用力法求作图 11-36（a）所示刚架的弯矩图，设各杆 EI 相同。

解 （1）利用对称性取半结构。

此刚架与基础相连是静定的，但内部为六次超静定。具有两根对称轴，对称轴Ⅱ为竖轴，对称轴Ⅰ为水平轴。此外，外力对竖轴是正对称的，而对水平轴是不对称的，为利用其对称性，现将外力分解为正对称和反对称两组，如图 11-36（b）、（c）所示。

在图 11-36（b）中，每根立柱各受一对平衡压力作用，若忽略轴向变形对位移的影响，则内力状态很简单，即横杆无内力，竖杆只受轴力，处于无弯矩状态。

在图 11-36（c）中，对于对称轴Ⅱ来说，是一偶数跨对称结构受正对称外力作用；而对于对称轴Ⅰ来说，是一奇数跨对称结构受反对称外力作用。根据前面所述的半结构取法，取 1/4 结构，如图 11-36（d）所示。

（2）选取力法的基本结构，如图 11-36（e）所示。

（3）建立力法方程。

$$\delta_{11}X_1 + \Delta_{1P} = 0$$

（4）求系数和自由项。

作出 $\overline{M}_1$ 图、M_P 图如图 11-36（f）、（h）所示，由图乘法求得

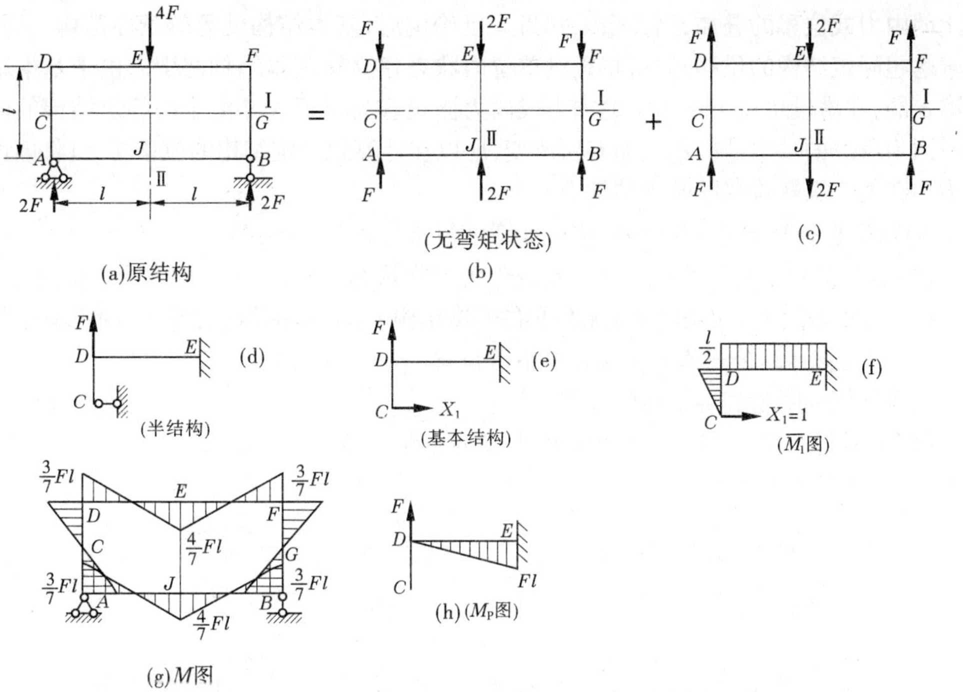

图 11-36

$$\delta_{11} = \frac{1}{EI}\left[\left(\frac{1}{2} \times \frac{l}{2} \times \frac{l}{2}\right) \times \frac{2}{3} \times \frac{l}{2} + \left(\frac{l}{2} \times l\right) \times \frac{l}{2}\right] = \frac{7l^3}{24EI}$$

$$\Delta_{1P} = -\frac{1}{EI}\left(\frac{1}{2} \times Fl \times l\right) \times \frac{l}{2} = -\frac{Fl^3}{4EI}$$

(5)求多余未知力 X_1。

将 δ_{11}、Δ_{1P} 代入力法方程,解得

$$X_1 = -\frac{\Delta_{1P}}{\delta_{11}} = \frac{Fl^3}{4EI} \times \frac{24EI}{7l^3} = \frac{6}{7}F(\rightarrow)$$

(6)作弯矩图。

采用叠加法,即 $M = \overline{M}_1 X_1 + M_P$,利用正、反对称关系,作出整个刚架的 M 图如图 11-36(g)所示。

五、超静定结构的位移计算

在前面,我们介绍了静定结构的位移计算,现讨论超静定结构的位移计算。超静定结构的位移计算公式和计算方法与静定结构的位移计算相同。同样须建立两种状态:即以超静定结构在荷载作用的情况作为实际位移状态,简称实际状态;再以所求位移建立与之相应的虚设单位力状态,简称虚设状态。对于实际状态,总可用力法求出其内力或作出内力图;对于虚设状态的建立,若将虚设单位力作用于原结构之上,求此虚设状态的内力或作出内力图,需再用力法求解一个超静定问题,显然计算工作量较大而不可取。由力法原理可知,超静定结构的内力或位移等于基本结构在已知荷载和多余未知力分别作用下所产生的内力或位移的叠加,当多余未知力一旦确定后,基本结构就等效于原结构。因此,在求解超静定结构的位移时,可将虚设单位力状态建立在基本结构之上。由于基本结构是静定的,在虚设单位力作用下的内力或内力图很容易求得。又由于超静定结构的内力并不因为所取的基本结构不同而有所改变,所以在计算超静定结构的位移时,可将虚设单位力加在便于求解位移的基本结构上。

综上所述,求解超静定结构的位移计算可归结为如下三点:

(1)以超静定结构在荷载作用的情况作为实际状态,用力法求出内力或作出内力图;

(2)将虚设单位力加在便于求解位移的基本结构上,求出单位内力或作出单位内力图;

(3)按位移计算公式或图乘法计算欲求位移。

下面举例说明超静定结构的位移计算。

【例 11-12】 求图 11-37(a)所示刚架 D 点水平线位移。

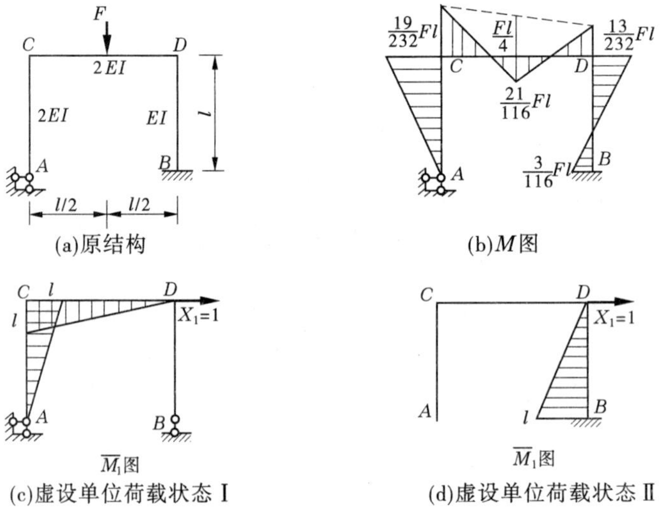

图 11-37

解 (1)以图 11-37(a)所示的超静定刚架为实际状态,作出其 M 图。

该状态的最后弯矩图在前面例 11-5 中已经求作出,现重绘于图 11-37(b)中。

(2)将虚设单位力状态建立在如图 11-37(c) 所示的基本结构上,作 $\overline{M}_1$ 图。

(3)由图乘法求 D 点水平线位移。

$$\Delta_D=\frac{1}{2EI}\left[-\left(\frac{1}{2}\times\frac{19Fl}{232}\times l\right)\times\frac{2}{3}\times l-\left(\frac{1}{2}\times\frac{13Fl}{232}\times l\right)\times\frac{1}{3}\times l+\left(\frac{1}{2}\times\frac{Fl}{4}\times l\right)\times\frac{l}{2}\right]-\frac{1}{2EI}\left(\frac{1}{2}\times l\times l\right)\times\frac{2}{3}\times\frac{19Fl}{232}$$

$$=-\frac{51Fl^3}{2\times1\,392EI}+\frac{Fl^3}{32EI}-\frac{19Fl^3}{1\,392EI}=-\frac{Fl^3}{1\,392EI}(\leftarrow)$$

计算结果为负值,表明 D 点的实际位移方向与所设单位力的方向相反。

也可将虚设单位力状态建立在如图 11-37(d)所示的基本结构上,又由图乘法求得

$$\Delta_D = \frac{1}{EI}\left[\left(\frac{1}{2}\times\frac{3Fl}{116}\times l\right)\times\frac{2l}{3}-\left(\frac{1}{2}\times\frac{13Fl}{232}\times l\right)\times\frac{l}{3}\right] = -\frac{Fl^3}{1\,392EI}(\leftarrow)$$

由此可见，将虚设单位力状态建立在两种基本结构上，其计算结果完全相同，但后者计算要简单得多。

六、超静定结构内力图的校核

超静定结构的内力图是结构设计的重要依据，必须进行校核，以确保其正确无误。超静定结构的内力图是依据平衡条件和位移条件来求作的，正确的内力图必须同时满足平衡条件和位移条件。因此，内力图的校核就是要验算这两个方面条件是否同时满足。现以图 11-38(a)刚架的最后内力图(见图 11-38(b)、(c)、(d))为例，说明最后内力图的校核方法。

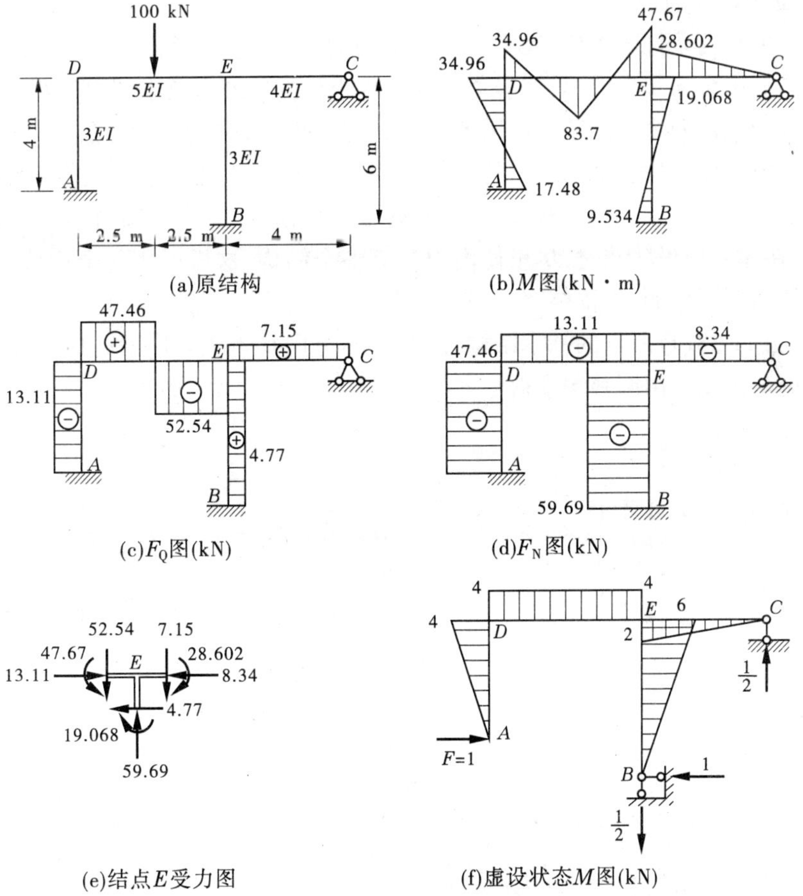

图 11-38

(一)平衡条件的校核

从结构中任意截取的某一部分，都应满足平衡条件。一般的做法是截取结点或截取杆件，也可截取结构的某一部分为研究对象，校核它是否满足平衡条件。例如，校核如

图 11-38(b)、(c)、(d)所示的内力图是否正确,截取结点 E 为研究对象,根据此 M 图、F_Q 图和 F_N 图画出结点 E 的受力图如图 11-38(e)所示,得

$$\sum M_E = 47.67 - 19.068 - 28.602 = 0$$

$$\sum F_x = 13.11 - 8.34 - 4.77 = 0$$

$$\sum F_y = 59.69 - 52.54 - 7.15 = 0$$

可见,在结点 E 内力图均满足静力平衡条件。

在对内力图进行上述定量校核之前,也可借助于结构性能的知识(如铰结点处无力偶作用弯矩必为零)以及弯矩、剪力、荷载集度之间的微分关系等进行定性判断分析。如在集中荷载作用的截面上剪力图有突变,在力偶作用的截面上弯矩图有突变等,以帮助发现一些明显的错误。

(二)位移条件的校核

只有静力平衡条件的校核,还不足以说明内力图就一定正确。因为超静定结构的最后内力图是在多余未知力求出,按静力平衡条件求作的。若多余未知力计算了,由此作出的内力图也能满足静力平衡条件。因此,更重要的是要对多余未知力进行校核。而多余未知力又是根据原结构多余约束处的位移条件求得的,所以还须进行位移条件的校核。

超静定结构位移条件的校核,原则上有 n 个多余未知力应校核 n 个位移条件,但为了简化计算,在建立虚设状态时,尽量使内力布满整个结构,这样可用一个位移条件校核多个未知力的问题。例如,要校核图 11-38(b)所示弯矩图是否满足支座 A 处的水平位移等于零,可取图 11-38(f)所示的基本结构,沿其水平方向加上 $F=1$,即构成虚设状态,然后作出其单位弯矩图。由图乘法求得

$$\begin{aligned}\Delta_{AH} = \sum \frac{A_\omega y_c}{EI} &= \frac{1}{3EI}\left[\left(\frac{1}{2}\times 34.96\times 4\right)\times\frac{2}{3}\times 4-\left(\frac{1}{2}\times 17.48\times 4\right)\times\frac{1}{3}\times 4\right]+\\ &\quad \frac{1}{5EI}\left[\frac{1}{2}\times(34.96+47.67)\times 5\times 4-\frac{1}{2}\times\frac{100\times 5}{4}\times 5\times 4\right]-\\ &\quad \frac{1}{4EI}\left(\frac{1}{2}\times 28.602\times 4\right)\times\frac{2}{3}\times 2+\frac{1}{3EI}\left[\left(\frac{1}{2}\times 19.068\times 6\right)\times\right.\\ &\quad \left.\frac{2}{3}\times 6-\left(\frac{1}{2}\times 9.534\times 6\right)\times\frac{1}{3}\times 6\right]\\ &= \frac{46.613}{EI}-\frac{84.74}{EI}-\frac{19.068}{EI}+\frac{57.204}{EI}\approx 0\end{aligned}$$

由此可见,所求 M 图满足结构在支座 A 处的水平位移等于零的条件,表明 M 图正确。

七、支座移动时超静定结构的计算

前已述及,静定结构不因支座移动而产生内力,但超静定结构由于具有多余约束,当支座移动时,将阻碍支座移动而使结构产生内力。用力法计算超静定结构因支座移动时的内力,其计算方法和步骤与计算荷载作用时相同,而有所区别的是力法方程中的自由项计算。下面举例说明其计算过程。

【例 11-13】 图 11-39(a)所示单跨超静定梁的 A 端支座发生角位移 θ_A；B 端支座发生竖向线位移 Δ，试求作其 M 图。

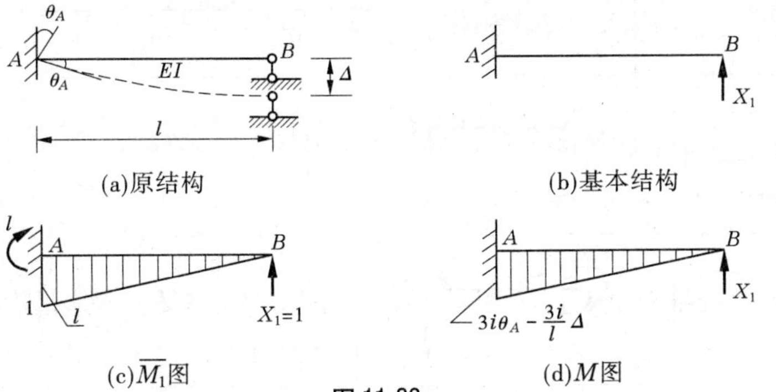

图 11-39

解 (1)选取力法基本结构如图 11-39(b)所示。

(2)建立力法方程。

$$\delta_{11}X_1 + \Delta_{1C} = -\Delta$$

(3)求方程中的系数和自由项。

作出 $\overline{M}_1$ 图，并求出基本结构在多余未知力 $X_1=1$ 作用下的支座反力，如图 11-39(c)所示。由图乘法求得

$$\delta_{11} = \frac{1}{EI}\left(\frac{1}{2}\times l\times l\right)\times\frac{2}{3}\times l = \frac{l^3}{3EI}$$

由支座的位移公式求得

$$\Delta_{1C} = -(l\cdot\theta_A) = -l\theta_A$$

(4)求多余未知力 X_1。

将所求系数和自由项代入力法方程，求得

$$X_1 = \frac{(l\theta_A - \Delta)}{\delta_{11}} = (l\theta_A - \Delta)\times\frac{3EI}{l^3} = \frac{3EI}{l^2}\theta_A - \frac{3EI}{l^3}\Delta$$

(5)应用叠加法求作 M 图，即 $M = \overline{M}_1 X_1$，设 $i = \dfrac{EI}{l}$（称为线刚度），作出 M 图如图 11-39(d)所示。

八、等截面单跨超静定梁的计算成果

等截面单跨超静定梁在各种因素作用下所产生的内力均可由力法计算出，表 11-2 中列出了一些计算成果。这些成果不仅可供设计时直接查用，而且超静定结构的其他计算方法也要使用。习惯将梁因单位位移引起的端内力称为形常数；将梁因荷载引起的端内力称为载常数。

使用该计算成果时，查表应注意以下事项：

(1)端内力的正负号规定：端弯矩以顺时针转向为正，逆时针转向为负；端剪力的正负号规定与前相同，即端剪力使梁产生顺时针转动趋势为正，反之为负。

(2)当荷载或梁端单位位移与表 11-2 中情况相反时，端内力的正负也应作相应的改变。

表 11-2　等截面单跨超静定梁计算成果（形常数和载常数）

编号	简图	弯矩图（绘于受拉边）	杆端弯矩值		杆端剪力值	
			M_{AB}	M_{BA}	F_{QAB}	F_{QBA}
1	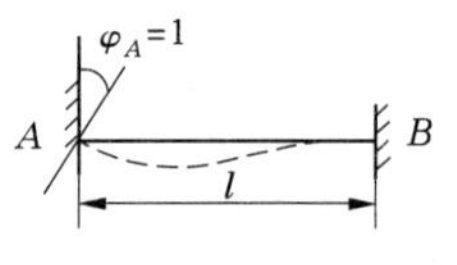	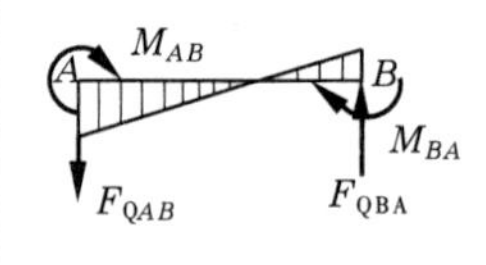	$\frac{4EI}{l}=4i$	$\frac{2EI}{l}=2i$	$-\frac{6EI}{l^2}=-\frac{6i}{l}$	$-\frac{6EI}{l^2}=-\frac{6i}{l}$
2	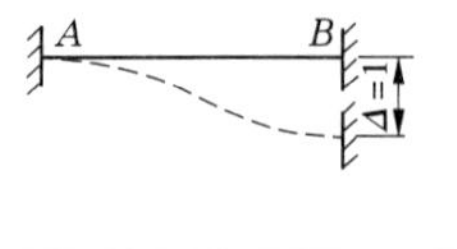	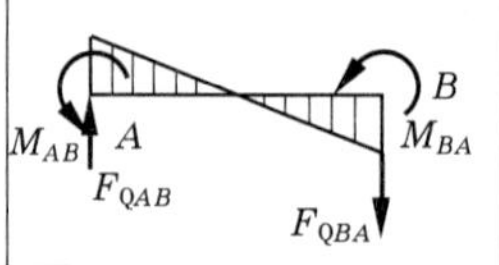	$-\frac{6EI}{l^2}=-\frac{6i}{l}$	$-\frac{6EI}{l^2}=-\frac{6i}{l}$	$\frac{12EI}{l^3}=\frac{12i}{l^2}$	$\frac{12EI}{l^3}=\frac{12i}{l^2}$
3	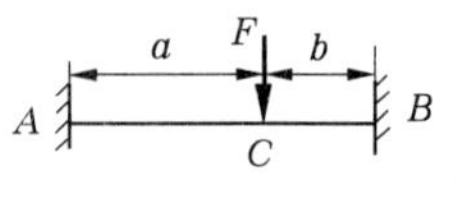	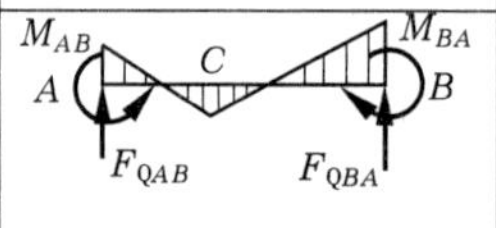	$-\frac{Fab^2}{l^2}$	$\frac{Fa^2b}{l^2}$	$\frac{Fb^2}{l^2}(1+\frac{2a}{l})$	$-\frac{Fa^2}{l^2}(1+\frac{2b}{l})$
4	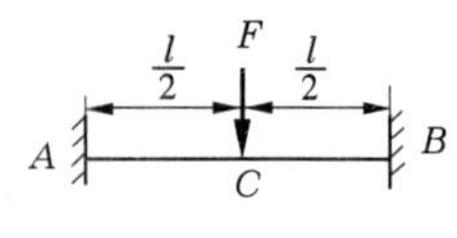	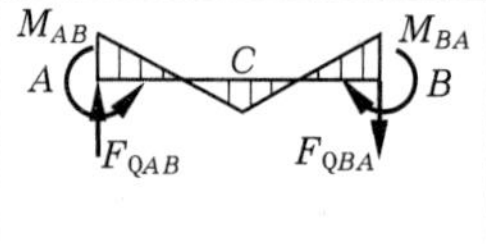	$-\frac{Fl}{8}$	$\frac{Fl}{8}$	$\frac{F}{2}$	$-\frac{F}{2}$
5	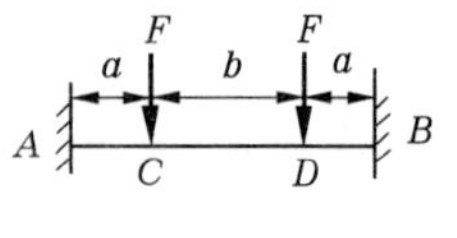	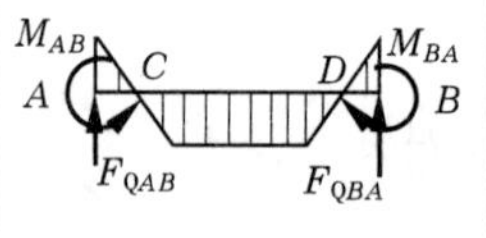	$-Fa(1-\frac{a}{l})$	$Fa(1-\frac{a}{l})$	F	$-F$
6	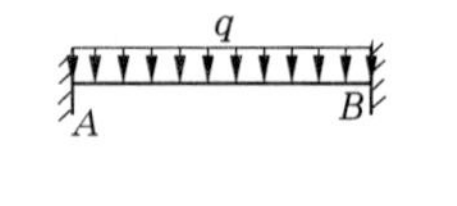	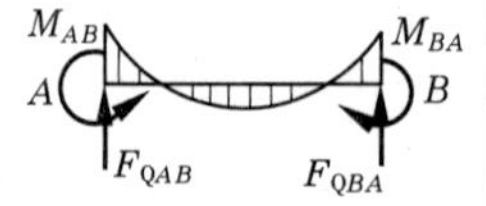	$-\frac{ql^2}{12}$	$\frac{ql^2}{12}$	$\frac{ql}{2}$	$-\frac{ql}{2}$
7	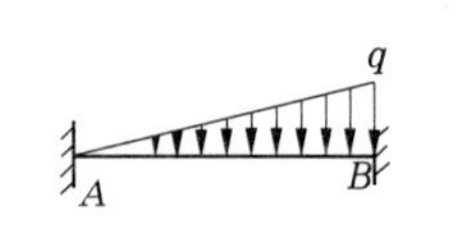	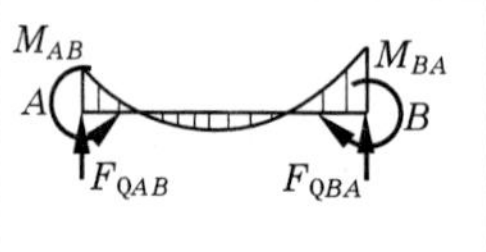	$-\frac{ql^2}{30}$	$\frac{ql^2}{20}$	$\frac{3ql}{20}$	$-\frac{7ql}{20}$
8	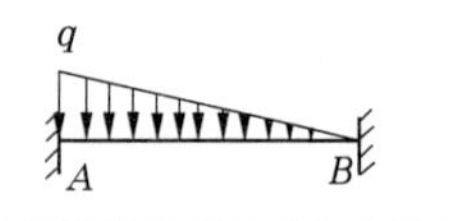	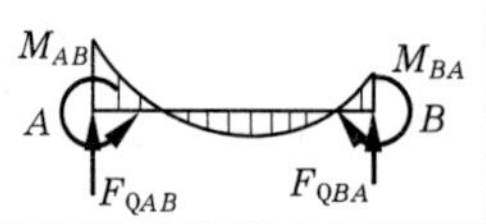	$-\frac{ql^2}{20}$	$\frac{ql^2}{30}$	$\frac{7ql}{20}$	$-\frac{3ql}{20}$
9	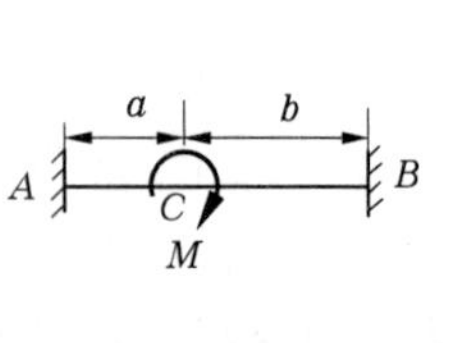	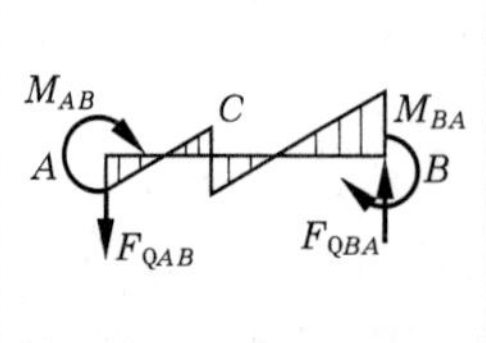	$\frac{Mb}{l^2}(2l-3b)$	$\frac{Ma}{l^2}(2l-3a)$	$-\frac{6ab}{l^3}M$	$-\frac{6ab}{l^3}M$
10	温度变化 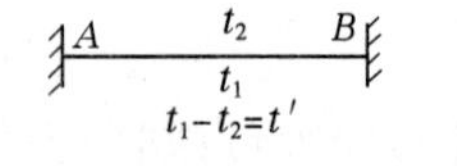	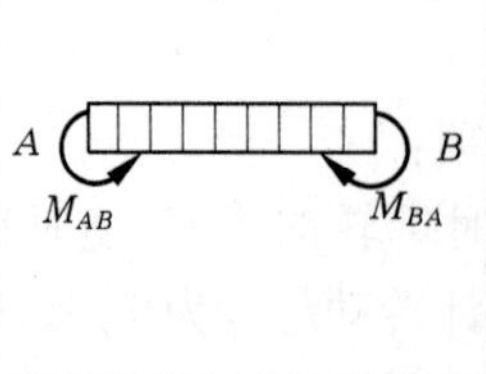	$-\frac{EI\alpha t'}{h}$ h——横截面高度 α——线膨胀系数	$\frac{EI\alpha t'}{h}$	0	0

续表 11-2

编号	简图	弯矩图（绘于受拉边）	杆端弯矩值		杆端剪力值	
			M_{AB}	M_{BA}	F_{QAB}	F_{QBA}
11	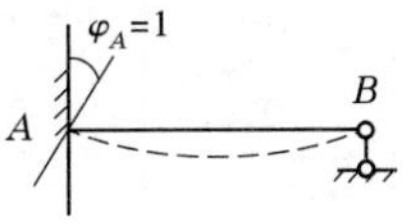	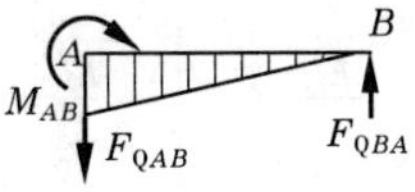	$\frac{3EI}{l}=3i$	0	$-\frac{3EI}{l^2}=-\frac{3i}{l}$	$-\frac{3EI}{l^2}=-\frac{3i}{l}$
12	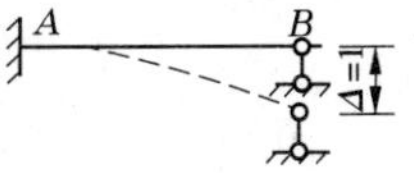	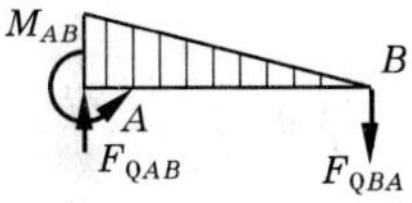	$-\frac{3EI}{l^2}=-\frac{3i}{l}$	0	$\frac{3EI}{l^3}=\frac{3i}{l^2}$	$\frac{3EI}{l^3}=\frac{3i}{l^2}$
13	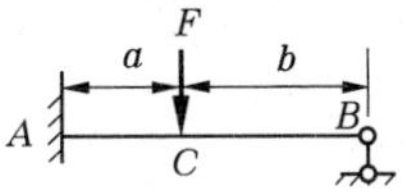	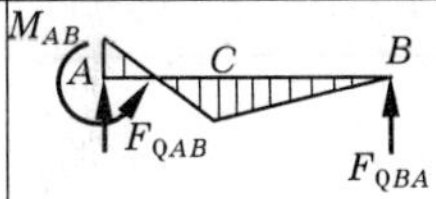	$-\frac{Fb(l^2-b^2)}{2l^2}$	0	$\frac{Fb(3l^2-b^2)}{2l^3}$	$-\frac{Fa^2(3l-a)}{2l^3}$
14	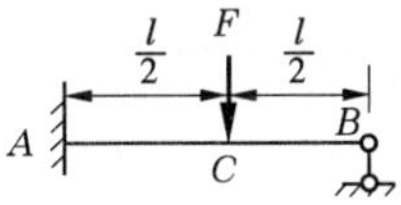	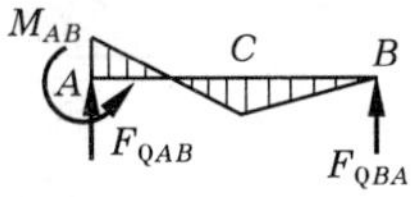	$-\frac{3Fl}{16}$	0	$\frac{11}{16}F$	$-\frac{5}{16}F$
15	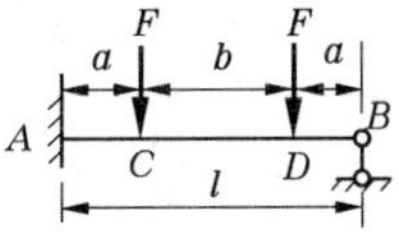	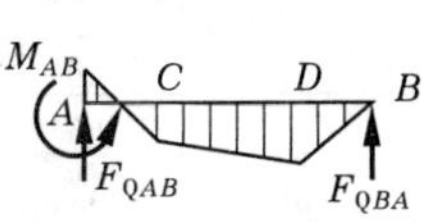	$-\frac{3Fa}{2}(1-\frac{a}{l})$	0	$F+\frac{3Fa(l-a)}{2l^2}$	$-F+\frac{3Fa(l-a)}{2l^2}$
16	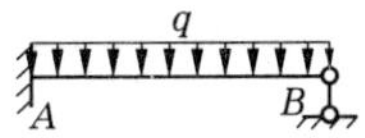	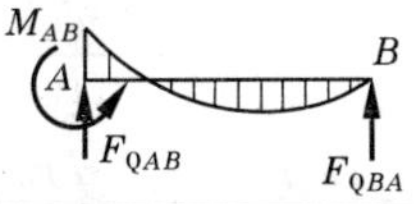	$-\frac{ql^2}{8}$	0	$\frac{5}{8}ql$	$-\frac{3}{8}ql$
17	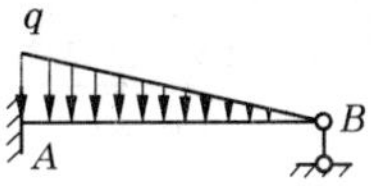	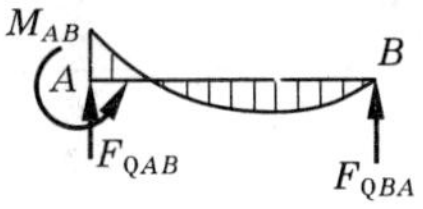	$-\frac{ql^2}{15}$	0	$\frac{2}{5}ql$	$-\frac{1}{10}ql$
18	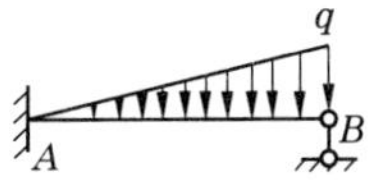	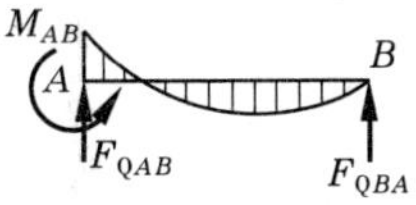	$-\frac{7ql^2}{120}$	0	$\frac{9}{40}ql$	$-\frac{11}{40}ql$
19	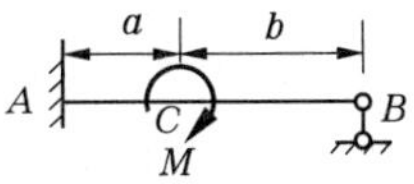	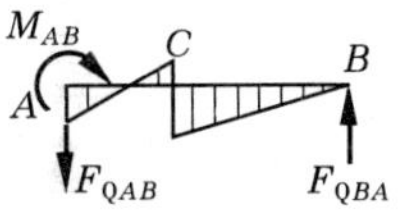	$\frac{M(l^2-3b^2)}{2l^2}$	0	$-\frac{3M(l^2-b^2)}{2l^3}$	$-\frac{3M(l^2-b^2)}{2l^3}$
20	温度变化 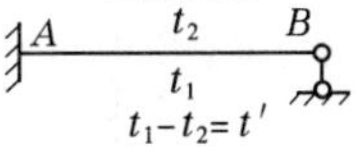 $t_1-t_2=t'$	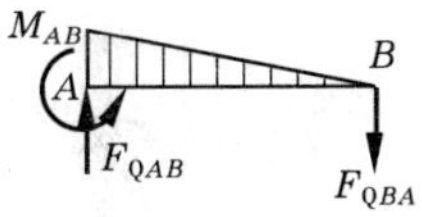	$-\frac{3EI\alpha t'}{2h}$ h——横截面高度 α——线膨胀系数	0	$\frac{3EI\alpha t'}{2hl}$	$\frac{3EI\alpha t'}{2hl}$

续表 11-2

编号	简图	弯矩图（绘于受拉边）	杆端弯矩值		杆端剪力值	
			M_{AB}	M_{BA}	F_{QAB}	F_{QBA}
21	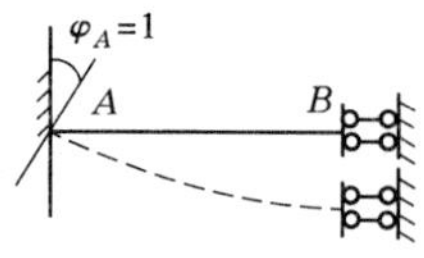	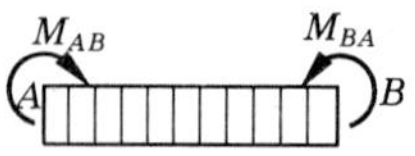	$\frac{EI}{l}=i$	$-\frac{EI}{l}=-i$	0	0
22	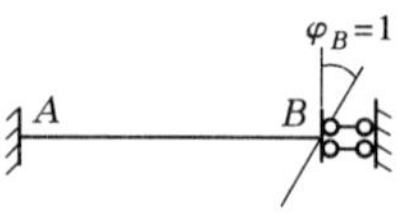	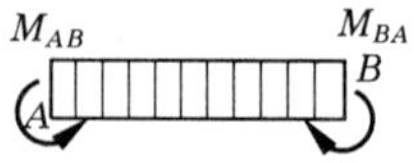	$-\frac{EI}{l}=-i$	$\frac{EI}{l}=i$	0	0
23	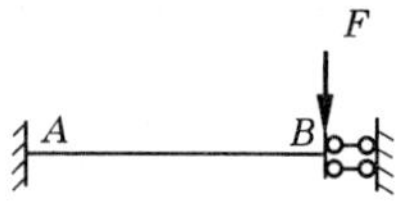	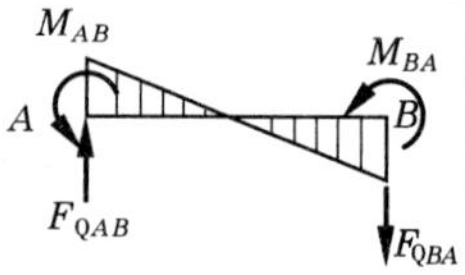	$-\frac{Fl}{2}$	$-\frac{Fl}{2}$	F	F
24	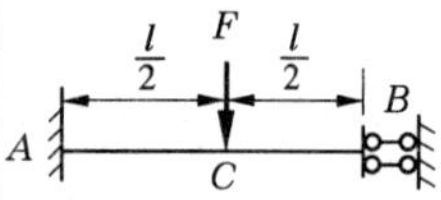	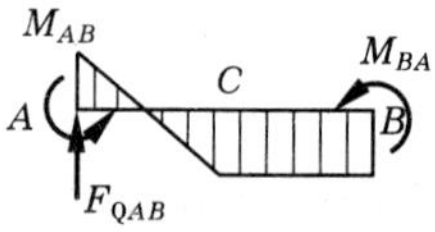	$-\frac{3Fl}{8}$	$-\frac{Fl}{8}$	F	0
25	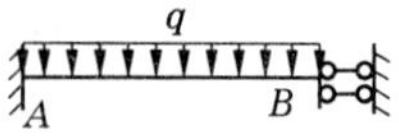	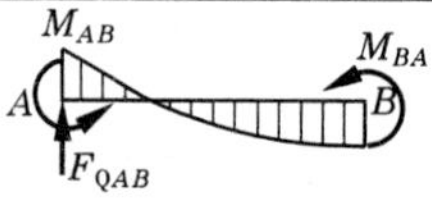	$-\frac{ql^2}{3}$	$-\frac{ql^2}{6}$	ql	0
26	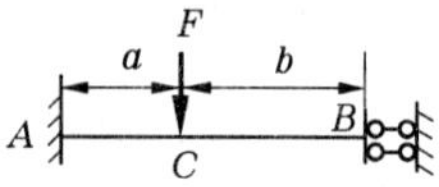	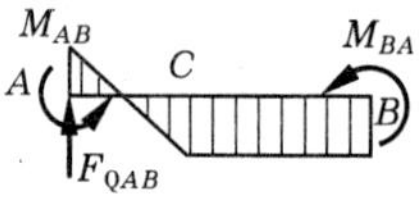	$-\frac{Fa(l+b)}{2l}$	$-\frac{Fa^2}{2l}$	F	0
27	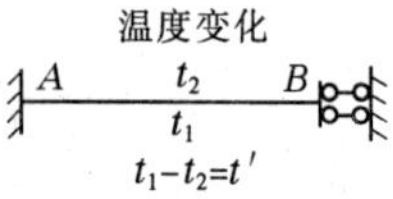	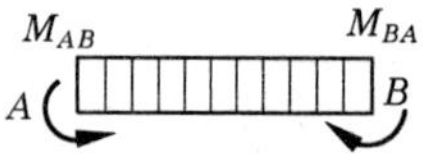	$-\frac{EI\alpha t'}{h}$ h——横截面高度 α——线膨胀系数	$\frac{EI\alpha t'}{h}$	0	0
28	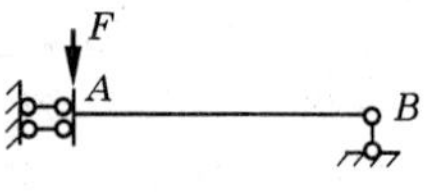	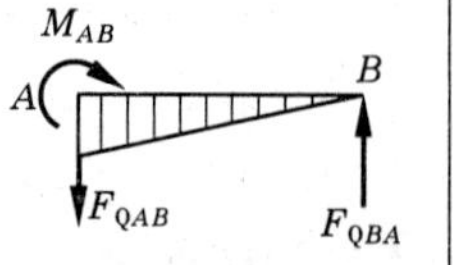	Fl	0	$-F$	$-F$
29	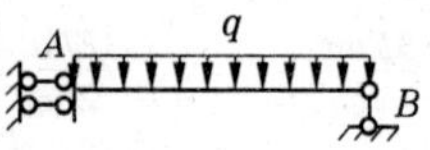	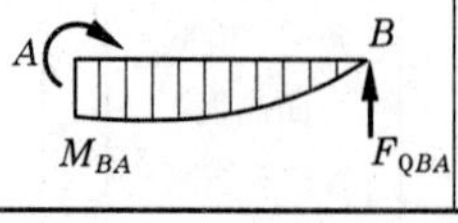	$\frac{ql^2}{2}$	0	0	$-ql$

(3)在竖向荷载作用下,一端固定一端铰支梁,铰支端不论是可动铰支座还是固定铰支座,其端内力均相同。当遇梁端支座换位时,其端内力也随之变动。

第三节　用位移法计算超静定结构

前面介绍的力法是分析超静定结构最基本的方法。它是以结构的多余约束力作为基本未知量,依据变形谐调条件,将超静定结构转化为静定结构的一种计算方法。

用力法可求解任何超静定结构受各种荷载及非荷载因素作用的计算问题。在力法中,基本未知量的个数等于超静定次数,超静定次数愈高其计算工作量愈大。但在工程实际中,伴随钢筋混凝土建材的广泛使用,出现了大量的高次超静定结构。显然,单用力法难以解决这些高次超静定结构的计算问题。新的计算要求迫使人们寻求新的计算方法,于是便出现了本节将要介绍的位移法以及由它衍生的多种计算方法(如力矩分配法和迭代法等)。

位移法也是解算超静定结构的基本方法,它是以结点位移作为基本未知量而命名的,故称位移法。该方法在计算上取决于结点位移的数目,而与结构的超静定次数无关。因此,对超静定次数高而结点位移数少的超静定结构,用位移法计算较为简便。同时,位移法也是力矩分配法、迭代法以及电算中矩阵位移法的基础。所以,掌握该方法,对结构计算来说,具有较实用的意义。

一、位移法的基本原理

下面以图 11-40(a)所示的超静定刚架为例来说明位移法的基本原理。

图 11-40 所示超静定刚架在给定荷载作用下,若不考虑轴向变形和剪切变形,并假设直杆弯曲变形是微小的,故可认为各杆两端之间的距离在变形前后保持不变。这样,在图示刚架中,由于 3、2 不能移动,而结点 1 分别与 3、2 两点之间的距离又都保持不变,所以结点 1 既无水平线位移,也无竖向线位移,只发生结点角位移 z_1。又由于结点 1 为刚结点,则汇交于 1 结点的 1 - 2 杆和 1 - 3 杆的 1 端均产生相同的角位移 z_1。结构将发生如图 11-40 中虚线所示的变形。

若将结点角位移 θ_1 作为基本未知量,设法能求出 θ_1,则结构各杆的内力便可由叠加法求得。为此,下面分两步来实现:

第一步:设在结点 1 处附加一个阻转刚臂(用符号▼表示),使结点 1 不能转动,如图 11-40(b)所示。这样,1 - 2 杆可视为一端固定另一端铰支的单跨梁受荷载 F 作用;1 - 3杆可视为两端固定的单跨梁无荷载作用,1 - 2 杆和 1 - 3 杆称为基本杆件。而这些基本杆件的端内力可由表 11-2 查得,是一种“可定杆”。于是图 11-40(b)所示的结构可看成由两根基本杆件组成的组合体。我们把这种在原结构上附加约束即改造后的结构称为位移法基本结构。基本结构在荷载 F 作用下,结点 1 附加阻转刚臂中将产生反力矩 R_{1P}。显然,基本结构与原结构存在明显的差异,即原结构在结点 1 处有结点角位移 z_1,而基本结构在结点 1 处却无结点角位移。另外,在原结构的结点 1 处无外力偶矩作用,即 $R_1=0$,而基本结构在荷载 F 作用下,结点 1 处的附加阻转刚臂却多了一个外来的约束反

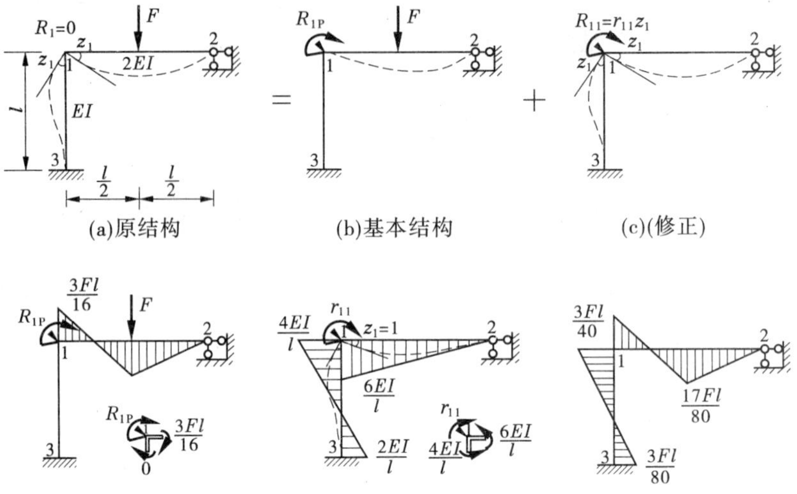

(a)原结构 (b)基本结构 (c)(修正)

(d)M_P图 (e)$\overline{M}_1$图 (f)M图

图 11-40

力矩 R_{1P}。为了消除这一差异，还须加以修正。

第二步：强迫基本结构在结点 1 转动与原结构相同的实际位移 z_1，这时在附加阻转刚臂中将产生反力矩 R_{11}，如图 11-40(c)所示。然后叠加这两种状态，则基本结构的变形状态就和原结构相同，与此同时，它们的受力状态也相同。所以，根据原结构结点 1 的力矩平衡条件，应有

$$R_1 = R_{11} + R_{1P} = 0$$

若令结点 1 产生单位角位移时在附加阻转刚臂中产生反力矩 r_{11}，根据叠加原理，有 $R_{11} = r_{11}z_1$。以此代入上式得

$$r_{11}z_1 + R_{1P} = 0 \tag{11-14}$$

式(11-14)称为位移法的基本方程。

为求位移法方程中系数和自由项，可在基本结构上作出荷载 F 作用下的 M_P 图和 $z_1 = 1$ 时的 $\overline{M}_1$ 图，分别如图 11-40(d)、(e)所示。

从图 11-40(e)取结点 1 为分离体，由力矩平衡条件

$$\sum M_1 = r_{11} - \frac{6EI}{l} - \frac{4EI}{l} = 0$$

求得

$$r_{11} = \frac{10EI}{l}$$

同理，再从图 11-40(d)取结点 1 为分离体，由力矩平衡条件

$$\sum M_1 = R_{1P} + \frac{3}{16}Fl + 0 = 0$$

求得

$$R_{1P} = -\frac{3}{16}Fl$$

将所求得的系数和自由项代入位移法方程，即可求得

$$z_1 = \frac{3Fl}{160EI}$$

结点1的角位移求得以后，可用叠加法，即

$$M = z_1\overline{M}_1 + M_P$$

求作出最后弯矩图如图11-40(e)所示。

综上所述，用位移法解算超静定结构的基本思路及步骤可归纳如下：

(1)分析结构的结点位移情况，确定结点位移作为位移法的基本未知量。

(2)根据确定的结点位移取位移法基本结构。即在有结点位移的结点上附加约束，结构的各杆件转化为单跨超静定梁，利用力法求解的单跨超静定梁的计算成果(见表11-2)作出 M_P 图。

(3)迫使基本结构产生与原结构相同的实际位移，然后由平衡条件建立位移法方程。

(4)求系数和自由项。一般先作出基本结构的单位弯矩图和荷载弯矩图，然后再分别取分离体，利用平衡条件即可求得系数和自由项。

(5)求基本未知量。将所求系数和自由项代入位移法方程即可求得。

(6)用叠加法求作内力图。

比较力法和位移法可以看出，两者所取途径虽然不同，但它们所遵循的原则却是一致的：都是利用基本结构的变形和受力情况与原结构相同的条件来建立方程。力法是以静定结构作为基本结构，利用已知的静定结构的计算方法来求解超静定结构问题；而位移法则是以单跨超静定梁的组合体作为基本结构，利用力法对单跨超静定梁的计算成果求解超静定结构问题。

二、位移法的基本未知量和基本结构

位移法是以结点位移作为基本未知量的，用该方法计算超静定结构时，必须首先确定其基本未知量的数目。那么，结构上哪些点可作为结点呢？从理论上讲，结构上的任何一个点均可作为结点，但在实用计算时，通常所取的结点是指结构杆件的转折点、交汇点、支承点及截面的突变点等。而结点位移包括结点角位移和结点线位移，现分述如下。

(一)结点角位移的确定

确定结点角位移的数目比较简单。由于在同一刚结点处，各杆端的转角都是相等的，因此每一个刚结点只有一个独立的角位移。在各固端支座处，其转角已知且为零。至于铰结点或铰结点处各杆端的角位移，因不是独立的，故不作为基本未知量。

例如，在图11-41(a)所示的超静定刚架中，有两个刚结点 B、C，取角位移 θ_B 和 θ_C 作为基本未知量。而铰支座 A、D 的角位移 θ_A 和 θ_D 不是独立的，可不作为基本未知量。由于刚架结构无结点线位移，故取位移法基本结构如图11-41(b)所示。

又例如，在11-42(a)所示的超静定刚架中，只有一个刚结点 B，故取角位移 θ_B 作为基本未知量，而铰结点 C 的角位移 θ_C 同样也不作为基本未知量。取位移法基本结构如图11-42(b)所示。

通过以上两例分析可见：以结点角位移作为基本未知量的数目等于结构的刚结点数目。

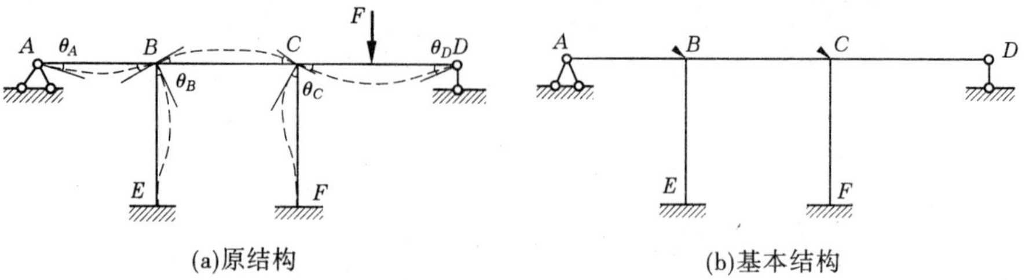

图 11-41

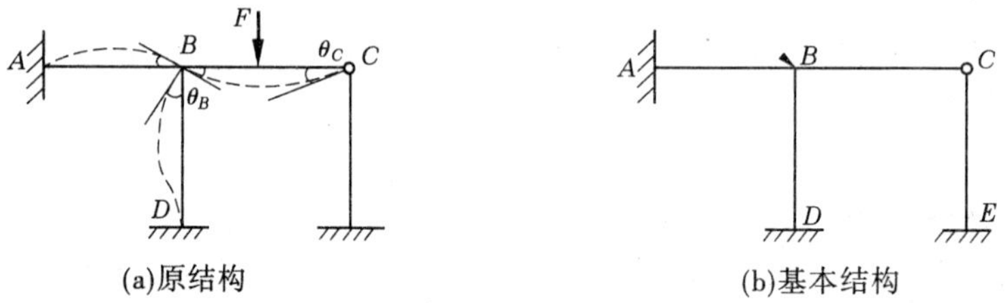

图 11-42

(二)独立结点线位移的确定

确定结点线位移数目时,如前所述,通常对受弯杆件略去其轴向变形和剪切变形,并假设弯曲变形也是微小的。于是可认为每一受弯直杆两端之间的距离在变形后仍保持不变。根据这个假设,就可判定有些结构无任何结点线位移,如图 11-42 所示的刚架即无结点线位移。而对有些结构虽有结点线位移,但其中有些结点线位移是彼此相关而独立的,在此情况下,需要确定独立结点线位移个数。确定独立结点线位移通常有两种方法,现分述如下。

1. 直观确定法

对于一般刚架结构,独立结点线位移的数目可直观确定。例如,图 11-43(a)所示的刚架,在不考虑各杆长度变化时,结点 B 和 C 没有竖向线位移而只有水平位移 Δ_B 和 Δ_C,且 $\Delta_B=\Delta_C=\Delta$,即该刚架只有一个独立的结点线位移 Δ 和两个结点角位移 θ_B、θ_C。取位移法基本结构时,在结点 C 处(或结点 B 处)附加水平阻移链杆,取得基本结构如图 11-43(b)所示。

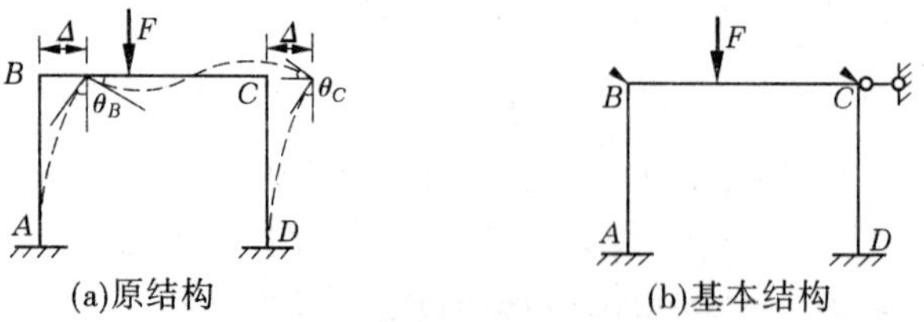

图 11-43

同理,在图 11-44(a)所示的铰接排架结构中,也只有一个独立结点线位移 Δ,取位移法基本结构如图 11-44(b)所示。

2. 铰化结点确定法

对于比较复杂的刚架结构,可采用"铰化结点,增设链杆"的方法来确定独立结点线

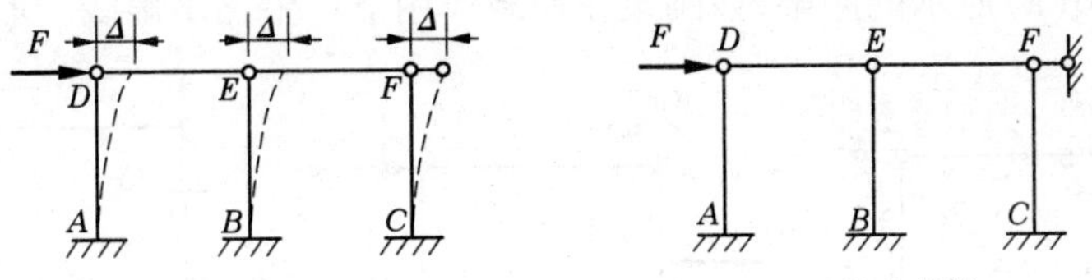

(a)原结构　　(b)基本结构

图 11-44

位移的数目。即把结构中所有的刚结点改为铰结点，所有的固定端支座改为固定铰支座，从而得到一个铰接体系，然后对此铰接体系作几何组成分析。若此铰接体系为几何不变体系，则原结构所有结点无结点线位移。若此铰接体系为几何可变体系或瞬变体系，则原结构有结点线位移。那么，有几个结点线位移呢？可采用增设链杆的方法来确定。欲使铰接体系为几何不变体系，就要看在结点上至少需要添加几根链杆才能保持其几何不变性，所需添加的链杆数目即为原结构独立的结点线位移数目。

例如，图 11-45(a)所示的刚架结构，其相应的铰接体系如图 11-45(b)所示。它必须增添两根链杆(图中虚线所示)，或增添两根支座链杆(图 11-45(c)所示)才能构成几何不变体系，故知原结构独立的结点线位移数目为 2。对该结构取位移法基本结构如图 11-45(d)所示。

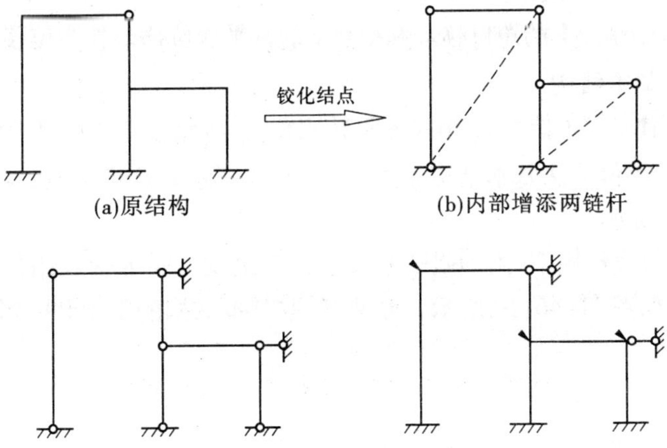

(a)原结构　　(b)内部增添两链杆

(c)外部增添两支座链杆　　(d)基本结构

图 11-45

综上所述，位移法基本未知量的数目等于结点角位移数与独立结点线位移数之和。当位移法基本未知量确定后，位移法基本结构很容易取定，只需在原结构中有角位移的结点处附加阻转刚臂，在有线位移的结点处附加阻移链杆，即得位移法基本结构。

三、位移法的典型方程

由前所述，位移法是以结点位移作为基本未知量的，当基本未知量确定之后，就需要建立以基本未知量表示的位移法方程。那么，如何建立多个基本未知量表示的位移法方程呢？下面以刚架结构为例来说明。

设如图 11-46(a)所示的刚架,该刚架在荷载作用下产生图示虚线变形。

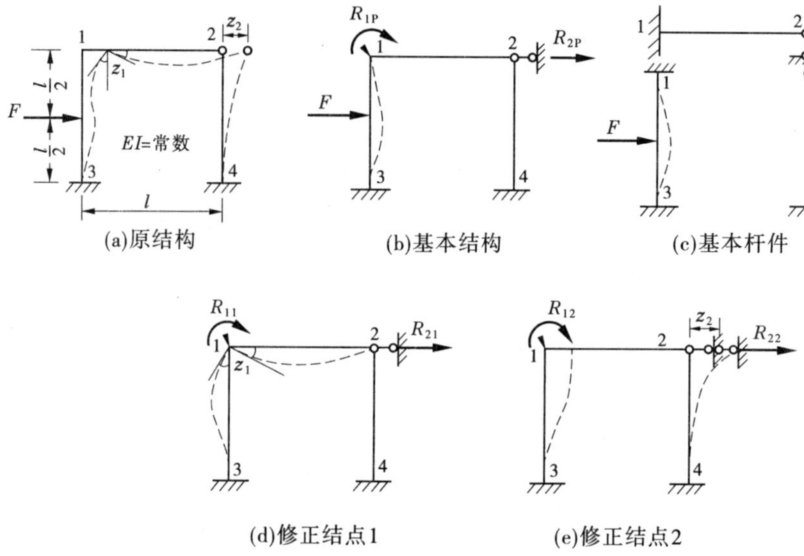

图 11-46

(一)确定位移法基本未知量

在本例中,应取刚结点 1 的角位移 z_1 和结点 2 的水平线位移 z_2 作为位移法基本未知量。

(二)取位移法基本结构

在刚结点 1 处附加与角位移 z_1 相应的阻转刚臂,在铰结点 2 处附加与线位移 z_2 相应的水平阻移链杆,取得位移法基本结构如图 11-46(b)所示。这样,构成基本结构的基本杆件如图 11-46(c)所示。

基本结构在外荷载作用下,附加阻转刚臂中将产生反力矩 R_{1P},在附加阻移链杆中将产生水平反力 R_{2P},如图 11-46(b)所示。显然,所取基本结构的受力和变形均与原结构是不相同的,存在差异。

(三)修正

为了消除其差异,可采用如下修正手段:

(1)先强迫结点 1 转动与原结构相同的实际角位移 z_1,而不让结点 2 移动。此时,在附加阻转刚臂中将产生反力矩 R_{11},在附加阻移链杆中将产生水平反力 R_{21},如图 11-46(d)所示。

(2)再强迫结点 2(同时也连同结点 1)移动与原结构相同的实际线位移 z_2,但不让结点 1 转动。此时,在附加阻转刚臂中将产生反力矩 R_{12},在附加阻移链杆中将产生水平反力 R_{22},如图 11-46(e)所示。

(四)还原

显然,将图 11-46(b)、(d)、(e)三种情况叠加,则基本结构的受力与变形就还原为原结构的受力与变形。因为在原结构上本来就不存在附加约束,自然也就没有附加约束反力矩和约束反力,即原结构在结点 1 的力矩是处于平衡的,在结点 2 水平方向的力也是处

于平衡的，所以根据平衡条件，应有

$$\left.\begin{aligned}R_{11}+R_{12}+R_{1P}=0\\R_{21}+R_{22}+R_{2P}=0\end{aligned}\right\}\tag{a}$$

现设结点 1 转动 $z_1=1$ 角位移时附加阻转刚臂作用于基本结构的反力矩为 r_{11}，附加阻移链杆作用于基本结构的反力为 r_{21}，则根据叠加原理有

$$R_{11}=r_{11}z_1\qquad R_{21}=r_{21}z_1\tag{b}$$

同理，又设结点 2 移动 $z_2=1$ 水平线位移时附加阻转刚臂作用于基本结构的反力矩为 r_{12}，附加阻移链杆作用于基本结构的反力为 r_{22}，则根据叠加原理有

$$R_{12}=r_{12}z_2\qquad R_{22}=r_{22}z_2\tag{c}$$

将式(b)和式(c)代入式(a)可得

$$\left.\begin{aligned}r_{11}z_1+r_{12}z_2+R_{1P}=0\\r_{21}z_1+r_{22}z_2+R_{2P}=0\end{aligned}\right\}\tag{11-15}$$

式(11-15)就是以结点位移表示的位移法典型方程。它的物理意义是基本结构上每一个附加约束的反力矩或反力都等于零。实质上，位移法方程即是静力平衡方程。

同理，可列出具有 n 个基本未知量的位移法典型方程

$$\left.\begin{aligned}r_{11}z_1+r_{12}z_2+\cdots+r_{1i}z_i+\cdots+r_{1n}z_n+R_{1P}=0\\r_{21}z_1+r_{22}z_2+\cdots+r_{2i}z_i+\cdots+r_{2n}z_n+R_{2P}=0\\\vdots\qquad\qquad\\r_{i1}z_1+r_{i2}z_2+\cdots+r_{ii}z_i+\cdots+r_{in}z_n+R_{iP}=0\\\vdots\qquad\qquad\\r_{n1}z_1+r_{n2}z_2+\cdots+r_{ni}z_i+\cdots+r_{nn}z_n+R_{nP}=0\end{aligned}\right\}\tag{11-16}$$

在位移法典型方程中，通常把位于主对角线上的系数 r_{ii} 称为主系数(或主反力)，而把其余的系数 r_{ik} ($i\neq k$)称为副系数(或副反力) 。主系数 r_{ii} 恒为正值，副系数 r_{ik} 和自由项 R_{iP} 则可为正值，也可为负值或为零。根据前面所述的反力互等定理，则副系数具有下列互等关系

$$r_{ik}=r_{ki}\tag{11-17}$$

计算时，利用此互等关系可减少其计算工作量。现将方程中各项的物理意义分述如下：

主系数 r_{ii} ——当附加约束 i 发生单位位移 $z_i=1$ 时，在自身附加约束 i 上引起的反力矩(或反力)；

副系数 r_{ik} ——当附加约束 k 发生单位位移 $z_k=1$ 时，在附加约束 i 上引起的反力矩(或反力)；

自由项 R_{iP} ——当外荷载单独作用于基本结构时，在附加约束 i 上引起的反力矩(或反力)。

为便于记忆，应明确其系数和自由项两个下脚标的含义：第一个下脚标号表示产生反力的位置和方向，第二个下脚标号表示引起该反力的原因。

下面介绍位移法方程中系数和自由项的具体计算方法。

为了计算系数和自由项，首先需要作出单位弯矩图和荷载弯矩图。例如，根据图 11-46(c)所示的基本杆件，查表 11-2 中的载常数和形常数，作出 M_P、$\overline{M}_1$ 和 $\overline{M}_2$ 图如图 11-47所示。其中，图 11-47(a)是基本结构在荷载作用下的弯矩图，图 11-47(b)是基本结构的结点 1 转动 $z_1 = 1$ 时的弯矩图，图 11-47 (c)是基本结构的结点 2 移动 $z_2 = 1$ 时的弯矩图。

然后从 M_P、$\overline{M}_1$ 和 $\overline{M}_2$ 图中分别取结点 1 和杆 1－2 为分离体，画出其受力图如图 11-47(d)、(e)和(f)所示。

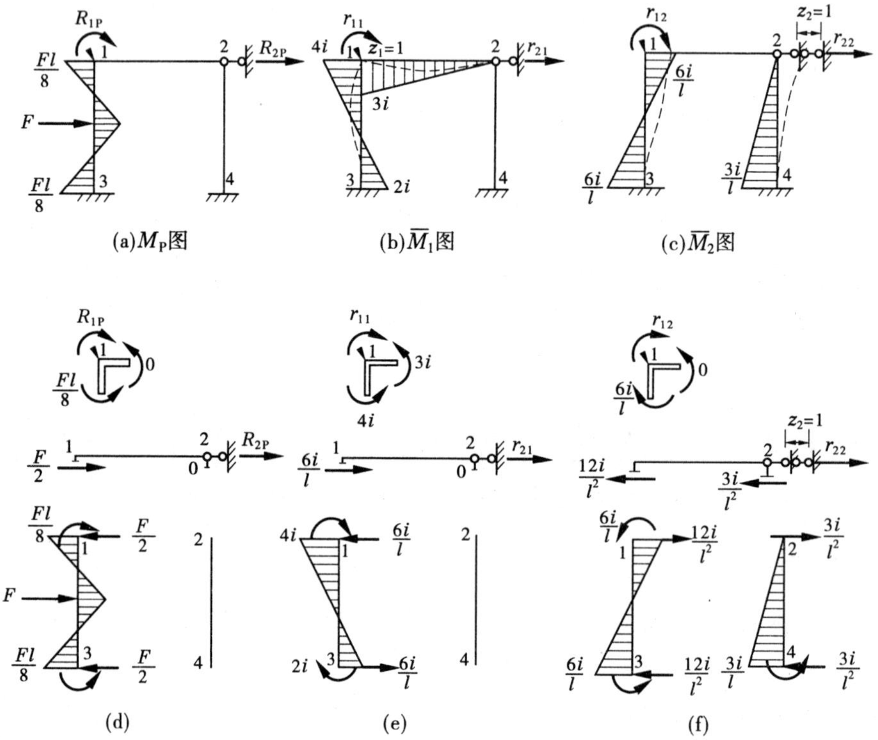

图 11-47

考虑结点 1 的力矩平衡，即由 $\sum M_1 = 0$，分别求得

$$R_{1P} = \frac{Fl}{8} + 0 = \frac{Fl}{8} \qquad r_{11} = 4i + 3i = 7i \qquad r_{12} = -\frac{6i}{l} + 0 = -\frac{6i}{l}$$

考虑杆 1－2 的力平衡，即由 $\sum F_x = 0$，分别求得

$$R_{2P} = -\frac{F}{2} + 0 = -\frac{F}{2} \qquad r_{21} = -\frac{6i}{l} \qquad r_{22} = \frac{12i}{l^2} + \frac{3i}{l^2} = \frac{15i}{l^2}$$

由此可见，副系数 r_{12} 和 r_{21} 具有互等关系，只需计算其中之一即可。

将上面所求得的系数和自由项代入式(11-14)，则有

$$\left.\begin{aligned} 7iz_1 - \frac{6i}{l}z_2 + \frac{Fl}{8} = 0 \\ -\frac{6i}{l}z_1 + \frac{15i}{l^2}z_2 - \frac{F}{2} = 0 \end{aligned}\right\}$$

联立解得

$$z_1 = \frac{9}{552}\frac{Fl}{i} \qquad z_2 = \frac{22}{552}\frac{Fl^2}{i}$$

所求结果均为正值,表明所设结点位移 z_1、z_2 的方向与实际方向相同。

求出基本未知量 z_1、z_2 后,刚架的最后弯矩图可按叠加法求得,即

$$M = z_1\overline{M}_1 + z_2\overline{M}_2 + M_P$$

例如,杆 1 - 3 的 1 端的弯矩为

$$M_{13} = \frac{9}{552}\frac{Fl}{i} \times 4i - \frac{22}{552}\frac{Fl^2}{i} \times \frac{6i}{l} + \frac{Fl}{8} = -\frac{27}{552}Fl$$

最后作出弯矩图如图 11-48(a)所示。作出弯矩图后,可由弯矩图求作剪力图,再由剪力图作轴力图,如图 11-48(b)、(c)所示。

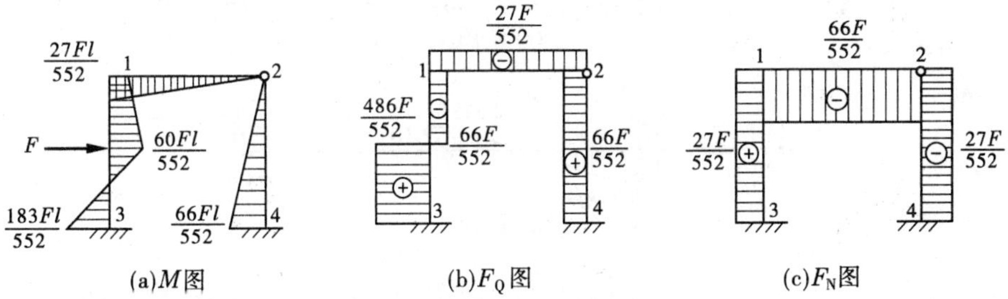

图 11-48

通过本例的分析计算,介绍了用位移法解算超静定结构的全过程。

四、位移法解算超静定结构示例

【例 11-14】 试用位移法求作图 11-49(a)所示连续梁的弯矩图。

解 (1)确定基本未知量。

此连续梁具有两个刚结点 B 和 C,无结点线位移。

(2)取位移法基本结构。

取基本结构如图 11-49(b)所示。

(3)建立位移法典型方程。

根据基本结构附加刚臂上的反力偶矩等于零这一条件,可以建立位移法典型方程如下

$$\left.\begin{aligned} r_{11}z_1 + r_{12}z_2 + R_{1P} = 0 \\ r_{21}z_1 + r_{22}z_2 + R_{2P} = 0 \end{aligned}\right\}$$

(4)计算系数及自由项。

查表 11-2 分别绘出 M_P 图、$\overline{M}_1$ 图和 $\overline{M}_2$ 图,如图 11-49(c)、(d)、(e)所示。可取结点 B 或 C 为分离体,利用力矩平衡条件 $\sum M = 0$ 求出。现分别计算如下:

由 $\overline{M}_1$ 图得

$$r_{11} = 0.5EI + 0.75EI = 1.25EI$$

$$r_{21} = 0.375EI$$

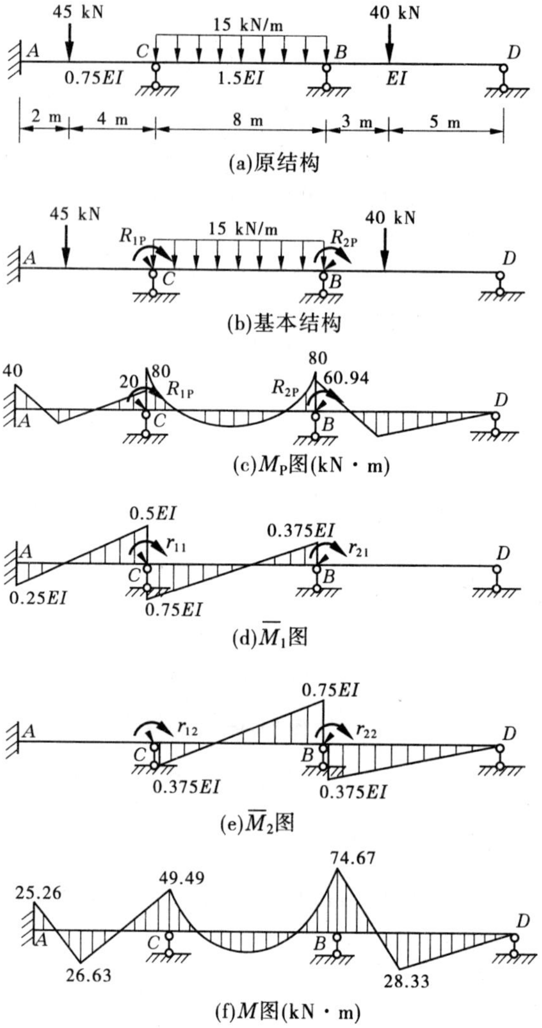

图 11-49

由 $\overline{M}_2$ 图得

$$r_{22} = 0.75EI + 0.375EI = 1.125EI$$

$$r_{12} = 0.375EI$$

由 M_P 图得

$$R_{1P} = 20 - 80 = -60(\text{kN} \cdot \text{m})$$

$$R_{2P} = 80 - 60.94 = 19.06(\text{kN} \cdot \text{m})$$

(5)解方程求结点位移。

将求得的各系数和自由项代入位移法方程,得

$$\left.\begin{aligned} 1.25EIz_1 + 0.375EIz_2 - 60 = 0 \\ 0.375EIz_1 + 1.125EIz_2 + 19.06 = 0 \end{aligned}\right\}$$

联立求得

$$z_1 = \frac{58.98}{EI} \qquad z_2 = -\frac{36.6}{EI}$$

其中 z_2 为负值，说明结点 C 的转角方向与原假设的方向相反，即为逆时针方向转动。

(6)作结构的 M 图。

用叠加法，即 $M = z_1\overline{M}_1 + z_2\overline{M}_2 + M_P$，可作出连续梁的最后弯矩图如图 11-49(f)所示。

【例 11-15】 试用位移法求作图 11-50(a)所示刚架的弯矩图。

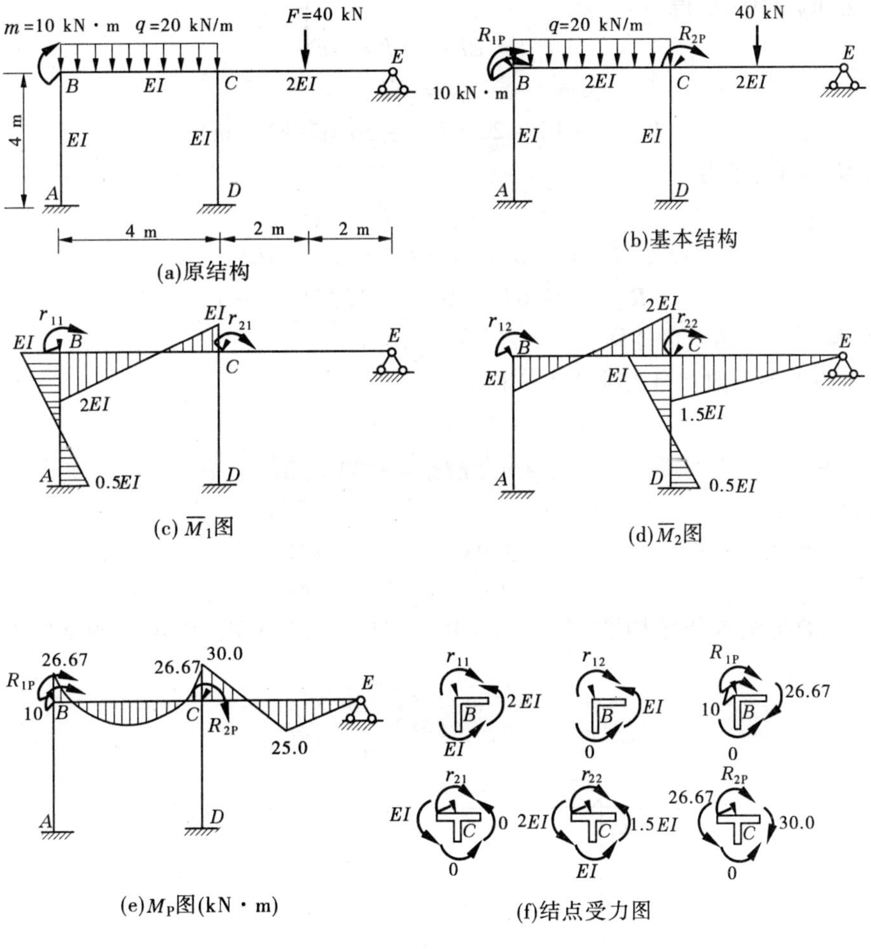

图 11-50

解 (1)确定基本未知量。

此刚架具有两个刚结点 B 和 C，无结点线位移。

(2)取位移法基本结构。

取基本结构如图 11-50(b)所示。

(3)建立典型方程。

根据基本结构附加刚臂上的反力矩等于零这一条件，可建立位移法典型方程如下

$$\left.\begin{aligned} r_{11}z_1 + r_{12}z_2 + R_{1P} = 0 \\ r_{21}z_1 + r_{22}z_2 + R_{2P} = 0 \end{aligned}\right\}$$

(4)计算系数及自由项。

为了计算系数和自由项,利用表 11-2 分别绘出 $\overline{M}_1$ 图、$\overline{M}_2$ 图和 M_P 图如图 11-50(c)、(d)、(e)所示,并在 $\overline{M}_1$ 图、$\overline{M}_2$ 图和 M_P 图中分别取结点 B 和结点 C 为分离体,画出受力图如图 11-50(f)所示。

由 $\sum M_B = 0$,求得

$$r_{11} = EI + 2EI = 3EI$$

$$r_{12} = EI$$

$$R_{1P} = -10 - 26.67 = -36.67(\text{kN}\cdot\text{m})$$

又由 $\sum M_C = 0$,求得

$$r_{12} = EI$$

$$r_{22} = 2EI + 1.5EI + EI = 4.5EI$$

$$R_{2P} = 26.67 - 30 = -3.33(\text{kN}\cdot\text{m})$$

(5)解方程求结点角位移。

将求得的各系数和自由项代入位移法方程,得

$$\left.\begin{aligned} 3EIz_1 + EIz_2 - 36.67 = 0 \\ EIz_1 + 4.5EIz_2 - 3.33 = 0 \end{aligned}\right\}$$

联立解得

$$z_1 = \frac{12.93}{EI} \qquad z_2 = -\frac{2.13}{EI}$$

(6)用叠加法求作结构的 M 图。即 $M = z_1\overline{M}_1 + z_2\overline{M}_2 + M_P$,作出该刚架的弯矩图如图 11-51所示。

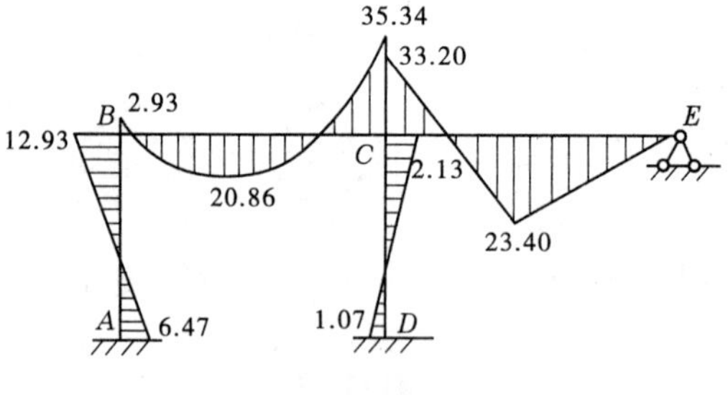

M图(kN · m)

图 11-51

【例 11-16】 试用位移法计算图 11-52(a)所示刚架,并作出其弯矩图。

解 (1)确定基本未知量。

此刚架具有一个独立转角 z_1 和独立线位移 z_2 。

(2)取位移法基本结构。

在结点 1 加入一个附加刚臂,在结点 2 加入一个附加链杆,取得位移法基本结构如图 11-52(b)所示。

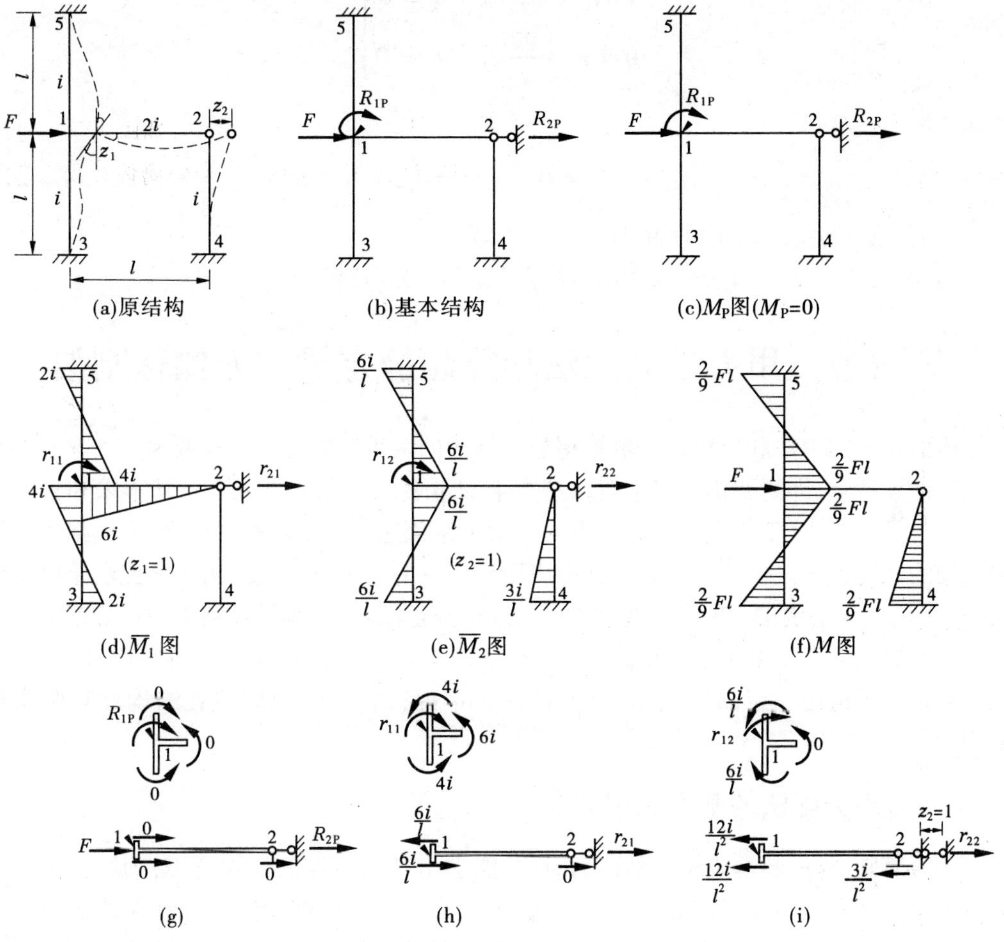

图 11-52

(3)建立位移法方程。

根据基本结构附加刚臂和链杆上的反力偶和反力等于零的这一条件,可建立位移法典型方程如下

$$\left.\begin{aligned} r_{11}z_1 + r_{12}z_2 + R_{1P} &= 0 \\ r_{21}z_1 + r_{22}z_2 + R_{2P} &= 0 \end{aligned}\right\}$$

(4)计算系数及自由项。

为计算系数和自由项,利用表 11-2 分别绘出 M_P 图、$\overline{M}_1$ 图和 $\overline{M}_2$ 图如图 11-52(c)、(d)、(e)所示。再分别从 $\overline{M}_1$ 图、$\overline{M}_2$ 图和 M_P图取结点 1 和杆 1 - 2 为分离体,画出其受力图如图 11-52(g)、(h)、(i)所示。由 $\sum M_1 = 0$ 和 $\sum F_x = 0$ 求得

$$r_{11} = 14i \quad r_{12} = 0 \quad r_{21} = 0 \quad r_{22} = \frac{27i}{l^2} \quad R_{1P} = 0 \quad R_{2P} = -F$$

(5)解方程求基本未知量。

将求得的各系数和自由项代入位移法方程,得

$$\left.\begin{aligned} 14iz_1 + 0 \times z_2 + 0 &= 0 \\ 0 \times z_1 + \frac{27i}{l^2}z_2 - F &= 0 \end{aligned}\right\}$$

联立解得

$$z_1 = 0 \qquad z_2 = \frac{Fl^2}{27i}$$

(6)用叠加法求作结构的 M 图。

即 $M = z_1\overline{M}_1 + z_2\overline{M}_2 + M_P$,求作出弯矩图如图 11-52(f)所示。

第四节　用力矩分配法计算超静定梁和无侧移刚架

前面介绍的力法和位移法是解算超静定结构的两种基本方法。这两种方法均有一个共同的计算特点,即需要建立和求解以基本未知量表示的联立方程。当基本未知量的数目较多时,这项计算工作将是十分繁重的。为了避免建立和求解联立方程,人们提出过许多实用的计算方法。本节着重介绍其中应用较广泛的力矩分配法。力矩分配法是以位移法为基础的一种渐进法,在计算过程中采用逐步修正的步骤,其计算结果的精确度随计算轮次的增加而提高。采用这种计算方法,不需求解联立方程,就可直接推算出杆端弯矩,且计算过程可遵循一定的机械步骤进行,易于掌握,适用于手算,故在结构计算中常被采用。

一、力矩分配法的基本原理

由前所知,求解超静定结构的内力时,若能求出结构各杆的杆端弯矩,则结构中任何部分的内力就不难由平衡条件求得。因此,求结构各杆的杆端弯矩是计算超静定结构的关键。而力矩分配法就是直接推求杆端弯矩的一种计算方法,该方法实质是位移法在计算上的一种演变。下面举例说明力矩分配法如何由位移法演变的过程。

设图 11-53(a)所示由等截面杆组成的刚架结构,在给定荷载作用下,刚结点 1 发生角位移 z_1,而无结点线位移。用位移法计算时,取位移法基本结构如图 11-53(b)所示。

其位移法典型方程为

$$r_{11}z_1 + R_{1P} = 0$$

要求方程中的系数 r_{11}和自由项 R_{1P},可查表 11-2 先作出基本结构当 $z_1 = 1$ 时的单位弯矩图如图 11-53 (c)所示;作出基本结构在荷载作用下的荷载弯矩图如图 11-53(e)所示。

然后分别从 $\overline{M}_1$ 图和 M_P 图中取结点 1 为分离体,画其受力图如图 11-53(d)所示。

由$\sum M_1 = 0$,求得

$$r_{11} = 4i_{12} + 3i_{13} + i_{14} = S_{12} + S_{13} + S_{14} = \sum S_1$$

式中:S_{1k}称为杆 $1-k(k=2,3,4)$在 1 端的转动刚度。它表示 $1-k$ 杆的 1 端顺时针方向转动 $z_1 = 1$ 时,在该端所需施加的力矩。其值与杆件的线刚度 $i = \dfrac{EI}{l}$ 和杆件另一端的支

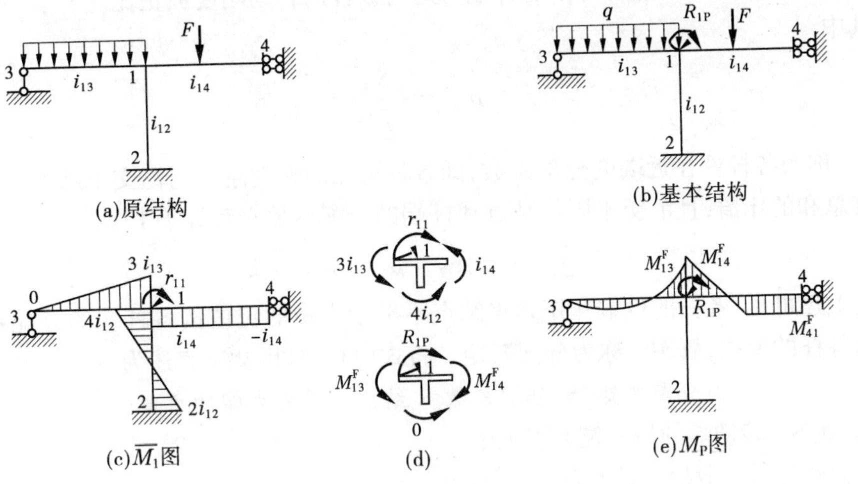

图 11-53

承情况有关。例如：

对两端固定的 1－2 杆：$S_{12} = 4i_{12}$　　$S_{21} = 2i_{12}$

对一端固定，另一端铰支的 1－3 杆：$S_{13} = 3i_{13}$　　$S_{31} = 0$

对一端固定，另一端为平行双链杆支座的 1－4 杆：$S_{14} = i_{14}$　　$S_{41} = -i_{14}$

$\sum S_1$ 即为汇交于结点 1 各杆的转动刚度的总和。

又由 $\sum M_1 = 0$，求得

$$R_{1P} = M_{13}^F - M_{14}^F + 0 = \sum M_{1k}^F = M_1^F$$

式中：M_{1k}^F 称为 $1-k$ 杆（$k=2,3,4$）在 1 端的固端弯矩。它表示基本结构受荷载作用时，其中杆 $1-k$ 在 1 端产生的杆端弯矩，且规定对杆端以顺时针转动为正，反之为负；而 M_1^F 称为结点 1 的不平衡力矩，其值等于汇交于结点 1 的各杆端的固端弯矩的代数和。

现将所求系数和自由项代入位移法典型方程，求得

$$z_1 = -\frac{R_{1P}}{r_{11}} = \frac{1}{\sum S_1}(-M_1^F)$$

从而可求出基本结构上由于使附加刚臂发生角位移 z_1 所引起的杆端弯矩。

（1）近端（转动端）弯矩为

$$M_{12}^{\mu} = z_1 4i_{12} = \frac{4i_{12}}{\sum S_1}(-M_1^F) = \frac{S_{12}}{\sum S_1}(-M_1^F) = \mu_{12}(-M_1^F)$$

$$M_{13}^{\mu} = z_1 3i_{13} = \frac{3i_{13}}{\sum S_1}(-M_1^F) = \frac{S_{13}}{\sum S_1}(-M_1^F) = \mu_{13}(-M_1^F)$$

$$M_{14}^{\mu} = z_1 i_{14} = \frac{i_{14}}{\sum S_1}(-M_1^F) = \frac{S_{14}}{\sum S_1}(-M_1^F) = \mu_{14}(-M_1^F)$$

将上式写成一般形式，则有

$$M_{1k}^{\mu} = \frac{S_{1k}}{\sum S_1}(-M_1^F) = \mu_{1k}(-M_1^F) \tag{11-18}$$

式(11-18)表明,各杆近端所产生的杆端弯矩与该杆的转动刚度成正比。

其中

$$\mu_{1k} = \frac{S_{1k}}{\sum S_1} \tag{11-19}$$

μ_{1k}称为各杆件在近端的分配系数,即各杆近端的转动刚度与汇交于结点1各杆端转动刚度总和的比值,且汇交于同一结点和杆端的分配系数之和等于1,即

$$\sum \mu_{1k} = \mu_{12} + \mu_{13} + \mu_{14} = 1$$

由上述可见,各杆的近端弯矩是将结点不平衡力矩的负值按各杆端的分配系数大小分配给各杆的近端,故M_{1k}^{μ}称为分配弯矩。将式(11-19)用文字表述为

分配弯矩 = 分配系数 × 结点不平衡力矩的负值

(2)远端(转动端的另一端)弯矩为

将上式写成一般形式,则有

$$M_{k1}^{C} = C_{1k}M_{1k}^{\mu} \tag{11-20}$$

式(11-20)表明,远端弯矩等于近端的分配弯矩乘以一个系数C_{1k},可作这样理解,当近端获得分配弯矩后,将会转至远端,即M_{k1}^{C}称为传递弯矩,C_{1k}称为传递系数。将式(11-20)用文字表述为

传递弯矩 = 传递系数 × 分配弯矩

传递系数C_{1k}随远端的支座情况而异,对于本例中的三种等截面直杆,具体数值如下:

远端固定支座 $C_{12} = \frac{1}{2}$

远端铰支座 $C_{13} = 0$

远端定向支座 $C_{14} = -1$

经上述推演不难看出,要求由于角位移z_1所引起的杆端弯矩,只需利用式(11-18)和式(11-20)便可直接求得,而不必求出结点角位移z_1。

解决了因角位移z_1所引起的杆端弯矩的计算后,只要将基本结构各杆的固端弯矩和分配弯矩或传递弯矩叠加起来,就可求得原结构各杆端的总弯矩,即

$$\left.\begin{aligned} M_{1k} &= M_{1k}^{F} + M_{1k}^{\mu} \\ M_{k1} &= M_{k1}^{F} + M_{k1}^{C} \end{aligned}\right\} \tag{11-21}$$

将式(11-21)用文字表述为

近端总弯矩 = 固端弯矩 + 分配弯矩

远端总弯矩 = 固端弯矩 + 传递弯矩

将上述整个计算演变过程表述如下:

(1)“固定”结点1不能转动。即在结点1处附加阻转刚臂约束,也就是取位移法基本结构。这样,基本结构中各杆在给定荷载作用下即为“可定杆”,查表11-2可得各杆的固端弯矩。但汇交于结点1各杆的固端弯矩必然导致结点1处的力矩不平衡,即存有一个结点不平衡力矩M_1^{F}。显然,基本结构的受力和变形与原结构是不相同的。因原结构在荷载作用下在结点1处的力矩是平衡的,且结点1可转动,而基本结构在结点1处的力

矩不平衡，且由于附加刚臂约束却不能转动。为使基本结构还原于原结构，须作修正。

(2)"放松"基本结构在结点 1 处附加的阻转刚臂约束，并在该结点上施加一个与 M_1^F 等值相反的力矩(即 $-M_1^F$)使结点 1 转动与原结构相同的实际角位移 z_1。这样，既消除了结点 1 处的不平衡力矩，同时也协调了结构的位移与变形。当结点 1 施加 $-M_1^F$ 作用时，基本结构各杆的近端获得分配弯矩，即 $M_{1k}^{\mu}=\mu_{1k}(-M_1^F)$；远端获得传递弯矩，即 $M_{k1}^{C}=C_{1k}M_{1k}^{\mu}=C_{1k}\mu_{1k}(-M_1^F)$。也就是将这个结点不平衡力矩的负值按各杆转动刚度的比例分摊到各杆端上。

(3)"叠加"上述"固定"和"放松"两种状态下各杆的杆端弯矩，即可求得原结构中的杆端弯矩。

以上所述就是力矩法的基本原理。下面再举例说明力矩分配法的基本运算步骤。

【例 11-17】 试用力矩法计算图 11-54(a)所示连续梁的杆端弯矩，并绘出其弯矩图。

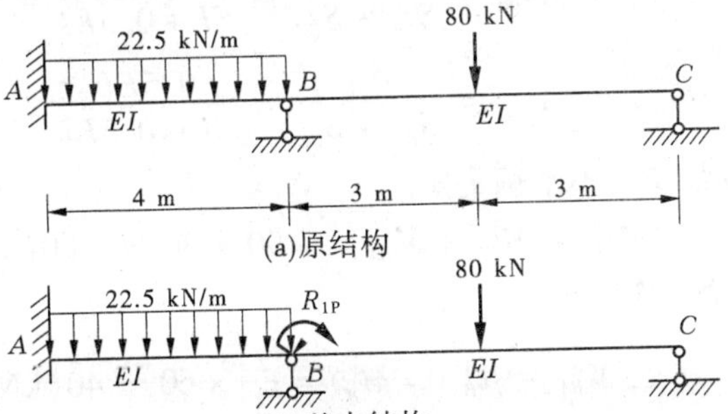

(a)原结构　(b)基本结构

	A	BA	BC	C
分配系数		2/3	1/3	
固端弯矩	-30	30	-90	0
分配与传递	20 ←	40	20 →	0
杆端弯矩	-10	70	-70	0

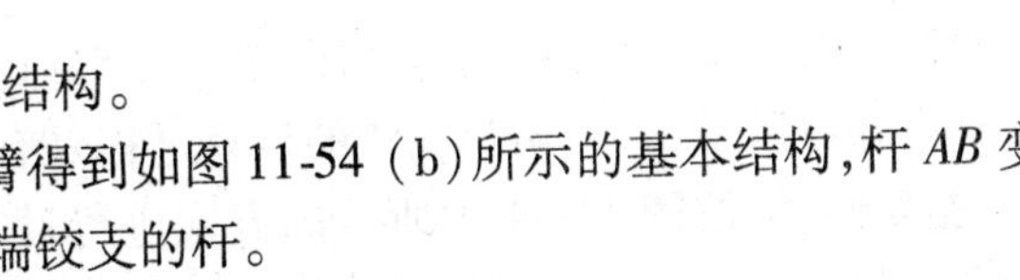

(c)M图

图 11-54

解　(1)取位移法基本结构。

在结点 B 加一附加刚臂得到如图 11-54 (b)所示的基本结构，杆 AB 变成两端固定的杆，杆 BC 变成一端固定另端铰支的杆。

(2)计算固端弯矩。

$$M_{BA}^F=\frac{ql^2}{12}=\frac{22.5\times4^2}{12}=30(\mathrm{kN\cdot m})$$

$$M_{AB}^{\mathrm{F}} = -\frac{ql^2}{12} = -\frac{22.5\times 4^2}{12} = -30(\mathrm{kN\cdot m})$$

$$M_{BC}^{\mathrm{F}} = -\frac{3Fl}{16} = -\frac{3\times 80\times 6}{16} = -90(\mathrm{kN\cdot m})$$

$$M_{CB}^{\mathrm{F}} = 0$$

(3)计算转动刚度。

$$S_{BA} = 4i_{BA} = 4\frac{EI}{l_{BA}} = 4\times\frac{EI}{4} = EI$$

$$S_{BC} = 3i_{BC} = 3\frac{EI}{l_{BC}} = 3\times\frac{EI}{6} = 0.5EI$$

(4)计算分配系数。

$$\mu_{BA} = \frac{S_{BA}}{S_{BA}+S_{BC}} = \frac{EI}{EI+0.5EI} = \frac{2}{3}$$

$$\mu_{BC} = \frac{S_{BC}}{S_{BA}+S_{BC}} = \frac{0.5EI}{EI+0.5EI} = \frac{1}{3}$$

(5)计算结点 B 的不平衡力矩。

$$M_{B}^{\mathrm{F}} = M_{BC}^{\mathrm{F}} + M_{BA}^{\mathrm{F}} = -90+30 = -60(\mathrm{kN\cdot m})$$

(6)计算分配弯矩。

$$M_{BA}^{\mu} = \mu_{BA}(-M_{B}^{\mathrm{F}}) = \frac{2}{3}\times 60 = 40(\mathrm{kN\cdot m})$$

$$M_{BC}^{\mu} = \mu_{BC}(-M_{B}^{\mathrm{F}}) = \frac{1}{3}\times 60 = 20(\mathrm{kN\cdot m})$$

(7)计算传递弯矩。

$$M_{AB}^{\mathrm{C}} = C_{BA}M_{BA}^{\mu} = \frac{1}{2}\times 40 = 20(\mathrm{kN\cdot m})$$

$$M_{CB}^{\mathrm{C}} = C_{BC}M_{BC}^{\mu} = 0\times 20 = 0$$

(8)计算原结构的杆端弯矩。

$$M_{AB} = M_{AB}^{\mathrm{F}} + M_{AB}^{\mathrm{C}} = -30+20 = -10(\mathrm{kN\cdot m})$$

$$M_{BA} = M_{BA}^{\mathrm{F}} + M_{BA}^{\mu} = 30+40 = 70(\mathrm{kN\cdot m})$$

$$M_{BC} = M_{BC}^{\mathrm{F}} + M_{BC}^{\mu} = -90+20 = -70(\mathrm{kN\cdot m})$$

$$M_{CB} = M_{CB}^{\mathrm{F}} + M_{CB}^{\mathrm{C}} = 0+0 = 0$$

(9)绘制梁的弯矩图。

根据所求得的杆端弯矩值,绘出梁的弯矩图如图 11-54(c)所示。

由上述的计算步骤可以看出,力矩分配法的计算过程是有规律的。因此,在实际计算中,为使计算尽可能简便,可按图 11-54 中所示的方式进行计算,不必像本例中逐一列写出过于冗长的计算步骤。

【例 11-18】 试用力矩分配法计算图 11-55(a)所示刚架的杆端弯矩,并作出弯矩图。

解 (1)取基本结构。

在结点 A 加上附加刚臂,则杆 AD 变成两端固定的杆,杆 AB 变成一端固定,另一端铰

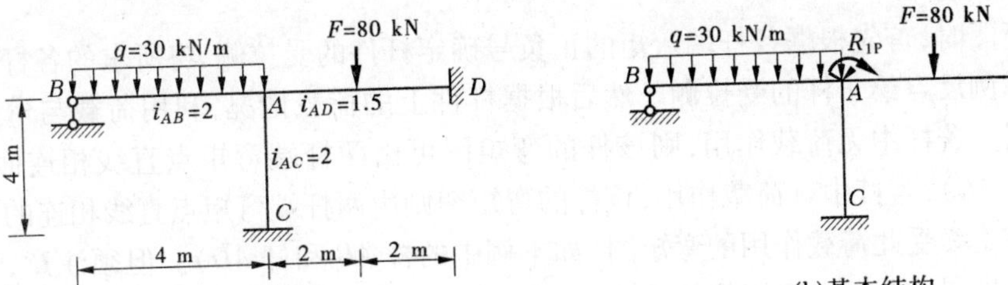

(a)原结构　　(b)基本结构

图 11-55

支的杆，如图 11-55(b)所示。

(2)计算固端弯矩。

$$M_{AB}^{F} = -\frac{ql^2}{8} = -\frac{30\times 4^2}{8} = 60(\text{kN}\cdot\text{m})$$

$$M_{AD}^{F} = -\frac{Fl}{8} = -\frac{80\times 4}{8} = -40(\text{kN}\cdot\text{m})$$

$$M_{DA}^{F} = \frac{Fl}{8} = \frac{80\times 4}{8} = 40(\text{kN}\cdot\text{m})$$

(3)计算分配系数。

转动刚度分别为

$$S_{AB} = 3i_{AB} = 3\times 2 = 6$$
$$S_{AD} = 4i_{BC} = 4\times 1.5 = 6$$
$$S_{AC} = 4i_{AC} = 4\times 2 = 8$$

分配系数分别为

$$\mu_{AB} = \frac{S_{AB}}{S_{AB}+S_{AD}+S_{AC}} = \frac{6}{6+6+8} = 0.3$$

$$\mu_{AD} = \frac{S_{AD}}{S_{AB}+S_{AD}+S_{AC}} = \frac{6}{6+6+8} = 0.3$$

$$\mu_{AC} = \frac{S_{AC}}{S_{AB}+S_{AD}+S_{AC}} = \frac{8}{6+6+8} = 0.4$$

(4)列表计算各杆端弯矩。

各杆端弯矩计算如表 11-3 所示。

表 11-3　各杆端弯矩计算

结点	*B*	*A*			*D*	*C*
杆端	*BA*	*AB*	*AC*	*AD*	*DA*	*CA*
分配系数		0.3	0.4	0.3		
固端弯矩	0	60	0	−40	40	0
分配与传递	0	−6	−8	−6	−3	−4
杆端弯矩	0	54	−8	46	37	−4

(5)作弯矩图。

作弯矩图时,首先根据各杆端弯矩的正负号确定杆件的受拉侧,将所求的各杆端弯矩值按适当比例尺点绘于杆的受拉侧。然后根据杆件上的荷载情况,利用荷载与弯矩的微分关系作图。若杆中无荷载作用,则该杆的弯矩图可由两杆端弯矩点直线相连而得(如本例中的杆 AC);若杆中有荷载作用,该杆的弯矩图则由两杆端弯矩点直线相连的弯矩图再叠加上简支梁受此荷载作用的弯矩图(如本例中的杆 AB 和杆 AD)。但须注意,这里的弯矩叠加是指同一截面上弯矩值的叠加,并非弯矩图的简单拼凑。按这一作图方法,作出刚架弯矩图如图 11-56 所示。

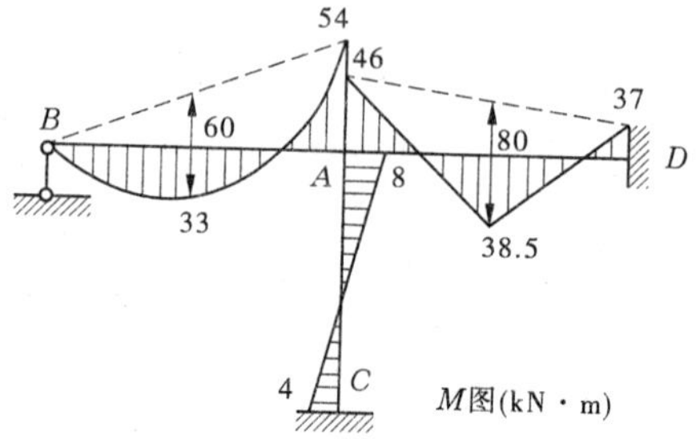

图 11-56

二、多结点的力矩分配法

前面所介绍的只是单个结点的力矩分配法,单个结点的力矩分配法比较简单,只进行一次性分配与传递就消除了结点不平衡力矩。然而在结构计算中,若遇到的结点不只是一个,而是多个结点的计算问题,那么又如何对多个结点进行分配与传递呢?下面以连续梁为例介绍多结点的力矩分配法。

图 11-57(a)所示的三跨连续梁,在给定荷载 F 作用下,其变形曲线如图中虚线所示,可见结点 B、C 分别发生角位移 z_B 和 z_C。

在用力矩分配法计算时,可按下面步骤进行:

(1)在结点 B、C 处附加刚臂,将这两个结点都固定起来,即取基本结构如图 11-57(b)所示。基本结构在给定荷载作用下,其变形如图中虚线所示,这样基本结构可视为三个单跨超静定梁的组合体,查表 11-2 可得各跨梁的固端弯矩,从而求得结点 B 和结点 C 的结点不平衡力矩为 M_B^F 和 M_C^F。

(2)放松结点 B,并在该结点上施加转动力矩 $-M_B^F$,但结点 C 仍固定(见图 11-57(c))。对此,便可运用单结点的力矩分配法进行分配与传递计算。这样,就消除了结点 B 的不平衡力矩 M_B^F,同时也传递一个力矩 M_{CB}^{C1} 给 BC 梁的 C 端。

(3)放松结点 C,并在该结点上施加转动力矩 $-(M_C^F+M_{CB}^{C1})$,但结点 B 仍固定(见图 11-57(d))。对此,便又可运用单结点的力矩分配法进行分配与传递计算。这样,就消除了结点 C 的不平衡力矩 $-(M_C^F+M_{CB}^{C1})$,同时也传递一个力矩 M_{BC}^{C2} 给 BC 梁的 B 端。值得注意的是,结点 B 通过第一次力矩分配与传递后其力矩已平衡,现 BC 梁的 B 端获得传递力矩 M_{BC}^{C2} 而导致结点 B 的力矩又不平衡了。对此,再重复上述运算步骤继续进行。

(4)再放松结点 B,并在该结点上施加转动力矩 $-M_{BC}^{C2}$,但结点 C 仍固定(见

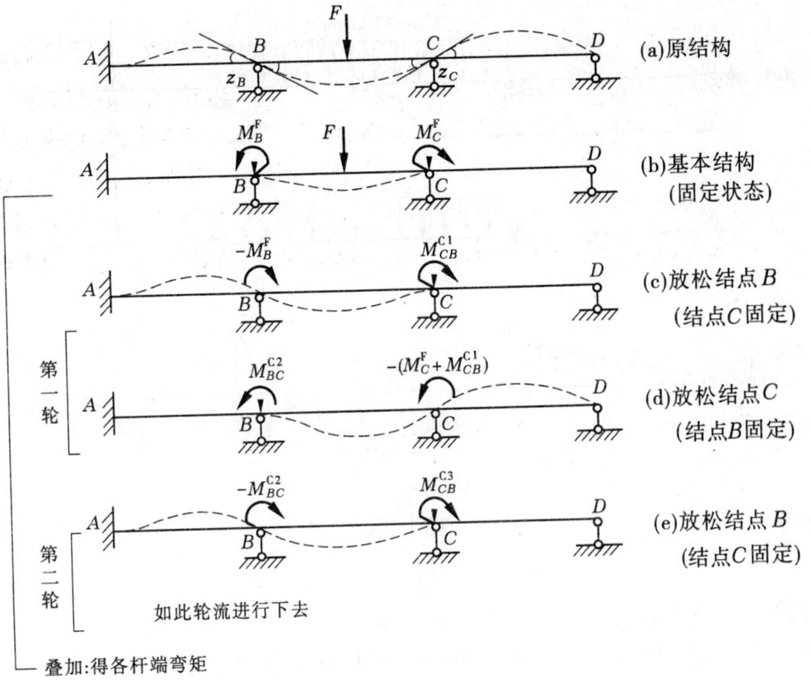

图 11-57

图 11-57(e))。对此,再运用单结点的力矩分配法进行分配与传递计算。这样,又消除了结点 B 的不平衡力矩 M_{BC}^{C2} ,同时又传递一个力矩 M_{CB}^{C3} 给 BC 梁的 C 端。

如此轮流进行下去,由于分配系数和传递系数都小于 1,经过几次分配与传递之后,各结点上的不平衡力矩逐渐收敛为零。最后将固定状态和所有的放松状态进行叠加,结构的变形和内力就会恢复到原有的实际状态。通过这样叠加,就可求得结构的杆端弯矩值。

综上所述,多结点的力矩分配法是以单个结点的力矩分配法作为基础,采用逐个放松结点的方法,把多个结点的情况变成一些单个结点的情况的叠加。即对每个结点重复地运用单个结点的力矩分配法,最后叠加求得原结构的杆端弯矩。

必须指出以下两点:

(1)多结点的力矩分配法的计算成果与放松结点的次序无关;

(2)力矩分配法是一种渐近法,并非近似法。

下面举例说明多结点的力矩分配法的具体计算程序和表格。

【例 11-19】 试用力矩分配法作出图 11-58(a)所示连续梁的弯矩图。

解 (1)取基本结构。

在结点 B 和 C 附加刚臂,取基本结构如图 11-58(b)所示。

(2)计算固端弯矩。

$$M_{CB}^{F} = -M_{BC}^{F} = \frac{ql^2}{12} = \frac{20 \times 4^2}{12} = 26.7(\text{kN}\cdot\text{m})$$

$$M_{DC}^{F} = -M_{CD}^{F} = \frac{Fl}{8} = \frac{40 \times 3}{8} = 15(\text{kN}\cdot\text{m})$$

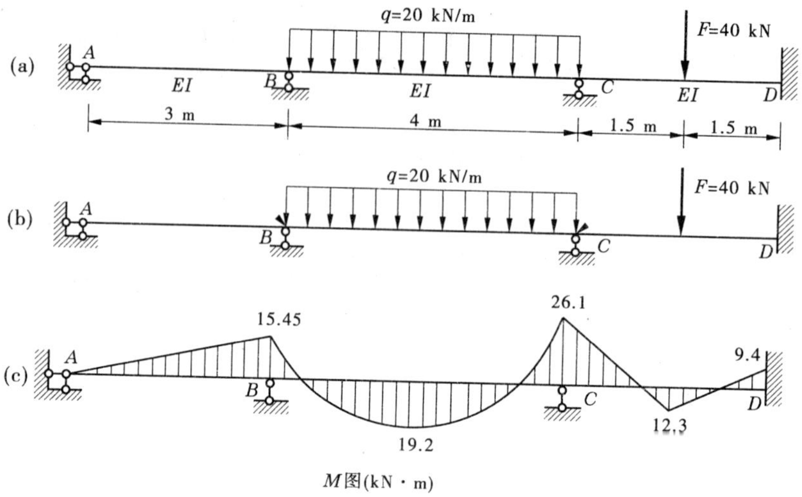

图 11-58

$$M_{BA}^{F} = 0$$

(3)计算分配系数μ。

由于计算时,每次只放松一个结点进行分配和传递,因此要分别计算出每个结点的分配系数。

各杆转动刚度分别为

杆 BA $$S_{BA} = 3i_{BA} = 3 \cdot \frac{EI}{3} = EI$$

杆 BC $$S_{BC} = S_{CB} = 4i_{BC} = 4 \cdot \frac{EI}{4} = EI$$

杆 CD $$S_{CD} = S_{DC} = 4i_{CD} = 4 \cdot \frac{EI}{3} = 1.333EI$$

则分配系数分别为

结点 B

$$\mu_{BA} = \frac{S_{BA}}{S_{BA} + S_{BC}} = \frac{EI}{EI + EI} = 0.5$$

$$\mu_{BC} = \frac{S_{BC}}{S_{BA} + S_{BC}} = \frac{EI}{EI + EI} = 0.5$$

结点 C

$$\mu_{CB} = \frac{S_{CB}}{S_{CB} + S_{CD}} = \frac{EI}{EI + 1.333EI} = 0.429$$

$$\mu_{CD} = \frac{S_{CD}}{S_{CB} + S_{CD}} = \frac{1.333EI}{EI + 1.333EI} = 0.571$$

(4)进行分配和传递。

①放松结点 B,固定结点 C, 按单结点力矩分配法在结点 B 进行分配和传递。

结点 B 的不平衡力矩为

$$M_B^F = M_{BA}^F + M_{BC}^F = 0 + (-26.7) = -26.7(\text{kN}\cdot\text{m})$$

放松结点 B 等于在结点 B 处加了一约束力矩的负值($+26.7\ \text{kN}\cdot\text{m}$),因此对杆端 BA 和 BC 的分配弯矩为

$$M_{BA}^{\mu} = \mu_{BA}(-M_B^F) = 0.5\times 26.7 = 13.35(\text{kN}\cdot\text{m})$$

$$M_{BC}^{\mu} = \mu_{BC}(-M_B^F) = 0.5\times 26.7 = 13.35(\text{kN}\cdot\text{m})$$

对杆端 BA 和 CB 的传递弯矩为

$$M_{AB}^{C} = C_{BA}M_{BA}^{\mu} = 0\times 13.35 = 0$$

$$M_{CB}^{C1} = C_{BC}M_{BC}^{\mu} = \frac{1}{2}\times 13.35 = 6.7(\text{kN}\cdot\text{m})$$

经过分配和传递,结点 B 的力矩已经平衡,可以在表格中分配弯矩的数字下面画一横线,表示在该结点处的附加约束力矩已经被取消。

②放松结点 C,重新固定结点 B。

同样按单结点力矩分配法在点 C 进行分配和传递。此时,在结点 C 的约束力矩除杆端 CB 和 CD 的固端弯矩外,还要加上由结点 B 传来的传递弯矩 M_{CB}^{C1},因此

$$M_C^F = M_{CB}^F + M_{CD}^F + M_{CB}^{C1} = 26.7 - 15 + 6.7 = 18.4(\text{kN}\cdot\text{m})$$

放松结点 C 等于在结点 C 处加一约束力矩的负值($-18.4\ \text{kN}\cdot\text{m}$),因此对杆端 CB 和 CD 的分配弯矩为

$$M_{CB}^{\mu} = \mu_{CB}(-M_C^F) = 0.429\times(-18.4) = -7.9(\text{kN}\cdot\text{m})$$

$$M_{CD}^{\mu} = \mu_{CD}(-M_C^F) = 0.571\times(-18.4) = -10.5(\text{kN}\cdot\text{m})$$

杆端 BC 和 DC 的传递弯矩为

$$M_{BC}^{C2} = C_{CB}M_{CB}^{\mu} = \frac{1}{2}\times(-7.9) = -4(\text{kN}\cdot\text{m})$$

$$M_{DC}^{C2} = C_{CD}M_{CD}^{\mu} = \frac{1}{2}\times(-10.5) = -5.3(\text{kN}\cdot\text{m})$$

同样,经过分配和传递,结点 C 的力矩已经平衡,可以在表格中分配弯矩的数字下面画一横线,表示在该结点处的附加约束力矩已经被取消。

此时,结点 B 由于接受了由结点 C 传来的传递弯矩 M_{BC}^{C2},在这个结点的力矩又不平衡了,也就是说附加刚臂对结点 B 又产生了新的约束力矩,需要再次加以消除。

③放松结点 B,再固定结点 C。

这时结点 B 的约束力矩等于由结点 C 传来的传递弯矩,即

$$M_B^F = M_{BC}^{C2} = -4\ \text{kN}\cdot\text{m}$$

对杆端 BA 和 BC 的分配弯矩为

$$M_{BA}^{\mu} = \mu_{BA}(-M_B^F) = 0.5\times 4 = 2(\text{kN}\cdot\text{m})$$

$$M_{BC}^{\mu} = \mu_{BC}(-M_B^F) = 0.5\times 4 = 2(\text{kN}\cdot\text{m})$$

对杆端 AB 和 CB 的传递弯矩为

$$M_{AB}^{C3} = C_{BA}M_{BA}^{\mu} = 0\times 4 = 0$$

$$M_{CB}^{C3} = C_{BC}M_{BC}^{\mu} = \frac{1}{2}\times 2 = 1(\text{kN}\cdot\text{m})$$

④放松结点 C，再固定结点 B。

这时结点 C 的约束力矩为 1 kN · m，取消此约束力矩，在结点 C 进行分配和传递。

⑤放松结点 B，再固定结点 C。

在结点 B 进行分配和传递，此时在结点 B 处的约束力矩已减小到 -0.2 kN · m。

由此可见，经过轮流地在结点 B 和 C 进行分配与传递，各结点处的约束力矩都已经变得很小了，即附加刚臂的约束作用已经逐渐消失，因此计算到此为止。注意：在进行了最后一次分配以后，为了使邻近的结点不再产生新的约束力矩，就不要再对它们进行力矩传递了。

⑥计算最后的杆端弯矩值。

将各杆端的固端弯矩和各次得到的分配弯矩及传递弯矩相加，就可以求得最后的杆端弯矩值。

上面的全部计算过程，可概括如图 11-59 所示，作计算时，只需在图中进行分配与传递即可，不必列写上述详细计算过程。

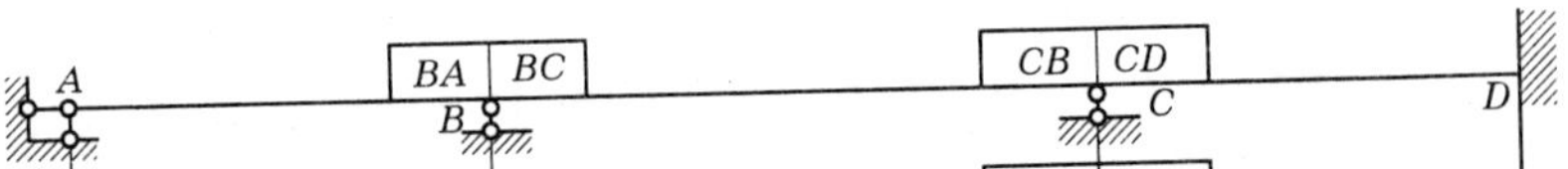

	A		BA	BC		CB	CD		D
分配系数			0.5	0.5		0.429	0.571		
固端弯矩	0		0	-26.7		26.7	-15		15
B点分配与传递	0	← C=0	13.35	13.35	C=1/2 →	6.7			
C点分配与传递				-4	←	-7.9	-10.5	C=1/2 →	-5.3
B点分配与传递	0	←	2	2	→	1			
C点分配与传递				-0.2	←	-0.4	-0.6	→	-0.3
B点分配	0	←	0.1	0.1					
杆端弯矩	0		15.45	-15.45		26.1	-26.1		9.4

图 11-59

(5)作弯矩图。根据求得的杆端弯矩作出弯矩图，如图 11-58(c)所示。

【例 11-20】 试用力矩分配法作出图 11-60(a)所示无结点线位移刚架的弯矩图。

解 (1)取位移法基本结构。分别在结点 C、D 上附加阻转刚臂，即得到基本结构如图 11-60(b)所示。

(2)计算固端弯矩。

$$M_{CA}^{F}=\frac{ql^2}{8}=\frac{15\times4^2}{8}=30(\text{kN}\cdot\text{m})$$

$$M_{AC}^{F}=0$$

图 11-60 中力偶 $m=50$ kN · m 可以认为作用于结点 D 上，而不是作用在哪一根杆件上，故此有：$M_{DC}^{F}=M_{CD}^{F}=M_{DE}^{F}=M_{ED}^{F}=M_{DF}^{F}=M_{FD}^{F}=0$。

(3)计算分配系数。

先计算各杆的转动刚度：

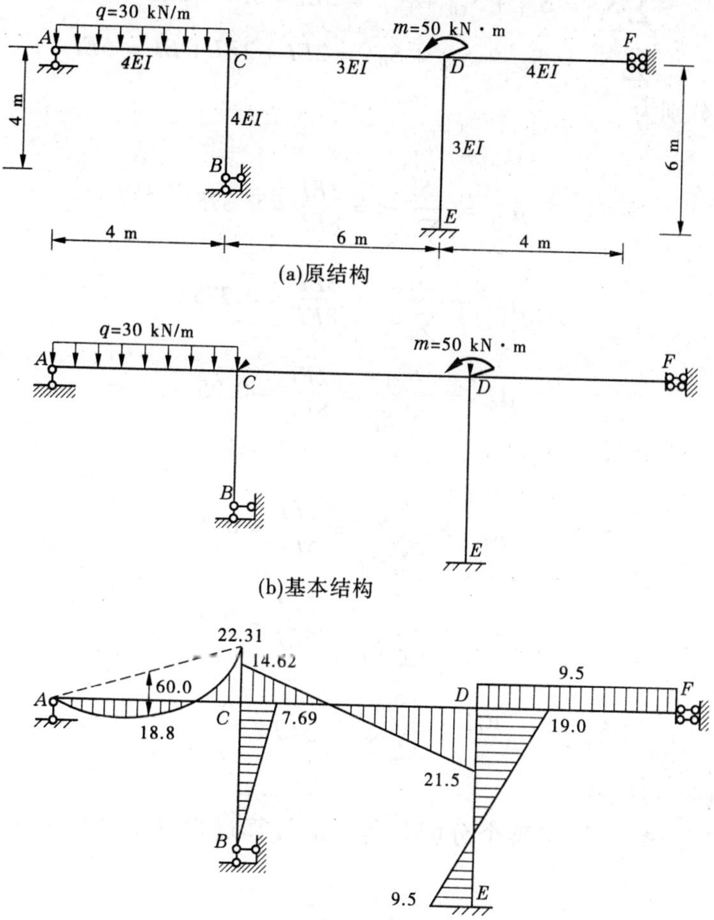

图 11-60

结点 C

$$S_{CA} = 3i_{CA} = 3 \cdot \frac{4EI}{4} = 3EI$$

$$S_{CB} = 3i_{CB} = 3 \cdot \frac{4EI}{4} = 3EI$$

$$S_{CD} = 4i_{CD} = 4 \cdot \frac{3EI}{6} = 2EI$$

结点 D

$$S_{DC} = 4i_{DC} = 4 \cdot \frac{3EI}{6} = 2EI$$

$$S_{DE} = 4i_{DE} = 4 \cdot \frac{3EI}{6} = 2EI$$

$$S_{DF} = i_{DF} = \frac{4EI}{4} = EI$$

$$\sum S_C = S_{CA} + S_{CB} + S_{CD} = 3EI + 3EI + 2EI = 8EI$$

$$\sum S_D = S_{DC} + S_{DE} + S_{DF} = 2EI + 2EI + EI = 5EI$$

分配系数分别为

结点 C

$$\mu_{CA} = \frac{S_{CA}}{\sum S_C} = \frac{3EI}{8EI} = 0.375$$

$$\mu_{CB} = \frac{S_{CB}}{\sum S_C} = \frac{3EI}{8EI} = 0.375$$

$$\mu_{CD} = \frac{S_{CD}}{\sum S_C} = \frac{2EI}{8EI} = 0.25$$

结点 D

$$\mu_{DC} = \frac{S_{DC}}{\sum S_D} = \frac{2EI}{5EI} = 0.4$$

$$\mu_{DE} = \frac{S_{DE}}{\sum S_D} = \frac{2EI}{5EI} = 0.4$$

$$\mu_{DF} = \frac{S_{DF}}{\sum S_D} = \frac{EI}{5EI} = 0.2$$

(4)计算各杆端弯矩。

为使计算清晰可见,将整个分配与传递的计算过程置于结构上进行,如图 11-61 所示。

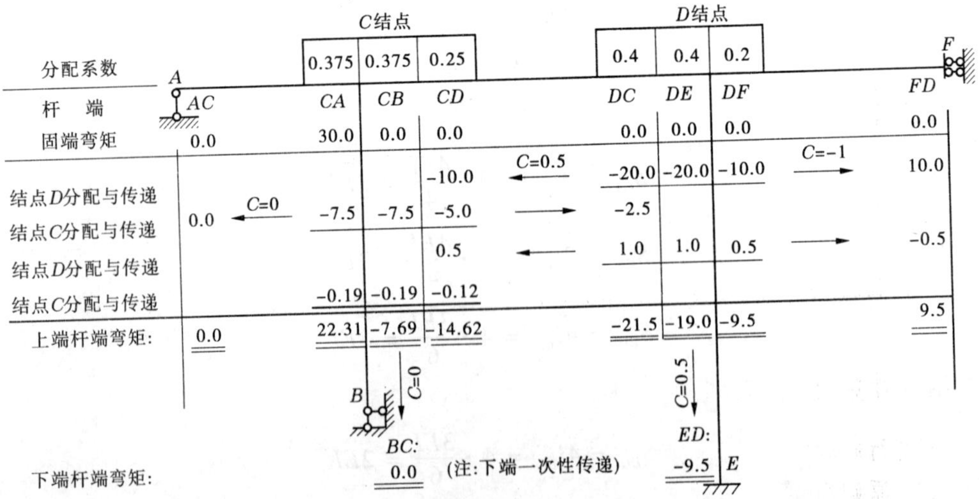

图 11-61

(5)作弯矩图。

根据求得的杆端弯矩作出弯矩图,如图 11-60(c)所示。

本章内容小结

本章对超静定结构作内力分析时,分别介绍了力法、位移法和力矩分配法。其中,力法和位移法是解算超静定结构的两种基本方法,力矩分配法是一种以位移法为基础的渐近法。这三种计算方法有其共同之处:都是利用结构的平衡条件和变形谐调条件来解决问题;分析的基本思路都是以“基本结构”作为“桥梁”,即由已知向未知过渡,充分体现了认识的辩证法。而不同之处在于各自所取的“基本未知量”不同,则由“基本结构”还原于“原结构”的过程也就不同。为加深对三种计算方法的理解和掌握。现作小结如下所述。

一、计算方法的比较

力法、位移法和力矩分配法比较见表11-4。

表11-4　力法、位移法和力矩分配法的比较

计算方法	基本未知量	基本结构	典型法方程及其含意	计算特点
力法	多余未知力 X	去掉多余约束后的静定结构	$\sum_{i=1}^{n}\delta_{ki}X_i+\Delta_{iP}=0$ $(k=1,2\cdots n)$ 力法方程的含义:每个未知力方向的位移条件	从力法典型方程中求出多余未知力后,超静定结构的内力计算问题即转化为静定结构的内力计算问题
位移法	结点位移 z	附加约束后的超静定结构	$\sum_{i=1}^{n}r_{ki}z_i+R_{iP}=0$ $(k=1,2,\cdots,n)$ 位移法方程的含义:每个附加约束反力的平衡条件	从位移法典型方程中求出结点位移后,超静定结构的内力计算问题即转化为一些基本杆件的内力计算问题
力矩分配法	杆端弯矩 M	附加约束后的超静定结构	无须建立方程	按汇交于结点各杆的转动刚度的比例对结点不平衡力矩的负值进行分配与传递,渐近推求杆端弯矩

二、计算方法的选用

在进行超静定结构的内力计算时,若采用手算,则选用适当的计算方法尤为重要。一般可下列原则选用:

(1)对连续梁和无侧移的刚架结构,应首选力矩分配法计算为宜;

(2)对超静定次数较低,而结点数目较多的超静定结构,应首选力法计算为宜;

(3)对超静定次数较高,而结点数目较少,且有结点线位移的超静定结构,应首选位

移法计算为宜。

三、计算方法的简化

当所计算的超静定结构为对称结构时，无论选用哪种方法计算，均可利用结构的对称性取“半结构”来计算，从而达到简化计算的目的。

四、超静定结构的位移计算

对于超静定结构的位移计算，只要用力法、位移法和力矩分配法三种方法中的一种求作出了超静定结构的内力图之后，为避免再求解一次超静定结构的计算问题，可将虚设单位力状态建立在便于求解所求位移的力法基本结构之上，并作出其内力图，用图乘法即可求得。

五、最后内力图的校核

超静定结构的最后内力图是结构设计的重要依据，为确保其正确无误，须对所求作的内力图进行校核。应明确最后内力图必须同时满足平衡条件和位移谐调条件。

思考题

11-1 超静定结构和静定结构各有何特征？

11-2 如何确定超静定结构的超静定次数？

11-3 力法计算超静定结构的基本思路是什么？以什么作为主攻目标？

11-4 力法的基本结构是否是唯一的？取力法的基本结构有何原则？

11-5 力法方程及方程中的系数和自由项的物理意义是什么？为什么主系数恒为正值？而副系数可正、可负、可为零？

11-6 试述力法计算超静定结构的步骤。

11-7 超静定结构的内力与杆件的刚度有关吗？

11-8 力法的简化计算途径是什么？

11-9 如何判定结构是否为对称结构？对称结构受正、反对称荷载作用时，其内力与变形有何特征？

11-10 超静定结构的位移计算与静定结构的位移计算有何异同？为什么虚设单位力状态可建立在任一基本结构之上？

11-11 如何对超静定结构的最后内力图进行校核？

11-12 位移法有哪些基本假设？试用一个例子说明这些基本假设是如何应用的。

11-13 位移法的基本未知量如何确定？取基本结构时，要在原结构上附加什么约束？附加约束的目的是什么？

11-14 在位移计算中，常用的基本杆件有哪几种？

11-15 位移法典型方程的物理意义是什么？

11-16 位移法典型方程中各个系数和常数项的物理意义是什么？

11-17　力矩分配法的基本原理是什么？它如何满足结构的平衡条件和变形条件？单结点的力矩分配法与位移法有何异同？

11-18　何为转动刚度？它与哪些因素有关？

11-19　分配系数与转动刚度有何关系？为什么一刚结点处各杆端的分配系数之和等于1？

11-20　何为固端弯矩和结点不平衡力矩？如何计算结点不平衡力矩？为何将它反号进行分配？

11-21　力矩分配法的计算结果为何是收敛的？

11-22　用力矩分配法计算多结点结构时，为什么要逐个结点放松和多次放松？

11-23　计算多结点结构时，为什么可以用单结点结构推出的公式计算分配系数？

习　题

11-1　试确定图 11-62 所示的超静结构的超静定次数。

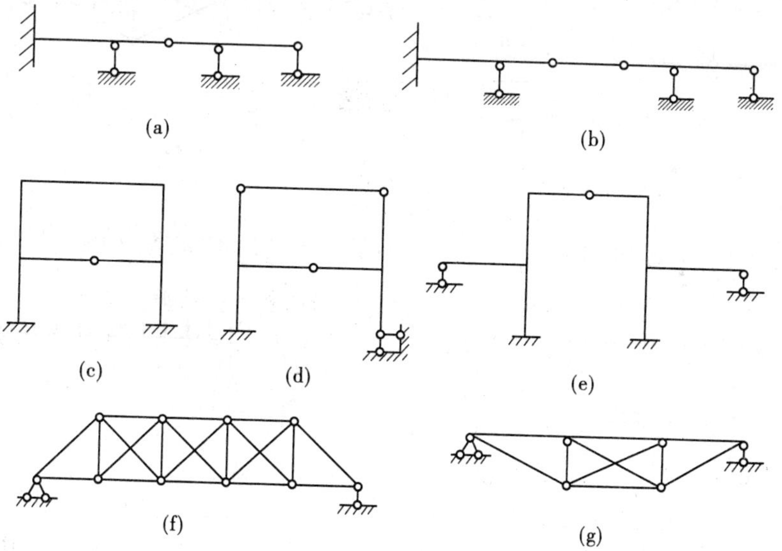

图 11-62

11-2　试用力法计算图 11-63 所示超静定梁的内力，并绘出其内力图。

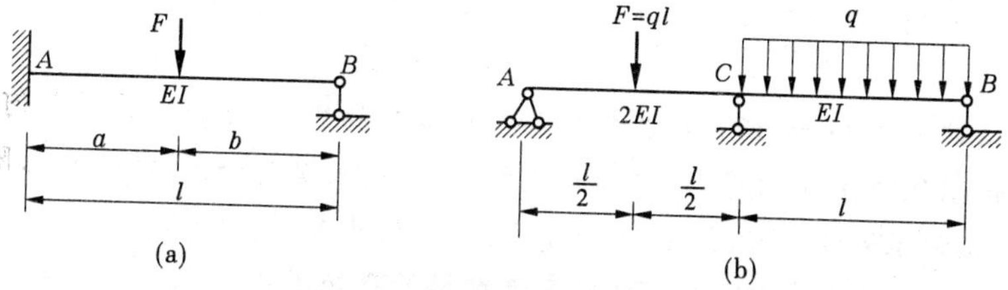

图 11-63

11-3　用力法计算图 11-64 所示的超静定刚架的内力，并绘出其 M、F_Q、F_N 图。

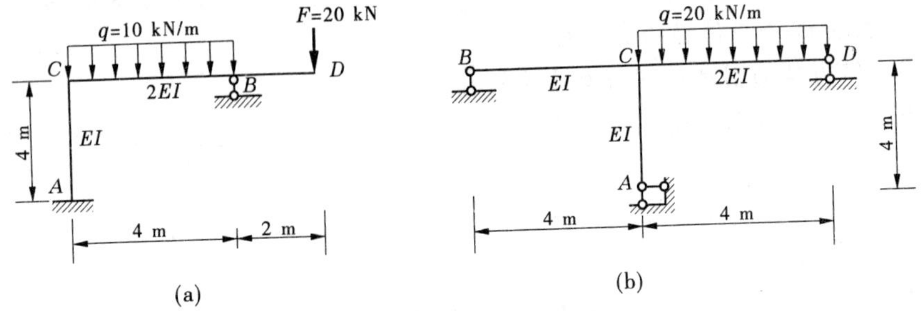

图 11-64

11-4　用力法计算图 11-65 所示超静定桁架和组合梁的内力。设各铰接杆的刚度均为 EA，梁式杆的刚度为 EI。

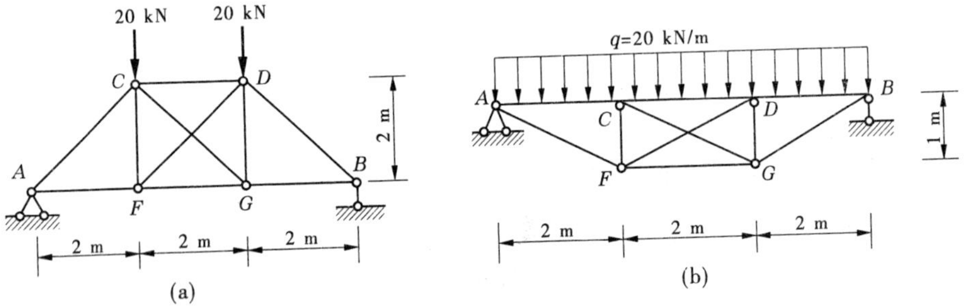

图 11-65

11-5　用力法计算图 11-66 所示超静定刚架的内力，并绘出其 M 图。

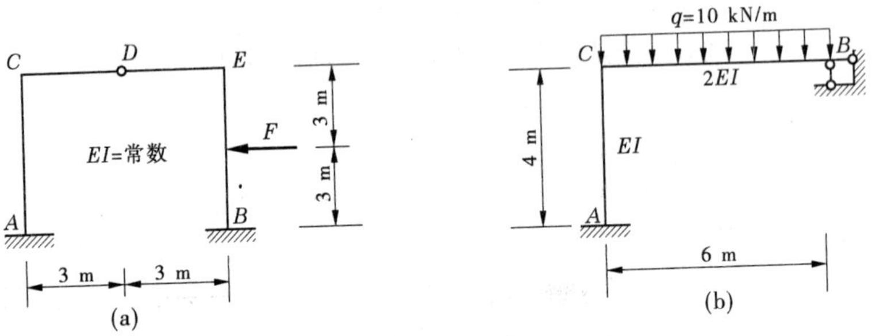

图 11-66

11-6　利用结构的对称性简化计算图 11-67 所示刚架结构，并绘出 M 图。

11-7　求图 11-68 所示超静定刚架因支座 A 端产生一转角 θ_A 引起结点 B 的水平线位移 Δ_B。

11-8　试确定图 11-69 所示结构用位移法计算时的基本结构。

11-9　试用位移法计算图 11-70 所示连续梁，并绘出其弯矩图。

11-10　试用位移法计算图 11-71 所示刚架，并绘出其弯矩图。

11-11　用力矩分配法作图 11-70 所示连续梁的弯矩图。

11-12　用力矩分配法作图 11-72 所示刚架的弯矩图。

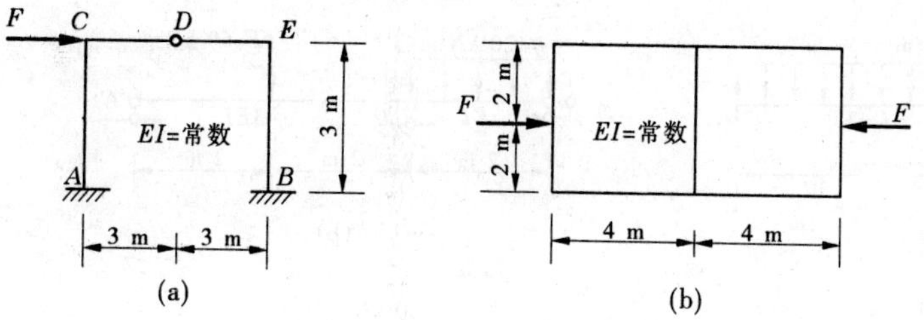

图 11-67

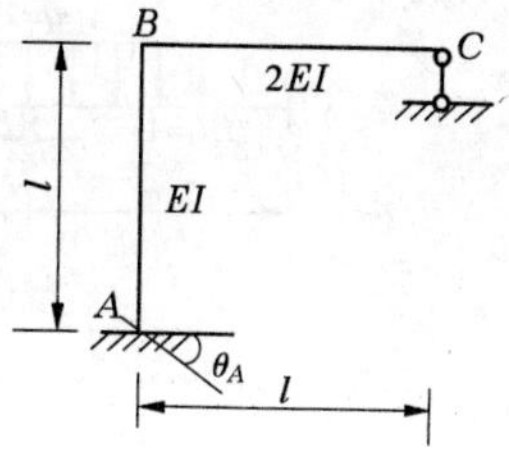

图 11-68

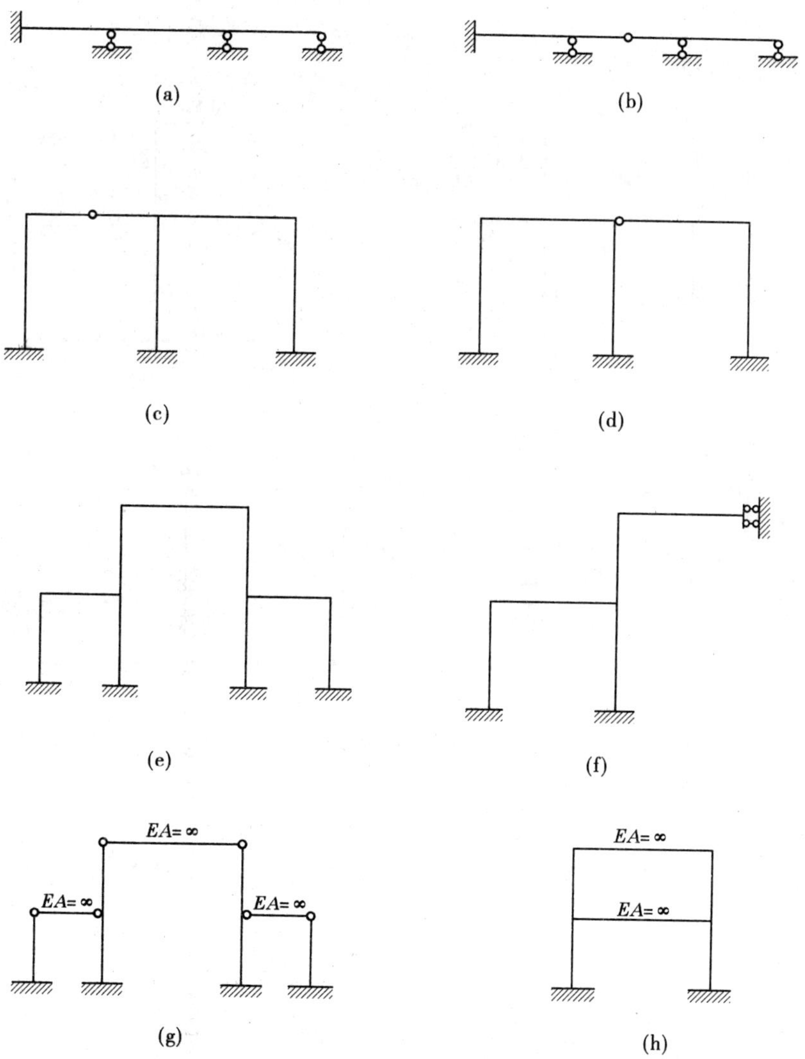

图 11-69

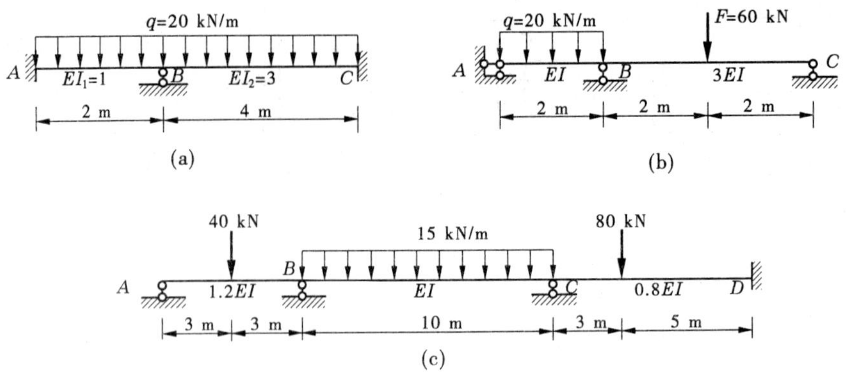

图 11-70

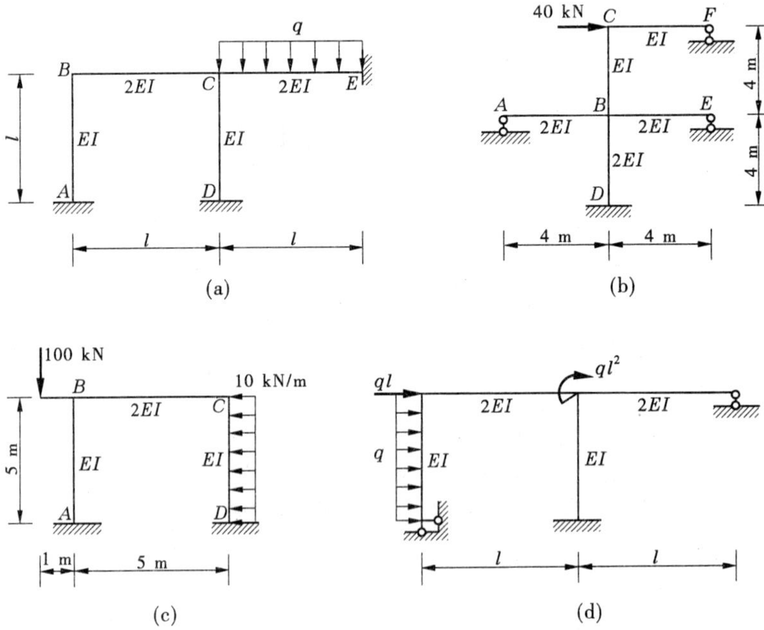

图 11-71

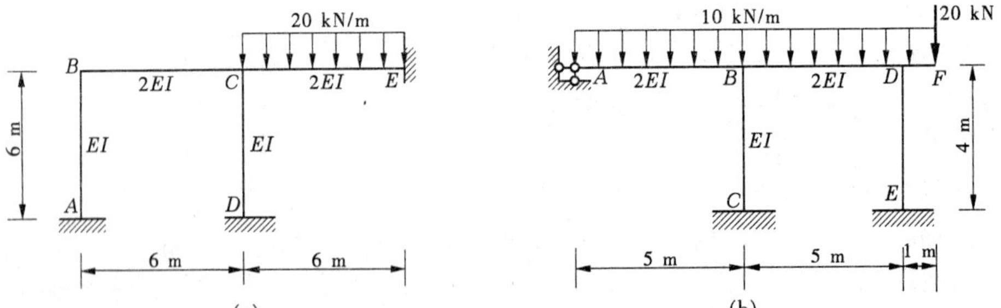

图 11-72

第十二章 影响线

【学习目标】

- 了解影响线的概念和绘制影响线的方法。
- 熟练掌握用静力法绘制简支梁的反力及内力影响线。
- 掌握利用影响线计算最大量值。
- 掌握利用影响线确定最不利荷载位置。
- 了解梁的内力包络图做法和绝对最大弯矩的概念。

第一节 影响线的概念

前面各章讨论了在恒载作用下的计算,通常把作用在结构上位置固定不变的荷载称为固定荷载或恒载,这类荷载作用点的位置是固定不变的。但是有些结构除承受固定的荷载外,还要受到另一类荷载的作用,这类荷载的作用点在结构上是移动的。

活荷载分为两类:一类是移动荷载,其特点是大小、方向不变,但作用位置可以移动,常见的有在桥梁上行驶的汽车、吊车梁上移动的吊车等;另一类是时有时无,可任意断续布置的均布荷载,如楼上的人群荷载等。

如图 12-1 所示吊车梁计算简图,当吊车轮压力 P 沿梁移动时,梁的支座反力以及梁上各截面的内力和位移都将随荷载的移动而改变。因此,为了求得反力和内力的最大值,作为结构设计的依据,就必须研究荷载移动时,梁的反力和内力的变化规律。例如,吊车由 A 向 B 移动时,反力 F_A 逐渐减少,而反力 F_B 则逐渐增大。可见,在研究活荷载对结构的影响时,一次只宜讨论某一支座的某种反力或某一截面某种内力的变化规律。

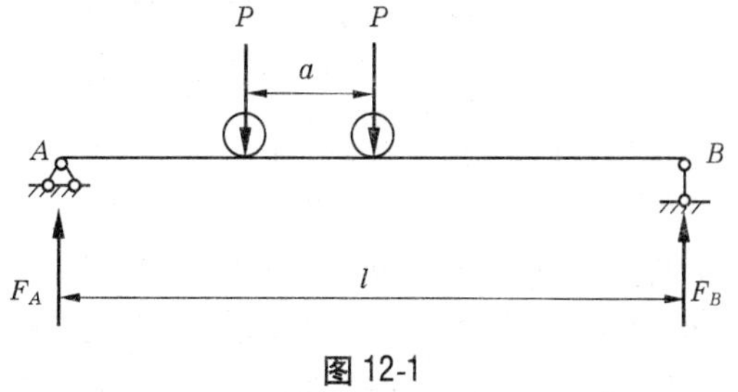

图 12-1

为了简便叙述,本章把反力、内力(包括弯矩 M、剪力 F_Q 和轴力 F_N)和位移统称为"量值"。荷载作用的位置使得结构上某截面的某一量值达到最大值,这一荷载的位置称为该量值的最不利荷载位置。

在工程实际中,移动荷载的种类很多,常见的是一组间距保持不变、大小不等的竖向荷载所组成的。为了简便起见,一般先研究一个方向不变而沿着结构移动的竖向单位移动荷载 $P=1$ 对结构上某一量值的影响,然后,利用叠加原理,就可求出同一方向的一系列荷载移动时对该量值的共同影响。为了直观起见,将竖向单位集中荷载 $P=1$ 移动时引起某量值变化的规律用函数图形表示出来,这种图形称为该量值的影响线。

由此,可得影响线的定义如下:当方向不变的单位集中荷载沿结构移动时表示结构某一处的某一量值(反力、内力、位移等)变化规律的图形,称为该量值的影响线。

影响线表明了单位集中荷载在结构上各个位置时对某一量值所产生的影响,它是研究移动荷载作用的基本工具。影响线的绘制、最不利荷载位置的确定以及求出最大量值等是移动荷载作用下结构计算中的几个重要问题。

第二节 静定梁的影响线

作静定结构的内力或支座反力影响线有两种基本作法:静力法和机动法。本节通过求作静定梁的反力和内力影响线分别说明静力法、机动法。

一、用静力法作静定梁的影响线

静力法是以荷载的位置为变量,通过静力平衡条件,求出某量值的影响线方程,再绘出其影响线的方法。

(一)简支梁的影响线

以图 12-2(a)所示的简支梁为例,具体说明支座反力、弯矩、剪力影响线的绘制方法。以 A 点为坐标原点,以 x 表示移动荷载 $P=1$ 作用点的横坐标。

1. 支座反力的影响线

1) F_A 影响线

绘制简支梁 F_A 影响线,取梁的左端 A 为原点,将荷载 $P=1$ 作用于距 A 为 x 处,假定反力向上为正,如图 12-2(a)所示。

由 $\sum M_B=0 \qquad F_A l - P(l-x)=0$

求得 $$F_A = P\frac{l-x}{l} = \frac{l-x}{l} \quad (0 \leqslant x \leqslant l) \tag{12-1}$$

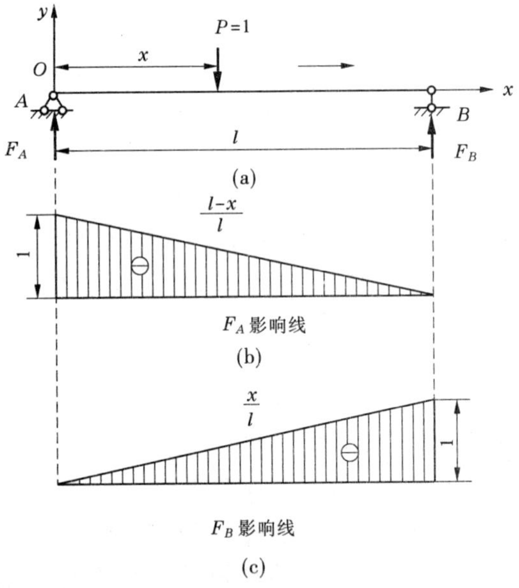

图 12-2

式(12-1)表示反力 F_A 随荷载 $P=1$ 位置的变化而变化的规律,称为 F_A 影响线方程。把它绘成函数图形,即得 F_A 影响线。因为式(12-1)是 x 的一次函数,所以 F_A 影响线为一直线,只需定出两个控制截面的纵坐标并用直线连接就可绘出,这两点为:

当 $x=0$ 时,$F_A=1$;

当 $x=l$ 时,$F_A=0$。

因此,只需在左支座处取等于 1 的纵坐标,以其定点和右支座处的零点相连,即可作出 F_A 的影响线,如图 12-2(b)所示。

2) F_B 影响线

由 $\sum M_A = 0 \quad F_B l - Px = 0$

解得
$$F_B = P\frac{x}{l} = \frac{x}{l} \quad (0 \leqslant x \leqslant l) \tag{12-2}$$

式(12-2)为 F_B 影响线方程,它也是 x 的一次函数,所以 F_B 影响线也是一条直线,只需定出两点:

当 $x=0$ 时,$F_B=0$;

当 $x=l$ 时,$F_B=1$。

由两个纵坐标值即可绘出 F_B 影响线,如图 12-2(c)所示。

在作影响线时,规定正值的纵坐标画在基线的上方,负值的纵坐标画在基线的下方,并标上正负号。同时,通常假定单位荷载 $P=1$ 为无名数,由反力影响线的方程可知,反力影响线的纵坐标是无量纲的量。支座反力影响线上某一位置纵坐标的物理意义是:当单位移动荷载 $P=1$ 作用于该处时反力的大小。

2. 弯矩影响线

绘制简支梁上某指定截面 C 的弯矩影响线,取 A 为原点,以 x 表示 $P=1$ 的位置,如图 12-3(a)所示。

当荷载 $P=1$ 在截面 C 的左边移动时,为计算简便,取 CB 段为分离体,如图 12-3(b)所示。

由 $\sum M_C = 0 \quad F_B b - M_C = 0$

求得
$$M_C = F_B b = \frac{x}{l} b \quad (0 \leqslant x \leqslant a) \tag{12-3}$$

式(12-3)表明:M_C 影响线在截面 C 以左为一直线。

当 $x=0$ 时,$M_C=0$;当 $x=a$ 时,则 $M_C=\dfrac{ab}{l}$。

于是只需在截面 C 处取一个等于 $\dfrac{ab}{l}$ 的纵坐标,然后用直线连接两个控制截面的纵坐标,即可得出当荷载 $P=1$ 在截面 C 以左移动时 AC 段的 M_C 影响线。

当荷载 $P=1$ 在截面 C 的右边移动时,为计算简便,取 AC 段为分离体,如图 12-3(d)所示。

由 $\sum M_C = 0 \quad M_C - F_A \cdot a = 0$

求得
$$M_C = F_A a = \frac{l-x}{l} a \quad (a \leqslant x \leqslant l) \tag{12-4}$$

显然,M_C 影响线在截面 C 以右也是一直线。

当 $x=a$ 时,$M_C=\dfrac{ab}{l}$;当 $x=l$ 时,则 $M_C=0$。

用直线连接两个纵坐标,即得 CB 段的 M_C 影响线。因此,截面 C 的 M_C 影响线如图 12-3(e)所示。由图可知,M_C 影响线是由两段直线所组成的,其相交点就在截面 C 的下面,当 $P=1$ 作用于 C 点时 M_C 是最大值。通常称截面以左的直线为左直线,截面以右的直线为右直线。

从上列弯矩影响线方程可以看出：M_C 影响线左段为反力 F_B 的影响线的纵坐标扩大 b 倍而成，而右段为反力 F_A 的影响线纵坐标扩大 a 倍而成。因此，可以利用 F_A 和 F_B 的影响线来绘制 M_C 的影响线。其具体的绘制方法是：在左、右两支座处分别取纵坐标 a、b（见图 12-3(e)），将它们的顶点各与右、左两支座处的零点用直线相连，则这两条直线的交点与左、右零点相连的部分就是 M_C 影响线。这种利用某一已知量值影响线来作其他量值影响线的方法是很方便的，以后还会经常用到。

在画弯矩影响线时，规定正的纵坐标画在基线上面，负的纵坐标画在基线下面，并标明正负号。由于已假定 $P=1$ 为无量纲，故弯矩影响线纵坐标的量纲为“长度”。

3. 剪力影响线

绘制简支梁上某指定截面 C 的剪力影响线时，与弯矩影响线一样，需分段建立影响线方程。当荷载 $P=1$ 在截面 C 的左边移动时，取截面 C 以右部分为分离体，剪力的正负号规定与材料力学相同，即使分离体有顺时针转动趋势的剪力为正，如图 12-3(b)所示。

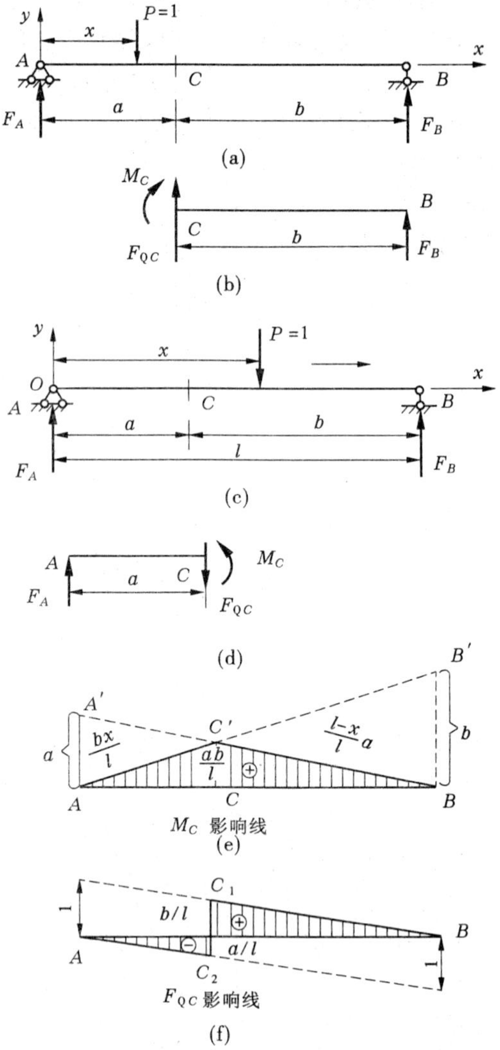

图 12-3

由
$$\sum F_y = 0 \quad F_B + F_{QC} = 0$$

求得
$$F_{QC} = -F_B = -\frac{x}{l} \quad (0 \leqslant x \leqslant a) \tag{12-5}$$

因此，当 $P=1$ 作用在截面 C 以左部分时，剪力 F_{QC}影响线与支座反力 F_B 影响线变化规律相同，但符号相反，故只要将 F_B 影响线反号并截取其中对应于 AC 段的部分即可画出 F_{QC}影响线的左部分，如图 12-3(f)所示。

同理，当荷载 $P=1$ 在截面 C 右边移动时，取截面 C 以左部分为分离体，如图 12-3(d)所示。

由
$$\sum F_y = 0 \quad F_A - F_{QC} = 0$$

求得
$$F_{QC} = F_A = \frac{l-x}{l} \quad (a \leqslant x \leqslant l) \tag{12-6}$$

因此,可利用 F_A 影响线作出剪力 F_{QC}的右部分,如图 12-3(f)所示。

由上可知,F_{QC}影响线由两段相互平行的直线组成,其纵坐标在 C 处有一突变,也就是说当 $P=1$ 由 C 点左侧移到其右侧时,截面 C 的剪力值将发生突变,其突变值等于 1。而当 $P=1$ 恰作用于 C 点时,F_{QC}值是不定的。与画弯矩影响线一样,规定正的纵坐标画在基线上面,负的纵坐标画在基线下面,并标明正负号。由式(12-5)、式(12-6)可知,剪力影响线与支座反力影响线的纵坐标都是不确定的。

【例 12-1】 作图 12-4(a)所示悬臂梁 K 截面的弯矩 M_K 和剪力 F_{QK}影响线。

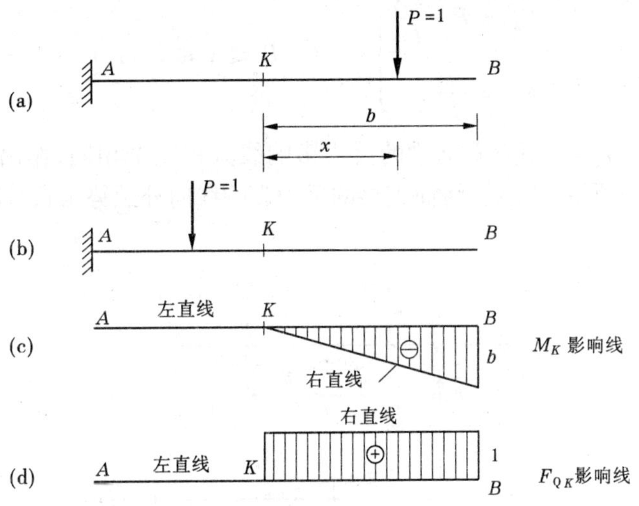

图 12-4

解 (1)设 $P=1$ 在 K 截面右边移动时。

取 K 截面以右部分为分离体,如图 12-4(a)所示。

由 $$\sum M = 0 \qquad M_K + 1 \times x = 0$$

求得 $$M_K = -x \ (0 \leqslant x \leqslant b)$$

由 $$\sum F_y = 0 \qquad F_{QK} - 1 = 0$$

求得 $$F_{QK} = 1 (0 \leqslant x \leqslant b)$$

说明当荷载在 K 截面右边移动时,弯矩 M_K 影响线图形为一斜直线,剪力 F_{QK}影响线为一水平线,如图 12-4(c)、(d)所示。

(2)设 $P=1$ 在 K 截面左边移动时。

仍取截面 K 以右部分为分离体,如图 12-4(b)所示。

由 $$\sum M = 0$$

求得 $$M_K = 0$$

由 $$\sum F_y = 0$$

求得 $$F_{QK} = 0$$

显然,当荷载在 K 截面以左部分移动时,K 截面上不产生弯矩和剪力,故弯矩 M_K 影响线和 F_{QK}影响线如图 12-4(c)、(d)左直线所示。

综上所述，用静力法作影响线的步骤如下：

(1)选取坐标系，以坐标 x 表示单位移动荷载 $P=1$ 的作用位置；

(2)由平衡条件求出反力或内力的表达式，即为影响线的方程；

(3)根据影响线方程画出影响线，并标上正负号。

(二)外伸梁的影响线

1. 反力影响线

如图 12-5(a)所示外伸梁，选 A 为原点，由平衡条件可求得支座反力为

$$\left.\begin{aligned} F_A &= P\frac{l-x}{l} \\ F_B &= \frac{x}{l} \end{aligned}\right\} \qquad (-l_1 \leqslant x \leqslant l+l_2)$$

由上式可见，方程与相应简支梁的反力影响线方程完全相同，作出 F_A 和 F_B 影响线如图 12-5(b)、(c)所示。显然，将简支梁的反力影响线向外顺势延长，即得到外伸梁的反力影响线。

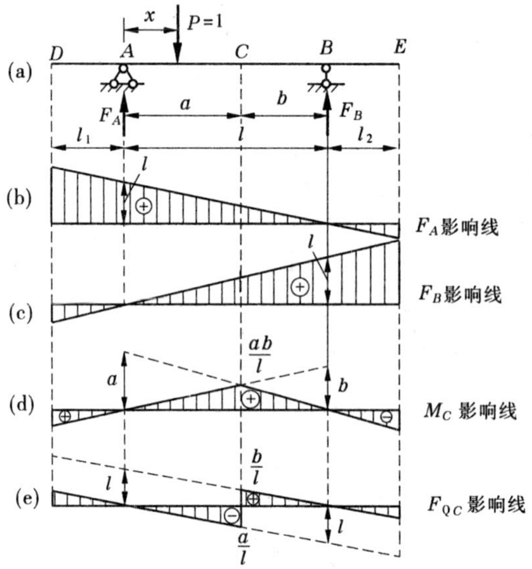

图 12-5

2. 跨内部分截面内力影响线

求两支座间任一指定截面 C 的弯矩和剪力影响线。当 $P=1$ 位于截面 C 的左边时，取截面 C 以右部分为分离体，求得 M_C和 F_{QC}影响线方程为

$$M_C = F_B b \qquad F_{QC} = -F_B$$

当 $P=1$ 位于截面 C 的右边时，绘得 M_C和 F_{QC}的影响线如图 12-5(d)、(e)所示。

由此可见，将简支梁的弯矩和剪力影响线的左、右直线分别向外伸部分的延长线即得外伸梁的 M_C 和 F_{QC}影响线。

3. 外伸梁部分内力影响线

现求作外伸部分 E 截面的弯矩和剪力影响线，以 E 截面为坐标原点，$P=1$ 作用点到

E 截面的距离为 x，规定 x 向左为正，如图 12-6(a)所示。

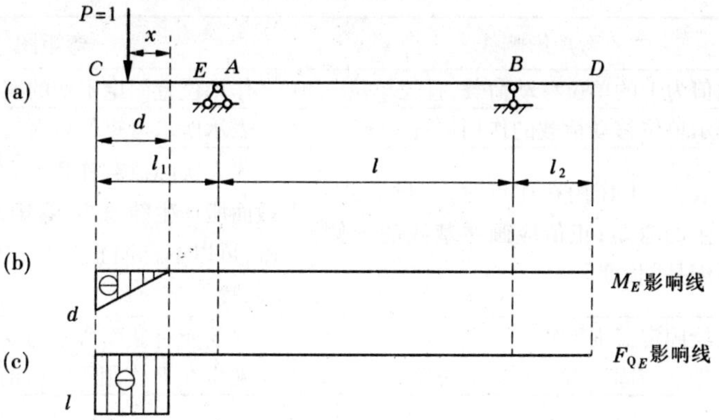

图 12-6

当 $P=1$ 在 CE 段上时，有

$$M_E=-x \qquad F_{QE}=-1$$

当 $P=1$ 在 ED 段上时，有

$$M_E=0 \qquad F_{QE}=0$$

由此可作出 M_E和 F_{QE}的影响线如图 12-6(b)、(c)所示。

对于支座处截面的剪力影响线，需分别就支座左、右两侧的截面进行讨论，因为这两侧的截面是分别属于外伸部分和跨内部分的。

应特别注意，影响线与内力图是截然不同的，图 12-7(c)、(d)分别是简支梁的弯矩影响线和弯矩图，这两个图形的形状虽然相似，但其概念却完全不同。

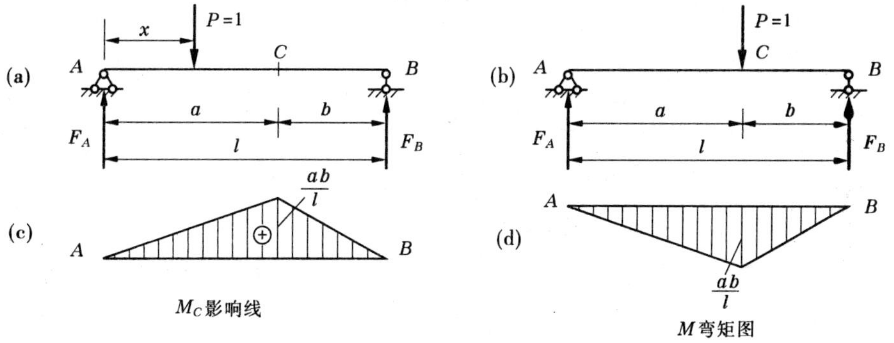

图 12-7

现列表 12-1 把两个图形的主要区别加以比较，以便更好地掌握影响线的概念。

二、用机动法作静定梁的影响线

由前面分析可知，用静力法作影响线时，需要先求影响线方程，而后才能作出相应的图形。当结构较复杂，且工程上只需画出影响线的轮廓即可时，常采用机动法作影响线。

表 12-1　弯矩影响线和弯矩图区别比较

项目	弯矩影响线	弯矩图
承受的荷载	数值为 1 的单位移动荷载，且无单位	作用位置固定不变的实际荷载，有单位
横坐标	表示单位移动荷载的作用位置	表示所求弯矩的截面位置
纵坐标	代表 $P=1$ 作用在此点时，在指定截面处产生的弯矩；正值应画在基线的上侧；其量纲是[长度]	代表实际荷载作用在固定位置时，在此截面所产生的弯矩；弯矩画在杆件的受拉侧，可以不标明正负号；其量纲是[力]·[长度]
图形	描绘固定截面弯矩变化规律	描绘所有截面弯矩的变化规律
顶点	发生在与固定截面对应的位置	发生在 P 作用下对应的位置

机动法的理论基础是刚体的虚功原理，即刚体体系在力系作用下处于平衡的必要和充分条件是：在任何微小的虚位移中，力系所做的虚功总和等于零。欲作某一反力或内力 X 的影响线，需将与 X 相应的约束去掉，并使所得体系沿 X 的正向发生单位位移，则由此得到的荷载作用点的竖向位移图即代表 X 的影响线。这种作影响线的方法称为机动法。

下面以绘制简支梁的反力和内力影响线为例，说明用机动法作影响线的原理和步骤。

（一）反力影响线

简支梁如图 12-8(a)所示，绘制 F_B 的影响线。首先，解除 B 点约束，代以约束反力 F_B，如图 12-8(b)所示。其次，令梁 B 端沿反力正方向产生一个微小的单位虚位移 $\delta=1$，$P=1$ 作用点相应的虚位移为 y（见图 12-8(c)）。根据刚体的虚功原理，体系的外力虚功总和应等于零，即

$$F_B\delta - Py = 0$$

于是

$$F_B = \frac{Py}{\delta} = \frac{y}{\delta} \tag{12-7}$$

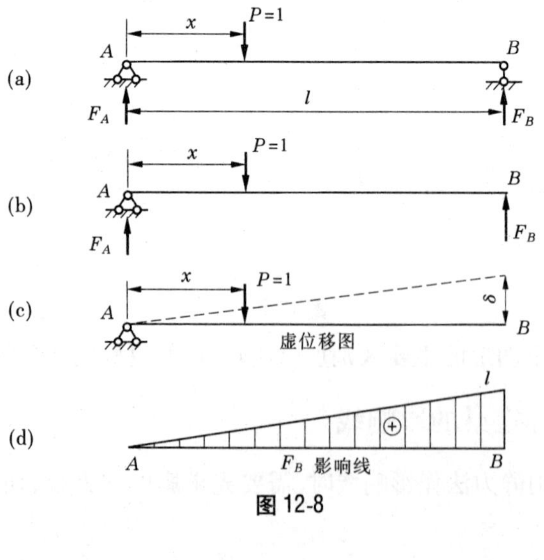

图 12-8

当令 $\delta=1$ 时，y 将随 $P=1$ 的移动而改变，并与 F_B 相等，式(12-7)变为

$$F_B = y$$

上式说明：位移 y 的变化情况反映出荷载 $P=1$ 移动时反力 F_B 的变化规律，虚位移图即代表了 F_B 影响线的形状。F_B 影响线如图 12-8(d)所示。

综上所述，用机动法作某量值 S 影响线的步骤如下：

(1)解除与所求量值 S 相对应的约束，代之以未知量 S。

(2)使体系沿量值 S 的正方向发生单位位移，由此导致体系产生虚位移图形。

(3)在虚位移图形标上纵坐标的数值和正负号，就是该量值的影响线。

(二)弯矩影响线

作 M_C 的弯矩影响线，首先解除 C 截面处与弯矩相应的约束，相当于在截面 C 处设置一个铰，并加一对正方向的力矩 M_C 代替原有约束的作用，如图 12-9(b)所示。

然后使铰两侧截面 M_C 的正方向发生相对微小转动，当相对转角 $\alpha+\beta=1$ 时，作出虚位移图如图 12-9(c)所示。

根据刚体虚功原理，有

$$M_C(\alpha+\beta) - Py = 0$$

于是求得

$$M_C = \frac{Py}{\alpha+\beta} = y$$

由此所得的位移图形并标上正负号，就是 M_C 的影响线，如图 12-9(d)所示。

(三)剪力影响线

作 F_{QC} 的剪力影响线，首先解除 C 截面处与剪力 F_{QC} 相应约束，即加一对正方向的剪力 F_{QC} 代替原有的约束作用，如图 12-10(b)所示。

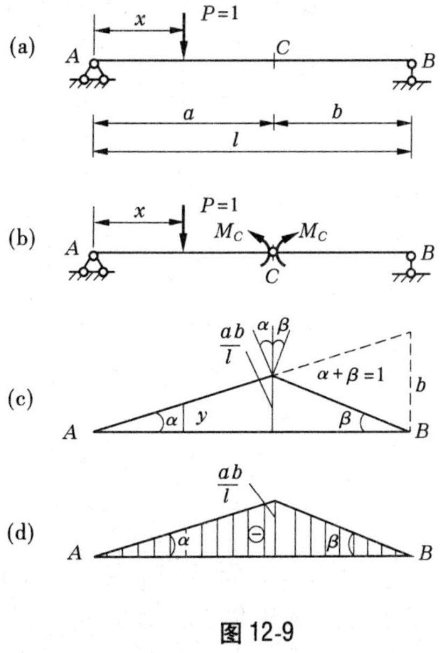

图 12-9

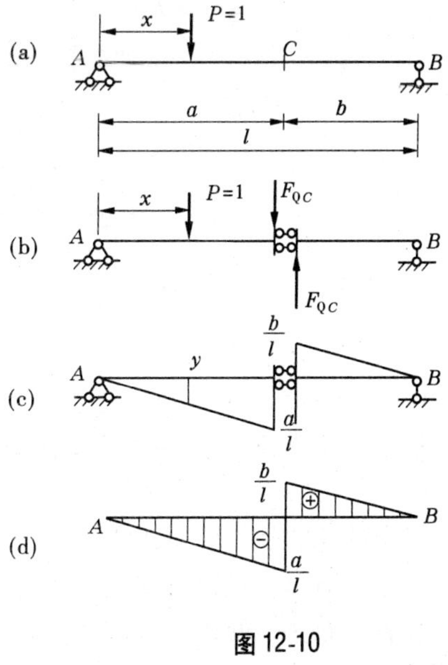

图 12-10

根据刚体虚功原理，有

$$F_{QC}\left(\frac{a}{l}+\frac{b}{l}\right)+Py=0$$

当 C 截面两侧沿着 F_{QC} 的正方向发生相对虚位移 $\Delta=\frac{a}{l}+\frac{b}{l}=1$，$P=1$ 时，可得

$$F_{QC}=-y$$

这时梁的位移图形（见图 12-10(c)）就是 F_{QC} 的影响线，如图 12-10(d)所示。

第三节　影响线的应用

前面指出，影响线是研究移动荷载作用的基本工具，可以应用它来确定实际的移动荷载对结构上某量值的最不利影响。绘制影响线可以解决如下两类问题：一是当已知实际的移动荷载在结构上的位置时，如何利用某量值的影响线求出该量值的数值；二是如何利用某量值的影响线确定实际移动荷载对该量值的最不利荷载位置。

一、应用影响线求量值 S

实际荷载作用在固定位置时，某指定处所某一量值产生的数值，称为该处所该量值的影响量。应用影响线求量值 S 即求支座反力、剪力、弯矩等。

（一）集中荷载作用的情况

设有一组集中荷载 P_1、P_2、P_3 作用于简支梁，作用位置为已知，如图 12-11(a)所示。

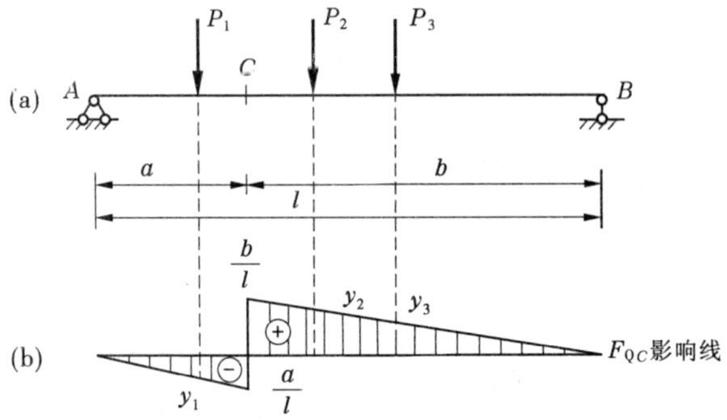

图 12-11

计算截面 C 的剪力 F_{QC} 值，先作 F_{QC} 的影响线如图 12-11(b)所示。设 P_1、P_2、P_3 作用点对应的影响线纵坐标分别为 y_1、y_2、y_3。

根据叠加原理，这组集中荷载作用下 F_{QC} 的数值为

$$F_{QC}=P_1y_1+P_2y_2+P_3y_3$$

式中计算的是代数和，因为纵坐标 y 带正负号。

在一般情况下，设有一组集中荷载 $P_1, P_2, \cdots, P_n$ 作用于结构，而结构上某量值 S 的影响线在各荷载作用处相应的纵坐标依次为 $y_1, y_2, \cdots, y_n$，则在该组集中荷载共同作用下的量值 S（支座反力、剪力、弯矩等）为

$$S=P_1y_1+P_2y_2+\cdots+P_ny_n=\sum P_iy_i \tag{12-8}$$

注意:y_i 在影响线的基线上方为正,反之为负。

(二)均布荷载作用的情况

图 12-12(a)所示均布荷载作用在梁段上,荷载集度为 $q(x)$,某一量值的影响线如图 12-12(b)所示。

现以 y 表示 S 影响线的纵坐标,将分布荷载沿其分布长度分为无限多个微段 dx。每个微段上的荷载 $q\mathrm{d}x$ 可作为一集中荷载,故在 ab 区段内的均布荷载产生的量值为

$$S = \int_a^b yq\mathrm{d}x = q\int_a^b y\mathrm{d}x = qA_\omega \tag{12-9}$$

式中:A_ω 为均布荷载作用范围内影响线图形的面积。

由此可知,在均布荷载作用下某量值 S 的大小,等于荷载集度乘以受载段的影响线面积。应用此式时,要注意影响线面积 A_ω 值的正负号。

【例 12-2】 图 12-13 为一简支梁,受力如图 12-13(a)所示,均布荷载 $q=10$ kN/m,$P=20$ kN。试利用 F_{QC} 影响线计算简支梁 C 截面的剪力值。

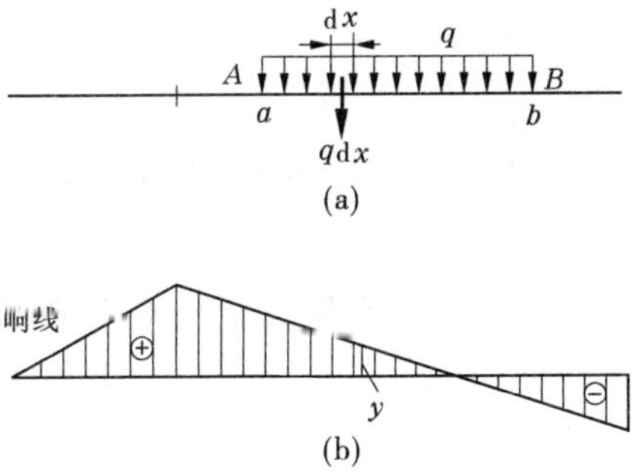

图 12-12

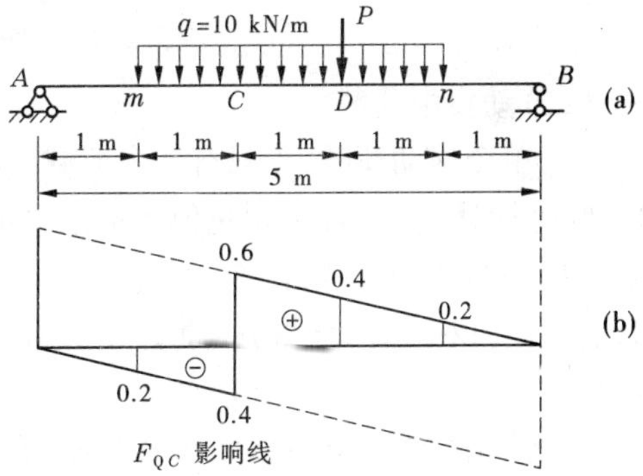

图 12-13

解 (1)梁的 F_{QC}影响线。

用静力法或机动法作出 F_{QC}影响线如图 12-13(b)所示。

(2)求出力 P 作用点和均布荷载所对应的影响线上的纵坐标数值及面积。

$$y_D = 0.4$$

$$A_\omega = \frac{1}{2}\times(0.6+0.2)\times 2 - \frac{1}{2}\times(0.2+0.4)\times 1 = 0.5$$

(3)求简支梁 C 截面的剪力值,由式(12-8)及式(12-9)求得

$$F_{QC} = Py_D + qA_\omega = 20\times 0.4 + 10\times 0.5 = 13(\mathrm{kN})$$

二、确定最不利荷载位置

确定某一量值发生的最大值或最小值时,移动荷载的位置即为最不利荷载位置。在活荷载作用下,结构上的某一量值一般都随着位置的变化而变化。在结构设计时,必须求出各量值的最大值(包括最大正值和最大负值,最大负值也称最小值),只要所求量值的最不利荷载位置一经确定,则其最大值不难求得,下面对常见的情况进行讨论。

(一)动均布荷载

对于可以任意断续布置的均布荷载(如人群、货物等),如图 12-14(a)所示,其影响线如图 12-14(b)所示。当移动荷载布满对应的影响线正号面积时,即求得量值的最大值;而当移动荷载布满对应的影响线负号面积时,可求得量值的最小值,如图 12-14(c)、(d)所示。

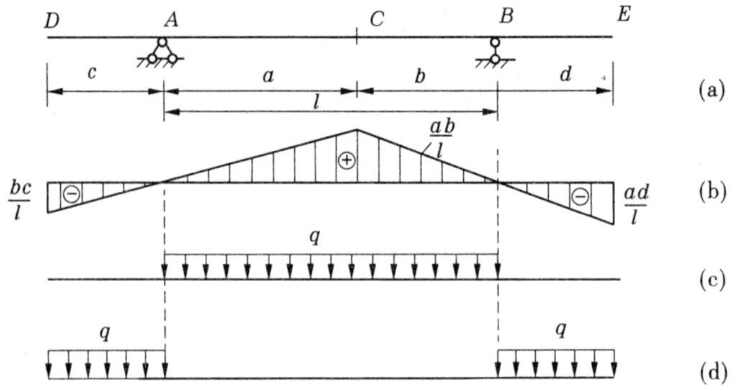

图 12-14

(二)动集中荷载

(1)单个移动荷载:当只有一个荷载 P 作用时,只要将力 P 移动到该量值 S 影响线的最大纵坐标处即 y_{max} 即可得量值 S 的最大值。

(2)一组移动荷载:汽车、吊车等轮压荷载是由一组间距不变的移动集中荷载组成的,根据式(12-8),可求得 $S = \sum P_i y_i$ 的最大值,相应的荷载位置即是量值 S 的最不利荷载位置。

由此推断:产生最不利荷载位置时,必有一个集中荷载作用于影响线的顶点处。通常将这一位于影响线顶点的集中荷载称为临界荷载,其常为荷载密度集中数值最大并且靠近移动荷载的合力的移动荷载。可用试算法或判别法确定最不利荷载位置,当荷载不太复杂时常用试算法,即将各移动荷载依次移到影响线的顶点位置上,分别求出量值 S 的大小,其中产生最大量值 S_{max} 的荷载位置就是最不利荷载位置。

【例 12-3】 求图 12-15(a)所示简支梁 C 截面的最大弯矩。已知简支梁承受汽车荷载,各荷载为汽车轮压。

解 首先作出 M_C 的影响线如图 12-15(b)所示。车队集中荷载 $P = 100$ kN 数值最大并且靠近移动荷载的合力,故取其为临界荷载。考虑车队左行、右行时荷载的序列不同,因此荷载的分布有两种情况。

(1)当汽车车队由右向左行驶,使 100 kN 位于 C 截面时

$$M_C = 40 \times 0.67 + 100 \times 3.33 + 30 \times 2.0 + 80 \times 0.66 = 472.6(\text{kN} \cdot \text{m})$$

(2)当汽车车队由左向右行驶,并且使 100 kN 位于 C 截面时

$$M_C = 40 \times 2.0 + 100 \times 3.33 + 30 \times 0.66 = 432.8(\text{kN} \cdot \text{m})$$

若车队继续向右行驶,使 30 kN 位于 C 截面,如图 12-15(d)所示,则

$$M_C = 80 \times 0.66 + 30 \times 3.33 + 100 \times 2.0 + 40 \times 0.66 = 379.1(\text{kN} \cdot \text{m})$$

若车队再向右开,位于梁上的荷载较少,显然 M_C 值必小于上述值,故无须考虑。

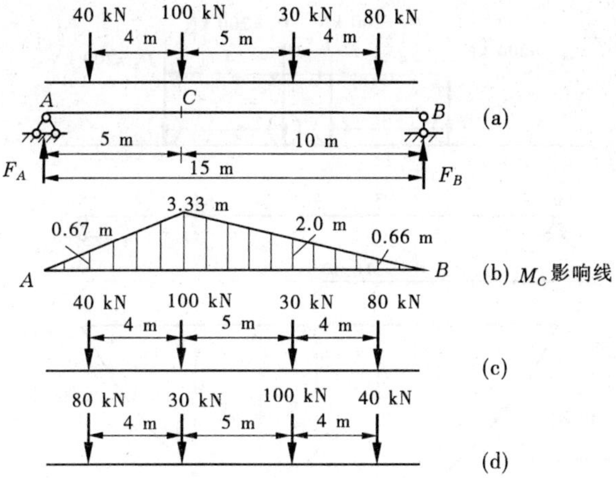

图 12-15

综合以上分析结果，C 截面的最大弯矩 $M_{C\max}=520\ \text{kN}\cdot\text{m}$。

第四节　简支梁的内力包络图

一、简支梁的内力包络图

利用影响线可确定移动荷载作用下最不利位置和计算梁某一截面内力的最大值（最大正值和最大负值）。如果用此方法求出梁上各截面内力最大值，并将梁中各截面的内力最大值按同一比例标在图上连成曲线，这一曲线称为内力包络图。梁的内力包络图分为弯矩包络图和剪力包络图。在钢筋混凝土梁的设计时，包络图是结构设计及钢筋混凝土梁设计的重要依据。

图 12-16(a)所示一吊车梁，承受两台吊车作用，吊车轮压如图 12-16(a)所示。不计吊车梁的自重，绘制内力包络图的方法为：

(1)首先把梁划分为若干等份(8 等份)，对每一等分截面，利用影响线计算每一等分点截面弯矩和剪力的最大值和最小值。

(2)以截面为横坐标，以截面弯矩和剪力的最大值和最小值为纵坐标，将各纵坐标的顶点连成一条曲线，就是内力包络图。如图 12-16(b)为弯矩包络图，图 12-16(c)为剪力包络图。

二、简支梁的绝对最大弯矩

在移动荷载作用下，弯矩图中的最大纵坐标值是简支梁各截面的所有最大弯矩中的最大值，我们称它为绝对最大弯矩。产生绝对最大弯矩的某一截面一定有某个临界荷载 P_K 作用的截面。为此可用逐个荷载试算的办法，先假定其中的某个荷载为临界荷载，求出其产生最大弯矩时的位置和最大弯矩值，然后将计算出的最大弯矩加以比较，即可选出梁的绝对最大弯矩。

简支梁的绝对最大弯矩与任一截面的最大弯矩既有区别又有联系。梁内所有截面最

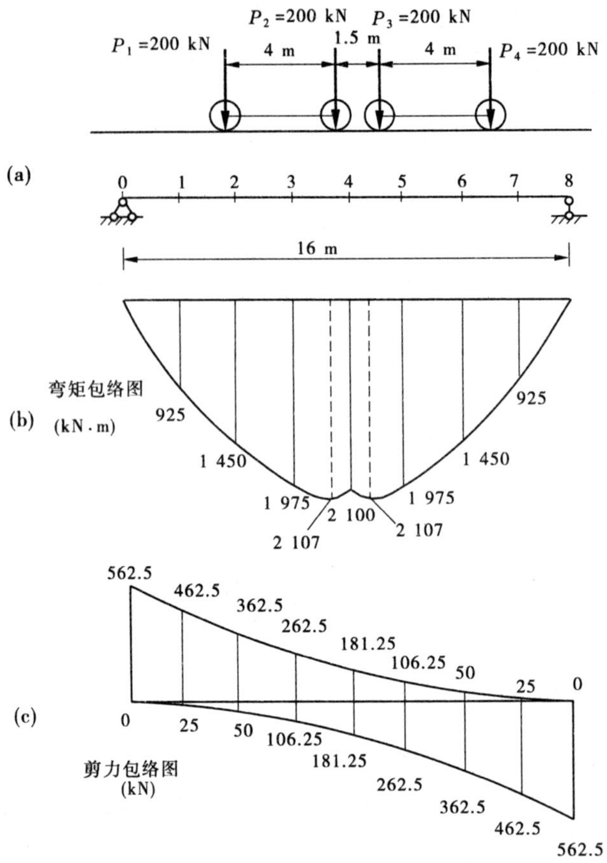

图 12-16

大弯矩中的最大值称为该梁的最大弯矩。由上述包络图的画法可知，最大弯矩也是包络图中的最大纵坐标值。它代表在确定的移动荷载作用下梁内可能出现的弯矩最大值。

现以简支梁受一组数值不变的集中荷载作用为例，介绍如何求得梁内可能发生的绝对最大弯矩。

如图 12-17 所示，在这一组集中荷载中，选出一个 P_K，研究它的作用点移动到什么位置时可能使所在的截面弯矩为最大。

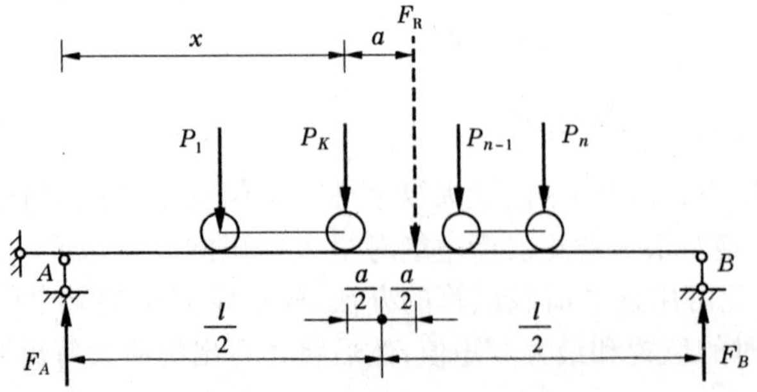

图 12-17

现以 x 表示 P_K 到支座 A 的距离，a 表示梁上全部荷载的合力 F_R 与 P_K 作用线之间的距离。

由 $\sum M_B=0$，求得

$$F_A=\frac{F_R}{l}(l-x-a) \tag{a}$$

用 P_K 作用截面以左所有外力对 P_K 作用点取矩，得 P_K 作用点所在截面弯矩为

$$M=F_Ax-M_K=\frac{F_R}{l}(l-x-a)x-M_K \tag{b}$$

式中：M_K 表示 P_K 以左各荷载对 P_K 作用点力矩的代数和，由于荷载的间距不变，其值是与 x 无关的一个常数。

为求 M 的极值，令

$$\frac{dM}{dx}=\frac{F_R}{l}(l-2x-a)=0 \tag{c}$$

求得

$$x=\frac{l}{2}-\frac{a}{2} \tag{d}$$

式(d)表明，P_K 作用点的弯矩最大时，P_K 与合力 F_R 分别位于梁中点两侧对称位置。此时，最大弯矩为

$$M_{max}=\frac{F_R}{l}\left(\frac{l}{2}\mp\frac{a}{2}\right)^2-M_K \tag{12-10}$$

式中：当 P_K 在 F_R 左边时取负号，在 F_R 右边时取正号。

按上述方法，依次将每个荷载作为临界荷载计算出最大弯矩并加以比较，确定梁的最大弯矩。

经验表明，简支梁的最大弯矩，通常发生在梁的跨中附近，因此可确定一个靠近梁的中点截面处的较大荷载作为临界荷载 P_K，并移动荷载系列，使 P_K 与梁上荷载的合力对称于梁的中点，再计算此时 P_K 作用点的弯矩，即得绝对最大弯矩。

第五节　连续梁的内力包络图简介

工程中的板、次梁和主梁，一般都按连续梁进行计算。这些连续梁受到恒载和活载的共同作用，故设计时必须考虑两者的共同影响，求出各个截面所可能产生的最大内力值和最小内力值，作为选择截面尺寸的依据。把连续梁上各截面的最大内力值和最小内力值用图形表示出来，就得到连续梁的内力包络图。

综上分析，绘制连续梁在恒载及可任意布置的均布活载作用下的弯矩包络图的步骤为：

(1)绘制连续梁在恒载作用下的弯矩图；

(2)依次作每一跨上单独布满活载时的弯矩图；

(3)将各跨分为若干等份，对每一等分截面处，将恒载弯矩图中该截面的纵坐标值和所有各活载弯矩图中该截面所对应的正的纵坐标值(或负的纵坐标值)相叠加，便可得到该截面的最大弯矩值(或最小弯矩值)；

(4)将上述各最大弯矩值、最小弯矩值在同一图标中按同一比例尺用纵坐标画出，并连成曲线，便得到所求的弯矩包络图。

本章内容小结

(1)本章主要讨论在移动荷载作用下指定截面上的指定内力(反力)随荷载位置改变而改变的规律，即影响线的作法及其应用。

(2)为了研究方便，先研究单个移动荷载 $P=1$ 作用下某一量值 S 的变化规律，绘制 S 的影响线。在此基础上，根据叠加原理，研究一系列移动荷载的影响线。影响线是一个重要的概念，要很好地加以理解。

(3)绘制某一量值 S 影响线的方法有静力法和机动法两种。静力法作内力(反力)影响线时是取分离体，应用平衡方程求解，但应将荷载位置的坐标看做变量。取移动荷载 $P=1$ 的坐标 x 为自变量，列出量值 S 的影响线方程式，再用图形表示出来，即得该量值 S 的影响线。机动法做内力(反力)影响线：利用虚功原理不用计算，通过绘制量值 S 的虚位移图形，即是该量值的影响线。

(4)利用叠加原理，根据影响线可以确定各种荷载作用时的影响值，并用以确定移动荷载的不利位置。对于直线图形构成的影响线，为了确定荷载的不利位置，要掌握如何判定临界荷载和临界位置。

(5)连续梁的内力包络图是恒载作用下某一截面的内力加上活载作用下该截面的最大正内力和最大负内力，就可得到恒载和活载共同作用下该截面的最大内力和最小内力。算得每个截面的最大内力和最小内力后，在图中将它们标出，即得连续梁的内力包络图。

思考题

12-1　影响线的含义是什么？为什么绘制影响线时要选用单位荷载 $P=1$ 作用，影响线的纵坐标 y 与单位荷载有什么联系？

12-2　内力图、内力影响线和内力包络图有何区别？

12-3　某截面的剪力影响线在该截面处是否一定有突变？突变处左右两纵坐标各代表什么意义？突变处两侧的线段为何必定平行？

12-4　何谓最不利荷载位置？何谓临界荷载和临界位置？

12-5　简支梁的绝对最大弯矩与跨中截面的最大弯矩是否相等？

习　题

12-1　如图 12-18(a)所示为一简支梁的弯矩图，图 12-18(b)所示为此简支梁某一截面的弯矩影响线，二者形状及纵坐标完全相同，试指出图中 y_1 和 y_2 各代表的具体含义。

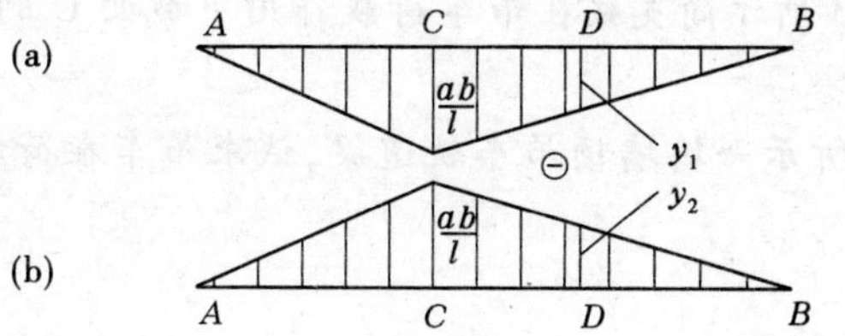

图 12-18

12-2　分别用静力法和机动法作图 12-19 所示外伸梁指定处所指定量值的影响线。

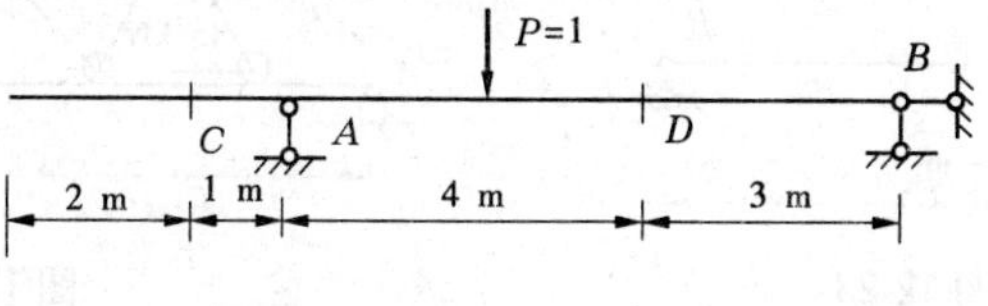

F_A、M_C、F_{QC}、M_C、F_{QD}

图 12-19

12-3　利用影响线求图 12-20 所示外伸梁的 F_A、M_C、F_{QC}的值。

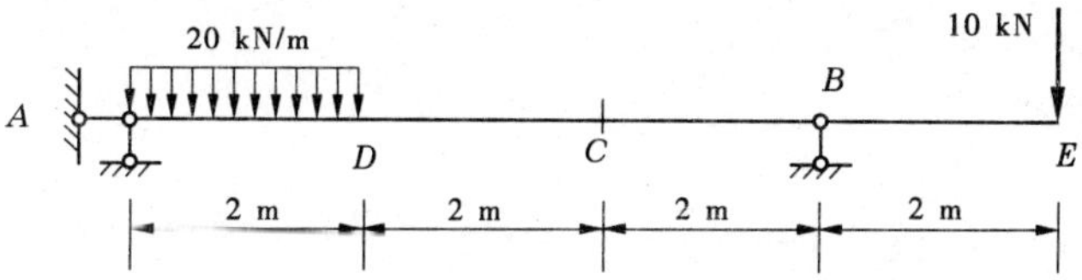

图 12-20

12-4　利用影响线求图 12-21 所示外伸梁的 F_B、M_C、F_{QC}的值。

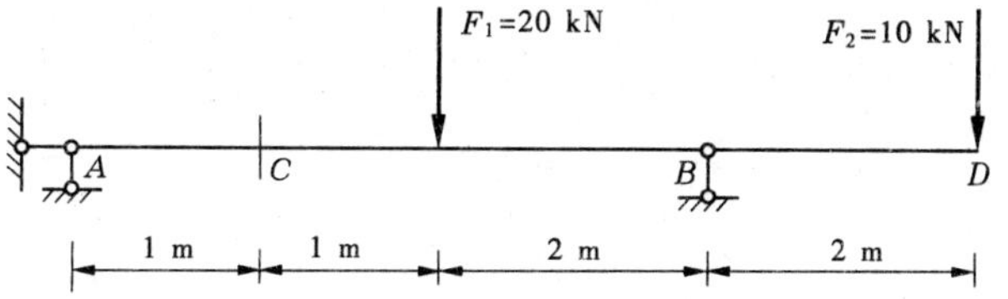

图 12-21

12-5　利用影响线求图 12-22 所示简支梁 F_A 和截面 C 的弯矩、剪力值。

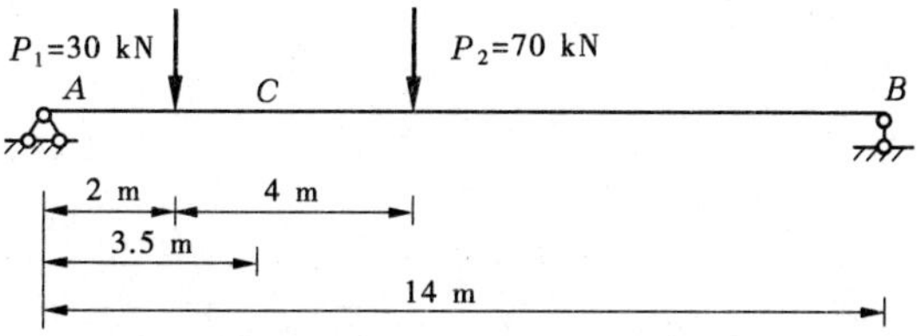

图 12-22

12-6 试求图 12-23 所示简支梁在吊车荷载作用下截面 C 的最大弯矩、最大正剪力和最大负剪力。

12-7 如图 12-24 所示一坞墙顶吊车轨道梁，试求吊车在荷载作用下梁的绝对最大弯矩。

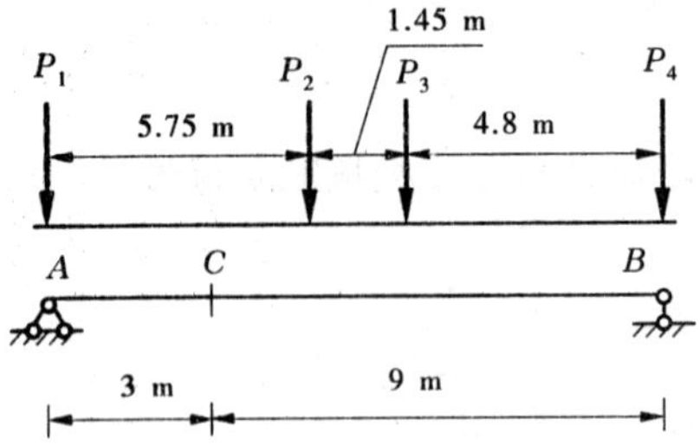

图 12-23

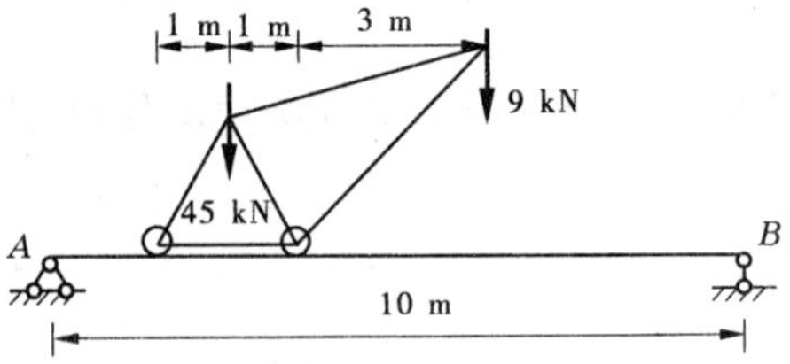

图 12-24

附录　型钢规格表

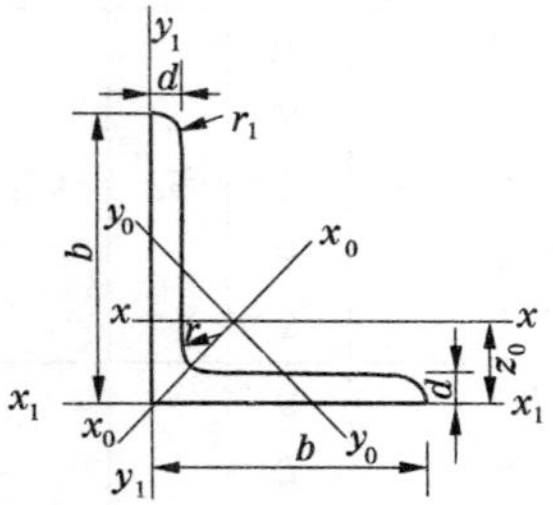

附表1　热轧等边角钢(GB/T 9787—1988)

符号意义：

b——边宽度；　　I——惯性矩；

d——边厚度；　　i——惯性半径；

r_1——边端内圆弧半径；　　z_0——重心距离；

r——内圆弧半径；　　W——截面系数

角钢号数	尺寸(mm)			截面面积 (cm^2)	理论质量 (kg/m)	外表面积 (m^2/m)	参考数值										
							x—x			x_0—x_0			y_0—y_0			x_1—x_1	z_0 (cm)
	b	d	r				I_x (cm^4)	i_x (cm)	W_x (cm^3)	I_{x_0} (cm^4)	i_{x_0} (cm)	W_{x_0} (cm^3)	I_{y_0} (cm^4)	i_{y_0} (cm)	W_{y_0} (cm^3)	I_{x_1} (cm^4)	
2	20	3	3.5	1.132	0.889	0.078	0.40	0.59	0.29	0.63	0.75	0.45	0.17	0.39	0.20	0.81	0.60
		4		1.459	1.145	0.077	0.50	0.58	0.36	0.78	0.73	0.55	0.22	0.38	0.24	1.09	0.64
2.5	25	3		1.432	1.124	0.098	0.82	0.76	0.46	1.29	0.95	0.73	0.34	0.49	0.33	1.57	0.73
		4		1.859	1.459	0.097	1.03	0.74	0.59	1.62	0.93	0.92	0.43	0.48	0.40	2.11	0.76
3.0	30	3	4.5	1.749	1.373	0.117	1.46	0.91	0.68	2.31	1.15	1.09	0.61	0.59	0.51	2.71	0.85
		4		2.276	1.786	0.117	1.84	0.90	0.87	2.92	1.13	1.37	0.77	0.58	0.62	3.63	0.89
3.6	36	3		2.109	1.656	0.141	2.58	1.11	0.99	4.09	1.39	1.61	1.07	0.71	0.76	4.68	1.00
		4		2.756	2.163	0.141	3.29	1.09	1.28	5.22	1.38	2.05	1.37	0.70	0.93	6.25	1.04
		5		3.382	2.654	0.141	3.95	1.08	1.56	6.24	1.36	2.45	1.65	0.70	1.09	7.84	1.07
4.0	40	3	5	2.359	1.852	0.157	3.59	1.23	1.23	5.69	1.55	2.01	1.49	0.79	0.96	6.41	1.09
		4		3.086	2.422	0.157	4.60	1.22	1.60	7.29	1.54	2.58	1.91	0.79	1.19	8.56	1.13
		5		3.791	2.976	0.156	5.53	1.21	1.96	8.76	1.52	3.01	2.30	0.78	1.39	10.74	1.17
4.5	45	3		2.659	2.088	0.177	5.17	1.40	1.58	8.20	1.76	2.58	2.14	0.90	1.24	9.12	1.22
		4		3.486	2.736	0.177	6.65	1.38	2.05	10.56	1.74	3.32	2.75	0.89	1.54	12.18	1.26
		5		4.292	3.369	0.176	8.04	1.37	2.51	12.74	1.72	4.00	3.33	0.88	1.81	15.25	1.30
		6		5.076	3.985	0.176	9.33	1.36	2.95	14.76	1.70	4.64	3.89	0.88	2.06	18.36	1.33

续附表1

角钢号数	尺寸(mm)			截面面积	理论质量	外表面积	参考数值										
							x—x			x_0—x_0			y_0—y_0			x_1—x_1	z_0
	b	d	r	(cm^2)	(kg/m)	(m^2/m)	I_x (cm^4)	i_x (cm)	W_x (cm^3)	I_{x_0} (cm^4)	i_{x_0} (cm)	W_{x_0} (cm^3)	I_{y_0} (cm^4)	i_{y_0} (cm)	W_{y_0} (cm^3)	I_{x_1} (cm^4)	(cm)
5	50	3	5.5	2.971	2.332	0.197	7.18	1.55	1.96	11.37	1.96	3.22	2.98	1.00	1.57	12.50	1.34
		4		3.897	3.059	0.197	9.26	1.54	2.56	14.70	1.94	4.16	3.82	0.99	1.96	16.69	1.38
		5		4.803	3.770	0.196	11.21	1.53	3.13	17.79	1.92	5.03	4.64	0.98	2.31	20.90	1.42
		6		5.688	4.465	0.196	13.05	1.52	3.68	20.68	1.91	5.85	5.42	0.98	2.63	25.14	1.46
5.6	56	3	6	3.343	2.624	0.221	10.19	1.75	2.48	16.14	2.20	4.08	4.24	1.13	2.02	17.56	1.48
		4		4.390	3.446	0.220	13.18	1.73	3.24	20.92	2.18	5.28	5.46	1.11	2.52	23.43	1.53
		5		5.415	4.251	0.220	16.02	1.72	3.97	25.42	2.17	6.42	6.61	1.10	2.98	29.33	1.57
		8	7	8.367	6.568	0.219	23.63	1.68	6.03	37.37	2.11	9.44	9.89	1.09	4.16	47.24	1.68
6.3	63	4	7	4.978	3.907	0.248	19.03	1.96	4.13	30.17	2.46	6.78	7.89	1.26	3.29	33.35	1.70
		5		6.143	4.822	0.248	23.17	1.94	5.08	36.77	2.45	8.25	9.57	1.25	3.90	41.73	1.74
		6		7.288	5.721	0.247	27.12	1.93	6.00	43.03	2.43	9.66	11.20	1.24	4.46	50.14	1.78
		8		9.515	7.469	0.247	34.46	1.90	7.75	54.56	2.40	12.25	14.33	1.23	5.47	67.11	1.85
		10		11.657	9.151	0.246	41.09	1.88	9.39	64.85	2.36	14.56	17.33	1.22	6.36	84.31	1.93
7	70	4	8	5.570	4.372	0.275	26.39	2.18	5.14	41.80	2.74	8.44	10.99	1.40	4.17	45.74	1.86
		5		6.875	5.397	0.275	32.21	2.16	6.32	51.08	2.73	10.32	13.34	1.39	4.95	57.21	1.91
		6		8.160	6.406	0.275	37.77	2.15	7.48	59.93	2.71	12.11	15.61	1.38	5.67	68.73	1.95
		7		9.424	7.398	0.275	43.09	2.14	8.59	68.35	2.69	13.81	17.82	1.38	6.34	80.29	1.99
		8		10.667	8.373	0.274	48.17	2.12	9.68	76.37	2.68	15.43	19.98	1.37	6.98	91.92	2.03
7.5	75	5	9	7.367	5.818	0.295	39.97	2.33	7.32	63.30	2.92	11.94	16.63	1.50	5.77	70.56	2.04
		6		8.797	6.905	0.294	46.95	2.31	8.64	74.38	2.90	14.02	19.51	1.49	6.67	84.55	2.07
		7		10.160	7.976	0.294	53.57	2.30	9.93	84.96	2.89	16.02	22.18	1.48	7.44	98.71	2.11
		8		11.503	9.030	0.294	59.96	2.28	11.20	95.07	2.88	17.93	24.86	1.47	8.19	112.97	2.15
		10		14.126	11.089	0.293	71.98	2.26	13.64	113.92	2.84	21.48	30.05	1.46	9.56	141.71	2.22

续附表1

角钢号数	尺寸(mm)			截面面积 (cm^2)	理论质量 (kg/m)	外表面积 (m^2/m)	参考数值										
							x—x			x_0—x_0			y_0—y_0			x_1—x_1	z_0 (cm)
	b	d	r				I_x (cm^4)	i_x (cm)	W_x (cm^3)	I_{x_C} (cm^4)	i_{x_0} (cm)	W_{x_0} (cm^3)	I_{y_0} (cm^4)	i_{y_0} (cm)	W_{y_0} (cm^3)	I_{x_1} (cm^4)	
8	80	5	9	7.912	6.211	0.315	48.79	2.48	8.34	77.33	3.13	13.67	20.25	1.60	6.66	85.36	2.15
		6		9.397	7.376	0.314	57.35	2.47	9.87	90.98	3.11	16.08	23.72	1.59	7.65	102.50	2.19
		7		10.860	8.525	0.314	65.58	2.46	11.34	104.07	3.10	18.40	27.09	1.58	8.58	119.70	2.23
		8		12.303	9.658	0.314	73.49	2.44	12.83	116.60	3.08	20.61	30.39	1.57	9.46	136.97	2.27
		10		15.126	11.874	0.313	88.43	2.42	15.64	140.09	3.04	24.76	36.77	1.56	11.08	171.74	2.35
9	90	6	10	10.637	8.350	0.354	82.77	2.79	12.61	131.26	3.51	20.63	34.28	1.80	9.95	145.87	2.44
		7		12.301	9.656	0.354	94.83	2.78	14.54	150.47	3.50	23.64	39.18	1.78	11.19	170.30	2.48
		8		13.944	10.946	0.353	106.47	2.76	16.42	168.97	3.48	26.55	43.97	1.78	12.35	194.80	2.52
		10		17.167	13.476	0.353	128.58	2.74	20.07	203.90	3.45	32.04	53.26	1.76	14.52	244.07	2.59
		12		20.306	15.940	0.352	149.22	2.71	23.57	236.21	3.41	37.12	62.22	1.75	16.49	293.76	2.67
10	100	6	12	11.932	9.366	0.393	114.95	3.01	15.68	181.98	3.90	25.74	47.92	2.00	12.69	200.07	2.67
		7		13.796	10.830	0.393	131.86	3.09	18.10	208.97	3.89	29.55	54.74	1.99	14.26	233.54	2.71
		8		15.638	12.276	0.393	148.24	3.08	20.47	235.07	3.88	33.24	61.41	1.98	15.75	267.09	2.76
		10		19.261	15.120	0.392	179.51	3.05	25.06	284.68	3.84	40.26	74.35	1.96	18.54	334.48	2.84
		12		22.800	17.898	0.391	208.90	3.03	29.48	330.68	3.81	46.80	86.84	1.95	21.08	402.34	2.91
		14		26.256	20.611	0.391	236.53	3.00	33.73	374.06	3.77	52.90	99.00	1.94	23.44	470.75	2.99
		16		29.627	23.257	0.390	262.53	2.98	37.82	414.16	3.74	58.57	110.89	1.94	25.63	539.80	2.06
11	110	7	12	15.196	11.928	0.433	177.16	3.41	22.05	280.94	4.30	36.12	73.38	2.20	17.51	310.64	2.96
		8		17.238	13.532	0.433	199.46	3.40	24.95	316.49	4.28	40.69	82.42	2.19	19.39	355.20	3.01
		10		21.261	16.690	0.432	242.19	3.38	30.60	384.39	4.25	49.42	99.98	2.17	22.91	444.65	3.09
		12		25.200	19.782	0.431	282.55	3.35	36.05	448.17	4.22	57.62	116.93	2.15	26.15	534.60	3.16
		14		29.056	22.809	0.431	320.71	3.32	40.31	508.01	4.18	65.31	133.40	2.14	29.14	625.16	3.24

续附表 1

角钢号数	尺寸(mm)			截面面积	理论质量	外表面积	参考数值										
							x—x			x_0—x_0			y_0—y_0			x_1—x_1	z_0 (cm)
	b	d	r	(cm^2)	(kg/m)	(m^2/m)	I_x (cm^4)	i_x (cm)	W_x (cm^3)	I_{x_0} (cm^4)	i_{x_0} (cm)	W_{x_0} (cm^3)	I_{y_0} (cm^4)	i_{y_0} (cm)	W_{y_0} (cm^3)	I_{x_1} (cm^4)	
12.5	125	8	14	19.750	15.504	0.492	297.03	3.88	32.52	470.89	4.88	53.28	123.16	2.50	25.86	521.01	3.37
		10		24.373	19.133	0.491	361.67	3.85	39.97	573.89	4.85	64.93	149.46	2.48	30.62	651.93	3.45
		12		28.912	22.696	0.491	423.16	3.83	41.17	671.44	4.82	75.96	174.88	2.46	35.03	783.42	3.53
		14		33.367	26.193	0.490	481.65	3.80	54.16	763.73	4.78	86.41	199.57	2.45	39.13	915.61	3.61
14	140	10		27.373	21.488	0.551	514.65	4.34	50.58	817.27	5.46	82.56	212.04	2.78	39.20	915.11	3.82
		12		32.512	25.522	0.551	603.68	4.31	59.80	958.79	5.43	96.85	248.57	2.76	45.02	1 099.28	3.90
		14		37.567	29.490	0.550	688.81	4.28	68.75	1 093.56	5.40	110.47	284.06	2.75	50.45	1 284.22	3.98
		16		42.539	33.393	0.549	770.24	4.26	77.46	1 221.81	5.36	123.42	318.67	2.74	55.55	1 470.07	4.06
16	160	10	16	31.502	24.729	0.630	779.53	4.98	66.70	1 237.30	6.27	109.36	321.76	3.20	52.76	1 365.33	4.31
		12		37.441	29.391	0.630	916.58	4.95	78.98	1 455.68	6.24	128.67	377.49	3.18	60.74	1 639.57	4.39
		14		43.296	33.987	0.629	1 048.36	4.92	90.95	1 665.02	6.20	147.17	431.70	3.16	68.24	1 914.68	4.47
		16		49.067	38.518	0.629	1 175.08	4.89	102.63	1 865.57	6.17	164.89	484.59	3.14	75.31	2 190.82	4.55
18	180	12		42.241	33.159	0.710	1 321.35	5.59	100.82	2 100.10	7.05	165.00	542.61	3.58	78.41	2 332.80	4.89
		14		48.896	38.388	0.709	1 514.48	5.56	116.25	2 407.42	7.02	189.14	625.53	3.56	88.38	2 723.48	4.97
		16		55.467	43.542	0.709	1 700.99	5.54	131.13	2 703.37	6.98	212.40	698.60	3.55	97.83	3 115.29	5.05
		18		61.955	48.634	0.708	1 875.12	5.50	145.64	2 988.24	6.94	234.78	762.01	3.51	105.14	3 502.43	5.13
20	200	14	18	54.642	42.894	0.788	2 103.55	6.20	144.70	3 343.26	7.82	236.40	863.83	3.98	111.82	3 734.10	5.46
		16		62.013	48.680	0.788	2 366.64	6.18	163.65	3 760.89	7.79	265.93	971.41	3.96	123.96	4 270.39	5.54
		18		69.301	54.401	0.787	2 620.64	6.15	182.22	4 164.54	7.75	294.48	1 076.74	3.94	135.52	4 808.13	5.62
		20		76.505	60.056	0.787	2 867.30	6.12	200.42	4 554.55	7.72	322.06	1 180.04	3.93	146.55	5 347.51	5.69
		24		90.661	71.186	0.785	3 338.25	6.07	236.17	5 294.97	7.64	374.41	1 381.53	3.90	166.55	6 457.16	5.87

注:截面图中的 $r_1 = \frac{1}{3}d$ 及表中 r 值的数据用于孔型设计,不作交货条件。

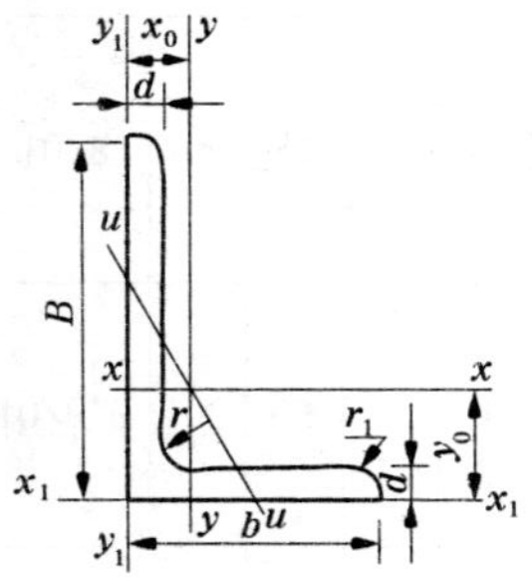

附表2 热轧不等边角钢(GB/T 9788—1988)

符号意义：

B——长边宽度； b——短边宽度；

d——边厚度； r——内圆弧半径；

r_1——边端内圆弧半径； I——惯性矩；

i——惯性半径； W——截面系数；

x_0——重心距离； y_0——重心距离

角钢号数	尺寸(mm)				截面面积	理论质量	外表面积	参考数值														
								x—x			y—y			x_1—x_1		y_1—y_1		u—u				
	B	b	d	r	(cm^2)	(kg/m)	(m^2/m)	I_x (cm^4)	i_x (cm)	W_x (cm^3)	I_y (cm^4)	i_y (cm)	W_y (cm^3)	I_{x1} (cm^4)	y_0 (cm)	I_{y1} (cm^4)	x_0 (cm)	I_u (cm^4)	i_u (cm)	W_u (cm^3)	tanα
2.5/1.6	25	16	3	3.5	1.162	0.912	0.080	0.70	0.78	0.43	0.22	0.44	0.19	1.56	0.86	0.43	0.42	0.14	0.34	0.16	0.392
			4		1.499	1.176	0.079	0.88	0.77	0.55	0.27	0.43	0.24	2.09	0.90	0.59	0.46	0.17	0.34	0.20	0.381
3.2/2	32	20	3		1.492	1.717	0.102	1.53	1.01	0.72	0.46	0.55	0.30	3.27	1.08	0.82	0.49	0.28	0.43	0.25	0.382
			4		1.939	1.522	0.101	1.93	1.00	0.93	0.57	0.54	0.39	4.37	1.12	1.12	0.53	0.35	0.42	0.32	0.374
4/2.5	40	25	3	4	1.890	1.484	0.127	3.08	1.28	1.15	0.93	0.70	0.49	6.39	1.32	1.59	0.59	0.56	0.54	0.40	0.386
			4		2.467	1.936	0.127	3.93	1.26	1.49	1.18	0.69	0.63	8.53	1.37	2.14	0.63	0.71	0.54	0.52	0.381
4.5/2.8	45	28	3	5	2.149	1.687	0.143	4.45	1.44	1.47	1.34	0.79	0.62	9.10	1.47	2.23	0.64	0.80	0.61	0.51	0.383
			4		2.806	2.203	0.143	5.69	1.42	1.91	1.70	0.78	0.80	12.13	1.51	3.00	0.68	1.02	0.60	0.66	0.380
5/3.2	50	32	3	5.5	2.431	1.908	0.161	6.24	1.60	1.84	2.02	0.91	0.82	12.49	1.60	3.31	0.73	1.20	0.70	0.68	0.404
			4		3.177	2.494	0.160	8.02	1.59	2.39	2.58	0.90	1.06	16.55	1.65	4.45	0.77	1.53	0.69	0.87	0.402
5.6/3.6	56	36	3	6	2.743	2.153	0.181	8.88	1.80	2.32	2.92	1.03	1.05	17.54	1.78	4.70	0.80	1.73	0.79	0.87	0.408
			4		3.590	2.818	0.180	11.45	1.79	3.03	3.76	1.02	1.37	23.39	1.82	6.33	0.85	2.23	0.79	1.13	0.408
			5		4.415	3.466	0.180	13.86	1.77	3.71	4.49	1.01	1.65	29.25	1.87	7.94	0.88	2.67	0.78	1.36	0.404
6.3/4	63	40	4	7	4.058	3.185	0.202	16.49	2.02	3.87	5.23	1.14	1.70	33.30	2.04	8.63	0.92	3.12	0.88	1.40	0.398
			5		4.993	3.920	0.202	20.02	2.00	4.74	6.31	1.12	2.71	41.63	2.08	10.86	0.95	3.76	0.87	1.71	0.396
			6		5.908	4.638	0.201	23.36	1.96	5.59	7.29	1.11	2.43	49.98	2.12	13.12	0.99	4.34	0.86	1.99	0.393
			7		6.802	5.339	0.201	26.53	1.98	6.40	8.24	1.10	2.78	58.07	2.15	15.47	1.03	4.97	0.86	2.29	0.389

续附表2

角钢号数	尺寸(mm)				截面面积	理论质量	外表面积	参考数值													
								x—x			y—y			x_1—x_1		y_1—y_1		u—u			
	B	b	d	r	(cm^2)	(kg/m)	(m^2/m)	I_x (cm^4)	i_x (cm)	W_x (cm^3)	I_y (cm^4)	i_y (cm)	W_y (cm^3)	I_{x_1} (cm^4)	y_0 (cm)	I_{y_1} (cm^4)	x_0 (cm)	I_u (cm^4)	i_u (cm)	W_u (cm^3)	tanα
7/4.5	10	45	4	7.5	4.547	3.570	0.226	23.17	2.26	4.86	7.55	1.29	2.17	45.92	2.24	12.26	1.02	4.40	0.98	1.77	0.410
			5		5.609	4.403	0.225	27.95	2.23	5.92	9.13	1.28	2.65	57.10	2.28	15.39	1.06	5.40	0.98	2.19	0.407
			6		6.647	5.218	0.225	32.54	2.21	6.95	10.62	1.26	3.12	68.35	2.32	18.58	1.09	6.35	0.98	2.59	0.404
			7		7.657	6.011	0.225	37.22	2.20	8.03	12.01	1.25	3.57	79.99	2.36	21.84	1.13	7.16	0.97	2.94	0.402
(7.5/5)	75	50	5	8	6.125	4.808	0.245	34.86	2.39	6.83	12.61	1.44	3.30	70.00	2.40	21.04	1.17	7.41	1.10	2.74	0.435
			6		7.260	5.699	0.245	41.12	2.38	8.12	14.70	1.42	3.88	84.30	2.44	25.37	1.21	8.54	1.08	3.19	0.435
			8		9.467	7.431	0.244	52.39	2.35	10.52	18.53	1.40	4.99	112.50	2.52	34.23	1.29	10.87	1.07	4.10	0.429
			10		11.590	9.098	0.244	62.71	2.33	12.79	21.96	1.38	6.04	140.80	2.60	43.43	1.36	13.10	1.06	4.99	0.423
8/5	80	50	5	8	6.375	5.005	0.255	41.96	2.56	7.78	12.82	1.42	3.32	85.21	2.60	21.06	1.14	7.66	1.10	2.74	0.388
			6		7.560	5.935	0.255	49.49	2.56	9.25	14.95	1.41	3.91	102.53	2.65	25.41	1.18	8.85	1.08	3.20	0.387
			7		8.724	6.484	0.255	56.16	2.54	10.58	16.96	1.39	4.48	119.33	2.69	29.82	1.21	10.18	1.08	3.70	0.384
			8		9.867	7.745	0.254	62.83	2.52	11.92	18.85	1.38	5.03	136.41	2.73	34.32	1.25	11.38	1.07	4.16	0.381
9/5.6	90	56	5	9	7.121	5.661	0.287	60.45	2.90	9.92	18.32	1.59	4.21	121.32	2.91	29.53	1.25	10.98	1.23	3.49	0.385
			6		8.557	6.717	0.286	71.03	2.88	11.74	21.42	1.58	4.96	145.59	2.95	35.58	1.29	12.90	1.23	4.18	0.384
			7		9.880	7.756	0.286	81.01	2.86	13.49	24.36	1.57	5.70	169.66	3.00	41.71	1.33	14.67	1.22	4.72	0.382
			8		11.183	8.779	0.286	91.03	2.85	15.27	27.15	1.56	6.41	194.17	3.04	47.93	1.36	16.34	1.21	5.29	0.380
10/6.3	100	63	6	10	9.617	7.550	0.320	99.06	3.21	14.64	30.94	1.79	6.35	199.71	3.24	50.50	1.43	18.42	1.38	5.25	0.394
			7		11.111	8.722	0.320	113.45	3.20	16.88	35.26	1.78	7.29	233.00	3.28	59.14	1.47	21.00	1.38	6.02	0.393
			8		12.584	9.878	0.319	127.37	3.18	19.08	39.39	1.77	8.21	266.32	3.32	67.88	1.50	23.50	1.37	6.78	0.391
			10		15.467	12.142	0.319	153.81	3.15	23.32	47.12	1.74	9.98	333.06	3.40	85.73	1.58	28.33	1.35	8.24	0.387
10/8	100	80	6	10	10.637	8.350	0.354	107.04	3.17	15.19	61.24	2.40	10.16	199.83	2.95	102.68	1.97	31.65	1.72	8.37	0.627
			7		12.301	9.656	0.354	122.73	3.16	17.52	70.08	2.39	11.71	233.20	3.00	119.98	2.01	36.17	1.72	9.60	0.626
			8		13.944	10.946	0.353	137.92	3.14	19.81	78.58	2.37	13.21	266.61	3.04	137.37	2.05	40.58	1.71	10.80	0.625
			10		17.167	13.476	0.353	166.87	3.12	24.24	94.65	2.35	16.12	333.63	3.12	172.48	2.13	49.10	1.69	13.12	0.622

续附表 2

角钢号数	尺寸(mm)				截面面积	理论质量	外表面积	参考数值													
								x—x			y—y			x_1—x_1		y_1—y_1		u—u			
	B	b	d	r	(cm^2)	(kg/m)	(m^2/m)	I_x (cm^4)	i_x (cm)	W_x (cm^3)	I_y (cm^4)	i_y (cm)	W_y (cm^3)	I_{x1} (cm^4)	y_0 (cm)	I_{y1} (cm^4)	x_0 (cm)	I_u (cm^4)	i_u (cm)	W_u (cm^3)	tanα
11/7	110	70	6	10	10.637	8.350	0.354	133.37	3.54	17.85	42.92	2.01	7.90	265.78	3.53	69.08	1.57	25.36	1.54	6.53	0.403
			7		12.301	9.656	0.354	153.00	3.53	20.60	49.01	2.00	9.09	310.07	3.57	80.82	1.61	28.95	1.53	7.50	0.402
			8		13.944	10.946	0.353	172.04	3.51	23.30	54.87	1.98	10.25	354.39	3.62	92.70	1.65	32.45	1.53	8.45	0.401
			10		17.167	13.476	0.353	208.39	3.48	28.54	65.88	1.96	12.48	443.13	3.70	116.83	1.72	39.20	1.51	10.29	0.397
12.5/8	125	80	7	11	14.096	11.066	0.403	227.98	4.02	26.86	74.42	2.30	12.01	454.99	4.01	120.32	1.80	43.81	1.76	9.92	0.408
			8		15.989	12.551	0.403	256.77	4.01	30.41	83.49	2.28	13.56	519.99	4.06	137.85	1.84	49.15	1.75	11.18	0.407
			10		19.712	15.474	0.402	312.04	3.98	37.33	100.67	2.26	16.56	650.09	4.14	173.40	1.92	59.45	1.74	13.64	0.404
			12		23.351	18.330	0.402	364.41	3.95	44.01	116.67	2.24	19.43	780.39	4.22	209.67	2.00	69.35	1.72	16.01	0.400
14/9	140	90	8	12	18.038	14.160	0.453	365.64	4.50	38.48	120.69	2.59	17.34	730.53	4.50	195.79	2.04	70.83	1.98	14.31	0.411
			10		22.261	17.475	0.452	445.50	4.47	47.31	146.03	2.56	21.22	913.20	4.58	245.92	2.12	85.82	1.96	17.48	0.409
			12		26.400	20.724	0.451	512.59	4.44	55.87	169.79	2.54	24.95	1 096.09	4.66	296.89	2.19	100.21	1.95	20.54	0.406
			14		30.456	23.908	0.451	594.10	4.42	64.18	192.10	2.51	28.54	1 279.26	4.74	348.82	2.27	114.13	1.94	23.52	0.403
16/10	160	100	10	13	25.315	19.872	0.512	668.69	5.14	62.13	205.03	2.85	26.56	1 362.89	5.24	336.59	2.28	121.74	2.19	21.92	0.390
			12		30.054	23.592	0.511	784.91	5.11	73.49	239.06	2.82	31.28	1 635.56	5.32	405.94	2.36	142.33	2.17	25.79	0.388
			14		34.709	27.247	0.510	896.30	5.08	84.56	271.20	2.80	35.83	1 908.50	5.40	476.42	2.43	162.23	2.16	29.56	0.385
			16		39.281	30.835	0.510	1 003.04	5.05	95.33	301.60	2.77	40.24	2 181.79	5.48	548.22	2.51	182.57	2.16	33.44	0.382
18/11	180	110	10	14	28.373	22.273	0.571	956.25	5.80	78.96	278.11	3.13	32.49	1 940.40	5.89	447.22	2.44	166.50	2.42	26.88	0.376
			12		33.712	26.464	0.571	1 124.72	5.78	93.53	325.03	3.10	38.32	2 328.38	5.98	538.94	2.52	194.87	2.40	31.66	0.374
			14		38.967	30.589	0.570	1 286.91	5.75	107.76	369.55	3.08	43.97	2 716.60	6.06	631.95	2.59	222.30	2.39	36.32	0.372
			16		44.139	34.649	0.569	1 443.06	5.72	121.64	411.85	3.06	49.44	3 105.15	6.14	726.46	2.67	248.94	2.38	40.87	0.369
20/12.5	200	125	12	14	37.912	29.761	0.641	1 570.90	6.44	116.73	483.16	3.57	49.99	3 193.85	6.54	787.74	2.83	285.79	2.74	41.23	0.392
			14	15	43.867	34.436	0.640	1 800.97	6.41	134.65	550.83	3.54	57.44	3 726.17	6.62	922.47	2.91	326.58	2.73	47.34	0.390
			16		49.739	39.045	0.639	2 023.35	6.38	152.18	615.44	3.52	64.69	4 258.86	6.70	1 058.86	2.99	366.21	2.71	53.32	0.388
			18		55.526	43.588	0.639	2 238.30	6.35	169.33	677.19	3.49	71.74	4 792.00	6.78	1 197.13	3.06	404.83	2.70	59.18	0.385

注:1. 括号内型号不推荐使用。

2. 截面图中的 $r_1 = 1/3d$ 及表中 r 数据用于孔型设计,不作交货条件。

附表 3　热轧工字钢(GB/T 706—1988)

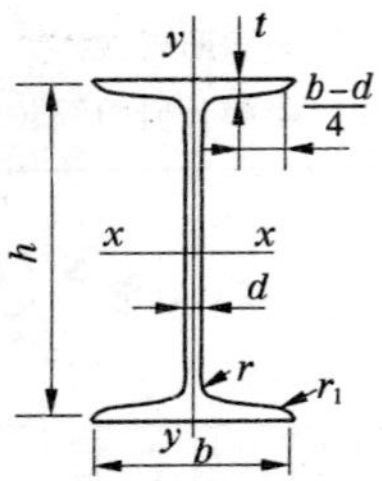

符号意义：

h——高度；
b——腿宽度；
d——腰厚度；
t——平均腿宽度；
r——内圆弧半径；
r_1——腿端圆弧半径；
I——惯性矩；
W——截面因数；
i——惯性半径；
S——半截面的静矩

型号	尺寸(mm)						截面面积 (cm^2)	理论质量 (kg/m)	参考数值						
									x—x				y—y		
	h	b	d	t	r	r_1			I_x (cm^4)	W_x (cm^3)	i_x (cm)	$I_x:S_x$ (cm)	I_y (cm^4)	W_y (cm^3)	i_y (cm)
10	100	68	4.5	7.6	6.5	3.3	14.3	11.2	245.0	49	4.14	8.59	33	9.72	1.52
12.6	126	74	5	8.4	7	3.5	18.1	14.2	488.43	77.529	5.195	10.85	46.906	12.677	1.609
14	140	80	5.5	9.1	7.5	3.8	21.5	16.9	712	102	5.76	12	64.4	16.1	1.73
16	160	88	6	9.9	8	4	26.1	20.5	1 130	141	6.58	13.8	93.1	21.1	1.89
18	180	94	6.5	10.7	8.5	4.3	30.6	24.1	1 660	185	7.36	15.4	122	26	2
20a	200	100	7	11.4	9	4.5	35.5	27.9	2 370	237	8.15	17.2	158	31.5	2.12
20b	200	102	9	11.4	9	4.5	39.5	31.1	2 500	250	7.96	16.9	169	33.1	2.06
22a	220	110	7.5	12.3	9.5	4.8	42	33	3 400	309	8.99	18.9	225	40.9	2.31
22b	220	112	9.5	12.3	9.5	4.8	46.4	36.4	3 570	325	8.78	18.7	239	42.7	2.27
25a	250	116	8	13	10	5	48.5	38.1	5 023.54	401.88	10.18	21.58	280.046	43.283	2.403
25b	250	118	10	13	10	5	53.5	42	5 283.96	422.72	9.938	21.27	309.297	52.423	2.404
28a	280	122	8.5	13.7	10.5	5.3	55.45	43.4	7 114.14	508.15	11.32	24.62	345.051	56.565	2.495
28b	280	124	10.5	13.7	10.5	5.3	61.05	47.9	7 480	534.29	11.08	24.24	379.496	61.209	2.493
32a	320	130	9.5	15	11.5	5.8	67.05	52.7	11 075.5	692.2	12.84	27.46	459.93	70.758	2.619
32b	320	132	11.5	15	11.5	5.8	73.45	57.7	11 621.4	726.33	12.58	27.09	501.53	75.989	2.614
32c	320	134	13.5	15	11.5	5.8	79.95	62.8	12 167.5	760.47	12.34	26.77	543.81	81.166	2.608

续附表 3

型号	尺寸(mm)						截面面积 (cm^2)	理论质量 (kg/m)	参考数值						
									x—x				y—y		
	h	b	d	t	r	r_1			I_x (cm^4)	W_x (cm^3)	i_x (cm)	$I_x:S_x$ (cm)	I_y (cm^4)	W_y (cm^3)	i_y (cm)
36a	360	136	10	15.8	12	6	76.3	59.9	15 760	875	14.4	30.7	552	81.2	2.69
36b	360	138	12	15.8	12	6	83.5	65.6	16 530	919	14.1	30.3	582	84.3	2.64
36c	360	140	14	15.8	12	6	90.7	71.2	17 310	962	13.8	29.9	612	87.4	2.6
40a	400	142	10.5	16.5	12.5	6.3	86.1	67.6	21 720	1 090	15.9	34.1	660	93.2	2.77
40b	400	144	12.5	16.5	12.5	6.3	94.1	73.8	22 780	1 140	15.6	33.6	692	96.2	2.71
40c	400	146	14.5	16.5	12.5	6.3	102	80.1	23 850	1 190	15.2	33.2	727	99.6	2.65
45a	450	150	11.5	18	13.5	6.8	102	80.4	32 240	1 430	17.7	38.6	855	114	2.89
45b	450	152	13.5	18	13.5	6.8	111	87.4	33 760	1 500	17.4	38	894	118	2.84
45c	450	154	15.5	18	13.5	6.8	120	94.5	35 280	1 570	17.1	37.6	938	122	2.79
50a	500	158	12	20	14	7	119	93.6	46 470	1 860	19.7	42.8	1 120	142	3.07
50b	500	160	14	20	14	7	129	101	48 560	1 940	19.4	42.4	1 170	146	3.01
50c	500	162	16	20	14	7	139	109	50 640	2 080	19	41.8	1 220	151	2.96
56a	560	166	12.5	21	14.5	7.3	135.25	106.2	65 585.6	2 343.31	22.02	47.73	1 370.16	165.08	3.182
56b	560	168	14.5	21	14.5	7.3	146.45	115	68 512.5	2 446.69	21.63	47.17	1 486.75	174.25	3.162
56c	560	170	16.5	21	14.5	7.3	157.85	123.9	71 439.4	2 551.41	21.27	46.66	1 558.39	183.34	3.158
63a	630	176	13	22	15	7.5	154.9	121.6	93 916.2	2 981.47	24.62	54.17	1 700.55	193.24	3.314
63b	630	178	15	22	15	7.5	167.5	131.5	98 083.6	3 163.38	24.2	53.51	1 812.07	203.6	3.289
63c	630	180	17	22	15	7.5	180.1	141	102 251.1	3 298.42	23.82	52.92	1 924.91	213.88	3.268

注:截面图和表中标注的圆弧半径 r、r_1 的数据用于孔型设计,不作交货条件。

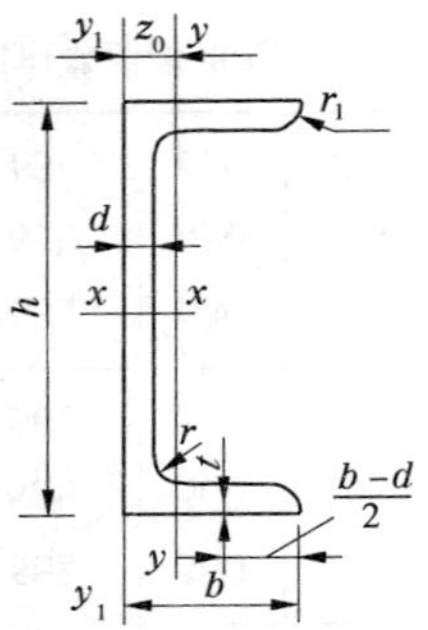

附表 4　热轧槽钢（GB/T 707—1988）

符号意义：

h——高度；
b——腿宽度；
d——腰厚度；
t——平均腿宽度；
r——内圆弧半径；
r_1——腿端圆弧半径；
I——惯性矩；
W——惯性因数；
i——惯性半径；
z_0——y—y 轴与 y_1—y_1 轴的间距

型号	尺寸（mm）						截面面积（cm^2）	理论质量（kg/m）	参考数据							
									x—x			y—y			y_1—y_1	z_0（cm）
	h	b	d	t	r	r_1			W_x（cm^3）	I_x（cm^4）	i_x（cm）	W_y（cm^3）	I_y（cm^4）	i_y（cm）	I_{y_1}（cm^4）	
5	50	37	4. 5	7	7	3. 5	6. 93	5. 44	10. 4	26	1. 94	3. 55	8. 3	1. 1	20. 9	1. 35
6. 3	63	40	4. 8	7. 5	7. 5	3. 75	8. 444	6. 63	16. 123	50. 786	2. 453	4. 50	11. 872	1. 185	28. 38	1. 36
8	80	43	5	8	8	4	10. 24	8. 04	25. 3	101. 3	3. 15	5. 79	16. 6	1. 27	37. 4	1. 43
10	100	48	5. 3	8. 5	8. 5	4. 25	12. 74	10	39. 7	198. 3	3. 95	7. 8	25. 6	1. 41	54. 9	1. 52
12. 6	126	53	5. 5	9	9	4. 5	15. 69	12. 37	62. 137	391. 466	4. 953	10. 242	37. 99	1. 567	77. 09	1. 59
14a	140	58	6	9. 5	9. 5	4. 75	18. 51	14. 53	80. 5	563. 7	5. 52	13. 01	53. 2	1. 7	107. 1	1. 71
14b	140	60	8	9. 5	9. 5	4. 75	21. 31	16. 73	87. 1	609. 4	5. 35	14. 12	61. 1	1. 69	120. 6	1. 67
16a	160	63	6. 5	10	10	5	21. 95	17. 23	108. 3	866. 2	6. 28	16. 3	73. 3	1. 83	144. 1	1. 8
16	160	65	8. 5	10	10	5	25. 15	19. 74	116. 8	934. 5	6. 1	17. 55	83. 4	1. 82	160. 8	1. 75
18a	180	68	7	10. 5	10. 5	5. 25	25. 69	20. 17	141. 4	1 272. 7	7. 04	20. 03	98. 6	1. 96	189. 7	1. 88
18	180	70	9	10. 5	10. 5	5. 25	29. 29	22. 99	152. 2	1 369. 9	6. 84	21. 52	111	1. 95	210. 1	1. 84
20a	200	73	7	11	11	5. 5	28. 83	22. 63	178	1 780. 4	7. 86	24. 2	128	2. 11	244	2. 01
20	200	75	9	11	11	5. 5	32. 83	25. 77	191. 4	1 913. 7	7. 64	25. 88	143. 6	2. 09	268. 4	1. 95

续附表 4

型号	尺寸(mm)						截面面积(cm^2)	理论质量(kg/m)	参考数值							
									x—x			y—y			y_1—y_1	
	h	b	d	t	r	r_1			W_x (cm^3)	I_x (cm^4)	i_x (cm)	W_y (cm^3)	I_y (cm^4)	i_y (cm)	I_{y_1} (cm^4)	z_0(cm)
22a	220	77	7	11.5	11.5	5.75	31.84	24.99	217.6	2 393.9	8.67	28.17	157.8	2.23	298.2	2.1
22	220	79	9	11.5	11.5	5.75	36.24	23.45	233.8	2 571.4	8.42	30.05	176.4	2.21	326.3	2.03
25a	250	78	7	12	12	6	34.91	27.47	269.597	3 369.62	9.823	30.607	175.529	2.243	322.256	2.065
25b	250	80	9	12	12	6	39.91	31.39	282.402	3 530.04	9.405	32.657	196.421	2.218	353.187	1.982
25c	250	82	11	12	12	6	44.91	35.32	295.236	3 690.45	9.065	35.926	218.415	2.206	384.133	1.921
28a	280	82	7.5	12.5	12.5	6.25	40.02	31.42	340.328	4 764.59	10.91	35.718	217.989	2.333	387.566	2.097
28b	280	84	9.5	12.5	12.5	6.25	45.62	35.81	366.460	5 130.45	10.60	37.929	242.144	2.304	427.589	2.016
28c	280	86	11.5	12.5	12.5	6.25	51.22	40.21	392.594	5 496.32	10.35	40.301	267.602	2.286	426.597	1.951
32a	320	88	8	14	14	7	48.7	38.22	474.879	7 598.06	12.49	46.473	304.787	2.502	552.31	2.242
32b	320	90	10	14	14	7	55.1	43.25	509.012	8 144.20	12.15	49.157	336.332	2.471	592.933	2.158
32c	320	92	12	14	14	7	61.5	48.28	543.145	8 690.33	11.88	52.642	374.175	2.467	643.299	2.092
36a	360	96	9	16	16	8	60.89	47.8	659.7	11 874.2	13.97	63.54	455	2.73	818.4	2.44
36b	360	98	11	16	16	8	68.09	53.45	702.9	12 651.8	13.63	66.85	496.7	2.7	880.4	2.37
36c	360	100	13	16	16	8	75.29	50.1	746.1	13 429.4	13.36	70.02	536.4	2.67	947.9	2.34
40a	400	100	10.5	18	18	9	75.05	58.91	878.9	17 577.9	15.30	78.83	592	2.81	1 067.7	2.49
40b	400	102	12.5	18	18	9	83.05	65.19	932.2	18 644.5	14.98	82.52	640	2.78	1 135.6	2.44
40c	400	104	14.5	18	18	9	91.05	71.47	985.6	19 711.2	14.71	86.19	687.8	2.75	1 220.7	2.42

注:截面图和表中标注的圆弧半径 r、r_1 的数据用于孔型设计,不作交货条件。

参考文献

[1] 李舒瑶,赵云翔. 工程力学[M]. 2 版. 郑州:黄河水利出版社,2009.
[2] 杨恩福,徐玉华. 工程力学[M]. 北京:中国水利水电出版社,2005.
[3] 成都水力发电学校,四川省水利学校. 材料力学[M]. 2 版. 北京:中国水利水电出版社,1992.
[4] 沈养中. 建筑力学[M]. 北京:科学出版社,2006.
[5] 赵爱民. 建筑力学[M]. 武汉:武汉理工大学出版社,2007.
[6] 满广生,袁益民,凌卫宁. 工程力学[M]. 北京:中国水利水电出版社,2008.
[7] 杨天祥. 结构力学[M]. 2 版,北京:高等教育出版社,1987.
[8] 张美元. 工程力学[M]. 郑州:黄河水利出版社,2007.
[9] 李世清,舒昶. 材料力学[M]. 重庆:重庆大学出版社,1998.
[10] 龙驭球,包世华. 结构力学[M]. 北京:高等教育出版社,1999.
[11] 李明. 材料力学[M]. 北京:水利电力出版社,1985.
[12] 张新占. 材料力学[M]. 武汉:武汉大学出版社,2001.
[13] 张流芳. 材料力学[M]. 武汉:武汉工业大学出版社,1997.
[14] 范磷. 材料力学习题精选精解[M]. 上海:同济大学出版社,2001.
[15] 陈永龙. 建筑力学[M]. 北京:高等教育出版社,2000.